ATLAS DER
WILDEN TIERE

NATIONAL GEOGRAPHIC

Autorisierte deutsche Ausgabe veröffentlicht von
National Geographic Deutschland
(G+J/RBA GmbH & Co KG), Hamburg 2009

Titel der englischen Originalausgabe:
The Illustrated Atlas of Wildlife

Litho Chroma Graphics (Overseas) Pte Ltd
Druck Tien Wah Press

Übersetzung Manfred Wolf
Produktion Print Company Verlagsges.m.b.H.

Printed in Singapore
ISBN 978-3-86690-117-9

Die National Geographic Society, eine der größten gemeinnützigen wissenschaftlichen Vereinigungen der Welt, wurde 1888 gegründet, um «die geographischen Kenntnisse zu mehren und zu verbreiten». Sie unterstützt die Erforschung und Erhaltung von Lebensräumen sowie Forschungs- und Bildungsprogramme. Ihre weltweit mehr als neun Millionen Mitglieder erhalten monatlich das National Geographic-Magazin, in dem die besten Fotografen ihre Bilder veröffentlichen sowie renommierte Autoren aus nahezu allen Wissensgebieten der Welt berichten. Ihr Ziel: *inspiring people to care about the planet*, Menschen zu inspirieren, sich für ihren Planeten einzusetzen. Die NGS informiert nicht nur durch das Magazin, sondern auch durch Bücher, Fernsehprogramme und DVDs. Falls Sie mehr über National Geographic wissen wollen, besuchen Sie unsere Website unter www.nationalgeographic.de.

Autoren und Berater

Dr. Channa Bambaradeniya
Koordinator des „Asia Regional Species and Biodiversity Program"
International Union for Conservation of Nature (Weltnaturschutzunion)
Sri Lanka

Cinthya Flores
Internationale Kommunikationsberaterin und Journalistin
Ehemalige Pressesprecherin des WWF Mittelamerika
Costa Rica

Dr. Joshua Ginsberg
Vizepräsident für globale Programme
Wildlife Conservation Society
Washington DC, USA

Dwight Holing
Autor für Naturgeschichte und Umwelt
Orinda CA, USA

Dr. Susan Lumpkin
Forscherin
Smithsonian Institution's National Zoological Park
Washington DC, USA

George McKay
Berater zum Schutz der biologischen Vielfalt
Chair, NSW National Parks and Wildlife Advisory Council
Sydney NSW, Australia

Dr. John Musick
Emeritierter Marshall Acuff Professor der Meereskunde
Virginia Institute of Marine Science
College of William and Mary
Virginia, USA

Dr. Patrick Quilty
Ehrenamtlicher Professor
School of Earth Sciences
University of Tasmania, Australien

Dr. Bernard Stonehouse
Emeritierter Berater
Scott Polar Research Institute
University of Cambridge, Großbritannien

Dr. Eric J Woehler
Ehrenamtlicher Forscher
School of Zoology
University of Tasmania, Australien

Dr. David Woodruff
Professor der Biologie
Abteilung Ökologie, Verhalten und Evolution
University of California, San Diego, USA

Inhalt

Napoleon-Lippfisch (links unten)
Der unverwechselbare Napoleon-Lippfisch ist ein häufiger Bewohner von Korallenriffen, aber in kühleren Gewässern ebenso anzutreffen. Er ist leicht an dem vorstehenden Kopfwulst zu erkennen und zählt zu den größten Rifffischen.

***Limenitis arthemis* (unten)**
Den Edelfalter *Limenitis artemys* gibt es im Osten der Vereinigten Staaten häufig auf Espen und Pappeln. Er ahmt die giftige Spezies *Battus philenor* nach, um nicht von Vögeln gefressen zu werden.

Fleckenflughuhn (oben)
Ein Fleckenflughuhn erhebt sich aus einem Wasserloch, nachdem es getrunken und seine Bauchfedern durchnässt hat. Der wüstenlebende Vogel fliegt weite Strecken und kehrt mit dem in den Federn gespeicherten Wasser zu seinen Küken zurück, um ihnen zu trinken zu geben

Katta (links)
Kattas sind auf Madagaskar beheimatet und verbringen einen Großteil ihrer Zeit auf dem Boden. Frühmorgens sind sie mit hoher Wahrscheinlichkeit in den Baumwipfeln zu finden, wo sie sich in der Sonne aufwärmen.

Rotluchs (ganz links)
Der scheue, einzelgängerische Rotluchs ist ein erfolgreicher Jäger. Seine Heimat sind die östlichen Wälder der Vereinigten Staaten. Bei Tag ist er nicht zu sehen, weil er seine Beute, die aus Waldkaninchen und kleinen Nagetieren besteht, in der Nacht sucht.

Vorwort

Der Reichtum des biologischen Erbes unserer Welt und die Tatsache, wie wenig wir darüber wissen, überraschen mich stets von Neuem. In der jüngsten Vergangenheit haben wir das menschliche Genom entschlüsselt und große Fortschritte im Wissen über den Aufbau der Atome und des Universums gemacht. Im Gegensatz dazu kann man nur schätzen, dass es zehn bis 50 Millionen Arten auf der Erde gibt, von denen bisher rund 1,5 Millionen beschrieben wurden, also im besten Fall zehn Prozent der globalen Artenvielfalt. Unser Wissen über die ökologischen Gemeinschaften ist ebenfalls rudimentär.

Beim Studium der Biodiversität stehen wir in zunehmendem Maße unter Zeitdruck. Mit der steigenden Bevölkerungszahl wächst auch der Bedarf des Menschen an Ressourcen. Lebensräume wie die Amazonas-, Borneo- und Kongowälder, die in der Vergangenheit als riesig, wild und unverwüstlich betrachtet wurden, sind bereits stark zerstückelt, geschwächt oder von zunehmender Nutzung bedroht. Ökosysteme wie die nordamerikanischen Wüstenbeifuß- und Graslandschaften weisen nur noch einen kleinen Prozentsatz ihrer früheren Ausdehnung auf. Europa, das seit Jahrtausenden von Menschen beherrscht wird, birgt noch immer eine bemerkenswerte Wildtiervielfalt, aber viele Arten sind auf kleine Restgebiete des einstigen Verbreitungsgebiets beschränkt, ein Muster, das man bald auf der ganzen Welt sehen wird. In Australien und Ozeanien leben einige der ungewöhnlichsten und einzigartigsten Organismen der Erde. Die pazifischen Inseln und Riffe wurden bereits von Lebensraumumwandlung, Verschmutzung und einer Phalanx von eingeführten Arten bedroht. Sie sind nun auch noch den Gefahren des Klimawandels, der Meereserwärmung und des steigenden Meeresspiegels ausgesetzt. Es überrascht kaum, dass Inselarten die höchste Aussterberate unter allen Gruppen aufweisen.

Schutzbestrebungen sind zwar immer ein harter Kampf, aber sie zeigen, dass wir manche Gefahren für das biologische Erbe unserer Welt abwenden und andere verringern können. Während die neuesten Daten darauf schließen lassen, dass möglicherweise 50 Prozent aller Primaten der Welt vom Aussterben bedroht sind, erweiterte die Entdeckung von 125 000 Westlichen Tieflandgorillas durch ein Team der Wildlife Conservation Society die Möglichkeiten zur Erhaltung dieser Spezies. Die Entdeckung könnte zur Errichtung neuer Schutzgebiete im nördlichen Kongo führen, die nicht nur eine Zufluchtstätte für Gorillas, sondern für Dutzende Primaten und Tausende andere Arten bieten würden. In den vergangenen zwei Jahrzehnten hat sich der Anteil der unter Naturschutz stehenden Erdoberfläche kontinuierlich vergrößert. Heute konzentrieren sich die Maßnahmen auf die Erweiterung des Schutzes der Küsten- und der Hochseegewässer. Weil Schutzgebiete zwar notwendig, aber nicht ausreichend sind, arbeiten Naturschutzinitiativen mit der Industrie, örtlichen und indigenen Gemeinden und privaten Landbesitzern zusammen, um den Schutz über die Naturparkgrenzen hinweg auszudehnen, Verbindungswege zu schaffen und den Tieren die Möglichkeit zu bieten, frei umherwandern zu können.

„Der Atlas der wilden Tiere" verhilft uns zu einem besseren Verständis für die Vielfalt des Lebens und die Bedrohungen, denen Land und Wildtiere ausgesetzt sind. Aber weshalb sollte man in einer Zeit, in der das Internet scheinbar grenzenlose Information anbietet, ein Buch kaufen? Für viele von uns kann ein Buch, vor allem, wenn es so schön gestaltet ist wie dieses, niemals durch eine Website oder einen Laptop ersetzt werden. Viel wichtiger ist jedoch, dass dieses Buch von Experten geschrieben wurde und die Qualität und Genauigkeit der Informationen bemerkenswert sind. Sie beziehen sich nicht nur auf allgemein verfügbare Informationen, sondern auf den aktuellen Stand der Forschung und unveröffentlichte Studien. Zu guter Letzt erfahren Sie in dem Buch viel Wissenswertes über den ökologischen Aufbau der Welt und über die Wildtiere, die in den unterschiedlichen Lebensräumen wohnen. Halten Sie es in Händen, und genießen Sie Ihre Weltreise!

Joshua Ginsberg
Vizepräsident der internationalen Naturschutzorganisation Global Conservation, Wildlife Conservation Society

Wegweiser durch diesen Atlas

Der Atlas ist in drei Hauptabschnitte geteilt. Der erste, „Lebendige Erde“, beschreibt, wie und wo auf der Erde natürliches Leben vorkommt, und ist verschiedenen Lebensräumen, der Beziehung zwischen Tieren und ihrer Umgebung sowie dem Einfluss einer Tierart auf eine andere gewidmet. Der zweite Abschnitt, der Kern des Buches, erkundet die Kontinente und Ozeane und deren Wildtiere. Der dritte Abschnitt besteht aus einer detaillierten Übersicht der im Buch vorgestellten Tiere, einem Glossar und einem Register.

Wildtierregionen
Jeder Kontinent ist in Schlüsselregionen aufgeteilt. Eine Doppelseite je Region stellt die Lebensräume und die dort lebenden Tierarten mit einem einleitenden Überblick sowie einer Karte vor.

Regionale Karten
Diese Karten sind farblich akzentuiert, um das Gebiet hervorzuheben, dessen Tierwelt beschrieben wird.

Schutzstatus
Hier finden Sie Erklärungen zu gefährdeten Tierarten. Symbole markieren bedrohte oder vom Aussterben bedrohte Tiere.

Zahlreiche Fotografien
Atemberaubende Bilder der besten Wildtierfotografen geben Einblick in die Verhaltensweisen und Lebensräume der verschiedenen Arten.

Besonderheiten
Fotografien, Illustrationen und Spezialtexte informieren über interessante Aspekte zu den behandelten Tieren.

Verortungskarten
Diese kleinen Karten geben den Standort innerhalb des Kontinents an.

Klimadiagramme
Jede Karte wird von einem Klimadiagramm begleitet, das die durchschnittliche Temperatur und Niederschlagsmenge der Region zeigt.

Illustrationen
Fesselnde Darstellungen zeigen die Tiere zusammen mit anderen in ihrer jeweiligen Umgebung.

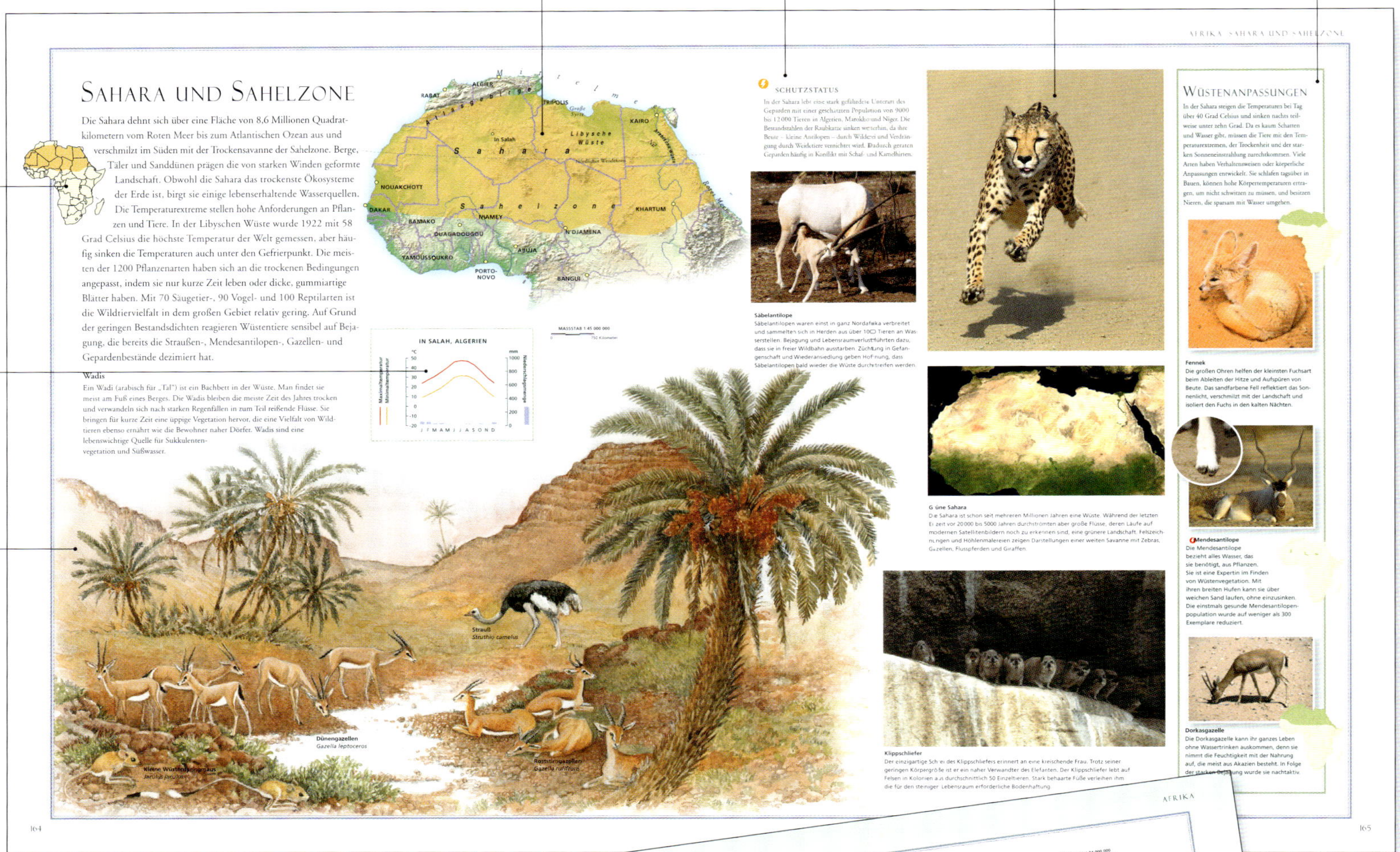

Hauptkarte
Geographische und politische Karten veranschaulichen Staatsgrenzen, Topographie und geographische Merkmale.

Einleitung
Eine klare, prägnante Übersicht zur jeweiligen Region.

Regionaler Überblick
Jede Region, die in dem Kapitel abgehandelt wird, ist durch eine Karte und eine Wildtierfotografie gekennzeichnet.

Lebendige Erde
Einleitende Seiten bieten einen Überblick zu verschiedenen Themen: die Herkunft und Ökologie von Tieren, die Vielfalt an Lebensräumen der Erde von Pol bis Wüste und Wald bis Meer, ökologische Zusammenhänge, die Gefahren, denen viele Arten ausgesetzt sind, und Schutzmaßnahmen für gefährdete Tiere.

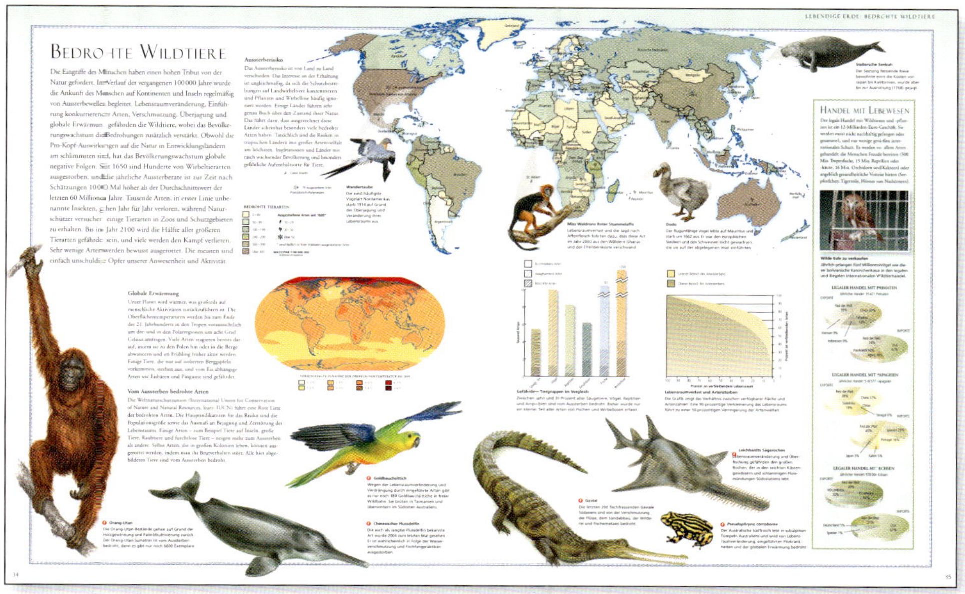

Spezialthemen
In den Kapiteln werden auf speziellen Seiten einzelne Tiere oder Tiergruppen genauer beschrieben. Im unteren Beispiel werden die Papageienvögel Australiens dargestellt. Ihre Formen- und Farbenvielfalt sowie ihre unterschiedlichen Nahrungs- und Nistgewohnheiten werden hier näher erläutert.

Tiere auf einen Blick
Die detaillierte Übersicht nennt den allgemeinen und wissenschaftlichen Namen, das Vorkommen, den Lebensraum, die Körpergröße, das Gewicht, die Nahrung und den Schutzstatus der im Atlas erwähnten Arten. Sie ist in Klassen angeordnet und umfasst Karten, die die weltweite Verbreitung der einzelnen Ordnungen veranschaulichen.

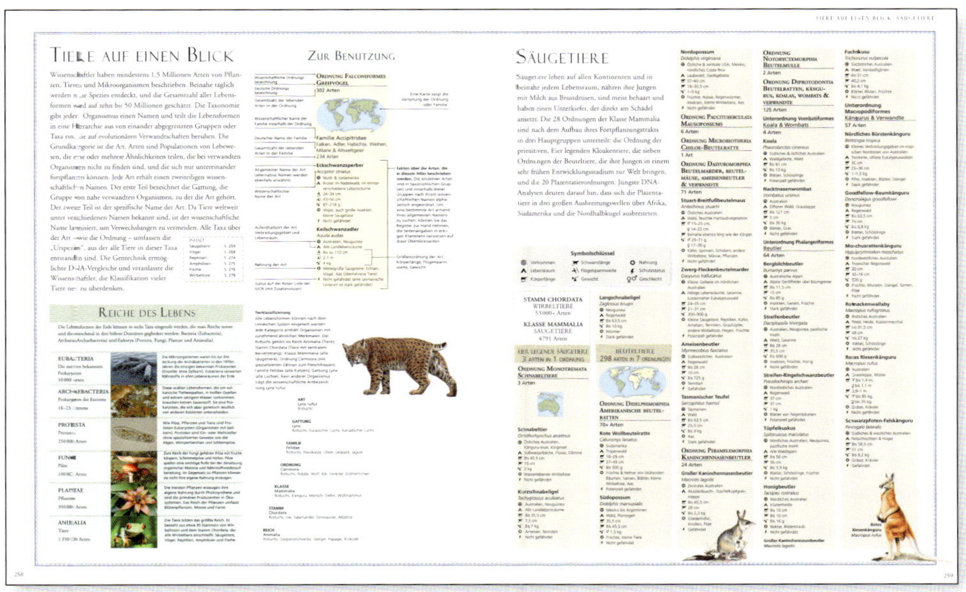

SYMBOLE

Kartenlegende
Die Karten in diesem Atlas enthalten verschiedene Symbole und andere graphische Hilfsmittel, um detaillierte Informationen wie die Höhe, die Topographie des Meeresbodens und die Lage von Gebirgen, Flüssen, Städten und Landesgrenzen zu liefern.

TOPOGRAPHIE

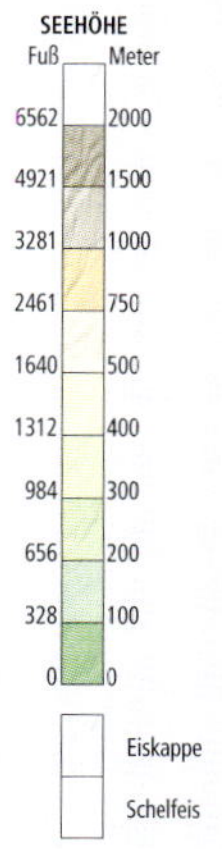

GEOGRAPHISCHE MERKMALE

See
Hauptfluss
Internationale Staatsgrenze
Bundesstaats-/Territoriumsgrenze (Australien, Kanada, USA)
▲ ***Berg-/Vulkangipfel Höhe (in Metern)***
+ ***Pol***
△ ***Geomagnetischer Pol***
▲ ***Tiefseeberg***
▼ ***Tiefseegraben Tiefe (in Metern)***

HAUPTSTÄDTE ODER STÄDTE

○ **HAUPTSTADT**
○ **Groß- oder Kleinstadt**

Schutzsymbole
Der Schutzstatus von stark gefährdeten oder vom Aussterben bedrohten Tieren (nach der Roten Liste gefährdeter Arten der IUCN) ist mit einem roten oder gelben Symbol gekennzeichnet.

Vom Aussterben bedroht
Stark gefährdet

Tabellen und Diagramme
Tabellen oder Diagramme liefern neben den Texten und Fotografien zusätzliche Informationen über einzelne Regionen oder deren Tierwelt.

NAHRUNG DES SEELEOPARDEN

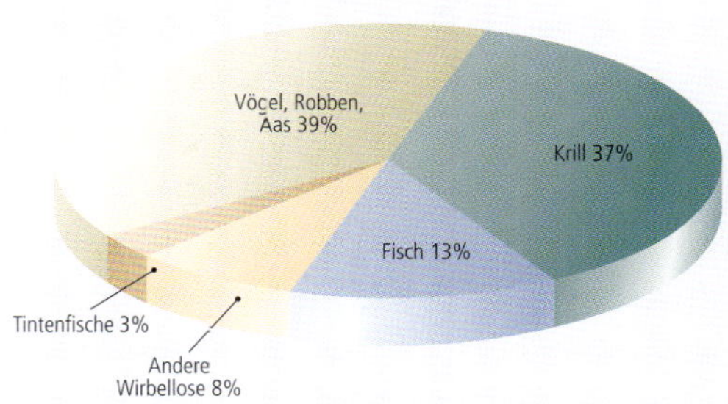

FAKTEN	
Fläche	Über 3,4 Millionen km²
Anzahl der Länder	6
Länge des Kongoflusses	4700 km
Lebensraum	Regenwald, Wald, Sumpf, Savanne, Süßwasser
Geschätzte Säugetierarten	Über 400
Geschätzte Fischarten	Über 700
Geschätzte Vogelarten	Über 1000

Spezifische Verbreitungskarten
In den Karten sind die jetzigen und früheren Verbreitungsgebiete ausgewählter Arten dargestellt.

Nach dem Ende der Regenzeit wandern jedes Jahr Millionen von Zebras, Gazellen und Gnus von den Grasebenen des Nationalparks Serengeti in Tansania nach Kenia. Bei einer der beeindruckendsten Wanderungen der Erde ziehen Gnuherden in Kolonnen über den Fluss Mara ins Naturschutzgebiet Masai Mara in Kenia, wobei viele Tiere im Gedränge ertrinken.

Lebendige Erde

Lebendige Erde

Leben, wie wir es kennen, kommt nur auf der Erde vor, wo es eine faszinierende Formenvielfalt angenommen hat. Ohne Pflanzen und Mikroorganismen, die Sauerstoff in die Atmosphäre abgeben, wäre unser Planet ein unwirtlicher Ort. Die Wildtiere der Erde sind von Pflanzen, Phytoplankton und Milliarden Kleinstlebewesen wie Bakterien, einzelligen Protisten und verrottenden Pilzen abhängig, die die Biosphäre am Laufen halten. Die Tierarten sind auf acht biogeographische Regionen verteilt. Viele Spezies kommen zwar in mehreren Regionen vor, aber ein guter Naturforscher, den man mit verbundenen Augen an irgendeinem Platz der Erde aussetzt, könnte anhand der vorkommenden Pflanzen und Tiere rasch seinen Aufenthaltsort bestimmen.

Biogeographische Regionen

Markante Gruppen bestimmter Arten kennzeichnen die acht biogeographischen Regionen und erzählen uns vieles über die geologische Geschichte der Kontinente und Inseln und die Entwicklungsgeschichte der verschiedenen Tiergruppen. Wegen der ausgleichenden Effekte der globalen Meeresströmungen und der einstigen Verbindungen der ozeanischen Becken ist das Leben in den Ozeanen weniger klar unterteilt, aber es gibt deutliche regionale Unterschiede im Reichtum der Küstenfaunen.

Nearktische Region
Die Arten der Nearktis und Paläarktis sind einander so ähnlich, dass sie die Überregion Holarktis bilden. Weißkopfseeadler sind für Nordamerika charakteristisch, während in der Paläarktis verwandte Adlerspezies vorkommen.

Der Effekt des Lebens

Nach der Gaia-Hypothese bilden alle Lebensformen einen Superorganismus, der die Atmosphäre und die Temperatur des Planeten aufrechterhält.

Bedingung	Ohne Leben	Mit Leben
Kohlendioxid	98%	0,03%
Stickstoff	1,9%	78%
Sauerstoff	Spuren	21%
Temperatur	215 °C	15 °C

Aufstellung

Die einzelnen Organismen werden zu Arten aus genetisch ähnlichen Individuen zusammengefasst, die sich untereinander fortpflanzen können. Die Gesamtzahl aller lebenden Tierarten wird auf zehn bis 30 Millionen geschätzt, wobei die meisten mikroskopische Lebensformen sind. Nur fünf Prozent der bekannten Tierarten sind Wirbeltiere. Es gibt mindestens doppelt so viele Pilz- und sechsmal so viele Pflanzenarten.

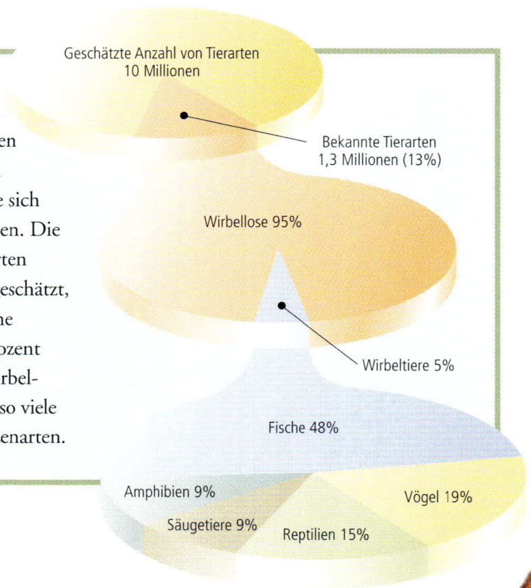

Tiergruppen

Wir kennen mindestens 30 Tiergruppen und rund 1,3 Millionen Tierarten. Die große Mehrheit bildet die Gruppe der Wirbellosen – Meeresschwämme, Korallen, Flach- und Ringelwürmer, Weichtiere, Seesterne und Gliederfüßer wie Krebstiere, Spinnen und Insekten. Die kleine Gruppe der Wirbeltiere hat eine 400 Millionen Jahre alte Entwicklungsgeschichte. Diese auffälligen Pflanzen- und Mikroorganismenfresser beherrschen die meisten Lebensräume.

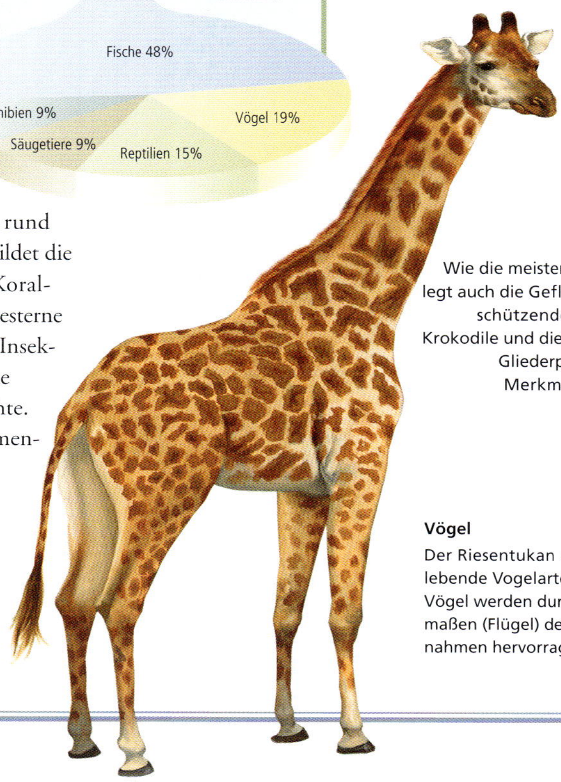

Säugetiere
Die Giraffe ist eine der annähernd 4800 lebenden Säugetierarten, die alle Milchdrüsen besitzen. Zu den Säugetieren gehören einige Eier legende Kloakentiere, 298 Beuteltiere und verschiedene Plazentatiere, darunter 291 Primatenarten.

Reptilien
Wie die meisten anderen 8000 Reptilienarten legt auch die Gefleckte Harlekinkobra Eier mit schützenden Membranen. Schildkröten, Krokodile und die meisten Echsen besitzen zwei Gliederpaare. Schlangen haben diese Merkmale ihrer Vorfahren verloren.

Vögel
Der Riesentukan und 10 000 andere lebende Vogelarten stammen von Dinosauriern ab. Vögel werden durch ihre gefiederten vorderen Gliedmaßen (Flügel) definiert und sind bis auf wenige Ausnahmen hervorragend an das Fliegen angepasst.

Paläarktische Region
Die Paläarktische Region schließt Eurasien und Nordafrika ein. Ziegen wie der beinahe bis zur Ausrottung gejagte Alpensteinbock waren einst von Spanien bis zum Himalaya verbreitet.

Neotropische Region
In den Neotropen, die Mittel- und Südamerika umfassen, gibt es mehr tropische Regenwälder als in jeder anderen Region. Zu der reichen Fauna zählt der Blaue Baumsteiger.

Afrotropische Region
Die Afrotropen sind beinahe ausschließlich tropisch und erstrecken sich südlich der Sahara über Afrika. Zu den charakteristischen Wildtieren zählen Löwen, Elefanten, Giraffen, Anubispaviane und andere Primaten.

Indomalaiische Region
Die Region umfasst den Großteil von Süd- und Südostasien. In den Wäldern leben nur noch einige Hundert Tiger. Lebensraumverlust und Bejagung haben die Bestände dezimiert.

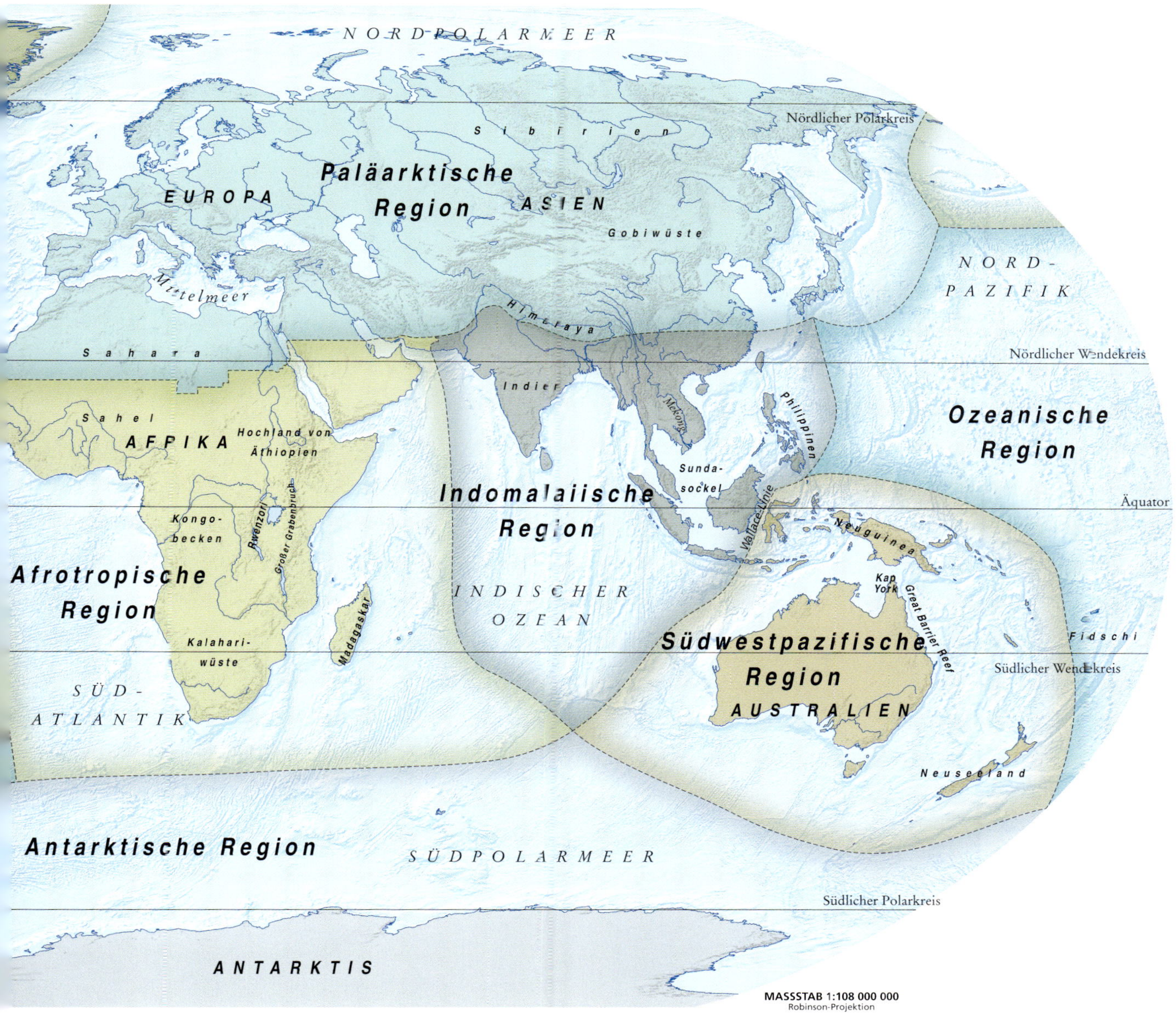

Südwestpazifische Region
Die Region schließt Australien, Neuseeland, Neuguinea und Teile Indonesiens ein. In Australien füllten Beuteltiere wie Kängurus Nischen, die anderswo von Plazentatieren besetzt wurden.

Ozeanische Region
Die Region besteht aus Inseln, besiedelt von schwimmenden, treibenden oder fliegenden Arten, die sich durch fehlende Konkurrenz zu einzigartigen Spezies wie dem Fidschi-Leguan entwickelten.

Antarktische Region
Die Region umfasst die Antarktis und einige Inseln. Sie stellt eine große Herausforderung für Wildtiere dar. Der Kaiserpinguin zählt zu den wenigen Arten, die auf dem Eispanzer überleben.

Amphibien
Zu den 5300 lebenden Amphibienarten gehören Frösche, beinlose Blindwühlen und Schwanzlurche wie der europäische Feuersalamander. Die meisten Arten sind im Embryo- oder Larvenstadium von Wasser abhängig.

Strahlenflosser
Neuseeländische Bastardmakrelen gehören zu den 25 000 Strahlenflosserarten. Die sowohl in Süßwasser- als auch in Meereslebensräumen vorkommenden Fische haben die gleichen Vorfahren und Knochenskelette wie die Lungenfische und andere Fleischflosser.

Knorpelfische
Die Skelette von Haien und Rochen bestehen in erster Linie aus Knorpelmasse. Unter den 960 Arten befinden sich Fleischfresser wie der Fuchshai und riesige Planktonfresser wie der Walhai.

Wirbellose
Käfer wie der Siebenpunkt-Marienkäfer stellen mit mehr als 370 000 von einer Million bekannter Insektenarten die artenreichste Tiergruppe dar.

Evolution

Die Evolution ist das Geheimnis des Lebens: eine Folge von Vorgängen, die es ermöglichen, dass sich Populationen mit der Zeit verändern. Ohne die Fähigkeit zur Weiterentwicklung könnte keine Art die ständigen Umweltveränderungen überleben. Die natürliche Auslese stellt sicher, dass die am besten an die Umgebung angepassten Individuen überleben und ihre Gene weitergeben. Mutationen und sexuelle Fortpflanzung gewährleisten die Entstehung neuer genetischer Variationen. Die im Verlauf der letzten 600 Millionen Jahre erfolgte Evolution der Tiere ist eine Geschichte der Anpassung an die Herausforderungen des Lebens auf einer sich ständig verändernden ökologischen Bühne. Von Zeit zu Zeit können katastrophale Veränderungen sogar die erfolgreichste Spezies auslöschen. Die heutigen Tierarten, einschließlich unserer eigenen, verdanken ihr Dasein ebenso dem Zufall wie erfolgreichen Anpassungen. Zeit und Zufall sind für die Vielfalt an lebenden Arten und deren fossilen Vorfahren verantwortlich.

Kontinentaldrift

In einem Prozess, den man Kontinentaldrift nennt, veränderten langsame Bewegungen der tektonischen Platten mit der Zeit die Lage der Kontinente und Inseln. Vor ungefähr 200 Millionen Jahren begann der Superkontinent Pangaea in die Landmassen Laurasia und Gondwana zu zerbrechen, die sich ihrerseits vor 90 Millionen Jahren in die heutigen Kontinente zu teilen begannen. Die Kontinente verändern nach wie vor langsam ihre Lage.

Vor 200 Millionen Jahren

Vor 90 Millionen Jahren

Gegenwart

Zukunft

Afrikanischer Geier

Ohrengeier und andere afrikanische Geier gleichen in Aussehen und Verhalten den amerikanischen Geiern, sind jedoch nicht mit ihnen verwandt, sondern mit den Adlern.

Amerikanischer Geier

Truthahngeier sind Aasfresser und Verwandte der Störche. Obwohl sie nicht mit den afrikanischen Geiern verwandt sind, entwickelten sie bei einem Vorgang, der konvergente Evolution genannt wird, ähnliche Anpassungen.

Parallele Evolution

Der australische Fuchskusu (links oben) und das südamerikanische Nordopossum (links) gehören zu den Beuteltieren. Diese einst auf der ganzen Welt verbreitete Tiergruppe wurde an den meisten Orten von plazentalen Säugetieren verdrängt. Sie überlebten nur auf den südlichen Landmassen Australien und in Südamerika, wo sie sich, isoliert durch die Kontinentaldrift, seit mehr als 65 Millionen Jahre getrennt voneinander entwickelt haben.

Aussterberate

Das Aussterben von Tier- und Pflanzenarten ist zeitlich ungleichmäßig verteilt. In den vergangenen 450 Millionen Jahren gab es mindestens fünf Massensterben, bei denen über 50 Prozent aller Tierarten und eine große Zahl ganzer Gattungen ausstarben. Die gegenwärtige Biodiversitätskrise könnte bald als sechstes Massensterben eingestuft werden.

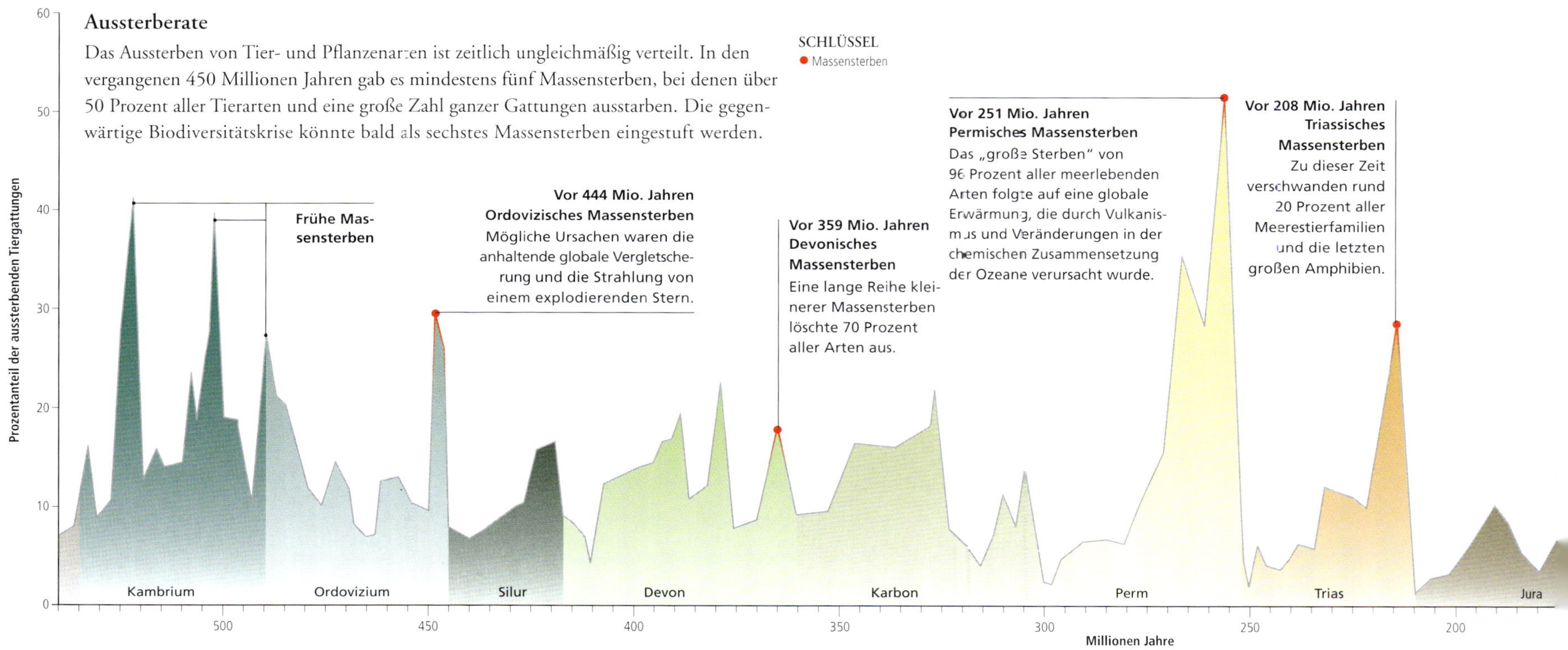

SCHLÜSSEL
● Massensterben

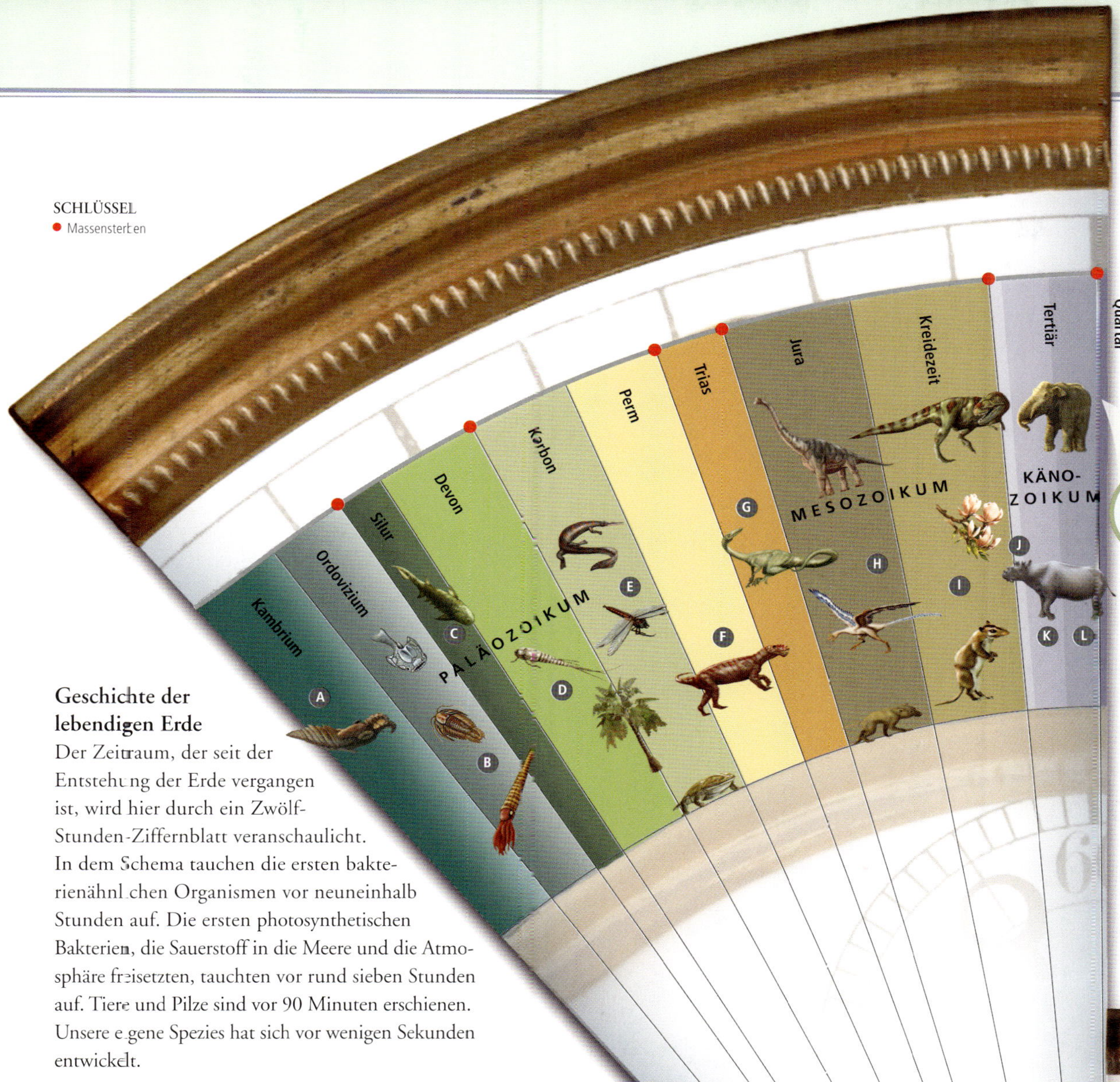

Geschichte der lebendigen Erde

Der Zeitraum, der seit der Entstehung der Erde vergangen ist, wird hier durch ein Zwölf-Stunden-Ziffernblatt veranschaulicht. In dem Schema tauchen die ersten bakterienähnlichen Organismen vor neuneinhalb Stunden auf. Die ersten photosynthetischen Bakterien, die Sauerstoff in die Meere und die Atmosphäre freisetzten, tauchten vor rund sieben Stunden auf. Tiere und Pilze sind vor 90 Minuten erschienen. Unsere eigene Spezies hat sich vor wenigen Sekunden entwickelt.

EREIGNISSE DER VERGANGENEN 535 MILLIONEN JAHRE

A. Vor 535–488 Mio. Jahren: außergewöhnliche Artenvielfalt an wirbellosen Meerestierfossilien, die sogenannte „kambrische Explosion".

B. Vor 488–444 Mio. Jahren: Trilobiten und erste fischähnliche Wirbeltiere. Pflanzen und Pilze beginnen langsam das Land zu besiedeln.

C. Vor 444–416 Mio. Jahren: erste Kieferfische, erste Landpflanzen, erste kleine Landtiere.

D. Vor 416–359 Mio. Jahren: Fische entwickeln eine große Artenvielfalt, erste Insekten und Amphibien, erste Samenpflanzen und Bäume.

E. Vor 359–299 Mio. Jahren: erste Reptilien, erste fliegende Insekten, erste Nadelbäume.

F. Vor 299–251 Mio. Jahren: eäugetierähnliche Reptilien.

G. Vor 251–208 Mio. Jahren: erste Dinosauier.

H. Vor 208–144 Mio. Jahren: Dinosaurier, erste Säugetiere, erste Vögel.

I. Vor 144–65 Mio. Jahren: erste Blütenpflanzen, plazentale Säugetiere, Beuteltiere.

J. Vor 65–59 Mio. Jahren: erste große Säugetiere, erste Primaten.

K. Vor 59–34 Mio. Jahren: frühe Pferde, Kamele, Nagetiere, Elefanten, Affen, Fledermäuse, Wale.

L. Ab 10 Mio. Jahre: Säugetiere, Vögel und Insekten entwickeln große Artenvielfalt.

M. Ab 1.8 Mio. Jahren bis in die Gegenwart: Ausbreitung des *Homo erectus* und *Homo sapiens*; viele Großtiere (Megafauna) verschwinden.

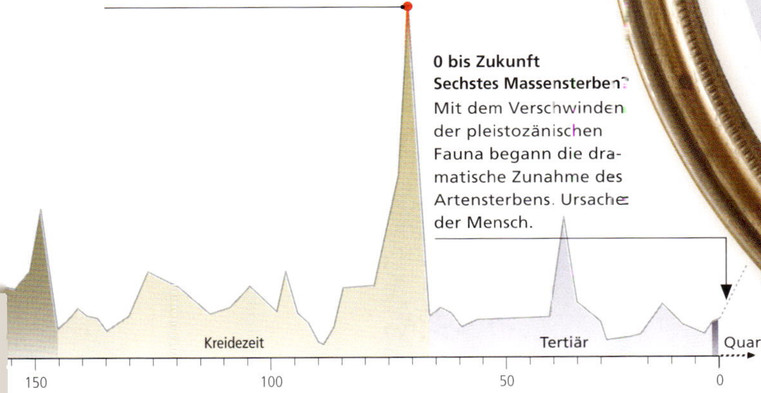

Natürliche Auslese

Eine einzige afrikanische Blauwürgerart besiedelte die Insel Madagaskar. Hier spaltete sie sich in 14 Arten auf. Durch natürliche Auslese entwickelten die Vögel unterschiedliche Gefiederfarben und verschiedene Schnabelformen zum Fressen bestimmter Insekten. Solche adaptive Radiationen findet man häufig auf Inseln, wo einzelne Arten kaum Konkurrenten haben. Hawaiianische Kleidervögel und Galápagosfinken wurden von insektenfressenden zu samen- und nektarfressenden Vögeln und sogar zu Blutsaugern.

Wo Tiere leben

Biogeographen erforschen, wo Tiere leben und wie sich Klima, Vegetation und Konkurrenz auf ihre Verteilung auswirken. Die größte Artenvielfalt findet man in tropischen Regenwäldern und Korallenriffen, die geringste in heißen Wüsten und Polarregionen. An manchen Orten wie auf Madagaskar gibt es viele endemische Arten, die sonst nirgendwo zu finden und für Artenschützer von speziellem Interesse sind. Jede Art bevorzugt einen bestimmten Lebensraum, weshalb die meisten Tiere nur in bestimmtenen Gebieten vorkommen, obwohl sich einige Arten wie Ratten oder Haussperlinge über die ganze Welt verbreitet haben. Von Menschen bewusst oder zufällig eingeführte Arten werden in Gebieten ohne natürliche Feinde häufig zu Plagen. Das Verbreitungsgebiet einer Spezies verändert sich mit der Zeit. Während der letzten Eiszeit war Nordeuropa großteils mit Eis bedeckt, und die Tiere mussten nach Süden wandern. Als die Eiskappen vor 18 000 Jahren schmolzen, zogen sie wieder nordwärts. Heute verschieben sich die Verbreitungsgebiete in Folge der globalen Erwärmung.

Verwilderte Kaninchen
1859 wurden in Australien europäische Kaninchen eingeführt. Da es keine Raubtiere und Konkurrenten gab, verbreiteten sie sich rasch über den Kontinent, zerstörten Vegetation, Böden und Weideland. Wenn eingeführte Arten zu einer Plage werden, ist es eine teure Angelegenheit, sie unter Kontrolle zu bringen.

Endemischer Lemur
Auf der Insel Madagaskar spalteten sich Lemuren in ungefähr 40 endemische Arten auf, die vom mausgroßen Katta (rechts) bis zu einer in jüngster Vergangenheit ausgestorbenen Art reichen, die größer war als ein Gorilla. Die einzigartigen Primaten kommen nur auf Madagaskar vor.

Verschwundenes Mammut
Die eiszeitlichen Wollmammuts waren auf allen nördlichen Kontinenten verbreitet. Die Veränderung des Klimas und der Vegetation führte neben der Überjagung dazu, dass die großen Säugetiere vor 10 000 Jahren verschwanden.

Artenvielfalt weltweit

Die Artenvielfalt variiert über Kontinente und Inseln hinweg beträchtlich. Die Karte zeigt die Anzahl der Gefäßpflanzen- und Wirbeltierarten der einzelnen Länder und die Länder mit einem hohem Anteil an endemischen Wirbeltieren. Zwei Drittel aller Tierarten leben in tropischen Wäldern, weshalb Artenschützer in diesen „Biodiversitäts-Hotspots" besonders aktiv sind.

BIODIVERSITÄTSSTUFEN

- Höchste
- Mittelhohe
- Mittlere
- Mitteltiefe
- Tiefste

Länder mit über 100 endemischen Arten

- Säugetiere
- Vögel
- Reptilien
- Amphibien

MASSSTAB 1:92 000 000
Robinson-Projektion

Heutige Klimazonen

Tiere reagieren sensibel auf das lokale Wettergeschehen und das ganzjährige regionale Klima. Das Klima einer Region hängt ab von dem Breitengrad, auf dem es liegt, der Höhe über und dem Abstand vom Meer. Diese Faktoren bestimmen Temperatur, Niederschlagsmenge und ob es Jahreszeiten gibt. Die Verbrennung fossiler Treibstoffe und die Waldrodung verändern das Wetter und Klima auf globaler Ebene.

- Feuchttropisch
- Saisonal tropisch
- Trocken
- Halbtrocken
- Mediterran
- Subtropisch
- Kontinental
- Gemäßigt
- Kalt-gemäßigt
- Subpolar
- Polar
- Hochland

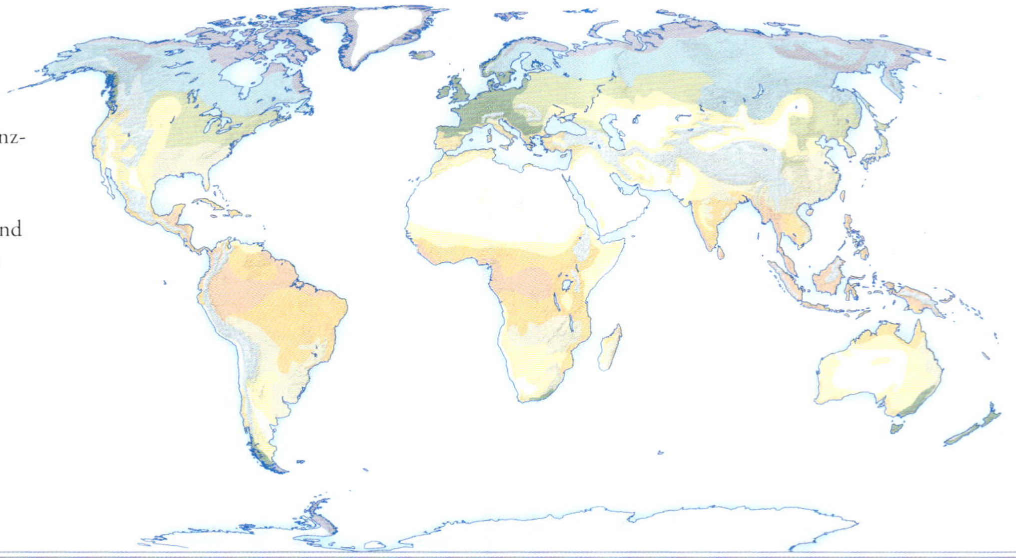

Vegetationszonen

Die Karte veranschaulicht die Verteilung der Biome – Pflanzengemeinschaften und mit ihnen in Verbindung stehende Tiere –, ehe die Menschen begannen, die Oberfläche des Planeten dramatisch zu verändern. Auch in Meer- und Süßwasserlebensräumen kann man weitverbreitete ökologische Gemeinschaften erkennen. Eingriffe des Menschen haben ungefähr die Hälfte aller natürlichen Gemeinschaften verändert und gefährden die wichtigsten ökologischen Funktionen, die sie erfüllen.

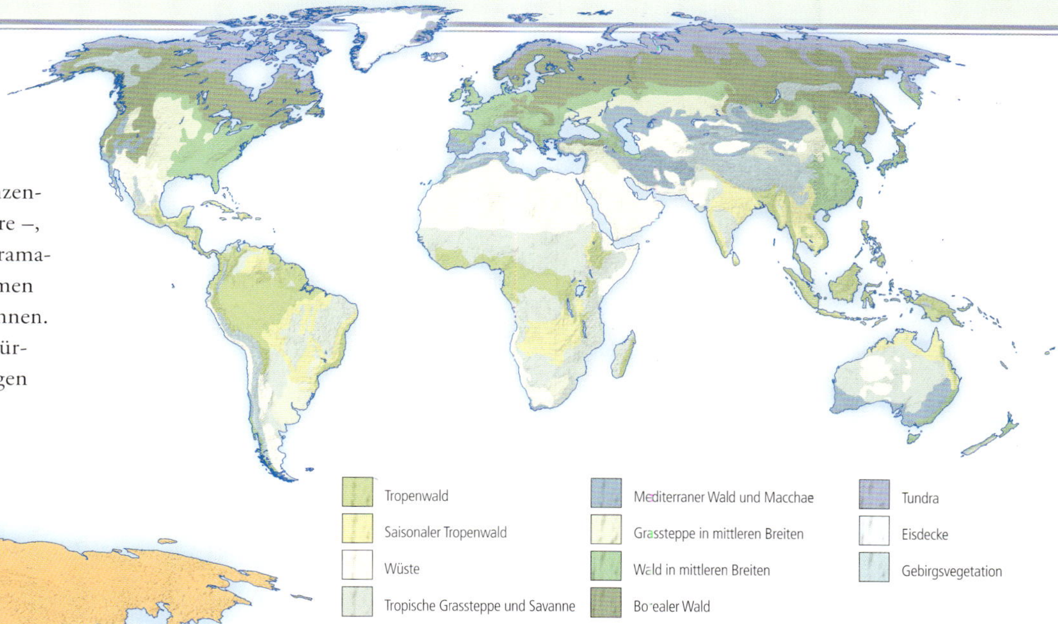

Leben im Meer

In den Meeren gibt es 15 000 Fischarten, deren Nahrungsversorgung von winzigen photosynthetischen Bakterien abhängig ist. Riemenfische können eine Länge von acht Metern erreichen und lieferten die Basis für zahllose Legenden über Seeschlangen.

Die Lebensräume der Erde

Unser „blauer" Planet ist zu drei Vierteln mit Wasser und Eis bedeckt. Die relativen Größen der Landlebensräume verändern sich ständig, da immer mehr Wald gerodet wird und Wüsten entstehen. Eine einzige Art, nämlich unsere eigene, verbraucht jährlich eine Energiemenge, die 40 Prozent aller Energie entspricht, die in den Pflanzen gespeichert ist.

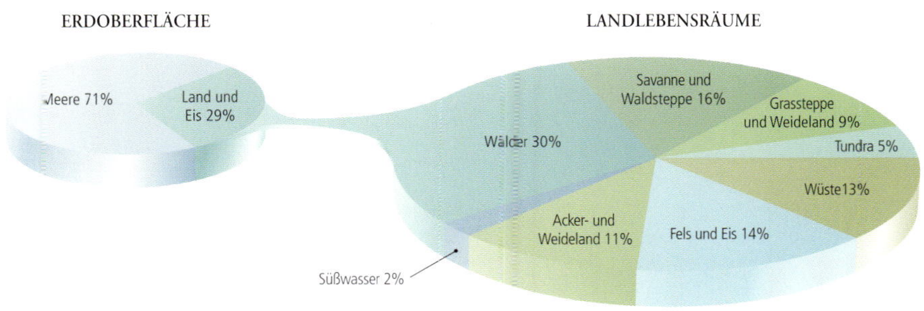

Wanderungen

Tiere passen sich durch Wanderungen an jahreszeitliche Schwankungen in der Nahrungsversorgung an. Karibus wandern jedes Jahr, um vor dem Winter der Tundra zu flüchten, Kolibris folgen den Blüten, und Wale folgen dem Puls des Lebens in den Ozeanen. Andere Arten unternehmen eine einzige mehrjährige Reise: Lachse wandern von einem Gebirgsbach ins Meer und wieder zurück, während europäische Flussaale die umgekehrte Reise unternehmen.

Gnus auf Wanderschaft

Herden mit Millionen von Streifengnus folgen dem Regen und frischem Gras in Ostafrika, wobei sie jedes Jahr rund 2900 Kilometer zurücklegen.

Wandernde Monarchen

Monarchfalter fliehen vor der Kälte des Winters, indem sie bis zu 3200 Kilometer von Kanada nach Mexiko und an die kalifornische Küste wandern.

Balanceakt

Die Natur versorgt uns mit Nahrung, Wasser und Sauerstoff. Die Energie wird aus dem Sonnenlicht gewonnen und mit anderen Mitgliedern der Gemeinschaft geteilt. Mineralien werden zu Nährstoffen und Körpergewebe umgewandelt und danach wiederverwertet. Auf den ersten Blick erscheint die Natur perfekt organisiert: Pflanzen ernähren pflanzenfressende Tiere, Raubtiere jagen Pflanzenfresser, und Pilze räumen hinterher auf, aber dieses Bild von der Natur ist zu simpel. Konkurrenz und Zusammenarbeit sind in der Realität wichtiger als Zähne und Krallen. Viele Arten sind zur Gänze von anderen Lebewesen abhängig. Die meisten Bäume leben in Symbiose mit mikroskopischen Pilzen, um wachsen und sich verteidigen zu können. Obwohl in natürlichen Gemeinschaften scheinbar ein harmonisches Gleichgewicht herrscht, wechseln die Mitglieder ständig, da einzelne Arten kommen und gehen und die Umwelt sich verändert. Die Ökologie untersucht diese Wechselwirkungen wissenschaftlich.

Konkurrenz zwischen Artgenossen
Männliche Hirschkäfer kämpfen um ein Weibchen. Hier wird das Verhalten von der Konkurrenz um Ressourcen zwischen Individuen bestimmt. Bei sozialen Arten wie Ameisen und Menschen können verwandte Individuen durch Zusammenarbeit ihre Wettbewerbsfähigkeit erhöhen.

Konkurrenz zwischen Arten
Löwen jagen und töten die Beute, müssen aber mit anderen Arten wie Hyänen und Geiern um die Nahrung kämpfen. Der Wettkampf um Lebensraum und Ressourcen ist ein Kennzeichen der Ökologie von natürlichen Gemeinschaften.

Erntemeise

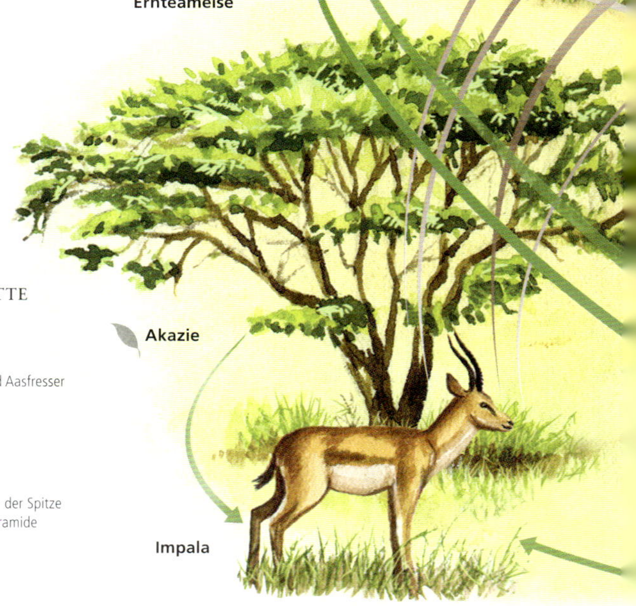

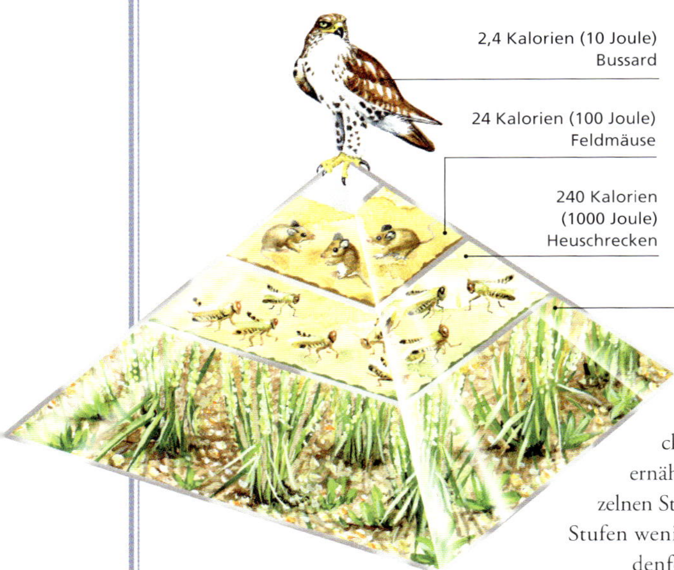

Eine Energiepyramide
Auf einem Feld in Michigan wird Sonnenlicht zu Pflanzengewebe umgewandelt, das Heuschrecken und in weiterer Folge Feldmäuse und Bussarde ernährt. Da die Energieübertragung zwischen den einzelnen Stufen unvollkommen ist, gibt es auf den höheren Stufen weniger Tiere. Die Lebensgemeinschaft ist pyramidenförmig aufgebaut.

Die Organisation der Natur
Ökologen unterscheiden fünf Komplexitätsstufen, die vom einzelnen Tier bis zur Biosphäre reichen. Es ist klar, dass kein Tier ohne andere Arten überleben kann; weniger klar ist, wie viele Tiere verloren und wie viele Gemeinschaften zerstört werden können, bis die Biosphäre die für uns so selbstverständlichen ökologischen Dienste nicht mehr erfüllen kann.

Organismus
Die erste Stufe wird vom Individuum, wie dem Lar oder Weißhandgibbon der asiatischen Regenwälder, sowie seinen Interaktionen mit Artgenossen, anderen Arten und der Umwelt gebildet.

Population
Vertreter einer Art, die am selben Ort leben, bilden eine Population. Lare leben in monogamen Familiengruppen. Pärchen verteidigen ihr Revier und verkünden singend ihre Anwesenheit.

Lebensgemeinschaft
Alle Populationen der Arten an einem Ort und ihre ökologischen Wechselwirkungen bilden eine Gemeinschaft. Der Lar ist Teil der Gemeinschaft im Blätterdach des Regenwaldes.

Biom
Ein Biom ist eine Verbindung ähnlicher Gemeinschaften über große Gebiete hinweg. Hauptbiome wie der tropische Regenwald sind meist nach der vorherrschenden Vegetationsform benannt.

Das Nahrungsnetz der Savanne

Die Tiere der Serengeti stehen über ihre Nahrung miteinander in einer Wechselbeziehung, weshalb Ökologen von einem funktionalen Ökosystem sprechen. Hier sind typische Arten abgebildet, die in ein gemeinsames Nahrungsnetz eingebunden sind, in dem Energie von den Erzeugern (Pflanzen) über Pflanzenfresser und Fleischfresser bis zu den großen Raubtieren gelangt. Mistkäfer, Pilze und Bodenbakterien verwerten einen Großteil der Mineralien des Ökosystems für nachfolgende Generationen von Pflanzen und Tieren wieder.

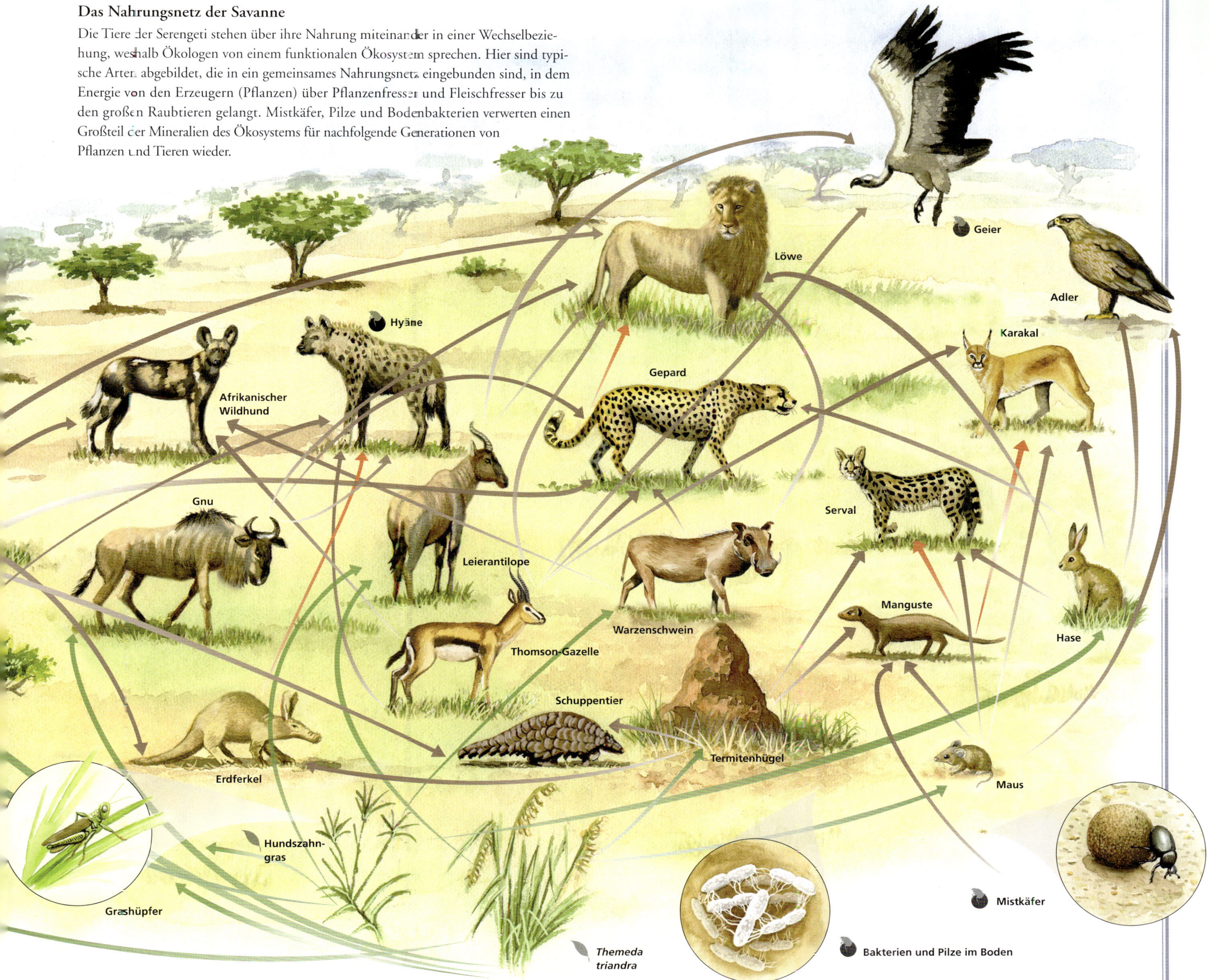

Biosphäre
Die Biosphäre ist der lebendige Teil des Planeten, der von sonnendurchfluteten Regenwäldern bis in die Tiefen der Ozeane und in den Boden reicht, wo Wärme und Wasser den Stoffwechsel ermöglichen.

WECHSELWIRKUNGEN

Fleischfressen, Pflanzenfressen und Parasitismus sind wichtige Wechselwirkungen, bei denen sich eine Art auf Kosten einer anderen ernährt. Raubtiere töten ihre Beute, während Pflanzenfresser und Parasiten ihre Nahrungsquelle normalerweise nicht zerstören. In „mutualistischen" Beziehungen profitieren beide Parteien. Ist die Partnerschaft absolut lebenswichtig, spricht man von einer symbiotischen Beziehung – wörtlich übersetzt „zusammen lebend". Die Bestäubung von Blütenpflanzen hängt von Bienen ab, wobei die Bienen im Gegenzug mit Nektar versorgt werden.

Mutualismus
Afrikanische Wasserbüffel dulden blutfressende Rotschnabel-Madenhacker, denn die Vögel fressen auch Zecken und Fliegenlarven, die sich in der Haut eingenistet haben.

Parasitismus
Die weißen Kokons auf dem Foto gehören parasitischen Wespenlarven, die das Innere einer lebenden Schwärmerraupe aufgefressen haben.

Waldlebensräume

Auf 30 Prozent der Landfläche wachsen mindestens eine Billion Bäume, und zwei Drittel aller Tiere sind Waldbewohner. Von der üppigen Tropenvegetation bis zu den schneebedeckten Nadelbäumen des Nordens wachsen Wälder in verschiedenen Klimata. Ihr dreidimensionaler Aufbau bietet Kleinstlebensräume, Nahrung und Schutz für zahllose Wildtiere. Manche Arten verbringen ihr ganzes Leben auf Bäumen, wobei sie von Ast zu Ast klettern, schwingen, gleiten oder fliegen. Wälder spielen eine wichtige Rolle für die Gesundheit unseres Planeten, denn durch Austausch von Energie, Wasser und Kohlendioxid beeinflussen sie das globale Klima. Ein Großteil der ursprünglichen Wälder wurde gerodet, um Acker- und Weideland zu gewinnen. Zwar gibt es Bestrebungen zur Wiederaufforstung, aber natürlich nachwachsende Wälder bergen nur die Hälfte der ursprünglichen Artenvielfalt und Plantagenwälder noch weniger. Die Kontrolle der Waldbestände, vor allem in den Tropen, wird mitbestimmen, wie viele Wildtiere verschwinden und wie stark die Temperaturen auf dem Planeten steigen werden.

Die Wälder der Erde

Die verschiedenen Waldtypen werden von Klima und Boden bestimmt und erstrecken sich in annähernd waagrechten Bändern über die Erde. Ganzjährige Wärme und große Regenmengen lassen in Äquatornähe immergrüne Regenwälder wachsen. Weiter nördlich und südlich passen sich Bäume an jahreszeitliche Unterschiede in Temperatur und Niederschlag an, indem sie die Blätter abwerfen und Winterruhe halten. In den borealen Wäldern des Nordens überstehen Nadelbäume bitterkalte Winter.

Borealer Wald
Der boreale Wald (Taiga) ist das größte Biom der Erde und wird von immergrünen Nadelbäumen wie Fichten, Tannen und Kiefern beherrscht. Elche leben ganzjährig im borealen Wald.

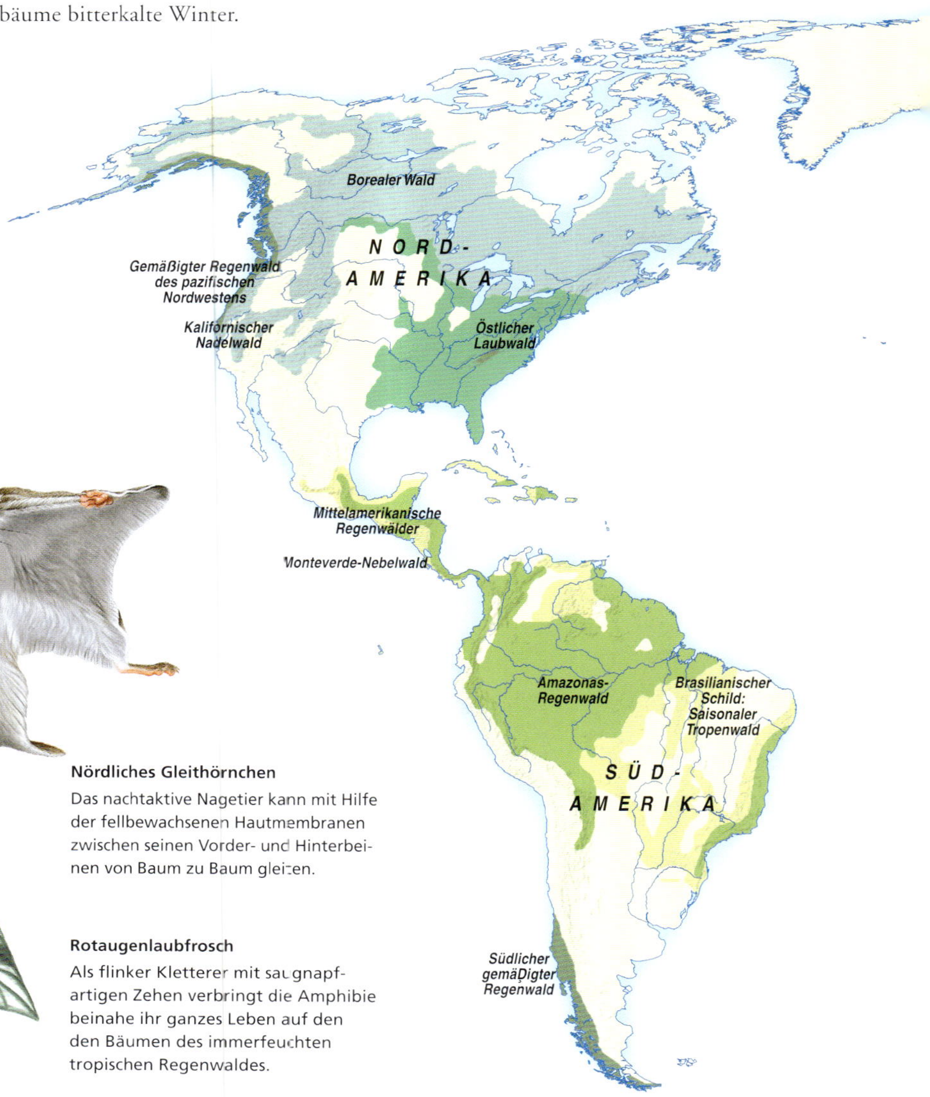

Wildtiere in Wäldern

Eine Million Tierarten sind hervorragend an das Leben auf den Bäumen angepasst, wo sie Nahrung und Unterschlupf finden und sich fortpflanzen. Schon das sichere Bewegen, ohne herunterzufallen, kann eine Herausforderung sein. Zwar sind alle Wildtiere des Waldes direkt oder indirekt von den Bäumen abhängig, aber nur wenige Arten fressen die hölzernen Stämme und Äste. Termiten verlassen sich bei der Zersetzung der unverdaulichen Zellulose auf Bakterien und Pilze.

Goldspecht
Der nordamerikanische Specht verbringt mehr Zeit damit, am Waldboden Ameisen zu fangen, als auf der Suche nach Insektenlarven gegen Baumstämme zu trommeln.

Nördliches Gleithörnchen
Das nachtaktive Nagetier kann mit Hilfe der fellbewachsenen Hautmembranen zwischen seinen Vorder- und Hinterbeinen von Baum zu Baum gleiten.

Rotaugenlaubfrosch
Als flinker Kletterer mit saugnapfartigen Zehen verbringt die Amphibie beinahe ihr ganzes Leben auf den den Bäumen des immerfeuchten tropischen Regenwaldes.

Rautenpython
Baumschlangen wie der australische Rautenpython warten tagelang auf Beute (Vögel oder Säugetiere). Nachts können sie die Wärme erkennen, die von Beutetieren abgestrahlt wird.

Verschwindende Wälder

Die Hauptursache für das Artensterben ist der jährliche Verlust von 70 000 Quadratkilometern Wald zur Gewinnung von Holz und landwirtschaftlichen Nutzflächen. Beinahe die Hälfte des vor 2000 Jahren vorhandenen Waldes ist verschwunden. Die hier aufgeführten Urwaldregionen sind unberührte Gebiete, die groß genug sind, um die Artenvielfalt zu erhalten. Bemühungen zur Erhaltung der verbleibenden Wälder werden aber häufig zunichte gemacht, denn Schutzgebiete ziehen arme Siedler wie „Honigtöpfe“ an, die sich an den Waldrändern niederlassen.

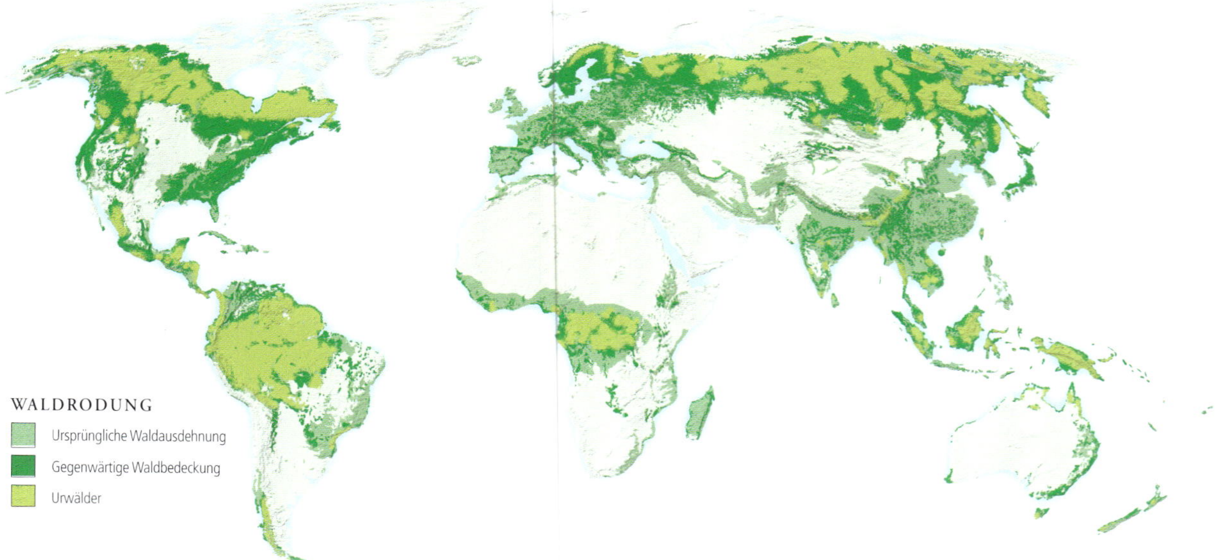

WALDRODUNG
- Ursprüngliche Waldausdehnung
- Gegenwärtige Waldbedeckung
- Urwälder

Gemäßigter Laubwald
Bunte Herbstfarben gehen dem Blätterabwurf voran, wenn sich der Wald auf den Winter vorbereitet. Zu Frühlingsbeginn ist der Boden mit Blumen übersät, bis neue Blätter Schatten werfen.

Gemäßigter Regenwald
Große Regenmengen, Küstennebel und milde Winter kennzeichnen die nordwestamerikanischen Feuchtwälder. Die hohen Kiefern sind mit Moosen, Flechten und Farnen geschmückt.

Saisonaler tropischer Wald
In saisonalen tropischen Gebieten wie auf der indonesischen Insel Komodo verlieren die Bäume in der Trockenzeit die Blätter. Auf dem offenen Waldboden jagen Komodowarane ihre Beute.

Tropischer Regenwald
Immerfeuchte Regenwälder beherbergen mehr Tierarten als jedes andere Biom. Hellrote Aras leben im Blätterdach des Regenwaldes, das bis in eine Höhe von 30 Metern reicht.

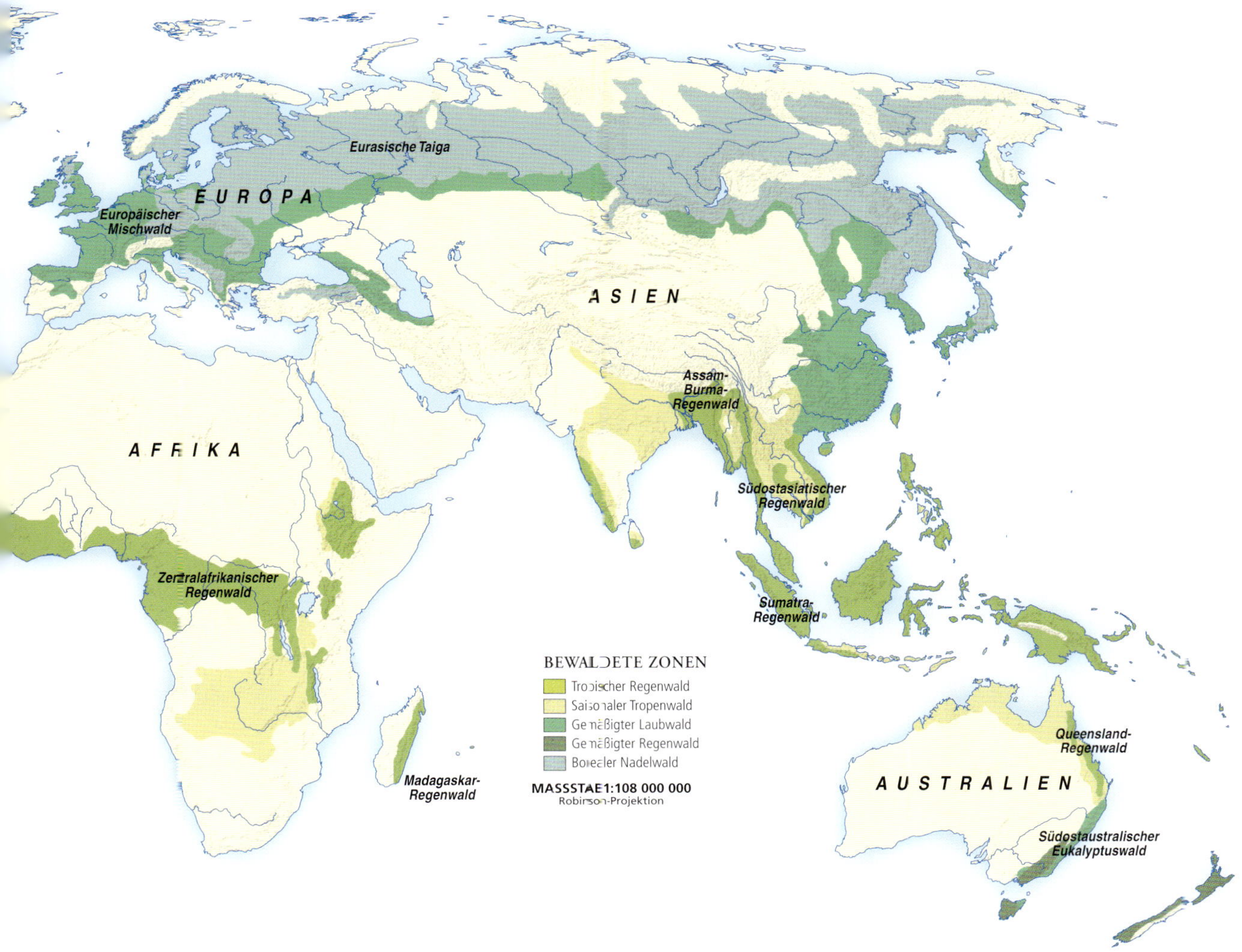

Wo ist der Wald?
Mit 809 Millionen Hektar großteils borealem Wald stellt Russland beinahe ein Fünftel der weltweiten Waldbedeckung von vier Milliarden Hektar. Die Anteile an geschütztem Wald sind je nach Waldtyp und Kontinent unterschiedlich.

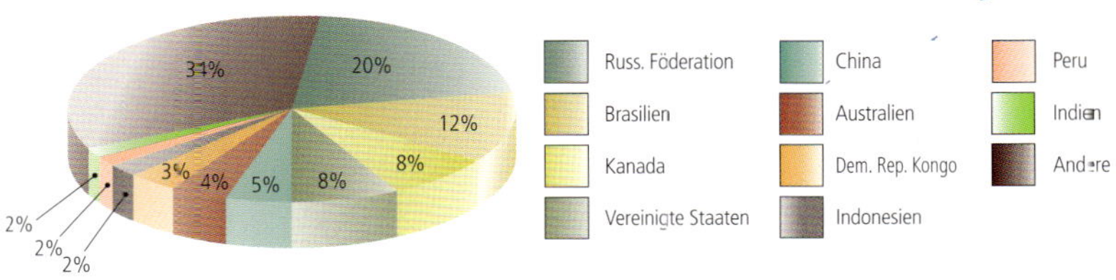

Region	Tropischer Wald	Geschützt	Nichttropischer Wald	Geschützt
Europa (einschließlich des asiatischen Teils Russlands)	Kein	k. A.	9 914 000 km²	3%
Nordamerika	4400 km²	7%	6 837 000 km²	9%
Mittel- & Südamerika	6 914 000 km²	12%	605 000 km²	11%
Asien	2 108 000 km²	16%	1 321 000 km²	5%
Afrika & Naher Osten	4 482 000 km²	9%	180 000 km²	3%
Australien & Ozeanien	536 000 km²	9%	271 000 km²	19%

Kohlenstoffspeicher

Etwa ein Fünftel der 8,8 Milliarden Tonnen Kohlendioxid, die jährlich von Menschen in die Atmosphäre abgegeben werden, ist auf Abholzung zurückzuführen, der Rest auf fossile Brennstoffe. 37,5 Prozent des Kohlendioxids werden von den Wäldern wieder absorbiert. Die Meere nehmen dieselbe Menge auf, aber die übrigen 25 Prozent bleiben in der Atmosphäre und sind die Hauptursache für die globale Erwärmung. Indem sie Kohlendioxid speichern, erweisen die Wälder der Erde einen lebenswichtigen Dienst.

Verschwindender Regenwald
Der Verlust an Wald verringert die Kohlenstoffspeicherung und die Biodiversität. Auf dem Satellitenbild durchbrechen blassgrüne und bräunliche entwaldete Gebiete den dunkelgrünen Amazonas-Regenwald.

RODUNG VON NATÜRLICHEN WÄLDERN

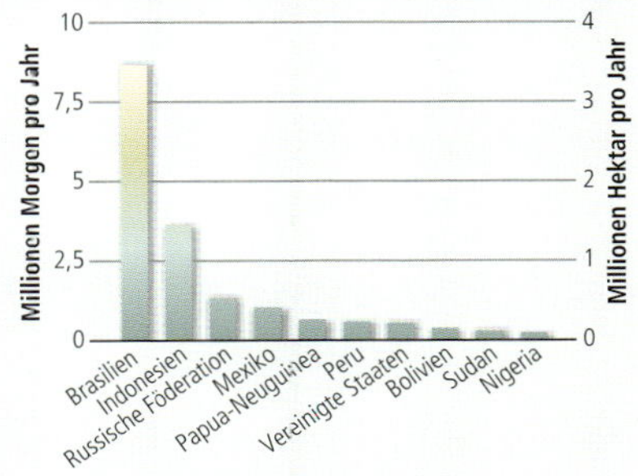

Die großen Kohlendioxiderzeuger
Die USA stoßen hauptsächlich durch die Nutzung fossiler Brennstoffe 25 Prozent der globalen Kohlenstoffemissionen aus, während Brasilien und Indonesien die größten auf Entwaldung basierenden Beiträge liefern.

Grassteppen

Ungefähr zehn Prozent der Landfläche unseres Planeten sind mit Grassteppen bedeckt. Der Großteil der Biomasse der Grassteppengemeinschaften befindet sich unter der Erde in der nährstoffreichen Wurzelmatte, wodurch Gräser und Kräuter überleben und sich nach Dürren und Bränden rasch erholen können. Die Ökologie wird von den Jahreszeiten beherrscht. Tiere nutzen die Regenzeit zur Nahrungsaufnahme und Fortpflanzung und stellen in der Trockenzeit oder im Winter auf Überlebensmodus um (oder wandern). Früher beheimateten die Grassteppen riesige Herden grasender Säugetiere, heute kann man derartige Populationen nur noch in Afrika finden. Die Gräser brauchen die Abweidung. Ohne Pflanzenfresser verändert sich die Vegetation und wird zur dornigen Buschsteppe. Menschen nutzten die fruchtbaren Böden und verwandelten die Hälfte aller Grassteppen in Weide-, Acker- oder Bauland. Die übrigen Grassteppen und Wildtiere werden durch das Bevölkerungswachstum und die zunehmende Anzahl von Schafen, Ziegen und Rindern bedroht.

Die Grassteppen der Erde

In den an die Tropen grenzenden Grassteppen, die man als Savannen und in Südamerika als Llanos bezeichnet, gibt es auch verstreute Bäume. Das ganzjährig warme Klima weist eine ausgeprägte Trockenzeit auf. Gemäßigte Grassteppen sind baumlose Ebenen mit heißen, trockenen Sommern und kalten Wintern. In Nordamerika werden sie Prärien, in Südamerika Pampas, in Südafrika Veldts und in Eurasien Steppe genannt. Zu den großen Pflanzenfressern der Grassteppen zählen nordamerikanische Bisons, südamerikanische Guanakos, afrikanische Gazellen, asiatische Wildpferde und australische Kängurus.

Die verlorenen Prärien

Die Großen Ebenen der Vereinigten Staaten waren einst ein Tausende Kilometer weites Meer aus Gras und die Heimat von 60 Millionen Bisons. Zwischen 1830 und 2000 schrumpften die Prärien um zwei Drittel, die Bisons wurden bis auf etwa 100 Tiere getötet, und europäische Siedler verwandelten die östliche Prärie in Maisfelder, während sie weiter westlich Weizen anbauten und Rinder und Schafe hielten. Heute besteht die Vegetation zu bis zu 90 Prozent aus eingeführten Arten.

EINSTIGE PRÄRIEBEDECKUNG

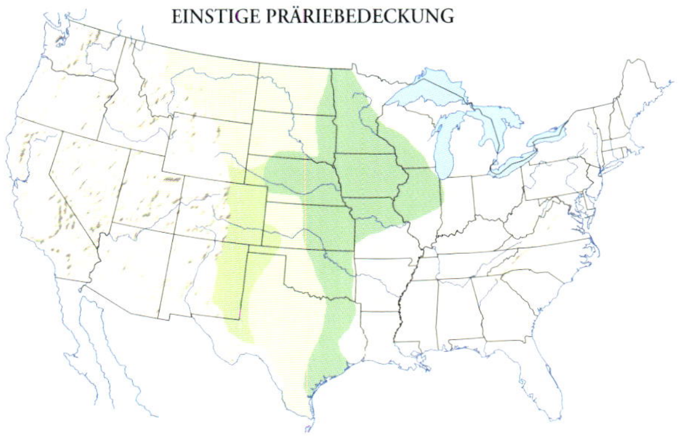

GEGENWÄRTIGE PRÄRIEBEDECKUNG

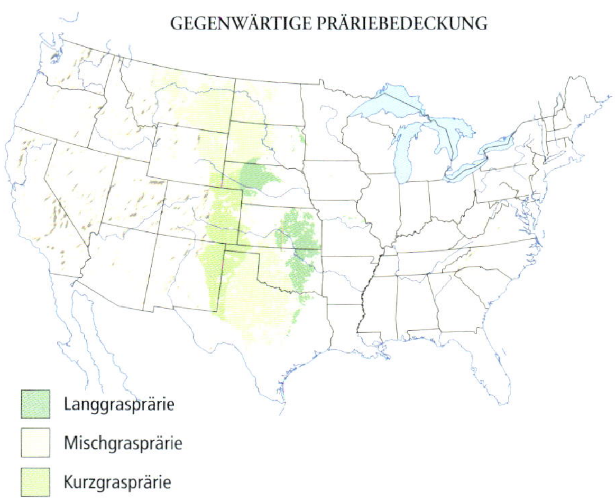

Feuer in der Steppe

Flächenbrände sind ein wichtiger Bestandteil der Ökologie von Grassteppen, denn sie zersetzen abgestorbene Materie, bereiten Nährstoffe wieder auf und sorgen dafür, dass die Büsche nicht überhandnehmen. In vielen Grassteppen legen Bauern absichtlich Brände, um Land für den Ackerbau zu roden oder Weideland zu erneuern. Auf dem Falschfarben-Satellitenbild der zentralasiatischen Kasachischen Steppe erscheint Vegetation grün, verbrannte Gebiete sind rotbraun, und die roten Punkte stellen brennende Feuer dar.

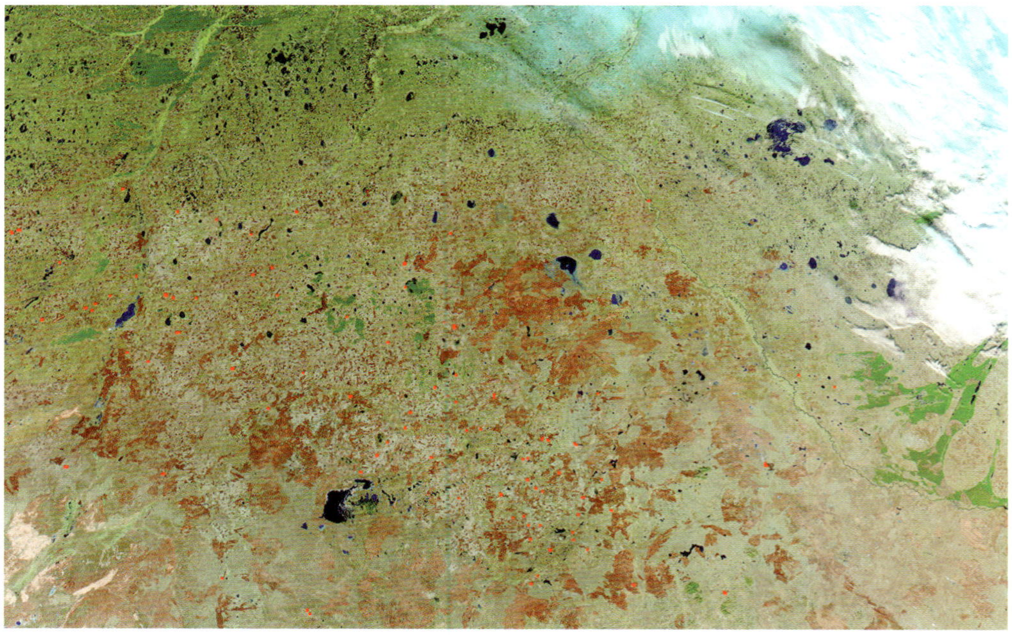

Region	Grassteppen & Savannen	Name
Europa (einschließlich Russland*)	1 401 000 km²	Steppe
Nordamerika	1 749 000 km²	Prärie
Mittel- & Südamerika	4 950 000 km²	Pampas
Asien	26 555 000 km²	Steppe
Afrika & Mittlerer Osten	10 251 000 km²	Savanne
Australien & Ozeanien	3 072 000 km²	Grassteppe

*mit dem asiatischen Teil

Fußpatrouille
Zu den Bewohnern der Grassteppe gehören die fluguntähigen Laufvögel Strauß, Emu und Nandu ebenso wie der langbeinige afrikanische Sekretär, ein reptilienfressender Greifvogel, der die Savanne zu Fuß durchstreift.

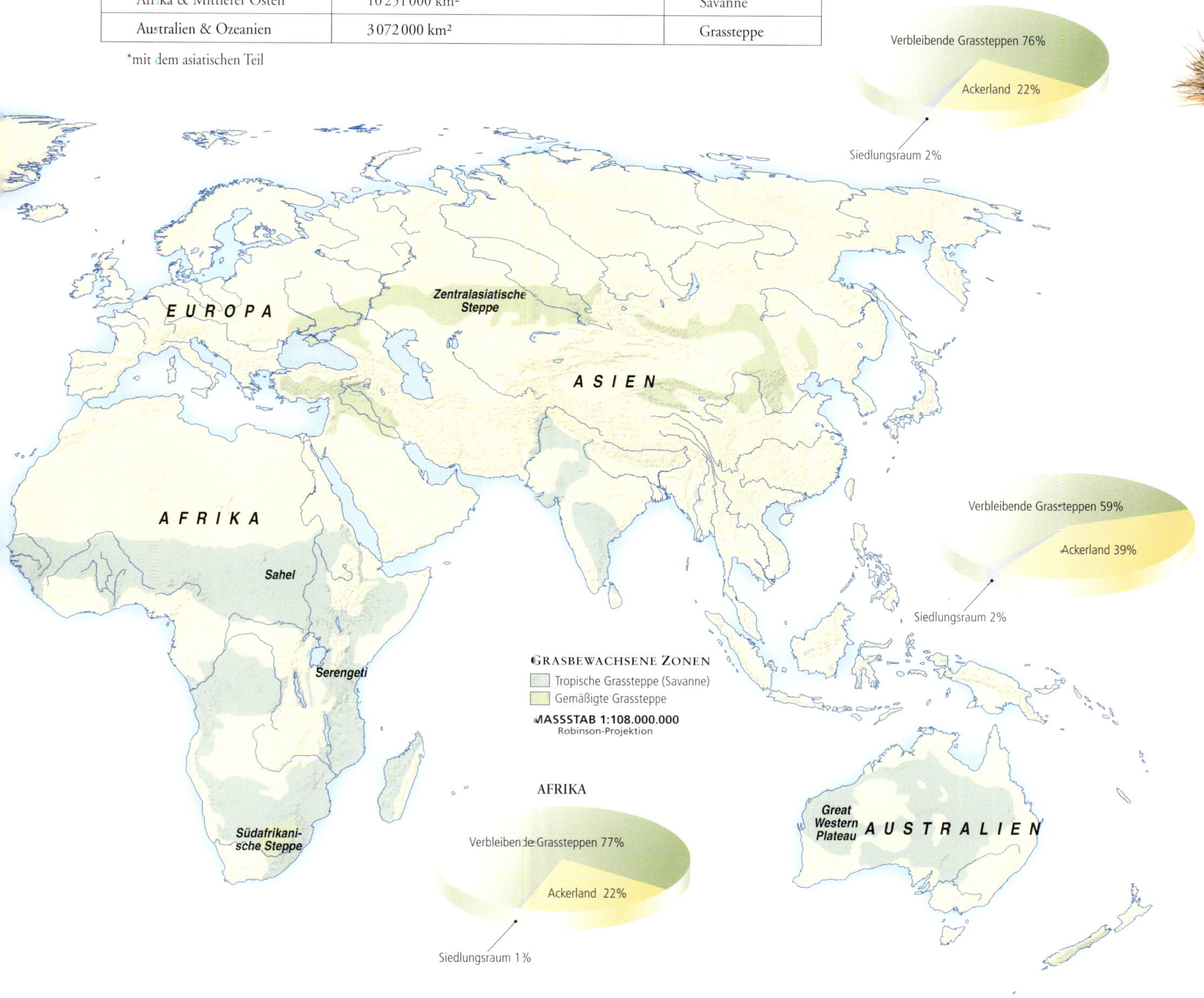

Räuber und Beute
Bewegungslos im Gras verborgen lauert eine Löwin darauf, dass die wachsame und flinkfüßige Thomson-Gazelle nahe genug kommt, um sich auf sie zu stürzen.

Grasen im Outback
Das Rote Riesenkänguru ist an die trockene australische Grassteppe angepasst. Es stimmt seine täglichen Aktivitäten auf die Temperaturen und seine Fortpflanzung auf den sporadischen Niederschlag ab.

Wildtiere der Grassteppe

Heiße, trockene Sommer und kalte Winter mit geringem Nahrungsangebot stellen hohe Anforderungen an die Tiere der Grassteppen. Ohne Bäume zum Verstecken haben sich viele Raub- und Beutetiere an das Leben in Bauen und an schnelles Laufen angepasst.

Die hohe Vegetation wächst jährlich nach und versorgt große Populationen von pflanzenfressenden Wirbeltieren, Wirbellosen, Grashüpfern und Wanderheuschrecken

Bodenbewohner
Viele Säugetiere und Vögel der Grassteppen wie der amerikanische Kaninchenkauz (links) leben unterirdisch, wo sie sich vor Raubtieren verstecken und vor Sommerhitze und Winterkälte geschützt sind.

Termitenfresser
Termiten sind zu 90 Prozent an der Zersetzung von abgestorbenem Gras beteiligt. Der südamerikanische Große Ameisenbär sucht Termitenhügel auf, um sich von den Insekten zu ernähren.

Grasende Herden
Die meisten Grassteppen waren früher von großen grasenden Tierherden geprägt. Sie haben nur in einigen Teilen Afrikas überlebt. Dort weiden Zebras, Gnus und Gazellen noch heute abwechselnd, um die Konkurrenz zu verringern.

Trockene Lebensräume

Leben braucht Wasser, deshalb sind Tiere in Gebieten mit geringem Niederschlag und extremen Temperaturen mit speziellen Herausforderungen konfrontiert. In heißen Wüsten steigen die Tagestemperaturen regelmäßig auf über 38 Grad Celsius, und die Oberfläche des Bodens kann 77 Grad erreichen. In Kaltwüsten kann Wasser gefroren und nicht verfügbar sein. Unter solchen Bedingungen gibt es wenig Vegetation und tierisches Leben. Tagsüber suchen die meisten Tiere Schutz unter dem Sand oder an schattigen Plätzen. Wüstentiere haben oft Felle und Schuppen, die sie vor Austrocknung schützen. Viele Arten hecheln und schwitzen, um Körper und Gehirn kühl zu halten. Manche Tiere verbringen Monate oder Jahre in einem Starrezustand. Nachts wird die Wüste lebendig. Die Tiere kommen aus ihren Unterschlupfen und suchen nach Nahrung. Wenn der Regen kommt, verwandelt er alles in kürzester Zeit: Die Wüstenpflanzen blühen kurz, und die Tiere pflanzen sich rasch fort. Danach begeben sich die meisten Tiere wieder in ihre Verstecke, um geduldig auf das nächste lebenserhaltende Unwetter zu warten.

Westlicher Buschhäher
In seinem Chaparral- oder Halbwüstenlebensraum bezieht der Vogel im Sommer sein Wasser aus der Nahrung. Mittags sucht er den Schatten auf und gibt mit seinen unbefiederten Füßen Wärme ab.

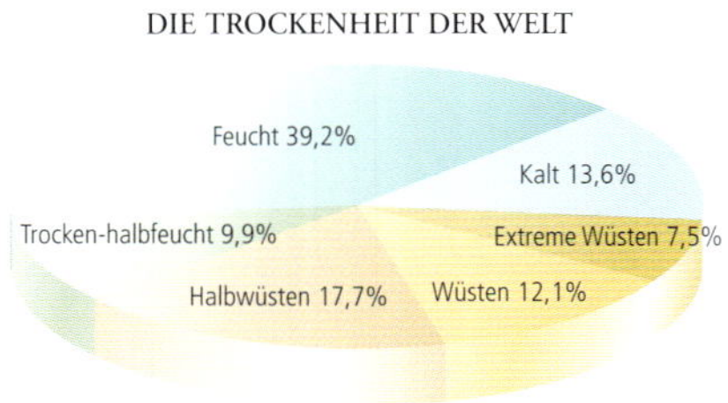

Hyperarid bis feucht
Ein großer Teil der Landfläche ist bereits trocken oder halbtrocken. Die dünne Bodenschicht in diesen Regionen ist der Winderosion ausgesetzt. Die globale Erwärmung und schlechte Landnutzungspraktiken werden den Anteil an Trockengebieten erhöhen und negative Folgen für Menschen und Wildtiere mit sich bringen.

Die Trockenzonen der Erde

Zwischen 20 und 30 Grad Nord und Süd ist der Erdball von zwei Bändern aus Trockengebieten umgeben. Etwa 13 Prozent der Landfläche sind Wüsten, aber bis zu ein Drittel kann als trocken oder halbtrocken bezeichnet werden. Wüsten- und Halbwüstenbiome gehen in Grasland, Dornstrauchsavannen und Küstenvegetation (wie Macchia, Chaparral, Fynbos und Mallee) über.

Desertifikation

An den Rändern der Trockengebiete kommt es zu einer Verschlechterung des Bodens, der sogenannten Desertifikation oder fortschreitenden Wüstenbildung. Hauptursachen sind Klimawandel, Überweidung, Übernutzung und Bevölkerungswachstum. Gegenwärtig werden jährlich zwölf Millionen Hektar Ackerland unbrauchbar. Die „Dust Bowl" der 1930er Jahre in den nordamerikanischen Großen Ebenen und die Dürre in der Sahelzone in den 1980er Jahren zeigten, dass Desertifikation menschliche Gesellschaften und die Lebensräume der Wildtiere zerstören kann.

Staubsturm
Schlechter Umgang mit Trockengebieten verstärkt Staubstürme wie diesen, der über die chinesische Taklamakanwüste hinwegfegt. Staubstürme verwehen den Boden sowie organische Materie und verringern die landwirtschaftliche Produktivität an Wüstenrändern.

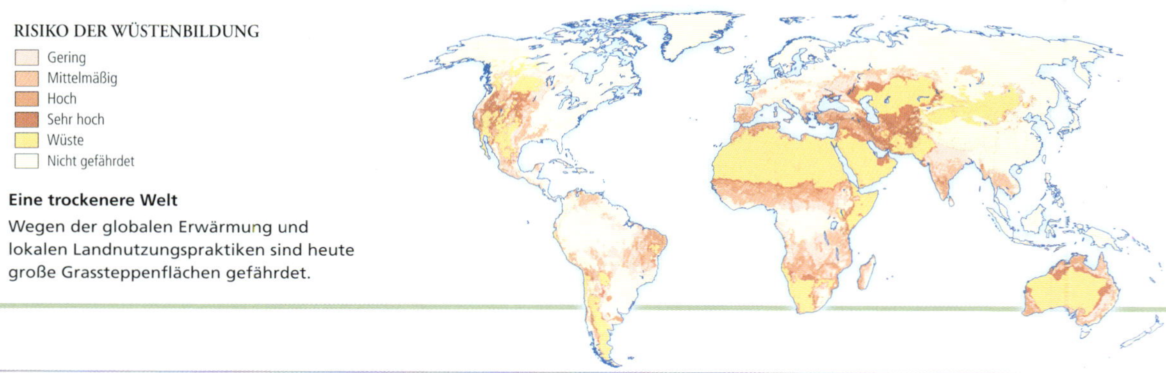

Eine trockenere Welt
Wegen der globalen Erwärmung und lokalen Landnutzungspraktiken sind heute große Grassteppenflächen gefährdet.

Südliche Grashüpfermaus
Der nachtaktive *Onychomys torridus* bezieht sein Wasser aus seiner Nahrung, die aus anderen Mäusen, Skorpionen und Käfern besteht. Das Männchen steht und singt laut, um sein Revier abzugrenzen.

Wegekuckuck
Die Vögel wärmen sich morgens in der Sonne auf, ohne Kalorien zu verbrennen. Später stehen sie im Schatten, breiten die Flügel aus und hecheln, um sich kühl zu halten.

Wüste	Region	Typ	Fläche
Sahara	Nordafrika	Heiß	9 100 000 km²
Arabische Wüste	Arabische Halbinsel	Heiß	2 600 000 km²
Gobi	China, Mongolei	Kalt	1 300 000 km²
Patagonische Wüste	Argentinien	Kalt	670 000 km²
Große Victoriawüste	Australien	Heiß	650 000 km²

Trampeltier
Die Kamele der Wüste Gobi haben breite Füße, lange Wimpern und verschließbare Nasenlöcher. Zwei dicke Höcker versorgen sie mit Wasser aus dem Stoffwechsel.

Streifenköpfige Bartagame
Das Imponiergehabe der Echse schreckt Raubtiere ab. Die Schuppenfarbe kann heller und dunkler werden, um die Temperaturregulierung zu optimieren.

Nebeltrinker-Käfer
Der namibische Käfer taucht nachts aus dem Sand auf und klettert auf eine Düne, wo er mit dem Kopf nach unten im vorüberziehenden Nebel Wasser sammelt, das daraufhin in sein Maul tröpfelt.

Fleckenflughuhn
Der Wüstenvogel hat die Angewohnheit, seinen Bauch nass zu machen, wenn er kurz nach Sonnenaufgang an einem Teich trinkt. Danach bringt er das Wasser zu seinen Küken.

Asiatische Esel
Solange sie nur einige Kilometer von einem Wasserloch entfernt leben, können diese Halbesel in der kargen Wüste im Nordwesten Indiens überleben.

Wüsten und Halbwüsten

In Halbwüsten (wie den Galápagos-Inseln, rechts mit Riesenschildkröte) liegt der Jahresniederschlag unter 250 Millimeter. Die Vegetation besteht aus verstreuten Kakteen und Dornbüschen. Der jährliche Niederschlag von richtigen Wüsten (wie der Namibwüste, ganz rechts), die nur wenige Pflanzen beherbergen, liegt unter 50 Millimetern. Zwischen den Regenfällen können Jahre oder Jahrzehnte vergehen. Die Zwergpuffotter versteckt sich tagsüber unter dem Sand, wobei nur Augen und Nasenlöcher hervorstehen.

Gefrorene Lebensräume

Die letzte Eiszeit endete vor 18 000 Jahren, aber in den Polargebieten und der Tundra haben viele an die Kälte angepasste Arten überlebt. Die baumlose Tundra liegt über Permafrostboden und hat kurze, kühle Sommer und lange, kalte Winter. Tiere können nur durch spezielle Anpassungen ganzjährig in gefrorenen Gebieten überleben. Viele wandern, schwimmen oder fliegen in Richtung Äquator, um vor der Winterkälte zu fliehen. Manche bleiben und suchen Schutz in Schneehöhlen, wo sie wie die Eisbären von Fettreserven leben. Andere legen unter dem Schnee Baue an wie die Lemminge. Auf Grund ihrer guten Isolierung, körperlichen Anpassungen und ihres Sozialverhaltens können Pinguine in der Antarktis überwintern. Sobald die Sonne in die Polarregionen zurückkehrt, kommt das Leben voll in Gang, und die neugeborenen Jungtiere müssen während des zwei bis vier Monate dauernden Sommers eine rasche Entwicklung durchlaufen.

Eis- und Tundralebensräume
Drei bis zu 5000 Meter dicke Eiskappen bedecken den antarktischen Kontinent und Grönland. Die arktische Tundra verändert sich mit der zunehmenden Erwärmung des Planeten rasch. Auf der Südhalbkugel findet man Tundra auf den subantarktischen Inseln. Alpine Tundra findet man in den Gebirgsregionen aller Kontinente, an manchen Plätzen in Verbindung mit Gletschern.

Wärmere Pole

Die Polarregionen erwärmen sich dreimal so schnell wie die Tropen. Der 50-Jahres-Rückgang des Wintermeereises in der Antarktik (unten) und der vorhergesagte Verlust an Permafrost und Eisbedeckung in der Arktis (rechts) sind bezeichnend. Der Meeresspiegel wir in diesem Jahrhundert voraussichtlich um ein bis zwei Meter ansteigen. Falls alle 30 Millionen Kubikkilometer Eiskappen und Gletscher schmelzen, könnte der Meeresspiegel weltweit um bis zu 78 Meter ansteigen.

Rückgang des arktischen Permafrosts
Die Karte veranschaulicht die vorausgesagte Auswirkung der Klimaerwärmung auf Permafrost und Eisdecke der Arktis. Arten wie Rentiere und Walrosse werden neuen Belastungen ausgesetzt sein.

ERWÄRMUNG DER ARKTIS
- Gegenwärtige Permafrostfläche
- Vorhergesagte Permafrostfläche 2100
- Gegenwärtiges Meereis
- Vorhergesagtes Meereis 2070–2090

Rückgang des antarktischen Meereises
Das Leben um die Antarktis ist vom winterlichen Packeis abhängig, das Jahr für Jahr weniger wird. Algen, die unter dem Eis Schutz suchen, sorgen für das Wachstum der Krillpopulationen, die die Nahrungsgrundlage für Pinguine, Robben und Wale bilden.

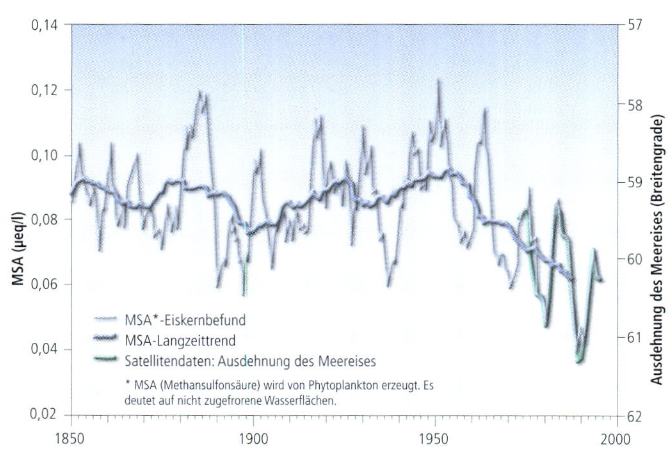

Sommer in Sibirien
Die sibirische Tundra östlich des Lena-Deltas mit ihren zugefrorenen Seen und aufgebrochenem Meereis verbindet die Neusibirischen Inseln mit dem Festland. Die Plattform aus Packeis ermöglicht Eisbären die Robbenjagd. Falls sie schmilzt, werden die Bären und ihre Jungen verhungern. Seen und Permafrostböden tauen auf und setzen das Treibhausgas Methan frei, das den Klimawandel beschleunigt.

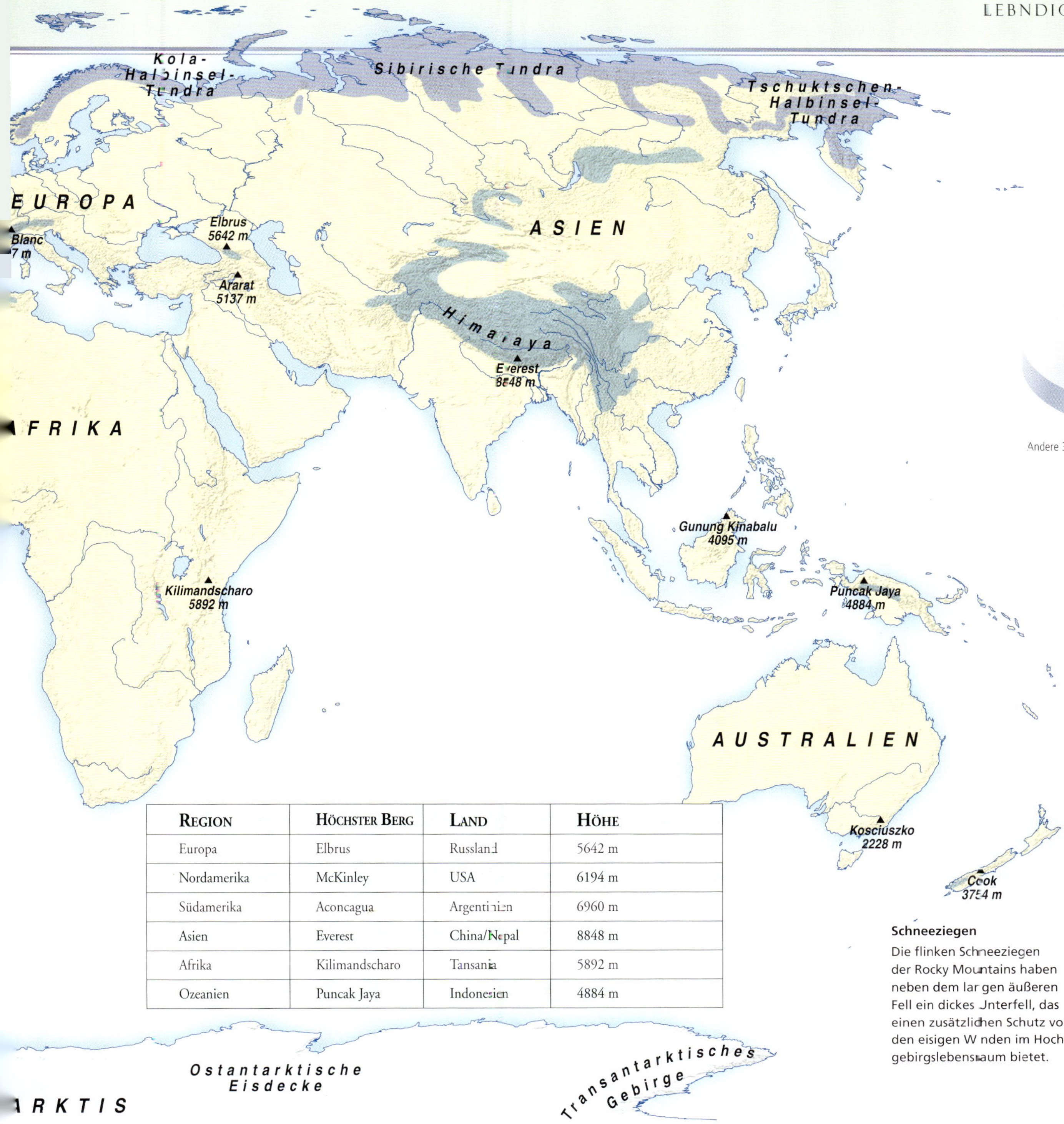

Region	Höchster Berg	Land	Höhe
Europa	Elbrus	Russland	5642 m
Nordamerika	McKinley	USA	6194 m
Südamerika	Aconcagua	Argentinien	6960 m
Asien	Everest	China/Nepal	8848 m
Afrika	Kilimandscharo	Tansania	5892 m
Ozeanien	Puncak Jaya	Indonesien	4884 m

Wo befindet sich das Eis?

Die 35 Millionen Jahre alten Ost- und Westantarktischen Eisdecken und die drei Millionen Jahre alte Grönlandeiskappe enthalten 97 Prozent des Eises der Erde. Gebirgsgletscher, antarktisches Schelfeis und polares Meereis bilden den Rest.

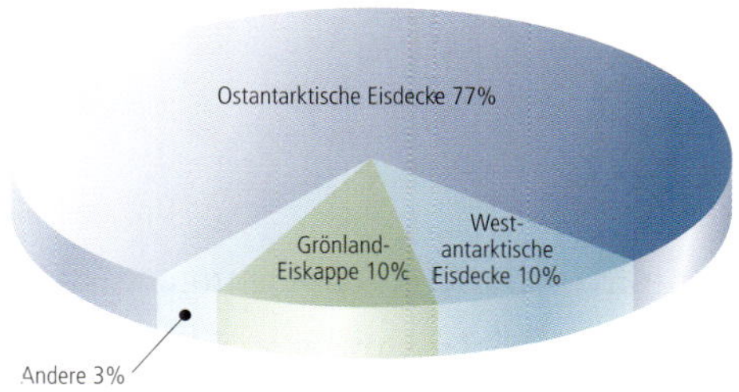

Wildtiere in Eis und Schnee

Eiskappen und Gletscher sind unwirtliche Plätze. Im Gegensatz dazu wimmelt es in der Tundra einige Monate im Jahr von Leben, wenn Pflanzen und Algen genügend Nahrung für Vögel und Säugetiere liefern. „Kaltblütige" Reptilien und Amphibien kommen nicht vor. In der Gebirgstundra gibt es keinen Permafrost und keine jahreszeitlich bedingten extremen Veränderungen der Tageslänge wie in den Polargebieten.

Schneeziegen

Die flinken Schneeziegen der Rocky Mountains haben neben dem langen äußeren Fell ein dickes Unterfell, das einen zusätzlichen Schutz vor den eisigen Winden im Hochgebirgslebensraum bietet.

Gerfalke

Von den 100 Vogelarten, die im Sommer in der arktischen Tundra brüten, ziehen die meisten vor dem sechsmonatigen Winter nach Süden. Gerfalken bleiben und jagen Schneehühner und kleine Säugetiere.

Moorschneehuhn

Das Moorschneehuhn ist das ganze Jahr über gut getarnt: Im Sommer ist das Gefieder gesprenkelt (rechts), im Winter wird es ganz weiß, um mit dem Schnee zu verschmelzen.

Antarktische Seebären

Von den acht antarktischen Arten der Südlichen Seebären sind sie am schlechtesten an Eis und Kälte angepasst. Sie paaren sich auf Inseln vor der Antarktis. Die Weibchen verzögern die Entwicklung der Jungen, damit sie im Frühling geboren werden.

Breitengrad und Höhe

Auf der Reise vom Äquator zu den Polen trifft man auf dieselbe Abfolge von Biomen wie beim Aufstieg auf einen Berg: Regenwald, Laubwald, Nadelwald, Tundra. Eine Veränderung der geographischen Breite um 800 Kilometer entpricht einem Höhenunterschied von annähernd 1000 Metern.

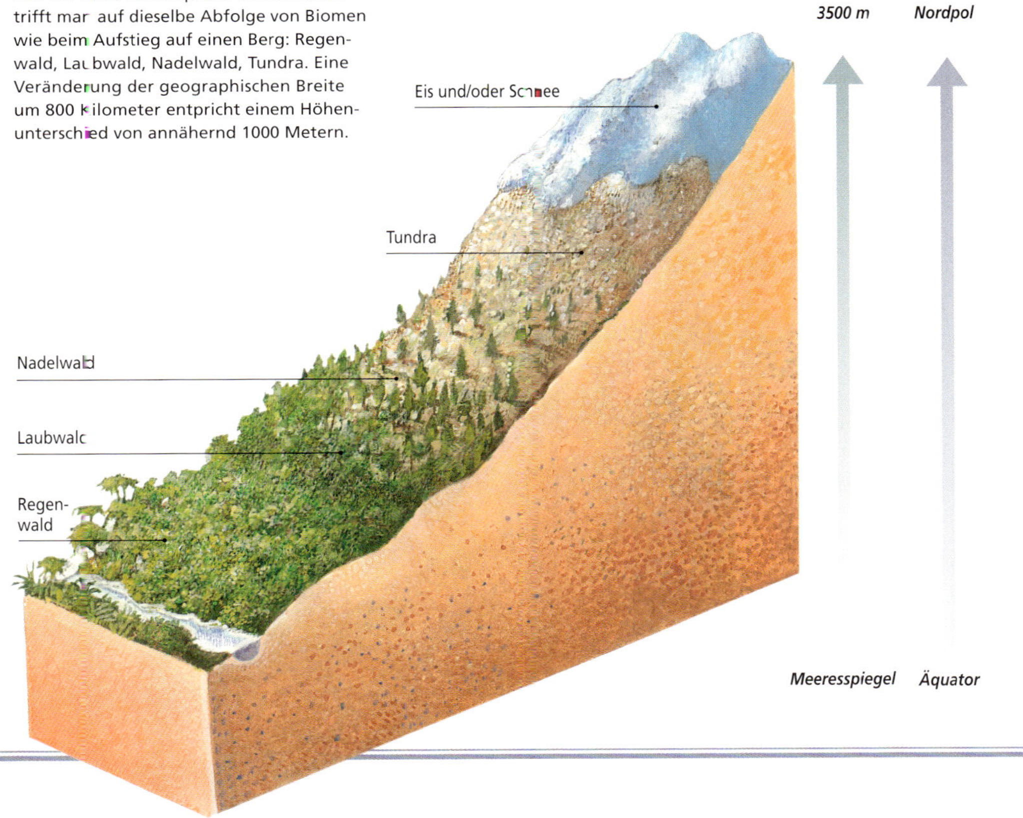

Wasserlebensräume

Unter Wasser findet man eine größere Vielfalt an physikalischen Bedingungen vor als an Land, weshalb das Leben im Wasser vielfältiger ist. Bezüglich ihrer Komplexität übertreffen Korallenriffe selbst Regenwälder, und Salzmarschen zählen zu den produktivsten Ökosystemen des Planeten. Verglichen mit unserem Wissen über Landlebewesen sind die Wasserlebensräume relativ unerforscht. Winzige Planktonalgen im sonnendurchfluteten Meerwasser erzeugen den Großteil des Sauerstoffs, von dem die Landtiere abhängig sind. Wo aus vulkanischen Spalten auf dem Meeresgrund 350 Grad Celsius heißes Wasser und Schwefelwasserstoff dringen, gedeiht das Leben sogar in der absoluten Dunkelheit der Tiefsee. Ein Fünftel der Korallenriffe ist bereits verschwunden, die Hälfte durch gegenwärtige Trends gefährdet. Feuchtgebiete speichern 20 Prozent des weltweiten Kohlenstoffs und könnten ihr Kohlendioxid als „Kohlenstoffbombe" freisetzen, die den Planeten erwärmt. Es ist an der Zeit, den Wasserlebensräumen mehr Aufmerksamkeit zu widmen.

Lebensräume im Süß- und Salzwasser

Tiere in Wasserlebensräumen sind entweder ständige Bewohner oder Besucher, die sowohl an das Leben an Land als auch im Wasser angepasst sind. Im Salzwasser findet man weitaus mehr Tierarten als im Süßwasser. Die Ozeane waren der ursprüngliche Lebensraum der Vorfahren aller Organismen. Dennoch sind Süßwasserteiche, Seen, Flüsse und Feuchtgebiete die ständige Heimat einer Vielfalt von Wirbellosen, Fischen, Wasservögeln und anderen Wirbeltieren.

Teiche und Seen
Als Bewohner zweier Welten müssen sich Zierschildkröten in der Sonne aufwärmen, ehe sie im Wasser nach Nahrung tauchen. Gefriert das Wasser, vergraben sie sich im Schlamm am Grund des Teiches.

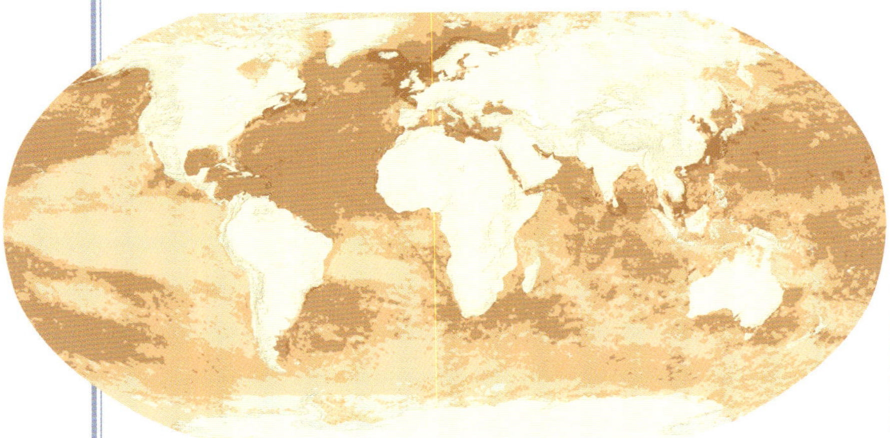

Auswirkungen der Eingriffe des Menschen

Menschen haben viele Süßwasser- und Küstenlebensräume zerstört und damit sauberes Wasser, Artenvielfalt und den Schutz vor Überschwemmungen. Den meisten Meeresgemeinschaften wurden durch Überfischung, Lebensraumzerstörung, Verschmutzung und globale Erwärmung Schaden zugefügt. Chemikalien aus verschmutzten Flüssen lassen in Küstengewässern sauerstoffarme Todeszonen entstehen, und führen zu einer Zunahme des giftigen Planktonwachstums, der Algenblüte.

Schutz der Feuchtgebiete
Das 1971 übernommene Ramsar-Übereinkommen über Feuchtgebiete von internationaler Bedeutung unterstützt die Erhaltung von 1759 Süßwasser-, Flussmündungs- und Küstengewässerschutzgebieten in 158 Ländern. Besondere Aufmerksamkeit wird auf Feuchtgebiete gelegt, die wandernden Wasservögeln Schutz bieten.

1759 RAMSAR-GEBIETE SCHÜTZEN
161 MILLIONEN HEKTAR FEUCHTGEBIETE

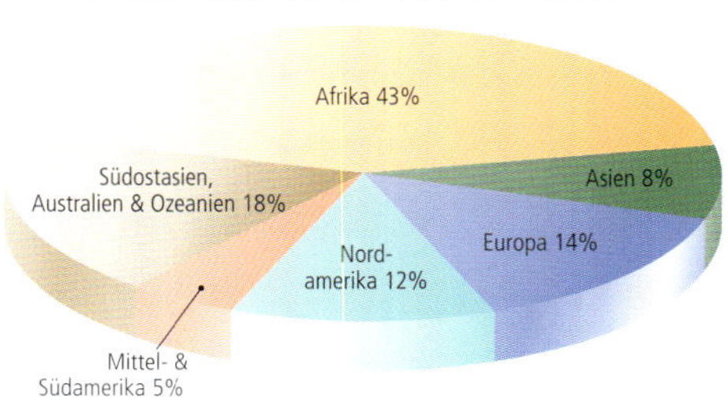

Wassertiere

Um sich fortzupflanzen, brauchen alle Wassertiere Sauerstoff und Nahrung und müssen sich vor Beutejägern hüten,. Auf dem Grund lebende Arten nutzen die Vorteile des „Nahrungsregens" von oben, leben aber in totaler Dunkelheit. Im offenen Wasser lebende Tiere müssen schwimmen oder treiben (Plankton). An den Rändern der Gewässer (Strand- oder Gezeitenzonen) ist das Leben am reichsten, aber das Risiko höher, Opfer eines Raubtieres zu werden.

Gemeiner Delfin
Mit scharfen Augen, ausgezeichneten Kommunikationsfähigkeiten und kooperativem Verhalten jagen Delfingruppen im offenen Ozean hinter Fischschwärmen her.

Blaugeringelter Krake
Der kleine Tintenfisch lebt in Gezeitenbecken und ist gewöhnlich gut getarnt. Wird er aufgeschreckt, blitzen seine hellen Farben auf und warnen vor seinem tödlich giftigen Biss.

Rotlachs
Junge Rotlachse wandern von ihren Geburtsorten in den Gebirgsbächen ins Meer, wo sie mehrere Jahre bleiben, ehe sie in die Bäche zurückkehren, um sich fortzupflanzen und zu sterben.

Feuchtgebiete
Feuchtgebiete sind hochproduktive Lebensräume für Wirbellose, Fische und Vögel. Im seichten Wasser jagen Rosalöffler nach Krebstieren und Fischen.

Mangroven
Mangroven beziehen Nährstoffe vom Land und vom Meer und bilden die Lebensgrundlage für Algen, Pflanzen, Wirbellose, Fische und Vögel wie den Krabbenreiher.

Korallenriffe
In warmen, nährstoffarmen Meeren wachsen Korallen, deren Produktivität von einer Symbiose zwischen Korallentieren und Algen gespeist wird. Ein Riff bietet Nischen für zahlreiche Tiere.

Meere
Meeresfische sind meist darauf spezialisiert, ihre Nahrung in tiefen, mittleren oder oberen Wasserschichten zu suchen. Der Kopf des Hammerhais hat Sinnesorgane, die den Fisch zu vergrabenen Stachelrochen führen.

Die Gewässer der Welt

Die großen Flüsse, Seen und Feuchtgebiete bergen Tausende Fischarten, Amphibien, Wasserschildkröten, Schlangen, Vögel und Säugetiere. Salzmarschen und Mangroven verankern die Küstenlinien, dienen als Kinderstuben für Fische und ernähren Millionen Vögel. Meereslebensräume werden nach Wassertemperatur, Lichteinfall, Tiefe und Nährstoffgehalt (der in Auftriebszonen konzentriert ist) eingeteilt. Die Korallenriffe sind die zerbrechlichen Kronjuwelen der Unterwasserwelt.

DAS WASSER DER ERDE

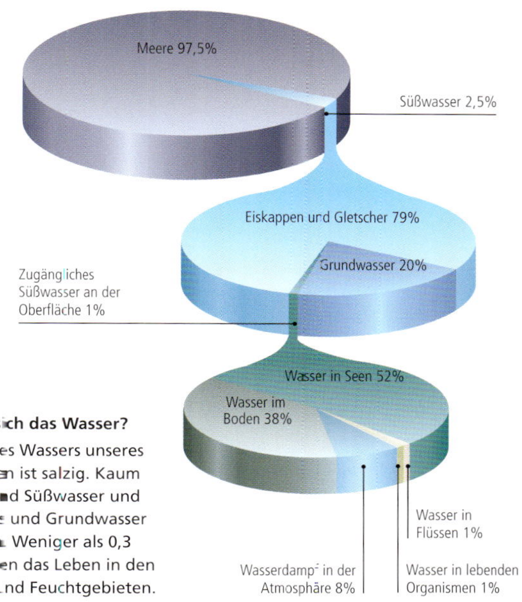

Wo befindet sich das Wasser?
Der Großteil des Wassers unseres blauen Planeten ist salzig. Kaum drei Prozent sind Süßwasser und in Form von Eis und Grundwasser eingeschlossen. Weniger als 0,3 Prozent erhalten das Leben in den Seen, Flüssen und Feuchtgebieten.

Olm
Der Fleischfresser verbringt sein Leben auf dem Grund von Teichen und Seen. Er entwickelt zwar Füße, verliert seine Kiemen aber nicht wie andere Schwanzlurche.

Kronenkranich
Ständig oder saisonal überschwemmte Feuchtgebiete sind für laichende Flussfische lebenswichtig. Watvögel nutzen das überreiche Nahrungsangebot.

Ambon-Segelechse
Bei Bedrohung kann die mittelamerikanische Echse rasch flüchten. Der Hautsaum zwischen den Zehen bietet genügend Auftrittsfläche, um über die Oberfläche von Bächen zu laufen.

Tiefseespalten

Nicht alle Lebensformen sind vom Sonnenlicht abhängig. Etwa 2400 Meter unter der Meeresoberfläche nähren hydrothermale Spalten Gemeinschaften von zwei Meter langen Riesenröhrenwürmern (rechts). Sie hängen von Bakterien ab, die ihre Energie aus dem überhitzten schwefelreichen Wasser beziehen. Vor kurzem entdeckten Wissenschaftler Mikroben in heißem Grundwasser in Tiefen von bis zu zehn Kilometern unter der Erdoberfläche oder dem Meeresboden.

Lebensräume des Menschen

Unsere komplizierte Beziehung zu Wildtieren zeigt sich in den von Menschen beherrschten Stadt- und Landregionen. Einerseits haben unsere landwirtschaftlichen Praktiken Ökosysteme gestört und die natürliche Vegetation durch Monokulturen ersetzt. Das begünstigt einige Arten, von denen einige zur Plage wurden. Andererseits wollen viele Menschen wieder zurück zur Natur und füttern Vögel und Säugetiere in Gärten und Parks. Da aber immer mehr Menschen in die Stadt ziehen, verringert sich der Druck auf die verbleibenden Lebensräume für Wildtiere. Die Menschen nutzen beinahe die halbe Erdoberfläche, und das Schicksal der Wildtiere hängt von der Landnutzung ab. Falls die Urbanisierung im 21. Jahrhundert weitergeht und wir ländliche Gebiete nachhaltiger nutzen, werden Wildtiere eine Zukunft haben. Obwohl Städte scheinbar unnatürliche Lebensräume für Tiere sind, leben immer mehr Wildtiere in Städten – eine gute Gelegenheit für viele Menschen, diese Tiere und ihre ökologische Bedeutung kennenzulernen.

Grauhörnchen
In den städtischen Parks seiner amerikanischen Heimat sowie Europas hat das Eichhörnchen gelernt, mit Menschen und Hunden zu leben.

Star
Insektenfressende Stare wurden in Nordamerika und Australien zur Plage, da sie in Scharen über Obstgärten herfallen und heimische Vogelarten verdrängen.

Wanderheuschrecken
Warmes, feuchtes Wetter kann Grashüpfer dazu veranlassen, sich zu vereinen und in Heuschreckenschwärmen mit Milliarden von Insekten über Felder herzufallen und die Ernte zu zerstören.

Höchste Bevölkerungszahlen (2010)		**Wachsende Bevölkerung* (2005–2010)**	
Land	**Bevölkerung**	**Land**	**Jährliches Wachstum**
China	1 347 563 498	Liberia	4,5%
Indien	1 184 090 490	Burundi	3,9%
USA	309 162 581	Afghanistan	3,85%
Indonesien	242 968 342	Westsahara	3,72%
Brasilien	201 103 330	Timor-Leste (Osttimor)	3,5%
Pakistan	179 659 223	Niger	3,49%
Bangladesch	159 765 367	Eritrea	3,24%
Nigeria	152 217 341	Uganda	3,24%
Russland	139 390 205	Demokratische Republik Kongo	3,22%
Japan	126 804 433	Besetztes Palästinensergebiet	3,18%

** Länder mit mehr als 100 000 Einwohnern*

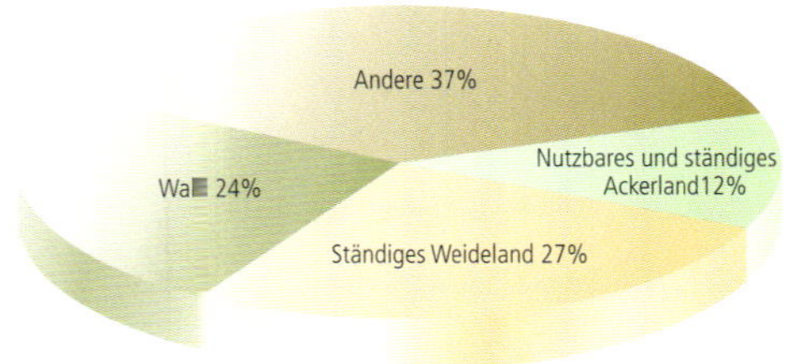

Globale Landnutzung
Die Menschen haben 35 Prozent des Festlands in Felder umgewandelt und verbrauchen 40 Prozent seiner biologischen Produktivität. Die Nutzung ist zum Großteil nicht nachhaltig, und die Landwirtschaft wird in Zukunft kleinere Flächen intensiver nutzen müssen.

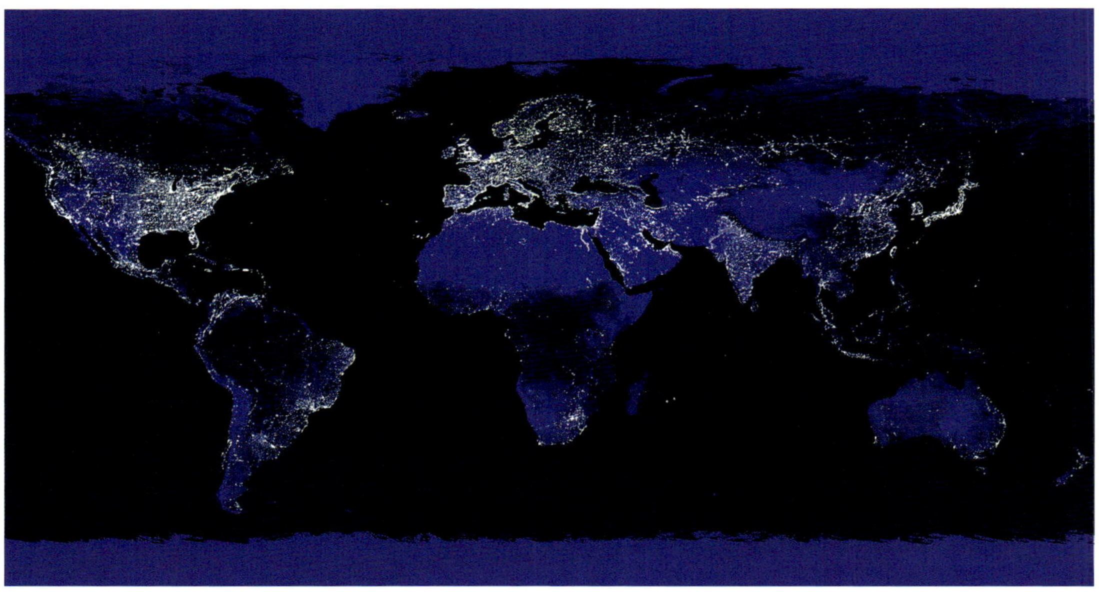

Die Erde bei Nacht

Unser Planet leuchtet in der Dunkelheit des Weltraums. Das Satellitenbild von der nächtlichen Erde veranschaulicht das Ausmaß der Urbanisierung. Die USA, Europa und Japan werden von ihren Städten hell erleuchtet, während das Landesinnere von Afrika, Asien, Australien und Südamerika dunkel und dünn besiedelt ist. Die UNO zählte 2007 19 Megacities (Städte mit mehr als zehn Millionen Einwohnern). 2007 lebten erstmals mehr Menschen in Städten als auf dem Land.

Der Einfluss unserer Spezies

Indem sie ermitteln, wie viel Land die Menschen zum Wohnen, zur Erzeugung der nötigen Ressourcen und zur Abfallentsorgung benötigen, können Wissenschaftler den „ökologischen Fußabdruck" eines Menschen berechnen. 1987 überstieg der weltweite Durchschnitt erstmals 1,0 (der Verbrauch lag über der Erneuerungsrate des Planeten). 2008 lag der Wert bei 1,23, wobei einige reiche Länder einen Fußabdruck von 4.0 hatten.

Urbane Lebensräume

Das Stadtleben gefällt manchen Tieren. Städte sind im Winter wärmer und bieten Kleinstlebensräume wie Fenstersimse oder Mauervorsprünge, Müllhalden voll mit Nahrung und Lichter, die in der Nacht Insekten anlocken. In urbanen Lebensräumen gibt es auch Probleme: Autos und Hauskatzen töten jährlich Hunderte Millionen von Vögeln und kleinen Säugetieren. Aber nur selten werden Menschen von Wildtieren wie Hirschen oder Schlangen verletzt.

Rotschwanzbussard
Der in Nordamerika verbreitete Bussard besetzt einen weiten Bereich unterschiedlicher Lebensräume. In Städten wählt er hohe Aussichtsposten, wo er nach Ratten, Tauben und Eichhörnchen in nahen Parks Ausschau hält.

Kalifornische Seelöwen
Seelöwen sind in San Francisco eine Touristenattraktion, doch die großen Tiere greifen gelegentlich Menschen an. Möglicherweise betrachten sie Menschen als Nahrungskonkurrenten, manchmal sind sie aber auch verwirrt, weil sie verseuchte Fische gefressen haben.

Plündernde Waschbären
Waschbären sind opportunistische Allesfresser. Von den nordamerikanischen Wäldern übersiedelten sie in die Vorstadtgärten, wo jede Nacht Menschen- und Haustiernahrung für sie bereit liegt.

Wachstum der Weltbevölkerung

Die Weltbevölkerung ist seit dem 15. Jahrhundert um das Zwölffache angewachsen, als hohe Geburts- und Todesraten niedriger wurden. 2007 wuchs die Bevölkerung täglich um 217 000 Menschen an. Glücklicherweise ist die Wachstumsrate seit den 1970er Jahren gesunken. Die globale Bevölkerung wird sich nach Voraussagen um 2100 zwischen neun und 13 Milliarden stabilisieren.

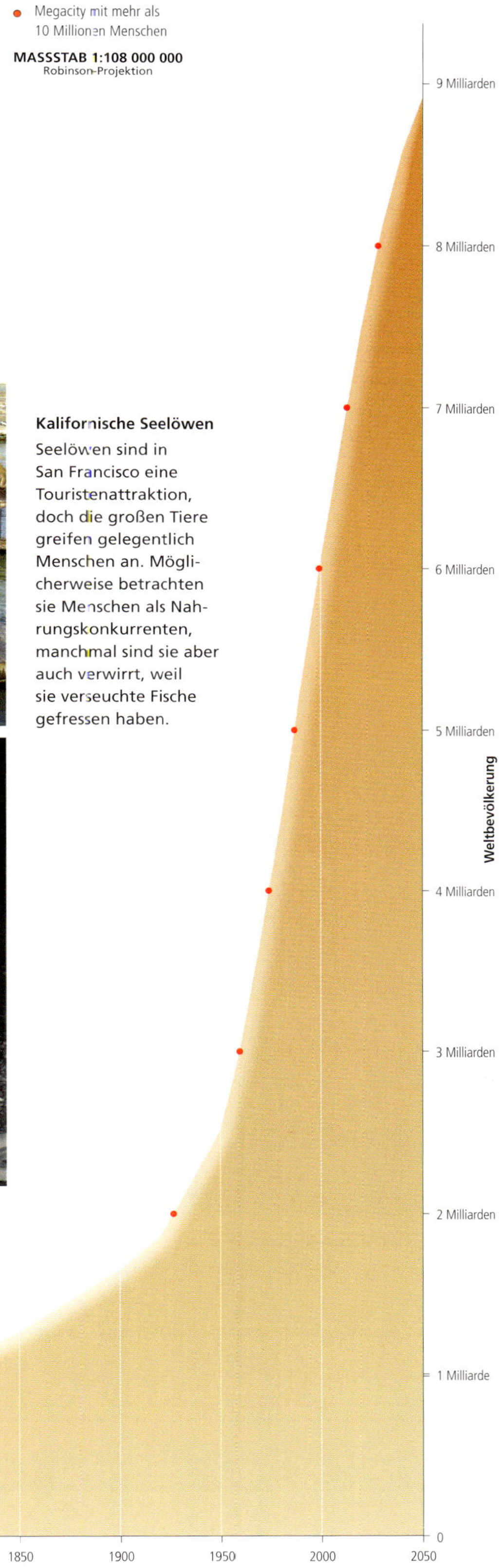

Bedrohte Wildtiere

Die Eingriffe des Menschen haben einen hohen Tribut von der Natur gefordert. Im Verlauf der vergangenen 100 000 Jahre wurde die Ankunft des Menschen auf Kontinenten und Inseln regelmäßig von Aussterbewellen begleitet. Lebensraumveränderung, Einführung konkurrierender Arten, Verschmutzung, Überjagung und globale Erwärmung gefährden die Wildtiere, wobei das Bevölkerungswachstum die Bedrohungen zusätzlich verstärkt. Obwohl die Pro-Kopf-Auswirkungen auf die Natur in Entwicklungsländern am schlimmsten sind, hat das Bevölkerungswachstum globale negative Folgen. Seit 1650 sind Hunderte von Wirbeltierarten ausgestorben, und die jährliche Aussterberate ist zur Zeit nach Schätzungen 10 000 Mal höher als der Durchschnittswert der letzten 60 Millionen Jahre. Tausende Arten, in erster Linie unbenannte Insekten, gehen Jahr für Jahr verloren, während Naturschützer versuchen, einige Tierarten in Zoos und Schutzgebieten zu erhalten. Bis ins Jahr 2100 wird die Hälfte aller größeren Tierarten gefährdet sein, und viele werden den Kampf verlieren. Sehr wenige Arten werden bewusst ausgerottet. Die meisten sind einfach unschuldige Opfer unserer Anwesenheit und Aktivität.

Aussterberisiko

Das Aussterberisiko ist von Land zu Land verschieden. Das Interesse an der Erhaltung ist ungleichmäßig, da sich die Schutzbestrebungen auf Landwirbeltiere konzentrieren und Pflanzen und Wirbellose häufig ignoriert werden. Einige Länder führen sehr genau Buch über den Zustand ihrer Natur. Das führt dazu, dass ausgerechnet diese Länder scheinbar besonders viele bedrohte Arten haben. Tatsächlich sind die Risiken in tropischen Ländern mit großer Artenvielfalt am höchsten. Inselnationen und Länder mit rasch wachsender Bevölkerung sind besonders gefährliche Aufenthaltsorte für Tiere.

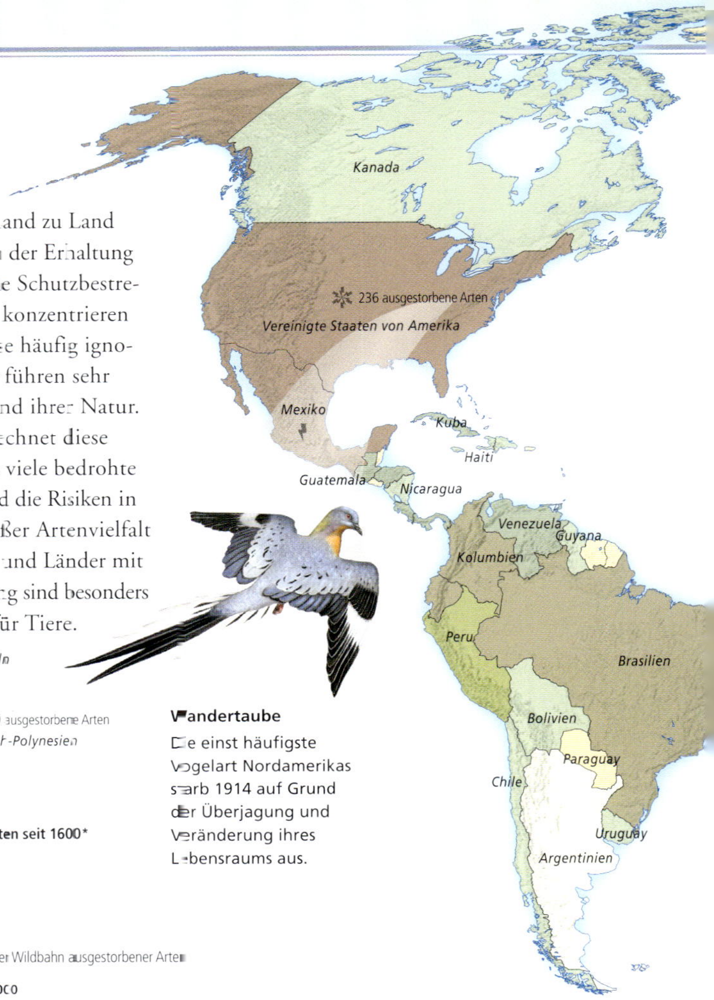

Wandertaube
Die einst häufigste Vogelart Nordamerikas starb 1914 auf Grund der Überjagung und Veränderung ihres Lebensraums aus.

Globale Erwärmung

Unser Planet wird wärmer, was großteils auf menschliche Aktivitäten zurückzuführen ist. Die Oberflächentemperaturen werden bis zum Ende des 21. Jahrhunderts in den Tropen voraussichtlich um drei und in den Polarregionen um acht Grad Celsius ansteigen. Viele Arten reagieren bereits darauf, indem sie zu den Polen hin oder in die Berge abwandern und im Frühling früher aktiv werden. Einige Tiere, die nur auf isolierten Berggipfeln vorkommen, sterben aus, und vom Eis abhängige Arten wie Eisbären und Pinguine sind gefährdet.

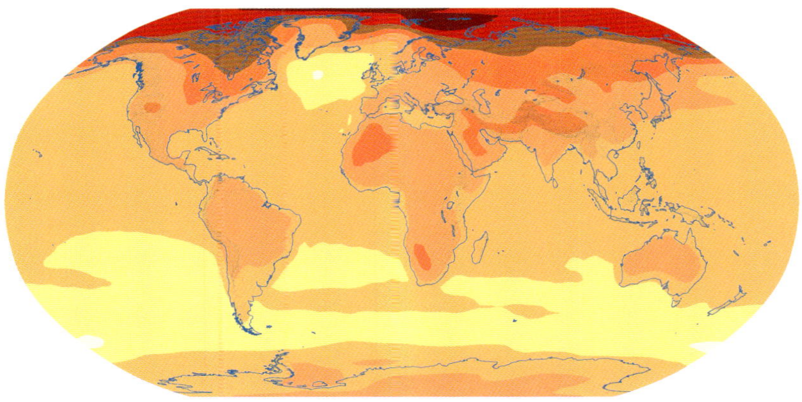

Vom Aussterben bedrohte Arten

Die Weltnaturschutzunion (International Union for Conservation of Nature and Natural Resources, kurz: IUCN) führt eine Rote Liste der bedrohten Arten. Die Hauptindikatoren für das Risiko sind die Populationsgröße sowie das Ausmaß an Bejagung und Zerstörung des Lebensraums. Einige Arten – zum Beispiel Tiere auf Inseln, große Tiere, Raubtiere und furchtlose Tiere – neigen mehr zum Aussterben als andere. Selbst Arten, die in großen Kolonien leben, können ausgerottet werden, indem man ihr Brutverhalten stört. Alle hier abgebildeten Tiere sind vom Aussterben bedroht.

Orang-Utan
Die Orang-Utan-Bestände gehen auf Grund der Holzgewinnung und Palmölkultivierung zurück. Der Orang-Utan Sumatras ist vom Aussterben bedroht, denn es gibt nur noch 6600 Exemplare.

Goldbauchsittich
Wegen der Lebensraumveränderung und Verdrängung durch eingeführte Arten gibt es nur noch 180 Goldbauchsittiche in freier Wildbahn. Sie brüten in Tasmanien und überwintern im Südosten Australiens.

Chinesischer Flussdelfin
Die auch als Jangtse-Flussdelfin bekannte Art wurde 2004 zum letzten Mal gesehen. Er ist wahrscheinlich in Folge der Wasserverschmutzung und Fischfangpraktiken ausgestorben.

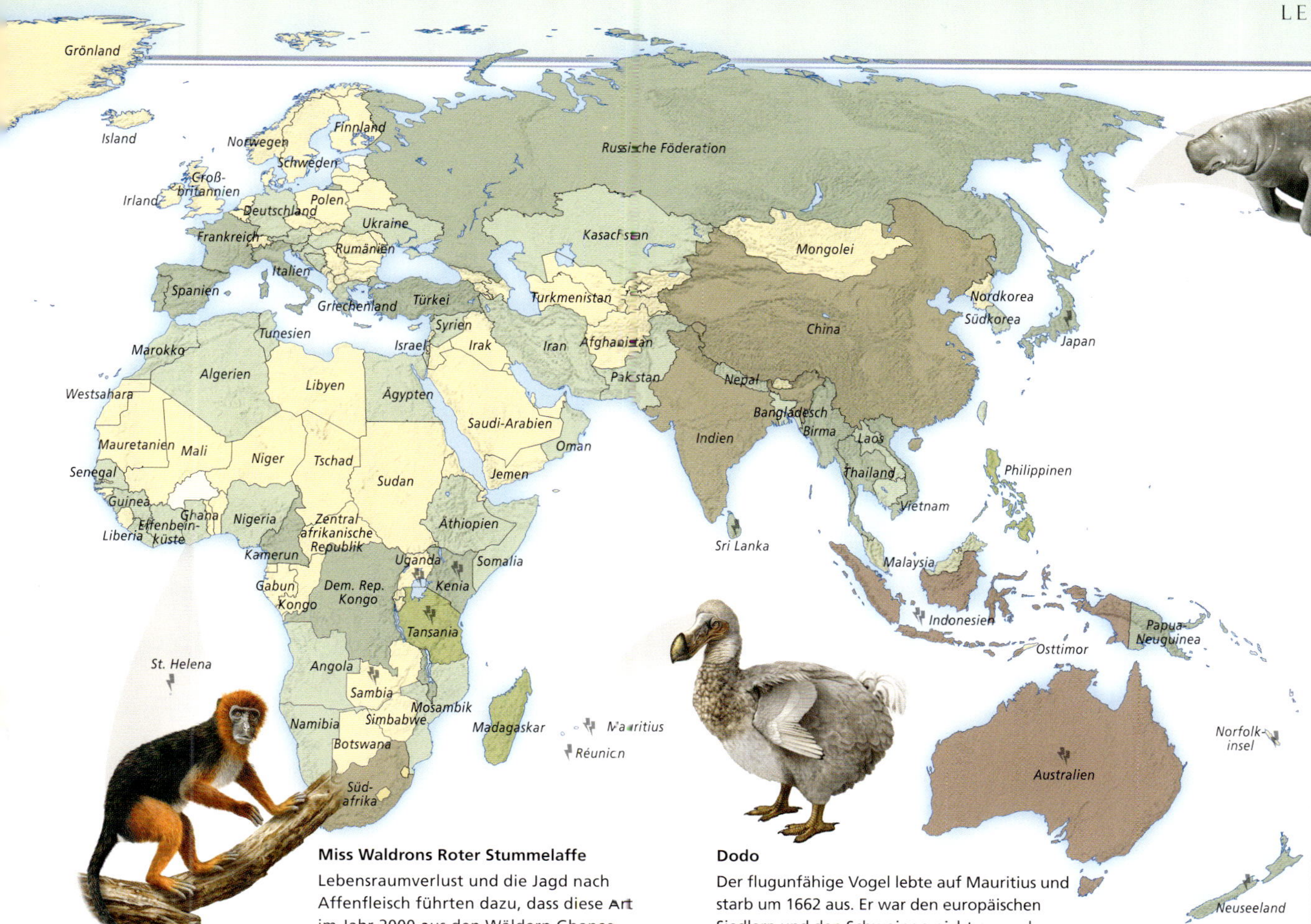

Stellersche Seekuh
Der Seetang fressende Riese bewohnte einst die Küsten von Japan bis Kalifornien, wurde aber bis zur Ausrottung (1768) gejagt.

Miss Waldrons Roter Stummelaffe
Lebensraumverlust und die Jagd nach Affenfleisch führten dazu, dass diese Art im Jahr 2000 aus den Wäldern Ghanas und der Elfenbeinküste verschwand.

Dodo
Der flugunfähige Vogel lebte auf Mauritius und starb um 1662 aus. Er war den europäischen Siedlern und den Schweinen nicht gewachsen, die sie auf der abgelegenen Insel einführten.

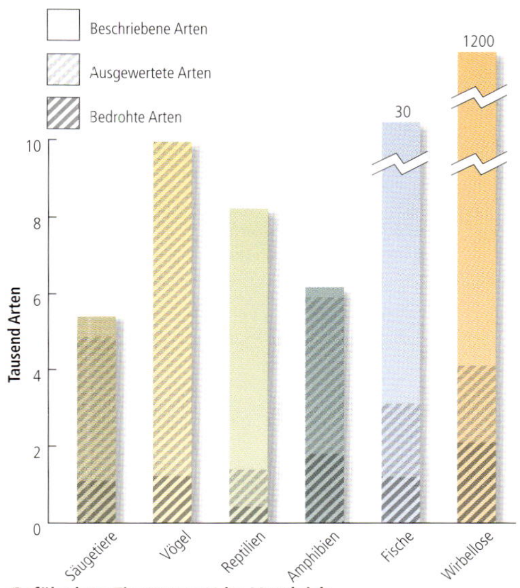

Gefährdete Tiergruppen im Vergleich
Zwischen zehn und 30 Prozent aller Säugetiere, Vögel, Reptilien und Amphibien sind vom Aussterben bedroht. Bisher wurde nur ein kleiner Teil aller Arten von Fischen und Wirbellosen erfasst.

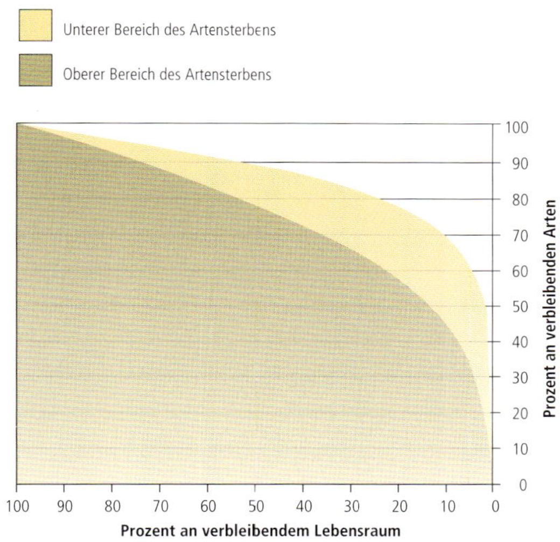

Lebensraumverlust und Artensterben
Die Grafik zeigt das Verhältnis zwischen verfügbarer Fläche und Artenzahlen. Eine 90-prozentige Verkleinerung des Lebensraums führt zu einer 50-prozentigen Verringerung der Artenvielfalt.

Handel mit Lebewesen

Der legale Handel mit Wildtieren und -pflanzen ist ein 12-Milliarden-Euro-Geschäft. Sie werden meist nicht nachhaltig gefangen oder gesammelt, und nur wenige genießen internationalen Schutz. Es werden vor allem Arten gehandelt, die Menschen Freude bereiten (500 Mio. Tropenfische, 15 Mio. Reptilien oder -häute, 16 Mio. Orchideen und Kakteen) oder angeblich gesundheitliche Vorteile bieten (Seepferdchen, Tigerteile, Hörner von Nashörnern).

Wilde Eule zu verkaufen
Jährlich gelangen fünf Millionen Vögel wie dieser bolivianische Kaninchenkauz in den legalen und illegalen internationalen Wildtierhandel.

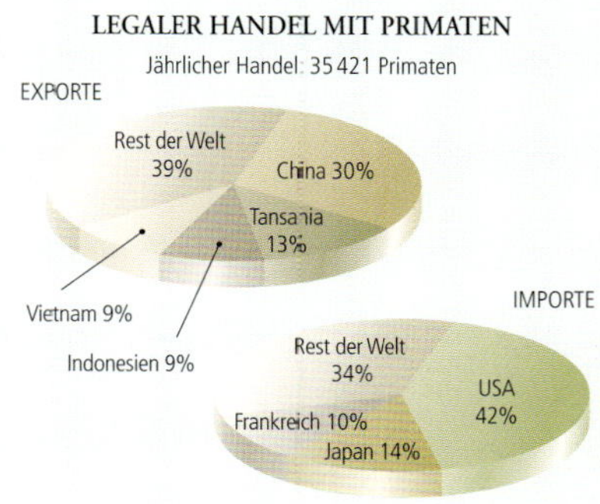

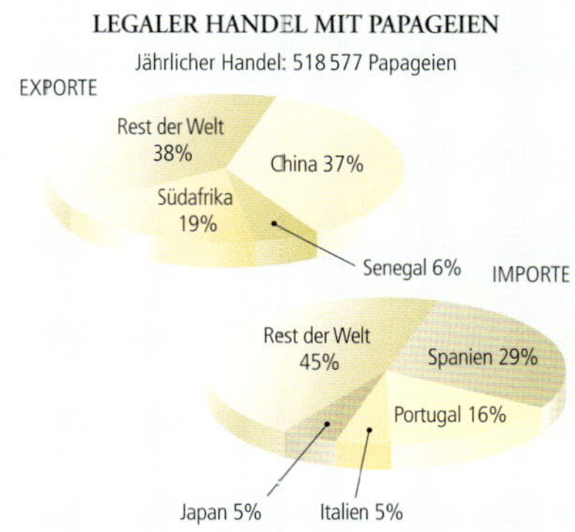

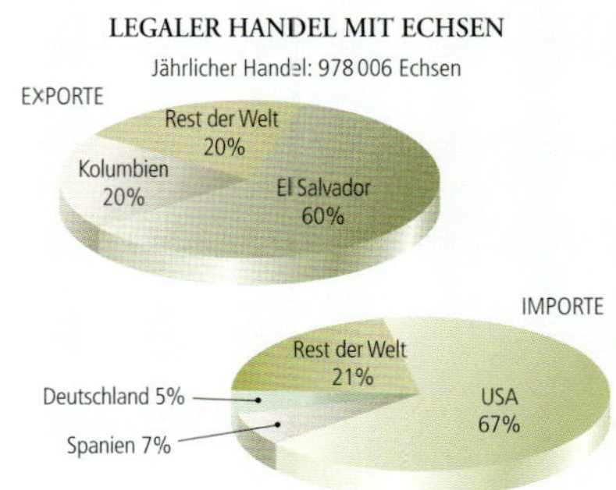

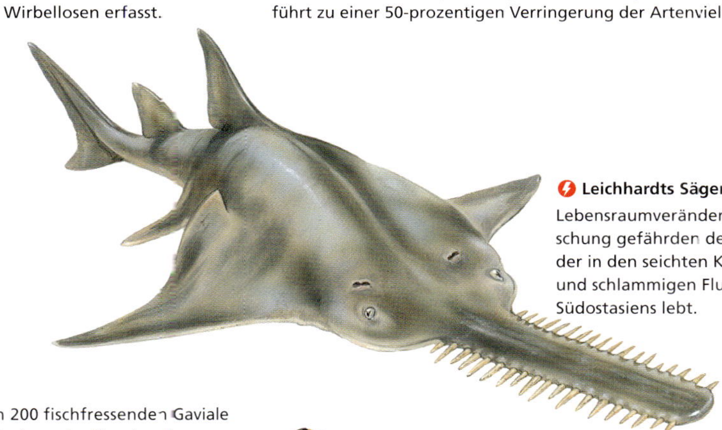

Leichhardts Sägerochen
Lebensraumveränderung und Überfischung gefährden den großen Rochen, der in den seichten Küstengewässern und schlammigen Flussmündungen Südostasiens lebt.

Gavial
Die letzten 200 fischfressenden Gaviale Südasiens sind von der Verschmutzung der Flüsse, dem Sandabbau, der Wilderei und Fischernetzen bedroht.

Pseudophryne corroboree
Der Australische Südfrosch lebt in subalpinen Tümpeln Australiens und wird von Lebensraumveränderung, eingeführten Pilzkrankheiten und der globalen Erwärmung bedroht.

Schutz der Wildtiere

Die wirksamste Antwort auf die Biodiversitätskrise ist die Schaffung großer Schutzgebiete. Zur Zeit sind ungefähr zehn Prozent des eisfreien Landes den Wildtieren vorbehalten. Aber Nationalparks allein sind nicht genug, denn Tiere kennen keine Reservatsgrenzen und werden von allen Aktivitäten rund um die Schutzgebiete beeinflusst. Die Einstellung der Bevölkerung zu Wildtieren ist lebenswichtig, weshalb Aufklärungsprojekte einen bedeutenden Teil des Naturschutzes ausmachen. Umweltorganisationen mit ihren Armeen von Unterstützern haben die Entwicklung des Menschen erfolgreich in ihre Erhaltungsbestrebungen integriert, vor allem wenn Regierungen der Wille zum Handeln und die nötigen Geldmittel fehlen. Naturschutzgebiete versorgen uns mit Sauerstoff, klarer Luft, sauberem Wasser und Heilmitteln. Da der Wert der von der Natur geleisteten Dienste 25 Billionen Euro pro Jahr übersteigt – doppelt so viel wie alle anderen Aktivitäten des Menschen – wirkt sich der Schutz der Natur direkt auf unser Wohlbefinden aus.

Wildtiertourismus
Die Tourismusindustrie setzt jährlich 440 Milliarden Euro um. 20 Prozent davon entfallen auf Natur- und Ökotourismus. Zwar können Touristen den Lebensräumen der Wildtiere Schaden zufügen, aber von gut geplanten Aktivitäten profitieren die ortsansässigen Menschen ebenso wie die Wildtiere.

Biodiversitäts-Hotspots
Über die Hälfte aller Arten unseres Planeten kommen auf nur 2,3 Prozent der Landfläche vor. Die auf der Karte gezeigten 34 Hotspots der Naturschutzorganisation „Conservation International" bergen einen großen Anteil an der globalen ökologischen Vielfalt. Der Schutz dieser Gebiete würde bei der Erhaltung vieler Arten helfen, die nirgendwo sonst zu finden sind, darunter 50 Prozent der endemischen Gefäßpflanzen und 42 Prozent der endemischen Wirbeltiere. Berücksichtigt man auch die häufigeren Arten, enthalten die Hotspots 77 Prozent aller Landwirbeltierarten.

Biodiversitäts-Hotspots
% Prozentsatz an verbleibender ursprünglicher Vegetation
MASSSTAB 1:90 000 000
Robinson-Projektion

Quetzal
Die Bestandszahlen dieser nur in Bergnebelwäldern vorkommenden Art sinken, aber in den Nationalparks von Costa Rica vollführen Quetzal-Männchen noch immer ihre „Freudenflüge".

Iberischer Luchs
Die Umwandlung ihres Lebensraumes, abnehmende Wildkaninchenbestände und tödliche Verkehrsunfälle bedrohen die letzten Hundert Luchse im Nationalpark Coto de Doñana.

Brillenbär
Der einzige tropische Bär Amerikas überlebt in den ungeschützten Andenwäldern. Er wird wegen seiner wertvollen Gallenblase getötet, aber auch weil er häufig über Feldfrüchte herfällt.

Zwergflusspferd
In Liberia und den angrenzenden Ländern haben etwa 2000 Exemplare dieser Art überlebt, aber ihr Flusswaldlebensraum verschwindet rasch.

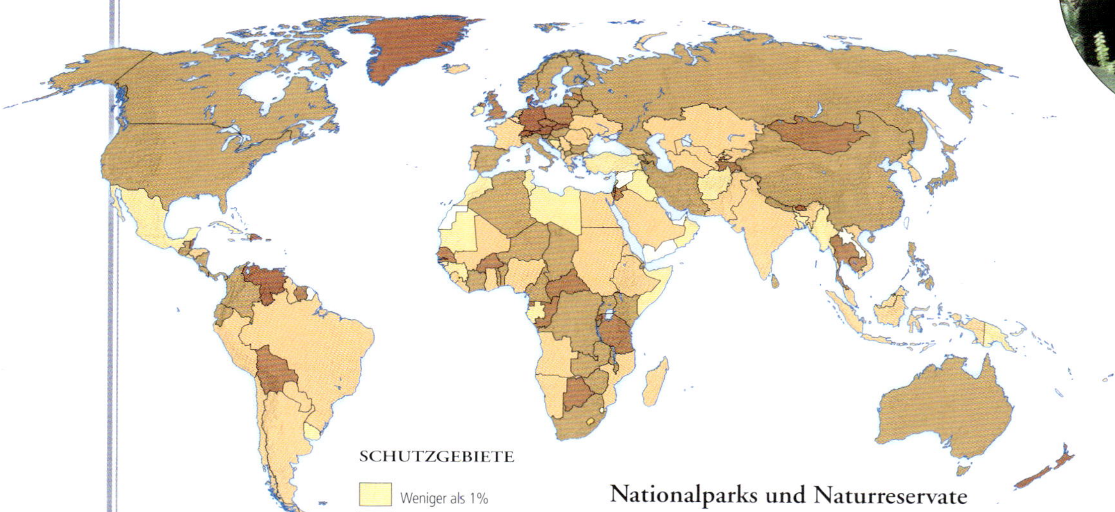

SCHUTZGEBIETE
- Weniger als 1%
- 1–5%
- 5–10%
- 10–20%
- Über 20%
- Daten ungenügend

Nationalparks und Naturreservate
Die einzelnen Länder haben unterschiedlich große Flächen für Wildtiere und -pflanzen reserviert. Nationalparks bieten aber keinen absoluten Schutz, da fast die Hälfte von indigenen Völkern bewohnt wird, die seit langem innerhalb der Parkgrenzen leben, sowie von armen Siedlern, Wilderern, Holzfällern und Bauunternehmern. Die Schaffung von Pufferzonen und Lebensraumkorridoren zwischen den einzelnen Reservaten soll die Effizienz der Nationalparks vergrößern.

Verschwenderischer Fischfang
Obwohl der Weiße Hai in vielen Gebieten gesetzlich geschützt ist, gehört er zu den 250 000 Haien, die täglich zum Sport, wegen ihrer Flossen (für chinesische Suppe) und als Beifang getötet werden.

Elfenbeinhandel
Die Wilderei dezimierte die Populationen des Afrikanischen Elefanten von 20 Millionen auf 500 000. Das in der 1989 getroffenen Artenschutzübereinkunft über den internationalen Handel mit gefährdeten Arten beschlossene Elfenbeinhandelverbot kehrte den Trend zwar um, aber der Schutz der Elefanten bleibt weiterhin eine Herausforderung.

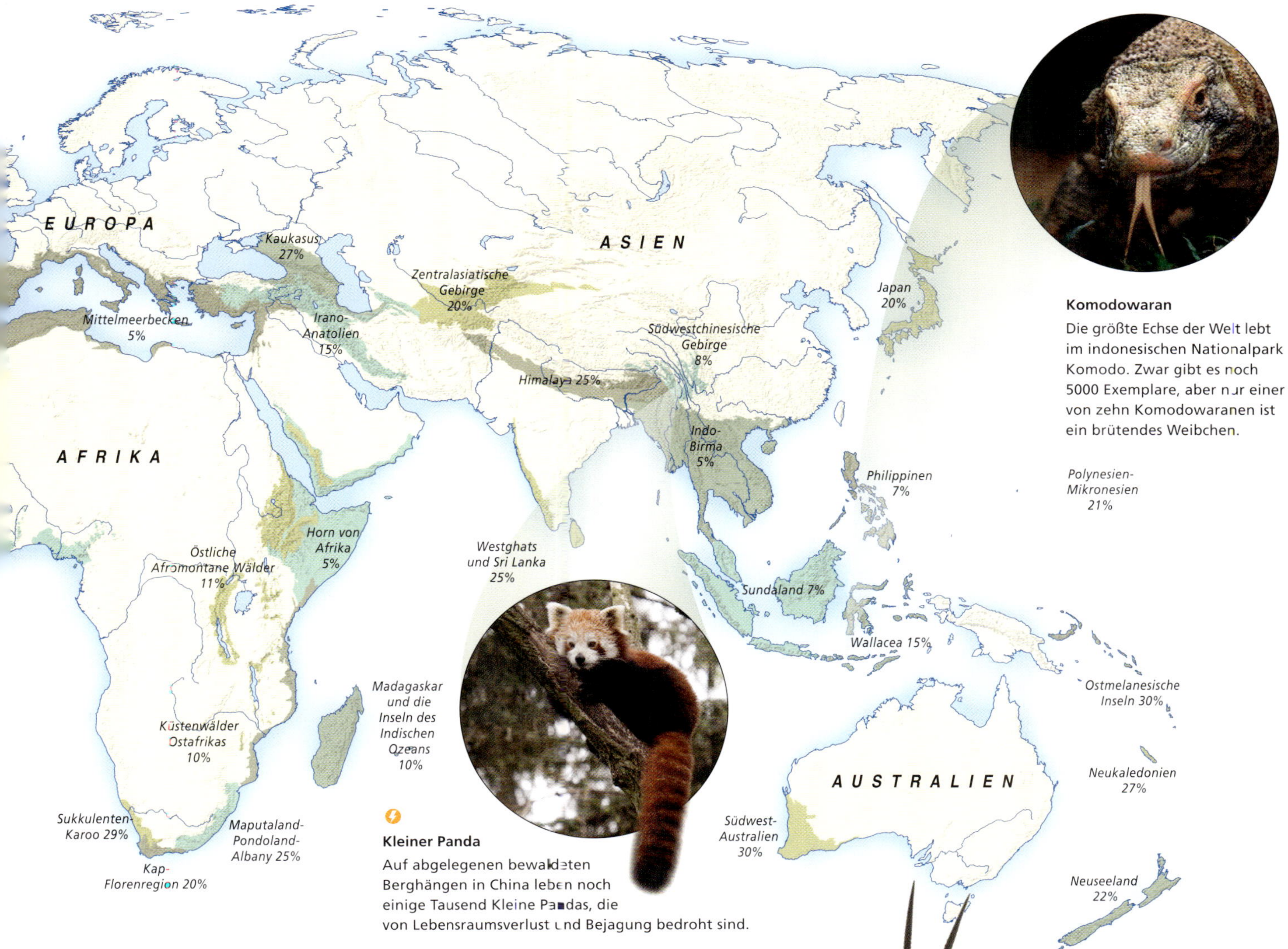

Komodowaran
Die größte Echse der Welt lebt im indonesischen Nationalpark Komodo. Zwar gibt es noch 5000 Exemplare, aber nur einer von zehn Komodowaranen ist ein brütendes Weibchen.

Kleiner Panda
Auf abgelegenen bewaldeten Berghängen in China leben noch einige Tausend Kleine Pandas, die von Lebensraumsverlust und Bejagung bedroht sind.

HOTSPOT-FAKTEN

Das Konzept der Biodiversitäts-Hotspots wurde erstmals im Jahr 1988 vom britischen Ökologen Norman Myers umrissen und von der Naturschutzorganisation „Conservation International" verfeinert, die die folgenden 34 Hotspots anerkennt. Diese Gebiete, in denen viele endemische Arten leben, sind ernsthaft bedroht.

Bedrohte endemische Vögel
Bedrohte endemische Säugetiere
Bedrohte endemische Amphibien

Atlantischer Wald: Tropischer Regenwald
55 21 14

Kalifornische Florenprovinz: Chaparral bis Mammutbaumwald
4 5 8

Kap-Florenregion: Immergrüne Buschsteppen
0 1 7

Karibische Inseln: Bergwälder bis Kaktussteppen
48 18 143

Kaukasus: Trockenvegetation
0 2 2

Cerrado: Waldland-Savanne
10 4 2

Chilenischer Valdivianischer Regenwald: Küsten- bis Gebirgswälder
6 5 15

Ostafrikanische Küstenwälder: Nebel- und Trockenwälder
2 6 4

Ostmelanesische Inseln: Vulkaninseln, vielfältige Vegetation
33 20 5

Östliche Afromontane Wälder: Berge und Seen
35 48 30

Westafrikanischer Regenwald: Tieflandwälder
31 35 49

Himalaya: Hochgebirge
8 4 4

Horn von Afrika: Aride Busch- und Grassteppe
9 8 1

Indo-Birma: Tropische Wälder und Flüsse
18 25 35

Irano-Anatolien: Gebirge und Becken
0 3 2

Japan: Subtropische bis nördlich gemäßigte Insellebensräume
10 21 19

Madagaskar und Inseln im Indischen Ozean: Isolierte Insellebensräume
57 51 61

Sierra Madre Occidental: Zerklüftete Berge und Schluchten
7 2 36

Maputaland-Pondoland-Albany: Warm-gemäßigte Wälder
0 2 6

Mittelmeerbecken: Macchienvegetation
9 11 14

Mittelamerika: Trocken-/Feuchtwälder
31 29 232

Zentralasiatische Gebirge: Gletscher bis Wüste
0 3 1

Südwestchinesische Gebirge: Gemäßigte Wälder bis Bergwälder
2 3 3

Neukaledonien: Pazififsche Inseln
7 3 0

Neuseeland: Gebirgige Inseln
63 3 4

Philippinen: Regenwaldfragmente
56 47 48

Polynesien-Mikronesien: Verschiedene Insellebensräume
90 8 1

Südwestaustralien: Wald bis Heide
3 6 3

Sukkulenten-Karoo: Sukkulente Flora
0 1 1

Sundaland: Tropische Regenwälder
43 60 59

Tropische Anden: Bergnebelwälder
110 14 363

Tumbes-Chocó-Magdalena: Küstengebiete
21 7 8

Wallacea: Tropische Regenwälder
49 44 7

Westghats und Sri Lanka: Tropische Wälder bis Grassteppen
10 14 87

Neue Aufgaben für Zoos

Tiergärten erfinden sich selbst als Naturschutzorganisationen neu. Zoos sind kostspielig, und ihr traditioneller, auf Unterhaltung beruhender Fokus muss sich gegen die veränderten Einstellungen in Bezug auf Tiere in Gefangenschaft behaupten. Mit weltweit 600 Millionen Besuchern im Jahr und der Zurschaustellung von Arten, die wegen ihres Erhaltungswertes ausgewählt wurden, spielen Tiergärten heute zentrale Rollen bei der Aufklärung der Öffentlichkeit. Jüngste Erfolge mit Arabischen Spießböcken und Kalifornischen Kondoren haben gezeigt, dass Zoos als „Archen" fungieren können, die Tiere für die Wiedereinführung in freier Wildbahn liefern.

IN FREIER WILDBAHN AUSGESTORBENE ARTEN = 38

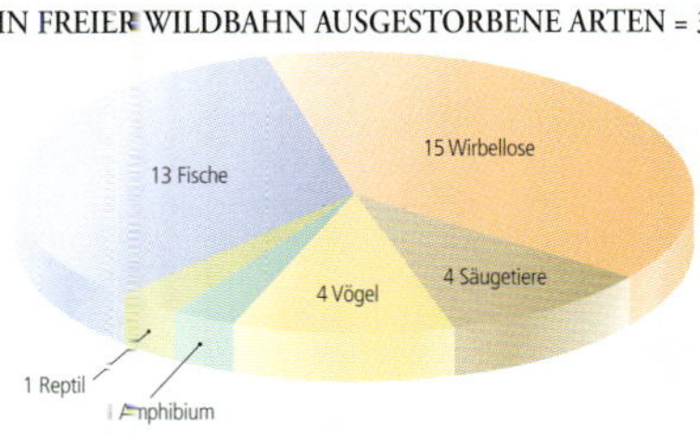

Überlebende in Gefangenschaft
Eine wachsende Zahl von in freier Wildbahn ausgestorbenen Arten wurde in Zoos und Aquarien erhalten.

Rückkehr in die Wildnis
Die Arabische Oryx wurde bis zur Ausrottung gejagt, aber Zuchterfolge in nordamerikanischen Zoos machten ihre Wiederansiedlung auf der Arabischen Halbinsel möglich.

Inmitten von Weibchen steht ein Rothirschbock in den Laubwäldern Deutschlands Wache. Hirschböcke schließen sich in der Brunftzeit einem Kahlwildrudel an, einem Rudel aus Weibchen und ihren Jungen, das sie heftig gegen andere Männchen verteidigen. Rothirsche sind Laubfresser, die sich von Gräsern, Blättern, Sprossen

EUROPA

EUROPA

Mit einer Fläche von 10,2 Millionen Quadratkilometern nimmt Europa weniger als sieben Prozent der Landfläche der Erde ein. Die Topographie kann selbst in relativ kleinen Gebieten sehr unterschiedlich sein. Der Süden wird von Bergen dominiert, die zu Hügeln abfallen und in der Mitte und im Osten zu weiten Ebenen werden. Hochländer und Gebirge erstrecken sich vom Westrand Großbritanniens und Irlands bis Norwegen. Der Großteil Europas war einst mit Mischwäldern bedeckt, aber da Menschen diese Regionen seit langem nutzen, ging mehr als die Hälfte verloren. Das führte zu großen Umweltveränderungen, wodurch einige Arten ausstarben, andere in kleine Gebiete zurückgedrängt wurden. Große Raubtiere wie Bär, Wolf und Luchs wurden von der ständig wachsenden Besiedlung am schlimmsten betroffen, während Pflanzenfresser wie Rothirsch, Elch, Gämse und Steinbock immer noch recht zahlreich sind.

Klima

Nordeuropa hat trotz seiner nördlichen Lage kein derart kaltes Klima wie andere Regionen auf diesen Breitengraden. Die Ursache hierfür ist ebenso wie für das gemäßigte Klima in Westeuropa der Golfstrom, der warmes Wasser an die europäische Küste bringt und die vorherrschenden Westwinde erwärmt. Im östlichen Landesinneren sind die Wetterextreme mit beißend kalten Wintern und sengenden Sommern dramatischer. Der Süden Europas erfreut sich warmer, trockener Sommer und milder, feuchter Winter.

Vegetation

Laubwälder aus Eichen, Eschen, Ulmen, Buchen und Birken bedeckten einst den Großteil von West- und Mitteleuropa. In Skandinavien, im nordwestlichen Russland und in alpinen Gebirgsregionen gibt es noch immer große Flächen mit borealem Wald aus Tannen, Fichten und Kiefern. Hoch im Norden wachsen auf permanent gefrorenen Böden Moose, kleine Büsche und sommerliche Wildblumen. In den Trockengebieten Osteuropas erstrecken sich weite Grassteppen.

Laubwälder
Ein breites Band von Laubwäldern erstreckt sich über ganz Europa und fünf Vegetationszonen. Es bietet viele unterschiedliche Lebensräume für Wildtiere wie den Dachs.

Mittelmeer
Ein Affe, ein Teufelsrochen, eine Viper und ein knochenfressender Geier zählen zu den eher ungewöhnlichen Tierarten, die man im und ums Mittelmeer finden kann.

Flusstäler
Dutzende große Flüsse entwässern den Kontinent und bilden die Lebensgrundlage für zahlreiche winzige Wirbellose, Fische, Vögel und Landsäugetiere wie den Fischotter.

Nadelwälder Nordeuropas
Nur gut an die Bedingungen angepasste Wildtierarten können von der eingeschränkten Vegetation im rauen Klima der nördlichen Nadelwälder überleben.

Gebirgszüge
In Europa findet man einige der steilsten und zerklüftetsten Gebirge der Erde, die durch eine Kollision der Kontinente entstanden und von Relikten aus der letzten Eiszeit bewohnt werden.

Leben am Strand
Von felsigen Gezeitentümpeln bis zu sandigen Dünen finden sich entlang der europäischen Küstenlinie die unterschiedlichsten Strandformen.

Marschen und Feuchtgebiete
In jedem Land Europas gibt es Feuchtgebiete oder Marschen. Kein anderer Lebensraum ist produktiver in Bezug auf die Versorgung jedes einzelnen Gliedes der Nahrungskette.

Landbedeckung

Städte, Industriegebiete, Straßen und Schienen bedecken einen großen Teil Europas. Die verbleibenden Wälder befinden sich hauptsächlich im europäischen Teil Russlands und in Skandinavien. Westeuropa hat den größten Anteil an landwirtschaftlich nutzbarer Fläche.

Laubwälder

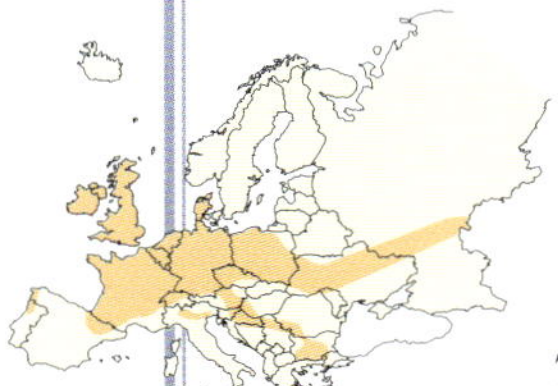

Europas Laubwälder erstrecken sich vom Norden Schottlands bis in den Süden Frankreichs und nach Osten bis zum Ural. Laubwälder bestehen aus Bäumen, die ihre Blätter im Herbst abwerfen, wie Eichen, Ulmen, Birken, Linden und Erlen. Ein großer Teil des breiten Laubwaldgürtels, der den Kontinent einst bedeckte, wurde vor langer Zeit gerodet, um Acker- und Weideland zu gewinnen und Dörfer und Städte zu errichten. Übrig blieben kleine Waldflächen in geschützten Naturreservaten oder Nationalparks. In Laubwaldgebieten liegt die durchschnittliche Jahrestemperatur bei zehn Grad Celsius und die Niederschlagsmenge zwischen 762 und 1524 Millimeter. Das relativ milde Wetter mit warmen bis kühlen Sommern und mäßig kalten Wintern ist auf die mäßigenden Effekte des Atlantik zurückzuführen. Fünf Vegetationsschichten – Bäume, kleine und junge Bäume, Büsche, Kräuter und Bodenzone – bieten Lebensräume für verschiedene Wildtiere, von Hirschen über kleine Säugetiere bis hin zu Vögeln. Sobald die Pflanzen zu blühen beginnen, tauchen zahllose Schmetterlinge auf.

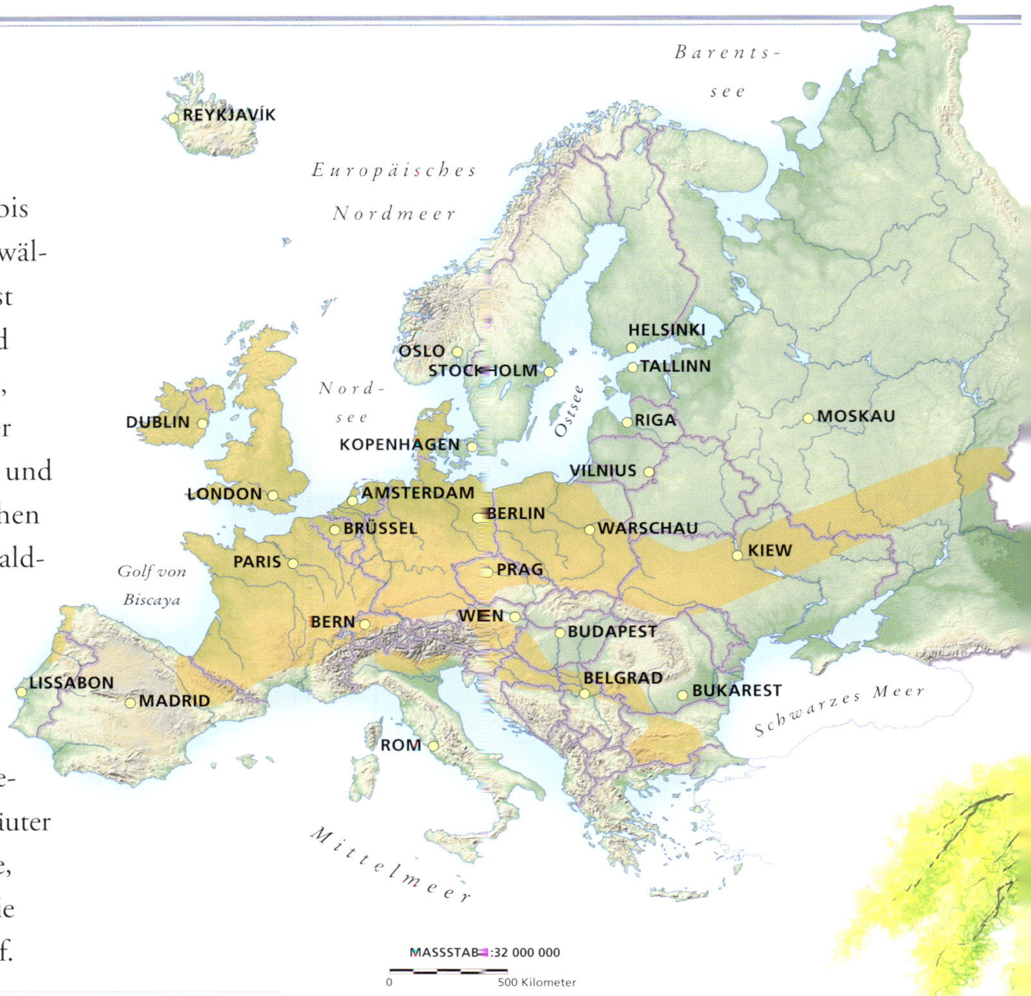

Schmetterlinge

Laubbäume und Blütenpflanzen in Waldlichtungen und auf Wiesen bieten Raupen und Schmetterlingen ein überreiches Nahrungsangebot. Hier findet man zahlreiche der 576 europäischen Schmetterlingsarten.

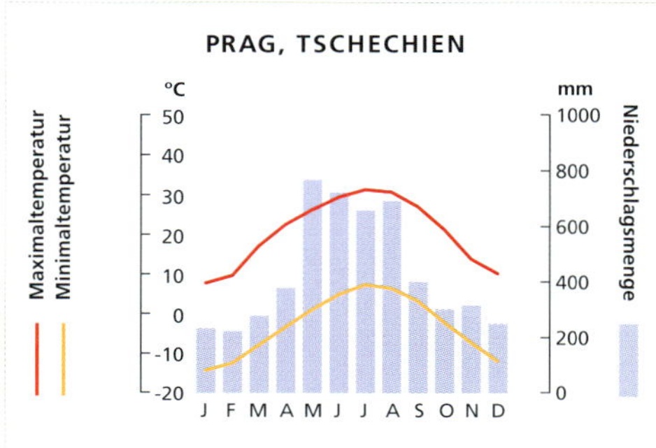

Ulmen-Zipfelfalter
Satyrium w-album

Landkärtchen
Araschnia levana

Kleiner Schillerfalter
Apatura ilia

Kaisermantel
Argynnis paphia

Trauermantel
Nymphalis antiopa

Marderhund
Zwar erinnert der Marderhund an einen Waschbär, aber er ist ein Vertreter der Hundefamilie Canidae. Seine bevorzugte Nahrung sind kleine Nagetiere, aber als Allesfresser kann er auf pflanzliche Nahrung zurückgreifen. Im Winter hält er Winterschlaf.

Rotfuchs
Scharfe Augen, ein gutes Gehör und ein ausgezeichneter Geruchssinn zeichnen den Rotfuchs aus. Als geschickter Jäger ernährt er sich von Beutetieren verschiedenster Größe: von Mäusen bis zu Hasen.

Damhirsch
Damhirsche haben ein abgeflachtes Geweih un lange Schwänze. Die Hirschkühe leben mit ihr n Kälbern in Rudeln, die Böcke allein oder in Gruppen aus mehreren Jungböcken.

Der Laubwald

Ein einziger Baum kann unzählige Tierarten beherbergen. Eichkätzchen und Schwarzspecht nisten in Hohlräumen alter Bäume, die ein reiches Angebot an Samen und Insekten bieten. Der Steinkauz sitzt auf den oberen Ästen und hält nach Beute Ausschau. Der weiche Boden erleichtert Dachs und Europäischem Maulwurf das Graben.

SCHUTZSTATUS

Der lange Schwanz hilft beim Balancieren, wenn das Eichhörnchen von Baum zu Baum hüpft, und hält im Winter warm. Zwar sind Eichhörnchen in vielen Teilen Europas häufig, in Großbritannien hat die Einführung des nordamerikanischen Grauhörnchens die rote Spezies jedoch weitgehend verdrängt. Schutzmaßnahmen wurden in die Wege geleitet.

FRÜHLING

Das Leben in den Laubwäldern wird vom Wechsel der Jahreszeiten dominiert. Pflanzen und Tiere müssen in der Lage sein, den Winter zu überleben, und die länger werdenden Tage und steigenden Temperaturen des Frühlings nutzen, um sich fortzupflanzen und so ihre Art zu erhalten. Zuerst blühen die Wildblumen, ehe ihnen das Blätterdach das Sonnenlicht nimmt. Blumen bieten Insekten Nahrung, die wiederum Zugvögel anlocken, die von den Wintergründen zurückkehren, um zu brüten und ihre Jungen aufzuziehen.

Atlantisches Hasenglöckchen
Die glockenförmige, zerbrechliche Blume blüht in Wäldern entlang der Atlantikküste von Schottland bis Spanien. Einige Inhaltsstoffe der Pflanze werden auf ihre medizinischen Eigenschaften getestet.

EUROPA

DER DACHS

Der Dachs gehört mit Fischotter und Baummarder zu den Altweltvertretern der Marderfamilie. Diese Art existiert seit 2,4 Millionen Jahren. Weltweit gibt es neun Arten, aber in Europa kommt nur die Spezies *Meles meles* vor, die man auf den britischen Inseln und auf dem ganzen Kontinent findet, ausgenommen im Norden Skandinaviens und auf den Mittelmeerinseln. Der Dachs lebt in Wäldern und auf grasbewachsenen Feldern. Während des Winters hält er Winterruhe und fällt dabei in einen Starrezustand, der mehrere Wochen andauern kann, wobei er von den Fettreserven lebt, die er im Lauf des Jahres angesammelt hat. Sein Überlebenserfolg beruht vor allem darauf, anpassungsfähig und ein Allesfresser zu sein, was ihn häufig mit Bauern in Konflikt bringt. Um genügend Futter zu finden, brauchen Dachse große Reviere von bis zu 164 Hektar.

DACHSNAHRUNG

Der nachtaktive Dachs ist eher Sammler als Jäger und verlässt sich bei der Nahrungssuche auf sein Gehör und seinen Geruchsinn. Zwar hat er Fleischfresserschneidezähne, aber die abgeflachten Backenzähne machen ihn zu einem richtigen Allesfresser, dessen Nahrung von Eicheln, Früchten, Samen und Pilzen bis zu Regenwürmern, Insekten, Reptilien, Vögeln, kleinen Säugetieren und Aas reicht.

NAHRUNGSZUSAMMENSETZUNG

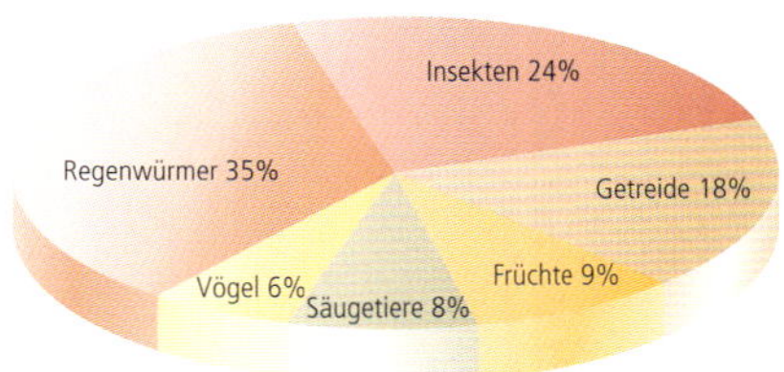

Würmer
Ein beträchtlicher Teil der Nahrung des Dachses besteht aus Regenwürmern. Auf grasbewachsenen Feldern kann er in feuchten Nächten bei einer Mahlzeit bis zu 200 Würmer aufsaugen.

Früchte
Dachse fressen je nach Saison auf den Boden gefallene Baumfrüchte wie Äpfel und Birnen oder streifen reife Beeren von den Büschen.

Igeljunge
Der stachelige Igelpelz und die Fähigkeit, sich zu einem dichten Ball zusammenzurollen, bieten keinen wirksamen Schutz gegen die kräftigen Krallen eines hungrigen Dachses.

Dachsbau
Der Gemeinschaftsbau besitzt zahllose Eingänge, Kammern und Gänge. Er wird in Böschungen im Wald oder am Rand eines Feldes gegraben. Schutthaufen markieren die Eingänge. Dachsbaue werden oft jahrzehntelang benutzt und mit der Zeit immer größer und komplexer.

Frische Bettwäsche
Dachse polstern ihre Schlafstätten mit isolierendem Gras und Blättern aus, die sie mit dem Hinterteil voran in die Höhle ziehen. Das Planzenmaterial wird regelmäßig ausgetauscht, morgens gelegentlich vor dem Eingang ausgebreitet und ein bis zwei Stunden in der Sonne gelüftet.

Im Wasser
Ein Dachs kann zwar schwimmen, er zieht es jedoch vor, Seen und Teiche zu umgehen oder Bäche zu überqueren, indem er umgestürzte Bäume als Brücke benutzt. Wird er zum Schwimmen gezwungen, paddelt er wie ein Hund mit den Vorderpfoten.

Ein tüchtiger Gräber

Die Grabekünste des Dachses sind legendär. Zahllose Geschichten berichten, wie er Menschen mit Schaufeln übertrumpfte. Wissenschaftler schätzen, dass Dachse beim Bau eines 305 Meter langen Tunnelsystems 25 Tonnen Erde bewegen. Lange Krallen brechen die Erde auf, und die Vorderfüße schaufeln sie weg. Dachse drücken die Erde mit den Hinterbeinen ins Freie und können große Gesteinstrümmer tragen.

Familiengruppe
Dachse leben in Familienverbänden aus bis zu zwölf Tieren. Die Jungen werden sechs Monate umsorgt und gehen gemeinsam mit ihren Müttern auf Nahrungssuche, wobei sie oft miteinander und mit den adulten Tieren spielen. Weibchen, die selbst keine Jungen haben, fungieren manchmal als „Babysitter". Dachse erkennen die Mitglieder ihrer Familie am Geruch und an der Stimme.

Raubtiere
Ausgewachsene Dachse haben keine natürlichen Feinde, obgleich Bären und Wölfe manchmal Dachse töten, um die Nahrungskonkurrenz zu verringern. Jungdachse zählen zur Beute von Bären, Wölfen, Luchsen und Vielfraßen. Auch Uhus (rechts) und Steinadler fressen junge Dachse.

Krallen
Dachse haben an jedem Fuß fünf Zehen, breite Ballen und nackte Fußsohlen. Die Vorderkrallen können bis zu fünf Zentimeter lang sein. Ein Dachs setzt seinen hinteren Fuß oft genau an dieselbe Stelle, auf die sein Vorderfuß getreten ist.

Flusstäler

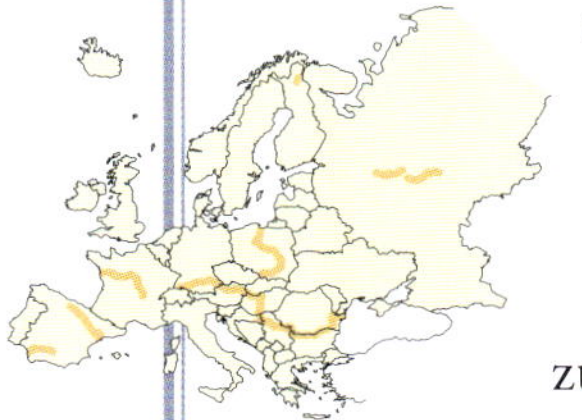

Die britischen Inseln und der europäische Kontinent werden von großen Flüssen durchschnitten, die fruchtbare Täler formen, wie der Guadalquivir, der Ebro, die Loire, die Donau, die Weichsel, der Biebrza, die Wolga und der Lemmenjoki. Flusstäler bilden ein breites Spektrum unterschiedlicher Ökosysteme, von Süßwasserquellen bis zu brackigen Lagunen. Die Mischung aus Wasser und üppiger Vegetation ist Nahrungsquelle und Heimat für Insekten, Amphibien, Reptilien, Vögel und Säugetiere. Flusstäler dienen Wildtieren als Korridore, gewähren Fischen wie dem Atlantischen Lachs Zugang zu den Süßwasserlaichgründen und bieten wandernden Wasservögeln im Frühling und Herbst Orientierungshilfe und Rastplätze. Das Wasser zieht sowohl Raubtiere als auch deren Beute an. Trotz ihrer immer noch großen Artenvielfalt zählen Flusstäler zu den Landschaften, in denen sich die Eingriffe des Menschen am schlimmsten auswirken. Landwirtschaft, Industrialisierung und Staudämme forderten ihren Tribut.

Ebro

Der längste Fluss Spaniens entspringt im Kantabrischen Gebirge und fließt 910 Kilometer in südöstlicher Richtung zur Mittelmeerküste. Der Ebro wird von über 200 Nebenflüssen gespeist und befördert mehr Wasser als jeder andere spanische Fluss.

Wildschwein
Das Wildschwein ist ein aggressiver Allesfresser. Ausgewachsene Männchen tragen lange Hauer, die sie wetzen und als Waffe benutzen. Die Weibchen bewachen ihre zahllosen Jungen. Die steifen Fellborsten werden zur Herstellung von Haarbürsten verwendet.

Schichten des Lebens

Ein Querschnitt durch ein Flusstal enthüllt mehrere voneinander abhängige Schichten des Lebens. Wasser versorgt die Vegetation im Fluss und an den Ufern mit Nährstoffen. Dieses erste Glied in der Nahrungskette führt zu Insekten, Wirbellosen, Fischen, Vögeln und Säugetieren. Da jedes Flusstal anders ist, bilden sich verschiedene Arten. Klima, Topographie und der Einfluss des Menschen bestimmen, wo welche Arten zu finden sind.

Baltischer Stör
Acipenser sturio

Flamingos

Der Rosaflamingo lebt in Kolonien aus Hunderten von Vögeln an seichten Flussmündungen entlang der Mittelmeerküste, wo die Vermischung von Süß- und Salzwasser für eine reichhaltige Nahrung sorgt. Das nährstoffreiche Wasser bringt große Mengen an Algen, Insekten und Krebstieren hervor, die zur bevorzugten Nahrung des Vogels zählen.

Flamingo
Der Rosaflamingo ist die größte der sechs Flamingoarten. Es gibt sie seit 30 Millionen Jahren.

Weichsel

Der längste Fluss Polens entwässert ein Gebiet mit einer Fläche von 194 250 Quadratkilometern. Das entspricht beinahe der Hälfte des Landes. Industrialisierung und Landwirtschaft brachten Veränderungen mit sich, aber die Weichsel hat über den großen Abschnitt ihres Verlaufs einen halbnatürlichen Charakter beibehalten. Das Flusstal beherbergt über 1000 Pflanzenarten. Die angrenzenden Wälder und Wiesen bieten Lebensraum für den Eurasischen Luchs und andere Säugetiere.

Biber
Er wurde wegen seines Fells und seiner Duftdrüsen, denen man heilende Eigenschaften zusprach, einst fast bis zur Ausrottung gejagt. Der Biber ist das größte Nagetier Europas. Mit Stöcken und Schlamm staut der Biber Bäche auf und errichtet Bauten, in denen er vor Raubtieren sicher ist. Die Dämme lassen nasse Wiesen entstehen, auf denen seine Nahrungspflanzen wachsen.

Europäischer Eisvogel
Der Eisvogel stürzt sich auf der Jagd nach Fischen von überhängenden Ästen oder aus der Luft ins Wasser. Kleine Fische werden sofort mit dem Kopf voran verschlungen, während größere erst durch Schläge betäubt werden. Ein Eisvogelpärchen muss täglich bis zu 100 Fische fangen, um seine hungrigen Nestlinge zu füttern.

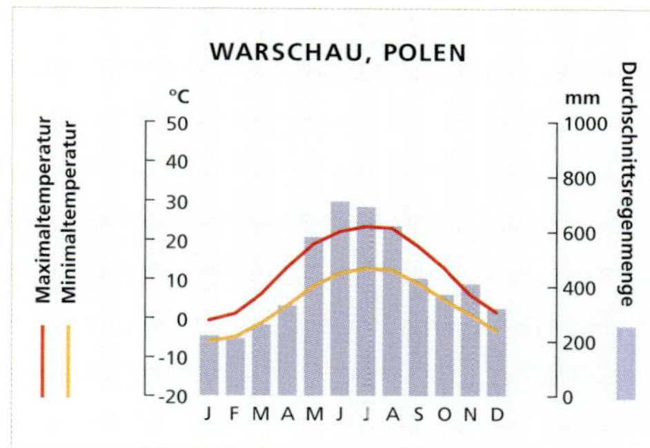

Flusstal	Land	Wildtierarten
Ebro	Spanien	Korallenmöwe, Wels
Loire	Frankreich	Zwergdommel, Wildkatze
Donau	Deutschland–Ukraine	Weißer Pelikan, Stör
Weichsel	Polen	Biber, Baummarder
Wolga	Russland	Silberreiher, Wolga-Neunauge
Lemmenjoki	Finnland	Rentier, Sibirischer Eichelhäher

Westeuropäischer Igel
Erinaceus europaeus

Donau

Die Donau entwässert den Schwarzwald in Deutschland und fließt über eine Strecke von 2850 Kilometern durch zehn Länder ins Schwarze Meer. Das Flussbecken erhält zahlreiche unterschiedliche Lebensräume und birgt eine vielfältige Flora und Fauna, darunter 100 Fischarten. Im Wasser der Donau schwimmen fünf verschiedene Störarten.

Schwarzstorch
Als Watvogel sucht der Schwarzstorch im seichten Wasser von Flüssen, Marschen und Teichen nach Nahrung. Der breitflügelige Vogel fliegt mit ausgestrecktem Hals und zieht zum Überwintern nach Afrika.

Fischotter
Mit seinem schlanken Körper, Schwimmhäuten zwischen den Zehen und dem paddelähnlichen Schwanz ist der eurasische Fischotter gut an das Leben im Wasser angepasst. Unter Wasser kann er seine Ohren und Nasenlöcher verschließen und mit den sensiblen Schnurrhaaren die Bewegungen seiner Beute spüren.

FLUSSTÄLER

DAS DELTA DES COTO DE DOÑANA

Der Guadalquivir ist der zweitlängste Fluss Spaniens und entwässert eine Fläche von 58 000 Quadratkilometern. Er entspringt in der Sierra de Cazorla und mündet in den Golf von Cádiz. Sein Delta ist ein komplexes System aus Marschen, Dünen und Lagunen. Ein Großeil des Deltas steht als Nationalpark Coto de Doñana unter Naturschutz und ist UNESCO-Weltnaturerbe. Als eines der größten Feuchtgebiete Europas ist die Doñana ein Land voller Gegensätze, das an der Kreuzung zweier Kontinente liegt, und vom Atlantik, aber auch vom Mittelmeer beeinflusst wird. Die verschiedenen Lebensräume bergen eine artenreiche Ansammlung von Wildtieren. Neben 750 Pflanzenarten leben in dem Delta 20 Fischarten, zehn Amphibien, 19 Reptilien und 30 Säugetiere wie der seltene Iberische Luchs, die Ginsterkatze und die Wildkatze. Über die Hälfte aller europäischen Vogelarten kommen hier vor, darunter Schwärme aus bis zu 70 000 Graugänsen und 200 000 Krickenten.

Gewässer voller Leben
Vögelschwärme versammeln sich im nährstoffreichen seichten Brackwasser des Deltas, das jede Menge Nahrung bietet, darunter Garnelen, Krabben, Insekten und Larven. Watvögel wie Störche und Reiher haben einen Vorteil gegenüber kleineren, kurzbeinigen Strandvögeln wie den Regenpfeifern und Strandläufern.

Rosaflamingo
Rosaflamingos sind soziale Vögel, die Kolonien aus bis zu 300 Individuen bilden. Auf ihren Zügen können sie in einer einzigen Nacht 600 Kilometer zurücklegen, vorzugsweise bei wolkenlosem Himmel und günstigem Rückenwind.

Mittelmeer-Hufeisennase
Die Mittelmeer-Hufeisennasen leben in Kolonien und ruhen in Höhlen und Tunneln, wo die Durchschnittstemperatur bei zehn Grad Celsius liegt. Sie finden ihre Beute mittels Echoortung.

Iltis
Der Iltis ist mit Wiesel, Nerz, Fischotter und Hermelin verwandt. Er ist hauptsächlich nachts aktiv und ernährt sich von Nagetieren, Amphibien und Vögeln. Seine Höhle errichtet er in Bachufern oder unter Baumwurzeln.

Europäischer Fransenfinger
Die Eidechse verdankt ihren Namen den kammartigen Fransen an ihren Hinterbeinen, die dem Tier das Laufen über Sand ermöglichen. Die Spezies ist im Mittelmeerraum weitverbreitet.

Löffler
Der Löffler kommt im Watt und an seichten Stellen von Feuchtgebieten mit Süß- und Salzwasser vor. Er bewegt seinen Schnabel im Wasser hin und her, um winzige Fische zu fangen.

Sichler
Sichler brüten in den wärmeren Regionen Europas, wo sie in Kolonien auf Bäumen nisten. Die kräftigen Flieger gehen gemeinsam auf Nahrungssuche und ziehen während des Winters nach Afrika.

Stülpnasenotter
Die Stülpnasenotter zählt zu den fünf spanischen Giftschlangen. Sie ist stämmig, hat einen dreieckigen Kopf und ist an dem wellenartigen Zickzackstreifen auf ihrem Rücken zu erkennen.

Europäisches Wiesel
Obwohl es klein ist, gilt das Europäische Wiesel als ein wildes Tier. Mittelalterliche Legenden schreiben dem Wiesel die Tötung des mythischen Basilisken zu.

Vogelschnäbel

Vögel haben sich entwickelt, um verschiedene Nischen eines Ökosystem zu besetzen. Die wichtigste Funktion des Schnabels ist die Nahrungsaufnahme. Sie bestimmt auch die Schnabelform. Lange, spitze Schnäbel dienen Wasservögeln zum Stochern und Aufspießen, während flache Schnäbel ans Filtern und Schaufeln angepasst sind.

Löffler
Der konvexe obere Schnabelteil wirkt wie eine Tragfläche. Wird der Schnabel im Wasser hin und her bewegt, entstehen Wirbelströme, in denen Krebstiere und Fische hängen bleiben.

Sichler
Der Sichler sucht mit dem langen, nach unten gebogenen Schnabel im Schlamm nach Fröschen, Fischen, Insekten und Schnecken. Die Nasenlöcher oben am Schnabelansatz ermöglichen das Atmen im Schlamm.

Purpurreiher
Der 13 Zentimeter lange Schnabel wird zum Ergreifen und Harpunieren der Beute verwendet, die danach im Ganzen verschlungen wird.

Großer Brachvogel
Die Schnäbel der Weibchen werden bis zu 15 Zentimeter lang. Sie suchen im Sand und Schlamm nach Insekten.

Rosaflamingo
Der kielförmige Schnabel ist mit Keratinplatten ausgelegt, die mit winzigen Haaren bedeckt sind. Damit können Flamingos ähnlich wie Bartenwale Wirbellose aus dem Wasser sieben.

Gebirgszüge

Wie Falten in der Haut ist der europäische Kontinent von Gebirgszügen zerknittert. Sie entstanden beim Zusammenstoß der tektonischen Platten der Erdkruste. Vor fünf bis 30 Millionen Jahren krachte die nordwärts treibende Afrikanische in die stabilere Europäische Platte. Dadurch wurden Sedimente angehoben, die bis dahin unter einem trennenden Meer gelegen hatten, das durch die Kollision verschwand. Die Landschaften der Alpen, Skanden, Pyrenäen, Karpaten, des Rhodopengebirges, des Urals, des Kaukasus und der Dinarischen Alpen bilden die sogenannte alpine biogeographische Region. Trotz ihrer gemeinsamen Merkmale unterscheiden sich die Gebirgsregionen auf Gund unterschiedlicher Höhenlagen, Klimata und Bodentypen, die die Verteilung und Vielfalt der Arten beeinflussen. Unter den zahlreichen Wildtieren befinden sich 129 Säugetier-, 359 Vogel-, 40 Amphibien- und 65 Reptilienarten. Die 5000 verschiedenen Gefäßpflanzen bilden die Hälfte aller in Europa heimischen Pflanzenarten.

Apollofalter
Den Apollofalter mit seinem auffälligen Augenmuster auf den Flügeln kann man auf Bergwiesen bis in eine Höhe von 1950 Metern finden. Das Leben im zerklüfteten Gebirge hat zur Entwicklung vieler Unterarten geführt, von denen manche auf ein einziges Tal beschränkt sind. Der Apollofalter ist mittelgroß und hat wie jedes Insekt drei Beinpaare.

Adlerflügel
Adlerflügel sind ein Wunder an Leichtbaudesign. Die Knochen sind hohl, und die Handschwingen breiten sich wie Finger aus, um den Zug zu verringern. Die für das Fliegen benötigte Kaft entsteht beim Niederschlagen der Flügel.

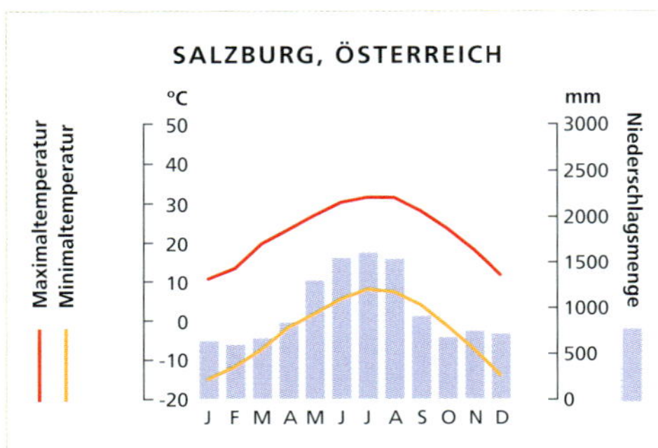

Wildkatze
Die einst in ganz Europa vorkommende Wildkatze gibt es seit dem frühen Pleistozän. Jagd und Lebensraumverlust haben ihre Bestandszahlen verringert. Sie lebt generell als Einzelgänger, hat ein dickeres Fell und ist um ein Drittel größer als ihre nahe Verwandte, die Hauskatze.

Europäischer Braunbär
Braunbären kamen einst in ganz Europa vor, wurden aber an den Rand des Aussterbens getrieben. Der Schutz des Lebensraums und die Aufzucht in Gefangenschaft haben geholfen. Heute gibt es wieder etwa 55 000 Braunbären, die meisten in Osteuropa und Russland.

Steinadler

Alles an einem Adler ist perfekt für die Jagd entworfen, von seinem ausgezeichneten Sehsinn, seinen kräftigen Flügeln und aerodynamischen Federn bis hin zu seinem scharfen Schnabel und seinen Krallen. Adler benutzen beim Beutefang verschiedene Methoden, am häufigsten kreisen sie jedoch hoch oben, stürzen auf ihre Opfer herab, packen es mit einem Fuß und drücken die Krallen des anderen in seine Lungen, während sie mit ihm davonfliegen.

Relikte der Gletscher

Pflanzen und Tiere, die die Eiszeit überlebten, nennt man Eiszeitrelikte. In einer polnischen Gebirgsregion, die als Nationalpark Karkonoski geschützt wird, leben zahlreiche Eiszeitrelikte wie die Arktische Windelschnecke, die Wolfsspinnenart *Acantholycosa norvegica sudetica* und die Ringdrossel.

Flüsse aus Eis
Gletscher sind Flüsse aus Eis, die ständig in Bewegung sind und dabei Geröll aufwühlen. Wenn sie schmelzen oder sich zurückziehen, wird das Geröll in Moränen abgelagert.

Mornellregenpfeifer
Der kleine Watvogel ist ein Vertreter der Regenpfeiferfamilie. Der Zugvogel überwintert in den halbtrockenen Wüsten Nordafrikas und des Mittleren Ostens. Er brütet in den Alpen und in Nordeuropa, wo er in Erdspalten nistet. Die Männchen sind für das Bebrüten der Eier verantwortlich.

Rotmilan
Der Rotmilan ist ein wendiger Flieger, dessen Körper im Vergleich zu den Flügeln relativ klein ist. Nähert sich ein Räuber dem Nest, signalisiert die Mutter ihren Jungen, sich „tot zu stellen".

Siebenschläfer
Siebenschläferfüße sind an das Festhalten an Bäumen angepasst. Die Ballen sind gepolstert, die Zehen enden in gebogenen Krallen, und die Hinterfüße können nach hinten gedreht werden. So können sie an einem Ast baumeln.

Raufußkauz
Der kleine Vogel aus alter Zeit lebt in borealen Wäldern und baut sein Nest in einer Spechthöhle, die auch von nachfolgenden Generationen benutzt wird. Das Männchen singt, um eine Partnerin anzulocken.

DIE BERGBEWOHNER

Tiere, die im Gebirge leben, haben Eigenschaften entwickelt, die ihnen helfen, mit strenger Kälte, zerklüftetem Gelände und vermindertem Sauerstoffgehalt klarzukommen. Mit Ausnahme einiger Insekten sind die meisten Wildtiere in großen Höhen warmblütig. Sie passen sich an die Kälte an, indem sie Winterschlaf halten wie Murmeltiere, in tiefer gelegene, wärmere Gebiete wandern oder sich in Bauen aneinanderschmiegen wie Schneemäuse. Bergtiere haben meist kürzere Körperglieder, um den Wärmeverlust zu reduzieren, wie der Alpenschneehase, der kleinere Ohren hat als sein Gegenstück im Tiefland. Wegen des höheren Luftdrucks und mangelnden Sauerstoffs in großen Höhen haben Tiere wie der Steinbock größere Lungen und mehr Blutzellen. Zu den körperlichen Anpassungen zählen die Kletterhufe der Gämse und die Fußballen des Luchses. Sie sind zum Laufen über Schnee im Vergleich zu anderen Katzen relativ breit und behaart.

Alpenschneehase
Das braune Fell des Schneehasen wird vor dem Winter weiß. Das sorgt für eine gute Tarnung im Schnee. Durch die kürzeren Tage im Herbst werden Hormone freigesetzt, die die Produktion brauner Pigmente verhindern. Die weißen Haare sind hohl. Das verbessert die Isolierung und ermöglicht die Aufnahme von Sonnenwärme.

Murmeltierbau
Die geselligen Murmeltiere leben mit mehreren Generationen ihrer Familie in großen Bauen, die sie mit Vorderpfoten und Hinterbeinen aushöhlen, wobei sie Steine mit den Zähnen wegtragen. Die Eingänge befinden sich zwischen Felsen, um zu vermeiden, dass der Bau überschwemmt oder entdeckt wird. Wohnbereiche werden mit trockenem Gras ausgepolstert. Zur Unterbringung neuer Generationen werden die Baue vergrößert. Die Neugeborenen bleiben während der ersten 40 Tage im Bau.

Gämse und Steinbock

Mit ihren geteilten, spreizbaren Hufen können Gämsen und Steinböcke beinahe senkrechte Abhänge und glatte, schlüpfrige Felswände erklimmen. Die Hufe haben einen dünnen, harten Rand, der ein weiches, schwammartiges Inneres umgibt. Die gepolsterten Ballen finden auf glatten Oberflächen Halt. Die gut entwickelte Beinmuskulatur und ein tiefer Schwerpunkt helfen beim Klettern und Hüpfen. Eine Gämse kann zwei Meter hoch und sechs Meter weit springen.

Gämse
Im Sommer grasen auf Bergwiesen oberhalb von 1800 Metern Gämsenherden. Nähert sich der Winter, steigen sie tiefer hinab, um in Wäldern in der Nähe steiler Felsen Schutz zu suchen. Gämsen wurden früher wegen ihrer Häute gejagt.

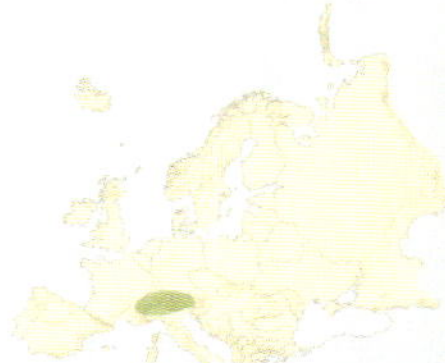

Steinbock
Die Hörnergröße unterscheidet männliche und weibliche Steinböcke. Die Hörner beginnen bei der Geschlechtsreife zu wachsen und werden beim Männchen bis zu einem Meter lang.

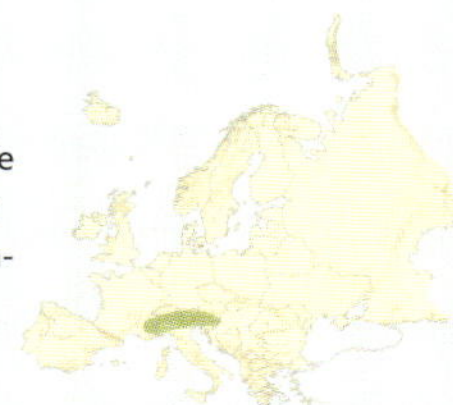

Schneemaus
Die verglichen mit anderen Arten relativ große Schneemaus findet man oberhalb der Baumgrenze (über 1500 Meter) auf felsigen Berghängen. Schneemäuse leben in Bauen unter Steinen. Sie halten keinen Winterschlaf.

Eurasischer Luchs
Der nachtaktive und einzelgängerische Eurasische Luchs ist selten zu hören oder zu sehen. Als ausgezeichneter Jäger erbeutet er Kaninchen, Nagetiere und Rehe in seinem 50 Quadratkilometer großen Jagdrevier. In freier Wildbahn kann er bis zu 17 Jahre alt werden.

Frisches Gras wird in den Bau gebracht.

Das Mittelmeer

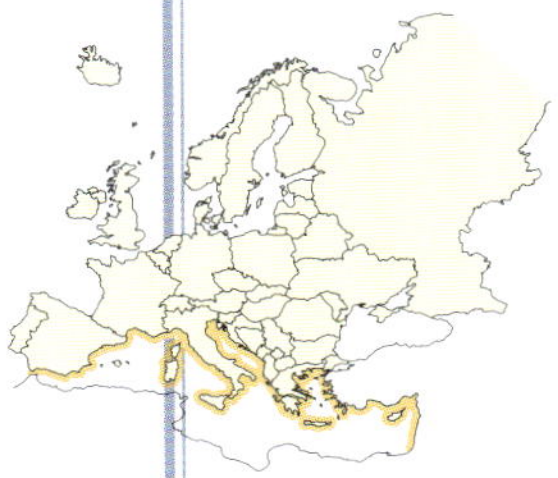

Das von Land eingeschlossene Mittelmeer bedeckt eine Fläche von beinahe 2,6 Millionen Quadratkilometern. Die Küstenline ist 46 000 Kilometer lang und verläuft durch 22 Länder. Das Mittelmeer nimmt zwar lediglich ein Prozent der Meeresfläche unseres Planeten ein, enthält aber annähernd sechs Prozent der marinen Arten. Seine felsigen Riffe, Seegraswiesen und Regionen, an denen Tiefenwasser an die Oberfläche kommt, bergen eine ungeheure biologische Viefalt. Zu den Meeressäugetieren des Mittelmeeres gehören der Finnwal, der Gewöhnliche Schweinswal und der Blau-Weiße Delfin, zu den Haiarten der Weiße Hai und der Blauhai. Auch das Küsten- und Binnenland sind wichtige Lebensräume für Wildtiere. Wat- und Strandvögel brauchen seichte Flussmündungen. In den Küstenwäldern aus Eichen, Kiefern und wilden Olivenbäumen leben zahlreiche Säugetiere, von winzigen Mäusen bis zu 90 Kilogramm schweren Hirschen. Küstenentwicklung, Überfischung, Abwässer aus Industrie und Landwirtschaft sowie häufige Flächenbrände setzen die Wildtiere unter großen Druck.

Flächenbrände

Im Mittelmeerraum kommt es oft zu Flächenbränden. Im Durchschnitt vernichten jährlich 50 000 Brände etwa eine Million Hektar Waldland. Bis zu 95 Prozent werden von Menschen ausgelöst. Heiße, trockene Sommer, starker Unterwuchs und Totholz verstärken das Problem. Natürliche Brände halten Wälder gesund und sichern die Pflanzenvielfalt, aber zu häufige Brände lassen Lebensräume verarmen und tragen zum Klimawandel bei.

Waldbrand
Flächenbrände haben verheerende Auswirkungen für alle Tiere, für Arten mit eingeschränkter Beweglichkeit wie Schnecken, Schlangen und Schildkröten ebenso wie für kleine und große Säugetiere. Vögel können zwar vor den Flammen flüchten, verlieren aber ihre Nahrungsgrundlage, die aus Samen, Insekten und Nagetieren besteht.

Ruineneidechse
Die Ruineneidechse zählt zu den Kleinreptilien, die durch Flächenbrände bedroht sind. Man findet sie im Mittelmeerraum sowie im fernen Japan und in den USA. Sie konnte sich erfolgreich an neue Umgebungen anpassen.

Schutzstatus

Die Mittelmeer-Mönchsrobbe zählt mit kaum 600 Exemplaren zu den am stärksten gefährdeten Meeressäugetieren der Welt. Sie wurden früher wegen ihrer Pelze und ihres Blubbers gejagt, den man zu Öl verarbeitete. Die Fischer betrachteten sie als Plage. Die Einrichtung geschützter Meereszonen könnte ihr Weiterleben sichern.

Haie

Im Mittelmeer gibt es mehr Haiarten als anderswo auf diesem Planeten. Ein großer Anteil ist jedoch stark gefährdet. Von den 71 Hai- und Rochenarten des Mittelmeeres sind 30 vom Aussterben bedroht, darunter der Weiße Hai, der Kurzflossen-Mako und der Heringshai.

Kurzflossen-Mako
Isurus oxyrinchus

Riesen-Teufelsrochen
Der riesige Rochen gehört zur einzigen Wirbeltierefamilie, die über drei Paare funktionstüchtiger Gliedmaßen verfügt. Die Kopfflossen, die Teufelshörner gleichen, gaben ihm seinen Namen.

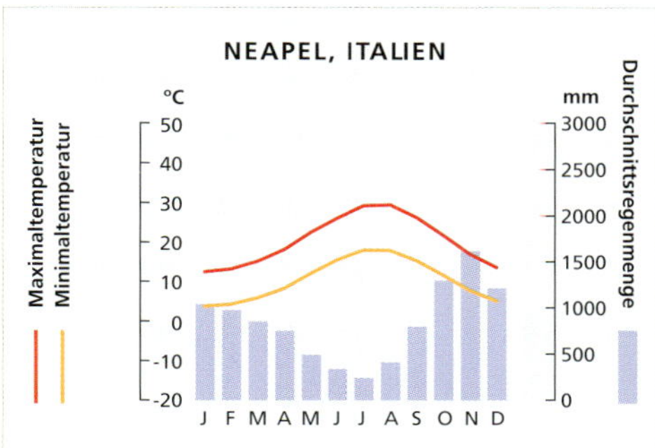

Kranich
Der Kranich brütet in Europa und überwintert in Afrika. Um den Luftwiderstand zu verringern, fliegen Kraniche während ihres Zugs in V-Formation. Die Vögel geben laute, trompetende Schreie von sich.

Meersau
Oxynotus centrina

Engelshai
Squatina squatina

Heringshai
Lamna nasus

Sandbankhai
Carcharhinus plumbeus

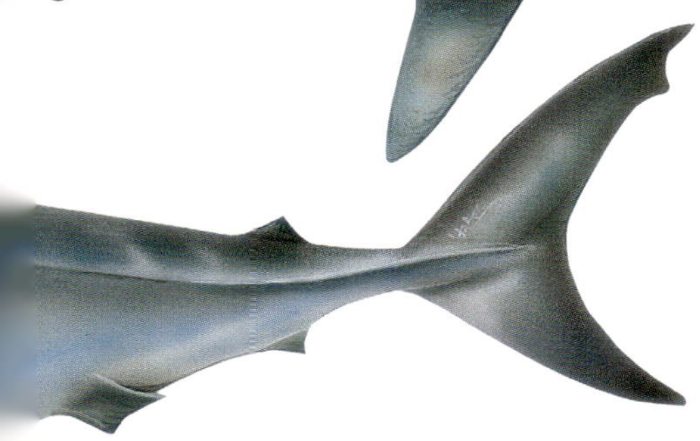

Blauhai
Prionace glauca

DIE INSELN DES MITTELMEERES

Das Mittelmeer ist mit fünftausend Inseln übersät, die von winzigen Eilanden bis zur größten Insel Sizilien reichen. Unterschiede in Größe, Höhe, Geologie und der Isolation von anderen Lebensräumen bringen viele unterschiedliche Biotope und eine große biologische Vielfalt hervor. Da die Lebewesen ihre Gene kaum oder gar nicht mit Artgenossen von anderen Inseln oder vom Festland austauschen konnten, gibt es hier viele endemische Arten. Auf Grund der Isolation konnten einige alte Inselpflanzen die letzte Vergletscherungsperiode überleben, in der ihre Verwandten auf dem Festland ausstarben. Über 125 Pflanzenarten, zehn Vogelarten und das Mufflon, ein Wildschaf, kommen nur auf Zypern vor. Die Mittelmeerinseln dienen Zugvögeln, die zwischen Europa und Afrika hin und her wandern, als Rast- und Auftankplatz. Korsika wird von über 100 verschiedenen Vogelarten besucht, darunter dem Rotfußfalken und dem Pirol.

Eleonorenfalke
Der mittelgroße Eleonorenfalke lebt in Kolonien aus 100 Paaren oder mehr auf den Felsklippen Griechenlands und überwintert auf Madagaskar. Er ist nach einer sardischen Prinzessin benannt, die bereits im 14. Jahrhundert Gesetze zum Schutz des Vogels einführte. Im Mittelalter wurden Falken für die Jagd abgerichtet.

Bartgeier
Die auch als „Lämmergeier" bezeichnete Spezies lebt im Hochgebirge. Bartgeier ernähren sich fast ausschließlich von Knochen, wobei kleine Knochen im Ganzen verschlungen und von den Magensäften verdaut werden. Größere Knochen werden an Felsen zerschlagen.

Sardischer Hirsch
In den Gebirgsregionen Sardiniens leben rund 1500 endemische Sardische Rothirsche. Die einstmals vom Aussterben bedrohten Tiere stehen mittlerweile unter Naturschutz, und die Populationen wachsen. Männliche Hirsche konkurrieren um Harems, indem sie Konkurrenten zuerst durch Röhren zu vertreiben suchen und danach mit ihrem Geweih kämpfen.

Berberaffe

Der stark gefährdete Berberaffe ist die einzige wildlebende Primatenart Europas. Er ist auf Gibraltar beschränkt, und obwohl es auch in anderen Teilen Europas fossile Hinweise auf die Spezies gibt, stammen die überlebenden 100 Tiere von nordafrikanischen Populationen ab, die im 18. Jahrhundert von den Briten eingeführt wurden. Die britische Armee übernahm die Verantwortung für die Pflege der Berberaffen.

Gewöhnlicher Delfin
Gewöhnliche Delfine unterscheiden sich von anderen Delfinen durch ihr einzigartiges Kreuzgittermuster: auf dem Rücken dunkel, an den Seiten hellgrau, mit einem hellgelben Brustfleck und weißem Bauch. Sie leben in großen Schulen und springen gemeinsam durchs Wasser.

Insel	Fläche in km²	Einwohnerzahl
Sizilien	25 708	5 017 509
Sardinien	24 090	1 655 677
Zypern	9252	788 457
Korsika	8680	281 000
Kreta	8336	623 666

Blaumeise
Auf Korsika legen Blaumeisen ihre Nester mit aromatischen Pflanzen wie Minze, Lavendel und Zitronengras aus, um die Jungen vor Schmeißfliegen, Stechmücken und anderen blutsaugenden Parasiten zu schützen. Die Kräutermischung, die von den Vogeleltern ständig aufgefüllt wird, hält vermutlich auch Pilze und Bakterien fern.

SCHUTZSTATUS

Bejagung und Konkurrenz durch Nutztiere führten dazu, dass der Bestand des Mufflon, des größten Landsäugetieres auf Zypern, zu Beginn des 20. Jahrhunderts auf einige Dutzend Exemplare geschrumpft war. Inzwischen ist die Population wieder gewachsen, was zum Teil auf die Errichtung spezieller Tränken zurückzuführen ist, die nur von Mufflons benutzt werden können. So werden sie vor Krankheiten geschützt, die von Hausrindern, Schafen und Ziegen übertragen werden.

EUROPA

Routen der Zugvögel

Die jährliche Wanderung von Milliarden von Vögeln über Tausende Kilometer gehört zu den großartigsten Naturerscheinungen. Zwischen ihren Brutgebieten im Norden und ihren Überwinterungsgebieten im Süden folgen die wandernden Vögel überlappenden Zugrouten. Vom riesigen Weißstorch bis zur winzigen Mönchsgrasmücke fliegen Vögel aller Größenordnungen zwischen Europa und Afrika hin und her. Sie überqueren dabei zwei Landbrücken: Eine führt über den Nahen Osten und die afrikanische Ostküste hinab, die andere über Gibraltar und die Westküste Afrikas hinunter. Die „Luftautobahnen“, die Brut- und Überwinterungsgebiete verbinden, enthalten ein Netzwerk aus Rastplätzen, an denen sich die Zugvögel ausruhen und Energie tanken, ehe sie ihre Reise fortsetzen. Die Zugrouten folgen meist der Küstenlinie und nord-südlich verlaufenden Tälern. An manchen Stellen, zum Beispiel an Gebirgspässen und Meerengen wie dem Bosporus, sind sie nur einige Hundert Meter breit, an anderen mehrere Hundert Kilometer.

Flügelspannweiten

Die Flügelspannweite wird von einer Spitze des ausgestreckten Flügels zur anderen gemessen. Federn bieten Isolierung, unterstützen die Stromlinienform und machen den Vogel aerodynamisch. Vögel regulieren ihre Flügelspannweite, um den Flug zu kontrollieren.

Weißstorch *150 Zentimeter*
Die Flügelspannweite des auf Thermiken aus warmer Luft gleitenden Weißstorchs ist doppelt so lang wie der Körper des Vogels.

Kiebitz *70 Zentimeter*
Auf seinen Wanderzügen lässt sich der Kiebitz, dessen Flügel ein schlagendes Geräusch erzeugen, häufig vom Wind schieben.

Krickente *55 Zentimeter*
Die Art zieht in großen Schwärmen, die sich wegen der schnellen Flügelschläge im Flug zu drehen scheinen.

Schwalbe *33 Zentimeter*
Schwalben sind flinke, akrobatische Flieger, die Insekten jagen und mitten im Flug fangen.

Waldlaubsänger *22 Zentimeter*
Die gesamte Waldlaubsängerpopulation fliegt ins tropische Afrika, um vor dem rauen Winter zu flüchten.

Waldlaubsänger
Phylloscopus sibilatrix

Weißstorch
Ciconia ciconia

Rauchschwalbe
Hirundo rustica

Zugrouten

Über Europa verlaufen drei wichtige Nord-Süd-Zugrouten. Die Ostatlantische Zugroute (grün), die von Krickenten bevorzugt wird, durchschneidet den Kontinent und führt über Gibraltar nach Afrika. Die Schwarzmeer-Mittelmeer-Zugroute (blau), die der Storch benutzt, reicht von Russland bis Westafrika. Viele Wasservogelarten wählen die Westasien-Ostafrika-Zugroute (orangefarben), die dem Verlauf des Uralgebirges folgt.

Mönchsgrasmücke
Sylvia atricapilla

Regenpfeiferschwarm
Vögel bilden Schwärme zur Verteidigung, zur Nahrungssuche und zur Navigation auf ihren Wanderungen. Die koordinierten Bewegungen des Schwarms sind das Ergebnis sekundenschneller Reaktionen einzelner Vögel auf ihre Nachbarn.

Krickente
Anas crecca

Kiebitz
Vanellus vanellus

Art	Überwinterungsgebiet	Entfernung
Rauchschwalbe	Südafrika	9000 km
Waldlaubsänger	Zentralafrika	7500 km
Krickente	Ostafrika	5500 km
Weißstorch	Ostafrika	5500 km
Mönchsgrasmücke	Ostafrika	5500 km
Kiebitz	Nordafrika	3000 km

Greifvögel

Vogelfressende Greifvögel und Eulen machen Jagd auf Zugvögel. Der Wanderfalke nistet in der Nähe von Feuchtgebieten, die große Schwärme von Enten, Möwen und Alken anziehen, um das reiche Nahrungsangebot für seinen Nachwuchs zu sichern. Steinadler stimmen ihre Wanderungen auf die Züge ihrer Beutearten, etwa Singvögel, ab. Der Uhu ist ein weiterer Vogelfresser. Er nistet auf Felsen, von wo aus er Wälder und offene Felder überblicken kann, um vorbeifliegende Vögel zu erbeuten.

Fischadler
Der Fischadler packt Fische nahe an der Wasseroberfläche. Ehe er im Wasser aufschlägt, stößt er die Krallen nach vorn, drückt die Brust nach außen und zieht die Flügel nach hinten, um seinen Fang am Kopf zu umklammern.

Wanderfalke
Wanderfalken können Geschwindigkeiten von bis zu 320 Stundenkilometern erreichen, wenn sie sich auf mittelgroße Vögel wie Tauben, Enten und Möwen stürzen. Der Falke ist nicht nur schnell, sondern auch stark – er kann Beute davontragen, die halb so schwer ist wie er selbst.

Lanner
Der Lanner, der auch Feldeggsfalke genannt wird, wohnt in Südosteuropa und brütet in Afrika. Er verfolgt seine Beute eher horizontal, als von oben herabzustürzen, und gehört zu den wenigen Greifvögeln, die ihre Opfer frontal angreifen, wobei er oft aus dem Hinterhalt zuschlägt. Fledermäuse sind seine bevorzugten Ziele.

Nordeuropäische Nadelwälder

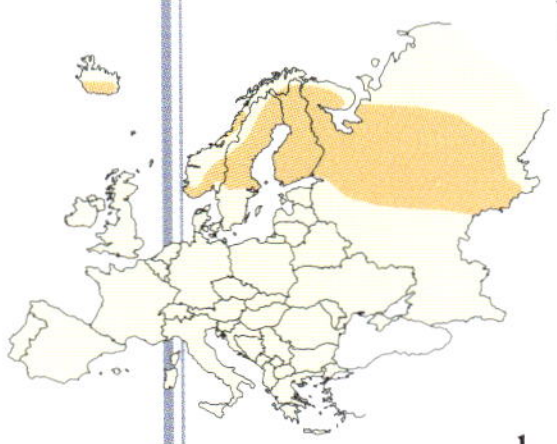

Über den oberen Teil von Europa zieht sich ein grünes Band aus Nadelwald – die Taiga –, das im Norden an die Tundra und im Süden an Laubwälder grenzt. Es ist das Reich der zapfentragenden Bäume wie Kiefern und Fichten mit Nadeln statt Blättern. Nadeln haben den Vorteil, dass sie wenig Saft enthalten und in den kalten Wintern, in denen die Durchschnittstemperaturen ein halbes Jahr lang unter dem Gefrierpunkt liegen, nicht einfrieren. Außerdem sind Nadeln dunkel und können das spärliche Sonnenlicht besser absorbieren. Weil Nadelbäume ihr Laub nicht verlieren, müssen sie in der kurzen Wachstumssaison keine Energie zur Regeneration aufwenden. Die im Vergleich zu anderen europäischen Biomen fehlende Pflanzenvielfalt spiegelt sich auch in weniger Tierarten wider. Zu den an die rauen Bedingungen angepassten Arten gehören viele wetterharte Spezialisten wie Elche, Luchse, Baummarder und Bären.

Bartkauz
Der wissenschaftliche Name für eine der größten Eulenarten der Welt lautet *Strix nebulosa*, abgeleitet vom lateinischen Wort für dunstig oder nebelig. Bei Hitze hechelt der Bartkauz und kühlt sich ab, indem er seine Haut freilegt.

Wald	Land	Wildtierarten
Böhmerwald	Tschechien, Österreich, Deutschland	Wolf, Haselhuhn
Bayerischer Wald	Deutschland	Wisent, Luchs
Trillemarka	Norwegen	Unglückshäher, Steinadler
Pokka-Pulju	Finnland	Weißrückenspecht, Gleithörnchen

Wölfe in Europa
Trotz jahrhundertelanger Bejagung und Verlust ihres Lebensraums haben Wölfe in einigen europäischen Ländern überlebt. Das äußerst soziale Tier bildet Rudel, das aus der erweiterten Familie des dominanten Männchens besteht.

Rothirsch
Nur männliche Rothirsche tragen ein Geweih aus Knochenmaterial, das vom Frühling an täglich um ungefähr 25 Zentimeter wächst und im Winter abgeworfen wird. Rothirsche grasen am frühen Morgen und späten Abend.

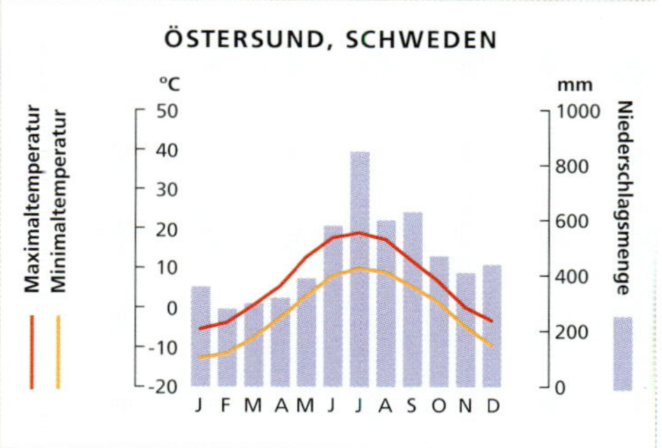

Baummarder
Halbeinziehbare Krallen ermöglichen dem Baummarder das Klettern auf Bäumen. Der buschige Schwanz hilft beim Ausbalancieren. Pelzige Sohlen sorgen im Winter für Isolierung und dienen als eingebaute Schneeschuhe.

Birkhuhn
Birkhühner vollführen ein ausgeprägtes Balzritual. Die Hähne fächern ihre leierförmigen Schwänze auf und stoßen einen blubbernden, spuckenden Ruf aus, während sie um Hennen werben.

Singschwan
Singschwäne gehen lebenslange Paarbindungen ein und bauen gemeinsam ein Nest am Rande eines seichten Sees oder langsamen Flusses. Das Männchen hält Wache, während das Weibchen die Eier ausbrütet. Die Jungschwäne verbringen das erste Jahr mit ihren Eltern, die mit ihnen im Winter in wärmere Länder ziehen.

Bergmolch
Obwohl er eine Amphibie ist, hat der Bergmolch keine Schwimmhäute an den Zehen und verbringt die meiste Zeit an Land, meist im Unterholz. Zur Laichsaison wandert er ins kühle Wasser von Waldteichen.

Elch

Der größte Vertreter der Hirschfamilie war vor Jahrtausenden in ganz Mitteleuropa heimisch. Steinzeitliche Jäger bildeten ihn auf Höhlenmalereien ab. Elche sind ideal an das Überleben in den nördlichen Wäldern von Norwegen bis Russland angepasst – lange Beine erleichtern das Laufen durch Sümpfe und Schnee, vor allem wenn sie von Wölfen und Bären gehetzt werden. Elche verteidigen sich durch heftige Tritte, wobei ihre Körpergröße auf Angreifer abschreckend wirkt.

Weibchen und Kalb
Elchkühe erreichen mit eineinhalb Jahren die Geschlechtsreife. Die Tragzeit schwankt zwischen 215 und 243 Tagen. Zwillingsgeburten sind häufig, und die Kälber werden von ihren Müttern heftig verteidigt.

Adultes Männchen
Elchbullen wächst im Sommer ein Geweih. In der Brunst (August bis Oktober) spritzen sie uringetränkten Schlamm auf die Hautlappen unter dem Kiefer, um Weibchen anzulocken. Mit anderen Bullen kämpfen sie um deren Gunst..

Leben am Strand

Im Vergleich zu anderen Kontinenten ist die europäische Küstenlinie mit 325 900 Kilometern im Verhältnis zur Landfläche relativ lang.

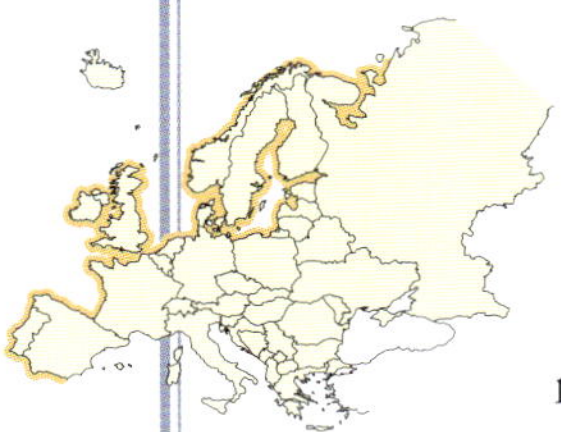

Der breite Kontinentalsockel reicht weit in den Atlantik hinein, und der Küstenverlauf ist sehr vielfältig. Er reicht von Felsküsten über Sandstrände bis zu schlammigen Gezeitenebenen. Salzmarschen, Küstendünen, Flussmündungen und Buchten sind einige der Lebensräume, die eine außergewöhnlche Vielfalt an Pflanzen und Tieren beherbergen. An felsigen Küstenabschnitten entstehen Gezeitenbecken, die Oasen für Napfschnecken, Krabben und Fische sind. Muscheln vergraben sich hier unter der Oberfläche von Sandstränden. Die nährstoffreichen Schlamm- und Schlickablagerungen im Wasser der Flussmündungen und Buchten bieten Lebensraum für Würmer und andere Wirbellose, von denen sich Wat-, Möwen- und Alkenvögel wie Reiher, Stelzenläufer, Austernfischer und Störche ernähren. Die veränderte Landnutzung bedroht die Wildtiere, und die Erosion stellt ein weiteres Problem dar. Die europäischen Küstenlinien ziehen sich pro Jahr durchschnittlich um 0,5–2 Meter zurück.

Zwergmöwe
Der passenderweise Zwergmöwe genannte Vogel ist die kleinste Möwe der Welt. Wegen ihrer Größe, ihrer Farbe und ihrem Verhalten wird sie oft fälschlicherweise für eine Seeschwalbe gehalten. Der Zugvogel fängt Insekten im Flug und zupft Nahrung aus dem Wasser. Er nistet zwischen Schilf auf Treibpflanzen.

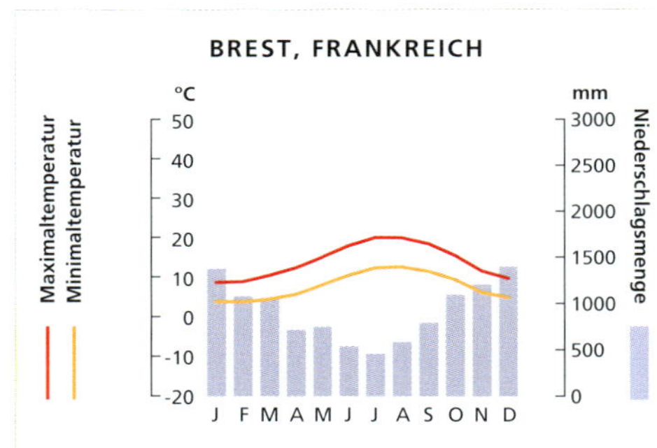

Seeigel
Die violetten Stacheln bieten dem Seeigel Schutz vor räuberischen Fischen, während er Seetang und andere Meerespflanzen frisst. Mit seinen kräftigen Raspelzähne bricht er Korallenpolypen ab und kann dabei beträchtlichen Schaden anrichten. Seeigel sowie Seesterne sind Wirbellose aus der Gruppe der Stachelhäuter.

Seesterne
Seesterne sind stachelhäutige Tiere mit fünf oder mehr „Armen“, die von einer Scheibe ausstrahlen. Der Gemeine Seestern ist der bekannteste Vertreter, hat einen Durchmesser von zehn bis 30 Zentimetern und ist orangefarbig bis blassbraun oder violett gefärbt. Andere Arten sind der stachelige Sonnenstern, der Sandseestern und der Große Kissenstern.

Meeresschnecke
Meeresschnecken sind im Grunde genommen Schnecken, die ihre Schalen verloren haben oder gerade im Begriff sind, sie zu verlieren. Es gibt Hunderte Arten, von vielfarbigen, fächerähnlichen Nacktschnecken bis zu den primitiven Kopfschildschnecken. Ein Muskelfuß, der einen klebrigen Schleim absondert, hilft ihnen bei der kriechenden Fortbewegung.

Leben in einem Gezeitenbecken

In Gezeitenbecken verändert sich die Umgebung mit den Bewegungen des Mondes und der von ihm gesteuerten Gezeiten ständig. Überleben bedeutet, nicht weggespült zu werden oder auszutrocknen. Die widerstandsfähigsten Tiere, Rankenfüßer und Wellhornschnecken, leben in der Gischtzone. Seesterne und Seeigel klammern sich an die mittlere Zone, und winzige Fische halten sich in tieferen Becken auf. Auf dem Grund leben Einsiedlerkrebse und Seeanemonen.

Unterseite eines Seesterns
Röhrenartige Füße helfen Seesternen bei der Fortbewegung und beim Fressen. Die zentrale Mundöffnung führt in zwei Mägen, von denen einer ausgestülpt werden kann, um die Nahrung außerhalb des Körpers zu verdauen.

Seeanemone
Der Körper einer Seeanemone ist ein Rohr mit einer einzigen Öffnung, das sowohl zur Nahrungsaufnahme als auch zur Ausscheidung benutzt wird. Bei Berührung injizieren die Tentakeln ein Gift und halten die Beute für die Verdauung fest.

Silbermöwe
Die an den Küsten des Nordatlantik häufig vorkommende Silbermöwe kann sowohl Süß- als auch Salzwasser trinken. Sie scheidet das Salz durch spezielle Drüsen über den Augen aus. Der Schrei der aasfressenden Möwe ist der typische Vogelruf der Küste.

Gemeiner Seehund
Seehunde findet man von Irland bis zur Ostküste Schwedens und vom Norden Hollands bis hinauf in die Arktis. Sie besitzen zwei Flossenpaare. Die Brustflossen haben fünf mit Schwimmhäuten versehene Finger und Krallen, die zum Putzen und zur Verteidigung verwendet werden. Die Schwanzflossen dienen beim Schwimmen als Antrieb.

Austernfischer
Die Schnabelspitze des Austernfischers verändert ihre Form: Den Großteil des Jahres über ist er breit, damit der Küstenvogel Weichtiere aufbrechen und Schalen durchhämmern kann. Wenn die Austernfischer zur Brutzeit ins Landesinnere ziehen, ist er abgenutzt und spitz und hat die perfekte Form für das Ausgraben von Würmern.

Strandtiere und ihr Lebensraum

Tiere	Lebensraum
Ohrenqualle	Bucht
Breitwarzige Fadenschnecke	Felsstrand
Käferschnecke	Felsstrand
Seidenreiher	Flussmündung
Gewöhnlicher Schweinswal	Bucht

Feuchtgebiete

Feuchtgebiete stehen entweder ständig unter Wasser oder werden von jahreszeitlichen Überschwemmungen und den täglichen Gezeiten überflutet. Je nach Ursprung oder geographischer Lage weisen sie verschiedene Formen und Größen auf. In allen europäischen Ländern gibt es Feuchtgebiete wie Marschen, Sümpfe, Torfmoore, Teiche und Flussmündungen. Ein Achtel der Landfläche Großbritanniens ist mit Feuchtgebieten bedeckt. 900 europäische Feuchtgebiete, die zu den vielfältigsten Lebensräumen der Erde zählen, wurden für international bedeutend erklärt. Dynamisch, vielfältig und voll mit endemischen Arten, bilden sie Zufluchtsorte für eine Vielfalt an Pflanzen, Wirbellosen, Fischen, Amphibien, Reptilien und Säugetieren sowie für zahllose Vogelarten, darunter Millionen von Zug- und Standwasservögeln. Feuchtgebiete spielen eine wichtige Rolle bei der Aufrechterhaltung des ökologischen Gleichgewichts, da sie die Nieren des Planeten sind, die den Abfluss filtern, Erosion und Überschwemmungen kontrollieren und bei Stürmen als Puffer wirken.

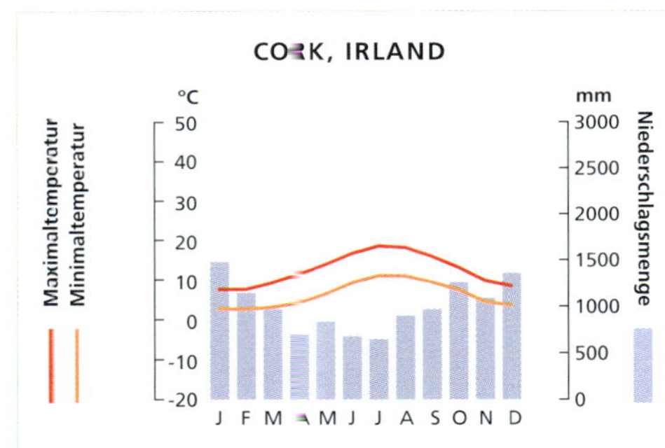

Leben im Marschland

In einer Marsch ist die gesamte Nahrungskette vertreten, von Pflanzen über Beutetiere bis zu Raubtieren. Das mit Sedimenten angereicherte Wasser fördert das Algen- und Pflanzenwachstum, das Wirbellose, Insekten und Fische ernährt. Diese dienen Purpurreihern und halb im Wasser lebenden Nagetieren wie der Wasserspitzmaus und der Bisamratte als Nahrung, die wiederum von Greifvögeln wie der Rohrweihe erbeutet werden.

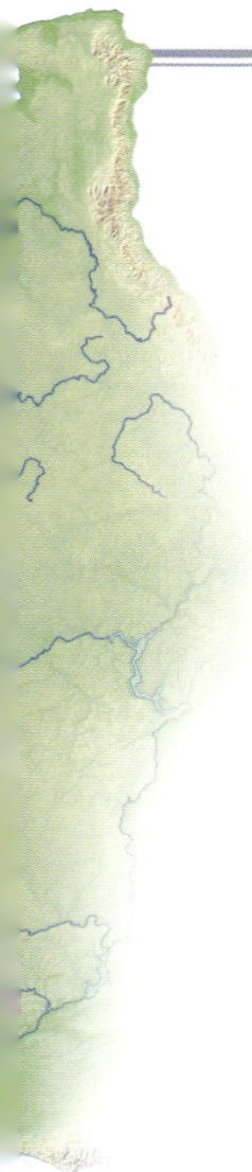

Land	Staatsfläche in Hektar	Fläche der Feuchtgebiete in Hektar
Frankreich	54 563 000	1 600 000
Schweden	41 092 300	10 700 000
Großbritannien	24 150 000	2 976 585
Estland	4 320 000	1 345 900
Slowenien	2 025 600	120 000

Pfeifente
Die Pfeifente ist eine Schwimmente, die sich beim Grasen auf den Kopf stellt. Werden sie aufgeschreckt, schießen Pfeifenten senkrecht in die Höhe und fliegen davon. Zur Brutzeit tragen die Männchen ein buntes Federkleid mit rosa Brust und einem gelben Kronenstreifen.

Libelle

Libellen verbringen den Großteil des Lebens als Larven im Wasser. Zur Verwandlung klettern sie auf Pflanzen, wo die Haut aufbricht und die ausgewachsene Libelle entlässt. Libellen haben zwei Flügelpaare und können mit Geschwindigkeiten von 100 Körperlängen pro Sekunde fliegen.

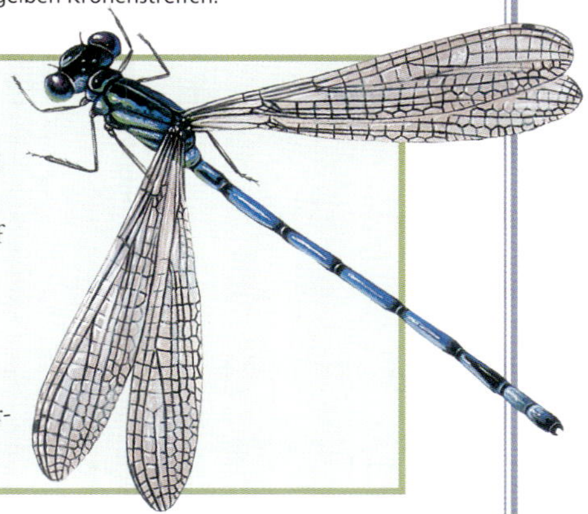

Krauskopfpelikan
Die größte der sieben Pelikanarten unterscheidet sich vom Weißen Pelikan durch die Körpergröße, die gekrausten Nackenfedern und das hellgraue Gefieder. Der Krauskopfpelikan fängt Fische in seinem Kehlsack. Da sein Lebensraum immer kleiner wird, gilt er als gefährdet.

Ohrenlerche
Der kleine Vogel überwintert auf ebenen Stränden und brütet im Landesinneren. Sein Bodennest im offenen Gelände ist mit Gras ausgelegt und auf einer Seite häufig mit einer flachen Türstufe aus Kieselsteinen versehen.

Wasserspitzmaus
Die Wasserspitzmaus lebt in Bausystemen, die häufig mit Unterwasser-Eingängen versehen sind. Die schnelle Schwimmerin verwendet die Haare an der Schwanzunterseite als Ruder. Giftiger Speichel lähmt die Beute, die von Wasserlarven und Insekten bis zu kleinen Fischen, Fröschen und Schnecken reicht.

Weißkopfseeadler sind über ganz Nordamerika bis Mexiko verbreitet. Im Bild breitet ein Weißkopfseeadler im Sinkflug seine Flügel aus, um seinen Abstieg zu bremsen und auf der alaskischen Kenai-Halbinsel zu landen. Diese Adler ernähren sich hauptsächlich von Fischen, die sie im Vorbeiflug aus dem Wasser greifen – oder sie

NORDAMERIKA

Nordamerika

In Nordamerika findet man immergrüne Nadelwälder, ausgedörrte Wüsten, gemäßigte Regenwälder, weite Grasebenen, schneebedeckte Berggipfel, Eichenwälder voller Leben, Sümpfe und Sandstrände. Vom nördlichen Mexiko über die Vereinigten Staaten bis Kanada weist der Kontinent äußerst unterschiedliche klimatische und topographische Merkmale auf, was sich in einer vielfältigen Fauna und Flora widerspiegelt. Nordamerika teilt einige seiner Wildtiere mit anderen Kontinenten wie Braunbären und Elche, die auch in Eurasien zu finden sind, oder Pumas, die auch in Südamerika Jagd auf Weißwedelhirsche machen. Jährlich ziehen zahllose wunderschöne Singvogelarten nach Nordamerika und wieder in den Süden. Viele Tiere sind einzigartig, wie Gabelböcke, Bisons, Fleckensalamander und Gila-Krustenechsen. Die Menschen haben einen hohen Tribut von diesem Land gefordert. Manche Arten wie die Wandertaube sind verschwunden, und einige Lebensräume, darunter Gras- und Wüstenbeifußsteppen, sind nur noch Schatten ihrer einstigen Pracht.

Klima

Die unterschiedlichen Klimazonen Nordamerikas umfassen alle Wetterextreme. Im hohen Norden sorgen tiefe Temperaturen und Polarwinde dafür, dass Land und Meer den Großteil des Jahres über gefroren sind. Die südlich angrenzende kalt-gemäßigte Zone zeichnet sich durch große Schneemengen und kurze Sommer aus. Im Nordosten der USA gibt es im Winter jede Menge Schnee, während die Sommer heiß und feucht sind. Im Südwesten der USA und im Nordwesten von Mexiko liegen die trockensten Gebiete.

Natürliche Vegetation

Grönland ist großteils in eine permanente Eisdecke gehüllt. Südlich der arktischen Tundra, einer kargen Gegend mit Sümpfen, Moosen und verstreut wachsenden Nadelbäumen, bedeckt ein breiter Nadelwaldgürtel den Großteil Kanadas und zieht sich entlang der westlichen Gebirge nach Süden. Die Rocky Mountains verschmelzen im Westen mit mediterraner Hartlaubvegetation und werden im Osten von Grassteppen flankiert, die sich bis zu den östlichen Laubwäldern ausdehnen. Vom Südwesten der USA bis in den Norden Mexikos erstrecken sich Wüsten.

Der boreale Wald
Im Norden hüllt der ausgedehnte boreale Nadelwald Nordamerika von einem Meer zum anderen ein und bietet Lebensraum für eine kleine, aber großartige Ansammlung von Wildtieren.

Die Großen Ebenen
Die weiten Grasebenen im Zentrum Nordamerikas sind fast verschwunden, aber die Spuren ihrer einstigen Größe blieben in den letzten Bisonherden und Präriehundkolonien erhalten.

Nadelwald des Pazifischen Nordwestens
Im Nadelwald des Pazifischen Nordwestens stehen die höchsten Bäume der Erde. Die Vielfalt an Wildtieren reicht von Rotlachsen bis zu ihren Fressfeinden, den Braunbären.

Das Große Becken
Das Große Becken, eine Kaltwüste, wurde früher von einer ökologischen Gemeinschaft rund um den Wüstenbeifuß beherrscht. Sie wurden vom Menschen und seinen Pflanzen verdrängt.

Die Rocky Mountains
Die hohen Gipfel und tiefen Talbecken der Rocky Mountains sind die Heimat einiger der spektakulärsten Wildtiere des Kontinents, wie Bisons, Bären, Rotluchse und Wölfe.

Wüsten des Südwestens
In den heißen, trockenen Weiten der Wüsten des Südwestens haben verschiedene Pflanzen und Tiere geniale Strategien entwickelt, um Wasser zu speichern und sich kühl zu halten.

Östliche Laubwälder
Sanfte Berge und majestätische Bäume, die im Herbst in schillernden Farben leuchten, prägen den östlichen Laubwald, der viele Singvögel, Schwanzlurche und blühende Büsche birgt.

ANTEILE AN DER GESAMTEN LANDFLÄCHE

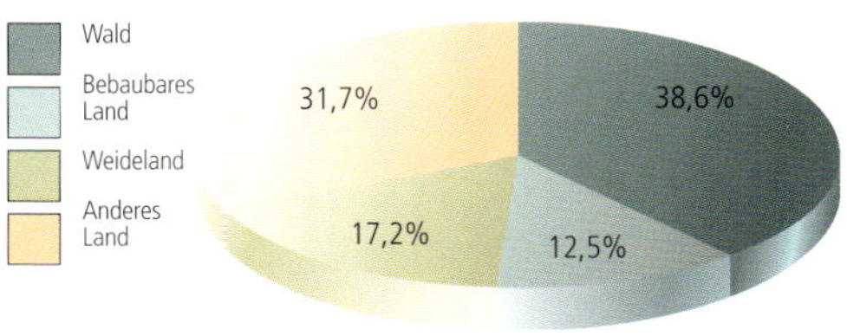

Landbedeckung

Ein breiter Streifen des Kontinents, der in erster Linie über Kanada hinweg verläuft, ist noch immer von Wäldern bedeckt, obwohl sie deutlich geschrumpft sind. Das meiste landwirtschaftlich nutzbare Land befindet sich in der nördlichen Hälfte. Im Süden beschränkt es sich auf fruchtbare vulkanische Hochebenen. Weitere Formen der Landbedeckung schließen die Randgebiete und unproduktive Regionen im hohen Norden und in den westlichen Gebirgsregionen ein. Zudem gibt es eine erhebliche Zersiedelung: Die USA allein verfügen über ein 6,4 Millionen Kilometer langes Straßennetz.

Küstenebenen

Sümpfe, Salzmarschen, sandige Strände und Kiefernwälder rahmen die Küsten des Atlantik und des Golfs von Mexiko ein. Sie beherbergen Strandvögel, wandernde Schmetterlinge und Krabben.

Der boreale Wald

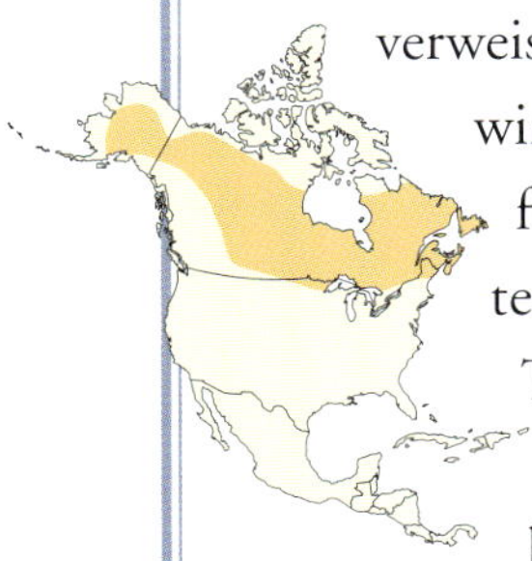

Der boreale Wald bedeckt ein Viertel von Nordamerika und reicht von Alaska bis an die Ränder Neufundlands. Sein Name verweist auf den griechischen Gott des Nordwindes, Boreas. Er wird auch Taiga genannt, nach der russischen Bezeichnung für „Land der kleinen Stöcke". Lange, schneereiche Winter und unfruchtbare Böden verhindern, dass Fichten, Tannen und anderen Nadelbäume höher als 15 Meter werden. Neben immergrünen Bäumen gedeihen Birken, Espen und andere winterharte Laubbäume, die an die regelmäßigen natürlichen Waldbrände angepasst sind. Das raue Klima schränkt die biologische Vielfalt zwar ein, doch in den Wäldern leben 85 Säugetierarten, und im Sommer bieten sie Brutplätze für zahlreiche Zugvögel. Etwa drei Milliarden Vögel aus 300 Arten laben sich an den reichlich vorhandenen Insekten. Es leben kaum Menschen im borealen Wald, aber dennoch wird er vom Bergbau, der Verschmutzung und der globalen Erwärmung bedroht, die trockenere Bedingungen, Insektenplagen und häufigere Waldbrände mit sich bringen könnte.

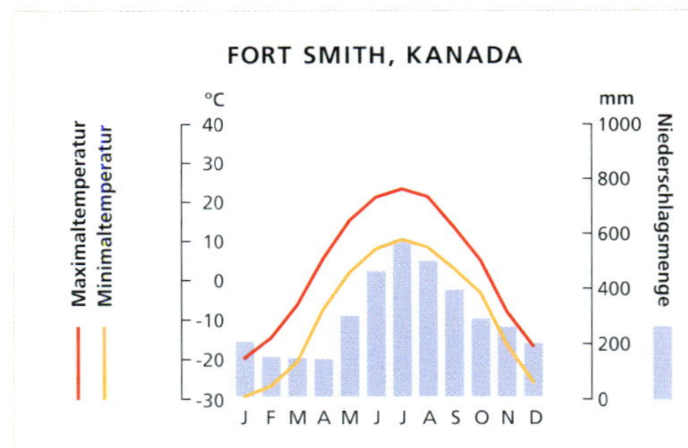

Eistaucher
Aus den Seen und Flüssen des borealen Waldes in Kanada, Alaska und den 48 zusammenhängenden US-Staaten bis in den Yellowstone-Nationalpark erschallen die eindringlichen, klagenden Rufe brütender Eistaucher. Die fischfressenden Wasservögel gehen selten an Land, außer zur Paarung und zum Legen und Bebrüten der Eier.

Feuchtgebiete

Der boreale Wald ist mit Seen, Teichen, Sümpfen und anderen Feuchtgebieten übersät. Über 13 Millionen wandernde Enten brüten, fressen und rasten in diesen Lebensräumen, ebenso Millionen andere Wasservögel wie Eistaucher, Lappentaucher, Kraniche und Eisvögel. Die Flüsse und Feuchtgebiete des borealen Waldes bergen an die 130 Fischarten und wasserlebende Säugetiere wie den Biber, dessen Dämme Feuchtgebiete entstehen lassen.

Schwarzhalstaucher
Schwarzhalstaucher brüten in großen, lärmenden Kolonien in seichten Feuchtgebieten im Westen des borealen Waldes und anderer Teile des westlichen Nordamerika. Im Sommer jagen sie Insekten und Spinnen auf der Wasseroberfläche oder tauchen nach ihnen.

Schreikranich
Beinahe die gesamte weltweite Population der stark gefährdeten Schreikraniche, rund 70 Brutpaare, verbringt den Sommer in den Feuchtgebieten des kanadischen Nationalparks Wood Buffalo. Schreikraniche werden 20 bis 30 Jahre alt und ziehen jährlich nur ein Küken groß.

Elch
Der boreale Nadelwald ist der Hauptlebensraum des Elchs, der größten Hirschart. Auf eine gewisse Weise pflegen Elche den borealen Wald. Sie weiden Espen und andere Laubbäume, die sie Nadeläumen vorziehen, intensiv ab. Dadurch schaffen äsende Elche Raum für Fichten und andere Nadelbaumarten.

SCHUTZSTATUS

Der boreale Wald ist das Rückzugsgebiet des einzelgängerischen, seltenen Vielfraßes. Im Großteil seines nordamerikanischen Verbreitungsgebietes sinken die Bestände, während er anderswo wahrscheinlich bereits ausgestorben ist. Die wegen ihres Pelzes in Fallen gefangenen und von Ranchern mit Ködern vergifteten Vielfraße lassen sich leicht stören und ziehen es vor, ihre Jungen in unberührter Natur großzuziehen.

Mauswiesel
Mauswiesel leben und jagen bevorzugt auf Waldwiesen. Mit den langen, schlanken Körpern können sie Mäuse und Wühlmäuse bis in ihre Baue und im Winter durch Tunnel im Schnee verfolgen. Die Wieselart muss täglich ein bis zwei Beuttiere fressen, was etwa der Hälfte ihres Körpergewichts entspricht.

Hungrige Jäger

Sieben der elf nordamerikanischen Marderarten leben im borealen Wald. Die Größenordnungen dieser mit wunderbaren Pelzen ausgestatteten Fleischfresser reichen vom winzigen Mauswiesel, das lediglich zwischen 28 und 56 Gramm wiegt, bis zu den 500-mal schwereren Vielfraßen. Als Raubtiere mit unersättlichem Appetit fressen Marder beinahe jedes Tier, das sie fangen können, aber auch Aas.

Amerikanischer Nerz
Neovison vison

Fichtenmarder
Martes americana

Mauswiesel
Mustela nivalis

Fischermarder
Martes pennanti

Vielfraß
Gulo gulo

Baumstachler
Der nordamerikanische Urson hat etwa 30 000 Stacheln mit Widerhaken. Wird er angegriffen, stößt er die Stacheln in den Angreifer, wobei dieser verletzt und manchmal getötet wird.

Amerikanischer Fischotter
Sie sind gute Schwimmer und Taucher, die in den Flüssen und Seen des borealen Waldes leben. Sie machen nachts und allein Jagd auf Fische, Frösche, Schildkröten, Vögel, Eier und gelegentlich Bisamratten. Eine Ölschicht unter dem dicken Fell isoliert ihre Körper im kalten Wasser.

NORDAMERIKA

KARIBUWANDERUNGEN

Karibus, wie die Rentiere Nordamerikas genannt werden, sind hervorragend an das Leben im borealen Wald und in der arktischen Tundra angepasst. Zwei Unterarten bewohnen Teile des nordamerikanischen Nadelwaldes. Das Waldrentier durchstreift ganzjährig in kleinen Gruppen die Wälder, während das Tundrarentier weiter nördlich lebt. Tundrarentiere wandern in riesigen Herden jährlich bis zu 5000 Kilometer zwischen den Kalbungsgründen in der sommerlichen Tundra und den Winterhabitaten im borealen Wald hin und her. Auch Waldrentiere wandern, aber nur über Strecken von 15 bis 80 Kilometern innerhalb des Waldes. Im vergangenen Jahrhundert gingen die Bestandszahlen stetig zurück, und aus den südlichen Abschnitten ihres einstigen Verbreitungsgebiets sind Karibus ganz verschwunden. Holzgewinnung, Bergbau, Erdölsondierungen, Straßen und andere Eingriffe des Menschen sind die Hauptursache für den Rückgang. Tundrarentiere sind weniger gefährdet, aber der Klimawandel bedroht sowohl die Sicherheit dieser Unterart als auch die ihres Gegenstücks im Wald.

Schwimmer
Sowohl auf ihren Wanderungen als auch beim Grasen sind Karibus ständig in Bewegung und lassen sich von Seen oder Flüssen nicht abschrecken. Als ausdauernde Schwimmer erreichen sie Geschwindigkeiten von bis zu zehn Stundenkilometern, wobei die zwischen den beiden Fellschichten eingefangene Luft Auftrieb verleiht. Das Bad bringt auch Erleichterung vor lästigen Insekten.

SCHUTZSTATUS

Der Sommer bringt Fliegen und Stechmücken, die die Karibus belästigen, weshalb sie auf Schneefeldern Zuflucht suchen. Durch die globale Erwärmung steigen die Sommertemperaturen und in weiterer Folge der Insektenbestand, was sich negativ auf die Gesundheit und Fortpflanzung der Karibus auswirken könnte.

Grasen
Die Sommerkost eines Karibus besteht aus verschiedenen Gräsern, Blütenpflanzen, Weiden- und Birkenblättern sowie Pilzen. Rentiere werfen ihr Geweih alljährlich ab und sind die einzigen Hirsche, bei denen auch die weiblichen Tiere Geweihe tragen.

Anpassungen an das Leben im Schnee

Die Fortbewegung im tiefen Schnee, der den borealen Nadelwald den Großteil des Jahres über bedeckt, erfordert viel Energie. Manche Säugetiere wie der Kanadische Luchs, der Schneeschuhhase und das Karibu haben „Schneeschuhe". Spezielle Anpassungen vergrößern ihre Füße und bewahren sie davor, im Schnee einzusinken. Das Moorschneehuhn ist ein Waldvogel, der eine ähnliche Strategie entwickelt hat: Seine Füße sind dicht mit Federn bedeckt.

Kanadischer Luchs
Die mittelgroße Raubkatze hat sich auf das Erbeuten von Schneeschuhhasen spezialisiert, die 80 Prozent ihrer Nahrung ausmachen. Jäger und Beute sind so eng miteinander verbunden, dass sich Schwankungen in der Hasenpopulation in den Luchsbeständen widerspiegeln.

Luchspfote
Für eine Katze seiner Größe besitzt der Kanadische Luchs relativ große Pfoten. Sie sind oben und unten mit Fell bewachsen und dienen wie ein Paar Fäustlinge als Wärmeisolierung.

Der Gejagte
Schneeschuhe und ein Fell, das im Winter zur Tarnung weiß wird, können den Schneeschuhhasen nicht vor den Fängen des Kanadischen Luchses bewahren. Der Hase ernährt sich von Weiden und Espen, die sich mit bitteren Chemikalien dagegen wehren, abgefressen zu werden.

Schneeschuhhasenpfote
Große Hinterfüße mit dichtem Fell aus steifen Haaren und lange, weit spreizbare Zehen ermöglichen dem Schneeschuhhasen das flinke Laufen über Tiefschnee.

Auf Wanderschaft

Die Karibus der von Forschern untersuchten „Alaska-Karibu-Herde" verbringen den Großteil des Jahres auf Wanderschaft. Die Herde wandert auf einigermaßen festgelegten Routen zwischen ihren Wintergründen unter der Waldgrenze in Nordostalaska, dem nördlichen Yukon und den Richardson Mountains in den Northwest Territories und ihren Sommergründen nahe der Küste in Nordalaska und Yukon. Hier kalben sie in den Hügeln nördlich der Brookskette und auf den alaskischen Küstenebenen.

Wanderroute der Alaska-Karibu-Herde

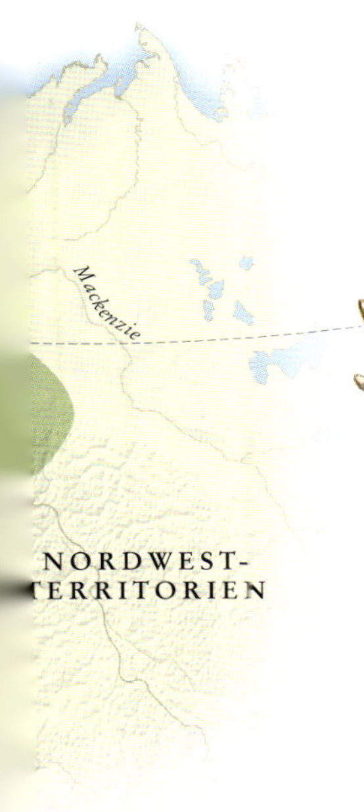

Nach Futter schaufeln
Grünfutter ist im winterlichen borealen Nadelwald rar, und die Flechten, die Hauptnahrung der Karibus im Winter, sind unter dem Schnee begraben. Mit ihren scharfkantigen Hufen schaufeln die Karibus den Schnee weg. Dabei verbrauchen sie viel Energie. Daher versuchen sie, Felder zu besetzen, die andere Rentiere freigelegt haben.

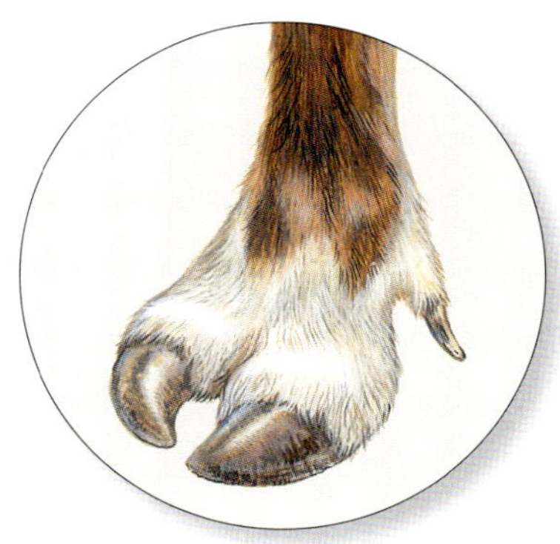

Karibuhuf
Zwei große, halbmondförmige Vorderzehen und zwei kleinere Hinterzehen spreizen sich, um den Karibuhuf lang und breit zu machen. Dadurch können die Tiere auf Zehenspitzen durch den Schnee laufen, ohne einzusinken.

Nadelwald des Pazifischen Nordwestens

Von der Küste Alaskas bis ins nördliche Kalifornien erstreckt sich der über 2000 Kilometer lange, aber nur 65 bis 120 Kilometer breite Nadelwald des pazifischen Nordwestens, der zu den artenreichsten Wäldern der Erde zählt. Milde Temperaturen und Jahresniederschlagsmengen von 760 bis 2900 Millimetern bringen hohe, dicht stehende, langlebige Nadelbäume wie Douglasien, Westliche Hemlocktannen, Sitka-Fichten und Küstenmammutbäume hervor. Die alten Küstenwälder werden von zahllosen Flüssen durchschnitten und bergen eine vielfältige Ansammlung von Wildtieren. Einige Arten wie der Fleckenkauz und der Riesen-Querzahnmolch kommen nur hier vor, und Wissenschaftler entdecken regelmäßig neue Insekten- und Spinnenarten. Braunbären fangen in den Flüssen Lachse und setzen Fett an, während vor der Küste Schwertwale jagen. Holzabbau, Staudämme für Wasserkraftwerke und andere Eingriffe des Menschen stellen die größten Bedrohungen für diesen Lebensraum dar.

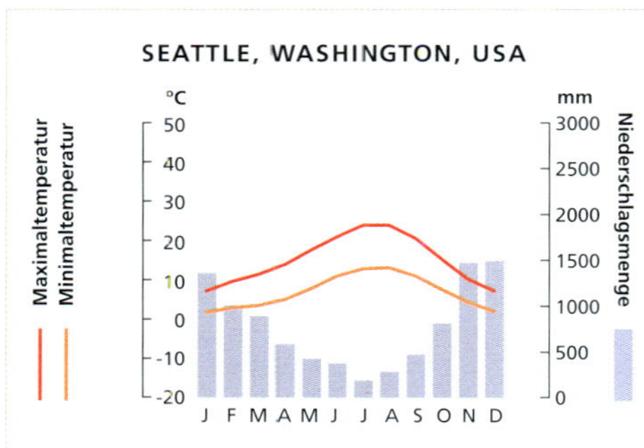

Weißkopfseeadler
Der majestätische Weißkopfseeadler benutzt seine kräftigen Beine und scharfen Krallen, um Lachse und Forellen zu fangen, die seine bevorzugte Beute sind. Der große Raubvogel braucht natürliche Nadel- oder Laubwälder mit nahen Gewässern. Er rastet, lauert und baut sein riesiges Nest, das bis zu einer Tonne wiegen kann, auf Bäumen.

Pazifische Bananenschnecke
Die zweitgrößte landlebende Nacktschnecke erreicht tatsächlich die Größe einer Banane. Die Pazifische Bananenschnecke bewohnt den Boden der Nadelregenwälder an der Pazifikküste, wo sie sich von Pilzen, abgestorbenen Blättern und Tierkot ernährt.

Marmelalk
Die scheuen und geheimnisvollen Marmelalke nisten in den Bäumen der Küstenwälder. Sie jagen vor der Küste nach kleinen Fischen und entfernen sich auf Nahrungssuche manchmal 19 Kilometer von ihrem Nest. Beim Verfolgen der Mahlzeit arbeiten Alke oft synchron in Paaren. Sie jagen in geringen Tiefen, wobei sie durchs Wasser „fliegen“, indem sie ihre muskulösen Flügel wie Flossen einsetzen und die mit Schwimmhäuten versehenen Füße zum Steuern verwenden.

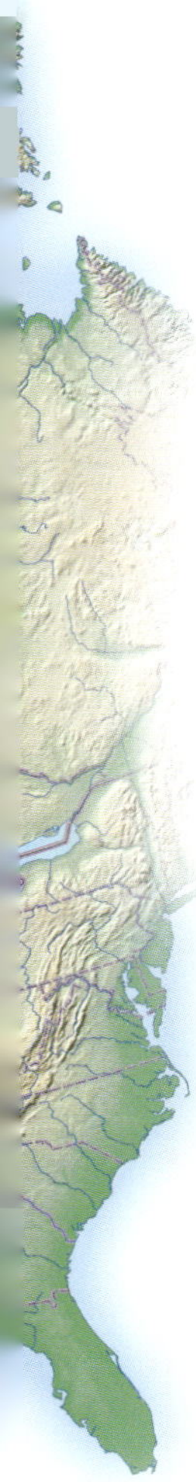

Braunbär
Im Sommer finden Braunbären an der Pazifikküste Nahrung im Überfluss und fangen Lachse, die zum Laichen flussaufwärts schwimmen. Angesichts des reichen Nahrungsangebots versammeln sich die einzelgängerischen Bären in Gruppen an den besten Fischplätzen, an denen die wandernden Lachse von Wasserfällen und anderen Hindernissen gebremst werden.

Fischnahrung
Die eiweiß- und fettreiche Lachsnahrung an der Pazifikküste bringt die größten Braunbären der Welt hervor. Ausgewachsene Männchen erreichen ein Gewicht von 600 Kilogramm oder mehr und sind bis zu 2,8 Meter hoch, wenn sie sich aufrichten. Wenn die Jagd gut verläuft, verschlingen die Bären täglich zehn große Lachse.

Lebenzyklus eines Lachses

Ein Rotlachsweibchen legt die Eier in demselben Fluss ab, in dem sie Jahre zuvor geschlüpft ist. Nach dem Schlüpfen hängt der Dottersack noch einige Tage an den Larven, danach schwimmen sie frei. Sie entwickeln sich weiter zum Jungfisch und leben mehrere Jahre im Süßwasser. Als Blanklachse sind sie bereit für die Reise ins Meer, wo sie adult werden. Adulte Tiere, die zum Laichen in die Flüsse zurückkehren, haben rote Körper und grüne Köpfe.

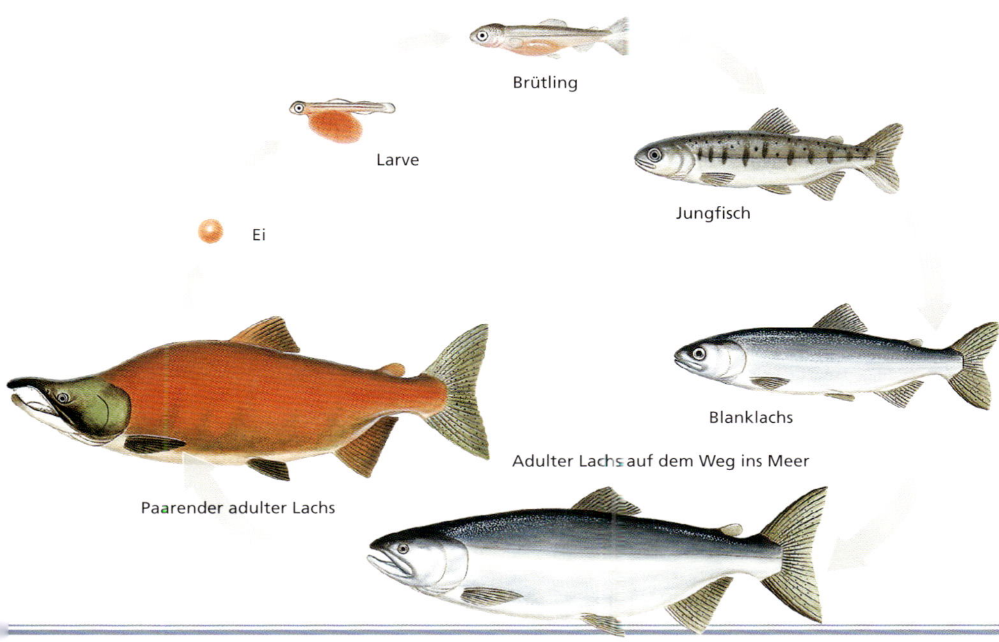

Rotlachs
Mit ungefähr vier Jahren verlassen männliche und weibliche Rotlachse den Ozean und schwimmen zum Laichen in die Flüsse, wobei sie in dieselben Flussläufe wandern, in denen sie geschlüpft sind. Zu diesem Zeitpunkt sind die Rücken und Seiten der Weibchen und Männchen als Zeichen ihrer Fortpflanzungsbereitschaft rot gefärbt.

Die Rocky Mountains

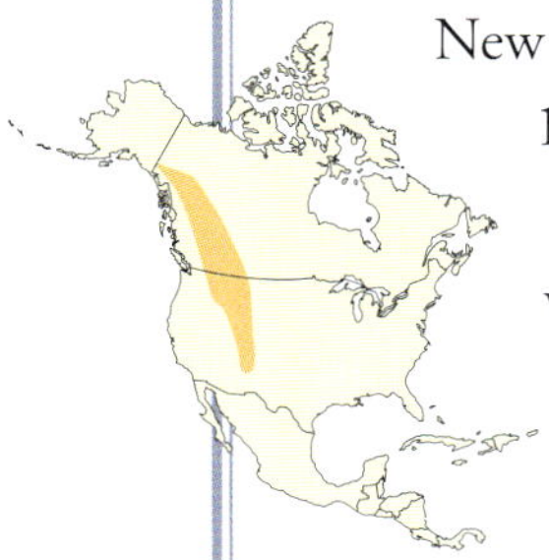

Die Rocky Mountains teilen Nordamerika in zwei Hälften. Sie erstrecken sich vom kanadischen Alberta bis in den US-Bundesstaat New Mexico, sind 95 bis 563 Kilometer breit und bestehen aus 100 einzelnen Bergketten. Der höchste Gipfel erreicht eine Höhe von 4390 Metern, und zwischen den Bergen liegen weite Becken und Gräben. Die vielfältigen Lebensräume reichen von schneebedeckten Berggipfeln über Bergwiesen bis zu Nadel- und Laubwäldern und Steppen, aber in dem kühlen Trockenklima dominiert der Nadelwald. Die Wildtiervielfalt der Rocky Mountains ist beschränkt. Es gibt relativ wenige Insekten, Amphibien und Reptilien. Viele Fischarten in den zahllosen Flüssen und Seen wurden eingeführt. Im Herzen des Gebirgszugs liegt der Yellowstone-Nationalpark, in dem die beeindruckendste Ansammlung großer Säugetiere in Nordamerika zu finden ist. In dem Gebiet treffen Bisons, Elche, Wapitis, Weißwedelhirsche, Dickhornschafe, Schneeziegen, Gabelböcke, Grizzly- und Schwarzbären, Wölfe, Kojoten, Pumas, Vielfraße, Kanadische Luchse, Rotluchse und zahlreiche andere Tierarten aufeinander.

Kolkrabe
Kolkraben zählen zu den auffälligsten Vögeln der Rocky Mountains. Man kann die furchtlosen Raben oft um Tierkadaver sehen, die von Wölfen erlegt wurden. Sie stoßen auf die Wölfe herab und versuchen, sie zu vertreiben, um einen Bissen für ihre hungrigen Nestlinge zu stehlen.

Westliche Klapperschlange
Westliche Klapperschlangen sind zwar mit tödlichem Gift bewaffnet, aber nicht aggressiv und selten zu sehen. Bei heißem Wetter jagen sie nachts. Die kalten Winter verbringen sie in Winterstarre in Höhlen und Bauen anderer Tiere. Die Weibchen bringen im Herbst bis zu 20 Junge zu Welt.

Aufbau der Rassel
Die einzelnen Abschnitte der Rassel bestehen aus verhärteter Haut, die nicht abgestreift wird. Die Rasseln schlagen gegeneinander, wenn die Schlange ihren Schwanz vibrieren lässt.

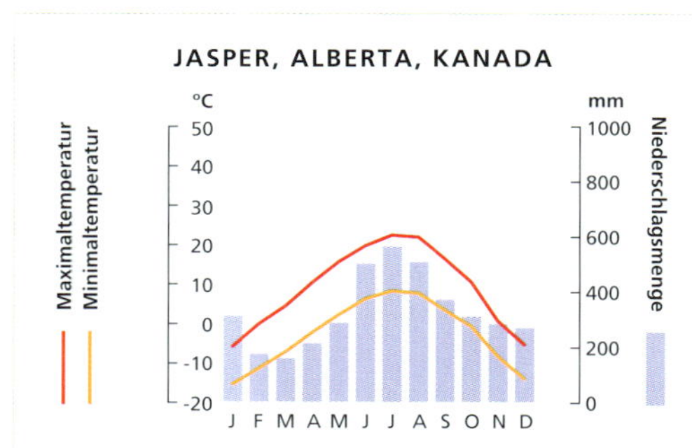

Zahllose Forellenfische

Die Seen und Flüsse des Yellowstone-Nationalparks bergen ungefähr ein Dutzend heimische Fischarten, darunter die Cutthroat-Forelle und die Arktische Äsche. Regenbogen-, Bachforelle, Bach- und Seesaibling wurden zwischen dem späten 19. und Mitte des 20. Jahrhunderts zum Sportfischen eingeführt und verdrängten die heimischen Arten, deren Bestände zum Teil dramatisch gesunken sind.

Cutthroat-Forelle
Die heimischen Cutthroat-Forellen schwimmen in denselben Bächen wie die eingeführten Regenbogenforellen, die ihnen Nahrung und Lebensraum geraubt haben. Die Cutthroat-Forelle ist heute stark gefährdet.

Schneeziege
Schneeziegen verbringen die meiste Zeit auf steilen Felshängen in gebirgigen Abschnitten der nördlichen Rocky Mountains, wo sie vor Raubtieren sicher sind und kleine Pflanzen abfressen, die zwischen den Felsen wachsen. Kräftige Vorderbeine helfen beim Klettern, und raue Ballen auf der Hufunterseite sorgen für Bodenhaftung. Die Hufe können sich um kantige Felsen zusammenballen oder zum Bremsen spreizen.

Maultierhirsch
Maultierhirsche bevorzugen trockenere Lebensräume als die ebenfalls in den Rocky Mountains lebenden Weißwedelhirsche. Den Großteil des Jahres verbringen Maultierhirsche in Zweier- oder Dreiergruppen und ernähren sich von verschiedenen Pflanzen. Im Winter ist Nahrung knapp, und sie versammeln sich in größerer Zahl an Nahrungsquellen.

Kanadischer Biber
Sie bauen Wohnungen aus Ästen und Baumstümpfen, die sie mit ihren meißelförmigen Vorderzähnen fällen. Ihre Lippen schließen sich hinter den Vorderzähnen, wodurch sie Zweige unter Wasser tragen können, ohne Flüssigkeit in die Lungen zu bekommen. Biber haben ein dichtes Fell und Schwimmhäute an den Hinterbeinen.

KOJOTE

Die anpassungsfähigen Kojoten leben überall in Nordamerika, von den hohen Rocky Mountains bis in große Städte wie Washington. Sie nutzten die Ausrottung der Wölfe, um sich weit über ihr ursprüngliches westliches Verbreitungsgebiet hinaus zu verbreiten. Wo wieder die Wölfe regieren, wie im Yellowstone-Nationalpark, sind die Kojotenbestände zurückgegangen.

Gesichtsausdrücke
Neben Signalen wie Lautäußerungen und Körperhaltung benutzen Kojoten verschiedene Gesichtsausdrücke. Kojoten leben als Einzelgänger, in Paaren oder in kleinen Rudeln.

NORDAMERIKA

DER WOLF

Von Küste zu Küste und von der Arktis bis Zentralmexiko durchstreiften Wölfe einst ganz Nordamerika. In Alaska und Kanada sind sie noch relativ häufig, aber durch die Ausrottungsprogramme und den Lebensraumverlust der vergangenen Jahrhunderte sind sie aus den 48 zusammenhängenden US-Bundesstaaten beinahe ganz verschwunden. In den 1930er Jahren gab es nur noch im Norden kleine Bestände. Trotz vieler Kontroversen wurden 1995 und 1996 im Yellowstone-Nationalpark und in Idaho 66 Wölfe angesiedelt, die sich in diesen Gebieten seit 1926 nicht mehr fortgepflanzt hatten. Bis 2007 wuchs die Population auf etwa 1500 Tiere an. Schutzprogramme und natürliche Ansiedlung von Kanada aus führten auch in Minnesota, Wisconsin und Michigan zu wachsenden Bestandszahlen. Bemühungen zur Wiedereinbürgerung der mexikanischen Unterart des Wolfs im Südwesten der USA waren wenig erfolgreich. Die Ökologie von Yellowstone, wo die Eingriffe von Wölfen am besten erforscht wurden, hat sich deutlich verändert, seit es wegen der reichen Wapitibestände immer mehr Wölfe gibt.

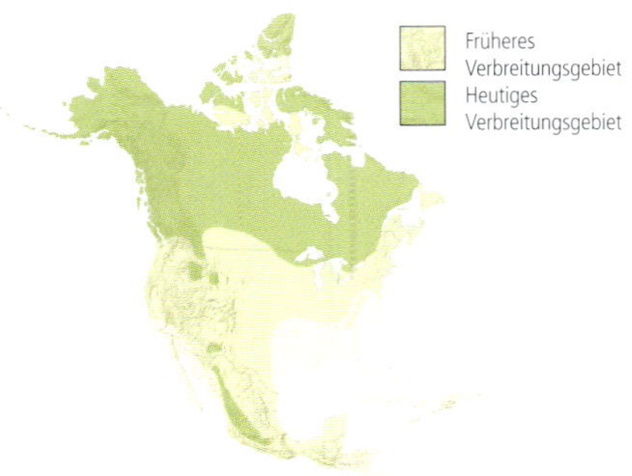

SCHUTZSTATUS

Erfolg hat seinen Preis. 2008 entfernte die US-Regierung die Wolfspopulation der Rocky Mountains aus ihrer Liste der bedrohten Arten. 2007 folgten die Bestände aus etwa 4000 Tieren in Minnesota, Wisconsin und Michigan. Naturschützer befürchten, dass Naturschutzbehörden schlechte Beschützer dieser Art sein könnten, die einst als Schädling verfolgt wurde.

Wolfswelpen
Zwei Monate nach der Paarung wirft eine Wölfin im Frühling oder Sommer fünf bis sechs Welpen, die nach der Geburt hilflos sind und zwei Monate lang in einer Höhle bleiben. Einige Wochen später begleiten sie das Rudel, beteiligen sich aber erst im Alter von acht Monaten selbst an der Jagd.

Rudelführer
Die Beutetiere der Wölfe sind in erster Linie Wapitis, Maultier- und Weißwedelhirsche. Wölfe jagen in Rudeln aus fünf bis zehn Tieren, die von einem dominanten Pärchen angeführt werden, das meist von Nachkommen aus dem letzten Wurf begleitet wird. Wenn die Jungwölfe geschlechtsreif sind, verlassen sie das elterliche Rudel und suchen ein eigenes Revier.

Heulen
Das gespenstische Geheul der Wölfe ist 15 Kilometer weit zu hören. Manchmal heulen Wölfe, um verstreute Rudelmitglieder wieder zu vereinen. Das gemeinsame Heulen eines Wolfsrudels in der Morgendämmerung, ehe es sich zur Jagd aufmacht, verstärkt die familiären Bindungen.

Wie sich die Wiederansiedlung der Wölfe auswirkte

Ungefähr 90 Prozent der Beutetiere der Yellowstone-Wölfe sind Wapitis, deren Bestand nur noch halb so groß ist wie vor der Rückkehr der Wölfe. Durch die geringere Äsung wachsen an Bächen, wo die Vegetation am Verschwinden war, wieder Weiden, Espen und Pappeln. Die Wölfe verringerten auch die Kojotenbestände, was zu einer höheren Überlebensrate der Gabelbockkälber führte, der bevorzugten Beute von Kojoten. Die Rückkehr der Wölfe brachte auch für andere Tierarten Vor- oder Nachteile mit sich.

Jagdpartie
Bisons sind zwar schwieriger zu töten, aber angesichts der verschwindenden Wapitibestände werden sie von den Wölfen immer öfter gejagt. Große Rudel wie dieses sind wahrscheinlich der Schlüssel zum Erfolg des Wolfes beim Erlegen der riesigen Tiere.

Rückkehr der Espen
Die Ufer der Bäche waren einst mit dichten Espenständen bewachsen, die etwa zur selben Zeit zu wachsen aufhörten, als die Wölfe aus Yellowstone verschwanden. Seit die Wölfe zurückgekehrt sind, gedeihen auch die Espen wieder.

Größtes Raubtier
Die Anwesenheit von Wölfen hilft Grizzlybären, weil sie den Wölfen die Beute wegnehmen können. Gestohlene Kadaver sind für Grizzlys wichtig, wenn sie hungrig aus dem Winterschlaf erwachen. Auch die Bestände der aasfressenden Raben und Adler nehmen zu.

Vogelreichtum
Die Erholung von Weiden und anderen Pflanzen an den Bachufern, die früher von Wapitihirschen stark abgeäst wurden, verstärkten die Chancen für Singvögel, die in diesem Lebensraum nisten. Die Bestände von Arten wie dem Goldwaldsänger nehmen zu.

Mehr Elche
Der Wiederbewuchs mit Weiden schuf neuen Lebensraum für Kanadische Biber, die bevorzugt kleine Weidenbäume abfressen. Die Biberdämme lassen in weiterer Folge mehr Lebensraum für den wasserliebenden Elch entstehen.

Nagetiere im Aufschwung
Halb wasserlebende Bisamratten und Fischotter fanden neue Wohnstätten in den durch Biberdämme gebildeten Teichen. Mehr Nagetiere bedeuten auch mehr Beute für Füchse und Greifvögel.

Die Grossen Ebenen

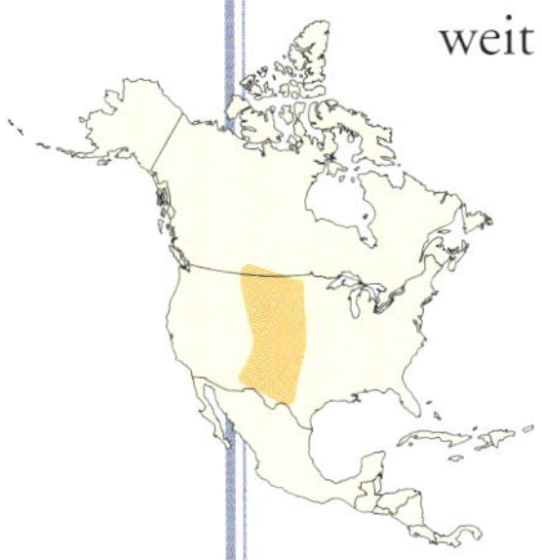

Die Großen Ebenen bedecken einen breiten Streifen in der Mitte des Kontinents, der von den Rocky Mountains 1600 Kilometer weit nach Osten reicht. Einst ein ausgedehntes, baumloses Meer aus mehrjährigen Gräsern, bildet ein Großteil der Großen Ebenen heute eines der landwirtschaftlich ertragreichsten Gebiete der Welt, in dem Weizen und Mais angebaut und Rinder gehalten werden. Mit einer Niederschlagsmenge von höchstens 610 Milimeter pro Jahr ist das Klima trocken. Der Niederschlag nimmt von West nach Ost zu und teilt die Region in die westliche Kurzgasprärie, die östliche Langgrasprärie und die dazwischenliegende Mischgrasprärie. Die Topographie reicht von flachen Ebenen bis zu sanft abfallenden Hügeln. Inmitten der weiten Grasflächen wachsen an Bachufern Bäume und Büsche. Bisons, die einst in riesigen Herden über die Ebenen zogen und Wölfe sowie Grizzlybären mit Nahrung versorgten, sind typische Vertreter dieses fast verschwundenen Ökosystems.

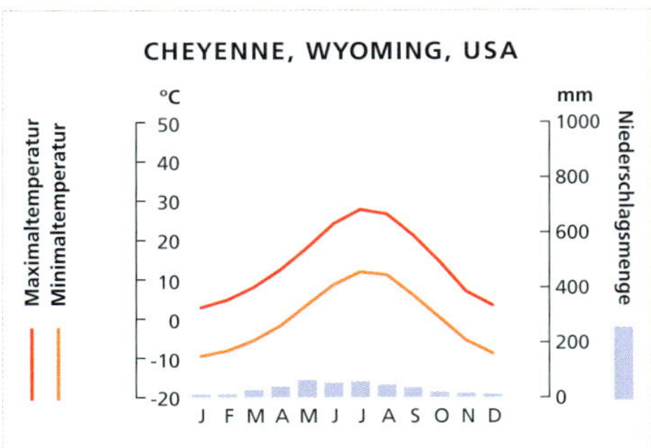

Bison
Bisonbullen können die Größe eines Kleinwagens erreichen und mit Geschwindigkeiten von bis zu 64 Kilometern pro Stunde laufen. Das meiste Gewicht der Tiere befindet sich vorne: Kopf und Schultern sind massig, während der hintere Körper relativ schlank ist. Im Kampf um Weibchen können die Köpfe zweier Bullen mit solcher Wucht aufeinanderprallen, dass eines der Tiere umgeworfen wird.

Rotluchs
Die scheuen und geheimnisvollen Rotluchse halten sich in ländlichen Gebieten mit Resten an natürlicher Vegetation oder auf Felsen auf, die Schutz bieten. Waldkaninchen, Taschenratten, Buschratten und Erdferkel zählen zu ihren bevorzugten Beutetieren, aber die Raubkatzen erlegen auch Hirschkälber oder Vögel.

Kurzhorn-Krötenechse
Die Echsen verteidigen sich gegen Kojoten und andere Raubtiere, indem sie Blut aus ihren Augen quetschen. Das Blut enthält Ameisensäure, die sie aus den Körpern ihrer Hauptnahrung gewinnen – Ameisen.

Kopf und Nacken eines Bisons
Der massige Bisonkopf wird von einer kurzen, breiten Nackenmuskulatur und einem großen, muskulösen Buckel zwischen den Schulterblättern gestützt, die durch ein schweres Muskelband verbunden sind. Um im Winter Gras freizulegen, schwingt der Bison seinen kräftigen Kopf vor und zurück, wodurch er fast einen Meter dicke Schneeschichten entfernen kann.

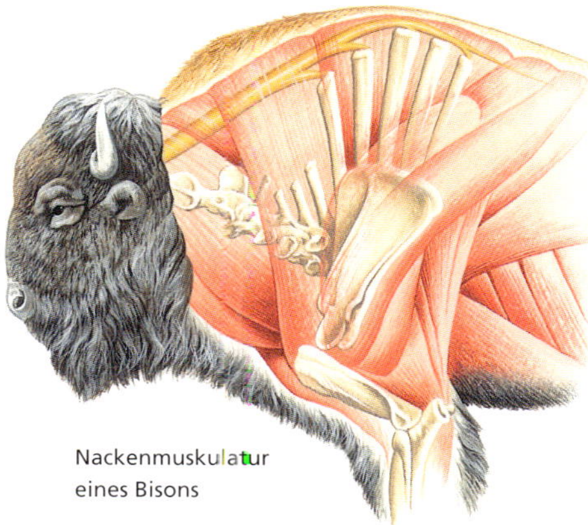

Nackenmuskulatur eines Bisons

SCHUTZSTATUS

Die lange, löffelförmige Schnauze, die dem Löffelstör den Namen verleiht, ist mit elektrischen Sensoren übersät. Damit können die Fische die elektrischen Felder ihrer Zooplankton-Beute in trübem Wasser erkennen. Das ausgezeichnete Sinnesorgansystem konnte den Löffelstör weder vor der Überfischung schützen noch vor Dämmen, die die Zugänge zu den Laichgründen versperren, oder vor der Wasserverschmutzung. Die Art ist gefährdet.

Temperaturextreme

Die Winter auf den windgepeitschten Ebenen sind bitter kalt, die Sommer hingegen brennend heiß. Das Winterfell eines Bisons hat zehnmal mehr Haare als ein Kuhfell und schützt vor dem Erfrieren. Im Sommer verlieren Bisons zwar den tiefschwarzen Pelz, der die Sonnenwärme absorbiert, aber sie müssen trotzdem hecheln, um sich abzukühlen. Würden sie das nicht tun, könnten sie nicht überleben.

Vogelleben

Die Großen Ebenen beherbergen rund 300 brütende Zugvogelarten wie die Prärieammer, aber auch ständige Bewohner wie das Beifußhuhn. Hier finden die Vögel Heuschrecken und andere Insekten sowie Samen und Kräuter im Überfluss, um ihre Nestlinge zu füttern. Mittlerweile ist ein Großteil der Prärie verschwunden, und die Bestände der meisten Arten gehen zurück.

DIE GROSSEN EBENEN

PRÄRIEHUNDE

Einst waren die Großen Ebenen von fünf Milliarden Schwarzschwanz-Präriehunden besiedelt. Sie leben in Ansammlungen, die groß genug sind, um als Städte bezeichnet zu werden. In der größten jemals verzeichneten Stadt, die sich über 65 000 Quadratkilometer erstreckte, zählte man 400 Millionen Exemplare. In den USA und in Mexiko leben vier weitere, seltenere Präriehundarten. In der von Pflanzenfressern abgeschorenen Vegetation machen die Pockennarben der hügeligen Eingänge selbst kleine Präriehundstädte zu auffälligen Merkmalen in der Landschaft. Präriehunde sind tagaktiv und scheu. Biologen betrachten sie als Schlüsselspezies, weil sich ihre Anwesenheit auf zahllose andere Arten auswirkt. Viele Beutejäger wie Kojoten und Steinadler fressen Präriehunde. Kaninchenkauze, Kaninchen, Schlangen, Insekten und andere Tiere besetzen ihre Baue. Die Grabungen der Präriehunde wühlen den Boden auf, wodurch Pflanzen besser wachsen können, die wiederum grasende Tiere wie Gabelböcke, Bisons, kleine Nagetiere und Kaninchen anziehen.

Modellhügel
Die Hügel um die Eingänge zu den Präriehundbauen sind sorgfältig konstruiert. Sie sind erhöht und ermöglichen es den Präriehunden, nach Raubtieren Ausschau zu halten. Bei heftigen Regenfällen verhindern die Hügel, dass der Bau überschwemmt wird. Außerdem sorgen sie für die Entlüftung der unterirdischen Tunnel und Kammern.

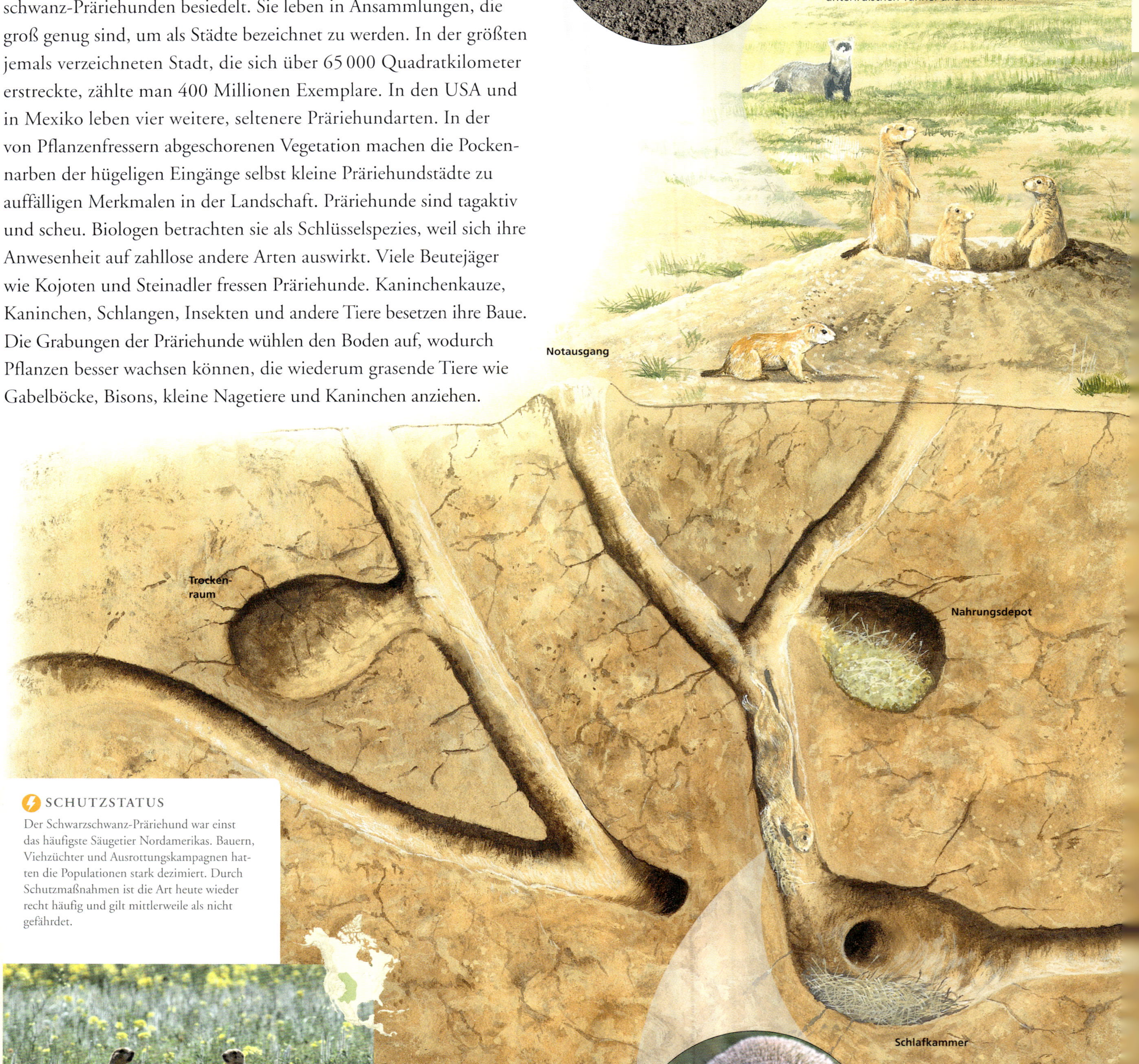

SCHUTZSTATUS

Der Schwarzschwanz-Präriehund war einst das häufigste Säugetier Nordamerikas. Bauern, Viehzüchter und Ausrottungskampagnen hatten die Populationen stark dezimiert. Durch Schutzmaßnahmen ist die Art heute wieder recht häufig und gilt mittlerweile als nicht gefährdet.

Nistkammer
In der 33-tägigen Tragzeit sammelt ein Präriehundweibchen trockenes Gras, um ihre Nistkammer auszupolstern. Andere Teile des Baues werden zwar mit allen Familienmitgliedern geteilt, aber die Nistkammer wird vom Weibchen aggressiv gegen Artgenossen verteidigt, weil diese ihre Jungen töten könnten.

Unter der Erde zu Hause

Eine Präriehundstadt ist in Verbände unterteilt – soziale Gruppen aus einem ausgewachsenen Männchen, zwei bis drei adulten Weibchen und ein oder zwei Jungtieren. Verbände verteidigen ihr Revier, das das unterirdische Tunnelsystem einschließt, in denen die Nagetiere vor Raubtieren und schlechtem Wetter sicher sind, ihre Jungen aufziehen und die Nacht verbringen. Zahllose Eingänge führen in die bis zu 33 Meter langen und fünf Meter tiefen Tunnel.

Alarm
Bei so vielen Präriehunden, die alle zur selben Zeit aktiv sind, halten ständig einige nach Raubtieren Ausschau. Beim ersten Anzeichen von Gefahr stößt der Präriehund einen Alarmruf aus, um seine Artgenossen zu warnen, ehe er selbst im Bau Schutz sucht.

Neugeborene
Der in einer speziellen Nistkammer im inneren des Baues geborene Präriehundwurf besteht aus ein bis acht Jungen. Die Neugeborenen sind blind, nackt und hilflos, aber bereits nach 40 Tagen kommen die Jungtiere ans Tageslicht und beginnen unabhängig von ihren Eltern nach Nahrung zu suchen.

Präriehundräuber

Lediglich die Hälfte aller Präriehunde, die aus ihren Geburtsbauen auftauchen, überlebt das erste Jahr, obwohl die Männchen fünf und die Weibchen sogar acht Jahre alt werden können. Krankheiten wie die durch Flöhe übertragene Beulenpest sowie zahllose Beutejäger von Säugetieren bis zu Greifvögeln und Schlangen fordern ihren Tribut von den Präriehunden. Vor allem junge Tiere werden zur Beute von Raubtieren.

Angriff aus der Luft
Die langsam über den Ebenen kreisende mittelgroße Kornweihe ist einer von zehn Vögeln, die bei Tag jagen und Präriehunde erbeuten.

Tunneleroberer
Schwarzfußiltisse leben in Präriehundbauen und fressen ihre Gastgeber. Mit geschmeidigen Körpern können sie durch Tunnel schlüpfen. Sinkende Präriehundbestände führten neben einer Seuche fast zum Aussterben des Schwarzfußiltis. Die Spezies wurde durch ein Zuchtprogramm in Zoos gerettet.

Nächtliche Besucher
Silberdachse benutzen ihre kräftigen Krallen, um umfangreiche Bausysteme zu graben, besuchen aber auf der Suche nach Nahrung auch Präriehundstädte. Dachse jagen nachts und graben manchmal in Präriehundbauen, um einen der schlafenden Bewohner zu fangen.

Das Grosse Becken

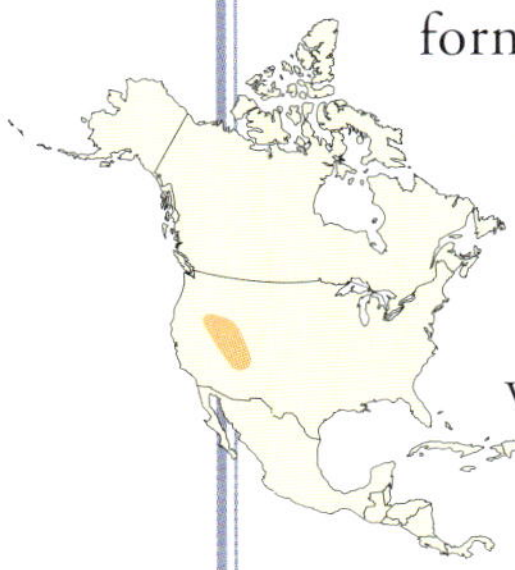

Das Große Becken ist Nordamerikas einzige Kaltwüste südlich der Arktis und bedeckt den Großteil Nevadas sowie Teile von Kalifornien, Idaho, Utah, Wyoming und Oregon. In 1200 bis 1600 Metern Höhe über dem Meeresspiegel und im Regenschatten der westlichen Berge ist das Becken ein Land voller Extreme. Der jährliche Niederschlag, hauptsächlich in Form von Schnee, liegt zwischen 100 und 305 Millimetern. Auf Jahre der Dürre können feuchte Jahre folgen. Im Winter steigen die Temperaturen selten über den Gefrierpunkt. Im Sommer kann es Nachtfröste geben und tagsüber 32 Grad Celsius Hitze. Dazu treten häufig schwere Gewitter auf. Die vorherrschende Vegetation ist der Wüstenbeifuß. In der trostlos erscheinenden die Landschaft leben trotzdem 800 verschiedene Pflanzenarten. Zudem gibt es überraschend viele Tiere. Wasser geht nur durch Verdunstung verloren, da die Bäche und Flüsse des Beckens nicht ins Meer münden, weshalb die meisten Fischarten nirgendwo sonst zu finden sind. Bevölkerungswachstum, Flächenbrände und invasive Arten bedrohen den Lebensraum.

Tier	Höchstgeschwindigkeit
Gabelbock	100 km/h
Kalifornischer Eselhase	65 km/h
Kojote	65 km/h
Wolf	65 km/h
Maultierhirsch	61 km/h
Puma	56 km/h
Braunbär	48 km/h
Dickhornschaf	48 km/h

Kalifornischer Eselhase
Der Kalifornische Eselhase gedeiht im Großen Becken zum Teil dank seiner erstaunlichen Fähigkeiten zur Wärmeregulierung. Durch Verstärken oder Vermindern der Durchblutung in seinen gewaltigen Ohren kann er Wärme speichern oder abgeben und so seine Körpertemperatur beeinflussen. Der Kalifornische Eselhase ist in der Dämmerung am aktivsten.

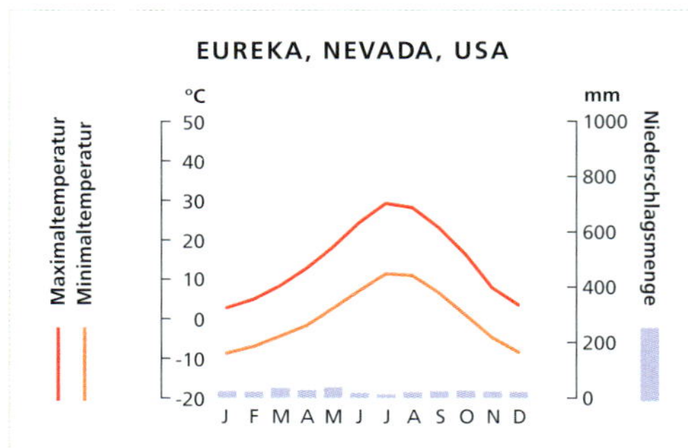

Wildpferde
Obwohl sie als zeitloses Wahrzeichen des Großen Beckens gelten, gibt es in dem Gebiet erst seit 1680 Wildpferde. Domestizierte Pferde, die mit den Spaniern ankamen, wurden bald von den amerikanischen Ureinwohnern übernommen. Heute leben im Großen Becken 50 000 bis 75 000 Wildpferde, die von freigelassenen und entkommenen Tieren abstammen. Früher gab es im Westen von Nordamerika vermutlich Herden aus mehreren Millionen Wildpferden.

Der Gabelbock

Die schnellen, behuften Säugetiere können mit bis zu 100 Stundenkilometern übers Gelände laufen. Gabelböcke sind ein nordamerikanisches Rätsel. Die Wissenschaftler sind sich nicht sicher, wer ihre nächsten Verwandten sind, wobei Kühe, Hirsche und Giraffen in Frage kommen. Die an trockene und halbtrockene Lebensräume angepassten Gabelböcke sind weitverbreitet und unternehmen saisonale Wanderungen, um nahrhaftes Futter zu finden und vor Dürre oder tiefem Schnee zu flüchten.

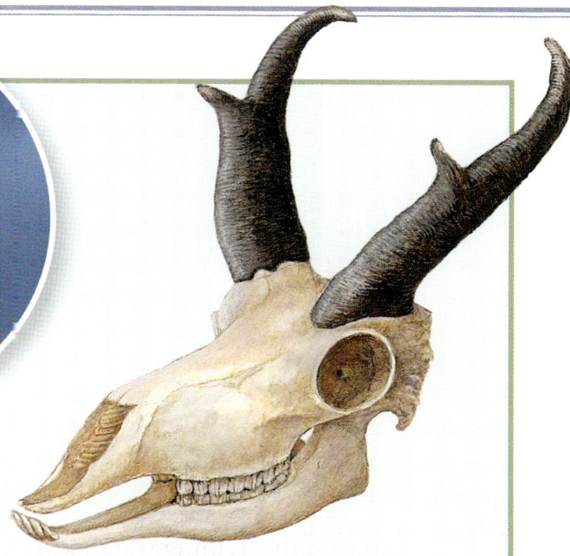

Außergewöhnliche Geschwindigkeit
Es bleibt ein Rätsel, warum Gabelböcke so schnell laufen können und Geschwindigkeiten erreichen, die weit über denjenigen liegen, die sie benötigen, um Raubtieren zu entkommen. Einer Theorie zufolge entwickelten sie sich zusammen mit extrem schnellen Jägern, wie dem heute ausgestorbenen Amerikanischen Gepard.

Große Augen
Gabelböcke haben einen ausgezeichneten Sehsinn. Ihre großen, weit auseinandersitzenden Augenhöhlen ragen aus dem Schädel hervor. Gabelböcke verlassen sich auf ihre Geschwindigkeit, ihre Augen und ihre Wachsamkeit. Mit Ausnahme der ersten beiden Lebenswochen, in denen sie leichte Beute für Kojoten sind, suchen Gabelböcke keine Verstecke auf.

SCHUTZSTATUS

Bejagung, Lebensraumverlust und Konkurrenz durch Wildpferde, Schafe und andere Krankheiten übertragende Weidetiere vernichteten die Dickhornschafbestände bis zum Anfang des 20. Jahrhunderts um 90 Prozent. Einige Populationen wurden völlig ausgelöscht. Dank zahlreicher Schutzmaßnahmen und Umsiedlungsprogramme haben sich die Bestände erholt, aber einige Populationen sind nach wie vor stark gefährdet.

Puma
Obwohl ein Puma nicht so schnell ist wie ein Gabelbock, kann er in zerklüftetem, mit Büschen bewachsenem Gelände einen Gabelbock fangen. In dieser Umgebung ist es für den Gabelbock schwieriger, seine Höchstgeschwindigkeiten zu erreichen. Das Gelände bietet dem Puma genügend Deckungsmöglichkeiten, um sich langsam an sein Opfer heranzupirschen.

DAS GROSSE BECKEN

WÜSTENBEIFUSS-LAND

Einst bedeckte die von großen Wüstenbeifußsträuchern beherrschte Landschaft über 60 000 Quadratkilometer des nordamerikanischen Westens. Der trockene, hochgelegene Lebensraum ist ein Mosaik aus Wüstenbeifußarten, Gräsern, Dornbüschen, kleinen Grünpflanzen und Wildblumen, in das Waldsteppen, Bäche und Feuchtgebiete eingestreut sind. Einige Tierarten haben sich in diesen Lebensräumen entwickelt, und viele Arten wie das Beifußhuhn und die Beifuß-Wühlmaus können an keinem anderen Ort leben. Sie ernähren sich von den weichen, immergrünen Wüstenbeifußblättern und suchen Schutz unter den Sträuchern. Das Wüstenbeifuß-Land und 350 seiner Pflanzen- und Tierarten sind gefährdet, da die Menschen die Hälfte des Lebensraums zerstört haben. Was übrig blieb, ist in unterschiedlichem Grad äußeren Eingriffen ausgesetzt. Ein Großteil wurde zerstört, um Farmen und Futterpflanzen Platz zu machen, die für Rinder besser verträglich sind. Die Dach-Trespe, verschiedene Kräuter und andere Einflüsse haben das einzigartige Wüstenbeifußland stark verändert.

Dach-Trespe
Die in Asien heimische Dach-Trespe hat sich im Wüstenbeifuß-Land erfolgreich verbreitet. Die einjährige Pflanze produziert eine ungeheure Anzahl von Samen, die fünf Jahre Dürre überstehen können. Die Samen keimen und wurzeln schneller als die mehrjährigen heimischen Arten, wodurch die Pflanzen das lebenswichtige Wasser rascher aufnehmen können. Die Dach-Trespe enthält wenig Nährstoffe, außgenommen eine kurze Zeit lang im Frühling, und ist deshalb als Nahrung für Maultierhirsche und andere Wildtiere nutzlos.

WÜSTENBEIFUSS IM GROSSEN BECKEN

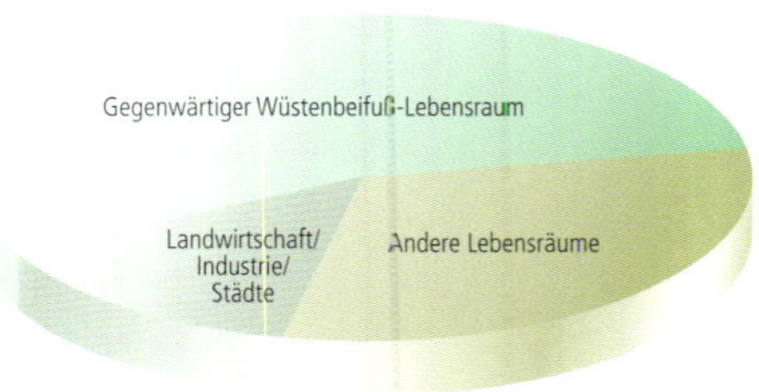

Wüstenbeifuß
Wüstenbeifuß findet man nur in den Trockengebieten des nordamerikanischen Westens. Er kann bis zu drei Meter hoch werden, ist aber meist kleiner, und bis zu 100 Jahre alt werden. Gewöhnlich wird sein Leben aber durch einen Flächenbrand verkürzt. Der silbergraue Strauch trägt im Spätsommer leuchtend gelbe Blüten und ganzjährig weiche, grüne Blätter mit feinen Härchen, die die Pflanze kühl halten und Wasser speichern.

TIERE DES WÜSTENBEIFUSS-LANDES

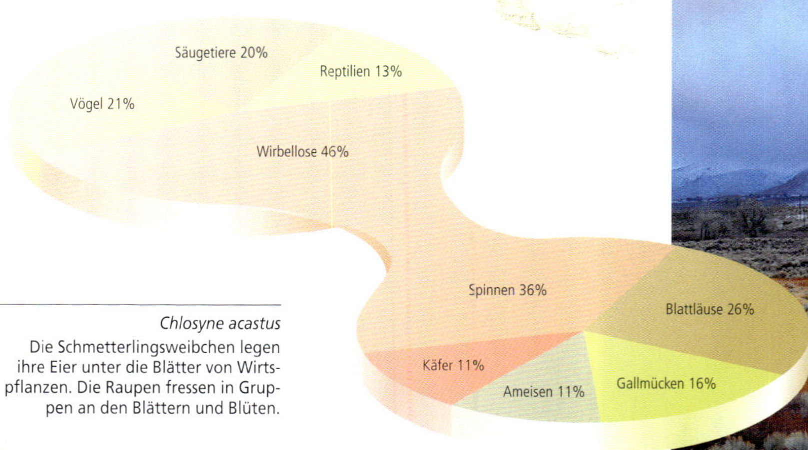

Wüstenbeifußgemeinschaft

Für viele Tiere ist der Wüstenbeifuß-Lebensraum ein zum Überleben notwendiges Verbreitungsgebiet. Zu den Säugetieren und Vögeln, die sich von Wüstenbeifuß ernähren, zählen Gabelböcke, Zwergkaninchen und Weißschwanz-Präriehunde sowie Gunnison-Beifußhühner und Beifußammern. Königsbussarde jagen Kaninchen, Eselhasen und Präriehunde.

Chlosyne acastus
Die Schmetterlingsweibchen legen ihre Eier unter die Blätter von Wirtspflanzen. Die Raupen fressen in Gruppen an den Blättern und Blüten.

Nevada-Ammer
Im Sommer sind diese Schwirrammer in den Wüstenbeifuß-Lebensräumen des Großen Beckens zahlreich. Die Bestandszahlen sind jedoch rückläufig.

Braunkopf-Kuhstärling
Als jüngste Ergänzung der Wüstenbeifuß-Gemeinschaft tauchten Braunkopf-Kuhstärlinge mit den ersten Farmen und Ranchen auf, die geeignete Nahrungsgründe für die Vögel schufen.

Stachelleguan
Das scheue Tier sucht oft Schutz in Nestern von Wüstenbuschratten und jagt bei Tag Insekten.

Wüstenbuschratte
Sie sind in Wüstenbeifuß-Lebensräumen häufig anzutreffen, wo sie sich von Blättern und anderer Vegetation ernähren.

SCHUTZSTATUS

Das Beifußhuhn hängt fast vollständig von Beifuß ab, weshalb die großen, auffälligen Vögel mit dem Verschwinden dieser Lebensräume seltener wurden. Die Bestände sind in den vergangenen 40 Jahren um ein Drittel geschrumpft, und in fünf US-Bundesstaaten sowie einer kanadischen Provinz sind Beifußhühner bereits ganz verschwunden.

Beifußhuhn
Beifußhühner ernähren sich ganzjährig von Beifuß. Die Weibchen nisten in den Sträuchern, die vom Beifuß angezogenen Insekten werden an die Küken verfüttert, und die Blätter verbergen die Vögel vor Raubtieren.

Maultierhirsch
Maultierhirsche sind nach ihren langen Ohren benannt und verlassen sich in vielen Teilen ihres westlichen Verbreitungsgebiets auf Beifuß, der sie über den rauen Winter bringt, wenn andere Pflanzen rar sind. Ihre Nahrung ist vielfältig und besteht aus Hunderten verschiedenen Pflanzen, Beeren und Eicheln.

Wüsten des Südwestens

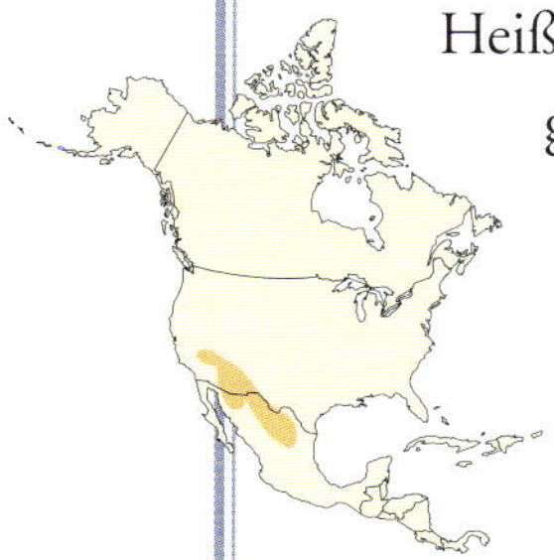

Die Mojave-, die Sonora- und die Chihuahuawüste sind im Südwesten der Vereinigten Staaten und im nördlichen Mexiko gelegene Heißwüsten. Die Mojavewüste ist die kleinste und bildet in relativ großer Höhe einen Übergang vom Großen Becken.

Hier fallen 38 bis 279 Millimeter Niederschlag pro Jahr, und im Sommer liegen die Temperaturen zwischen 30 und 40 Grad Celsius. Weil sie so niedrig liegt, ist die Sonorawüste am heißesten. Im Sommer steigen die Temperaturen auf über 40 Grad, und im trockensten Westteil der Wüste reicht der Jahresniederschlag von Null bis 50 Millimeter. Die Chihuahuawüste ist am größten und auf Grund ihrer hohen Lage, einer Jahresniederschlagsmenge von 152 bis 406 Millimetern und einer Durchschnittstemperatur von 18 Grad Celsius eher gemäßigt. Trotz der rauen Bedingungen sind die weiten, trockenen Landstriche mit Pflanzen und Tieren bevölkert, die sich an das Wüstenleben angepasst haben. Einige Arten wie der Saguarokaktus und die Wüstenschildkröte sind nur hier zu finden.

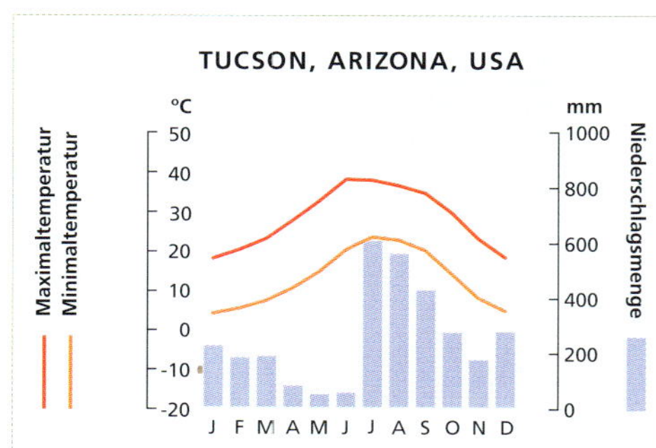

Kolibris
In den Wüsten des Südwestens leben mehr Kolibriarten als an jedem anderen Ort der Vereinigten Staaten und Kanada. Im südwestlichen Arizona gibt es 15 verschiedene Arten dieser winzigen Vögel, die nur in der Neuen Welt vorkommen. Die Veilchenkopfelfe brütet und überwintert hier und ernährt sich von Blütennektar.

Krummschnabel-Spottdrossel
Die in der Sonora- und Chihuahuawüste häufig vorkommende Krummschnabel-Spottdrossel baut ein tiefes, mit Gras gepolstertes Schalennest in Cholla-Kakteen. Die Brutpaare teilen sich den Nestbau, das Bebrüten der Eier und das Füttern der Jungen.

Kaninchenkauz
Kaninchenkauze leben ganzjährig in den Wüsten oder wandern im Winter aus nördlicheren Gebieten ein. Die kleinen Eulenvögel nisten und lagern ihre Nahrung in Bauten anderer Tiere wie der Gopherschildkröte. Kaninchenkauze jagen Insekten, Skorpione, Nagetiere, Frösche, Kröten, Reptilien und Vögel.

Nordamerikanisches Katzenfrett
Trotz ihrer katzenartigen Erscheinung sind sie eng mit Waschbären verwandt. Die wendigen Kletterer flitzen an Bäumen und an den Hängen von Schluchten auf und ab. Ihre Knöchel drehen sich um 180 Grad, so dass sie mit dem Kopf voran absteigen können.

Wüstenpflanzen

Die Wüsten im Südwesten von Nordamerika haben jede ihre typische Vegetation. In der Mojavewüste sind Kakteen selten, während Kreosotbüsche und *Ambrosia dumosa,* eine Traubenkrautart, vorherrschen. Josuabäume ragen aus der Landschaft, und die meisten Pflanzen sind mehrjährige Sträucher, von denen viele an keinem anderen Ort der Welt vorkommen. In der Sonorawüste finden sich in niedrigen Höhenlagen Kreosotbüsche und *Ambrosia dumosa,* während in den höher gelegenen Teilen *Parkinsonia florida,* eine Baumart der Gattung der Parkinsonien, Scheinastern, Agaven und zahlreiche Kakteenarten wachsen. Die Chihuahuawüste ist von Kaktusfeigen, Palmlilien und Akazien geprägt.

Agave americana
Diese Agavenart findet man in der Sonora- und in der Chihuahuawüste. Sie blüht nur ein einziges Mal und stirbt danach. Kolibris und Insekten trinken ihren Blütennektar. Vögel und kleine Säugetiere fressen die Samen.

Chuckwalla
Die große, kräftige Echse wärmt sich vormittags in der Sonne und verbringt die Nachmittage mit Nahrungssuche. Bei Hitze, Kälte oder Gefahr zieht sie sich in eine Felsspalte zurück. Nähert sich ein Raubtier, bläst sie ihren Körper auf, so dass man sie aus ihrem Versteck nicht herausziehen kann.

SCHUTZSTATUS

Gila-Krustenechsen und die nahe verwandten Skorpion-Krustenechsen sind die einzigen Giftechsen, was jedoch nicht verhindern konnte, dass ihre Bestandszahlen angesichts der Bedrohungen durch Verstädterung, Haustiere und Autos sinken. Aus Furcht entfernen Menschen die Echsen häufig aus ihrer Umgebung, was die meisten Tiere nicht überleben.

Kalifornische Gopherschildkröte

Als einzige Landschildkröte ihres Verbreitungsgebiets verbringt die fußballgroße Kalifornische Gopherschildkröte die meiste Zeit im Bau. Sie kann zwei Jahre ohne Nahrung überleben, obwohl Grünpflanzen und Wildblumen ihre einzige Wasserquelle sind. Treffen zwei Männchen aufeinander, kommt es oft zu einem Kampf. Dabei versuchen sie, den Gegner mit einem am Panzer ansetzenden Horn umzuwerfen. Brände, Krankheiten, Verstädterung, Verkehr und die starke Vermehrung von Raben, die ihre Jungen fressen, bedrohen die Gopherschildkröte. Die Weibchen sind erst mit 15 bis 20 Jahren geschlechtsreif.

WÜSTEN DES SÜDWESTENS

Saguaro-Kaktus-Gemeinschaft

Der Saguaro-Kaktus kommt nur in der Sonorawüste vor, wo er ein zentraler Bestandteil des Ökosystems ist und von verschiedenen Wüstenbewohnern genutzt wird. Vögel wie der Wüstengoldspecht graben Nistlöcher in sein Fleisch, und Wüstenbussarde bauen in seinen Armen Nester. Verlassene Nistlöcher werden von anderen Vögeln wie Finken und Sperlingen bewohnt, und Falkennester werden häufig von Raben und Virginia-Uhus wiederverwendet. Fledermäuse, Vögel und Insekten, vor allem Bienen, saugen Nektar aus den großen Kaktusblüten und sorgen für die Bestäubung. Kojoten, Eselhasen, Kaktuszaunkönige und andere Tiere fressen die nahrhaften, wasserreichen Früchte und Samen. Auch die amerikanischen Ureinwohner essen die Früchte und verwendeten die Rippen des Saguaro früher zum Häuserbau. Der Kaktus verdankt seinen Erfolg erstaunlichen Anpassungen zum Speichern und zur Nutzung der spärlichen Wasserversorgung der Region.

Sonorawüste
Das Satellitenbild der Sonorawüste zeigt den Saltonsee (links unten) und den Golf von Kalifornien (rechts).

Saguaro-Kaktus
Mit seinem hohen, dicken Stamm und den nach oben gedrehten Armen prägt der Saguaro-Kaktus das Landschaftsbild der Sonorawüste. Die imposanten Kakteen werden 15 Meter hoch, erreichen diese Höhe jedoch erst nach 125 Jahren langsamen Wachstums. Mit 65 bis 75 Jahren entwickeln sich die ersten Seitentriebe, und im Alter von 35 Jahren beginnt der Kaktus erstmals zu blühen.

Blütenfledermaus
Blütenfledermäuse fressen ausschließlich Nektar und Blütenstaub von Wüstenpflanzen wie Agaven oder Saguaro-Kakteen. Die Fledermäuse flattern zwischen den Blüten umher und bestäuben die Pflanzen. Einige Pflanzenarten wie der Orgelpfeifenkaktus könnten sich ohne die Fledermäuse nicht fortpflanzen.

Nistloch
Ein Gilaspechtpärchen gräbt ein Nistloch in einen Saguaro-Kaktus. Er wird ihn aber erst einige Monate später benutzen, wenn das Innere des Kaktus ausgetrocknet ist und sich eine feste Hülle um das Loch gebildet hat.

Aussichtsposten
Aus seiner Nisthöhle spähend kann ein Gilaspecht die Umgebung überblicken, um nach potenziellen Räubern wie Rotluchsen, Kojoten, Füchsen, Falken und Schlangen Ausschau zu halten.

Insektenjagd
Gilaspechte verlassen den Schutz ihrer Höhlen, um auf dem Saguaro Insekten zu jagen. Die Männchen untersuchen den Stamm und die Hauptäste, während sich die Weibchen auf kleinere Äste konzentrieren.

Gilaspecht
Als ständige Wüstenbewohner brauchen Gilaspechte die Saguaro-Kakteen. Sie nisten in Saguaros und fressen Insekten von den Stämmen und Ästen. Die Vögel helfen den Kakteen, indem sie Fleisch wegpicken, das mit krankheitserregenden Insektenlarven befallen ist.

Kaktuszaunkönige
Die kleinen Vögel, die ihr Wasser ausschließlich aus saftigen Insekten und Früchten beziehen, nisten in Kakteen. Die Dornen halten Nesträuber fern und schützen die Eier, Nestlinge und adulten Vögel. Kaktuszaunkönige sitzen oft auf hohen Agaven und singen.

Großer Taubleguan
Diese flinken, tagaktiven Reptilien graben unter dem Sand Tunnel, um darin zu nisten und Schutz vor der Hitze zu suchen. Wissenschaftler meinen, dass sie keine äußeren Ohrenöffnungen haben, damit kein Sand in die Ohren gelangen kann.

Wassertank

Saguaro-Kakteen nehmen das ganze verfügbare Wasser mit ihren flachen Wurzeln auf. Das Wasser füllt das fleischige Mark im hölzernen Außengewebe von Stamm und Seitenarmen. Die senkrechten Falten der äußeren Markschicht dehnen sich wie ein Akkordeon aus, um Wasser zu speichern, wobei sie bis zu 900 Kilogramm einlagern können, ohne zu zerbersten. Das innere Gerüst aus senkrechten Rippen bewahrt die angeschwollene Pflanze vor dem Umfallen.

Känguruarratte
Merriams Kängururatten hüpfen nachts über den Wüstensand und sammeln Samen von Pflanzen wie Mesquite- und Kreosotbüschen. Sie lagern die Samen in ihren dicken Backentaschen. Sobald die Backen voll sind, verstecken sie die Nahrung in kleinen Sandlöchern innerhalb ihres Reviers.

Östlicher Laubwald und Appalachen

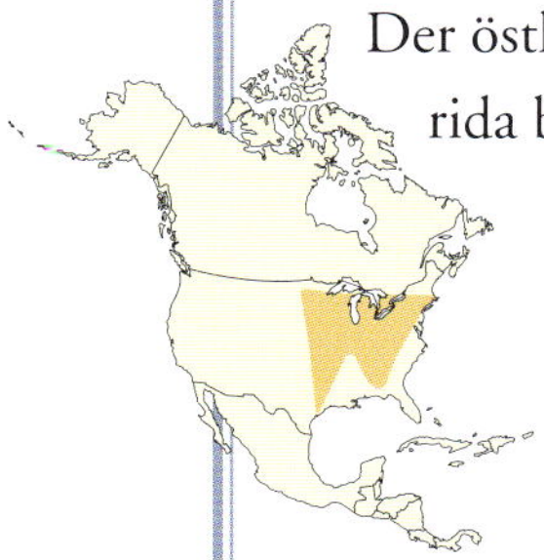

Der östliche Laubwald reichte früher ohne Unterbrechung von Florida bis in den Norden Neuenglands und ins südöstliche Kanada, und nach Westen hin bis zum Mississippi. Der Wald wird von hohen Bäumen beherrscht, die ihre Blätter im Herbst abwerfen, wie Eiche, Ahorn, Buche, Kastanie und Hickory, während im Unterholz kleinere Bäume, Büsche, Farne, Pilze und Grünpflanzen wachsen. Die Winter sind kalt, aber Herbst und Frühling sind mild und die Sommer lang und warm. Das ganze Jahr über sind die Niederschlagsmengen hoch, und es gibt Wasser im Überfluss. Die Region wird von den Appalachen geprägt, einem Gebirgszug, der sich vom kanadischen Labrador bis in den US-Bundesstaat Alabama erstreckt. Die Tierwelt zeichnet sich vor allem durch die reiche Vogel- und Amphibienfauna aus. Zwischen dem 17. und späten 19. Jahrhundert wurde ein Großteil des Waldes gerodet. Als sich die Wirtschaftslage änderte und die Bauern westwärts zogen, blieben die Farmen verlassen. Große Teile des Waldes sind zurückgekehrt, aber die Region wird von großen Stadtzentren und Vorstädten beherrscht.

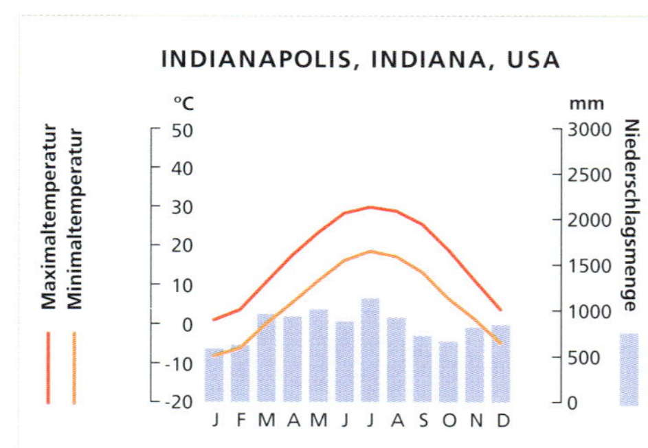

Streifenskunk
Streifenskunks versprühen bei Bedrohung aus den Afterdrüsen eine übel riechende Duftwolke, wovon sich Virginia-Uhus aber nicht abschrecken lassen. Viele Stinktiere im Osten von Nordamerika werden von Fahrzeugen und Krankheiten wie der Tollwut getötet.

Baribal
Die einzige Bärenart im östlichen Nordamerika ist der Baribal, der an anderen Orten neben Braunbären vorkommt. Der Schwarzbär nutzt verschiedene Lebensräume von Laub- und Regenwäldern bis hin zu Sümpfen, Tundren und sogar Vorstädten.

Wildlebendes Truthuhn
Auf Grund des Lebensraumverlusts und der Bejagung verschwanden Wildtruthühner zu Beginn des 20. Jahrhunderts aus den Wäldern der östlichen US-Bundesstaaten, aber dank Schutzmaßnahmen und Wiederansiedlungen sind sie zurückgekehrt. Die Vögel fliegen in lärmenden Schwärmen und suchen auf dem Waldboden nach Nüssen.

Streifenbackenhörnchen
Die schnatternden Backenhörnchen sind auffällige Mitglieder der sommerlichen Waldgemeinschaft. Um die kalten Winter zu überstehen, halten sie in Bauen Winterruhe, wobei sie alle paar Tage aufwachen, um die im Herbst eingelagerten Nüsse und Samen zu fressen.

Waldflieger

Die Nördlichen Gleithörnchen sind im nördlichen Nordamerika weitverbreitet. Man findet sie auch in isolierten Gruppen in den südlichen Appalachen, wo sie neben Zwerggleithörnchen vorkommen. Ihre bevorzugte Nahrung sind Pilze, deren Sporen die Hörnchen in ihrem Waldlebensraum verteilen. Sie sind nachtaktiv und suchen am Boden und in den Baumwipfeln nach Nahrung. Ihre natürlichen Feinde sind Eulen und Bussarde.

Fallschirmspringen
Gleithörnchen fliegen nicht, sondern gleiten 20 bis 90 Meter weit von Baum zu Baum. Die Gleitmembran zwischen ihren Gliedmaßen, die sogenannte Flughaut, funktioniert wie ein Fallschirm. Sie lässt das Hörnchen schweben, nachdem es von einem hohen Punkt aus gestartet ist.

Rotluchs
Rotluchse sind in den östlichen Wäldern zwar häufig, aber selten zu sehen. Sie verbringen den Tag im Schutz von Felsen, Büschen oder dichtem Gestrüpp und durchstreifen nachts auf der Suche nach Nahrung den Wald. Baumwollschwanzkaninchen zählen zu ihren Favoriten, aber Rotluchse erbeuten auch Mäuse und Weißwedelhirsche.

Der Waschbär

Mit ihrem vielseitigen Geschmack finden Waschbären beinahe überall Nahrung, auf Feldern und im Wald ebenso wie in Vorstadtgärten. Sie suchen Schutz in Höhlen, Bäumen und unter Eingangsterrassen. In den östlichen Wäldern gehören Waschbären zu den Beutetieren der Rotluchse und Füchse. Sie selbst fressen kleine Säugetiere, Vögel, Krebstiere, Fische, Weichtiere, Insekten, aber auch Früchte, Samen und Aas.

Handliche Pfoten
Das Skelett der Vorderpfote eines Waschbärs zeigt erstaunliche Ähnlichkeit mit einer Menschenhand, was ihm große Geschicklichkeit verleiht. Er fischt mit den Vorderpfoten in Bächen und Teichen, wobei er Flusskrebse und andere Wassertiere mit seinen „Fingern" fängt.

Waschbärenhand

Menschenhand

Laubwaldlandschaft

Im östlichen Laubwald hüllen Herbstblätter die Landschaft in strahlendes Gelb, Gold und Rot, das ebenso leuchtet wie die Federn des Roten Kardinals. Das Schauspiel kündet den Winter an, in dem Nahrung für viele Tiere rar wird.

Roter Kardinal
Cardinalis cardinalis

ÖSTLICHER LAUBWALD UND APPALACHEN

EICHENWÄLDER

Der Osten der Vereinigten Staaten wird von Hartholzwäldern beherrscht, wobei Eichenwälder den Haupttyp bilden. Neben Ahorn, Buche, Hickory, Nadelbäumen, Kiefern und immergrünen Bäumen gibt es hier ungefähr 30 Eichenarten. Eichen gedeihen gut in Gebieten, in denen es natürliche und von Menschen entfachte Brände gibt. Das Feuer entfernt andere hohe Bäume, deren Schatten verhindern, dass die Eichensämlinge wachsen. Waldbrände waren in diesem Teil Nordamerikas häufig, ehe Maßnahmen dagegen gesetzt wurden. Ohne Waldbrände ist der Bestand der Eichen jedoch gefährdet. Schwammspinnerlarven und eingeführte Insektenplagen, die Eichen und andere Hartholzbäume entlauben, bringen zusätzliche Belastungen für die Waldökosysteme. Eichen produzieren große Mengen an nahrhaften Samen, deren Größe von Jahr zu Jahr schwankt. Eicheln sind eine wichtige Nahrungsquelle für rund 50 Säugetier- und Vogelarten. Eichen liefern Nahrung für Pflanzenfresser und bieten vielen Arten Unterschlupf.

Eichelernte
Zu den zahlreichen Arten, deren Leben im Herbst und Winter von den Eicheln abhängt, zählen Weißwedelhirsche, Schwarzbären, Eichhörnchen, Mäuse, Truthühner, Stärlinge, Eichelhäher und Spechte. Tiere, die die Eicheln als Wintervorrat vergraben, spielen eine wichtige Rolle bei der Verteilung der Eicheln.

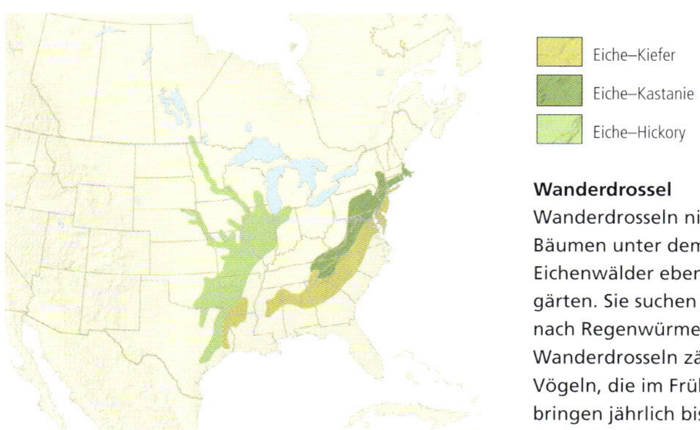

Wanderdrossel
Wanderdrosseln nisten in kleinen Bäumen unter dem Blätterdach der Eichenwälder ebenso wie in Vorstadtgärten. Sie suchen zwischen Bäumen nach Regenwürmern und Beeren. Wanderdrosseln zählen zu den ersten Vögeln, die im Frühjahr brüten, und bringen jährlich bis zu drei Gelege mit drei oder vier Küken hervor.

Sternmull
Rund um die Schnauze des Sternmulls sitzen 22 fingerartige rosa Fortsätze. Sie enthalten Tausende von Rezeptoren. Mit ihnen spürt der Maulwurf Regenwürmer und andere Beutetiere in seinem unterirdischen Lebensraum auf. Nachdem er einen Wurm aufgespürt hat, braucht der Sternmull nur 230 Millisekunden, um ihn zu erkennen und zu fressen.

Blauhäher
Die krächzenden Blauhäher leben das ganze Jahr über im östlichen Nadelwald. Um den Winter zu überstehen, sammeln sie im Herbst Tausende Eicheln, Bucheckern und Pecannüsse und verstecken sie unter der Erde. Die Vögel fressen auch Insekten, Grünpflanzen und Vogeleier.

Nordopossum
Es ist das einzige Beuteltier nördlich von Mexiko. Das Nordopossum ist dafür bekannt, dass es sich bei Gefahr „tot stellt". Obwohl sie nur ein bis zwei Jahre lebt, weist die Beutelratte eine hohe Fortpflanzungsrate auf. Ein Wurf besteht durchschnittlich aus neun Jungen.

Ökologische Wechselwirkung

Eichen bringen alle zwei bis sechs Jahre Rekordernten hervor, dazwischen jedoch wenig. Eichelfresser wie Weißwedelhirsche, Weißfußmäuse und Backenhörnchen vermehren sich in den guten Eicheljahren stark – ihre Zecken ebenso. Dadurch erhöht sich auch für Menschen das Risiko, durch einen Zeckenbiss an Borreliose zu erkranken. Auf der anderen Seite fressen Backenhörnchen Schwammspinner, eine invasive Art, die die Eichen entlaubt.

Weißwedelhirsch
Heute ist der Weißwedelhirsch das einzige Huftier im östlichen Laubwald. Es hat sich vom Lebensraumverlust und der Überjagung erholt. Mit der Rückkehr des Waldes, geregelter Bejagung und dem Fehlen ihres einstigen Feindes, des Wolfes, gelten die Hirschbestände heute sogar als „überreich."

ÖSTLICHER LAUBWALD UND APPALACHEN

WALDSALAMANDER

In den Wäldern der südlichen Appalachen leben mindestens 55 Schwanzlurcharten, mehr als an jedem anderen Ort der Erde. 20 Arten von ihnen kommen nur in diesem Gebirge vor. Hier entwickelte sich die Gruppe der lungenlosen Salamander. Sie atmen durch die Haut. Mit 34 Arten beherrschen sie die Schwanzlurchfauna. Einst hatten die Appalachen steile Gipfel. Sie erodierten zu sanft abfallenden Bergkämmen und Tälern. Durch den Vorgang wurden Schwanzlurche in Wasserscheiden und auf Berggipfeln isoliert, wo sie sich zu neuen Arten entwickelten. In der wasserreichen Region leben zahllose Süßwasserfische, Schildkröten, Muscheln, Flusskrebse und Insekten. Weil Schwanzlurche in und entlang von Bächen sowie in feuchten Plätzen unter Steinen, Baumstämmen und auf dem Waldboden leben, sind sie von der Wasserverschmutzung und Zerstörung des Lebensraums bedroht. Selbst kleine Klimaveränderungen haben starke Auswirkungen auf Schwanzlurche, die es nur in einem kleinen Verbreitungsgebiet gibt.

Metamorphose

Viele Schwanzlurche legen ihre Eier im Wasser ab. Daraus schlüpfen Larven, die Kiemen besitzen und auf der Suche nach Wasserinsekten und Larven umherschwimmen. Haben die Schwanzlurchlarven eine gewisse Größe erreicht, beginnt die Metamorphose. Nun verwandelt sich der Körper für ein Leben an Land. Den Amphibien wachsen Schwänze, Beine, und mit Ausnahme der lungenlosen Arten entwickeln sie Lungen. Bei einigen Arten findet die Metamorphose schon im Ei statt.

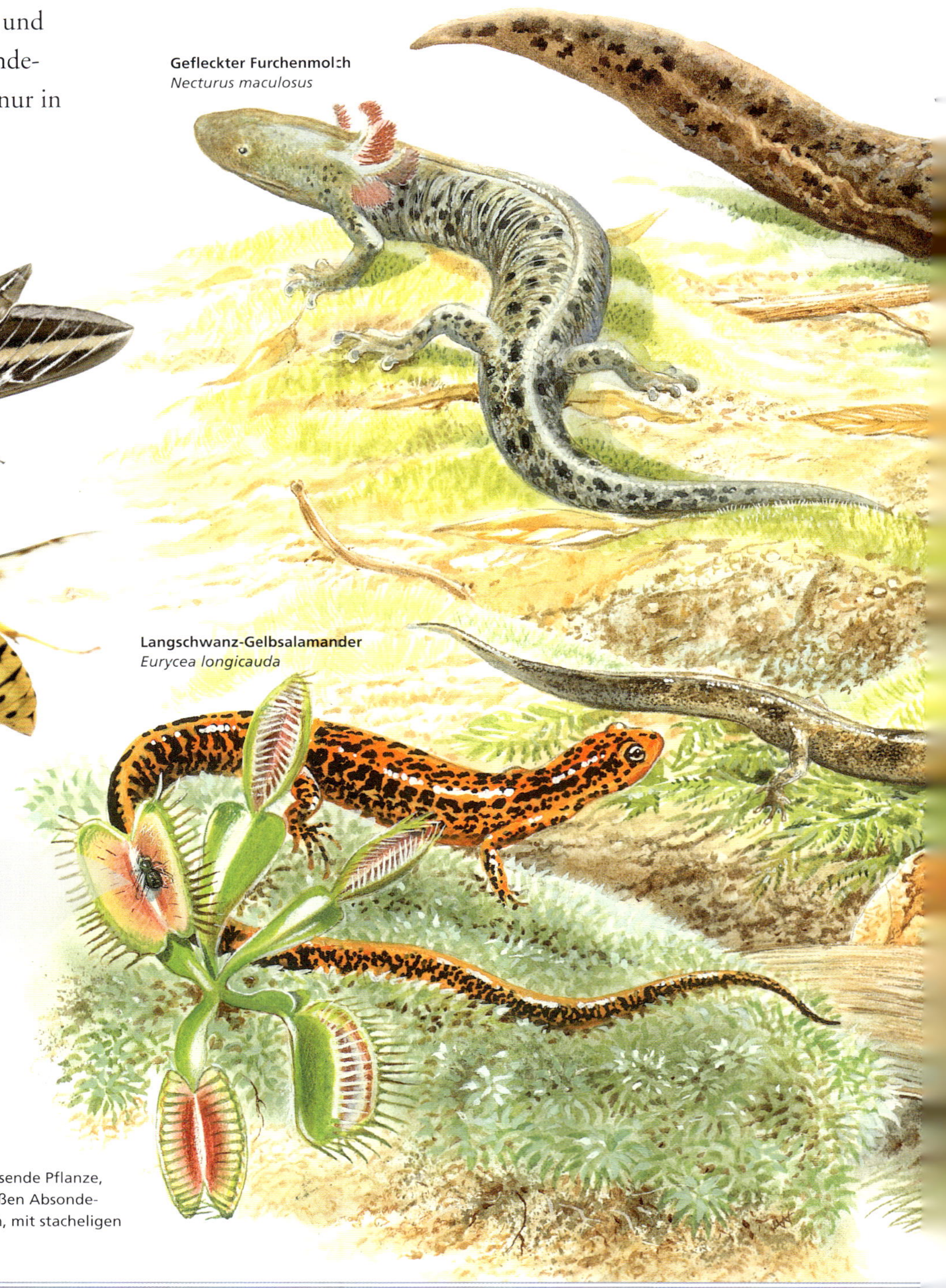

Gefleckter Furchenmolch
Necturus maculosus

Langschwanz-Gelbsalamander
Eurycea longicauda

Zufluchtsort für Insekten

Im östlichen Laubwald gibt es von den luftigen Höhen des Laubdaches bis zum Waldboden hinab Insekten im Überfluss. Sie sind zwar meist klein, aber ihr Gesamtgewicht übersteigt das aller übrigen Tiere. Motten, Schmetterlinge und ihre Raupen stellen eine wichtige Nahrungsquelle für Waldvögel dar. Auch Wespen machen Jagd auf Raupen, Fliegen und Bienen. Salamander fressen Käfer, andere Insekten und Larven.

Linienschwärmer
Hyles livornica

Kometenfalter
Actias luna

Gemeine Wespe
Vespula vulgaris

Hirschkäfer
Lucanus cervus

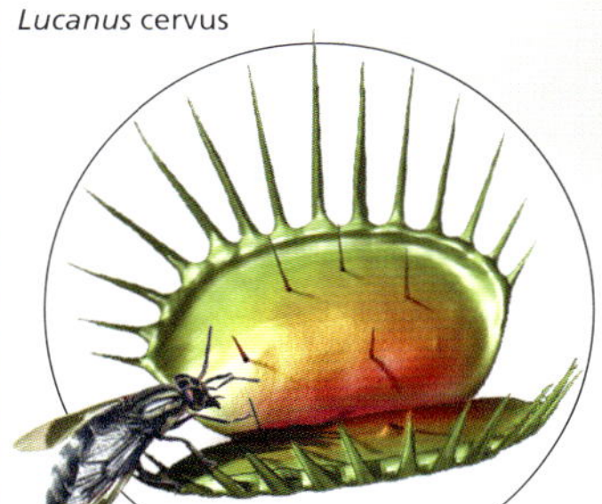

Venusfliegenfalle
Die Venusfliegenfalle, eine fleischfressende Pflanze, lockt mit ihren bunten Farben und süßen Absonderungen Insekten zu ihren zweiteiligen, mit stacheligen Zähnen umgebenen Blättern.

Fleckensalamander
Er kommt nur im östlichen Laubwald vor und verbringt die meiste Zeit unter Baumstämmen oder in Bauen anderer Tiere. An warmen, feuchten Frühlingsabenden kommen Feuersalamander in Scharen aus ihren Verstecken und wandern zur Laichablage in kleine Teiche.

Rotsalamander
Der Rotsalamander frisst kleine Insekten, Würmer und andere Wirbellose sowie kleinere Salamander. Er benötigt nur elf Millisekunden, um die Beute mit seiner langen Zunge zu schnappen. Sie ist durch ein Skelett gestützt und hat an der Spitze einen klebrigen Belag.

Schwanzlurche

Die Schwanzlurche des östlichen Nordamerika reichen vom winzigen Zwerg-Bachrandsalamander, der kaum so lang ist wie ein kleiner Finger, bis zum armlangen Schlammteufel. Schwanzlurche spielen eine Schlüsselrolle in ihren Ökosystemen. Sie sind Räuber, Beute und Nährstoffwiederaufbereiter. In der Nahrungskette sind sie ein wichtiges Bindeglied: Viele Arten fressen winzige Insekten und werden ihrerseits von Vögeln und Säugetieren gefressen.

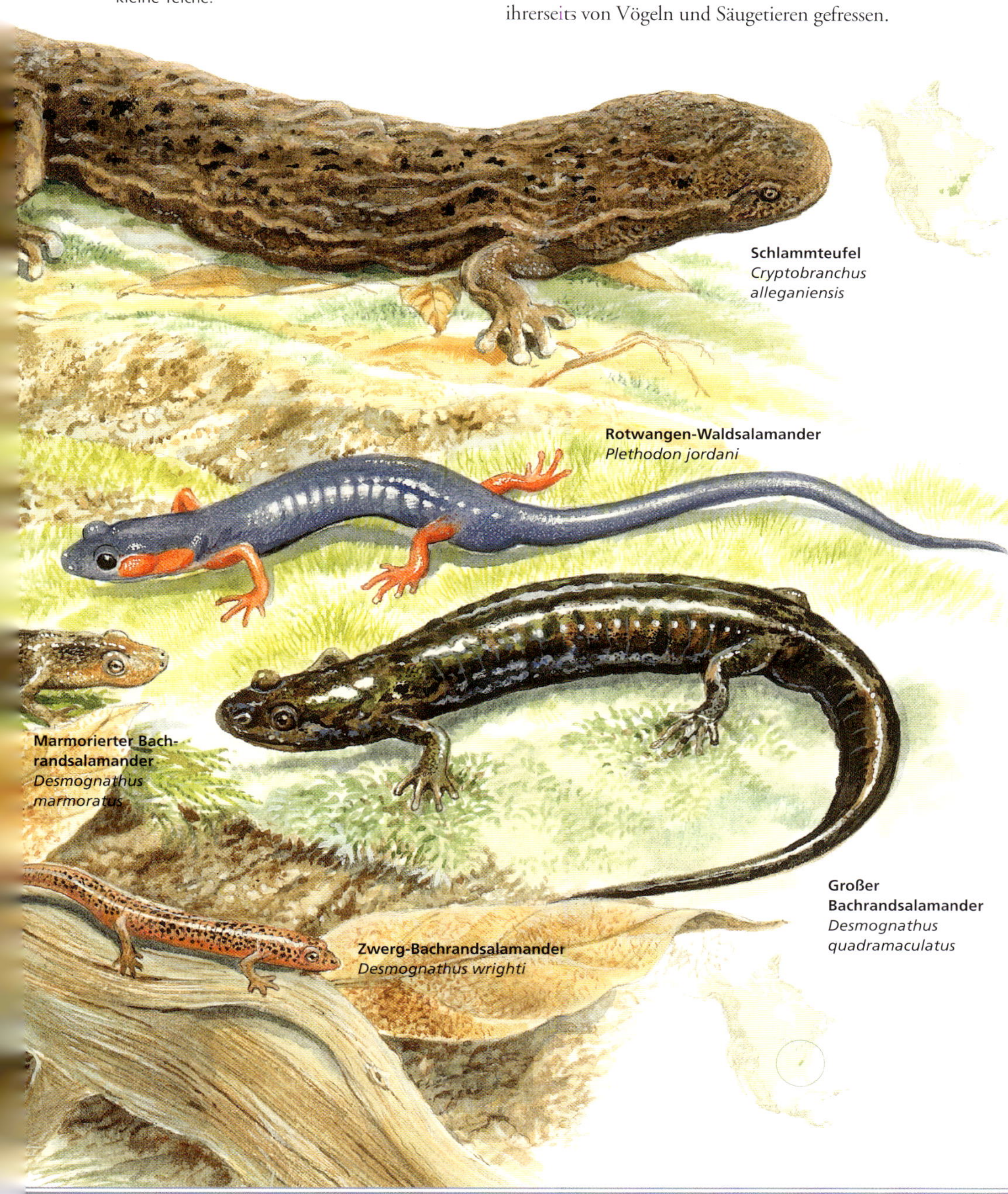

Fruchtbare Pilze

In den Feuchtwäldern des Nationalparks Smoky Mountains findet man 2000 verschiedene Pilzarten. Manche leben von organischem Material wie abgestorbenem Laub und Tierkot, wodurch sie die Zersetzung beschleunigen. Mykorrhizapilze leben in Symbiose mit Bäumen. Vom Baum beziehen die Pilze Kohlenhydrate und versorgen ihn im Gegenzug mit Nährstoffen, die er selbst nicht aus dem Boden aufnehmen kann.

Goldgelber Zitterling
Der Goldgelbe Zitterling zählt zu den Gallertpilzen, deren Fruchtkörper häufig unregelmäßig geformt sind. Als Parasit auf anderen Pilzen, die sich von verrottendem Holz ernähren, kann man den Goldgelben Zitterling auf Eichen, Buchen, Erlen und anderen Laubbäumen zu finden.

Halskrausen-Erdsterne
Sie wachsen meist in Gruppen im abgestorbenen Laub des Waldes. Im Vordergrund kann man neue Fruchtkörper mit spitzen Hüten und einen älteren Erdstern mit abgerundeter Spitze und dem Kragen sehen, dem die Spezies ihren Namen verdankt.

Porlingsartige
Porlingsartige wie der Schwefelporling wachsen auf totem Eichenholz und lebenden Baumstämmen. Der Schwefelporling ist ein Braunfäuleerreger und auch als Huhn des Waldes bekannt, denn gekocht erinnern sein Geschmack und seine Struktur an Hühnerfleisch.

Die Küstenebenen

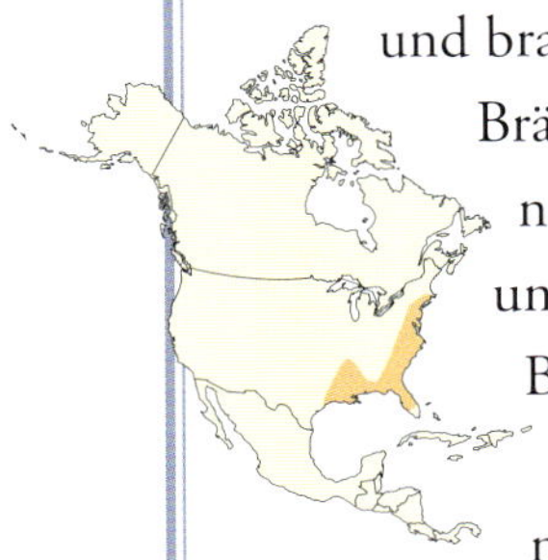

Die Küstenebenen am Atlantik und am Golf von Mexiko umfassen Kiefernwälder, feuchte Laubwälder, Zypressensümpfe, salzige und brackige Marschen und Sandstrände. Typisch sind häufige Brände, sandige Böden und Feuchtgebiete. Die Küstenebenen verlaufen entlang der Küste von New York bis Florida und nach Westen bis ins östliche Texas. Die Chesapeake Bay, die größte Flussmündung der Vereinigten Staaten, ist ein auffälliger Bestandteil der atlantischen Küstenebenen. Ihr 165 760 Quadratkilometer großes Einzugsgebiet schließt Teile von sechs US-Bundesstaaten und den „District of Columbia“ mit ein. Nur ein Bruchteil der natürlichen Lebensräume ist unberührt, denn die Küstenebenen sind dicht besiedelt. Sie wurden gerodet und in landwirtschaftliche Nutzflächen umgewandelt, während die Strandregionen als Erholungsgebiete genutzt werden. Trotzdem sind sie reich an Wildtieren, vor allem an Zugvögeln, die auf ihren langen Reisen zwischen den südamerikanischen Wintergebieten und den Brutplätzen im Norden auf den Ebenen Rast machen.

MASSSTAB 1:22 500 000

0 400 Kilometer

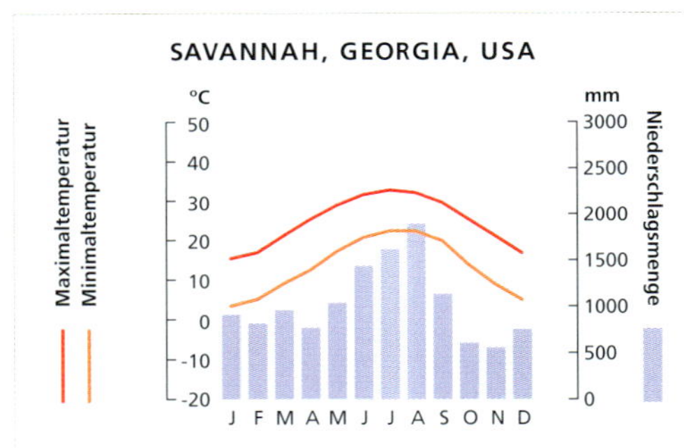

Schutzstatus

In den Sümpfen im Süden Floridas lebt der Floridapanther, eine isolierte Unterart des Puma. Pumas waren einst über den ganzen Osten von Nordamerika verbreitet, aber Bejagung und Lebensraumverlust verdrängten sie an diesen Zufluchtsort, wo noch etwa 100 Exemplare dieser vom Aussterben bedrohten Großkatzen leben.

Amerikanische Zwergdommel
Die winzige Zwergdommel besitzt die unübertroffene Fähigkeit, zwischen dem Schilf zu verschwinden: Bei Gefahr bleibt sie mit dem Schnabel zum Himmel aufrecht stehen, um das Schilf nachzuahmen. Sie wogt sogar im Wind wie die Schilfgräser.

Urtiere

Pfeilschwanzkrebse sind eine 540 Millionen alte Spezies. Sie existierten schon vor Blütenpflanzen und Dinosauriern und haben sich seither kaum verändert. Die nordamerikanische Art legt im Frühling an den Stränden des Atlantik ihre Eier ab, die einer Million Strandvögeln auf ihrem Zug nach Norden als Nahrung dienen. Auch nistende Meeresschildkröten und Fische nehmen an dem Festschmaus teil.

Pfeilschwanzkrebs
Pfeilschwanzkrebsweibchen sind mit einer durchschnittlichen Breite von 24 Zentimeter um etwa 60 Prozent größer als ihre männlichen Gegenstücke. Das erste der sechs Fortsatzpaare wird dazu benutzt, Nahrung in den Mundraum zu befördern.

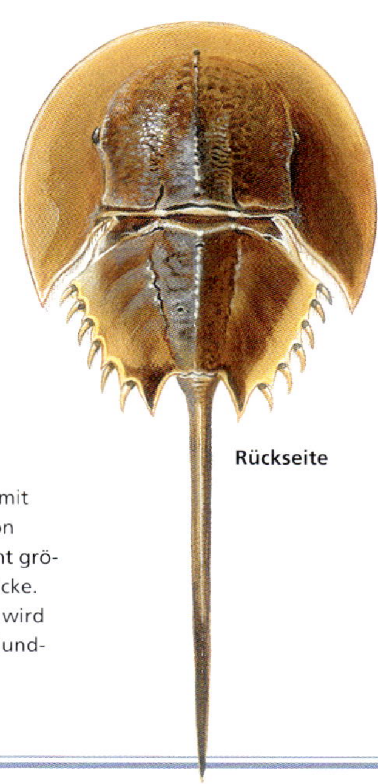

Rückseite

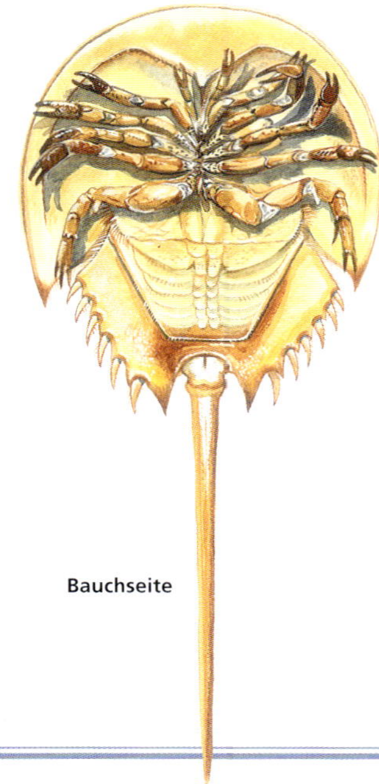

Bauchseite

Kanadareiher
Als größte nordamerikanischer Reiherspezies erreicht der Kanadareiher eine Höhe von 1,2 Metern. Männchen und Weibchen festigen ihre Bindung vor dem Nisten in Balzritualen. Sie stellen die Hauben auf, pusten das Gefieder auf und fechten mit ihren Schnäbeln.

Schwarzmantel-Scherenschnabel
Der große, rote und schwarze Schnabel des Scherenschnabels ist ungewöhnlich, denn der untere Teil ist deutlich länger als der obere. Im Tiefflug streichen die Meeresvögel mit dem Unterschnabel übers Wasser, um kleine Fische zu fangen. Sie jagen häufig nachts.

Krabbenreiher
Die großen, bulligen Krabbenreiher nisten oft in Kolonien und bauen über dem Wasser hängende Nester aus Stöcken. Im frühen 20. Jahrhundert waren diese Vögel in den Küstenebenen der Vereinigten Staaten beinahe ausgelöscht. Sie wurden von Jägern getötet, um das Fleisch und die schönen Flaumfedern, die Frauenhüte schmückten, zu verkaufen.

Neunbinden-Gürteltier
Das von schalenartigen Platten umhüllte Neunbinden-Gürteltier hat sein Verbreitungsgebiet im Südosten der Vereinigten Staaten ausgedehnt. Es wurde erstmals 1850 nördlich des Rio Grande in Texas gesichtet. Seither hat es sich nach Norden bis Kansas und Nebraska und nach Osten bis Florida verbreitet.

Röhricht als Deckung

Entlang der Küstenebenen erstreckte sich einst ein sechs Meter hohes Bambusdickicht. Es wurde abgeschnitten, um der Landwirtschaft Platz zu machen. Heute gibt es noch verstreute Reste dieses Dickichts, das einen großartigen Lebensraum für Wildtiere bildet. Vögel und Säugetiere finden Nahrung und Deckung, ebenso die Raupen von Motten und Schmetterlingen.

VOGELZÜGE

Seit Millionen von Jahren wandern Vögel über Nord- und Südamerika. Im Sommer finden sie in Nordamerika ein reiches Nahrungsangebot an Insekten und Pflanzen vor. Bis hinauf zum nördlichen Polarkreis brüten an die 200 Arten. Sie ziehen bis nach Feuerland an der südlichen Spitze Südamerikas, um vor der mageren Kost des Winters auszuweichen, und kehren im Frühling wieder zurück. Es ist ein eindrucksvolles Naturphänomen mit Milliarden von Vögeln. An einigen Rastplätzen wie dem Cape May in New Jersey kommt jeden Frühling und Herbst eine besonders große Anzahl der gefiederten Wanderer zusammen: Eine Million wandernde Strandvögel unterbrechen hier im Frühling ihre Reise, um sich an den Eiern der Pfeilschwanzkrebse satt zu fressen. Im Herbst strömen an einem Tag Zehntausende Meeres-, Greif- und Singvögel auf die Halbinsel. Trotz dieser beeindruckenden Menge sind viele Zugvögel durch Zersplitterung und Verlust ihrer Lebensräume bedroht.

Rotschulterstärlinge
Rotschulterstärlinge sind die häufigsten Vögel des Kontinents und südlich der Arktis in ganz Nord- und Mittelamerika zu finden. Einige Populationen wandern nicht, aber diejenigen, die in Kanada und den nördlichen Vereinigten Staaten brüten, ziehen nach Süden. Im Winter bilden sie an Nahrungsplätzen manchmal riesige Schwärme aus Millionen von Vögeln.

Eckschwanzsperber
Auf dem Weg von Kanada in den Süden ziehend versammeln sich im Herbst Scharen von Eckschwanzsperbern auf einigen Rastplätzen an der Atlantikküste. Am Cape May zählten Beobachter an einem einzigen Oktobertag 11 000 Exemplare der kleinen, vogelfressenden Greifvögel.

Amerikanische Zwergdommel
Die Feuchtgebiete in Nord- und Südamerika, in denen die Zwergdommeln brüten und überwintern, zählen zu den am stärksten gefährdeten Feuchtgebieten der Welt.

Aztekenmöwe
Sie brüten in den Marschen und an den Stränden der nordöstlichen Atlantikküste. Im Winter ziehen sie nach Florida.

Buntfalke
Die meisten Buntfalken, die im Norden brüten, ziehen im Herbst nach Süden. Möglicherweise folgen sie ihren Beutetieren, den wandernden Amerikanischen Königslibellen.

Gelbfuß-Regenpfeifer
Der winzigen Vogel nistet an Atlantikstränden und zieht im Winter in ähnliche Lebensräume von North Carolina bis Mexiko und in die Karibik. Lebensraumverlust und Eingriffe des Menschen machen die bodennistenden Vögel zu einer stark gefährdeten Spezies.

Blaurücken-Waldsänger
Der Klimawandel bedroht Vögel wie den Blaurücken-Waldsänger, denn er könnte sich auf das Nahrungsangebot an Brut-, Rast- und Überwinterungsplätzen auswirken.

Rosenbrust-Kernknacker
Die Kernknacker haben zwei Zugrouten. Tiere, die im Osten brüten, folgen der atlantischen Zugroute über Mittelamerika und das nordöstliche Südamerika, um im Süden von Mexiko zu überwintern. Im Norden und Westen brütende Vögel folgen der Mississippi-Zugroute.

Die atlantische Zugroute

Während des herbstlichen Zuges entlang der Atlantikküste zwischen 23. Juni und 10. Januar kommt es zur größten Vogelkonzentration am Cape May. Die Frühlingswanderung nach Norden findet zwischen dem 10. Januar und dem 10. Juni statt. Zwar tendieren Vögel dazu, dieselben Zugrouten zu bevorzugen, sie nehmen jedoch nicht unbedingt in jedem Jahr denselben Weg. Im Herbst gibt es am Cape May Tausende Falken, im Frühling jedoch relativ wenige, weil sie durch unterschiedliche Luftströme verstreut werden.

Roststärling
Der zunehmend seltener werdende Roststärling überwintert in den bewaldeten Feuchtgebieten im Südosten der Vereinigten Staaten.

Tiger-Waldsänger
Er brütet im nordamerikanischen borealen Wald und ernährt sich von Faltern. Er überwintert auf den Westindischen Inseln, wo seine Kost aus Nektar besteht.

Schnäpperwaldsänger
Sie verbringen vier bis fünf Monate in ihren nördlichen Brutgebieten. Den Rest des Jahres leben sie im Nordosten von Südamerika.

Schmetterlinge am Cape May

Das Cape May beherbergt 105 Schmetterlingsarten. Viele sind das ganze Jahr über hier, während andere auf ihrem herbstlichen Zug am Kap rasten und an Goldruten und anderen im Herbst blühenden Pflanzen Energie tanken. Am spektakulärsten sind die Monarchfalter, große schwarze und orangefarbige Schmetterlinge, die nachts kleine Kiefernbäume bedecken und tagsüber umherflattern. Die Insekten unternehmen eine gefährliche Reise übers Meer, um ihre Winterquartiere in Mexiko zu erreichen.

Distelfalter
Distelfalter wandern aus den Wüsten im Norden von Mexiko nach Nordamerika, um dort den Sommer zu verbringen.

Tigerschwalbenschwanz
Östliche Tigerschwalbenschwänze überwintern im Osten ihres nordamerikanischen Verbreitungsgebiets und tauchen im Frühling wieder auf, um den Nektar der ersten Blüten zu trinken. Die einzelgängerischen Schmetterlinge schwirren oft hoch oben zwischen den Bäumen umher.

Limenitis arthemis
Vögel vermeiden die auffällige Spezies *Limenitis arthemis*, weil der Schmetterling Färbung und Muster der übel schmeckenden Schwalbenschwanzspezies *Battus philenor* nachahmt. Beide Arten kommen im Osten der Vereinigten Staaten häufig vor.

Monarchfalter
Auf ihrem jährlichen Zug von Nordamerika in mexikanische Berge, wo sie in gewaltigen Ansammlungen überwintern, rasten Zehntausende Monarchfalter auf Cape May.

Junonia coenia
Aufeinanderfolgende Bruten der Art *Junonia coenia* ziehen von Mexiko nach Norden durch die Vereinigten Staaten. Die Spätsommerbruten fliegen wieder nach Süden. Entlang der Atlantikküste bevorzugt der Schmetterling sandige Strände.

Der auffällige Rotaugenlaubfrosch umklammert eine Helikonie im Regenwald von Costa Rica. Die meisten Laubfrösche haben Haftballen an den Fingern und Zehen, die ihnen dabei helfen, sich an Blättern und Ästen festzuhalten. Einige haben sogar einen opponierbaren ersten Finger, sozusagen einen Daumen, mit dem sie Zweige und Stängel umgreifen können.

MITTEL- & SÜDAMERIKA

Mittel- & Südamerika

In Mittel- und Südamerika findet man einzigartige Vertreter aus allen Klassen des Tierreichs. Die biologische Vielfalt ist vor allem in Mittelamerika bemerkenswert, wo rund sieben Prozent aller Tierarten der Erde auf einem halben Prozent der Erdfläche leben. Die Landschaft des südamerikanischen Kontinents ist vielfältig und spektakulär. Sie wird von großen Flusssystemen und Feuchtgebieten beherrscht, ist aber auch bekannt für ihre imposanten Bergketten und Vulkane, Wüsten, Grassteppen und tropischen Regenwälder. An den Küsten und im Meer gibt es zwischen tropischen Korallenriffen, Mangroven und Seetangbecken Leben im Überfluss. An der südlichsten Spitze von Südamerika gibt es sogar Meereis.

Mittelamerika
An der Verbindung zweier kontinentaler Landmassen und der größten Ozeane gelegen, weist die Region eine große biologische Vielfalt auf.

Gran Chaco
Klimaextreme und Savannen, die in der Regenzeit zu Sümpfen werden, sind für diese Region typisch.

Amazonas-Regenwald
Der größte Regenwald der Erde, der auf neun Staatsgebieten liegt, birgt Wildtiere und Ökosysteme, die anderswo kaum zu finden sind.

Patagonien
Die Gebirgslandschaft am Südende von Amerika schließt an die zerklüftete Küste an, die regelmäßig von antarktischen Tieren besucht wird.

Die Wildnis der Anden
Tiefe Täler mit grasenden Lamas und schneebedeckte Gipfel, über denen der Kondor kreist, kennzeichnen die wilde Schönheit dieser Berge.

Leben in der Karibik
Die seichten, warmen Gewässer der Karibik beherbergen Korallenriffe, Schildkröten, Fische und Krebstiere.

Galápagos-Inseln
Die einzigartigen Tiere sind hervorragend an das raue Leben auf diesem entlegenen Archipel angepasst.

Klima

An der Nordwestküste, in Teilen der Nordost- und Ostküste sowie im Großteil des Amazonasbeckens ist das Wetter das ganze Jahr über warm und feucht. Feuchte Meereswinde sind die Hauptursache für die subtropischen Bedingungen an der Ostküste. Kalte Meeresströmungen vor der Westküste trocknen die Luft aus und erzeugen einen trockenen Küstenstreifen. In den Anden findet man unterschiedliche klimatische Verhältnisse: Im Norden ist es warm und feucht, in der Mitte heiß und trocken, und im fernen Süden kalt und feucht. Im östlich der Anden gelegenen Patagonien fällt wenig Niederschlag.

Vegetation

Die Regenwälder des Amazonas erstrecken sich fast über das gesamte Einzugsgebiet des Stroms. In den Anden werden sie von Nebelwäldern, im Norden und Osten von tropischen Laubwäldern abgelöst. Die tropischen Savannen, die den Gran Chaco und das Brasilianische Hochland prägen, verschmelzen im Südosten mit der Pampa, einer Grassteppe. In den südlichen Anden gibt es gemäßigte Regenwälder, doch die mittleren Anden und Patagonien sind spärlich bewachsen. In der Atacamawüste gibt es kaum pflanzliches Leben.

Landbedeckung

Mehr als die Hälfte des Kontinents ist mit Wäldern übersät, die ein Viertel der gesamten Waldbedeckung der Erde ausmachen. Südamerika verfügt über große Reserven an landwirtschaftlich nutzbarem Land, das jedoch großteils als Weidefläche genutzt wird. Die übrige Landbedeckung besteht aus Feuchtgebieten, wachsenden Küstensiedlungen, öden Andenhochebenen und den Wüsten im Westen und Süden.

Mittelamerika

Die äquatornahe Landenge von Mittelamerika verbindet den Süden mit dem Norden des amerikanischen Kontinents und liegt als Landbrücke zwischen dem Pazifischen und Atlantischen Ozean. Der enge Landstreifen mit einer Fläche von 523 000 Quadratkilometern entstand vor drei Millionen Jahren und ist heute das Staatsgebiet von sieben Ländern: Guatemala, Honduras, El Salvador, Belize, Nicaragua, Costa Rica und Panama. Nirgendwo sonst auf der Erde findet man eine größere Konzentration an pflanzlichem und tierischem Leben. Mittelamerika ist von landschaftlichen Gegensätzen geprägt. Sie reichen von Trockenwäldern auf Meeresniveau bis zu Nebelwäldern und von hohen Berggipfeln und Küstenmarschen bis zu fruchtbaren Tälern, die auch heute noch von Vulkanen geformt werden. Der natürliche Reichtum der Region schließt Flüsse, Seen, Inseln, Thermalquellen, Lagunen, Flussmündungen, Strände und Riffe ein. In Mittelamerika treffen unterschiedliche Klimazonen aufeinander und vermischen sich. Die Durchschnittstemperaturen liegen das ganze Jahr über zwischen 18 und 30 Grad Celsius.

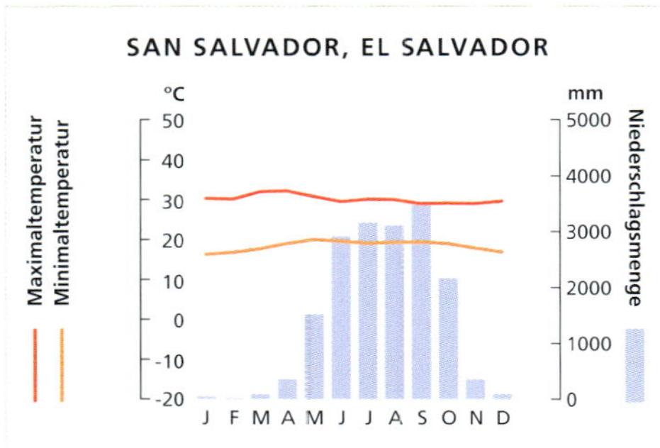

Capybara
Es ist das größte aller 1729 Nagetierarten: das halb wasserlebende Capybara oder Wasserschwein. Im Wasser ist es äußerst flink, wobei es seine teilweise mit Schwimmhäuten versehenen Zehen wie Paddel benutzt. Gruppen aus bis zu 20 Tieren leben entlang der Flussufer, wo junge Capybaras manchmal zur Beute von Kaimanen werden. Dieses adulte Tier hat jedoch wenig zu befürchten – es ist zu groß für die Kaimane, die Fische und Frösche bevorzugen.

Hellrote Aras
Die großen bunten Papageien werden auch Arakangas genannt. Sie sitzen oft auf Felsvorsprüngen. Hier fressen sie Lehm, der ihnen beim Verdauen der giftigen Chemikalien in unreifen Früchten hilft. Aras fliegen paarweise oder in kleinen Gruppen und können dabei eine Geschwindigkeit von 56 Kilometer pro Stunde erreichen.

Abgottschlange
Die Abgottschlange (*Boa constrictor*) ist eine große, einzelgängerische Schlange, die ihre Beute mit ihren kräftigen Muskeln erwürgt. Die Boa kann ihre Kiefer weit öffnen und verschlingt ihre Opfer mit dem Kopf voran im Ganzen. Starke Magensäuren helfen der Würgeschlange beim Verdauen der Mahlzeit.

Weißschulterkapuziner
Weißschulterkapuziner sind in der Wildnis leicht auszumachen. Die neugierigen kleinen Affen schwingen sich in Gruppen mit ihren Greifschwänzen von Baum zu Baum. Sie suchen auf allen Ebenen des Waldes schnatternd und kreischend nach Früchten und Insekten.

Mantelbrüllaffe
Den Mantelbrüllaffen hört man oft, ehe man ihn sehen kann. Sogar im dichten Regenwald dringen seine schweineähnlichen Grunzlaute über 800 Meter weit. Ein besonders großes Zungenbein in seiner Kehle ermöglicht dem Affen, widerhallend zu schreien.

Tayra
Die Tayra ist ein Marder und mit dem Fischotter verwandt, lebt aber auf Bäumen. Sie jagt kleine Wirbeltiere wie Stachelratten und Echsen, frisst aber auch Aas und Früchte. Ähnlich wie ein Wiesel kann der geschickte Kletterer bei Gefahr von Baum zu Baum springen.

Zeltende Fledermäuse

Weiße Fledermäuse gehören zu den wenigen Fledertierarten, die eigene Rastplätze konstruieren. Sie zerbeißen die Adern großer Helikonienblätter, bis diese nach unten zusammenfallen und einen teilweise geschlossenen, zeltartigen Raum bilden, unter dem die Fledermäuse verkehrt herum hängen. Die „Zelte“ bieten Schutz vor Regen, Sonne und Schlangen. Meist ruhen ein Männchen und fünf bis sechs Weibchen gemeinsam in einem Zelt.

Zeltbau
Die Fledermäuse zerkauen die Verbindung zwischen der Mittelader und dem Rand des Blattes, bis es zusammenfällt.

Geschützte Schlafstätte
Die kleinen Weißen Fledermäuse ruhen in dem Zelt, das sie gebaut haben.

MITTELAMERIKA

REGENWÄLDER

Die mittelamerikanischen Regenwälder liegen in den Tropen zwischen dem nördlichen und südlichen Wendekreis, wo es ganzjährig heiß und feucht ist. Tage und Nächte sind beinahe gleich lang, und es gibt kaum jahreszeitliche Schwankungen. Das ganze Jahr über gibt es reichlich Sonnenlicht, und die Durchschnittstemperatur liegt bei 27 Grad Celsius. Mindestens 100 Millimeter Regen pro Monat sind eine Folge der abkühlenden Feuchtigkeit, die von Wind und Meeresströmungen erzeugt wird. Von oben betrachtet ist das Blätterdach eine immergrüne Decke aus 20 bis 50 Meter hohen Baumriesen, die mit Kletterpflanzen und Lianen zugeschnürt und deren Stämme mit Epiphyten, Bromelien und Orchideen überzogen sind. Die unteren Schichten des Waldes sind mit kleineren Bäumen und Büschen bewachsen. Der schattige Waldboden ist mit verrottendem Pflanzenmaterial bedeckt. Hier findet man Vögel in allen Farben und Größen, Fledermäuse, Affen, Reptilien, Ameisen und andere Insekten, die in Symbiose mit den Pflanzen als deren Samenverteiler leben.

Blauer Morphofalter
Der Schmetterling verdankt seine Farbe winzigen Schuppen auf den Flügeln, die das Licht reflektieren und dem Schmetterling eine funkelnde Sichtbarkeit verleihen. Seine Flügelunterseiten sind hingegen braun. Beim Rasten hält er die Flügel geschlossen, um von seinen Feinden nicht so leicht gesehen zu werden.

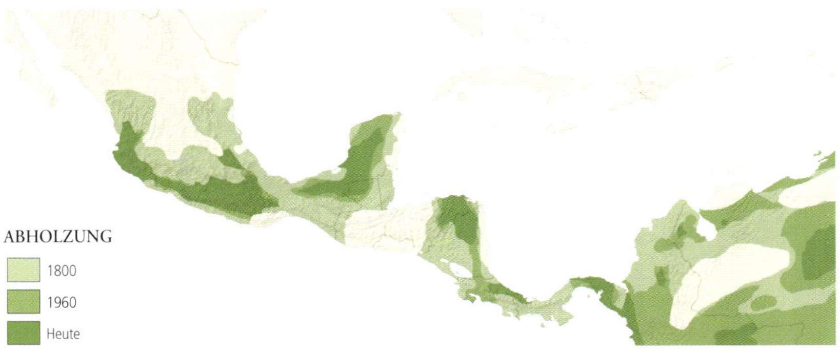

FROSCHLURCHE

Unter den Fröschen und Kröten der mittelamerikanischen Regenwälder gibt es baumlebende Kletterer und bodenlebende Arten, die in Höhlen, Bauen oder Felsspalten Schutz suchen. Die meisten bewohnen jedoch Teiche und Bäche. Mit ihren hervorstehenden Augen können sie in alle Richtungen schauen. Ihre klebrigen Zungen sind hervorragend zum Insektenfangen geeignet. Zur Paarungszeit erschallen die Regenwälder im Echo der Frosch- und Krötenrufe.

Stummelfußfrosch
(Atelopus varius)

Goldkröte
Die Goldkröte, eine endemische Art Costa Ricas, ist in der Natur vermutlich ausgestorben. In der Regenzeit versammelten sich Hunderte schwarze Weibchen und gelbe Männchen in Teichen, um sich zu paaren. Die Weibchen legten 200 bis 400 Eier. Nach dem Schlüpfen blieben die Larven fünf Wochen lang im Wasser, um sich zu erwachsenen Fröschen zu entwickeln.

Rotaugenlaubfrosch
(Agalychnis callidryas)

Pfeilgiftfrosch
Während sich viele Frösche auf ihre Tarnung verlassen, dienen die leuchtend rote Haut und die blauen Beine des Pfeilgiftfrosches als Warnung für Raubtiere. Indianische Jäger benutzten die Sekrete des sechs Zentimeter langen Frosches als Pfeilgift.

Die meisten Kaulquappen müssen im Wasser bleiben. Die Luft des Regenwaldes ist jedoch so feucht, dass der Pfeilgiftfrosch seine Jungen auf dem Rücken tragen kann.

Braunkehl-Faultier
Obwohl es manchmal fälschlich für einen Primaten gehalten wird, ist dieses Dreifinger-Faultier näher mit dem Gürteltier verwandt. Seine Bewegungen wirken wie in Zeitlupe. Es braucht fast einen Monat, um eine Mahlzeit zu verdauen und bewegt sich mit einer Durchschnittsgeschwindigkeit von 150 Metern pro Stunde. Faultiere leben ständig auf Bäumen und steigen nur herunter, um ihren Darm zu entleeren.

Quetzal

Der Quetzal ist meist auf Avocadobäumen zu finden, deren Früchte er im Ganzen verschlingt. Der Vogel baut sein Nest in den Hohlräumen abgestorbener Bäume, wobei er weiche Baumstämme in fortgeschrittenem Zersetzungsstadium wählt. Die beiden Schwanzfedern können 59 Zentimeter lang sein und ragen über das Nest hinaus, um nicht beschädigt zu werden.

Wickelbär
Weil er gerne süßen Honig, Nektar und Früchte frisst, wird der Wickelbär auch Honigbär genannt. Mit seiner biegsamen Zunge leckt er den Nektar von Blüten. Blütenstaub bleibt an seinem Pelz hängen und wird von Blüte zu Blüte getragen, wodurch der Kleinbär zu einem wichtigen Bestäuber wird.

Brillenkauz
Die weißen „Brillen" um seine gelben Augen verleihen dem Brillenkauz seinen Namen. Die Jungvögel (links) haben eine umgekehrte Zeichnung. Es dauert Jahre, bis sie das Gefieder eines voll ausgewachsenen Brillenkauzes (rechts) erlangen.

Fischertukan
Er sieht zwar schwer aus, aber der Schnabel des Fischertukans ist hohl, leicht und mit dünnen Knochenstäbchen verstärkt. Der Tukan setzt seinen Schnabel geschickt ein und benutzt seine federartige Zunge, um Insekten zu fangen.

Langschwanzkatze
Als ausgezeichnete Kletterin verbringt die Langschwanzkatze die meiste Zeit ihres Lebens auf Bäumen. Die flinke Katze besitzt speziell angepasste Krallen und drehbare Knöchelgelenke, mit denen sie kopfüber an Baumstämmen hinab und an der Unterseite starker Äste entlang klettern kann.

MITTELAMERIKA

DER JAGUAR

Der Jaguar ist das größte landlebende Raubtier Mittel- und Südamerikas und spielt eine wichtige Rolle im Ökosystem. Sein Verbreitungsgebiet liegt hauptsächlich in Mexiko, Costa Rica, dem Norden Guatemalas und Belizes, aber er ist auch in Mato Grosso, Brasilien und im Pantanal, einem saisonalen Feuchtgebiet in Brasilien, Bolivien und Paraguay, zu finden. Bedroht wird der Jaguar vor allem durch den Menschen. Er gilt als Gefahr für Mensch und Vieh und wird zum Sport und wegen seines Fells gejagt. Weniger Beutetiere, Lebensraumverlust durch Umwandlung von Land in Weideflächen sowie unzureichende Schutzmaßnahmen stellen weitere Gefahren dar. Um das Überleben des Jaguars zu sichern, muss man seinen Lebensraum genauer erforschen, Bestandszahlen von seinen Beutetieren gewinnen, Seuchen überwachen, Konflikte mit Viehzüchtern durch Aufklärungsarbeit vermeiden und geeignete Schutzprojekte initiieren.

Klettern
Jaguare sind vom Wald abhängig, der ihr ursprünglicher und bevorzugter Lebensraum ist. Sie klettern auf Bäume. Hier lauern sie liegend auf Beute. Die Abholzung des Waldes, um neue Siedlungs- und Weideflächen zu gewinnen, hat dazu geführt, dass einige Jaguare in der Nähe menschlicher Ansiedlungen auch Haus- und Nutztiere töten.

SCHUTZSTATUS

Früher war der Jaguar vom Südwesten der Vereinigten Staaten bis ins südliche Argentinien verbreitet. In den USA ist er ausgestorben, während die Bestände in Mexiko und Argentinien sinken. Schutzprogramme schließen die Bodenüberwachung, die Kontrolle der natürlichen Feinde, die Verringerung von Konflikten mit Viehzüchtern und die Errichtung von Jaguarreservaten ein.

Schwimmen
Der Jaguar ist ein hervorragender Schwimmer, der sich gern in der Nähe von Flüssen, Seen und Bächen aufhält. Beim Fischen lauert er versteckt auf sein Opfer, ehe er ins Wasser springt, um die Beute zu fangen. Der Jaguar kann beim Schwimmen sogar große Beutetiere tragen.

Fischbeute
Wie andere Großkatzen fangen Jaguare regelmäßig Fische wegen ihres Eiweißes und der essenziellen Fettsäuren, die in Fisch enthalten sind. Neben Fischen erbeuten sie kaum andere kleine Tiere. Kaninchen bilden eine Ausnahme und sind bei Leoparden heiß begehrt.

Fell
Ein Jaguar ist an den kleinen Punkten in der Rosettenzeichnung seines prächtigen Fells zu erkennen. Jede Fellzeichnung weist ein einzigartiges Muster auf, wie der Fingerabdruck eines Menschen.

Leopardenähnliche Vorfahren

Jaguare entwickelten sich vermutlich in Eurasien aus leopardenähnlichen Vorfahren und kamen vor 1,8 Millionen bis 10 000 Jahren über die Beringlandbrücke auf den amerikanischen Kontinent. Der heutige Jaguar ist kleiner und hat kürzere Beine als sein Verwandter, der Leopard. Beide gehören zur Gattung *Panthera,* besitzen muskulöse Körper, brüllen, klettern auf Bäume und schwimmen gerne. Jaguarweibchen werden mit drei, die Männchen erst mit fünf Jahren geschlechtsreif.

Nachwuchs
Nach einer Tragzeit von 91 bis 111 Tagen werfen Jaguarweibchen ein bis vier Junge. Sie kommen meist in der Regenzeit zur Welt, in der Beutetiere im Überfluss vorhanden sind. Die Jungen werden blind geboren und können erst nach zwei Wochen sehen. Die Weibchen kümmern sich zwei Jahre lang um die Jungen. Danach sind sie dazu in der Lage, ein eigenes Revier zu finden.

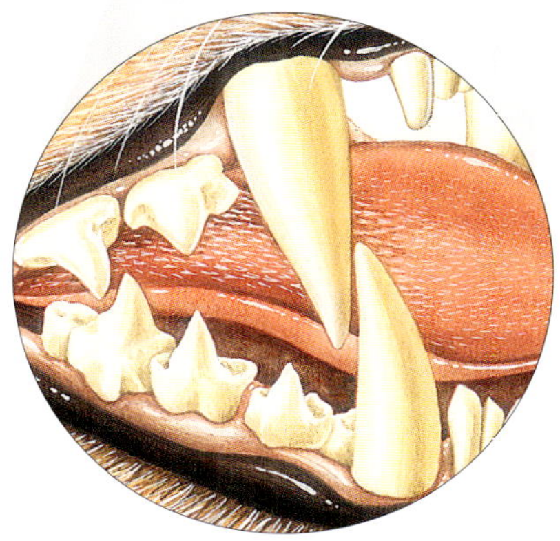

Zähne
Vier bis zu fünf Zentimeter lange Fangzähne werden zum Töten benutzt. Mit den scharfen, scherenartigen Reißzähnen kann der Jaguar Knochen zermalmen oder Fleisch halten und gleichzeitig zerschneiden.

Augen
Die Pupillen des nachtaktiven Jaguars können sich zu Schlitzen verengen, wodurch er im Dunkeln siebenmal besser sehen kann als ein Mensch. Mit seinem ausgezeichneten räumlichen Sehvermögen kann er Entfernungen abschätzen.

Beutetiere

Das Beutespektrum des Jaguars ist riesig: Über 85 verschiedene Beutetierarten kennt man. Jaguare jagen zwar am liebsten nachts, fangen bei Gelegenheit aber auch tagsüber Beute. Neben Tapiren, Hirschen, Faultieren, Nabelschweinen, Capybaras und Agutis erbeuten sie auch Krokodile, Schlangen, Affen, Fische und Nutztiere. Jaguare können bis zu 25 Kilogramm Fleisch auf einmal verschlingen und dazwischen lange Zeit hungern.

Capybara
Capybaras leben in Gruppen. Als guter Schwimmer hat ein Jaguar gute Chancen, ein Tier unter Wasser zu erlegen oder an Land zu fangen, wo Capybaras langsamer sind.

Faultier
Wie viele andere Raubtiere erbeuten Jaguare auch Faultiere. Ein grüner Überzug aus Algen auf dem Fell des Faultiers dient zur Tarnung im Blätterdach des Regenwaldes.

Mittelamerikanischer Tapir
Der Mittelamerikanische Tapir ist dämmerungsaktiv. Geeignetes Futter findet er an Flussufern, wo er von einem lauernden Jaguar allerdings leicht zu entdecken ist.

Amazonas-Regenwald

Der Regenwald am Amazonas ist der älteste und größte tropische Wald der Erde. Er bedeckt das Amazonasbecken, ein Gebiet mit einer Fläche von 6,7 Millionen Quadratkilometern, das vom Amazonas entwässert wird. Das Becken liegt zu 62 Prozent in Brasilien, erstreckt sich aber auch über Teile von Peru, Bolivien, Französisch-Guyana, Surinam, Guyana, Venezuela, Kolumbien und Ecuador. Die gewaltige Ausdehnung des Regenwalds birgt eine erstaunliche Ansammlung von Wildtieren, darunter Amphibien, Vögel, Insekten, Säugetiere, Reptilien, Taranteln, Raupen, Skorpione, Anakondas, Kaimane, Jaguare, Faultiere, Krallenäffchen, Tukans und Vampirfledermäuse. Die Region bietet ein Netzwerk aus unterschiedlichen Landschaften und Ökosystemen. Dichte, dschungelartige Wälder mit hohen Bäumen vermischen sich mit Lianen-Wäldern im Schatten von Palmen. Hohe Feuchtigkeit, große Regenmengen und eine Durchschnittstemperatur von 24 Grad Celsius sind charakteristische Merkmale des Beckens.

Grosse Flusstiere

Der Amazonas birgt eine große Fischvielfalt – Schätzungen zufolge mehr als 3000 Arten. In der Regenzeit werden die an den Fluss grenzenden Gebiete überschwemmt, woraufhin viele Fische, Reptilien und Säugetiere in die neuen Überschwemmungsgebiete wandern, um sich von herabgefallenen Baumfrüchten zu ernähren. Sie pflanzen sich hier fort und kehren wieder in die größeren Nebenläufe zurück, wenn sich das Wasser zurückzieht.

Amazonasdelfin
Der Amazonasdelfin ist der größte und häufigste der fünf Süßwasserdelfine der Welt. Er verwendet die Echoortung, um in den schlammigen Flüssen des überschwemmten Dschungels Beute zu finden. Alter, Wasserklarheit, Temperatur und Standort legen seine Körperfarbe fest, die zwischen Rosa bis Grau oder Weiß variiert.

Amazonas
Der Amazonas ist der zweitlängste Fluss der Welt. Sein 6400 Kilometer langer Lauf windet sich von den Anden bis zum Atlantischen Ozean. Er hat 15 000 Nebenflüsse und entwässert beinahe 20 Prozent des weltweiten Flusswassers, das in die Meere fließt.

Mohrenkaiman
Der Mohrenkaiman ist der größte Vertreter der Alligatorfamilie. Er lebt als Beutejäger am Rand von langsamen Flüssen, Seen und in den saisonal überschwemmten Gebieten des Amazonasbeckens. Zu seiner Beute gehören Capybaras, Fische, Schildkröten und Hirsche.

Riesenotter
Menschen haben die großen Otter fast ausgerottet. Wahrscheinlich haben nur einige Tausend Riesenotter in freier Wildbahn überlebt. Mit zwei Metern Körperlänge sind sie die größten Fischotter. Den kräftigen, paddelförmigen Schwanz verwenden sie im Wasser als Antrieb.

Arapaima
Der fleischfressende, luftatmende Arapaima ist der größte Süßwasserfisch der Welt. Die Art ist vermutlich 200 Millionen Jahre alt, kann bis zu drei Meter lang werden und 180 Kilogramm wiegen.

Regenwald

Der Amazonas-Regenwald besteht aus vier Schichten. Jede stellt ein einzigartiges Ökosystem dar. Die höchsten Bäume werden von Adlern und Papageien bewohnt. Im Blätterdach leben Schlangen, Tukans, Baumfrösche, Affen, Wellensittiche, Orchideen und Bromelien. Im Unterholz wachsen Büsche und Farne mit großen Blättern, und eine dünne Schicht aus verrottendem organischen Material bedeckt den Waldboden.

Zwergseidenäffchen
Die kleinste Primatenart lebt im Blätterdach des Regenwaldes. Der Lebensraumverlust hatte scheinbar keine Auswirkungen auf die Bestände. Da sie als Haustiere gefangen werden, sind einige Populationen dezimiert worden. Die Aufklärung potenzieller Käufer soll die Schäden verringern und bei der Überwachung des Handels helfen.

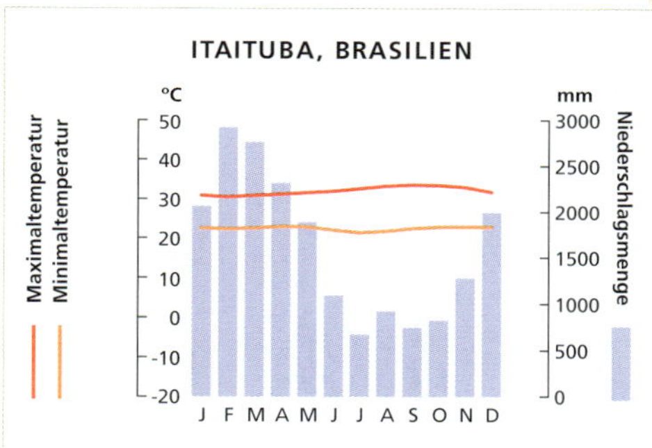

Hoatzin
Die Schopfhühner sind sehr ursprüngliche Vögel. Wie der *Archaeopterix* haben sie Krallen an den Flügeln. Ihr Kropf funktioniert ähnlich wie der Pansen einer Kuh. Die schwer verdauliche Nahrung wird dort von Bakterien zersetzt.

SCHUTZSTATUS

Seit 1970 wurden am Amazonas über 600 000 Quadratkilometer Regenwald zerstört oder verändert. Er ist weiterhin bedroht durch Jagd, nicht nachhaltige Abholzung, illegalen Goldabbau, landwirtschaftliche Nutzung, Dammbau, Brände sowie Erdöl- und Erdgasförderprojekte. Bei der derzeitigen Verlustrate könnten im Jahr 2030 bis zu 55 Prozent des Regenwaldes verschwunden sein.

AMAZONAS-REGENWALD

LEBEN IN DEN WIPFELN

In tropischen Regenwäldern konzentriert sich der Großteil der Artenvielfalt im Kronendach, direkt unterhalb der höchsten Bäume. Die Decke aus dicht wachsenden Bäumen erstreckt sich über gewaltige Entfernungen. Die Bewohner des Kronendachs klettern, springen oder fliegen durch ihren dreidimensionalen Lebensraum. Schätzungsweise 40 Prozent aller Pflanzen- und Tierarten der Erde leben im Kronendach des Amazonas-Regenwaldes. Hier findet man einige der lautesten Primaten und Vögel der Welt. Sie verlassen sich bei der Kommunikation auf akustische Signale, weil das dichte Laub optische Bekundungen des Revieranspruchs unmöglich macht. Andere wichtige Arten sind Fledermäuse und kleine Säugetiere. Die zahllosen Insekten auf den Bäumen haben Tarnungen entwickelt, um sich vor Greifvögeln, Echsen und Fröschen zu schützen. Die Tiere nutzen die Bäume als Nistplatz, Durchgangsrouten, Verstecke und als Nahrungsquelle, die Insekten, Früchte, Samen, Blüten und Blätter bietet.

Tukan-Bartvogel
Der bunte Tukan-Bartvogel hüpft von Ast zu Ast und frisst Insekten und Früchte vom Boden bis hinauf ins Kronendach. Sein unverwechselbarer Ruf ist eine Wiederholung kurzer, nebelhornartiger Töne. Die Brutpaare nisten in den Hohlräumen abgestorbener Bäume.

Kohlenstoff speichern, Sauerstoff freisetzen
Das Kronendach des Waldes absorbiert Kohlendioxid aus der Atmosphäre und wandelt es in Sauerstoff um. Es ermöglicht den Austausch von Wärme, Wasserdampf und atmosphärischen Gasen und spielt eine wichtige Rolle bei der Regulierung des globalen Klimas.

Jamaika-Fruchtfledermaus
Fruchtfledermäuse verdauen die Nahrung rasch und ohne mikrobielle Fermentation im Magen, weshalb sie ständig auf Futtersuche sind. Sie spielen eine Schlüsselrolle bei der Bestäubung tropischer Früchte. Viele Pflanzen verlassen sich bei der Verteilung ihrer Samen auf Fruchtfledermäuse.

Dryas iulia
Der orange-gelbe tropische Edelfalter mit den langen Vorderflügeln ist ein schneller Flieger und eine langlebige Art. Er ist tagaktiv und ernährt sich vom Nektar verschiedener Blütenpflanzen wie Wandelröschen und Venuskamm.

Haariger Schutz
Die Weibchen dieses Edelfalters legen ihre Eier auf Passionsblumen, deren Blätter die Larven fressen. Die Raupen verlassen sich beim Auffinden von Nahrung auf ihre kurzen Fühler. Sie verteidigen sich mit feinen Borsten, die in der Haut von Angreifern stecken bleiben.

Bunt-Bartvogel
Der Bunt-Bartvogel trägt einen Bart unter seinem schwerem Schnabel. Er gehört zur Familie der Tukane. Wie alle Früchte fressenden Tierarten spielt der baumlebende Vogel eine wichtige Rolle bei der Verteilung der Samen.

Kaiserschnurrbarttamarin
Der Kaiserschnurrbarttamarin lebt in Gruppen und verständigt sich durch lautes Quieken. Das Männchen ist ein fürsorglicher Vater, der bei der Geburt des Nachwuchses assistiert und Verantwortung für die Pflege übernimmt. Es trägt die Jungen und bringt sie der Mutter zum Säugen. Der winzige Affe verteidigt heftig sein Revier.

Rothandbrüllaffe
Er schwingt sich an Ästen und Lianen durch den Wald, steigt aber auch auf den Boden herab, wo er auf zwei Beinen geht und läuft. Morgens und abends ist er am aktivsten. Sein Gebrüll schallt drei Kilometer weit durch den Wald.

SCHUTZSTATUS
Der Zweifarbentamarin stirbt aus. Er hat eines der kleinsten Verbreitungsgebiete aller Primaten. Sein Lebensraum ist heute auf Grund des Städtewachstums und der Landwirtschaft zersplittert und isoliert. Der kleine Affe, der nur 400 Gramm wiegt, lebt in Gruppen aus zwei bis zehn Tieren und hat eine Lebenserwartung von neun Jahren.

Rote Wollbeutelratte
Die großen hervorstehenden Augen der Roten Wollbeutelratte schauen nach vorn und verleihen dem Tier ein affenähnliches Aussehen. Die Hände und Füße sind ans Klettern und Greifen angepasst, wobei der biegsame Greifschwanz als Stütze dient. Beutelratten sind meist Einzelgänger, versammeln sich aber an Plätzen, an denen es reichlich Früchte gibt.

Venezuela-Amazone
Die gesellige Venezuela-Amazone bewegt sich auf der Suche nach reifen Früchten und Nüssen durch die Kronen hoher Bäume. Wenn der Papagei in der Abenddämmerung über den Wald fliegt, fällt der leuchtend orangefarbige Fleck auf den Flügeln auf.

Harpyie
Der größte und kräftigste Raubvogel des tropischen Regenwaldes ist die Harpyie, die sich von baumlebenden Säugetieren ernährt. Wie andere Greifvögel bringt sie grüne Zweige in ihr Nest, um die Jungen vor Insekten und Parasiten zu schützen und eine kühlere Umgebung zu schaffen.

DIE WILDNIS DER ANDEN

Die Anden sind der längste Gebirgszug der Welt. Sie erstrecken sich über 8000 Kilometer, und entlang der Hälfte ihres Verlaufs sind die Gipfel der Berge über 3600 Meter hoch. Das Gebirgssystem liegt an der westlichen Grenze Südamerikas und reicht von Kolumbien über Venezuela, Ecuador, Peru, Bolivien und Chile bis nach Argentinien. Gletscher, schneebedeckte Vulkane, Wüstenplateaus, Nebelwälder, von Flüssen eingeschnittene tiefe Schluchten und Täler prägen die Landschaft. Es gibt viele Nadelbäume und Farne sowie eine abwechslungsreiche Fauna und Flora. 50 Prozent der hier lebenden Pflanzen- und Tierarten kommen nur in diesem Gebiet vor. Die Bewegung von Sedimentgestein und die tektonischen Kräfte, die vor 199 Millionen an der Entstehung der Anden beteiligt waren, verursachen auch heute noch Erdbeben und Vulkanausbrüche. Die Klimata reichen von feuchtwarmen Bedingungen mit durchschnittlich 18 Grad Celsius bis zu Temperaturen unter dem Gefrierpunkt oberhalb der Schneegrenze.

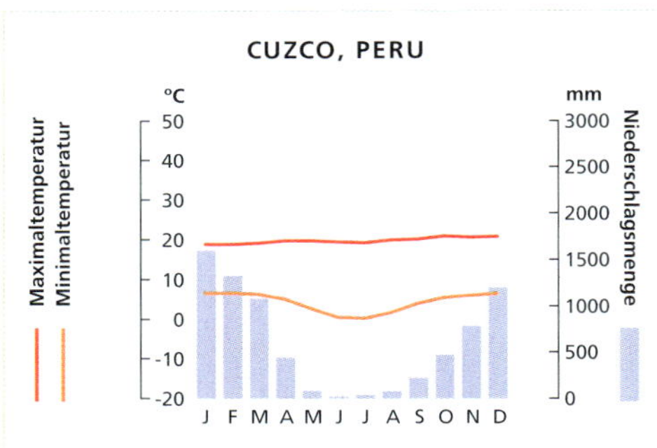

Plattform in den Baumkronen
Die Nahrung des Brillenbärs besteht aus Früchten und Bromelien, die auf den obersten Ästen der Bäume wachsen, die das Gewicht des Bären nicht tragen können. Um an Früchte und Blüten zu gelangen, biegt der Bär die Äste zu sich. Kleinere Äste, die abbrechen, verwendet er zum Bau eines einfachen Nests, das ihm einige Tage lang als Fress- und Schlafplattform dient.

Brillenbär

Der Brillenbär lebt hauptsächlich in Nebelwäldern. Er ist der einzige südamerikanische Vertreter der Familie Ursidae und dank seiner Fähigkeit, selbst die höchsten Bäume zu erklimmen, der einzige überlebende Vertreter der Gattung *Tremarctos*. Er besitzt scharfe Augen und ist nach der Zeichnung um seine Augen benannt.

Zerklüftete Schönheit
Spektakuläre Granitsäulen und schwarze Gipfel aus Sedimentgestein beherrschen die Landschaft der Anden – wie hier im Nationalpark Torres del Paine in Chile. Der Aconcagua ist mit 6962 Metern der höchste Punkt Amerikas und der höchste Berg außerhalb Asiens.

Andenhirsch
Die Andenhirsche beider Geschlechter und jeden Alters leben in Herden, die von einem adulten Weibchen angeführt werden. In den Sommermonaten ziehen die Herden auf höher gelegene Hänge. Im Winter suchen die Tiere Schutz in tiefer gelegenen Andentälern.

Andenklippenvogel
Das Weibchen des Andenklippenvogels baut ein flaches Nest aus Schlamm und Pflanzenmaterial auf Felswänden. Die polygamen Männchen konkurrieren in einem Balzritual mit Tänzen, Akrobatik, Gefiederschauen und lautstarken Herausforderungen um die Weibchen.

SCHUTZSTATUS

Der Flachlandtapir, ein großes Tier mit rüsselartiger Nase, zieht das Wasser dem Land vor. Sein friedfertiges Wesen und sein fleischiger Körperbau machen ihn zu einem beliebten Jagdziel. Wegen der illegalen Jagd und der Zerstörung seines Lebensraums im tropischen Regenwald gilt der Tapir heute als gefährdet. Nach einer Tragezeit von 400 Tagen werfen die Weibchen nur ein Junges.

Andenschakal
Der Andenschakal ist ein einzelgängerischer Jäger und eines der größten Raubtiere der Region. Er erbeutet in erster Linie kleine Säugetiere, aber auch Geflügel und Vieh, was zu Konflikten mit Bauern führt. Der Schakal wird außerdem wegen seines Fells gejagt.

Großer Ameisenbär
Der Große Ameisenbär verschlingt täglich bis zu 30000 Ameisen und Termiten. Mit den Krallen öffnet er Termitenhügel, und mit der röhrenförmigen Schnauze und der langen, klebrigen Zunge leckt er Insekten auf. Er ist gutmütig, kann sich aber gegen Pumas und Jaguare verteidigen.

DIE WILDNIS DER ANDEN

DER KONDOR

Der Andenkondor, der größte flugfähige Vogel, ist im Großteil seines Verbreitungsgebiets vom Aussterben bedroht. Seit 1973 wurde ein starkes Abnehmen der Bestandszahlen registriert, das zum Teil auf die aggressive Bejagung, den Verlust von Lebensraum und Nahrung, Luftverschmutzung, Wasserverseuchung und Zusammenstöße mit Stromleitungen zurückzuführen ist. Die Anfälligkeit für diese Bedrohungen wird durch die langsame Fortpflanzungsrate des Kondors sowie durch die Tatsache, dass es Jahre dauert, bis er geschlechtsreif wird, verstärkt. In Ecuador, Venezuela und Peru gingen die Populationen am drastischsten zurück. Biologen schätzen, dass es in freier Wildbahn noch einige Tausend Vögel gibt. Sie leben hauptsächlich im südlichen Abschnitt der Anden. Der Vogel und der nahe verwandte Kalifornien-Kondor gehören zur Familie der Neuweltgeier, die enger mit den Störchen als mit den Geiern Afrikas verwandt sind. Der Kondor ist beinahe 90 Zentimeter hoch und ernährt sich vom Aas verschiedener Tiere wie Hirsche, Wapitis, Kühe und Lamas.

ERBEUTEN VON NEUGEBORENEN

Kondore bevorzugen offene Gebiete, um Aas, Neugeborene und sterbende Tiere zu finden, die ihre Hauptnahrunsquellen darstellen. Nach einer üppigen Mahlzeit müssen sie Stunden am Boden oder auf Bäumen verbringen, ehe sie sich wieder in die Luft erheben können. Kondore können am Tag 320 Kilometer zurücklegen, während sie in großer Höhe kreisend nach Nahrung Ausschau halten. Sie können mindestens zwei Wochen überleben, ohne zu fressen.

Puma
Der Puma zählt zu den größten Raubtieren der Anden, aber sogar dieser erfolgreiche Jäger muss seine Neugeborenen vor kreisenden Kondoren schützen.

Nordpudu
Der 30 Zentimeter hohe Pudu, der kleinste Hirsch der Welt, gehört zur typischen Nahrung eines Kondors. Er frisst auch die Überreste von Schafen, Lamas, Vikunjas, Rindern, Robben und Vogeleier.

Aasfresser

Kondore sind keine Jäger. Sie finden Aas, indem sie es selbst erspähen oder kleineren Vögeln folgen. Der Kondor hilft anderen Aasfressern, denn er kann die zähen Häute von Kadavern zerreißen. Er ist der einzige Vertreter der Gattung *Vultur* und kann 50 Jahre alt werden. Der Kondor geht lebenslange Paarbindungen ein und verständigt sich durch Grunzen und Zischen.

Fressen
Ein Kondor wiegt durchschnittlich 15 Kilogramm und kann bei einer Mahlzeit zwei Kilogramm verschlingen. Ältere Kondore fressen vor den jüngeren Vögeln.

Riese der Lüfte

Kondore sind gut an das Aasfressen angepasst. Sie sind nicht für das Erlegen von Beute ausgestattet, denn ihre Füße haben abgerundete Klauen und keine scharfen Krallen wie Greifvögel. Nackte Haut auf Kopf und Hals schützt den Kondor vor Bakterien, wenn er seinen Kopf in Tierkadaver steckt. Sein Schnabel ist so geformt, dass er fleischiges Muskelgewebe zerreißen kann.

Nackter Kopf
Ein nackter Kopf und Hals ermöglichen es dem Kondor, Kadaver abzufressen, ohne die Federn zu beschmutzen. Ein Netz aus Blutgefäßen auf dem Kopf hilft bei der Wärmeabstrahlung und hält den Vogel kühl.

Füße
Der Kondor hat kräftige Beine, aber relativ schwache, stumpfe Nägel, die eher an Zehnnägel erinnern als an Krallen. Die Füße sind besser ans Gehen als ans Greifen angepasst.

Aufblasbarer Hals
Kondore haben keine Stimmbänder und können darum nicht mit Lauten drohen. Bei Erregung oder Aufregung blasen sie die Luftsäcke in ihrem Hals auf. Das lässt die Vögel größer erscheinen, als sie tatsächlich sind.

Im Flug
Beim Abheben schlagen Kondore mit den Flügeln, beim Fliegen jedoch selten. Stattdessen verlassen sie sich auf thermische Luftströmungen, um in der Luft zu bleiben. Die Flügelspannweite eines Kondors kann über drei Meter lang sein. Dadurch ist der große Vogel in der Lage, mit geringstem Energieaufwand zu fliegen

SCHUTZSTATUS

Als Teil des Arterhaltungsprogramms der amerikanischen „Association of Zoos and Aquariums“ versucht man, Kondore in Gefangenschaft für die Rückkehr in die Wildnis zu züchten. 39 in Nordamerika und Kolumbien aufgezogene Kondore wurden in Peru, Kolumbien und Venezuela wieder eingeführt. Kolumbianische Biologen, die die Vögel über Satelliten verfolgen, haben herausgefunden, dass sie überlebt haben und jetzt brüten – ein wichtiger Meilenstein.

Galápagos-Inseln

Der Galápagos-Archipel besteht aus 19 großen und über 40 kleinen Inseln. Er liegt im Pazifischen Ozean, etwa 1000 Kilometer vor der Küste Ecuadors. Anhaltende seismische und vulkanische Aktivitäten spiegeln den Entstehungsprozess der Inseln wider, der zusammen mit der isolierten Lage zur Entwicklung einiger der ungewöhnlichsten Arten der Erde führte. Alle Reptilien der Galápagos-Inseln, die Hälfte der Vögel, 32 Prozent aller Pflanzen, 25 Prozent aller Fische und viele Wirbellose kommen nirgendwo sonst vor. Meeresströmungen, Vermischung von kaltem und warmem Wasser, warme Lufttemperaturen, große Unterschiede in Vegetation und Klima der Inseln sowie das Fehlen von Raubtieren haben zur Evolution der einzigartigen Fauna und Flora beigetragen. Die endemischen Spottdrosseln, Meeresvögel, Finken und Meereslebewesen inspirierten die Evolutionstheorie Charles Darwins, der die Inseln 1835 besuchte. Heute ist der Archipel ein Welterbe und steht als Nationalpark Galápagos unter Naturschutz.

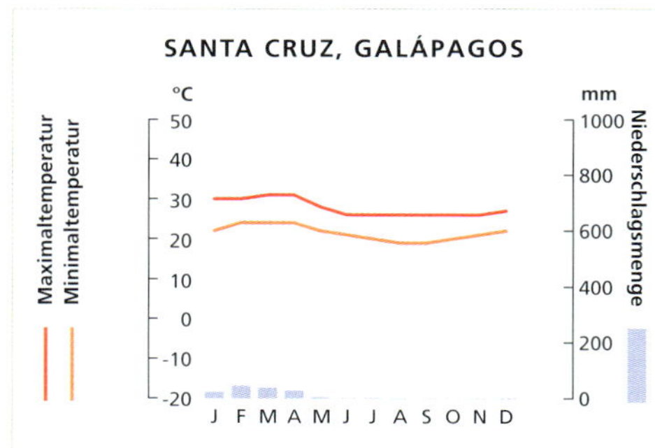

Galápagos-Bussard
Der Galápagos-Bussard kommt nur auf den Galápagos-Inseln vor. Er benutzt oft Schildkröten als Aussichtsposten, um nach Beutetieren wie Riesenhundertfüßern, Heuschrecken, kleinen Lavaechsen, Schlangen und Nagetieren Ausschau zu halten. Der Bussard erbeutet auch kleine Meerechsen und landlebende Leguane, frisch geschlüpfte Riesenschildkröten und Meeresschildkröten.

Riesenschildkröten

Elf der 13 Unterarten der Riesenschildkröte haben bis heute überlebt. Fünf leben auf der Insel Isabela, getrennt von weiten Lavafeldern; weitere fünf leben auf den Inseln Santa Cruz, San Salvador, San Cristobal, Pinzon und Española, und in der Charles-Darwin-Forschungsstation in Santa Cruz kann man die Pinta-Schildkröte sehen. Alle Spezies stammen von einer Art ab. Jede Art hat einen anderen Panzer und andere Anpassungen an die jeweilige Umgebung entwickelt.

Veschiedene Panzer
Die einzelnen Schildkrötenarten haben sich an die unterschiedlichen Lebensräume der jeweiligen Inseln angepasst. Wo sie sich von Büschen ernähren, haben sie einen sattelförmigen Panzer mit viel Halsfreiheit zum Kopfhochrecken. Bodenpflanzenfresser haben dagegen einen flachen, Wüstenbewohner einen kuppelförmigen Panzer.

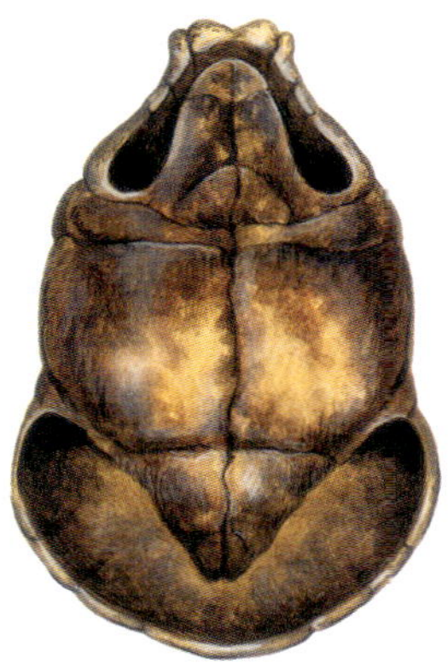

Sattelförmiger Panzer Bauchseite

Sattelförmiger Panzer

Flacher Panzer

Kuppelförmiger Panzer Bauchseite

Kuppelförmiger Panzer

Drusenkopf
Drusenköpfe sind Vegetarier, die sich in erster Linie von den Früchten und Sprossen des *Opuntia*-Kaktus ernähren. Mit den Vorderfüßen kratzen sie die gößeren Dornen weg, danach verschlingen sie die Kaktusfrüchte mit wenigen Schlucken. Die Leguane leben in trockenen Gebieten und sonnen sich morgens in der heißen Äquatorsonne.

Blaufußtölpel
Beim Balzen heben Blaufußtölpelmännchen ihre unverwechselbaren blauen Füße und vollführen einen übertriebenen Schreittanz. Die weltweit 40 000 Brutpaare, von denen die Hälfte auf den Galápagos-Inseln lebt, brüten nur in geeigneten Jahren.

Meerechse
Die Meerechse ist die einzige Echse, die ins Meer geht. Die Farben weisen auf das Alter des jeweiligen Tieres hin: Junge Meerechsen sind schwarz, während adulte je nach Heimatinsel grün, rot oder schwarz schattiert sind. Die Männchen halten sich tagsüber am liebsten auf sonnigen Felsstränden auf, wo sie die Meeresbrise kühl hält.

TIERARTEN	ANZAHL
Riesenschildkröten	13
Lavaechsen	7
Leguane	3
Landreptilien	23
Insekten	1600

Galápagos-Seelöwe
Die anmutigen und neugierigen Seelöwen scheinen ständig zu spielen, entweder mit Artgenossen oder mit Meerechsen, Pinguinen oder Landkrabben. Sie bespritzen häufig Braunpelikane, die einen ähnlichen Speiseplan haben, darunter Muscheln, Sardellen und Sardinen.

FINKEN

Auf den Galápagos-Inseln leben 13 Finkenarten aus vier Gattungen. Sie stammen alle von einem einzigen Vogelpaar ab, das der an der südamerikanischen Pazifikküste verbreiteten Jacarini-Ammer ähnelte. Finkenschnäbel haben unterschiedliche Formen und Größen, die an Nahrung und Lebensweise angepasst sind. Nach Darwins Evolutionstheorie veränderten sich die Schnäbel, als die Vögel unterschiedliche Futterquellen erschlossen.

Ur-Grundfink
Ernährte sich wahrscheinlich von Samen.

Spitzschnabel-Grundfink
Peckt Seevögel an, um Blut zu trinken.

Baumfink
Ernährt sich von Insekten.

Waldsängerfink
Zieht Insekten aus Zweigen.

Spechtfink
Sucht in verrottetem Holz nach Insekten.

Baumfink
Ernährt sich von Pflanzenmaterial.

Groß-Grundfink
Knackt und frisst große Samen.

Opuntien-Grundfink
Ernährt sich von Kaktusblüten und Samen.

Der Gran Chaco

Als eine der größten bewaldeten Graslandschaften Südamerikas besteht der Gran Chaco aus Savannen und Dornwäldern, die so undurchdringlich sind, dass sie bis vor relativ kurzer Zeit kaum erforscht waren. Die Region bedeckt eine Fläche von 650 Quadratkilometern und reicht von den Ebenen Argentiniens bis ins westliche Paraguay, in den Osten von Bolivien und in ein kleines Gebiet im Südwesten von Brasilien. Der Chaco wird von seinen beiden Hauptflüssen, dem Pilcomayo und dem Bermejo, in den Chaco Bajo, Chaco Medio und Chaco Alto geteilt. Die Region ist eine tief gelegene, flache Schwemmebene. Das Klima ist heiß und im Sommer trocken, aber in der Regenzeit treten die Flüsse über die Ufer und verwandeln große Gebiete in Sümpfe. Die hier lebenden Wildtiere verblüffen die Wissenschaftler nach wie vor, zum Beispiel das 1975 wiederentdeckte Chaco-Pekari und mindestens 18 Gürteltierarten. Der Chaco wird von uneingeschränkter Waldrodung, Überweidung, Viehfarmen, der Suche nach Erdöl und Erdgas und dem Straßenbau bedroht.

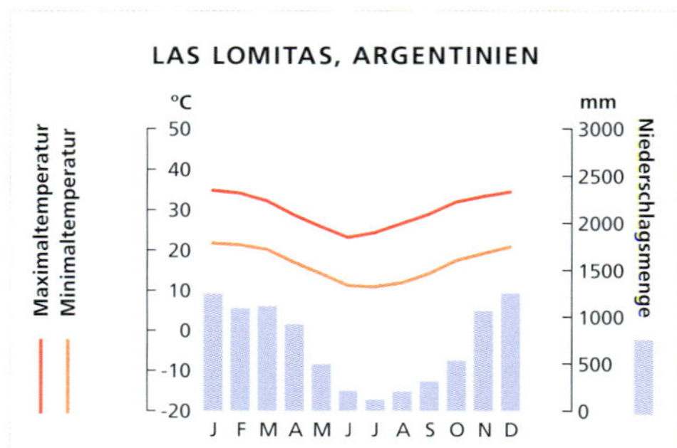

Neunbinden-Gürteltier
Das einzelgängerische und nachtaktive, im Winter jedoch mehr tagaktive Neunbinden-Gürteltier kann sieben bis neun Bänder haben und auf der Flucht vor Raubtieren bis zu 1,2 Meter hoch springen. Die gepanzerte Haut des Gürteltieres besteht aus harten Knochenplatten. Da es keine großen Fettreserven speichern kann, um sich warm zu halten, sucht es intensiv nach Nahrung, wobei es häufig grunzt.

Zur Verteidigung rollt sich das Dreibinden-Gürteltier zu einem engen Ball zusammen und benutzt seine dicken Knochenplatten als Rüstung.

Dreibinden-Gürteltier
Das Neunbinden-Gürteltier kann sich nicht zu einem Ball einrollen, denn es hat zu viele Hautplatten. Nur das Dreibinden-Gürteltier oder Kugelgürteltier ist dazu fähig.

Guirakuckuck
Der Guirakuckuck ist ein großer Vogel, der einen penetranten Geruch verströmt. Er lebt in offenen Gebieten in Gruppen aus sechs bis 18 Individuen, die gemeinsam ruhen und nach Nahrung suchen.

Mähnenwolf
Der Mähnenwolf sieht aus wie eine Kreuzung zwischen einem Wolf und einem Fuchs. Er hat lange Beine entwickelt, um über lange Strecken durchs hohe Gras zu streifen. Der Wolf geht lebenslange Paarbindungen ein, hält sich aber nur zur Paarungszeit bei seiner Partnerin auf. In freier Wildbahn gibt es nur noch 1500 Mähnenwölfe, und die Bestandszahlen gehen auf Grund von Bedrohungen wie Lebensraumverlust, Landwirtschaft und Bejagung weiter zurück.

Paradoxer Frosch
Die Kaulquappen des Paradoxen Frosches können viermal so lang sein wie das adulte Tier. Der Frosch lebt inmitten von Pflanzen am Grund von Seen, Teichen und Lagunen, wo er nachts Larven und Insekten frisst. Seine Hautabsonderungen werden zur Behandlung von Diabetes verwendet.

Blaustirn-Amazone
Sie zählt zu den besten Sprechern und Sängern unter den Papageien und verwendet ein Repertoire aus pfeifenden, kreischenden und kläffenden Tönen. Die intelligenten und anmutigen Vögel werden häufig als Haustiere gehalten.

Kaninchenkauz
Er ist in der Nähe seines Baus zu finden, der aus einem Labyrinth von Tunneln bestehen kann. In dem unterirdischen Zufluchtsort brütet, nistet und schläft der Eulenvogel tagsüber. Der Tunnel dient als Schutz und kann auch als Falle für Beutetiere verwendet werden.

Chaco-Pekari
Das Chaco-Pekari sondert bei Gefahr und zur Markierung seines Reviers aus einer Duftdrüse auf dem Rücken einen starken Geruch ab. Es ist die größte der vier Nabelschweinarten Südamerikas und an den langen Borsten und seiner zotteligen Erscheinung zu erkennen. Das Chaco-Pekari galt als ausgestorben, bis es im Jahr 1975 wiederentdeckt wurde.

Patagonien

Am südlichen Ende des amerikanischen Kontinents erstreckt sich vom Atlantik über die Anden bis zum Pazifik das geographisch vielfältige und spektakuläre Patagonien. Die Region schließt baumlose Ebenen, schneebedeckte Berge, große Wüsten, fruchtbare Täler, breite Strände, beeindruckende Seen und gewaltige Gletscher ein. Das Klima reicht von langen, kalten Wintern mit Durchschnittstemperaturen von zwei Grad Celsius bis zu heißen Sommern mit Temperaturen an die 40 Grad. In den Anden liegt die Jahresniederschlagsmenge bei 2000 Millimetern, aber zum Atlantik hin wird das Land trockener mit einem Niederschlag von 200 Millimetern. In einigen Teilen Patagoniens ist die Vegetation unberührt, andere sind dünn besiedelt, während an anderen Plätzen die Einflüsse des Menschen durch Viehwirtschaft und Bergbau vorherrschen. Die unterschiedlchen Lebensräume der Region bringen einen Reichtum an seltenen Wirbeltieren hervor, von grasenden Säugetieren bis zu Puma, Bergkatze, Fischotter und Andenschakal. Patagonien ist auch für seine Küsten- und Meerestiere, Süßwasserfische und Vögel bekannt.

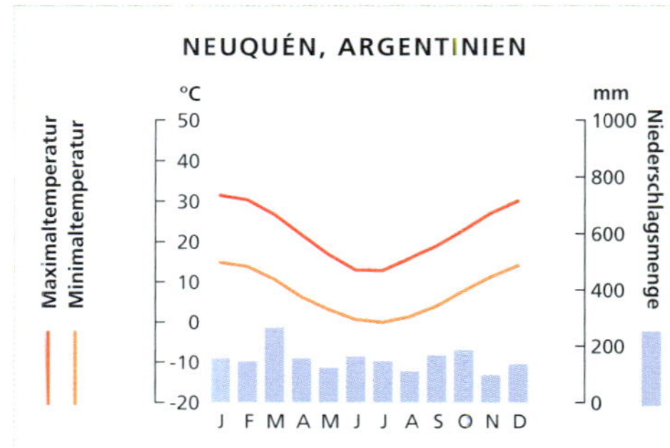

Antarktischer Einfluss

An der zerklüfteten Küstenlinie Patagoniens leben viele vom Meer abhängige Tiere, wie große Kolonien von Magellanpinguinen, Robben und Seelöwen. Das gemäßigte Klima wird gegen Süden hin kälter. Das Aufeinandertreffen von kalter Luft aus der Antarktis mit feuchten pazifischen Luftmassen trägt kombiniert mit tiefen Temperaturen an der Meeresoberfläche zu den hohen Niederschlagsmengen bei.

Südlicher Seeelefant
Der Name des Südlichen Seeelefanten verweist auf seine enorme Größe und die Angewohnheit des Männchen, seinen Rüssel aufzublasen, um Rivalen zu beeindrucken. Die Weibchen kommen zum Gebären an Land und verlassen den Strand erst, wenn ihr Junges entwöhnt ist, wobei sie an Gewicht verlieren, während der Nachwuchs gedeiht.

Magellan-Pinguine
Sie vollführen alle sechs Monate mit demselben Partner ein Balzritual, wenn sie zum Brüten in die Kolonie zurückkehren, in der sie geboren wurden. Die Eltern bebrüten 42 Tage lang abwechselnd die Eier und kümmern sich in den darauffolgenden 29 Tagen gemeinsam um die Jungen.

Art	Strandsichtung
Großer Schwertwal	Februar bis April und Oktober bis November
Südlicher Seeelefant	August bis März
Schwarzbrauenalbatros	September
Magellan-Pinguin	September bis April
Südkaper	Juni bis Dezember
Schwarzdelfin	Dezember bis März
Mähnenrobbe	April bis November
Commerson-Delfin	April bis Dezember

Kleinfleckkatze
Die einzelgängerische Kleinfleckkatze hat rasiermesserscharfe Krallen, die ihr beim Bäumeklettern helfen. Die Krallen werden auch zum Festhalten und Erlegen von kleinen Eidechsen, Nagetieren, Insekten, Fröschen und Fischen benutzt. Der einzige natürliche Feind der Katze ist der Mensch.

Großer Pampashase
Der Große Pampashase gehört zur Familie der Meerschweinchen und ist das viertgrößte Nagetier der Welt. Seine Hinterbeine sind etwas größer als die vorderen, was ihn zu einem geschickten Springer macht. Der Große Pampashase kann eine Geschwindigkeit von 45 Stundenkilometern erreichen.

Cuvier-Hasenmaus
Die Populationen der Cuvier-Hasenmaus, eines mittelgroßen Nagetieres, sind auf Grund der illegalen Jagd wegen ihres wolligen Fells und ihres Fleisches stark geschrumpft. Sie ist äußert geschickt und läuft ohne Schwierigkeiten über felsiges Gelände, wo sie in Bauen lebt.

Patagonischer Fuchs
Der Patagonische Fuchs kann alles fressen, von Fleisch bis zu Früchten, Eiern und Aas. Sie leben in Gruppen aus einem Elternpaar, deren Jungen und anderen Weibchen, die mit für die Jungen sorgen. Männchen müssen die Gruppe verlassen. Der Fuchs entwickelte sich vor sechs bis sieben Millionen Jahren aus der Familie der Wölfe.

PATAGONIEN

DIE VÖGEL DER PAMPAS

Die Pampas zählen zu den reichsten Grastieflandgebieten und zu den am stärksten gefährdeten Lebensräumen der Erde. Sie liegen hauptsächlich in Argentinien und Uruguay und bedecken eine Fläche von 800 000 Quadratkilometern, die von den Anden bis zum Atlantischen Ozean reicht. Im feuchten Norden der Region liegt die Durchschnittstemperatur bei 18 Grad Celsius. Die gleichmäßig übers Jahr verteilten Niederschläge bringen fruchtbare Böden hervor. Die halbtrockenen südlichen Pampas sind für ihre Marschen und Feuchtgebiete bekannt. Grashüpfer gehören zu den häufigsten Pflanzenfressern der Pampas, die auch Heimat für Nagetiere, Hirsche, Hasenmäuse und Beutelratten sind. Zugvögel haben sich an das Leben in den windigen Grassteppen angepasst. Meeres- und Küstenvögel nutzen die Region zur Nahrungsaufnahme und zum Rasten. Über 300 Vogelarten wurden verzeichnet, darunter 18 Storch-, Ibis-, Reiher-, Möwen- und Löfflerarten. Landvögel sind weniger häufig, zu den bemerkenswertesten zählen die Steißhühner und die Nandus.

SCHUTZSTATUS

Es gibt nur noch einige Hundert Weißflügel-Nachtschwalben in Brasilien und ungefähr 50 in Paraguay. Die Zerstörung der Tropensavannen und Grassteppen, die Ausbreitung invasiver Gräser, Brände, die Ausdehnung von Eukalyptusplantagen und die Auswirkungen der Landwirtschaft sind die Ursache für den Rückgang der Populationen.

Nandu
Der Nandu ist der größte südamerikanische Vogel. Er kann zwar nicht fliegen, aber mit einer Geschwindigkeit von 60 Stundenkilometern laufen. Die Männchen paaren sich mit mehreren Weibchen, die die Eier in das Nest legen, das er vorbereitet hat. Das Ausbrüten der 30 bis 60 Eier sowie die Versorgung der gestreiften Küken ist Aufgabe des Männchens.

Pampa-Ammer
Die Pampa-Ammer frisst Samen und Körner. Sie lebt zwischen hohen Gräsern und Büschen in der Nähe von Marschen, wo man sie meist singend in einem Busch oder auf einem Baum sitzend antreffen kann. Die Art gehört zur artenreichsten Landwirbeltierordnung, den Sperlingsvögeln, die über die Hälfte aller Vogelarten stellen.

Tukanjunges
Riesentukane nisten in Baumhöhlen oder Spechtlöchern. Die drei bis vier Jungen verlassen 50 Tage nach dem Schlüpfen das Nest und werden acht Wochen lang umsorgt.

Weißhalsibis
Der Weißhalsibis benutzt seinen gebogenen Schnabel zum Fressen von Insekten, Reptilien, Fröschen und kleinen Säugetieren. Er ist in den Pampas häufig anzutreffen.

Camposspottdrossel
Die Camposspottdrossel ahmt äußerst geschickt die Melodien anderer Vögel nach. Zur Brutzeit führt das Männchen einen Hochzeitstanz auf, wobei es von Ast zu Ast fliegt und mit gespreiztem Schwanz landet.

Meere aus Gras

Die baumlose Region besteht aus einer riesigen Fläche mit verschiedenen Gräsern. Die charakteristische Vegetation ist das hohe, grobblättrige Pampasgras, dessen federartigen Spitzen bis zu zweieinhalb Meter emporragen. Zwischen den Büscheln wachsen nur Blumen, dreiblättriger Klee und andere Kräuter. Es gibt hartblättrige Arten wie die büschelbildenden Gräser und weichblättrige Arten mit zarterem Unterwuchs und höherem Nährwert für grasende Tiere. Wirbeltiere sind die hauptsächlichen Samenfresser, denn das hohe Gras bietet ihnen Zuflucht vor fleischfressenden Raubtieren.

Kleines Pampasgras *(Cortaderia selloana)*

Paspalum quadrifarium

Gynerium sagittatum

Achnatherum caudatum

Riesentukan
Der Riesentukan ist die größte der beinahe 40 Arten der Tukanfamilie. Er ernährt sich von Früchten. Wenn er nistet, frisst er als Eiweißquelle auch verschiedene Insekten. Der Tukan wohnt im Blätterdach des Dschungels und fliegt in lärmenden Schwärmen aus etwa einem halben Dutzend Vögeln.

MITTEL- & SÜDAMERIKA

LAMAS UND VERWANDTE

Die südamerikanischen Neuweltkamele entstanden vor 45 bis 40 Millionen Jahren in Nordamerika. Zu ihnen gehören Lamas, Alpakas, Guanakos und Vikunjas. Häufig wird der Oberbegriff „Lama“ für alle vier Arten verwendet. Ihr Lebensraum sind beinahe wasserlose Umgebungen in kühlen, trockenen Gebirgstälern und auf dem Altiplano, dem Andenhochplateau mit seinen steilen Felsvorsprüngen, das sich von Bolivien über Peru und Argentinien bis nach Chile erstreckt. Kamele sind an das Leben in großer Höhe angepasst: Dicke Wollfelle schützen sie vor den kalten Temperaturen, und große Lungen und Herzen versorgen ihre Körper in der dünnen Luft mit genügend Sauerstoff. Im Lauf der Geschichte spielten diese Säugetiere eine bedeutende Rolle in Kultur und Wirtschaft. Während Guanako und Vikunja in freier Wildbahn leben, wurden Lama und Alpaka zwischen 4000 und 3500 vor Christus domestiziert und als Lasttiere sowie zur Milch-, Fleisch- und Wollgewinnung gehalten.

Grasen
Lamas grasen entlang einer Kette von schneebedeckten Vulkanen in den „Paranicota-Vulkanschatten“, die auf dem chilenischen Altiplano an der Grenze zu Bolivien liegen. In der abgelegenen, rauen und kalten Region leben Kondore, Pumas und mehrere Flamingoarten an den Hochlandseen.

Bedrohter Lebensraum
Die Eisfelder im Süden Patagoniens sind die natürliche Heimat von Guanakos, Füchsen, Nandus, Pampashasen, Gürteltieren, Wildkatzen und Fledermäusen. Seit den frühen 1980er Jahren wird das Ökosystem von der Überweidung durch eingeführte Schafe und Rinder bedroht.

Lamas im Gleichschritt

Die Neuweltkamele sind Pflanzenfresser, die mit ihren vorstehenden unteren Schneidezähnen und gespaltenen Oberlippen Gras und Blätter abreißen. Sie haben lange Beine, Hälse und Augenlider sowie schlanke Köpfe. Kamele besitzen keine Hufe, sondern haben stattdessen Füße mit zwei Zehen, die Nägel haben. Die sozialen Herdentiere brauchen kaum Wasser und können auf ihren Bäuchen ruhen, indem sie die hinteren Gliedmaßen beim Sitzen nach vorn beugen. Beim Gehen bewegen die Tiere ihre Vorder- und Hinterbeine einer Körperseite im Gleichschritt.

Guanako
Guanakos gelten als Ahnen der Lamas und Alpakas. Sie können lange Zeit überleben, ohne zu trinken. Zwar machen Gräser den Hauptteil ihrer Nahrung aus, aber sie weiden auch Bäume ab. Guanakos kommen vom Meeresniveau bis in 4000 Meter Höhe vor.

Vikunja
In den Bergen grasen auf 3000 bis 5000 Metern Höhe Vikunjas. Sie benutzen ein Revier, um bei Tag zu grasen, und ein höher gelegenes, sicheres Revier zum Schlafen. Ihr Fließ kleidete einst die Familien der Inka-Könige.

RAUBTIER

Pumas sind die Hauptfeinde der Lamas. Ein Puma lauert einem Lama auf und überfällt es aus dem Hinterhalt. Er stürzt sich auf den Rücken des Lamas und bricht dessen Genick. Bis der Puma sein Mahl beendet hat, bedeckt er den Kadaver mit Zweigen und Blättern, um ihn vor hungrigen Konkurrenten zu verstecken.

TIER	FEINHEIT DER WOLLE (IN MIKROMETER)
Vikunja	6–10
Alpaka	10–27,7
Merinoschaf	12–20
Angorakaninchen	13
Kaschmirziege	15–19
Yak	15–19
Kamel	16–25
Guanako	16–18
Lama	20–40
Chinchilla	21
Angoraziege	25–45

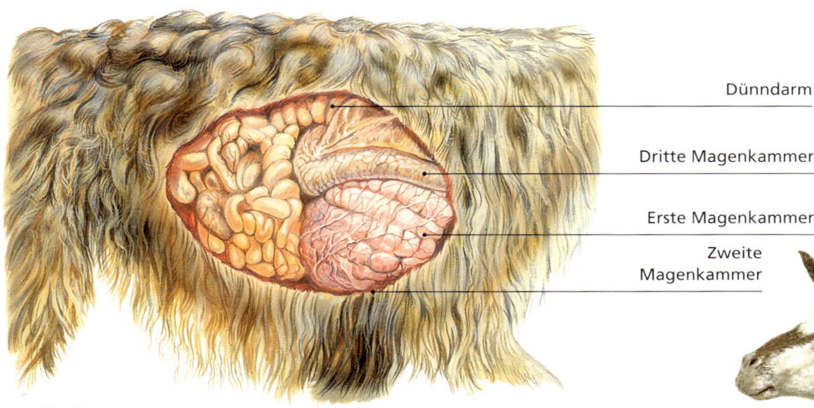

Verdauung
Lamas haben einen dreikämmerigen Magen. Sie sind Wiederkäuer, die ein Maulvoll Nahrung aus dem ersten Magen heraufwürgen und durchkauen. Sobald sie wieder geschluckt wird, gelangt die Nahrung in die nächsten beiden Kammern, um vollständig verdaut zu werden, wobei so viel Energie wie möglich aus der Nahrung gezogen wird. Zur Verteidigung spucken Lamas den Inhalt ihres Mauls oder eine übel riechende Flüssigkeit aus der ersten Magenkammer.

Wolle
Das Fell eines Lamas besteht aus zwei Faserschichten. Etwa 20 Prozent nimmt das schützende Außenfell aus langen, groben Deckhaaren ein, während die innere Schicht aus kurzen, gewellten Haaren besteht, die fein und weich sind.

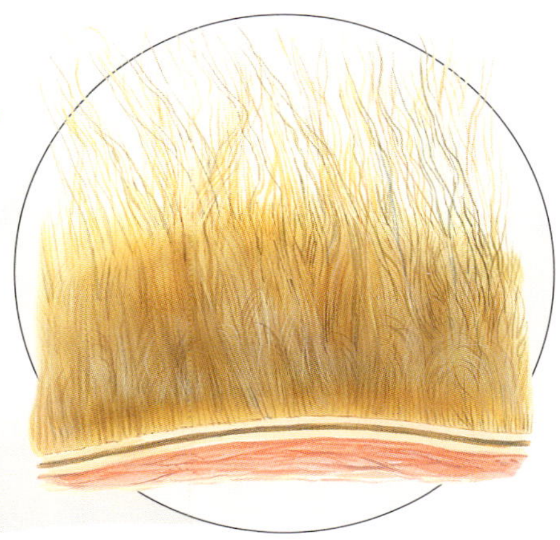

Alpaka
Das Alpaka ist das häufigste Neuweltkamel und wird in den Anden wegen seiner Faser gezüchtet, die feiner ist als Kaschmirwolle. Es kommt in erster Linie im südlichen Hochland von Puno vor.

Lama
Das Lama wurde vor etwa 4000 Jahren domestiziert. Als Packtiere können Lamas Lasten von 25 bis 30 Kilogramm tragen und an einem Tag eine Strecke von 30 Kilometern zurücklegen.

Das Karibische Meer

Die warmen, tropischen Gewässer des Karibischen Meeres bedecken eine Fläche von annähernd 2 700 000 Quadratkilometern. Das Meer ist für sein klares Wasser und seine Korallenriffe bekannt. In der Anegada-Passage zwischen den Kleinen Antillen und den Jungfraueninseln bei Puerto Rico sowie in der Windward-Passage zwischen Kuba und Haiti treffen der Atlantik und die Karibik aufeinander. Als Kinderstube für zahlreiche Meerestiere ist das Karibische Meer Heimat für Dutzende Arten von Steinkorallen, Meeresschnecken, Langusten und über 500 Fischarten. Mangrovenwälder bilden einen der wichtigsten Lebensräume der Region und bieten über und unter Wasser zahlreichen Lebewesen Schutz und Nahrung, darunter Seekühen, Eisvögeln, Krabben, Reihern, Krabbenbussarden und Abgottschlangen. Mangroven, die die Strände einrahmen, schützen auch vor Landabtragung und Sturmschäden und filtern Schadstoffe.

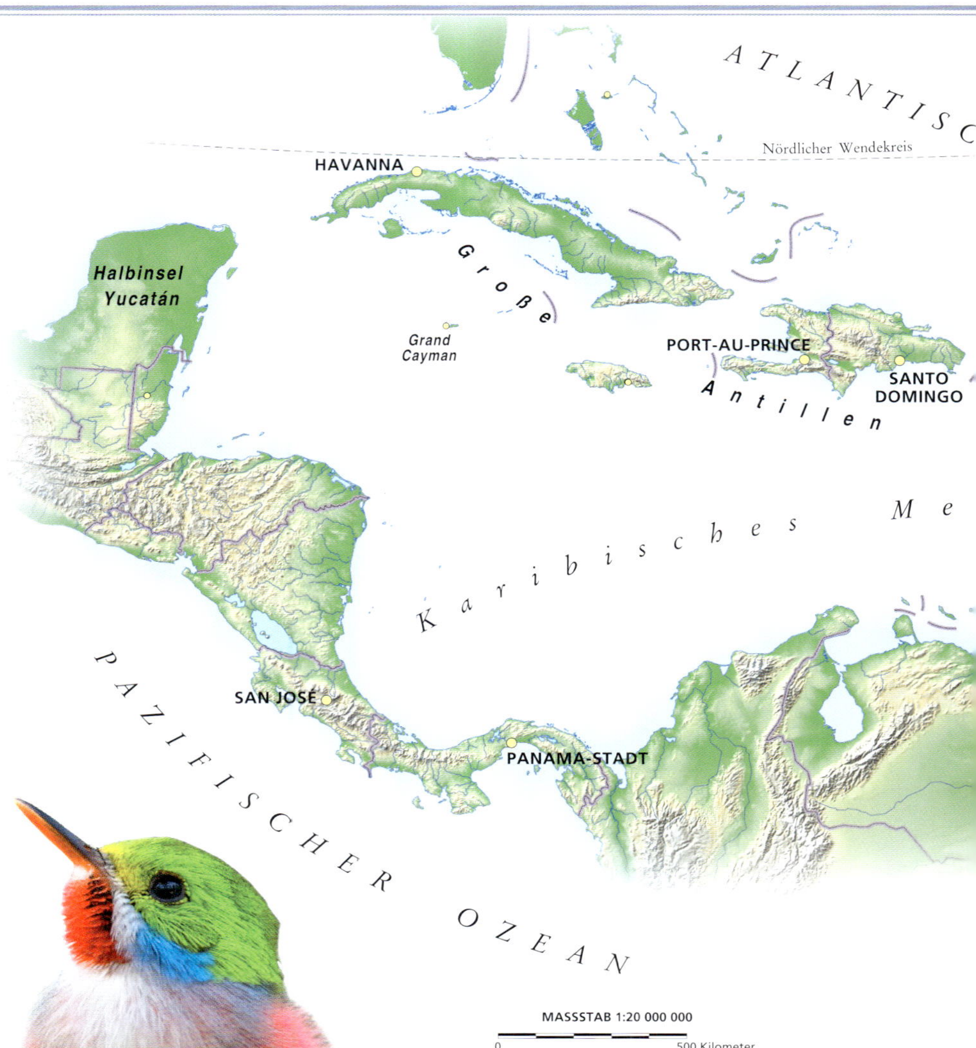

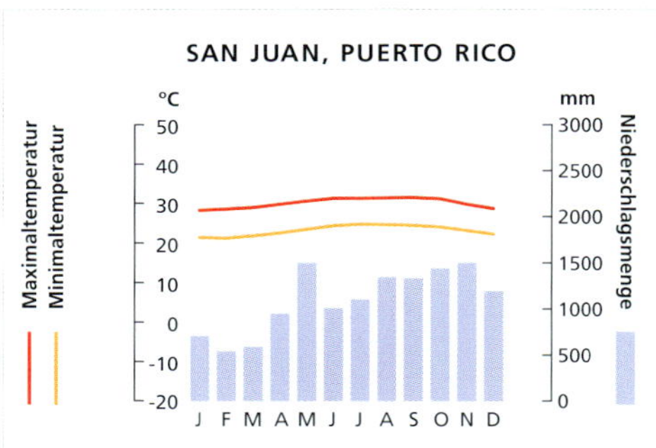

Walhai
Die Fischer hatten früher Angst vor dem Walhai, dem größten Fisch der Welt. Schließlich entdeckte man jedoch, dass er kein Menschenfresser ist. Er frisst Plankton, indem er gewaltige Mengen an planktonreichem Wasser einsaugt, das Plankton herausfiltert und das Wasser durch die Kiemen wieder ausstößt.

Vielfarbentodi
Er ist ein Verwandter des Eisvogels. Markant ist sein „Flügelrasseln", mit dem er sein Revier verteidigt. Wegen des Geräuschs heißt er auf Kuba auch Pedorrera (der Furzer).

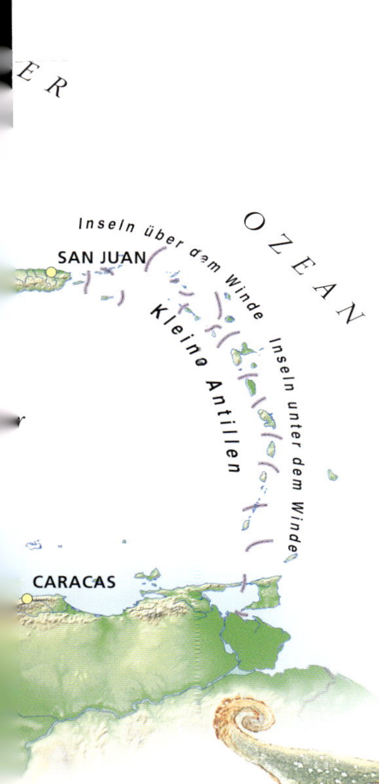

Belize Barrier Reef

Das Riff ist das zweitgrößte Riffsystem der Erde. Es reicht vom Nordende der mexikanischen Halbinsel Yucatán über die Küsten von Belize und Guatemala bis zu den Bay Islands im Norden von Honduras. Die tropische Region birgt produktive Ökosysteme wie Barriere- und Saumriffe, Atolle, Kuppenriffe und Seetangbecken. Es wird durch die steigenden Wassertemperaturen und den zunehmenden Tourismus gefährdet.

Karibik-Manati
Die Seefahrer der Antike hielten Manatis fälschlich für Sirenen oder Meerjungfrauen, vielleicht wegen ihrer langen Schwänze. Die sanften Tiere können senkrecht oder kopfüber schwimmen. Auf Grund ihrer dichten Knochen können sie auf oder unter der Wasseroberfläche schweben.

Karibischer Riffkrake
Der Krake kann seinen Körper durch kleine Spalten im Riff quetschen. Dabei kann er seinen Kopf und die acht Arme durch einen Raum von der Größe eines Schlüssellochs zwängen.

Papageifisch
Der Papageifisch frisst Algen, die auf Felsen oder Korallen wachsen, wobei er die Algen mit den Mahlzähnen pulverisiert, um sie leichter verdauen zu können. Die unverdauten Korallen scheidet der Fisch aus.

Barrakuda
Barrakudas sind große, silbrig glänzende Raubfische, die an den Rändern von Korallenriffen leben. Ihr vorstehender Unterkiefer ist mit messerähnlichen Zähnen besetzt. Barrakudas treiben Fischschwärme in seichtes Wasser, wo sie sie leicht erbeuten können.

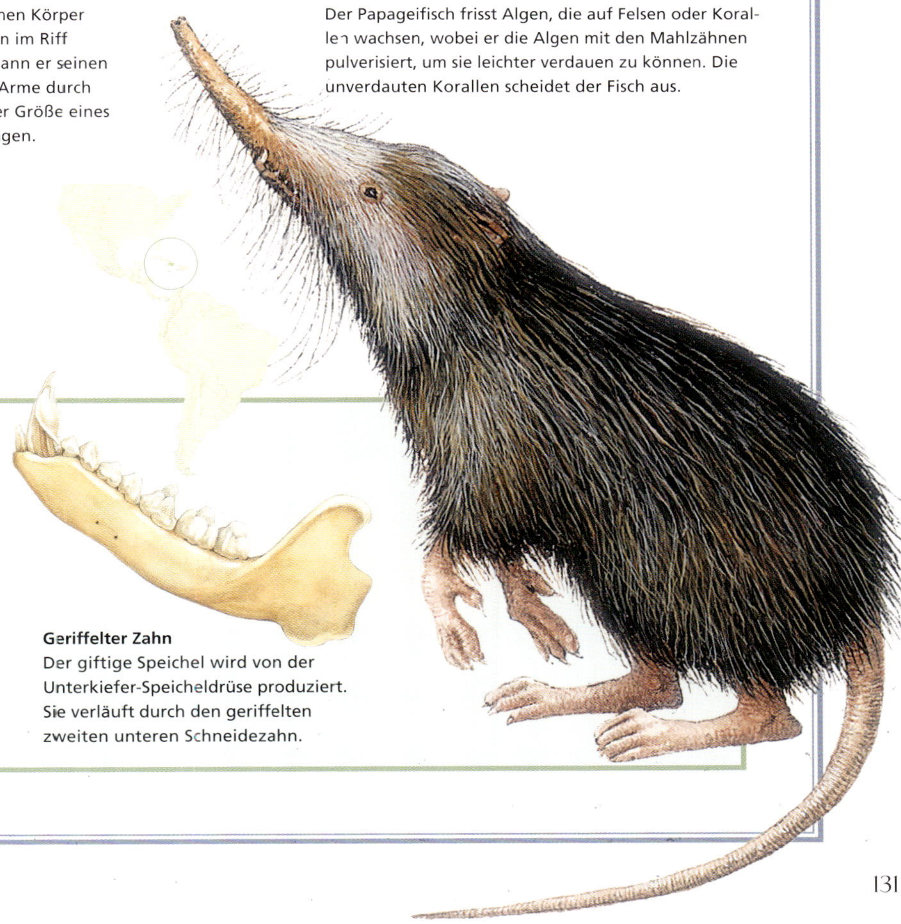

Schlitzrüssler

Der Schlitzrüssler ist eines der wenigen giftigen Säugetiere der Welt. Er lebt in Bauen und ist nachtaktiv. Er ähnelt einer Ratte, ist jedoch an seiner verlängerten, biegsamen Schnauze zu erkennen. Wenn er kämpft, provoziert wird oder sich über Artgenossen aufregt, teilt der in Kuba endemische Schlitzrüssler giftige Bisse aus.

Geriffelter Zahn
Der giftige Speichel wird von der Unterkiefer-Speicheldrüse produziert. Sie verläuft durch den geriffelten zweiten unteren Schneidezahn.

Der Königstiger pirscht an der Mündung des Ganges (Bangladesch) durch Wasser. Er ist ein Respekt einfößendes Raubtier und ein geschickter Schwimmer, der über fünf Kilometer breite Flüsse durchqueren kann. Mit seinen großen Fangzähnen, den scharfen, einziehbaren Krallen, den massigen Vorderbeinen und Schultern kann er im Alleingang Beutetiere überwältigen, die viel größer sind

Asien

Asien

Als größter Kontinent der Erde bedeckt Asien 8,6 Prozent ihrer Oberfläche. Im Norden vom Nordpolarmeer, im Osten vom Pazifischen und im Süden vom Indischen Ozean begrenzt, erstreckt sich Asien von nördlich des Polarkreises bis südlich des Äquators – von West nach Ost reicht Asien beinahe um die halbe Welt. Die riesige Fläche weist zahlreiche unterschiedliche Klimata auf und birgt einige der kältesten, heißesten, feuchtesten und trockensten Plätze der Erde. Eine Welt voller Gegensätze: die hoch gelegenen Kaltwüsten Zentralasiens mit ihren weiten, kargen Landschaften, die Tropenwälder Indonesiens und die verschneiten Höhen im Herzen des Kontinents. Mehrere biogeographische Gebiete mit einzigartigen Pflanzen und Tieren sind Hotspots der Biodiversität. Der asiatische Kontinent wird von 32 Flüssen durchquert, die länger sind als 1600 Kilometer, wobei der chinesische Fluss Jangtse mit 6300 Kilometern der längste ist.

Klima

Das Klima des Malayischen Archipels und der Malayischen Halbinsel wird von Hitze und Feuchtigkeit dominiert. In Südostasien und auf der Indochina-Halbinsel gibt es saisonale Regenfälle, die häufig der Monsunwind bringt. Das Himalayagebirge blockt feuchte Winde ab und beschert dem Inneren des Kontinents ein trockenes Klima voller Temperaturextreme. Im Südwesten schafft ein beinahe konstantes Hochdruckband heiße, trockene Bedingungen, während im Norden kalte Polarwinde vorherrschen.

Vegetation

Das Nordpolarmeer wird von einem Tundrastreifen flankiert. Nach Süden zieht sich vom Ural bis in den Norden Japans ein breiter Nadelwaldgürtel – die Taiga –, der mit Laub- und an der Ostküste mit Mischwäldern, Gras- und Buschsteppen verschmilzt. Große Flächen im Inneren und Südwesten sind nur spärlich oder gar nicht bewachsen. In Südostasien ermöglichen hohe Regenmengen einige der ausgedehntesten Tropenwälder der Erde.

Die Steppen Zentralasiens
Die asiatischen Steppen sind einzigartige Graslandökosysteme mit grasenden Pflanzenfressern und in Bauen lebenden Nagetieren. Die seichten Seen ziehen zahllose Wasservögel an.

Der Himalaya
In der längsten und höchsten Gebirgskette der Welt lebt ungefähr ein Drittel aller Gebirgstierarten der Erde wie der Schneeleopard und das Yak.

Die Wildnis Sibiriens
Das von Taigawäldern beherrschte Sibirien ist die größte Wildnis der Welt. Zu den hier lebenden Wildtieren gehören Fleischfresser wie Braunbären und SibirischeTiger.

Der indische Subkontinent
An der Verbindung zwischen Ost und West gelegen, weist die Region eine große Vielfalt an natürlichen Wald- und Feuchtgebietökosystemen auf, die zahlreiche Wildtiere beherbergen.

Heiß- und Kaltwüsten
In den halbtrockenen Gebieten herrschen äußerst harte Bedingungen. Viele Wildtierarten leben in unterirdischen Bauen, um sich vor der extremen Hitze und Trockenheit zu schützen.

Die Berge Südwestchinas
Die Gegend ist die botanisch reichste gemäßigte Region der Welt. Hier leben viele seltene und bedrohte Wildtiere wie der Große Panda.

Ostasien
Die Region liegt der an der Schnittstelle dreier tektonischer Erdplatten, die zahllose Vulkane, heiße Quellen und Berge enthält. Ihre Artenvielfalt reicht von Mandarinenten bis zu Kragenbären.

ANTEILE AN DER GESAMTEN LANDFLÄCHE

Landbedeckung

Sibirien hat noch immer den größten Nadelwald der Welt. Ein großer Teil Asiens ist bebaubares Land, das die Menschen einiger der bevölkerungsreichsten Länder der Erde ernährt.

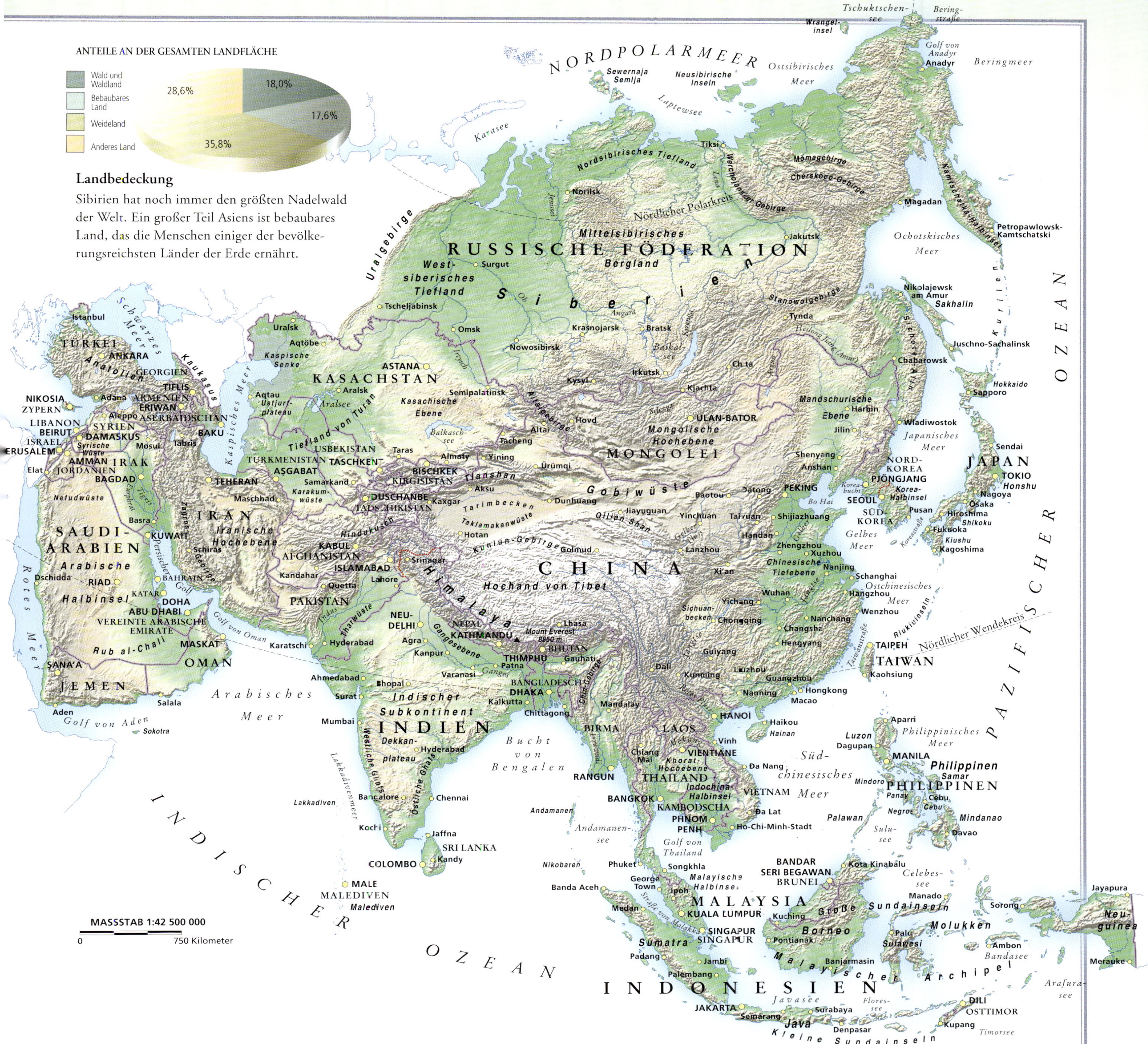

Der untere Mekong

Das untere Einzugsgebiet des Mekong und seine Überschwemmungsebenen beherbergen eine große Vielfalt an natürlichen Vegetationsformen, Wasser- und Landtieren.

Das Sundaland

Auf den etwa 17 000 Inseln des von hoher tektonischer Aktivität geprägten Sundalandes gibt es weite tropische Regenwaldflächen. Viele hier lebende Arten sind vom Aussterben bedroht.

Philippinen-Archipel

Der Philippinen-Archipel hat eine alte geologische Geschichte, einzigartige Palmen und einen winzigen Primaten, den Koboldmaki, der für seine Größe die größten Augen aller Säugetiere besitzt.

Die Steppen Zentralasiens

Die Steppen sind ein einzigartiges Graslandökosystem in den unteren Berghängen, Hügeln und Becken der zentralasiatischen Gebirgszüge. Abhängig von Jahreszeit und Höhe über dem Meeresspiegel sind die Gebiete entweder Halbwüsten oder mit Gräsern und Büschen bewachsen. Das Klima ist kontinental mit heißen, windigen Sommern, periodisch auftretenden Dürren und kalten Wintern. Die Topographie ist in einigen Abschnitten der Region vollständig flach und bildet Tiefebenen oder hügelige Plateauebenen. Große Flüsse wie der Ural und der Irtysch durchqueren die Region, und es gibt einen großen Reichtum an Feuchtgebieten, darunter zahlreiche seichte Seen. Kompakte Torfflöze oder polsterartige Vegetation sind weitverbreitet, und in den Wiesenzonen wachsen mehrere endemische Tulpenarten. Bei den Wildtieren sind grasende Arten wie Antilopen, Schafe, Wildpferde und kleine Nagetiere wie Hamster, Wühlmäuse und Lemminge vorherrschend. In den Feuchtgebieten leben Wasservogelarten oder saisonale Besucher.

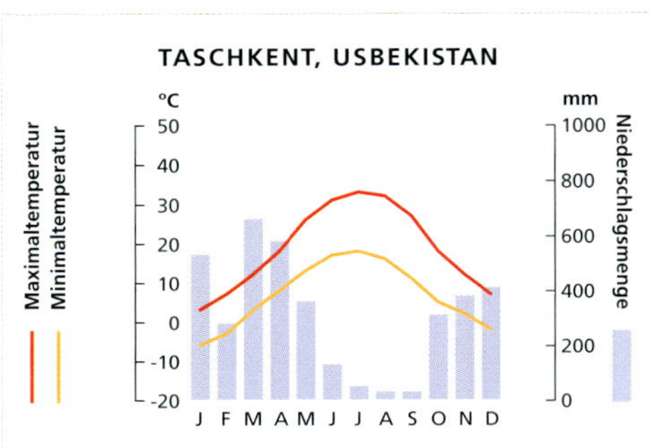

Großtrappe
Der große, bodenlebende Vogel ist ein Allesfresser, der sich von Samen, Insekten, Würmern und Fröschen ernährt. Zur Brutzeit entwickeln die Hähne Kropftaschen, lange weiße Federbärte und ein farbenprächtiges Balzgefieder, um Weibchen anzulocken.

Erdbewohner

Zu den kleinen, bodenlebenden Tieren der Steppe gehören verschiedene Nagetiere wie Erdhörnchen, Hamster, Wühlmäuse, Springmäuse, Murmeltiere und Hasenartige wie Hasen und Pfeifhasen. Sie sind Teil der natürlichen Regeneration der Steppe, da ihre Grabetätigkeiten zu einem Wiederverwerten der Nährstoffe führen, die das Ökosystem stützen.

Steppenlemming
Lemminge sind in der Nacht am aktivsten und fressen Schösslinge, Blätter und Samen. Von Natur aus einzelgängerisch, leben sie in Bauen, halten jedoch keinen Winterschlaf. Ein Steppenlemmingwurf besteht aus vier bis zehn Jungen. Die Populationen machen Phasen rapiden Wachstums und darauffolgender Zusammenbrüche durch.

Feldhamster
Die größte Hamsterart lebt als Einzelgänger in einem Bau. In seinem Winterbau, der bis zu zwei Meter in den Boden hinab reichen kann, speichert der Feldhamster verschiedene Körner, Samen und Erbsen.

Saiga-Antilope

Die Saiga-Antilope ist an der übergroßen, biegsamen Nase zu erkennen, die vermutlich im Winter die eingeatmete Luft erwärmt und im Sommer Staub filtert. Saigas treten in großen Herden auf, die über Halbwüstensteppen wandern und verschiedene Pflanzen abgrasen, darunter einige, die für andere Tiere giftig sind. Die Männchen kämpfen um die Weibchen, indem sie mit ihren Hörnern und Köpfen aufeinanderprallen.

Steppen in großer Höhe
Die hoch gelegenen, zentralasiatischen Steppen sind sowohl für Tiere als auch für Pflanzen eine Herausforderung. Kalte Winter lassen das Oberflächenwasser gefrieren, und das ebene, offene Gelände setzt alle Lebewesen starken Winden aus. Die Vegetation ist niedrig und winterhart.

Wildpferde der Steppe
Das Przewalski-Pferd ist die letzte lebende Unterart des Wildpferdes. Im Vergleich zum domestizierten Pferd ist es stämmiger, hat einen größeren Kopf, kürzere Beine und einen muskulösen Körper. In freier Wildbahn lebt es in sozialen Gruppen aus einem dominanten Hengst, einer dominanten Stute, anderen Stuten und ihren Fohlen.

SCHUTZSTATUS

Das Przewalski-Pferd durchstreifte einst die Steppe an der Grenze zwischen China und der Mongolei. Die Wildbestände sind im 20. Jahrhundert wegen der Bejagung, des rauen Klimas und des Lebensraumverlusts geschrumpft. In den 1960er Jahren war es in freier Wildbahn ausgestorben. Die Pferde wurden in Gefangenschaft gezüchtet und in den 1990er Jahren in der Mongolei wieder angesiedelt.

Die Wildnis Sibiriens

Die sibirische Wildnis ist die größte verbleibende Wildnis der Erde und bietet zahlreichen Pflanzen- und Tierarten eine Heimat. Das Klima ist kontinental, wobei die Temperaturen im Sommer auf über 40 Grad Celsius steigen, während sie in den extrem kalten Wintern auf -60 Grad fallen. Die Jahresdurchschnittstemperatur liegt unter dem Gefrierpunkt. Der jährliche Niederschlag ist geringer. Er liegt im Westen zwischen 400 und 600 Millimetern und nimmt nach Osten bis auf 200 Millimeter ab. Entsprechend dünn ist die Schneedecke. Das Gebiet wird von Taigawäldern beherrscht, die von Nadelbäumen wie Fichten und Kiefern geprägt sind. In Taigawäldern stehen die Bäume weit auseinander, und der Boden ist mit einem Teppich aus Moosen und Flechten bedeckt. Zu den hier lebenden Wildtieren gehören große Pflanzenfresser wie Elche und Rentiere sowie Fleischfresser wie Rotfuchse, Luchse, Wölfe und Braunbären. Zwischen den Hochlandkämmen grasen auf felsigen Hängen Schneeziegen und Bergschafe, während kleine, in Bauen wohnende Säugetiere wie Lemminge und Wühlmäuse nach Insekten und frischen Schösslingen suchen.

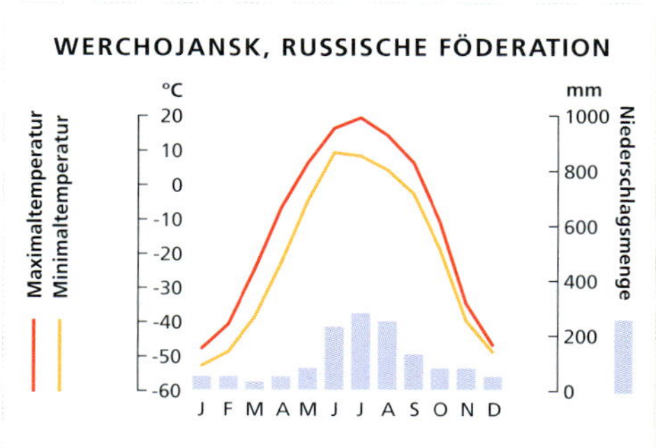

Unglückshäher
Der kleine Unglückshäher ist eine in den unberührten Nadelwäldern des Nordens weitverbreitete Spezies. Man findet ihn häufig in naturbelassenen Wäldern mit kleinen, natürlichen Lichtungen, marschigen Senken und alten Fichten. Die Vögel warnen ihre Artgenossen mit verschiedenen Alarmrufen vor nahen Raubtieren.

Abgelegene Wälder
Die weiten, sibirischen Taigawälder fungieren als wertvolle Kohlenstoffsenke. Gigantische Ströme wie die Lena fließen durch die Wildnis und transportieren fast das gesamte Flusswasser in das Nordpolarmeer.

Haselhuhn
Das Haselhuhn kann zwar fliegen, tut dies allerdings selten. Es nistet auf dem Boden und legt drei bis sechs Eier in ein Nest, das im Gras versteckt ist. Der Vogel ernährt sich hauptsächlich von Pflanzen, frisst aber zur Brutzeit auch Insekten. Außerhalb der Brutzeit leben Männchen und Weibchen als locker verbundenes Paar.

Habichtskauz
Der Habichtskauz, ein relativ großer Vogel, ist in der Taiga weitverbreitet, wo er sich von Nagetieren und mittelgroßen Vögeln ernährt. Er ist ein aggressiver Eulenvogel, der Greifvögel aus seinem Revier verscheucht und in hohlen Baumstämmen nistet.

Sibirischer Braunbär
Die Unterart des Braunbären (*Ursus arctos*) hat einen besonders großen Schädel und ein dichtes Fell. Der einzelgängerische Bär reagiert aggressiv, wenn er in seinem Revier auf andere Tiere trifft. Als Allesfresser ernährt er sich von Pflanzen, Fischen, Insekten und kleinen Säugetieren.

Zobel
Der kleine Fleischfresser ist ein Vertreter der Marderfamilie und wurde früher wegen seines hochwertigen Fells gejagt, das unter Pelzhändlern hohe Preise erzielt. Das vorsichtige, scheue Raubtier mit dem ausgezeichneten Gehör und Geruchssinn frisst Vögel, kleine Säugetiere und Fische.

Rentier
Rentiere sind große Pflanzenfresser, die in Herden leben und jährlich weite Strecken zurücklegen. Sie ernähren sich von Weiden- und Birkenblättern, Gräsern und Schilfgräsern. Im Winter, wenn der Großteil ihres Verbreitungsgebiets mit Schnee bedeckt ist, besteht ihre Hauptnahrung aus Flechten.

SCHUTZSTATUS
Der Sibirische Tiger ist eine seltene Unterart, die auf die Amurregion im fernen Osten Russlands beschränkt ist, wo er vor allem Wildschweine und Rothirsche jagt. Mit lediglich 480 bis 520 in freier Wildbahn lebenden Individuen gilt die größte Raubkatze der Welt als stark gefährdet.

Heiss- und Kaltwüsten

Die zentralasiatischen Heiß- und Kaltwüsten sind halbtrockene Regionen mit sehr rauem Klima. Täglich kommt es zu gewaltigen Temperaturschwankungen, wobei die Tage brennend heiß sind und die Temperaturen nachts unter den Gefrierpunkt sinken. Die Landschaft besteht aus Sanddünen, karstigen Bergen und weiten, mit Kies bedeckten Ebenen. Das typische Wetter ist von trockener Luft, starken Winden, extrem heißen Sommertemperaturen und wirbelnden Staubstürmen geprägt. Die Jahresniederschlagsmenge liegt unter 254 Millimetern, weshalb die Pflanzendecke karg und auf dürrebeständige Arten beschränkt ist. Die Tiere dieser Wüstenregionen haben spezielle Anpassungen entwickelt, um mit Wassermangel, Extremtemperaturen und Nahrungsknappheit zurechtzukommen. Nagetiere und Reptilien leben in unterirdischen Bauen, wo sie vor Hitze und Austrocknung geschützt sind. Erst in der Nacht kommen sie zum Fressen an die Oberfläche.

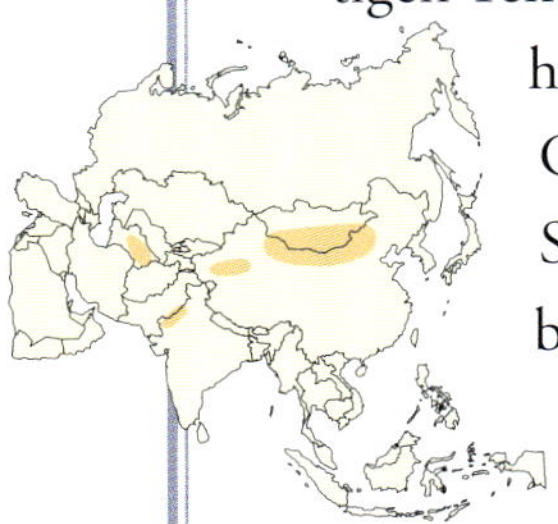

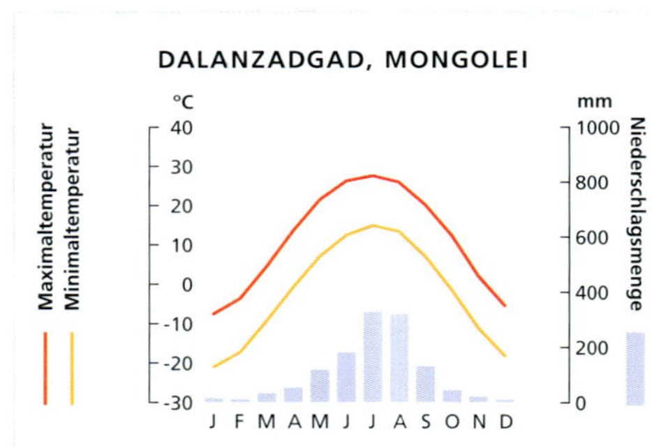

Trampeltier
Das vom Aussterben bedrohte Trampeltier kommt im Nordwesten Chinas und in der Mongolei vor. Es ist an den beiden Höckern zu erkennen, die Fett speichern, das bei Bedarf in Wasser und Energie umgewandelt werden kann. Im Winter entwickeln die Kamele ein dickes, zottiges Fell.

Kaltwüste
In Kaltwüsten wie der chinesischen Gobiwüste fällt im Winter Schnee, und die Temperaturen sinken bis auf -40 °C. Die kleinen Tiere, die hier leben, wohnen unter der Erde, um sich warm zu halten. Diese Wüsten sind auch die Heimat von Gazellen, Asiatischen Eseln, Springmäusen, Trampeltieren und Steppenhühnern.

Steppenhuhn
Der bodenlebende Vogel lebt in halbtrockenen, mit Gras bewachsenen Ebenen und in Sandwüsten mit verstreuten Sträuchern, wo er sich von Hülsenfrüchten ernährt. Er nistet in einer ausgeschabten Bodenfurche, in die drei grünliche, ungewöhnlich gezeichnete Eier gelegt werden. Außerhalb der Brutzeit leben Steppenhühner in großen Schwärmen.

Grays-Waran
Der Wüstenwaran ist eine häufige Echse. Er ist in den frühen Morgenstunden aktiv und ernährt sich von Wirbeltieren wie Eidechsen, Schlangen, Vögeln, Nagetieren, Fröschen, Kröten und Eiern. Im Winter sind Wüstenwarane relativ inaktiv.

Levanteotter
Die große Giftschlange ist in trockenen und halbtrockenen Gebieten weitverbreitet. Sie hat einen breiten, dreieckigen Kopf und eine stumpfe, abgerundete Schnauze. Sie ist vor allem nachts und in der Dämmerung aktiv und jagt Nagetiere sowie Vögel.

Heißwüste
Heißwüsten wie die Tharwüste in Indien und Pakistan sind im Frühling und Herbst warm, im Sommer können die Temperaturen jedoch bis auf 54 Grad Celsius steigen. Der geringe Niederschlag fällt im Winter. Die Wildtiere der Heißwüsten verbergen sich tagsüber in unterirdischen Bauen, um sich kühl zu halten.

Riesenohr-Springmaus

Springmäuse sind kleine Nagetiere aus der Familie Dipodidae. Alle Arten haben lange Hinterbeine, einen langen Schwanz und sind nachtaktiv. Die Riesenohr-Springmaus ist an den großen Ohren zu erkennen. Sie lebt in der chinesischen Gobiwüste.

Springmaus
Die Riesenohr-Springmaus sieht aus wie eine Maus mit langen Hinterbeinen und Füßen. Auf ihrem Schwanzende sitzt ein Haarbüschel.

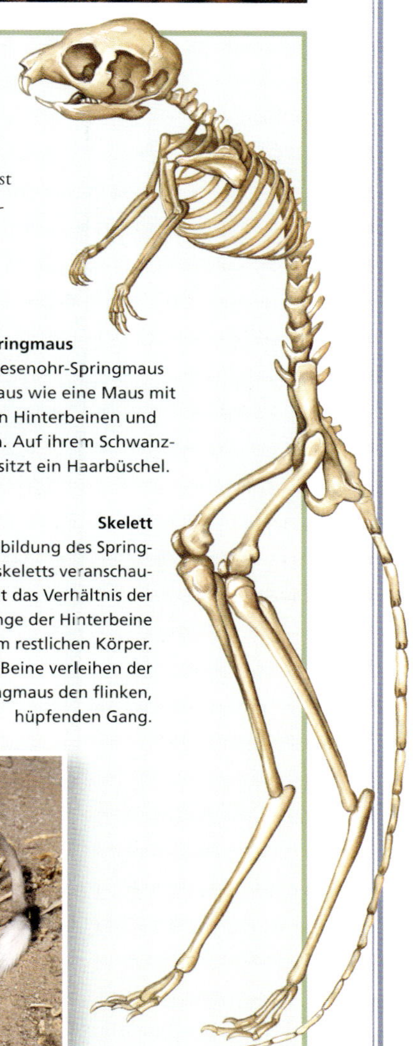

Skelett
Die Abbildung des Springmausskeletts veranschaulicht das Verhältnis der Länge der Hinterbeine zum restlichen Körper. Die Beine verleihen der Springmaus den flinken, hüpfenden Gang.

Springmausbau
Springmäuse legen Baue im Sand an. Sie graben mit den Vorderbeinen und schaufeln den Sand mit ihren langen Hinterbeinen hinaus.

Der Himalaya

Der Himalaya, ein gewaltiges Gebirgsmassiv in Asien, trennt das Hochland von Tibet vom indischen Subkontinent. Mit 2400 Kilometern von West nach Ost ist das Himalaya-System der längste und höchste Gebirgszug der Erde. Am Fuß der Berge herrscht tropisches Klima, während die hoch gelegenen Regionen von ewigem Schnee und Eis bedeckt sind. Die Verteilung der Pflanzen und Tiere variiert mit Klima, Höhe und Bodenbeschaffenheit.

Die Vegetation reicht von unerforschten tropischen Regenwäldern im Osten über dichte subtropische und Bergwälder im zentralen und westlichen Teil des Gebirgszuges bis zum kargen Pflanzenbewuchs der Kaltwüsten in den Transhimalayaregionen. Die Fauna und Flora sind von Spezies geprägt, die an das Leben in den kalten Gebirgsregionen angepasst sind. Etwa ein Drittel aller berglebenden Tierarten der Erde, darunter viele Ziegenantilopenarten wie die Schneeziege, der Tahr, der Tschiru und der Takin, lebt im Himalaya.

Tschiru
Sie versammeln sich meist in Herden aus über 100 Individuen und leben in den hoch gelegenen Grassteppen und halbtrockenen Gebieten des Hochlandes von Tibet. Die Antilopenspezies wurde wegen ihrer Haut fast ausgerottet und ist stark gefährdet.

Khur
Die größte Art der Asiatischen Esel ist in den hoch gelegenen, kalten Lebensräumen des Hochlandes von Tibet heimisch. Die Tiere leben in geschlossenen Herden aus bis zu 400 Tieren, die von einer alten Stute angeführt werden. Ausgewachsene Männchen leben einzelgängerisch, sammeln und verteidigen zur Paarungszeit aber eine Herde.

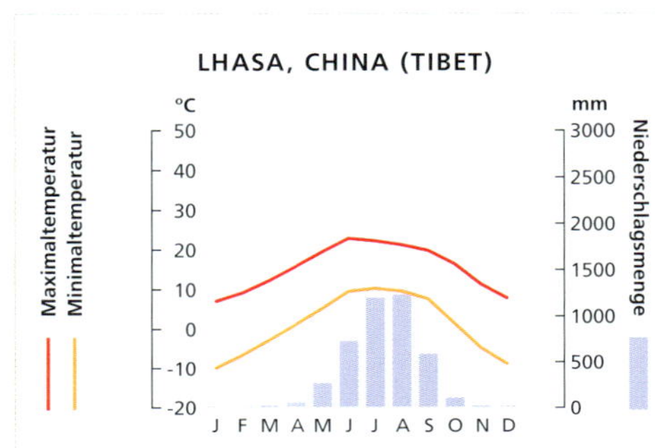

Schraubenziege
Die asiatische Ziege ist im westlichen Himalaya zu finden. Sie lebt in bis zu 3600 Metern Höhe in Buschwäldern mit Eichen, Kiefern und Wacholderbäumen. Die Böcke sind Einzelgänger, während Weibchen und Jungen in Herden leben.

Himalaya-Tahr
Die Ziegenspezies bewohnt die Berghänge und zerklüfteten Hügel am Fuße des Himalayagebirges. Das Tahr verbringt die Sommer grasend auf Bergwiesen und wandert im Winter in tiefer gelegene Regionen, wo sie gemischtgeschlechtliche Herden bilden.

Yak
Wildyaks leben auf baumlosen Bergen und Hochplateaus, wo sie sich von Gräsern, Flechten und anderen Pflanzen ernähren. Wegen der kargen Vegetation in ihrem Lebensraum müssen sie weite Strecken wandern, um genügend Nahrung zu finden. Sie leben auf 3200 bis 5400 Metern Höhe und sind durch ihr dickes, zottiges Fell vor der Kälte geschützt.

Gebirgsvögel

Die Vielfalt an unterschiedlichen Lebensräumen in der Himalayaregion spiegelt sich in der reichen Vogelfauna wider, zu der zahlreiche endemische Arten gehören. Unter den größeren hier lebenden Vögeln befinden sich Weihen, Adler, Geier und Fasane. Viele Vögel ziehen im Sommer in höher gelegene Regionen und kehren im Winter in den Schutz der Täler zurück.

Himalaya-Glanzfasan
Der große Fasan ist der Nationalvogel von Nepal. Die Männchen haben eine lange, grün schimmernde Haube und ein buntes Gefieder. Glanzfasane leben zur Brutzeit in Paaren und bilden im Winter große Gruppen, die gemeinsam rasten.

Schwarzkopftragopan
Der mittelgroße, bunte Fasan ist im ganzen Himalayagebiet zu finden und gilt als seltenste Fasanenart. Er verbringt die meiste Zeit auf Bäumen, sucht aber seine Nahrung auf dem Boden.

ASIEN

GROSSKATZEN

Zu den größten Raubtieren Asiens gehören Großkatzen wie der Asiatische Löwe, der Tiger, der Leopard und der Schneeleopard. Der Asiatische Löwe ist auf die Wälder von Gir im westindischen Bundesstaat Gujarat beschränkt. Der Tiger ist mit sechs Unterarten in Asien weiter verbreitet. Auf dem indischen Subkontinent und in Birma ist der Königstiger zu finden, in Ostsibirien der Sibirische Tiger, in der Mekongregion der Indochinesische Tiger, auf Sumatra (Indonesien) der Sumatra-Tiger, und in Südchina kommt der vom Aussterben bedrohte Südchinesische Tiger vor. Sieben Leopardenunterarten sind über ganz Asien verbreitet. In den zerklüfteten Gebirgszügen Zentralasiens leben Schneeleoparden. Der Tiger ist die größte und kräftigste Raubkatze der Welt und ein anpassungsfähiger Beutejäger. Als territoriales Tier, das große, aneinander grenzende Gebiete als Lebensraum benötigt, um genügend Beutet zu finden, kommt er häufig mit Menschen in Konflikt. Alle asiatischen Großkatzen sind auf Grund des Lebensraumverlusts, der Wilderei und der zunehmenden Konflikte zwischen Menschen und Wildtieren vom Aussterben bedroht.

GROSSKATZE	GRUPPEN-GRÖSSE	WURFGRÖSSE	LEBENSERWARTUNG IN DER WILDNIS
Königstiger	Einzelgängerisch	2–4	15–20 Jahre
Ceylon-Leopard	Einzelgängerisch	2–3	10–15 Jahre
Asiatischer Löwe	2–5	1–4	12–16 Jahre
Schneeleopard	Einzelgängerisch	1–4	15–18 Jahre

Ceylon-Leopard
Der Ceylon-Leopard ist eine auf Sri Lanka endemische Subspezies des Leoparden. Der einzelgängerische Jäger ist das größte Raubtier der Insel und kommt in verschiedenen Lebensräumen vor, darunter trockene Monsunwälder, Bergwälder, Dornbuschsteppen und tropische Tieflandregenwälder.

Kämpfende Königstiger
Der Königstiger (oder Bengal-Tiger) ist ein einzelgängerisches und äußerst territoriales Tier. Ausgewachsene Tiger verteidigen aggressiv ihr Revier. Vor allem die Männchen dulden keine Eindringlinge, was oft zu Kämpfen führt, die mit ernsthaften Verletzungen oder dem Tod eines der beiden Rivalen enden können.

Asiatischer Löwe
Der Asiatische Löwe ist eine Subspezies, die nur im westindischen Gir-Nationalpark vorkommt. Die sozialen Tiere leben in Rudeln, die von zwei ausgewachsenen Weibchen angeführt werden. Die Männchen verbinden sich zur Paarung und während der Jagd auf große Beutetiere mit dem Rudel.

BEUTE

In freier Wildbahn fressen Tiger hauptsächlich große und mittelgroße Beutetiere wie Hirsche, Sambars und Büffel. Sind große Tiere rar, erbeuten sie kleine Säugetiere, bodenlebende Vögel und Reptilien, um sich und ihren Nachwuchs zu ernähren. Je nach Lebensraum fressen Tiger auch Pfaue, Affen, Fische, Stachelschweine, Frösche, Krabben und große Warane.

Jagdmethode
Tiger pirschen sich vorsichtig an ihre Beute (wie diesen indischen Muntjak) heran und stürzen sich von der Seite auf ihr Opfer, um vor Geweih und Hufen sicher zu sein.

Beuteversteck
Wird die Beute im offenen Gelände geschlagen, zieht der Tiger den Kadaver, in diesem Fall einen getöteten Axishirsch, in ein sicheres Versteck, ehe er zu fressen beginnt.

Königstigerbabys
Ein Tigerwurf besteht aus drei oder vier Jungen, die von der Mutter großgezogen werden. Bis sie acht Wochen alt sind, bleiben sie in der Geburtshöhle, danach kommen sie hervor und schauen ihrer Mutter beim Jagen zu. Die Jungtiger werden erst im Alter von ungefähr 18 Monaten unabhängig.

SCHUTZSTATUS

Die gesamte Wildpopulation des Schneeleoparden wird auf 4000 bis 7500 Tiere geschätzt. Er lebt in den zerklüfteten Bergregionen Zentralasiens bis in über 5000 Meter Höhe. Wegen der großen Nachfrage nach ihrem dicken Pelz werden Schneeleoparden illegal gejagt. Sie geraten in Konflikt mit Menschen, da sie Nutztiere angreifen, wenn andere Beute rar ist.

Der indische Subkontinent

Zum indischen Subkontinent gehören Staaten auf der kontinentalen Kruste (Indien, Pakistan, Bangladesch, Nepal und Bhutan), ein Inselstaat auf dem Kontinentalsockel (Sri Lanka) und ein Inselarchipel (die Malediven). Der Subkontinent hat ein tropisches Monsunklima mit einer feuchten und einer trockenen Jahreszeit. Das Festland birgt eine Vielfalt an natürlichen Ökosystemen, darunter Wälder und Feuchtgebiete, die von großen Flüssen wie Brahmaputra, Ganges und Indus gespeist werden. Die lange Gebirgskette der Westlichen Ghats verläuft entlang des westlichen Randes des Subkontinents. Hier leben mehrere endemische Amphibien und Reptilien. Die Berge dienen als Wildtierkorridor, der dem stark gefährdeten Asiatischen Elefanten saisonale Wanderungen ermöglicht. Die kontinentale Insel Sri Lanka ist von Südindien durch die enge Palkstraße getrennt. Obwohl die Pflanzen und Tiere auf Sri Lanka Gemeinsamkeiten mit indischen Spezies aufweisen, haben sich auf der Insel viele einzigartige Spezies isoliert entwickelt.

Nilgauantilope
Die Nilgauantilope, eine nahe Verwandte der Wildrinder, ist ein großer Pflanzenfresser, der in kleinen Herden aus bis zu 20 Individuen lebt. Ausgewachsene Männchen haben ein graublaues Fell und werden manchmal als „blaue Stiere" bezeichnet. Die Nilgauantilope kann unter trockenen Bedingungen leben und mehrere Tage ohne Wasser auskommen, indem sie Wasser aus ihrer Pflanzennahrung bezieht.

Gaur
Der Gaur ist ein Wildrind mit Buckel und einem großem Körper auf dünnen, weißen Beinen. Das größte Wildrind der Welt lebt in Herden aus bis zu 40 Einzeltieren, die von einem alten Weibchen angeführt werden. Ausgewachsene Männchen leben häufig einzelgängerisch.

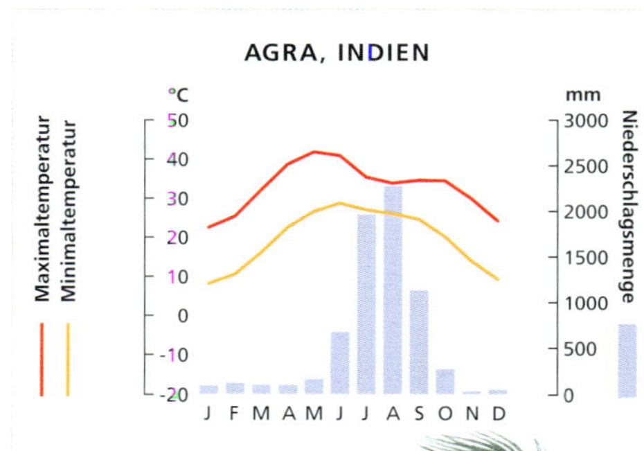

Schutzstatus

Der Asiatische Elefant ist das größte Landsäugetier Asiens und kommt in zwei Unterarten auf der indischen Halbinsel und auf Sri Lanka vor. Nur ein Teil der Bullen trägt Stoßzähne. Auf der Spitze des Rüssels dieser Elefanten befindet sich ein „Greiffinger", mit dem sie Pflanzenmaterial zum Fressen aufsammeln. Asiatische Elefanten leben in Herden, die von einem alten Weibchen angeführt werden. Ausgewachsene Männchen leben einzelgängerisch.

Tiername	Population in Indien (% der Welt)
Tiger	60%
Asiatischer Elefant	50%
Asiatischer Löwe	100%
Panzernashorn	80%

Panzernashorn
Panzernashörner sind Einzelgänger, versammeln sich jedoch manchmal für kurze Zeit in Gruppen. Die großen Pflanzenfresser haben ein Horn, einen guten Geruchssinn, sehen aber schlecht. Beim Laufen können sie eine Geschwindigkeit von 40 km/h erreichen.

Bengalischer Hanuman-Langur
Der Schlankaffe verbringt einen Großteil seiner Zeit auf dem Boden. Er lebt in mittelgroßen bis großen Gruppen aus zehn bis 64 Individuen, die von einem dominanten Männchen angeführt werden. Die einzelnen Gruppen haben einen Lebensraum von 200 bis 1200 Hektar.

Pfauentanz
Das Pfauenmännchen trägt auf seinem Schwanz farbenprächtige Schmuckfedern. In der Brutzeit breitet er diese Federn aus und führt vor den Hennen einen Balztanz auf, um sie zur Paarung zu verführen. Die Schmuckfedern werden außerhalb der Brutzeit abgeworfen.

Königskobra

Die größte Giftschlange der Welt frisst fast ausschließlich andere Schlangen. Sie jagt bei Tag und kann Schlangen verschlingen, die viel dicker sind als ihr eigener Kopf. Königskobras können einen Menschen mit einem einzigen Biss töten.

Kämpfe zwischen Kobras und Mungos
Der Mungo ist ein natürlicher Feind der Kobras. Trifft eine Kobra auf einen Mungo, dehnt sie ihre Rippen und macht den Oberkörper flach, wodurch sich auf ihrem Hals die unverwechselbare Haube bildet. Sie stößt einen hohen Zischlaut aus und stößt auf das Raubtier zu. Der Mungo stellt sein Fell auf und springt um die Kobra herum, wobei er aufpasst, dass er nicht gebissen wird, und auf den richtigen Moment wartet, um auf den Hals der Kobra zu springen und ihr einen tödlichen Biss zu versetzen.

Die Berge Südwestchinas

Die Region erstreckt sich über 260 000 Quadratkilometer und besteht aus gemäßigten Wäldern bis Gebirgswäldern. Die Topographie ist sehr abwechslungsreich. Sie reicht von weniger als 2000 Metern Höhe in einigen Talböden bis zum 7558 Meter hohen Gipfel des Gongga Shan. Die Bergkämme verlaufen generell von Norden nach Süden. Entsprechend unterschiedlichste klimatische Bedingungen gibt es dort. In den Bergen entspringen die Nebenläufe mehrerer gemäßigter und tropischer Flüsse. Es gibt viele unterschiedliche Vegetationsformen wie Laub- und Nadelbäume, Bambuswäldchen, Buschlandschaften, Savannen, Wiesen, Prärien, Süßwasserfeuchtgebiete und Gebirgssteppen. Das Gebiet ist die botanisch reichste unter den gemäßigten Regionen der Welt. 200 Säugetier- und 600 Vogelspezies leben hier, darunter zahlreiche seltene und weltweit gefährdete Arten. Der Große Panda, die Symbolfigur des Naturschutzes, lebt nur noch in wenigen gleichfalls bedrohten Wäldern.

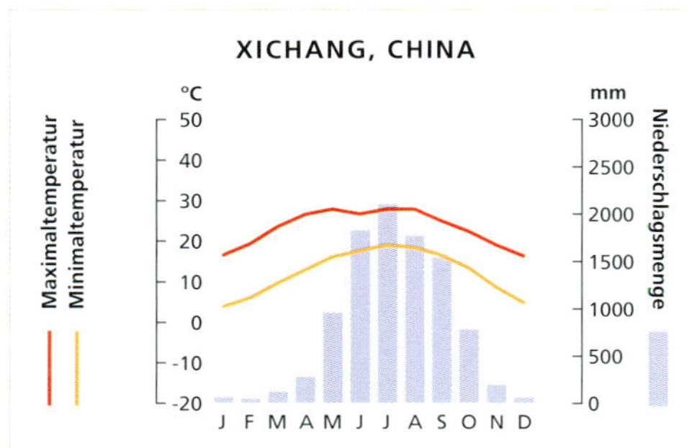

Goldstumpfnase
Sie sind baumlebende Affen, die in gemäßigten Bergwäldern wohnen. Ihre Nahrung besteht aus Flechten und anderem Pflanzenmaterial und wird mit Insekten ergänzt. Sie leben in Gruppen aus 20 bis 30 Individuen und haben einen Lebensraum von bis zu 40 Quadratkilometern.

Roter Goral
Der Rote Goral ist die kleinste Goralart und lebt in großen Höhen zwischen 2000 und 4000 Metern. Er ernährt sich hauptsächlich von Flechten, die er durch zarte Stengel, Blätter und Zweige von Sträuchern ergänzt. Er bewegt sich flink und leichtfüßig über felsiges Gelände.

Takin
Der Takin ist eine Ziegenantilope, die in Bambuswäldern auf 2000 bis 4000 Metern Höhe zu finden sind. Er ist tagaktiv und frisst Gräser, Knospen und Blätter. Takins versammeln sich im Winter in kleinen Herden und im Sommer in Herden aus mehreren Hundert Tieren.

GROSSER PANDA

Die Pandabären leben in dichten Bambus- und Nadelwäldern auf 1500 bis 3000 Metern Höhe. Ihre Nahrung besteht in erster Linie aus Bambusblättern, Stängeln und Wurzeln, die sie mit ihren kräftigen Kiefern und Zähnen zermahlen. Ein ausgewachsener Panda muss täglich neun bis 18 Kilogramm Pflanzenmaterial zu sich nehmen und verbringt bis zu 15 Stunden mit Fressen. Pandas leben zwar prinzipiell auf dem Boden, können aber auch auf Bäume klettern.

Pandajunges
Pandaweibchen bringen in einer geschützten Höhle ein bis zwei Junge zur Welt, die zwischen 100 und 200 Gramm wiegen. Wird mehr als ein Junges geboren, zieht das Weibchen üblicherweise nur eines groß.

Bambus
Bambushaine gehören zu den Hauptvegetationsformen in den südwestchinesischen Bergen. Sie blühen regelmäßig gleichzeitig und sterben danach ab. Der Große Panda braucht die Bambuswälder zum Überleben.

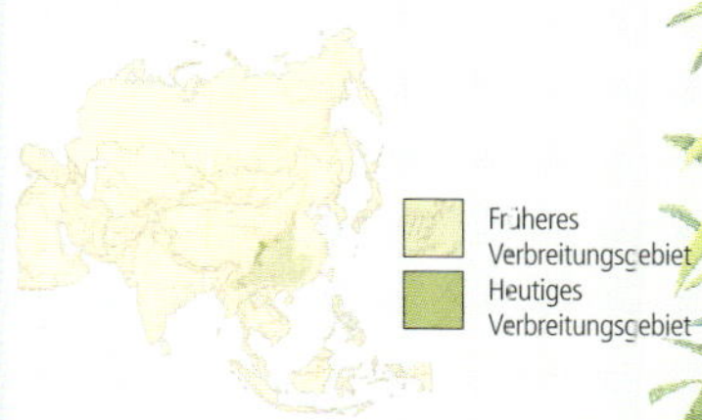

Großer Panda
Das dicke, wollige Fell hält den Panda in den kühlen Wäldern warm. Jedes Männchen hat ein gekennzeichnetes Revier, und die Weibchen dulden in ihrem Bereich keine anderen Weibchen. Pandabären verständigen sich untereinander durch Laute und Duftmarkierungen.

SCHUTZSTATUS

Kleine Pandas leben als Einzelgänger auf Bäumen in Laub- und Nadelwäldern. Bei Tag ruhen sie auf Ästen oder in Baumhöhlen. Ihre Hauptnahrung ist Bambus, aber sie fressen auch Beeren, Blüten und Blätter anderer Pflanzen. Sie werden von Waldrodungen und anderen Aktivitäten des Menschen bedroht und sind als gefährdet eingestuft.

Das Sundaland

Das Sundaland besteht aus etwa 17 000 äquatorialen Inseln in der Westhälfte des Indo-Malayischen Archipels. Hier liegen zwei der größten Inseln der Welt: Borneo mit 725 000 und Sumatra mit 427 300 Quadratkilometern. Es kommt häufig zu Erdbeben und Vulkanausbrüchen. Allein auf der Insel Java gibt es 20 aktive Vulkane. Die Küsten sind sandig oder felsig und mit Büschen bewachsen. Schlammige Strände liegen zwischen Mangrovenwäldern, und weiter im Landesinneren gibt es große Torfsümpfe. Im Tiefland gibt es vor allem Regenwälder und in höheren Regionen Bergwälder mit zahlreichen Moosen, Flechten und Orchideen. Noch weiter oben wachsen subalpine Wälder voller Rhododendren. Mit beinahe 3000 Wirbeltierarten, ein Drittel davon endemisch, ist die Sundalandfauna äußerst vielfältig. In ihr gibt es die meisten vom Aussterben bedrohten Arten der gesamten asiatischen Region.

Indonesisches Meeresleben

Die Gewässer rund um den Indonesischen Archipel sind relativ seicht und warm. Auf Grund des hohen Nährstoffgehalts bieten sie einer Vielfalt an Meereslebewesen eine Lebensgrundlage und dienen als wichtige Wandergebiete für mehr als 30 Meeressäugetierspezies. In den indonesischen Meeren kann man über ein Drittel aller bekannten Wal- und Delfinarten finden, darunter den seltenen und stark gefährdeten Blauwal – das größte Säugetier der Welt.

Meeresschildkröten
Im indonesischen Raum leben sechs der sieben Meeressschildkrötenarten der Erde. Hier verlaufen viele ihrer Wanderrouten, und auf den Inseln gibt es wichtige Nist- und Nahrungsplätze.

Nacktkiemer
Nacktkiemer sind Meeresschnecken. In den Korallenriffen um Indonesien findet man eine Vielzahl an sehr bunten Nacktkiemern. Zur Verteidigung speichern die Schnecken in ihren Körpern giftige Chemikalien.

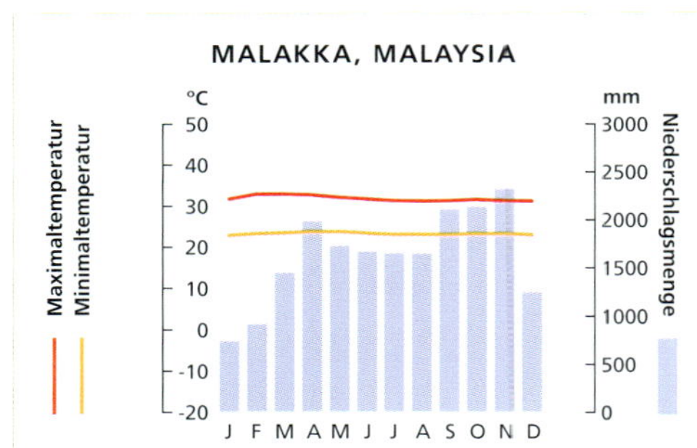

Rote Helen ***(Papilio helenus)***
Der große Schwalbenschwanzschmetterling kommt in den immergrünen Wäldern häufig vor. Auf der Oberseite des hinteren Flügels hat er den für die Spezies charakteristischen weißen Fleck. Die Larven ernähren sich von Rautengewächsen, zu denen Zitruspflanzen gehören.

Schwanz
Der muskulöse Schwanz des Warans ist ebenso lang wie sein Körper. Er wird zum Ausbalancieren, zum Fangen von Beute und bei Kämpfen mit anderen Männchen eingesetzt, vor allem wenn der Waran auf seinen Hinterbeinen steht.

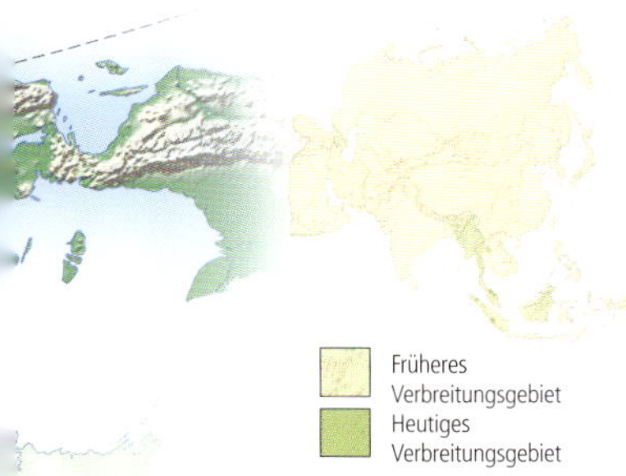

Sumatra-Nashorn
Das Sumatra-Nashorn, die kleinste lebende Nashornart, frisst als einzelgängerischer Pflanzenfresser täglich bis zu 50 Kilogramm Blätter, junge Bäume, Zweige und Schösslinge. Einzelne Bullen haben bis zu 50 Quadratkilometer große Reviere.

Silberner Haubenlangur
Der Silberne Haubenlangur lebt in Gruppen aus bis zu 50 Individuen, die aus einem ausgewachsenen Männchen, mehreren Weibchen und unreifen Jungtieren bestehen. Er ernährt sich hauptsächlich von Bättern und ergänzt seine Kost mit Früchten, Nüssen, Schösslingen und Blüten. Die Jungen sind nach der Geburt orangefarbig und werden im Verlauf des Heranwachsens grau.

Malaienbär
Der kleinste Vertreter der Bärenfamilie ist ein einzelgängerischer, nachtaktiver Allesfresser, der sich von Termiten, Vogeleiern, Wirbeltieren, Früchten, Insekten, Beeren und Schösslingen ernährt. Der Malaienbär verbringt die meiste Zeit auf Bäumen. Mit seiner bis zu 25 Zentimeter langen, schlanken Zunge leckt er Honig aus Bienenstöcken.

Komodowaran

Als größte Echse der Welt ist der giftige Komodowaran auf Komodo und einige Nachbarinseln beschränkt. Obwohl sich die Echsen meist von Aas ernähren, lauern sie auch großen Tieren wie Ziegen, Hirschen und Rindern im dichten Unterholz auf und töten sie. Früher schrieb man die Folgen ihrer Bisse bakteriellen Infektionen zu, aber heute weiß man, dass sie durch gewebezerstörendes Gift verursacht werden.

Krallen
Kräftige Krallen helfen dem Komodowaran beim Graben von Bauen, in denen er nistet. Sie werden auch als Waffen und zum Aufschlitzen der Beute eingesetzt.

Haut
Die teils mit Knochen verstärkten Hautschuppen des Warans sind mit einem sensorischen Belag überzogen, der mit Nerven verbunden ist und den Tastsinn verbessert.

Zunge
Der Geruchssinn des Komodowarans funktioniert über die Zunge, mit der er Luftproben nimmt und anschließend „riecht", indem er mit der Zunge die Oberseite des Gaumens berührt.

Die tropischen Regenwälder Südostasiens

Heiß und feucht: In den tropischen Tieflandregenwäldern liegt die jährliche Niederschlagsmenge bei 2000 Millimetern, die Jahresdurchschnittstemperatur bei 24 Grad Celsius und die durchschnittliche Luftfeuchtigkeit bei 85 Prozent. Sie liegen zwischen dem Nördlichen und Südlichen Wendekreis in einem Gürtel um den Äquator in unter 1000 Metern Höhe. Unter den Kontinenten mit tropischen Regenwäldern ist Asien die zweitgrößte Region, denn Indonesien, Malaysia und die Philippinen liegen in der Tropenzone. Tropische Regenwälder sind von einem geschlossenen Kronendach geprägt, das von immergrünen, breitblättrigen Bäumen gebildet wird. Der Wald besteht aus mehreren Vegetationsschichten: herausragende Baumspitzen, Kronendach, Freiluftzone, Unterholz und ein relativ offener, schattiger Waldboden mit einer dicken Schicht aus totem Laub mit Tausenden Pflanzen- und Tierarten. Die vielfältigen Wildtiere der südostasiatischen Regenwälder, darunter Vögel, baumlebende Amphibien, Reptilien und Säugetiere, sind gut an das Leben auf Bäumen angepasst.

Flügelfruchtgewächse
Die tropischen Tieflandregenwälder auf Borneo werden von Bäumen aus der Familie Dipterocarpaceae beherrscht, die häufig höher als 45 Meter sind. Die meisten Flügelfruchtgewächsarten blühen nur etwa alle vier Jahre zu Beginn einer trockenen Periode – dann aber alle Pflanzen zur gleichen Zeit. In diesen Zeiten schillert das Kronendach in allen Farben.

Der Orang-Utan

Von allen großen Menschenaffen der Erde verbringen Orang-Utans die meiste Zeit auf Bäumen. Sie sind generell einzelgängerisch und haben große Reviere. Der Hauptanteil ihrer Nahrung besteht aus Früchten, die durch Blätter, Schösslinge, Samen, Rinde, Blüten, Insekten und kleine Wirbeltiere ergänzt werden. Die intelligenten Menschenaffen verwenden bei der Futtersuche Werkzeuge. Abends bauen sie auf einem Baum mit Blättern und Ästen ein Nest, in dem sie die Nacht über ruhen.

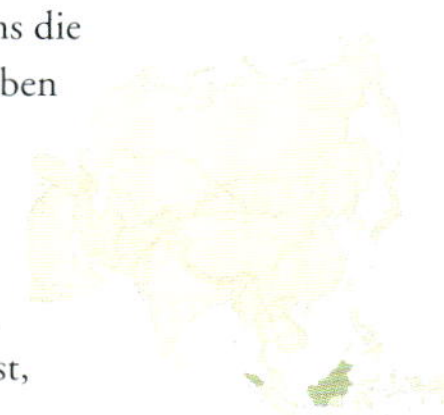

Orang-Utan
Orang-Utans bewegen sich von Ast zu Ast schwingend durch den Wald. Die kräftigen Arme, die doppelt so lang sind wie die Beine, tragen mühelos ihr Körpergewicht, das zwischen 45 und 90 Kilogramm liegt.

Orang-Utan-Junges
Die Weibchen bringen ein Junges zu Welt, das sie sechs bis sieben Jahre lang umsorgen. Die Neugeborenen wiegen rund 1,5 Kilogramm. Mit fünf Monaten beginnen sie, weiche Nahrung von den Lippen der Mutter zu nehmen.

Nashornvogelnest

Nashornvögel nisten in Hohlräumen von lebenden Bäumen. Das Männchen macht einen möglichen Platz ausfindig und lädt das Weibchen zur Inspektion ein. Ist sie mit der Nestwahl einverstanden, paaren sich die Vögel. Daraufhin mauert sich das Weibchen in der Nistkammer mit verrottetem Holz, Lehm, heraufgewürgter Nahrung und anderen Materialien ein, die vom Männchen herbeigebracht werden. Der Einmauerungsprozess dauert drei bis sieben Tage. Danach legt das Weibchen die Eier, brütet sie aus und zieht die Küken in der Nisthöhle groß.

Epiphytische Orchidee
Phalaenopsis sp.

Farn
Drymoglossum piloselloides

Nahrungslieferung
Das Männchen versorgt seine Partnerin und später die Küken mit Nahrung. Bei den meisten großen Vogelarten des Waldes bleibt das Weibchen im Nest, bis die Küken flügge sind, was einer bis zu fünf Monate dauernden „Einkerkerung" entspricht.

Fliegender Frosch
Der Wallace-Flugfrosch kann von Baumkrone zu Baumkrone gleiten. Seine langen Zehen und Finger sind mit Häuten versehen, und zwischen Armen und Beinen gibt es eine dünne Flughaut.

Flugdrache
Die baumlebende Echse kann ihre hautbespannten Rippen ausklappen und so „Flügel" bilden, mit denen sie über Entfernungen von mehr als acht Metern von Baum zu Baum gleitet.

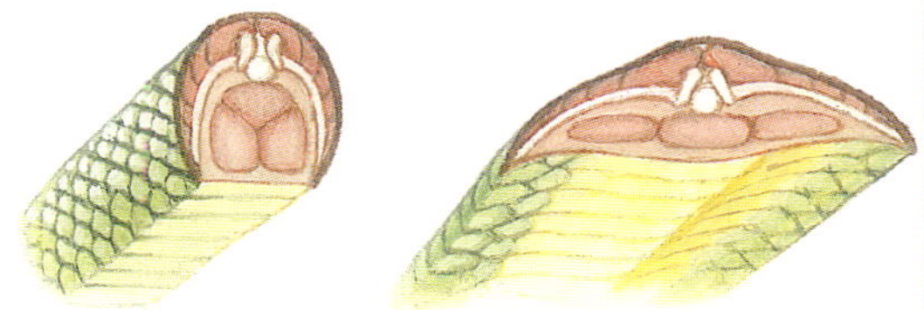

Schmuckbaumnattern
Die baumlebenden Schlangen können zwischen Bäumen hin und her gleiten, indem sie ihren Körper vom Kopfansatz bis zur Geschlechtsöffnung auf mehr als die doppelte Breite abflachen.

Weißhandgibbon
Der Weißhandgibbon ist ein kleiner, schwanzloser Menschenaffe mit dichtem, schwarzem bis blassgrauem Zottelfell. Er hat lange, schlanke Arme. Die Oberseiten seiner Hände und Füße sind weiß. Der opponierbare Daumen wird zum Klettern und zur Fellpflege benutzt.

Leben im Regenwald

Geschätzte 70 bis 90 Prozent aller Lebewesen des Regenwaldes halten sich in den Bäumen auf. Verschiedene Epiphyten (Aufsitzerpflanzen) wie Orchideen und Moose kommen auf den Bäumen vor. Baumlebende Tiere wie Gleithörnchen, Laubfrösche und Flugdrachen fressen, nisten und ruhen zwischen den Blättern.

Malaien-Gleitflieger
Galeopterus variegatus

Orchidee
Vanda sp.

Zwergtupaja
Tupaia minor

Rotaugenlaubfrosch
Agalychnis callidryas

Orchidee
Coelogyne sp.

Orchidee
Dendrobium sp.

Gemeiner Flugdrache
Draco volans

Nasenaffe
Die Männchen dieser Primatenart haben eine deutlich vergrößerte, vorstehende Nase, die bis zu 17 Zentimeter lang sein kann, und einen dicken Bauch. Nasenaffen leben in kleinen Gruppen aus zehn bis 32 Tieren und ernähren sich von Samen, Blättern, Schösslingen und Früchten.

Sunda-Plumplori
Der nachtaktive, baumlebende Primat bewegt sich langsam und bedächtig. Sein Griff ist extrem kräftig. Einen Plumplori von einem Ast zu entfernen, kann schwierig sein. Die Tiere leben allein oder in kleinen Familiengruppen. Als Fleischfresser ernähren sie sich typischerweise von Insekten, Vogeleiern und kleinen Wirbeltieren.

Ostasien

Die Region schließt den Japanischen Archipel, der aus über 3000 Inseln besteht, Korea und Südostrussland ein. Die Inselgruppe liegt am Treffpunkt dreier tektonischer Platten. Darum gibt es zahllose Vulkane, heiße Quellen, Berge und Erdbeben. Das Gebiet erstreckt sich von den feuchten Subtropen im Süden bis in eine gemäßigte Zone im Norden. Die Vegetation auf den Inseln des Japanischen Archipels reicht von borealen Mischwäldern aus Tannen, Fichten und Kiefern bis zu subtropischen immergrünen Breitlaubwäldern und Mangrovensümpfen. In größeren Höhen findet man Gebirgsvegetation, während subalpine Vegetation und Buchenmacchien in der ganzen Region vorkommen. Etwa die Hälfte aller Säugetier-, Reptilien- und Amphibienarten Japans sind endemisch. Durch die lange Nord-Süd-Ausdehnung der Koreanischen Halbinsel und ihre abwechslungsreiche Topographie ergeben sich große klimatische Unterschiede. Zu den Wildtieren Ostasiens gehören das Reh, der Langschwanzgoral, der Zobel, der Braunbär, der Tiger, der Luchs, der Nördliche Pfeifhase, die Wasserspitzmaus und der Fasan. Im Tiefland findet man Kragenbären, Mandarin-Wühlmäuse, Flusshirsche, Nymphenpittas und Fasane.

MASSSTAB 1:30 000 000
0 500 Kilometer

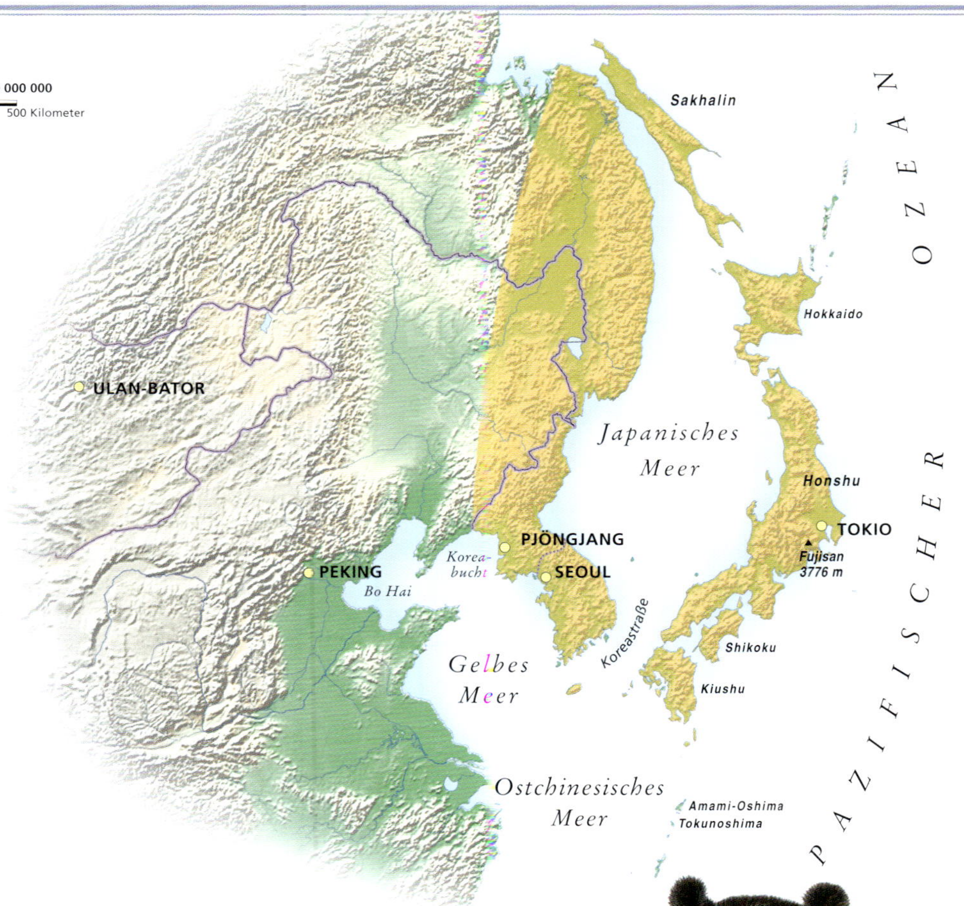

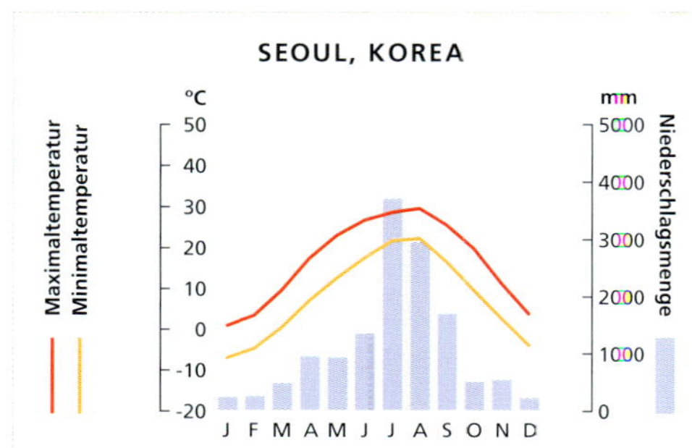

Mandarinente
Der Mandarinerpel hat einen roten Schnabel, einen „Backenbart" und wundervolle Farbmuster auf seinem Federkleid. Die Ente brütet in bewaldeten Gebieten in der Nähe von seichten Seen, Marschen oder Teichen. Das Nest liegt in Baumhöhlen. Die Tiere fressen hauptsächlich Pflanzen und Samen.

Kragenbär
Kragenbären leben in feuchten Laubwäldern und Gebieten mit Sträuchern und Büschen. Sie ziehen im Sommer in die Berge und kehren zum Überwintern in die Täler zurück. Sie sind ausgezeichnete Baumkletterer und kräftige Schwimmer. Ihr Name weist auf den weißen Fleck auf ihrer Brust hin.

Blauelster
Die Blauelster gehört zur Krähenfamilie und lebt in Nadel- und Laubwäldern ebenso wie in Parks und Gärten. Sie zieht in Familiengruppen von bis zu 30 Individuen auf Nahrungssuche, wobei ihre Nahrung aus Samen, Nüssen, Wirbellosen und Früchten besteht. Die Elster nistet in offenen Kolonien mit einem Nest je Baum.

Chinesische Rotbauchunke
Der Froschlurch verbringt die meiste Zeit in seichten Wasserbecken Der bunte Körper mit dem hellgrünen und schwarzen Rücken sowie der orange-farbigen und schwarzen Unterseite warnt Raubtiere vor der Giftigkeit der Rotbauchunke. Wird sie gestört, sondert sie aus der Bauchhaut ein milchiges Gift aus.

Amami-Kaninchen
Das endemische Amami-Kaninchen kommt nur auf den japanischen Inseln Amami-Oshima und Tokunoshima vor. Es lebt in dichten Wäldern mit alten Bäumen, wo es Baue zum Ruhen und zur Aufzucht der Jungen gräbt. Die Art weist primitive Körpermerkmale auf, die denen von Fossilien aus dem Miozän ähneln.

SCHUTZSTATUS

Mandschurenkraniche gehören zu den seltensten und mit sieben bis zehn Kilogramm auch zu den schwersten Kranichen der Welt. Sie brüten in Sibirien und Teilen der Mongolei und ziehen im Herbst nach Ostasien. Die adulten Vögel verstärken ihre Paarbindung in einem aufeinander abgestimmten Balztanz. Mandschurenkraniche leben in Feuchtgebieten und fressen Insekten, Frösche und Gräser.

Warmhalten
Diese Makaken haben einen dicken Fellmantel, der ihnen hilft, die kalten Wintertemperaturen zu überstehen. Mütter schützen ihre Jungen vor der Kälte, indem sie sich eng an sie kuscheln.

Japanmakaken

Der Japanmakak ist ein allesfressender Primat. Er lebt in Gruppen aus zehn bis 160 Tieren. Sein alltäglicher Lebensraum hängt von der verfügbaren Nahrung ab und ist etwa 3,5 Quadratkilometer groß. In der Shiga-Hochebene in Zentraljapan baden die Affen im Winter gerne in heißen Quellen, um sich aufzuwärmen. Die Tiere sind gute Schwimmer.

Fuji
Mit 3776 Metern ist der Fuji der höchste der zahlreichen Berge Japans. Der aktive Vulkan ist zuletzt vor rund 300 Jahren ausgebrochen. Sein symmetrischer Kegel ist mehrere Monate im Jahr mit Schnee bedeckt.

Japanischer Riesensalamander
Der zweitgrößte Salamander der Welt wird bis zu eineinhalb Meter lang. Die wasserlebende Art gibt es nur in Gebirgsbächen mit klarem, kühlem Wasser. Der Riesensalamander ist nachtaktiv und ernährt sich von Insekten, Krebsen, Fröschen und Fischen.

Der untere Mekong

Die Region des unteren Mekong schließt Laos, Kambodscha, Vietnam und südliche Teile von Thailand und Birma ein. Sie umfasst das untere Einzugsgebiet sowie die Überschwemmungsebenen des Mekongflusses. Hier gibt es immergrüne feuchte Mischwälder, immergrüne Trockenwälder sowie Laub- und Gebirgswälder. Auf karstigen Kalksteinbergen findet man Busch- und Waldland und in einigen Küstengebieten verstreute Heidewälder. Andere charakteristische Vegetationsformationen sind Sümpfe in Überschwemmungsebenen, Mangroven und saisonal überschwemmte Savannen. Die Region bietet Lebensräume für etwa 1300 Vogelarten und beherbergt die größten Wasservogelpopulationen Südostasiens. In den vergangenen zwei Jahrzehnten wurden mit dem Truong-Son-Muntjak, dem Riesenmuntjak, dem Putao-Muntjak und dem Vietnamesischen Waldrind vier neue Säugetierarten entdeckt. Außerdem hat die Region die weltweit größte Vielfalt an Süßwasserschildkröten.

Großkopfschildkröte
Die Süßwasserschildkröte ist an ihrem großen Kopf und langen Schwanz zu erkennen. Sie lebt in Flüssen und Bächen und kann mit Hilfe ihres Schnabels auf Bäume klettern. Sie kann ihren Kopf zwar nicht in den Panzer ziehen, die Kopfoberseite ist aber durch große, knöcherne Hornschuppen geschützt. Großkopfschildkröten ernähren sich von Fischen und Schnecken.

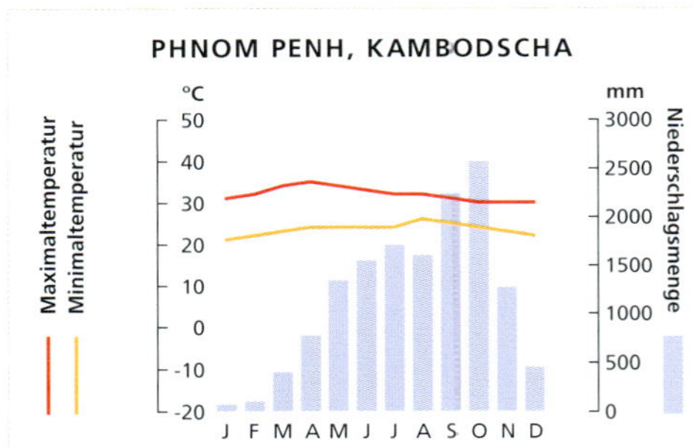

Braunliest
Halcyon smyrnensis

Tigerpython
Die birmesischen Tigerpythons gehören zu den größten Schlangen. Sie können über sieben Meter lang werden und bis zu 90 Kilogramm wiegen. Die nachtaktiven Fleischfresser erwürgen ihre Beute, die aus kleinen Säugetieren und Vögeln besteht. Sie sind ausgezeichnete Schwimmer.

Der Mekong
Der Mekong ist mit geschätzten 4350 Kilometern der längste Fluss Südostasiens und entwässert eine Fläche von 795 000 Quadratkilometern. Inseln im Fluss bieten vielfältige Lebensräume mit sandigen Stränden, seichten Tümpeln, Schwemmland und Schilfbecken.

Kappengibbon
Kappengibbons leben in monogamen Beziehungen und verbringen die meiste Zeit auf Bäumen. Sie fressen hauptsächlich Früchte, Blätter und kleine Tiere. Die Männchen sind schwarz, während die Weibchen blassgrau, auf Bauch und Kopf jedoch schwarz sind.

Kleideraffe
Der bunte, baumlebende Affe lebt in immergrünen Primär- und Sekundärwäldern und feuchten Laubwäldern. Er bildet Gruppen aus vier bis 15 Tieren, die von einem dominanten Männchen angeführt werden. Die Affen verständigen sich durch Gesichtsausdrücke und Laute. Sie ernähren sich von Blüten, Blättern, Früchten, Samen und Knospen.

Nebelparder
Die mittelgroße Raubkatze trägt ein gelbbraunes Fell mit wolkenförmigen Mustern und ist stämmig gebaut. Der Nebelparder hat mit fünf Zentimetern den längsten Reißzahn aller lebenden Katzen. Er lebt auf Bäumen, ist einzelgängerisch und scheu.

SCHUTZSTATUS

Das Siam-Krokodil kommt in Sümpfen, Altwasserseen und langsam fließenden Abschnitten von Bächen und Flüssen vor. Es ernährt sich in erster Linie von Fischen, aber auch von Amphibien, Reptilien und kleinen Säugetieren. In der feuchten Jahreszeit errichten die Weibchen ein Hügelnest und legen 20 bis 50 Eier. Die Spezies ist in freier Wildbahn vom Aussterben bedroht, da sie gejagt wird, ihr Lebensraum zerstört wird und immer wieder Tiere in Fischernetzen ertrinken.

Leierhirsch
Der seltene, mittelgroße Hirsch lebt in trockenen Flügelfruchtwäldern in kleinen Gruppen aus vier bis sieben Individuen, aber auch in Herden aus bis zu 50 Tieren. Ausgewachsene Böcke sind Einzelgänger, die sich zur Brunftzeit zur Herde gesellen. Leierhirsche sind dämmerungsaktiv und ruhen tagsüber an Waldrändern.

Leben im Fluss

Die Feuchtgebiete entlang des unteren Mekong bilden ein Mosaik aus verschiedenen Lebensräumen. Hier findet man Sandbänke, Watts, trockenfallende Flüsse, Felsen, Wasserfälle, tiefe Becken und Stromschnellen. Krokodile wärmen sich auf Flussbänken in der Sonne, Schildkröten und Frösche jagen Insekten, in Ufernähe fischen langbeinige Watvögel und im Wasser kreuzen Riesenbarben.

Der Philippinen-Archipel

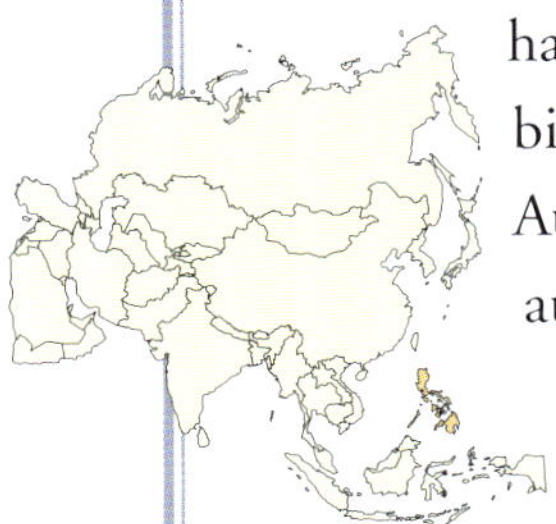

Der Philippinen-Archipel besteht aus mehr als 7100 Inseln im Pazifischen Ozean mit einer Gesamtfläche von 297 179 Quadratkilometern. Sie haben eine uralte geologische Geschichte – einige sind 30 bis 50 Millionen Jahre alt – und bergen 17 aktive Vulkane. Auf den Philippinen herrscht tropisches Klima mit drei ausgeprägten Jahreszeiten: feucht (Juni bis Oktober), kühl und trocken (November bis Februar) sowie heiß und trocken (März bis Mai). Der Archipel liegt im Taifungürtel und wird jährlich von Wirbelstürmen heimgesucht. Die einst mit tropischen Tieflandregenwäldern bedeckten Inseln wurden weitgehend abgeholzt, nur isolierte Waldflecken blieben übrig. Trotzdem gibt es noch eine reiche Vielfalt an Gefäßpflanzen, ein Drittel davon endemisch, vor allem Orchideen, Palmen, Begonien und Flügelfruchtgewächse. Über 50 Prozent aller landlebenden Wirbeltierspezies der Philippinen sind endemisch. Mit über 600 Arten sind Vögel die größte Wirbeltiergruppe der Region.

MASSSTAB 1:12 000 000
0 200 Kilometer

Koboldmaki
Das faustgroße, baumlebende Säugetier ist ein Waldbewohner. Der Koboldmaki kann seine Augen nicht in den Augenhöhlen bewegen, dafür aber den Kopf um 180 Grad drehen. Er hat für seine Körpergröße die größten Augen aller bekannten Säugetiere. Der Koboldmaki ist ein einzelgängerisches Tier mit einem bestimmten Lebensgebiet, und wandert bis zu eineinhalb Kilometer durch den Wald. Er ernährt sich in erster Linie von Insekten, frisst aber auch Eidechsen und Vögel.

Riesenborkenratte
Das nachtaktive, baumlebende Nagetier hat große Hinterfüße und lange Krallen, die ihm das Klettern auf Bäumen erleichtern. Die Riesenborkenratte ernährt sich von Blättern und Blüten. Sie ist auf der philippinischen Insel Luzon endemisch, wo sie im nördlichen Hochland lebt.

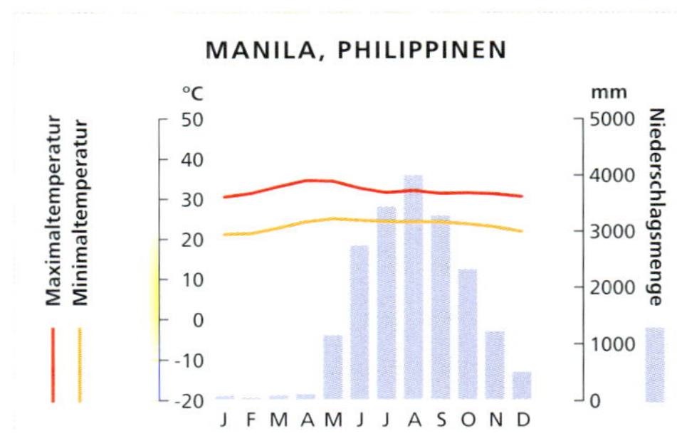

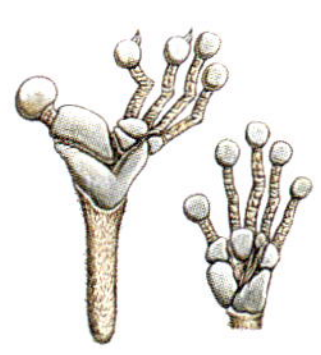

Hände und Füße eines Koboldmaki
Die scharfen Krallen auf dem zweiten und dritten Zeh sind speziell für die Fellpflege konstruiert. Um besser klettern zu können, haben die langen Finger Haftballen.

Schlafender Koboldmaki
Die nachtaktiven Koboldmakis leben in dichten Buschwäldern, wo sie tagsüber in Gruppen oder allein in Bodennähe in hohlen Baumstümpfen und Sträuchern schlafen.

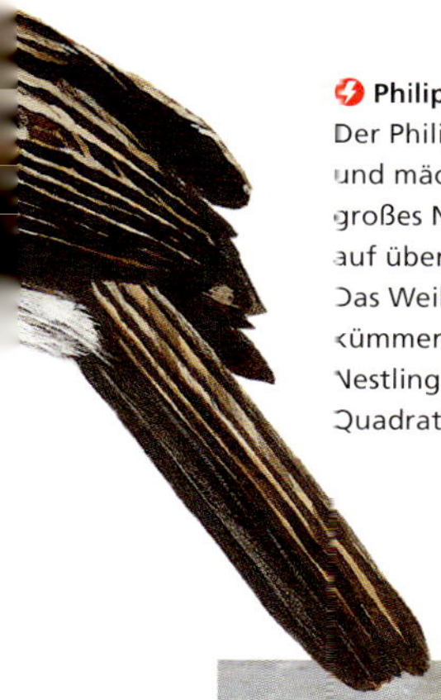

Philippinenadler
Der Philippinenadler, der zu den größten und mächtigsten Raubvögeln zählt, baut ein großes Nest in ungefähr 30 Metern Höhe auf überstehenden Flügelfruchtbäumen. Das Weibchen legt nur ein Ei, und die Eltern kümmern sich etwa 20 Monate lang um den Nestling. Jedes Brutpaar braucht ein 25 bis 50 Quadratkilometer großes Jagdrevier.

SCHUTZSTATUS

Der Tamarau ist ein kleiner Büffel, den es nur auf der philippinischen Insel Mindoro gibt. Mit einer durchschnittlichen Körperhöhe von einem Meter ist er das größte Landsäugetier des Landes. Der tagaktive Pflanzenfresser ernährt sich von Gras und Bambusschösslingen. Ausgewachsene Tamaraus führen ein einzelgängerisches, zurückgezogenes Leben.

Philippinen-Krokodil
Das relativ kleine, auf den Philippinen endemische Süßwasserkrokodil hat eine breite Schnauze und einen schweren Rückenpanzer. Es ernährt sich von wasserlebenden Wirbellosen, Fischen und kleinen Wirbeltieren. Das Weibchen errichtet einen kleinen Nesthügel, in den es sieben bis 20 Eier legt.

Mangroven-Nachtbaumnatter
Als eine der größten Nachtbaumnatterarten wird die mit gelb leuchtenden Bändern geschmückte Mangroven-Nachtbaumnatter zwischen 1,8 und 2,5 Meter lang. Sie ist nachtaktiv und erbeutet kleine Säugetiere, Eidechsen, Frösche, andere Schlangen und Fische.

GOLDKRONEN-FLUGHUND

Die Spezies zählt zu den größten Fruchtfledermausarten der Welt. Auf ihrem Kopf trägt sie einen hellen Fleck aus goldfarbigen Haarspitzen. Goldkronen-Flughunde rasten bei Tag in Kolonien und fliegen nachts bis zu 40 Kilometer weit auf der Suche nach Früchten, vor allem Feigen. Im Gegensatz zur Echoortung anderer Fledermausarten benutzen sie ihre scharfen Augen, um Nahrung zu finden.

Schwergewichtige Fledermaus
Der Goldkronen-Flughund ist mit einem Gewicht von 1,2 Kilogramm wahrscheinlich die schwerste Fledermaus der Welt.

Große Flügelspannweite
Die Flügelspannweite der Fledermaus beträgt mehr als eineinhalb Meter.

Prinz-Alfred-Hirsch
Der auf den Philippinen endemische kleine, kurzbeinige Hirsch ist in steilen Flügelfruchtwäldern zu finden, die für Menschen schwer zugänglich sind. Er ernährt sich nachts von Gras und jungen, in der Nähe des Bodens wachsenden Blättern und Knospen.

Afrikanische Elefanten sind die größten Landtiere der Erde. Hier zieht eine Elefantenherde durch den Nationalpark Etosha in Namibia. Drei Viertel ihres Lebens widmen Elefanten dem Fressen oder dem Wandern in Richtung Wasser und Nahrung. Elefantenkühe leben mit ihren Jungen in Familiengruppen, während ausgewachsene Bullen allein umherstreifen.

AFRIKA

Afrika

Afrika ist nur durch einen dünnen Streifen Land im Osten von Ägypten mit Eurasien verbunden. Es besitzt eine einzigartige Fauna und Flora. Die Hauptlebensräume sind Wüsten im Norden und Süden, Feuchtwälder im Zentrum, Savannen und Grassteppen zwischen den Wäldern und Wüsten sowie Waldgebiete und Buschwälder auf den höher gelegenen Plateaus im Osten und Südosten. Geologische und klimatologische Prozesse ließen im Verlauf der vergangenen Jahrmillionen isolierte Gebiete entstehen: den Großen Afrikanischen Grabenbruch, den südafrikanischen Fynbos, die Berge des Eastern Arc in Tansania und Kenia und die große Insel Madagaskar. Hier konnten sich unbeeinflusst von benachbarten Regionen neue, seltene und ungewöhnliche Tier- und Pflanzenarten entwickeln.

Klima

In Äquatornähe gibt es regelmäßig und reichlich Niederschlag. Mit zunehmender Entfernung vom Äquator nimmt die Dauer der feuchten Jahreszeit ab. Hoher Luftdruck lässt in 30 Grad nördlicher und südlicher Breite, wo die trockenen Bedingungen auf den Südwesten beschränkt sind, Trockenzonen wie die Sahara und die Namibwüste entstehen.

Vegetation

An der afrikanischen Westküste und im Kongobecken lassen hohe Niederschlagsmengen ausgedehnte tropische Regenwälder wachsen. Sie werden von Savannen begrenzt, die beinahe den halben Kontinent bedecken und im Süden eine Fläche aus saisonalem Tropenwald umgeben. Im Norden verschmilzt die Savanne mit kargen Dornwäldern, während es in der Sahara und im Großteil der Namibwüste kaum oder keine Vegetation gibt.

Sahara und Sahelzone
Als größte Wüste der Welt bedeckt die Sahara beinahe den gesamten oberen Teil des Kontinents. Hier leben hochspezialisierte Wüstentiere wie der Fennek.

Ostafrikanische Savanne
In den zentral- und ostafrikanischen Savannen leben noch immer große Giraffenherden. In den Savannen finden große Wanderungen von Antilopen, Zebras und Büffeln statt.

Das Kongobecken
Der Kongowald, der zweitgrößte tropische Regenwald der Welt, ist großteils unberührt und die Heimat der nächsten Verwandten des Menschen: Gorillas, Schimpansen und Bonobos.

Leben im Albert-Rift
Das Albert-Rift mit seinen atemberaubenden Bergen, tiefen Tälern und vielfältigen Seen ist die Heimat des Berggorillas sowie Tausender anderer Pflanzen- und Tierarten.

Das Hochland von Abessinien
Das Hochland von Abessinien ist durch seine Höhenlage vom restlichen Afrika abgeschnitten. In den Simien- und Balebergen leben einzigartige Tierarten wie der Dschelada-Pavian.

Die Miombo-Wälder
Die wenig bekannten Miombo-Wälder zählen zu Afrikas größten Ökoregionen. Sie bedecken den Großteil des südlichen Zentralafrika und bieten Lebensraum für Afrikas größte Elefantenherden.

Das Okavangodelta
Der Okavango fließt saisonal in ein großes Becken im Norden von Botswana und lässt dort einen Inlandsumpf und See entstehen, in dem zahllose Flusspferde und Wasservögel leben.

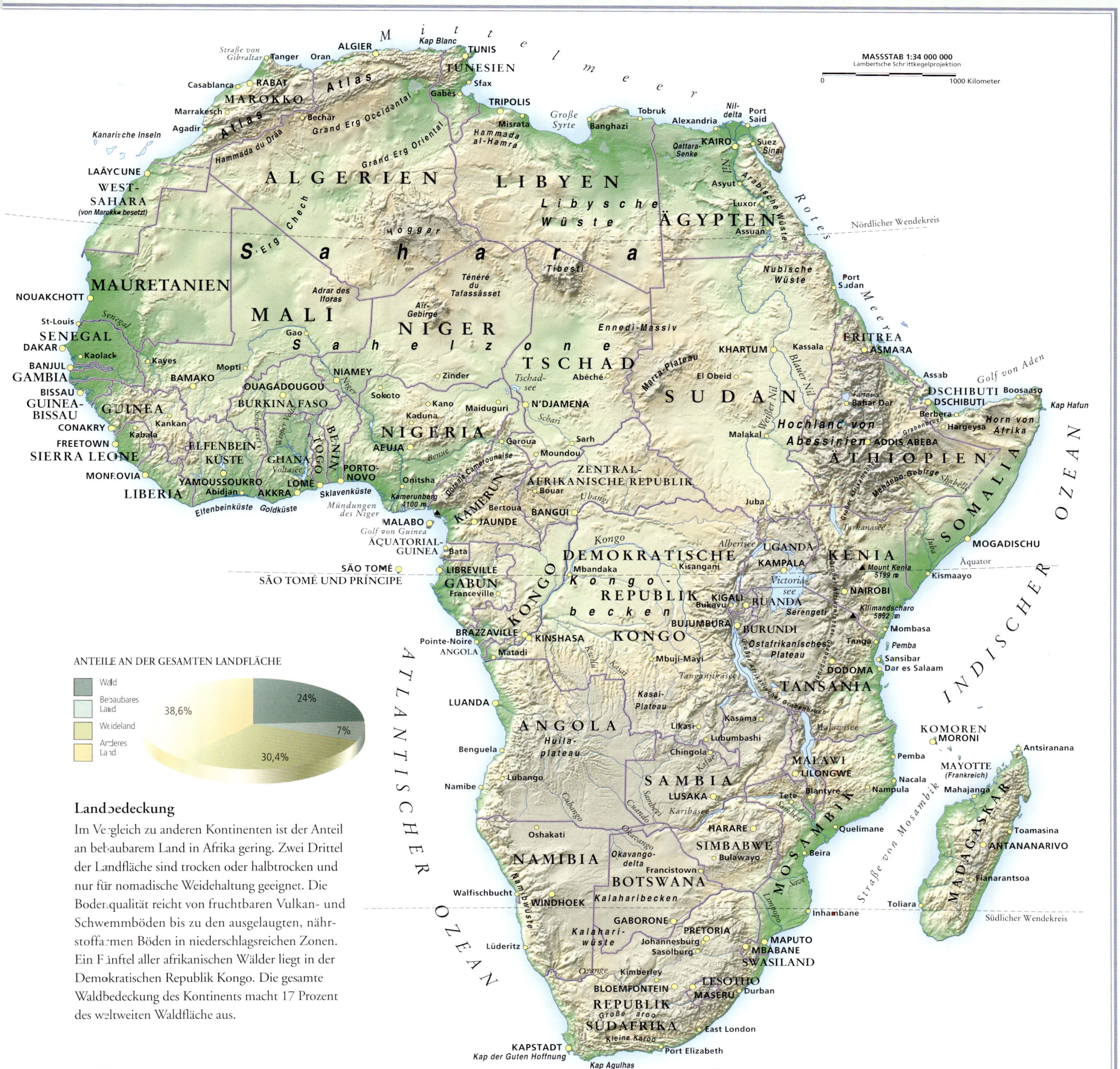

ANTEILE AN DER GESAMTEN LANDFLÄCHE

Wald 24%
Bebaubares Land 7%
Weideland 30,4%
Anderes Land 38,6%

Landbedeckung

Im Vergleich zu anderen Kontinenten ist der Anteil an bebaubarem Land in Afrika gering. Zwei Drittel der Landfläche sind trocken oder halbtrocken und nur für nomadische Weidehaltung geeignet. Die Bodenqualität reicht von fruchtbaren Vulkan- und Schwemmböden bis zu den ausgelaugten, nährstoffarmen Böden in niederschlagsreichen Zonen. Ein Fünftel aller afrikanischen Wälder liegt in der Demokratischen Republik Kongo. Die gesamte Waldbedeckung des Kontinents macht 17 Prozent des weltweiten Waldfläche aus.

Leben in der Kalahari

Afrikas „zweite" Wüste bedeckt einen Großteil von Botswana, Namibia und des nördlichen Südafrika. Die Pflanzen- und Tierarten der Kalahari sind an die extreme Hitze angepasst.

Madagaskar

Die viertgrößte Insel der Erde ist ein evolutionäres Labor. In der Fauna und Flora spiegeln sich die Millionen Jahre der beinahe vollständigen Isolation Madagaskars wider.

Afrikas Korallenriffe

Die Korallenriffe des Indischen Ozeans, die die Küste und Inseln Ostafrikas umsäumen, gehören zu den artenreichsten Riffen der Welt. Der Klimawandel stellt eine Bedrohung dar.

Sahara und Sahelzone

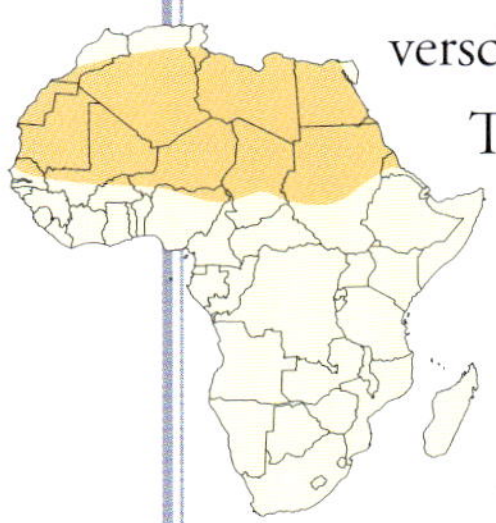

Die Sahara dehnt sich über eine Fläche von 8,6 Millionen Quadratkilometern vom Roten Meer bis zum Atlantischen Ozean aus und verschmilzt im Süden mit der Trockensavanne der Sahelzone. Berge, Täler und Sanddünen prägen die von starken Winden geformte Landschaft. Obwohl die Sahara das trockenste Ökosysteme der Erde ist, birgt sie einige lebenserhaltende Wasserquellen. Die Temperaturextreme stellen hohe Anforderungen an Pflanzen und Tiere. In der Libyschen Wüste wurde 1922 mit 58 Grad Celsius die höchste Temperatur der Welt gemessen, aber häufig sinken die Temperaturen auch unter den Gefrierpunkt. Die meisten der 1200 Pflanzenarten haben sich an die trockenen Bedingungen angepasst, indem sie nur kurze Zeit leben oder dicke, gummiartige Blätter haben. Mit 70 Säugetier-, 90 Vogel- und 100 Reptilarten ist die Wildtiervielfalt in dem großen Gebiet relativ gering. Auf Grund der geringen Bestandsdichten reagieren Wüstentiere sensibel auf Bejagung, die bereits die Straußen-, Mendesantilopen-, Gazellen- und Gepardenbestände dezimiert hat.

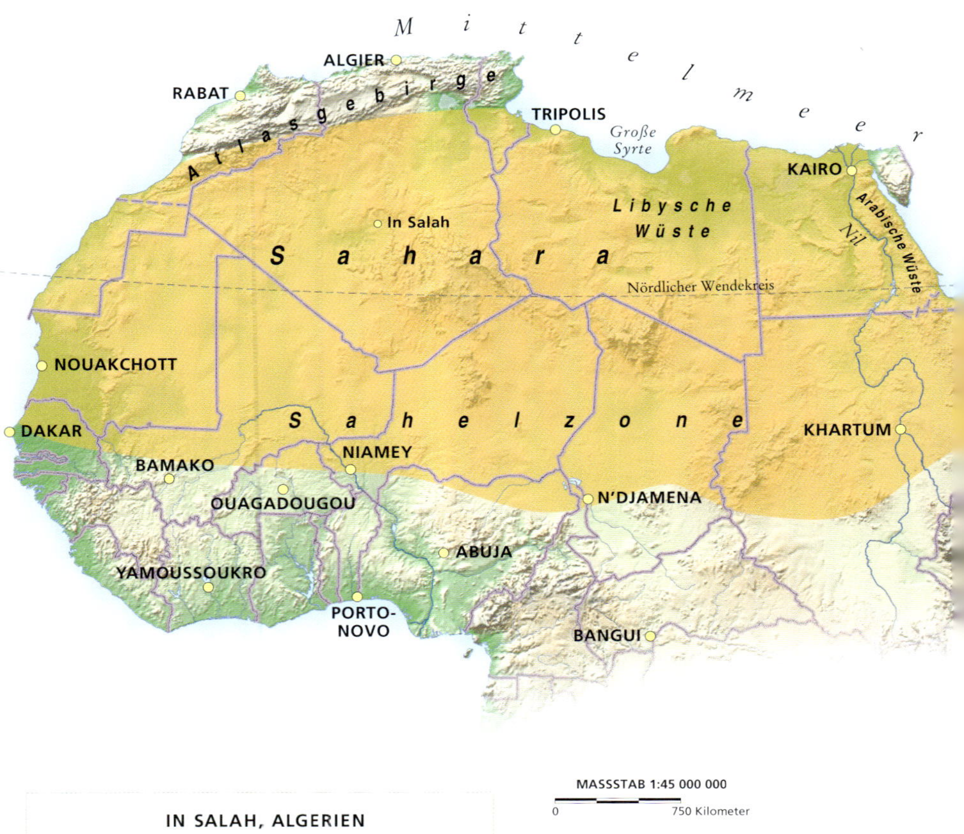

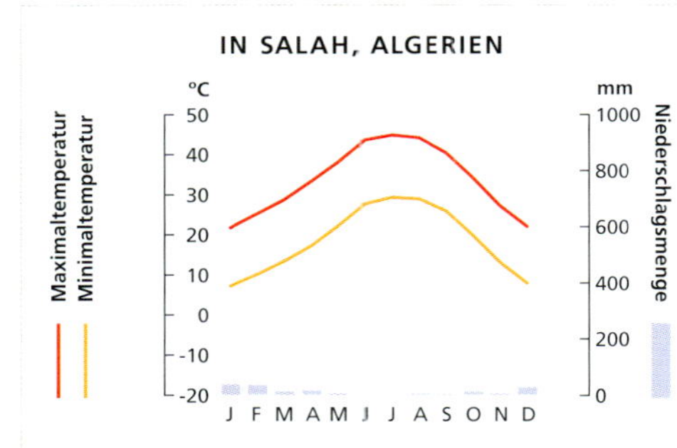

Wadis

Ein Wadi (arabisch für „Tal") ist ein Bachbett in der Wüste. Man findet sie meist am Fuß eines Berges. Die Wadis bleiben die meiste Zeit des Jahres trocken und verwandeln sich nach starken Regenfällen in zum Teil reißende Flüsse. Sie bringen für kurze Zeit eine üppige Vegetation hervor, die eine Vielfalt von Wildtieren ebenso ernährt wie die Bewohner naher Dörfer. Wadis sind eine lebenswichtige Quelle für Sukkulentenvegetation und Süßwasser.

Strauß
Struthio camelus

Dünengazellen
Gazella leptoceros

Roststirngazellen
Gazella rufifrons

Kleine Wüstenspringmaus
Jaculus jaculus

SCHUTZSTATUS

In der Sahara lebt eine vom Aussterben bedrohte Unterart des Geparden mit einer geschätzten Population von 250 Tieren in Algerien, Marokko und Niger. Die Bestandszahlen der Raubkatze sinken weiterhin, da ihre Beute – kleine Antilopen – durch Wilderei und Verdrängung durch Weidetiere vernichtet wird. Dadurch geraten Geparden häufig in Konflikt mit Schaf- und Kamelhirten.

Säbelantilope
Säbelantilopen waren einst in ganz Nordafrika verbreitet und sammelten sich in Herden aus über 1000 Tieren an Wasserstellen. Bejagung und Lebensraumverlust führten dazu, dass sie in freier Wildbahn ausstarben. Züchtung in Gefangenschaft und Wiederansiedlung geben Hoffnung, dass Säbelantilopen bald wieder die Wüste durchstreifen werden.

Grüne Sahara
Die Sahara ist schon seit mehreren Millionen Jahren eine Wüste. Während der letzten Eiszeit vor 20000 bis 5000 Jahren durchströmten aber große Flüsse, deren Läufe auf modernen Satellitenbildern noch zu erkennen sind, eine grünere Landschaft. Felszeichnungen und Höhlenmalereien zeigen Darstellungen einer weiten Savanne mit Zebras, Gazellen, Flusspferden und Giraffen.

Klippschliefer
Der einzigartige Schrei des Klippschliefers erinnert an eine kreischende Frau. Trotz seiner geringen Körpergröße ist er ein naher Verwandter des Elefanten. Der Klippschliefer lebt auf Felsen in Kolonien aus durchschnittlich 50 Einzeltieren. Stark behaarte Füße verleihen ihm die für den steinigen Lebensraum erforderliche Bodenhaftung.

WÜSTENANPASSUNGEN

In der Sahara steigen die Temperaturen bei Tag über 40 Grad Celsius und sinken nachts teilweise unter zehn Grad. Da es kaum Schatten und Wasser gibt, müssen die Tiere mit den Temperaturextremen, der Trockenheit und der starken Sonneneinstrahlung zurechtkommen. Viele Arten haben Verhaltensweisen oder körperliche Anpassungen entwickelt. Sie schlafen tagsüber in Bauen, können hohe Körpertemperaturen ertragen, um nicht schwitzen zu müssen, und besitzen Nieren, die sparsam mit Wasser umgehen.

Fennek
Die großen Ohren helfen der kleinsten Fuchsart beim Ableiten der Hitze und Aufspüren von Beute. Das sandfarbene Fell reflektiert das Sonnenlicht, verschmilzt mit der Landschaft und isoliert den Fuchs in den kalten Nächten.

Mendesantilope
Die Mendesantilope bezieht alles Wasser, das sie benötigt, aus Pflanzen. Sie ist eine Expertin im Finden von Wüstenvegetation. Mit ihren breiten Hufen kann sie über weichen Sand laufen, ohne einzusinken. Die einstmals gesunde Mendesantilopenpopulation wurde auf weniger als 300 Exemplare reduziert.

Dorkasgazelle
Die Dorkasgazelle kann ihr ganzes Leben ohne Wassertrinken auskommen, denn sie nimmt die Feuchtigkeit mit der Nahrung auf, die meist aus Akazien besteht. In Folge der starken Bejagung wurde sie nachtaktiv.

Das Kongobecken

Der Regenwald des Kongobeckens erstreckt sich vom Golf von Guinea im Westen über sechs Länder bis zum Ostafrikanischen Grabenbruch. Mit einer Fläche von 1,8 Millionen Quadratkilometern, die 25 Prozent des verbleibenden tropischen Regenwaldes der Erde enthalten, wird der Kongo nur vom Amazonas in den Schatten gestellt. Im Gegensatz zum Amazonasgebiet ist die Region jedoch großteils unerschlossen, obwohl Straßenbau, landwirtschaftliche Expansion, Bergbau und forstwirtschaftliche Eingriffe zerstören aber jährlich bis zu 810 000 Hektar und gefährden die Zukunft der Regenwälder. Das Kongobecken ist ein Mosaik aus unterschiedlichen Ökosystemen wie Flüssen, Sümpfen und überschwemmten Wäldern. Die Größe des Kongobeckens wird nur von seiner Artenvielfalt übertroffen, denn in den Wäldern leben über 10 000 Pflanzen-, 1000 Vogel- und 400 Säugetierarten, darunter Waldelefanten, vier große Menschenaffenspezies und eine große Vielzahl von Waldantilopen und Affen.

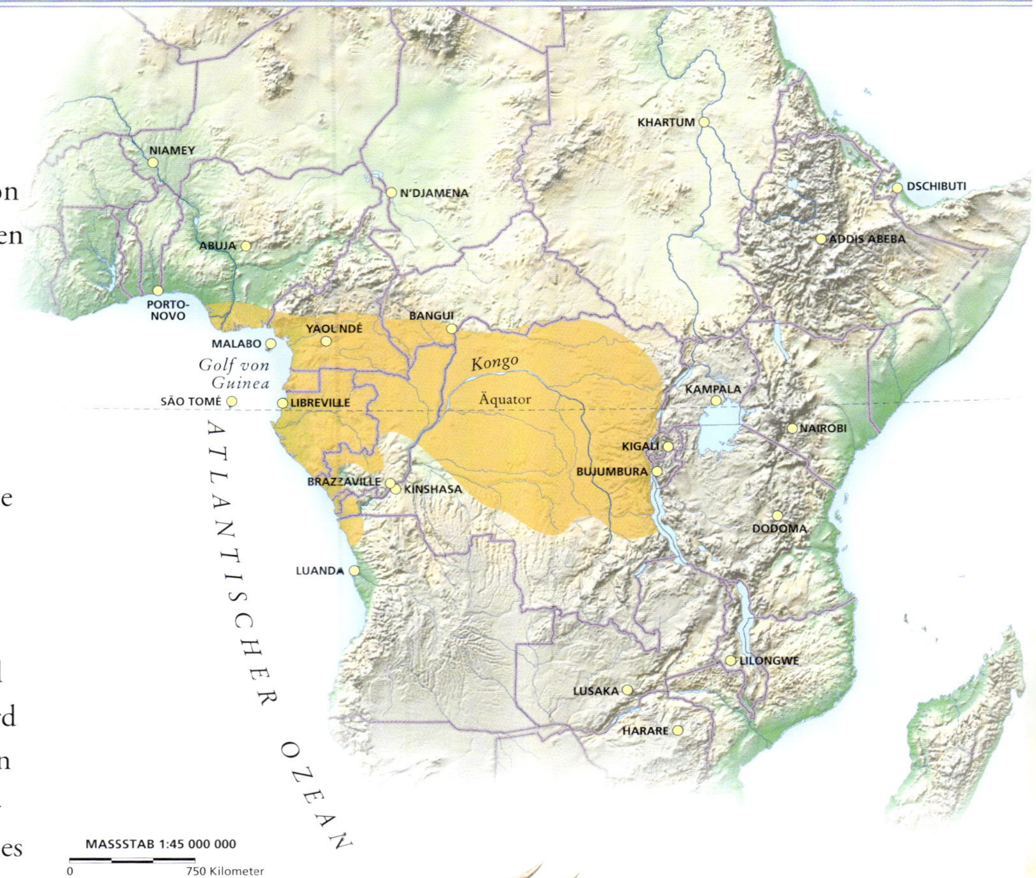

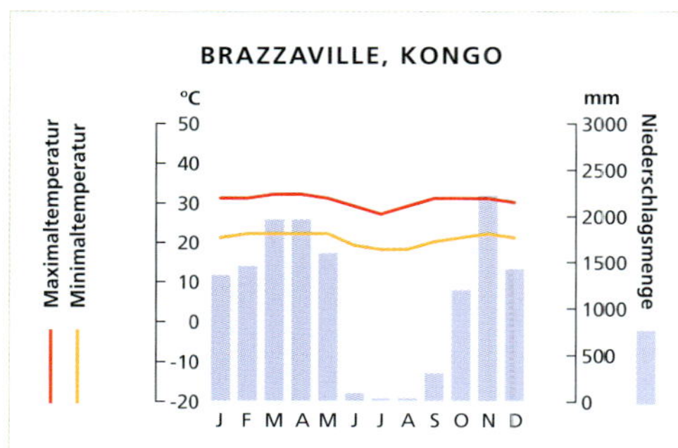

Bongo
Der Bongo zählt zu den gößten afrikanischen Antilopen und ist am Streifenfell und den gewundenen Hörnern beider Geschlechter zu erkennen. Wie andere afrikanische Pflanzenfresser weidet er bevorzugt nährstoffreiche Gräser auf kleinen Waldlichtungen ab. Die Weibchen leben sozial, die Männchen einzelgängerisch.

Pinselohrschwein
Pinselohrschweine leben in Familiengruppen aus einigen Dutzend Tieren. Mit ihren kräftigen Schnauzen graben sie im Waldboden nach Wurzeln und Knollen. Die geschickten Schwimmer sind häufig in Sümpfen anzutreffen. Ausgewachsene Tiere haben ein rötliches Fell mit schwarzen und weißen Rückenstreifen, während die Frischlinge dunkler sind.

Schutzstatus

Das Okapi ähnelt zwar einem Zebra, ist aber der einzige lebende Verwandte der Giraffe. Es wurde 1901 wissenschaftlich beschrieben und kommt nur im Norden und Osten der Demokratischen Republik Kongo vor. In den späten 1980er Jahren gründete die Regierung das Okapi-Tierschutzgebiet, um die Spezies vor Bejagung und Lebensraumzerstörung zu bewahren. Trotz des beinahe ständig tobenden Bürgerkriegs war die Initiative erfolgreich.

Ross-Turako
Der soziale Vogel lebt in Schwärmen aus bis zu 30 Individuen. Männchen und Weibchen teilen die Verantwortung für das Bebrüten der Eier. Ross-Turakos können ihre charakteristische rote Haube bei Aufregung bis zu fünf Zentimeter aufstellen.

Schwalbenschwanz
Die größte afrikanische Schmetterlingsart hat lange, schmale Flügel. Die Weibchen halten sich hauptsächlich im Kronendach auf, wo sie ihre Eier ablegen, während die Männchen öfter in der Nähe eines Baches auf dem Waldboden anzutreffen sind, wo sie um Reviere kämpfen.

FAKTEN	
Fläche	Über 3,4 Millionen Quadratkilometer
Anzahl der Länder	6
Länge des Kongoflusses	4700 Kilometer
Lebensraum	Regenwald, Waldland, Sumpf, Savanne, Süßwasser
Geschätzte Säugetierarten	Über 400
Geschätzte Fischarten	Über 700
Geschätzte Vogelarten	Über 1000

Vollendetes Ökosystem
Die dichte Vegetation, die Flüsse und die Sümpfe des Kongobeckens bilden ein geschlossenes Ökosystem. In Kombination mit den heißen und feuchten Bedingungen wird der Wasserfluss reguliert und schafft ein stabiles Klima, das die Entwicklung der biologischen Vielfalt des Waldes ermöglicht hat.

Kongofluss
Der Kongo ist der zweitgrößte Fluss der Welt und birgt mehr als 4000 Inseln. Das Wasser benötigt bis zu sechs Monate, um den afrikanischen Kontinent zu durchfließen. Mit über 500 endemischen Fischarten ernährt die Kongo-Fischerei Millionen von Menschen.

Graupapagei
Der Graupapagei mit den auffälligen roten Schwanzfedern ist in den zentral- und westafrikanischen Wäldern endemisch und für seine Nachahmefähigkeit bekannt. Studien lassen vermuten, dass jährlich bis zu 21 Prozent der Papageien für den Ziervogelhandel eingefangen werden. Die Bäume, auf denen sie nisten, werden oft wegen ihres Holzes gefällt.

WILDFLEISCH

Die Zahl der getöteten und als Wildfleisch verkauften Kongotiere steigt. Schätzungen zufolge kommen jährlich über eine Milliarde Kilogramm in den Handel. Ein wachsendes Netz aus Holzabfuhrstraßen erleichtert den Wildfleischhandel, weshalb Wildschützer strengere Gesetze und eine verbesserte Verwaltung fordern, um die nicht nachhaltige Bejagung einzudämmen.

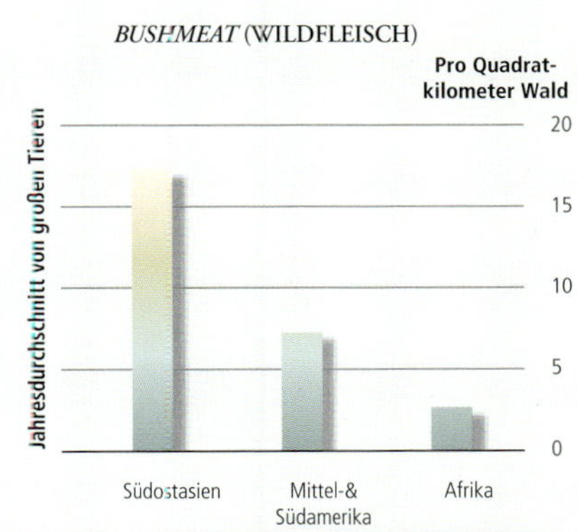

Blauducker
Eine der kleinsten zentralafrikanischen Antilopenarten, der Blauducker, ist auf Wildfleischmärkten häufig zu finden. Die Bejagung bedroht nicht nur den Ducker selbst, sondern auch Raubtiere, die sich auf die kleine Antilope als Nahrungsquelle spezialisiert haben.

PRIMATEN DES KONGO

Die Regenwälder des Kongobeckens zählen zu den größten und artenreichsten Tropenwäldern der Erde. Als Heimat von 33 der 79 afrikanischen Primatenarten spielen die Wälder eine wichtige Rolle in der Evolution und Erhaltung der Primaten. Aber nicht die Anzahl der Arten, sondern ihre entwicklungsgeschichtliche und ökologische Bedeutung macht die Primaten des Kongobeckens so wichtig. Alle afrikanischen Menschenaffen, die nächsten Verwandten des Menschen, sind im Kongo zu finden: Bonobos, Gorillas und Schimpansen. Kleinere Affen wie die Stummelaffen, Drills und Meerkatzen sind Schlüsselarten, indem sie Früchte fressen, Samen verteilen und so zur Regeneration des Waldes beitragen. Der Lebensraum ist zunehmendem Druck durch Holz- und Bergbauindustrie ausgesetzt, aber die größte Bedrohung für die Primaten stellt die Bejagung durch den Menschen dar, denn jährlich gelangen Tausende getötete Tiere in den Wildfleischhandel.

Das Kongobecken
Die weite Region bedeckt ganz Zentralafrika und ist ein Mosaik aus Wäldern, Sümpfen, Waldungen und überschwemmten Wäldern. Mit ihrer Funktion als Kohlenstoffspeicher sind die tropischen Regenwälder des Kongobeckens von entscheidender Bedeutung zur Vermeidung der globalen Erwärmung. Die Abholzungsrate ist zwar geringer als in asiatischen Regenwäldern oder am Amazonas, aber die Bedrohungen nehmen zu.

Drill
Mit einem kleinen Verbreitungsgebiet in Westafrika zählt der Drill zu den am stärksten gefährdeten Primaten. Drills leben in sozialen Gruppen aus etwa 20 Individuen, die sich manchmal zu Verbänden von bis zu 200 Tieren vereinen. Die Männchen sind beinahe doppelt so groß wie die Weibchen und können ein Gewicht von 25 Kilogramm erreichen.

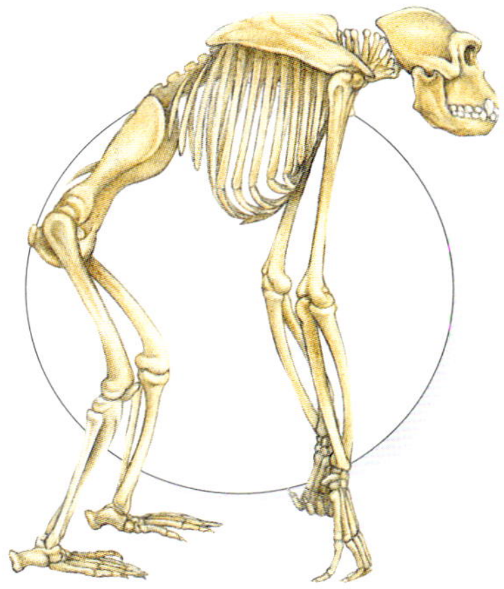

Skelett
Am Skelett eines Menschenaffen kann man Anpassungen sowohl für das Gehen als auch für das Klettern erkennen: eine flache Brust, kurze Beine, lange Arme, kein Schwanz und die Fähigkeit, mit dem Gewicht auf den Knöcheln zu gehen.

Mantelaffe
Wie andere Stummelaffen hat auch der im Kongobecken weitverbreitete Mantelaffe einen spezialisierten Verdauungstrakt, der es dem Tier ermöglicht, sich vornehmlich von Blättern zu ernähren.

Mandrill
Mandrills gehören zu den größten bodenlebenden Affen und sind an der leuchtenden Färbung der Schnauze und des Hinterteils der Männchen zu erkennen. Die Männchen stehen zwar höher in der Rangordnung, die dauerhaften Bindungen werden bei den äußerst sozialen Tieren jedoch von den Weibchen gepflegt. Die Gruppen können aus bis zu 1350 Tieren bestehen.

Schimpanse
Schimpansen sind unsere nächsten Verwandten, die 98 Prozent ihrer DNA mit uns teilen. Sie sind hochintelligent und benutzen Werkzeuge.

Bonobo
Bonobos sind die sanftesten Menschenaffen und leben in großen Gruppen. Die Beziehungen werden eher durch sexuelle Interaktionen bekräftigt als durch Aggression.

Gesichter schneiden
Wilde Schimpansen verständigen sich untereinander mit mehr Gesichtsausdrücken als alle anderen großen Primaten mit Ausnahme des Menschen.

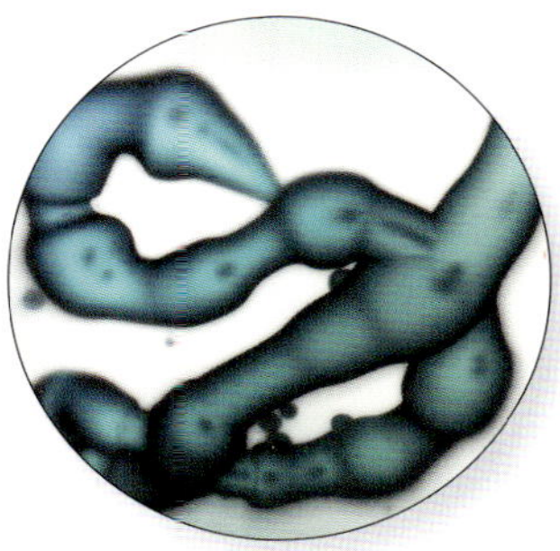

Ebolavirus
Das Ebolavirus wurde 1976 erstmals bei Menschen identifiziert. Es tötet 50 bis 90 Prozent seiner Opfer und ist für Gorillas und Schimpansen ebenso gefährlich. Jüngste Ausbrüche der Ebolakrankheit dezimierten die Menschenaffenpopulationen des Kongobeckens und führten zu Infektionen von Menschen, die Affen getötet oder das Fleisch von Kadavern gegessen hatten. Wissenschaftler testen Impfstoffe, die Menschen und Affen schützen sollen.

SCHUTZSTATUS

In den späten 1970er Jahren gab es wenig Hoffnung für die Erhaltung der Berggorillas. Die Bestandszahlen sanken, und ihr Lebensraum schrumpfte. Trotz jahrelanger militärischer Konflikte und Instabilität in vielen Teilen ihres Verbreitungsgebietes haben Schutzmaßnahmen und ein lebhaftes Gorilla-Tourismusprogramm in Ruanda zu stabilen und wachsenden Populationen geführt und die Bedrohung durch Wilderer und Lebensraumverlust verringert.

Berggorilla
Berggorillas leben in kleinen Gruppen aus etwa neun Tieren, die von einem großen „Silberrücken" angeführt werden. Die größten Primaten sind selten aggressiv und verbringen die meiste Zeit mit dem Fressen von Blättern und Stängeln.

Westlicher Gorilla
Der Westliche Gorilla hat das größte Verbreitungsgebiet aller Unterarten und ist in sumpfigen Lebensräumen oder auf Waldlichtungen anzutreffen, wo er sich von Früchten und Kräutern ernährt. Die Populationschätzungen haben sich durch jüngste Entdeckungen mehr als verdoppelt und liegen zur Zeit bei 200 000 Exemplaren.

Hochland von Abessinien

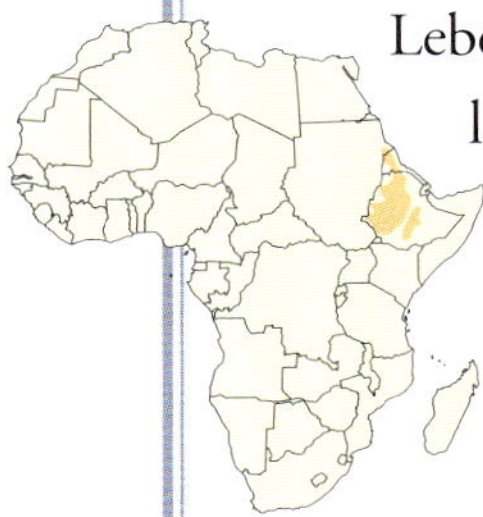

Das Hochland von Abessinien, das auch als „Dach von Afrika" bezeichnet wird, umspannt ein weite Fläche aus hoch gelegenen Lebensräumen. Es liegt zum Großteil im heutigen Äthiopien, lediglich fünf Prozent der 518 000 Quadratkilometer befinden sich in Eritrea und Somalia. Es wird vom Großen Afrikanischen Grabenbruch in einen nordwestlichen und einen südöstlichen Abschnitt geteilt. Die Grundfläche des Hochlandes ist ein 70 Millionen Jahre altes Plateau, das in 1500 Metern Höhe beginnt, auf über 4570 Meter ansteigt und die Fauna und Flora der Region völlig isoliert. In den bekanntesten Gebieten, dem Simiengebirge im Nordwesten und dem Balegebirge im Südosten, wurden Nationalparks errichtet. Die einzigartige Pflanzen- und Tierwelt der Region hat eine eigene Bezeichnung – afromontan. Elf Prozent der 5200 Gefäßpflanzen sind endemisch, darunter mehrere wilde Kaffeearten. Das Hochland von Abessinien ist die Heimat von 193 Säugetierarten (33 Prozent endemisch), 59 Amphibienarten (39 Prozent endemisch), 80 Reptil- und 680 Vogelarten.

MASSSTAB 1:25 000 000
0 500 Kilometer

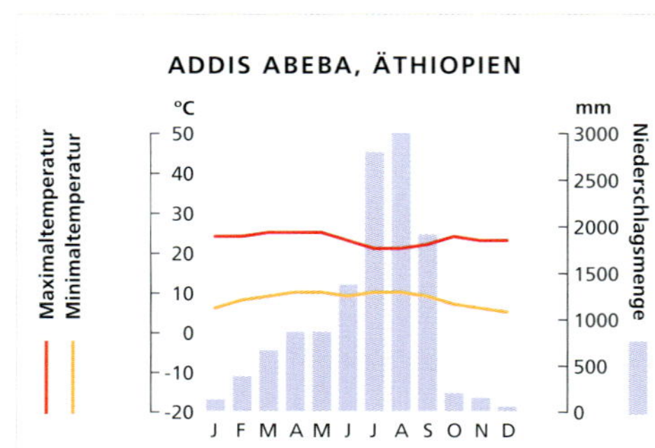

Blauflügelgans
Die Blauflügelgans hält sich hauptsächlich an Land auf, wo sie Gräser und andere Pflanzen frisst. Während des Balzrituals stolziert das Männchen pfeifend um das Weibchen herum und stellt mit über den Rücken gebogenem Kopf und zum Himmel gerichtetem Schnabel seine blauen Flügel zur Schau.

Braunralle
Der typischerweise in großen Höhen vorkommende Vogel ist meist am Wasser anzutreffen, wo er nach Wasserinsekten, Krebstieren und Schnecken sucht. Die Braunralle ist wegen der Nutzviehhaltung und des Sammelns von Dachstroh für den Hausbau bedroht. Beides engt den Lebensraum der Braunralle ein.

Schutzstatus

Der Äthiopische Wolf ist enger mit dem Wolf verwandt als jeder andere afrikanische Canide. Er kommt in sechs isolierten Populationen vor, wobei der größte Bestand mit einigen Hundert Tieren im Balegebirge lebt. Die Umwandlung des Lebensraums ist die Hauptursache für seinen Rückgang, aber auch Haushunde bringen Gefahren für kleine Wolfpopulationen mit sich: Seuchen, Beutekonkurrenz und Hybridisierung.

Afrikanische Maulwurfsratte
Die Maulwurfsratte verbringt den Großteil des Tages unter der Erde und kommt nur an die Oberfläche, um Pflanzen zu sammeln. Sie kann Populationsdichten von 22 Tieren pro Hektar erreichen und bildet einen wichtigen Bestandteil der Nahrung des Äthiopischen Wolfs. Hohe Wolfbestände fallen mit großen Maulwurfsrattenpopulationen zusammen.

Dschelada

Dscheladas ziehen in kleinen Harems umher, die von einem großen Männchen dominiert werden. Sie sind nur auf den äthiopischen Hochplateaus zu finden. Häufig versammeln sich Dutzende Harems, um vor Fressfeinden zu flüchten, wobei manchmal bis zu 600 Tiere nebeneinander auf den Felsen schlafen. Dscheladas ernähren sich von Gräsern, wobei sie aufrecht sitzend nach Nahrung suchen. Die Brusthaut leuchtet rot und enspricht als sexuellem Symbol dem kräftig gefärbten Hinterteil anderer Pavianarten.

Äthiopischer Steinbock
Der Äthiopische Steinbock ist eine seltene endemische Spezies des Hochlands. Er ist eng mit dem Syrischen Steinbock verwandt und hat große Hörner, die bei den Männchen viel größer sind. Die Art wurde früher stark bejagt und hat mit einer Restpopulation aus 400 Tieren im Simiengebirge überlebt.

Fakten	
Fläche	520 000 Quadratkilometer
Höhe über dem Meeresspiegel	1500 bis 4600 Meter
Lebensraum	Gebirgssteppe, Buschland
Endemische Säugetierarten	63
Endemische Vogelarten	27
Endemische Amphibienarten	23

Bergnyala
Nur die Männchen tragen spiralförmige Hörner. Sie wurde 1910 als letzte afrikanische Antilope entdeckt. Sie ist stark gefährdet, was teilweise darauf zurückzuführen ist, dass sie wegen ihres Fleisches und für medizinische Zwecke gejagt wird.

ENDEMISCHE VÖGEL

In den 58 Ländern, die Afrika, Madagaskar und die afrikanischen Inselnationen umfassen, leben über 2300 Vogelarten oder 23 Prozent der gegenwärtigen Liste von 9917 weltweit lebenden Vögel. Sechzig Prozent oder mehr als 1400 Vogelarten sind endemisch. Wie andere Kontinente besitzt auch Afrika viele vom Aussterben bedrohte Arten – ungefähr zehn Prozent oder 234 seiner Vögel, etwas weniger als der internationale Durchschnitt. Angesichts der wachsenden Bevölkerung von 800 Millionen Menschen nehmen die Bedrohungen zu: Klimawandel, fortschreitende Wüstenbildung und Konkurrenz um Land, Wasser und Feuchtgebiete. Jährlich ziehen fünf Milliarden Vögel zwischen Afrika und Eurasien hin und her. Seit 1976 sind von den 36 Vogelarten, die zwischen Afrika und den britischen Inseln wandern, die Bestände stark zurückgegangen und zwei Arten, der Neuntöter und der Wendehals, in Großbritannien ausgestorben. Weitere Hinweise auf Probleme findet man bei 522 Wasservögeln auf der Afrika-Eurasien-Zugroute, von denen 41 Prozent rückläufige Bestandszahlen aufweisen.

Kampfadler
Der größte afrikanische Greifvogel ernährt sich von Vögeln und Säugetieren, wobei seine Beute von Schliefern bis zu Antilopen reicht. Seine langsame Fortpflanzungsrate – alle zwei Jahre ein Ei – macht den Kampfadler in Gebieten, wo er häufig mit Menschen in Konflikt gerät, anfällig für Bestandsrückgänge.

SEKRETÄR

Der einzige Vertreter der Familie Sagittariidae ist in Afrika südlich der Sahara endemisch. Er kann zwar fliegen, verbringt aber mehr Zeit jagend auf dem Boden als andere Greifvögel, wobei er täglich oft 30 Kilometer zu Fuß zurücklegt. Er stampft auf Grasbüschel, um Grashüpfer und Eidechsen aufzuscheuchen. Er benutzt seine großen Flügel als Schild und greift Schlangen wiederholt an, bis sie benommen sind.

Beeindruckendes Nest
Sekretäre suchen allein nach Nahrung, rasten nachts aber auch gemeinsam. Ihre Nester sind riesige Bauwerke aus verflochtenen Zweigen, die Durchmesser von zweieinhalb Metern haben und einen halben Meter tief sein können. Sekretäre benutzen ihr Nest oft mehrere Jahre lang.

Charakteristische Haube
Der Sekretär ist leicht an den schwarzen Federn zu erkennen, die auf seiner Kopfhinterseite eine Haube bilden. Der Vogel hat den Körperbau eines Adlers, steht jedoch auf storchähnlichen Beinen.

Rötelfalke
Der Zugvogel verbringt den Winter in den afrikanischen Savannen südlich der Sahara. Als kleiner Falke verlässt er sich beim Aufspüren von Beutetieren auf seine scharfen Augen und seine Gleitfähigkeit. Der Rötelfalke besetzt eher das Nest eines anderen Vogels, als selbst eines zu bauen.

VOGELFAMILIE	ENDEMISCHE AFRIKANISCHE SPEZIES
Felshüpfer: Picathartidae	Buntkopf-Felshüpfer: *Picathartes oreas*
Mausvögel: Coliidae	Rotzügel-Mausvogel: *Urocolius indicus*
Baumhopfe: Phoeniculidae	Sichelhopf: *Rhinopomastus cyanomelas*
Schuhschnabel: Balaenicipitidae	Schuhschnabel: *Balaeniceps rex*
Witwenvögel: Viduidae	Langschwanz-Paradieswitwe: *Vidua interjecta*
Perlhühner: Numididae	Helmperlhuhn: *Numida meleagris*
Proteavögel: Promeropidae	Kaphonigfresser: *Promerops cafer*
Buschwürger: Malaconotidae	Grünkehlwürger: *Malaconotus gladiator*

Kapsperlinge
Kapsperlinge leben in vielen südafrikanischen Lebensräumen. Sie suchen auf dem Boden nach Insekten und sind in kleinen Gruppen ebenso anzutreffen wie in großen Schwärmen. Die monogamen Vögel nisten in Kolonien mit bis zu 100 Brutpaaren und 15 Nestern auf einem Baum.

Afrikanischer Strauß

Der Afrikanischen Strauß ist nicht nur der größte Vogel der Erde, sondern auch die einzige Vogelspezies mit zweizehigen Füßen. Seine langen, kräftigen Beine machen ihn zu einem der schnellsten Landtiere, das Geschwindigkeiten von 72 Stundenkilometern erreichen kann. Die früher weitverbreitete Art kommt heute nur noch in West-, Ost- und Südwestafrika vor.

Straußenweibchen
Im Gegensatz zu den schwarz-weißen Hähnen sind die Hennen zur Tarnung grau-braun gefärbt. Sie legen bis zu viermal im Jahr 12–14 Eier. Wegen ihrer auffälligen Farbe brüten die Hähne nachts. Nach 40 Tagen schlüpfen die Jungen, und häufig vereinigen sich die Gelege mehrerer Hennen zu großen Kinderkrippen.

Südlicher Gelbschnabeltoko
Wie alle Nashornvögel ist auch diese Art durch einen großen, gebogenen, farbenprächtigen Schnabel gekennzeichnet. Nur die Männchen haben einen mit Luft gefüllten Knochenwulst auf der Schnabeloberseite, der zum Anlocken von Paarungspartnern und zur Erzeugung ihres lauten Rufes dient. Gelbschnabeltokos suchen auf dem Boden nach Insekten und bauen Nester in Baumhöhlen.

Südlicher Hornrabe
Der Hornrabe ist ein großer, truthuhnähnlicher Vogel mit dröhnendem Ruf. Seine Kehle ist leuchtend rot. Südliche Hornraben brüten oft in Gruppen, wobei die Weibchen bei der Aufzucht ihres einzigen Kükens von allen Familienmitgliedern unterstützt werden.

Ostafrikanische Savanne

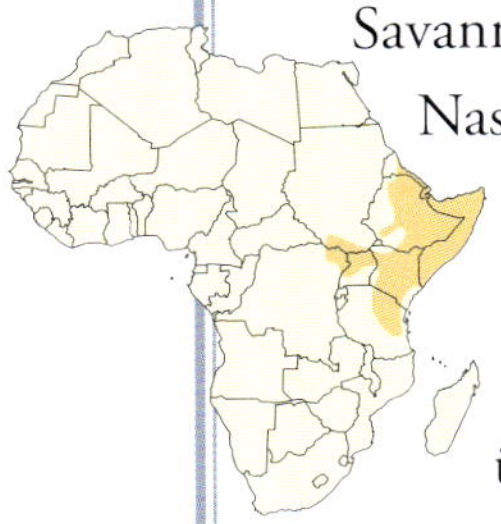

Obwohl sie als „Wiege der Menschheit“ betrachtet werden, sind die Savannen Ostafrikas bekannter für ihre Tiere: Elefanten, Giraffen, Nashörner, Gnus, Impalas, Gazellen, Löwen, Hyänen und Schakale, um nur einige zu nennen. Die Savanne liegt zwischen der Sahara und Sahelzone im Norden und dem Kongowald im Süden. Sie zieht sich in einem Bogen vom Süden des Sudan über Äthiopien, Kenia und Somalia bis in den Norden von Tansania. Die Vegetation reicht von Trockenwäldern und Buschsteppen bis zu den atemberaubenden Grassavannen der tansanischen Serengeti und kenianischen Masai Mara. Die jährliche Niederschlagsmenge liegt zwischen 300 und 1200 Millimetern und fällt saisonal, weshalb viele Tiere umherwandern und dem Regen und dem wachsenden Gras zu folgen. Die offene Vegetation der Savanne wird durch das Wechselspiel von Regenfällen, grasenden Wildtieren und natürlichen oder von Menschen entfachten Bränden aufrechterhalten, die das Entstehen dichter Waldvegetation verhindern.

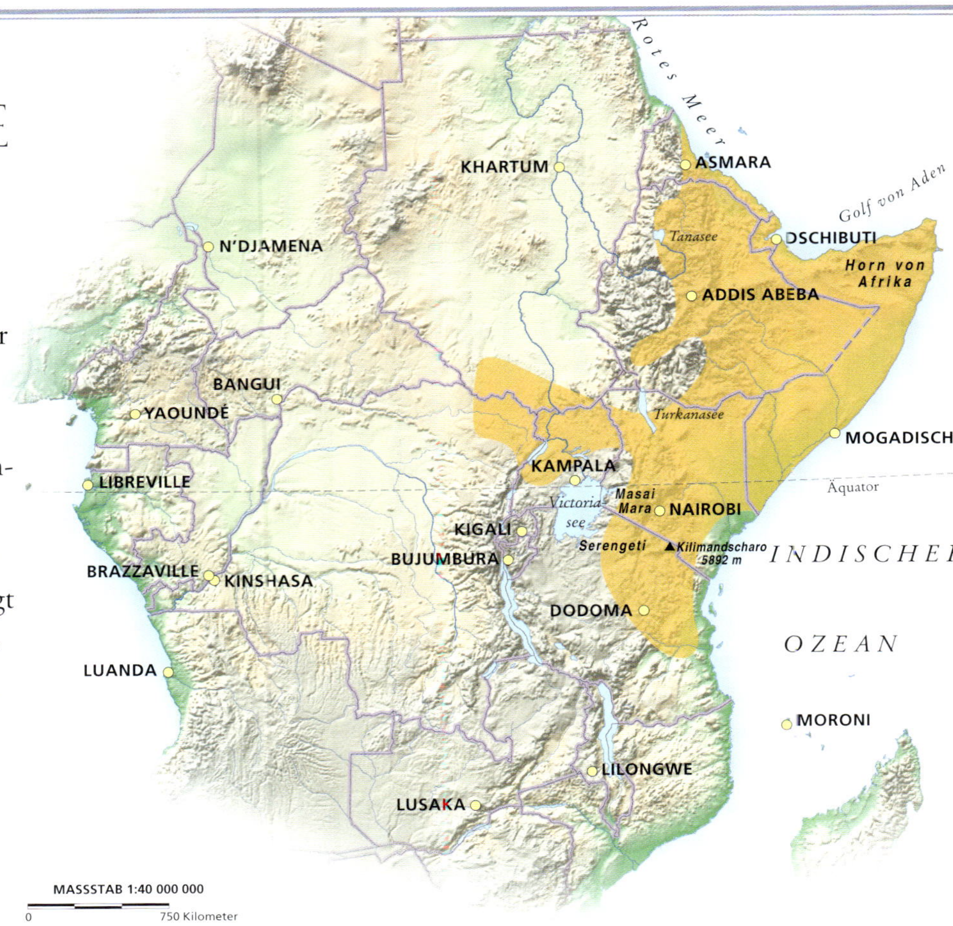

Ohrengeier
Im Gegensatz zu anderen Arten lebt der größte und aggressivste afrikanische Geier nicht gesellig, sondern in monogamen Brutpaaren. Der Ohrengeier ernährt sich von Aas und kleinen Säugetieren, die er mit seinen scharfen Augen erspäht.

Webervögel

Webervögel sind kleine, gesellige, finkenähnliche Vögel, die Samen fressen. Die Männchen weben ein kompliziert gesponnenes Nest aus Gras, Blättern und Zweigen, das bei manchen Arten einzeln an einem Ast hängt, bei anderen jedoch in Form einer Massenwohnung angelegt wird. Sie kann100 bis 300 Brutpaare beherbergen, die in getrennten Kammern wohnen.

Giraffengazelle
Die schlanke Giraffengazelle ist an ihrem langen Hals zu erkennen. Sie entgeht der Konkurrenz durch andere Pflanzenfresser, indem sie sich auf die Hinterbeine stellt und Blätter auf über 1,8 Meter Höhe abweidet. Das ist oberhalb des Bereichs der meisten anderen Gazellen und unterhalb der von Giraffen abgefressenen Vegetation.

Savanneningenieure

Termiten sind wahre Ökosystemingenieure. Sie spielen beim Aufbau und bei der Funktion der Savanne eine große Rolle, denn sie erhöhen die Bodendurchlässigkeit, wodurch das Wasser besser einsickern kann. Außerdem bringen sie in ihren zwei bis drei Meter hohen Hügeln Nährstoffe an die Oberfläche. Das beeinflusst die Vegetation großflächig und wirkt sich auch auf die Verbreitung der Tiere aus.

Wanderameisen
Wanderameisen können in Kolonien aus 20 Millionen Tieren leben. Bei Nahrungsknappheit bilden sich Kolonien mit bis zu 50 Millionen Ameisen aus mehreren Kolonien, um gemeinsam Nahrungsquellen zu finden.

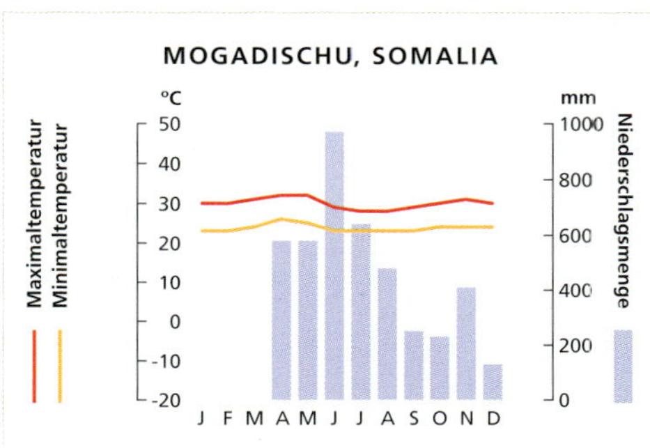

Afrikanische Elefanten
Während die Bullen vorwiegend Einzelgänger sind, bestehen die Elefantenherden vorwiegend aus Weibchen, die von alten Leitkühen angeführt werden. Elefanten verlassen sich auf ihr gutes Gedächtnis, um weit verstreute Wasserlöcher wiederzufinden. Sie verständigen sich über größere Entfernungen mittels Infraschall, der fast fünf Kilometer weit getragen wird.

Giraffe
Mit 5,5 Metern ist die Giraffe das höchste Landsäugetier. Genetische Anzeichen weisen darauf hin, dass es sechs Giraffenarten mit unterschiedlichen Fellzeichnungen gibt. Im ritualisierten Kampf um Paarungspartner schlagen die Bullen die Köpfe gegen die Hälse ihres Konkurrenten.

Streifenhyäne
Mit kräftigen Zähnen und Kiefermuskeln kann die geschickte Aasfresserin Knochen zermahlen. Streifenhyänen leben generell einzelgängerisch, verbringen ihre Ruhezeiten aber auch in Paaren. Löwen und andere Raubtiere vertreiben Streifenhyänen von den Kadavern.

OSTAFRIKANISCHE SAVANNE

GRASFRESSER

Die Grassavannenökosysteme zwischen Südafrika und dem südlichen Rand der Sahara werden von Huftieren in verschiedenen Fomen und Größen beherrscht. Einige weiden holzige Vegetation ab, aber die größten Populationsdichten findet man unter den Tierarten, die sich von dem reichhaltigen saisonalen Angebot an nahrhaften Gräsern ernähren. Der größte Grasfresser ist das bis zu 2200 Kilogramm schwere Beitmaulnashorn, während kleine Gazellen wie das Bleichböckchen lediglich neun Kilogramm wiegen. In der Serengeti und den anderen großen Savannen fressen Zebras die höher wachsenden, zäheren Gräser und ermöglichen den Gnus, die ihrer Spur folgen, das Abfressen der kürzeren Gräser mit höherem Nährwert. Durch dieses Beweidungsmuster wird neues Wachstum angeregt, und kleine Gazellen wie die Grant- oder Thomson-Gazelle zählen zu den ersten Tieren, die sich an den üppigen, kurzen Grasnarben satt fressen. Die Weidefolge erhöht die Produktivität des Graslandes und ist eine mögliche Erklärung für die Wildtiervielfalt der afrikanischen Savannen.

Afrikanischer Büffel
Der Afrikanische Büffel zählt zu den häufigsten großen Pflanzenfressern Afrikas. Er lebt meist in Herden aus einigen Hundert Tieren, manchmal versammeln sich jedoch Tausende. Sie sehen und hören zwar schlecht, aber ein gut entwickelter Geruchssinn ermöglicht es ihnen, Raubtiere in den offenen Ebenen zu entdecken.

Weidefolge
Auf der Suche nach frischem Gras ziehen Grasfresser von den hohen Hängen in die tiefer gelegenen, feuchteren Talkessel. Nach größeren Tieren wie Zebras weiden Gnus, gefolgt von kleineren Gazellen.

Weißohr-Kob
Vor kurzem wurde Afrikas bestgehütetes Geheimnis gelüftet: Naturschützer verkündeten, dass trotz dreißigjährigem Bürgerkrieg 1,2 Millionen Weißohr-Kobs, Tiang-Antilopen und Mongalla-Gazellen durch den Südsudan ziehen. Die Kobs haben nicht nur überlebt, sondern sich sogar vermehrt. Die Bestandszahlen kommen mittlerweile an die Serengeti heran.

SCHUTZSTATUS

Die beiden Breitmaulnashornunterarten haben eine unterschiedliche Entwichlungsgeschichte. Zu Beginn des 20. Jahrhunderts waren sie beinahe ausgestorben, haben sich aber erholt. In Südafrika leben nun mehr als 10 000 Tiere. Mit acht bis zehn Exemplaren ist das Nördliche Breitmaulnashorn in der Natur fast ausgestorben. Die Nachfrage an Hörnern ist für die Rückgänge verantwortlich.

WANDERKILOMETER

Jedes Jahr folgen zwei Millionen Tiere einem Wanderweg durch die grasbewachsenen Ebenen der Serengeti. Über eine Million Gnus, eine halbe Million Zebras sowie Zehntausende afrikanische Büffel und Thomsongazellen machen jährlich diese über 1600 Kilometer weite Wanderung. Nicht alle Routen führen durch Nationalparks, so dass die wandernden Tiere bis zu zehn Prozent der Reise in ungeschützten Gebieten verbringen.

Flussüberquerungen
Die größten Gefahren bei Flussüberquerungen sind Krokodile und Stromschnellen. Bei jeder Wanderung sterben 200 000 Gnus, da sie Fressfeinden zum Opfer fallen, bei einer Massenflucht zertrampelt werden oder ertrinken.

Savannengemeinschaften

Savannen, die über der Erde von Huftieren und darunter von Termiten beherrscht werden, bergen auch zahlreiche andere Wildtiere. Nagetiere kommen ebenso vor wie Grasfresser. Dutzende Raubtierarten von Servals bis zu Hyänen, Leoparden, Geparden und Löwen nutzen die Beutevielfalt, die von Elefanten bis zu Mäusen reicht. Es gibt Vögel im Überfluss, von kleinen Lerchen und Nachtschwalben bis zum Afrikanischen Strauß, dem größten Vogel der Welt.

Thomson-Gazelle
Die Thomson-Gazelle ist für ihre eleganten, bis zu zweieinhalb Meter hohen Sprünge bekannt. Entdeckt sie anschleichende Raubtiere, springt sie auf, um zu signalisieren, dass sie den Angrifer entdeckt hat. In der Regel geben danach die Raubtiere die Pirsch auf.

Zebra
Das Steppenzebra (oben), das in Ost- und Südafrika vorkommt, ist eine der drei Zebraarten. Das Grevyzebra hat dünne Streifen, einen weißen Bauch und ist nur im nördlichen Kenia und im Süden Äthiopiens zu finden. Über das Hinterteil des in Südafrika und Namibia lebenden Bergzebras ziehen sich breite Streifen. Untersuchungen weisen darauf hin, dass die Streifen der Zebras bei der Wärmeregulierung eine Rolle spielen.

Tansania
MIGRATIONSKARTE

Wanderrouten

Schlangenlinie
Eine gewundene Kolonne aus Streifengnus durchquert den Nationalpark Serengeti ins angrenzende Naturschutzgebiet Masai Mara und folgt dabei der Route der jährlichen Wanderung über die weiten Grasebenen.

Unterwegs geboren
In der Regenzeit, die der jährlichen Wanderung vorangeht, kommen etwa 400 000 Gnus zur Welt. Auch unterwegs werden Kälber geboren, die großen Gefahren ausgesetzt sind, aber schon eine Stunde nach der Geburt laufen können.

Leben im Albert-Rift

Vor 35 Millionen Jahren zerbrach der afrikanische Kontinent fast in zwei Teile. Bei dem Ereignis entstand ein 9600 Kilometer langer Riss oder Spalt, der Ostafrikanische oder Große Afrikanische Grabenbbruch. Der nördliche Abschnitt des Grabenbruchs, ein Gebiet mit eindrucksvollen Berggipfeln, tiefen Tälern und Seen, wird in Andenken an den englischen Prinz Albert auch Albert-Rift genannt. Er erstreckt sich von der Nordspitze des Albert- bis zur Südspitze des Tanganjikasees über fünf Länder: die Demokratische Republik Kongo, Uganda, Ruanda, Burundi und Tansania. Die unterschiedlichen geographischen Bedingungen brachten eine atemberaubende biologische Vielfalt hervor. In der Region leben zahllose Wirbeltierarten: 39 Prozent aller Säugetier-, 50 Prozent aller Vogel-, 19 Prozent aller Amphibien-, 14 Prozent aller Reptilarten des Kontinents sowie zahllose Süßwasserfische. Einige der fünf Tiergruppen bringen es auf über 7500 Arten. Viele Spezies sind an keinem anderen Ort der Erde anzutreffen und auf Grund des Lebensraumverlusts vom Aussterben bedroht.

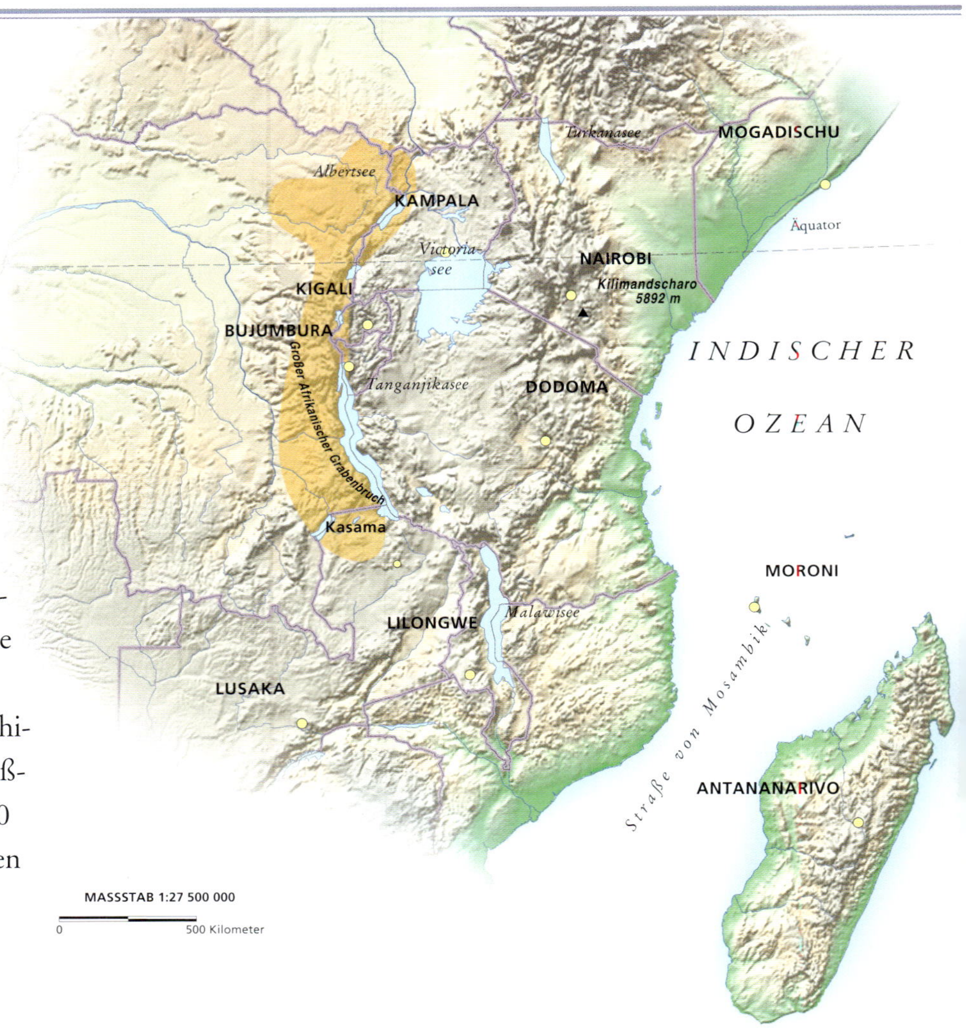

Eulenkopfmeerkatze
Über den auf die Demokratische Republik Kongo und Ruanda beschränkten, gefährdeten Affen ist wenig bekannt. Sein Lebensraum sind Bambuswälder. Die Jungen werden mit gelbbraunem Fell geboren, das beim Heranwachsen dunkler wird.

Vielfalt in großer Höhe

Im Albert-Rift leben einige der beeindruckendsten Pflanzen und Tiere der Welt. In über 3000 Meter Höhe liefern Riesenlobelien Nektar für zahllose Nektarvogelarten. Die Bergweiden in 2800 bis 3600 Meter Höhe werden von Berggorillas besucht.

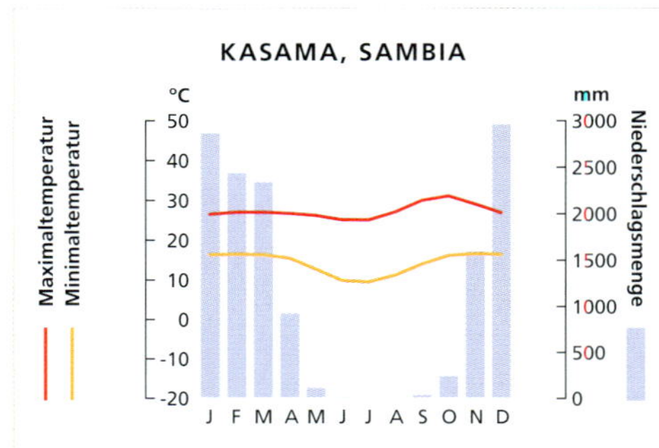

Schutzstatus

Die Goldmeerkatze ist so eng mit der Diademmeerkatze verwandt, dass die beiden fälschlicherweise als eine einzige Spezies klassifiziert wurden. Die gefährdete Art mit dem rußfarbigen Fell und dem goldbraunen Umhang über Kopf und Rücken kommt nur im Gebiet der Virunga-Vulkane – der Heimat der berühmten Berggorillas – und im Nationalpark Nyungwe in Ruanda vor.

Berggorilla
Gorilla beringei beringei

Heidekraut
Erica cruenta

Gelbaugen-Drongoschnäpper
Melaenornis ardesiacus

Diademmeerkatze
Diademmeerkatzen wandern häufig gemeinsam mit anderen Primaten wie Rotschwanzmeerkatzen, Sansibar-Stummelaffen und Schwarzmangaben umher. Gruppen aus mehreren Arten verstärken die Bemühungen zum Auffinden neuer Nahrungsquellen und bieten mehr Schutz vor Raubtieren.

Flamingos
Vulkanasche hat einige Seen in der Region zu alkalischen Sodaseen umgewandelt, die Rosa- und Zwergflamingos beherbergen. Flamingos sind Nahrungsfiltrierer. In ihrem Schnabel haben sie eine Art Sieb aus feinen Haaren, mit dem sie kleine garnelenartige Tiere fangen. Sie enthalten ein rotes Farbpigment, das Flamingos ihre rosa Farbe verleiht.

Galagos
Der Galagos ist näher mit den Lemuren Madagaskars verwandt als mit den Affen des Kontinents. Er verwendet seine großen Augen und Ohren, um nachts Insekten und andere Beutetiere zu jagen. Tagsüber schläft er in Baumhöhlen.

Chamäleons

Die Vertreter dieser Echsenfamilie können ihre Farbe verändern. Dies wird landläufig für eine Tarnstrategie gehalten, dient aber wahrscheinlich zur Kommunikation mit Artgenossen. Die Augenlider des Chamäleons sind verwachsen und lassen nur einen Sehschlitz offen. Mit Saugnäpfen an der Zunge ergreift es seine Beute, meist große Insekten.

Johnstons Chamäleon
Das im Albertine-Bruch endemische Chamäleon sieht aus wie eine Miniaturausgabe des Triceratops. Es setzt seine Hörner im Kampf um Paarungspartner ein.

Nashornchamäleon
Von diesem populären Heimtier mit dem Nasenhöcker wurden zu viele Tiere gesammelt, so dass es mittlerweile stark gefährdet ist. Es kommt nur im Ruwenzori-Gebirge vor.

Der Miombowald

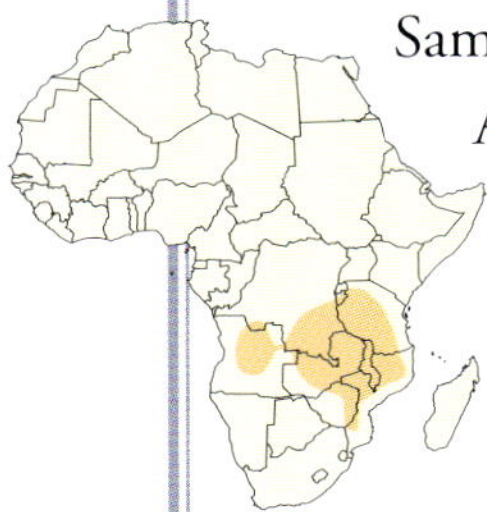

Dieser weite Lebensraum umspannt den Großteil des südlichen Zantralafrika und reicht vom Süden Tansanias über Malawi und Sambia bis Simbabwe und nach Westen hin durch den südlichen Abschnitt der Demokratischen Republik Kongo bis Angola. Der Miombowald bedeckt mehr als drei Millionen Quadratkilometer, was zehn Prozent der Gesamtfläche des afrikanischen Kontinents entspricht. Die Bezeichnung „Miombo“ stammt von dem Bantuwort für die vorherrschende Baumart *Brachystegia*. Im Gegensatz zur Savanne, in der es zwei Regenzeiten gibt, zeichnet sich der Miombo durch eine lange, feuchte Jahreszeit mit Niederschlagsmengen zwischen 760 und 1000 Millimetern aus. Mit über 8500 Arten bergen die Wälder eine große Pflanzenvielfalt, und unter den Wildtieren des Miombo finden sich spezialisierte Huftiere wie Lichtensteins-Antilopen, Elenantilopen, Rappenantilopen, und Spitzmaulnashörner. In der Region leben zahlreiche Primaten, darunter Rote Stummelaffen, Steppen- und Bärenpaviane. Im berühmten Gombe-Stream-Nationalpark führte Jane Goodall ihre Schimpansenstudien durch.

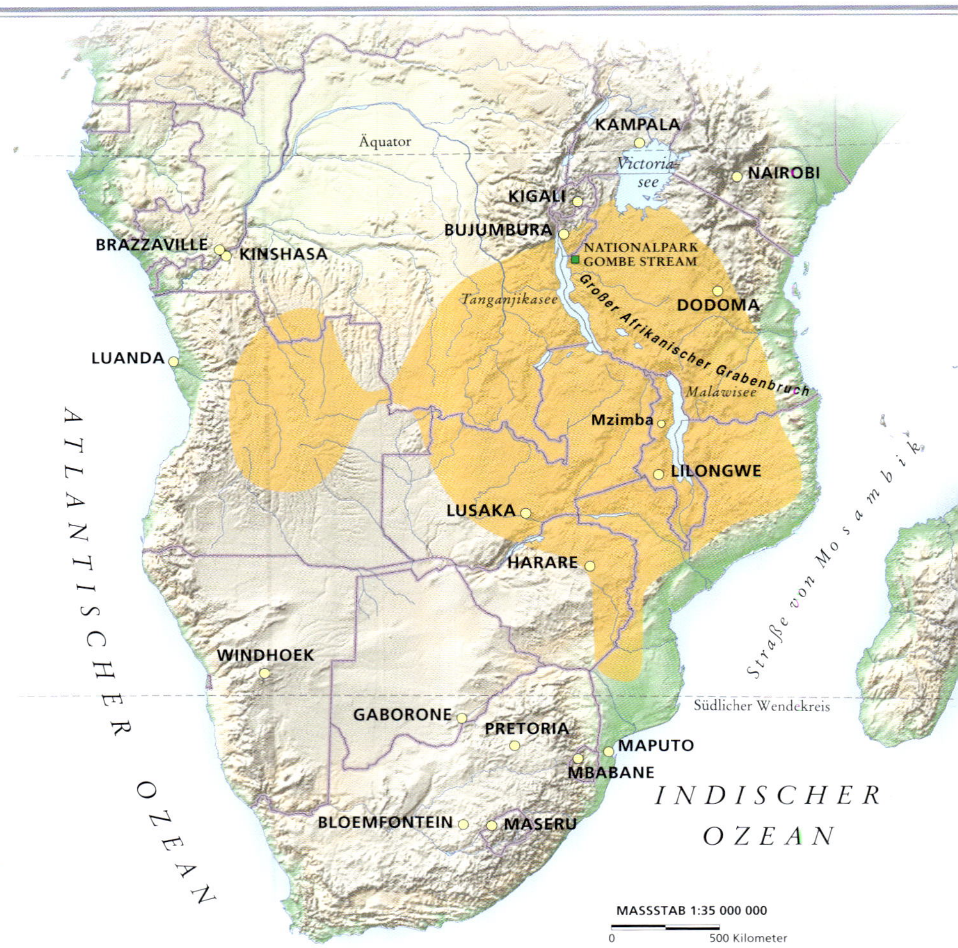

Gehörnte Tiere

Die Huftiere der Miombo-Wälder sind mit einigen der beeindruckendsten Hörnern aller afrikanischen Huftiere geschmückt. Im Gegensatz zu Geweihen werden Hörner nicht abgeworfen und erfüllen zwei Aufgaben: Sie dienen als Schutz gegen Raubtiere und werden im Kampf um Weibchen eingesetzt, weshalb die Männchen meist größere Hörner haben als Weibchen.

Großer Kudu
Die Korkenzieherhörner weisen auf die Rangordnung der Männchen hin. Im Zweikampf verflechten die Böcke ihre Hörner ineinander und versuchen, den Gegner aus dem Gleichgewicht zu bringen.

Rappenantilope
Rappenantilopenböcke lassen sich auf die Knie fallen und kämpfen mit ihren Hörnern, die bis zu einen Meter lang werden. Angeblich können sie sich gegen Löwen erfolgreich zur Wehr setzen.

Spießbock
Die außerordentlich gut an trockene Bedingungen angepassten Spießböcke leben in großen Herden und können lange Zeit ohne Wasser überleben. Ihre geraden Hörner sind sehr scharf und können Löwen abwehren.

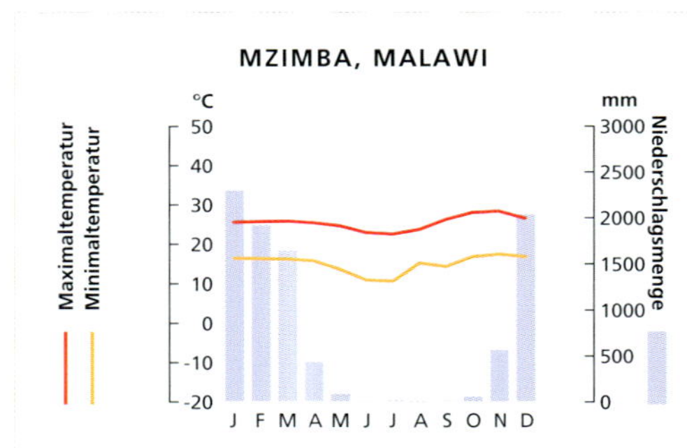

Schutzstatus

Mit lediglich etwa 4000 in freier Wildbahn lebenden Exemplaren ist das Spitzmaulnashorn vom Aussterben bedroht. Nashörner wurden wegen ihrer Hörner gejagt, die in der traditionellen Medizin Verwendung finden. Die langen Tastlippen helfen beim Abweiden von Blättern und Zweigen.

Waldfauna

Die Tiere des Miombowaldes müssen jedes Jahr mit einer langen Trockenzeit zurechtkommen. In der Regenzeit sind die Wildtiere weit über die Landschaft verstreut. Wenn das Land wieder trocken wird, sammeln sie sich in großer Zahl um die wenigen ständigen Wasserstellen. Elefanten graben Wasserlöcher aus und ermöglichen dadurch anderen Tieren den Zugang zu Wasser.

Scharlachspint
Der Scharlachspint fängt Bienen im Flug und schlägt sie gegen harte Oberflächen, um die Stachel zu entfernen. Er nistet in großen Kolonien in oder in der Nähe von Flussbänken. Die Anordnung der zahllosen Nisttunnel erinnert an ein Hochhaus.

Mistkäfer
Der Mistkäfer erfüllt eine wichtige Funktion, denn er fördert die Bodenzersetzung und Wiederaufbereitung der Nährstoffe. Mit seinem hervorragenden Geruchssinn ortet er Dung, den er zu einer Kugel rollt und vergräbt. Die Weibchen legen ihre Eier in die Kugeln, die den Larven als Nahrung dienen.

Puffotter
Mit ihrem äußerst toxischen Gift zählt die kompakt gebaute Puffotter zu den tödlichsten Schlangen Afrikas. Sie lauert in einem Hinterhalt auf kleine Säugetiere und Vögel. Wird sie aufgeschreckt, bläst sie ihren Kopf auf und stößt einen lauten Zischlaut aus.

Steppenschuppentier
Schuppentiere sind mit großen, plattenartigen Schuppen bedeckt. Bei Gefahr rollen sie sich zu einem Ball zusammen, wobei die Schuppen einen Schutzpanzer bilden. Schuppentiere haben keine Zähne und verlassen sich auf ihre Zungen, die auf das Fressen von Ameisen spezialisiert sind.

Waldheimat
Im Miombowald leben einige der charakteristischsten Raubtiere Afrikas wie Leoparden, Wildhunde, Geparden, Hyänen und Löwen. Jüngste Studien haben gezeigt, dass die Bestandszahlen der Löwen, die in Afrika früher weitverbreitet waren, auf Grund von Lebensraumverlust und Bejagung stark gesunken sind.

Nashornverteidigung
Nashörner verteidigen sich mit ihrer Masse und dem langen Horn. Die Männchen setzen die Hörner im Kampf um Weibchen ein, während die Weibchen damit ihre Jungen gegen Fressfeinde verteidigen. Diese wichtige Funktion zeigte sich, als in Namibia Nashörner enthornt wurden, um Wilderer fernzuhalten. Die Maßnahme führte zu einem Anstieg der Jungtiersterblichkeitsrate.

Nilkrokodil
Das aggressive und gefürchtete Nilkrokodil frisst verschiedene Säugetiere vom Sitatunga bis zum Gnu. Es vergräbt seine Eier. Beide Elternteile bewachen das Gelege, und die Mutter kümmert sich nach dem Schlüpfen um die Jungen. Nilkrokodile können hundert Jahre alt werden.

Das Okavango-Delta

Das Okavango-Delta im Herzen des südlichen Afrika ist eines der größten Binnendeltas der Welt. Der Okavango entspringt in Angola, durchquert Namibia und endet in einer weiten Überschwemmungsebene im Norden von Botswana. Jedes Jahr durchlebt das Delta einen Kreislauf aus Überschwemmung und Trockenheit. Im Oktober beginnen die Regenfälle in Angola und lassen den Okavango anschwellen. Seine Fluten überschwemmen das Delta und lassen Seen und Sümpfe entstehen. Im April kehrt die Trockenheit zurück, und das etwa 16 000 Quadratkilometer große Delta schrumpft auf beinahe die Hälfte seiner Fläche. Weil es entlang des Flusslaufs weder Industrie noch Landwirtschaft gibt, ist das Wasser außergewöhnlich sauber, aber geplante Staudämme, zunehmende Besiedlung und Wasserentnahme bedrohen die Wasserqualität. Das Okavango-Delta birgt eine artenreiche Fauna und Flora, darunter 300 Pflanzen-, 450 Vogel- und 20 Huftierarten.

Das Flusspferd

Flusspferde leben in kleinen Gruppen. Eine Herde wird von einem Bullen angeführt, der Revier und Harem gegen andere Männchen verteidigt. Flusspferde werden wegen ihres Fleisches und der Elfenbeinzähne gejagt. Bei Gefahr drohen sie dem Angreifer, indem sie ihr Maul weit aufsperren.

Gemeinschaftsgruppe
In manchen Flüssen ist die Flusspferddichte sehr hoch. Es wurden schon Ansammlungen von 100 Tieren beobachtet.

Hautschutz
Die Haut des Flusspferdes ist sehr sonnenempfindlich. Darum verbringen die Tiere den Tag meist im Wasser und gehen erst nachts auf Futtersuche. Außerdem sondert die Haut ein rötliches Sekret ab, das sie vor der UV-Strahlung schützt. Möglicherweise hat es auch antibiotische Eigenschaften.

Sumpfgesellschaft

Das über ganz Afrika verbreitete Flusspferd grast meist nachts an Land. In den Deltasümpfen legen sie Pfade durch die dichte Vegetation aus Seerosen, Papyrus und Wassersalat an. Die Flusspferdkanäle verbinden die Sümpfen und Seen, in denen Wasservögel wie Hammerkopf und Klunkerkranich und der Kapotter leben.

Hammerkopf
Scopus umbretta

Flusspferd
Hippopotamus amphibius

Roter Letschwe
Die mittelgroße Antilope bildet eine wichtige Nahrungsquelle für die Löwen des Deltas, aber sie vermeidet es geschickt, gefangen zu werden. Die Hinterbeine sind länger als die vorderen, was dem Tier außergewöhnliche Sprungfähigkeiten verleiht. Bei Gefahr laufen alle Mitglieder einer Letschweherde in verschiedene Richtungen, wodurch sie angreifende Raubtiere verwirren.

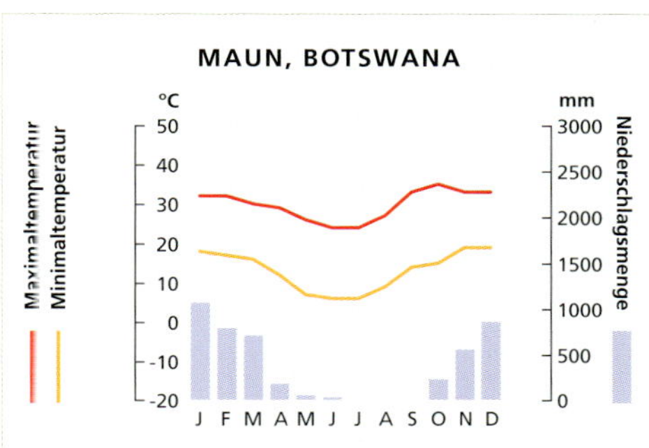

Gewässer des Deltas
Die Überschwemmungsebenen des Okavango-Deltas dehnen sich saisonal aus und ziehen sich wieder zurück, aber es gibt auch Gebiete mit permanenten Sümpfen.

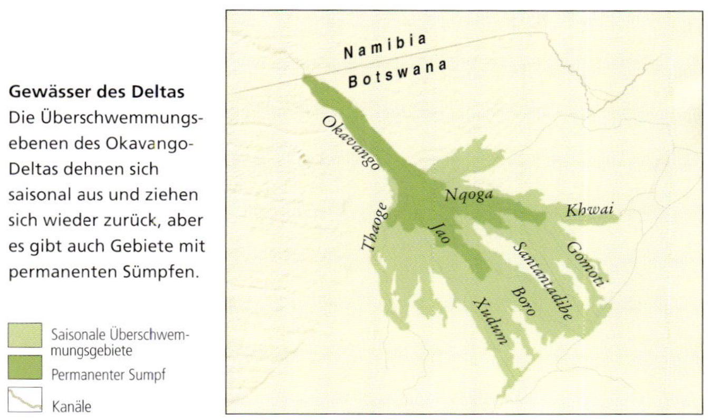

Sitatunga
Sitatungas sind gut an das Leben in Sümpfen angepasst. Als kräftige Schwimmer mit wasserdichtem Fell können sie bis zu den Nasenlöchern ins Wasser tauchen und mit den gespreizten Hufen schlammige Marschen durchqueren. Sie werden wegen ihres Fleisches gejagt und in Fallen gefangen.

AFRIKA

GROSSE FLEISCHFRESSER

In den afrikanischen Ebenen und Wäldern lebt immer noch eine eindrucksvolle Gruppe von großen Fleischfressern. Sie ernähren sich von Tieren, die größer sind als sie selbst. Einst durchstreiften große Raubkatzen und Hundeartige auch ganz Nordamerika, Asien und Europa. Vor 10 000 Jahren wurden sie jedoch großteils ausgerottet. In Afrika zählen Löwen, Hyänen, Geparden, Leoparden und Wildhunde zu den verbreiteten Arten. Ihre weiträumigen Reviere und Wanderungen bringen sie in Konflikt mit der wachsenden Menschenbevölkerung. Wird ihr Lebensraum kleiner, beginnen die Tiere um die Nahrung zu konkurrieren, wobei eine Hierarchie entsteht, die von Arten beherrscht wird, die anderen Raubtieren jeweils erfolgreich die Beute stehlen können. Der Löwe ist dabei der unumstrittene König der Tiere, Hyänen übertrumpfen Wildhunde und Geparden, beinahe alle Arten können Leoparden bestehlen. Sie ziehen deshalb ihre Beute auf Bäume, um derartige Diebstähle zu vermeiden.

AFRIKANISCHER FLEISCHFRESSER	HÖCHSTGESCHWINDIGKEIT IN KM/H	RUDELGRÖSSE	WURFGRÖSSE
Gepard	112	1–4	3–5
Löwe	80	5–15	3–5
Afrikanischer Wildhund	72	3–25	5–17
Hyäne	60	2–90	1–2
Leopard	60	1	2–3

Tüpfelhyänen
Tüpfelhyänen gehören zu den erfolgreichsten Jägern der afrikanischen Ebenen. Sie töten den Großteil ihrer Nahrung selbst, jagen in Rudeln und erbeuten junge oder schwache Tiere. Mit kräftigen Zähnen und Kiefermuskeln können sie Knochen zermahlen und so Körperteile fressen und verdauen, die andere Raubtiere übrig lassen. Die Weibchen sind das dominante Geschlecht und haben Geschlechtsteile, die wie männliche Sexualorgane aussehen. Hyänenrudel bestehen aus bis zu 80 Tieren und werden von einem Alphaweibchen angeführt.

Leopard
Der Leopard ist ein opportunistischer, einzelgängerischer Jäger, der mittelgroße Antilopen bevorzugt. Die elegante Raubkatze lauert ihrer Beute auf. Wie Geparden und Wildhunde jagt der Leopard in Gebieten und zu Zeiten, die nicht von Löwen und Hyänen bevorzugt werden. Frisch erlegte Beute versteckt die Raubkatze auf Bäumen. Die Männchen haben große Reviere, die die alltäglichen Lebensräume mehrerer Weibchen einschließen. Leoparden sind nur selten in Rudeln anzutreffen

Gepard
Der Gepard ist für seine Schnelligkeit berühmt und wurde mit bis zu 112 Stundenkilometern gestoppt. Die hohe Geschwindigkeit wird durch einen stromlinienförmigen Körper, ein vergrößertes Herz und große Lungen ermöglicht. Geparden durchstreifen weite Gebiete und sind vom Lebensraumverlust bedroht.

GEPARDENPOPULATION

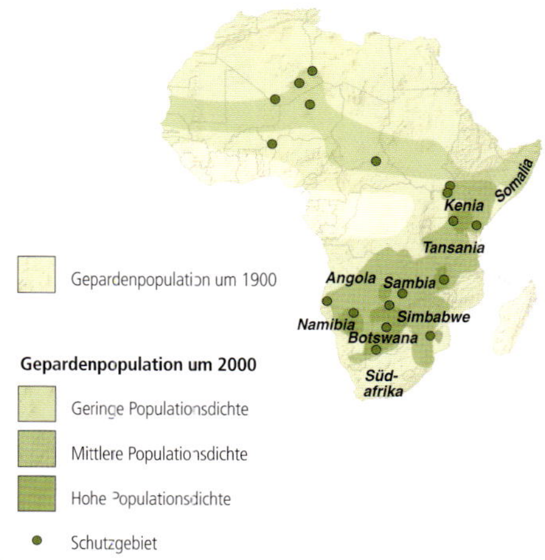

SCHUTZSTATUS

Der Afrikanische Wildhund war einst in allen afrikanischen Lebensräumen mit Ausnahme des Regenwaldes zu finden. In 32 Ländern wurde er ausgerottet, und heute leben noch rund 5000 Exemplare. Von Haushunden übertragene Krankheiten, Zerstückelung ihres Lebensraums, Straßen, Fangschlingen und Hetzjagden trugen zum Rückgang der Bestände bei. In Folge jüngster Schutzbestrebungen scheint sich die Spezies zu erholen. Wildhunde jagen in Rudeln aus bis zu 20 ausgewachsenen Tieren und kümmern sich gemeinsam um den Wurf des dominanten Weibchens.

LÖWEN

Einst waren Löwen in Afrika, Südeuropa und Westasien weitverbreitet, heute beschränkt sich ihre Verbreitung auf die Savannen und Grassteppen im Osten und Süden von Afrika. Die größten afrikanischen Fleischfresser leben in Rudeln aus fünf bis zehn Weibchen und zwei bis drei Männchen. Die Bestände sind in jüngster Zeit stark zurückgegangen. Der Lebensraumverlust bringt sie in Konflikt mit Menschen und Nutztieren.

Löwenjunge
Eine Löwin bringt pro Wurf bis zu vier Junge zur Welt, die im Alter von sechs Wochen ins Rudel eingeführt werden. Löwinnen können die Geburten im Rudel zeitlich aufeinander abstimmen. Sie ziehen den Nachwuchs häufig gemeinsam groß.

Jagd
Löwinnen sind die Jägerinnen des Rudels. Sie hetzen ihre Beute im Rudel und töten sie durch Bisse in Nacken, Kopf oder Kehle. Obwohl sich die Männchen kaum an der Jagd beteiligen, fressen sie oft zuerst.

Mähne
Nur die Löwenmännchen haben Mähnen. Größe und Farbe der Mähne weisen auf männliche Qualitäten hin, die jedoch ihren Preis haben. Weibchen bevorzugen dunkle Mähnen. Das aber macht das Männchen auffälliger, erhöht seine Körpertemperatur und dadurch auch den Energieverbrauch.

Leben in der Kalahari

Die Kalahari ist eine große Wüste im Süden von Afrika, die Teile von Botswana, Südafrika und Namibia bedeckt. Sie liegt inmitten eines weitaus größeren Beckens mit 1,03 Millionen Quadratkilometern, das sich nach Norden hin bis Angola und Sambia erstreckt. Das Kalaharibecken grenzt an den Westrand von Simbabwe und umfasst den gesamten Lauf des Okavango einschließlich seines Deltasystems. Die in annähernd 900 Metern Höhe gelegene Kalahari ist keine richtige Wüste, sondern eine Halbwüste, in der die Sanddünen mit Grassteppen, Akazienwäldern und Akaziengestrüpp bewachsen sind. Der Reichtum an Gras, der auf den jährlichen Regen folgt, nährt einige der bedeutendsten Wildtierpopulationen der Region, darunter Arten, die früher in ganz Afrika verbreitet waren wie Giraffen, Elefanten, Nashörner und Löwen. Zu den Naturschutzgebieten der Region zählen der Nationalpark Kgalagadi Transfrontier und das Central Kalahari Game Reserve, das zweitgrößte Naturschutzgebiet der Welt. Das Volk der San lebt seit 20 000 Jahren in der Kalahari.

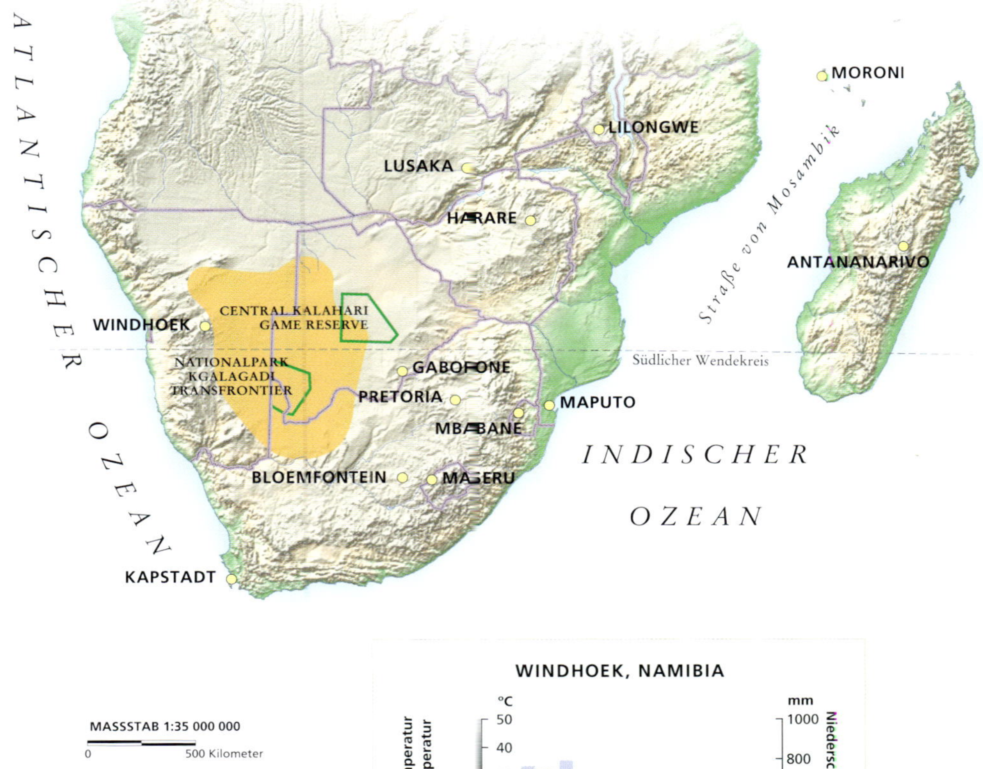

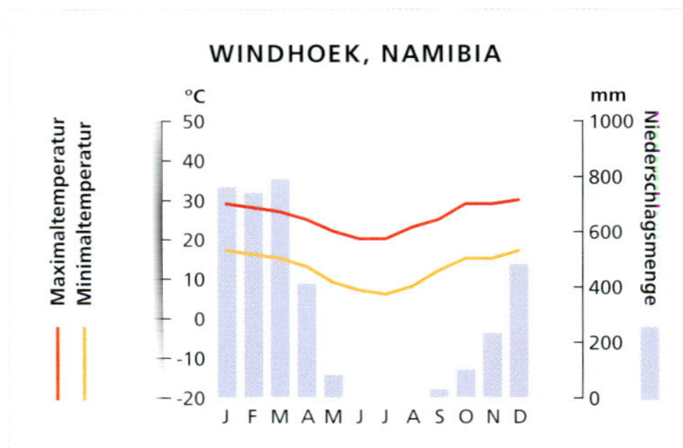

Wüstenanpassungen

Die Wildtiere der Kalahari haben sich an die raue Umgebung angepasst, indem sie in geringen Populationsdichten leben, nachtaktiv sind und weite Strecken wandern. In der Wüste ist Wasser die wichtigste Ressource. Während der feuchten Jahreszeit sind die Tiere über die ganze Kalahari verstreut, in trockeneren Zeiten ziehen sie sich jedoch in die saisonalen Flussbetten zurück. Elefanten graben Wasserlöcher aus und sind deshalb für andere Arten lebenswichtig.

Elefantengedächtnis
Die wüstenlebenden Elefanten Namibias sind kleiner als andere Elefanten und können viele Tage ohne Wasser auskommen. Wie alle Vertreter ihrer Art haben sie ein gutes Gedächtnis. Sie wandern über 70 Kilometer lange Strecken, um Wasserlöcher oder Nahrungsplätze zu erreichen, die sie von früheren Besuchen kennen.

Sparmaßnahmen
Als Anpassung an die extremen Tagestemperaturen tragen die Löwen der Wüste ein helleres Fell und hellere Mähnen. Sie durchstreifen in kleineren Rudeln größere Gebiete und jagen kleinere Säugetiere als Löwen in anderen Regionen.

Kapfuchs
Der Kapfuchs ist nachtaktiv und ruht tagsüber in unterirdischen Bauen. Sein abwechslungsreicher Speiseplan besteht aus kleinen Säugetieren, Insekten und Reptilien, die er einlagert oder versteckt.

Springbock
Der Name des Springbocks weist auf seine Angewohnheit hin, auf der Flucht vor Fressfeinden wiederholt bis zu vier Meter senkrecht in die Höhe zu springen. Bei diesem „Prunken" treten aus einer Hautfalte auf dem Rücken weiße Haarbüschel hervor. Der Springbock kann lange Zeit ohne Wasser überleben und äst meist vor der Morgendämmerung, wenn die Vegetation am saftigsten ist, oder nachts, wenn sich der Tau auf den Pflanzen niedergelassen hat.

Erdwolf
Der nachtaktive Erdwolf ist zwar ein Vertreter der Hyänenfamilie, ernährt sich jedoch von Ameisen, wobei er in einer Nacht bis zu 200 000 Insekten verschlingt. Er zieht die Ameisen mit seiner klebrigen Zunge aus den Hügeln und kann Soldatenameisen entgiften. Der Erdwolf verteidigt sich, indem er wie die Stinktiere eine übel riechende Substanz absondert.

Spießbock
Der Spießbock verlässt sich bei der Feuchtigkeitsaufnahme hauptsächlich auf das im Gras enthaltene Wasser. Das charakteristische schwarze Muster auf seinem weißen Gesicht zieht sich in schwarzen Streifen über Bauch und Rücken. Die Hörner können 76 Zentimeter lang werden, wobei die Weibchen längere und dünnere Hörner haben als ihre männlichen Gegenstücke.

Erdferkel
Mit kräftigen Beinen, spezialisierten Krallen, langer Schnauze und klebriger Zunge gräbt sich das Erdferkel durch Termitenhügel und Ameisennester (rechts), wobei seine dicke Haut die Bisse seiner Beute abhält. Erdferkel legen regelmäßig neue Baue an (oben), was anderen Säugetieren die Benutzung der verlassenen Behausungen ermöglicht.

Erdmännchen

Erdmännchen leben in Familienverbänden mit bis zu 50 Individuen und einem dominanten Paar. Die Familienmitglieder graben Baue, helfen bei der Aufzucht der Jungen und halten Ausschau nach Raubtieren. Erdmännchen fressen in erster Linie Insekten, die sie mit ihren nicht einziehbaren Krallen ausgraben. Während sie nach Nahrung suchen, hält mindestens ein Familienmitglied Wache. Erdmännchen stehen gern in der Morgensonne und wärmen ihren Bauch.

MADAGASKAR

Vor mehr als 100 Millionen Jahren brach Madagaskar vom afrikanischen Kontinent weg und war den Großteil seiner Geschichte hindurch völlig isoliert. Mit einer Fläche von 587 000 Quadratkilometern ist Madagaskar die viertgrößte Insel der Welt. Die Isolation und eine große Vielfalt an unterschiedlichen Lebensräumen führten zu einem außergewöhnlichen Reichtum an endemischen Wildtieren. Der Westen und Süden der Insel wird von Trockenwäldern und Dornwüsten beherrscht, in denen an trockene Bedingungen angepasste Tiere vorkommen. Der Osten der Insel ist feuchter und birgt einige der artenreichsten Tropenwälder. Auf Madagaskar leben erstaunliche fünf Prozent aller Pflanzen- und Tierarten der Erde, von denen 80 Prozent endemisch sind. Am bekanntesten sind wohl die madagassischen Lemuren – eine Teilordnung der Primaten mit 70 Arten. Obwohl die dicht besiedelte Insel am globalen Standard gemessen arm ist, bemüht sich die Regierung um die Erhaltung des Naturerbes.

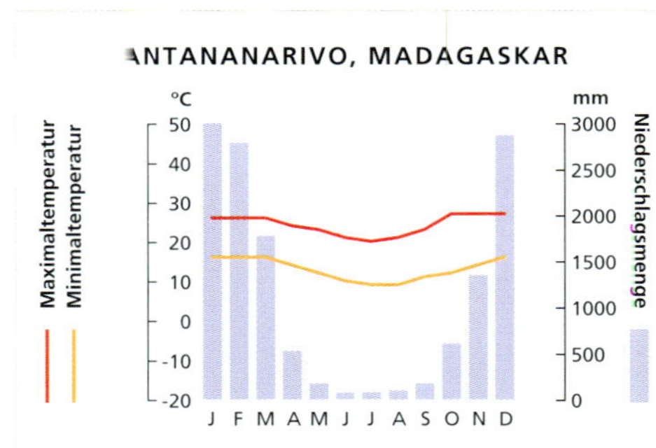

KLEINE WALDTIERE

Mit über 400 Reptil- und 300 Froscharten ist Madagaskar die Heimat für eine breite Vielfalt an Reptilien und Amphibien, wobei die Hälfte aller Chamäleonarten nur auf dieser Insel vorkommt. Manche evolutionäre Verwandschaften sind unerwartet: Auf Madagaskar gibt es keine Pythons, aber eine endemische Abgottschlange, deren nächste Verwandte in Südamerika beheimatet sind.

Pantherchamäleon
Das Männchen der in den Tropenwäldern Madagaskars weitverbreiteten Art ist beinahe doppelt so groß wie das Weibchen und kräftiger gefärbt. Die Farben und Muster der Chamäleons sind soziale Signale zur Kommunikation mit Artgenossen.

Madagassischer Blattschwanzgecko
Als Meister der Tarnung verbringt der Blattschwanzgecko den Großteil des Tages kopfüber an Ästen hängend. Wird er gestört, stellt er sich mit erhobenem Kopf und Schwanz auf und stößt ein lautes Zischen aus.

Madagassische Spinnenschildkröte
Die nach ihrem netzartigen Panzermuster aus gelben Linien benannte Spinnenschildkröte hat sich an das Leben in trockenen Habitaten angepasst. Während der Trockenzeit liegt sie vergraben unter der Erde und wartet auf den Regen.

Tomatenfrosch
Leuchtend rot sitzt der Tomatenfrosch still auf der Lauer und wartet auf Insekten. Seine Farbe wirkt als Warnung für Fressfeinde: Wird er angegriffen, bläst der Tomatenfrosch seinen Körper auf und sondert eine klebrige, giftige Substanz ab.

Fossa
Die Fossa ist das größte Raubtier Madagaskars. Ihre Nahrung besteht zu über 50 Prozent aus Lemuren. Der eng mit den Mangusten verwandte Fleischfresser ist auf dem Boden ebenso flink wie auf Bäumen.

Lemurenvielfalt

Die größten Lemuren sind Sifakas, Wollmakis und der Indri, alles Vertreter der Familie Indriidae. Indris können zehn Kilogramm schwer werden, während der Graue Mausmaki als kleinster Primat lediglich 40 bis 60 Gramm wiegt. Mittelgroße Lemuren wie der Rotbauchmaki wiegen etwa 1,4 Kilogramm. Varis sind die einzigen Primaten, die mehrere Jungen auf einmal zur Welt bringen.

Grauer Mausmaki
Microcebus murinus

Indri
Indri indri

Roter Vari
Varecia variegata rubra

Insellandschaft
Im Süden von Madagaskar ließ die Verwitterung der Felsen eindrucksvolle Geländeformen entstehen. In dem einzigartigen, von hoher Dornvegetation geprägten Lebensraum sind Affenbrotbäume, Aloen und kaktusähnliche Euphorbien häufig. Endemische Didiereaceae-Bäume wie die *Didieroideae* sind die markantesten Pflanzen der Insel.

Katta
Von allen Lemuren verbringt der Katta die meiste Zeit am Boden, wo man ihn oft beim Sonnenbaden antreffen kann. Wie bei fast allen Lemuren sind die Weibchen dominant. Aggressive Interaktionen schließen „Stinkkämpfe" ein. Dabei schwenken die Kattas ihren Schwanz, den sie mit einem Duftstoff aus Handgelenksdrüsen beschmieren.

Rotbauchmaki
Eulemur rubriventer

Fanaloka
Die über ganz Madagaskar verbreitete Fanaloka sieht aus wie ein kleiner Fuchs und lebt in Paaren, die ein gemeinsames Revier verteidigen. Ihre Nahrung besteht aus Nagetieren, Vögeln, Reptilien und Fröschen. Um Zeiten der Nahrungsknappheit zu überstehen, speichert sie im Schwanz Fett, das bis zu 25 Prozent ihres Körpergewichts ausmachen kann.

SCHUTZSTATUS

Der auffällige Coquerel-Sifaka ist ein Lemur, der in den trockenen Laubwäldern im Nordwesten von Madagaskar in geringen Dichten und auf Höhen unter 100 Metern lebt. Der Verlust der Wälder durch die Ausweitung der Landwirtschaft und die Zerstörung ihres Lebensraums bilden die Hauptbedrohungen für die Spezies, die nur in zwei kleinen Schutzgebieten zu finden ist: im Nationalpark Ankarafantsika und im Spezialreservat Bora.

FINGERTIER

Der charakteristischste madagassische Primat ist wahrscheinlich das nachtaktive Fingertier. Wegen seines seltsamen Aussehens und seiner nagetierähnlichen Schneidezähne, die ein Leben lang weiterwachsen, wurde es ursprünglich fälschlicherweise für ein Nagetier gehalten. Der nachtaktive Primat mit den großen Augen und Ohren wird in lokalen Überlieferungen als Unglücksbote betrachtet, was zu seiner Verfolgung führte.

Krallen
Zugespitzte Krallen ermöglichen dem Fingertier das Hängen an Ästen. Der verlängerte Mittelfinger wird zum Abklopfen von Zweigen verwendet, um Insektenlarven aufzustöbern und herauszuziehen.

Mutter und Junges
Fingertiere leben vorwiegend einzelgängerisch. Die einzige langzeitige Bindung ist die zwischen einer Mutter und ihrem Jungen.

Afrikas Korallenriffe

Der afrikanische Kontinent ist von Korallen umsäumt, richtige Riffe sind jedoch hauptsächlich vor der Ostküste vom Roten Meer bis Mosambik und Madagaskar zu finden. In West- und Zentralafrika gibt es zwar vor der Atlantikküste verschiedene Korallen, vor allem auf den Kapverdischen Inseln, aber die Kombination von großen Regenmengen und starken Strömungen mit kaltem aufsteigendem Wasser verhindert die Riffbildung. Korallenriffe sind biologisch vielfältig, hoch produktiv und für die lokale Fischerei an den dicht besiedelten Küsten von Kenia, Tansania, Mosambik und Madagaskar lebenswichtig. Industrieabfälle und Schadstoffe, unbehandelte Abwässer und die zunehmenden Sedimentablagerungen der Flüsse bedrohen die Küstenökosysteme. Die größte Bedrohung stellt jedoch der Klimawandel dar. Die steigende Temperatur der Meeresoberfläche in Folge des Klimawandels und des starken El Niños von 1997 und 1998 traf den westlichen Abschnitt des Indischen Ozean besonders hart und tötete über große Flächen hinweg 90 Prozent aller Korallen.

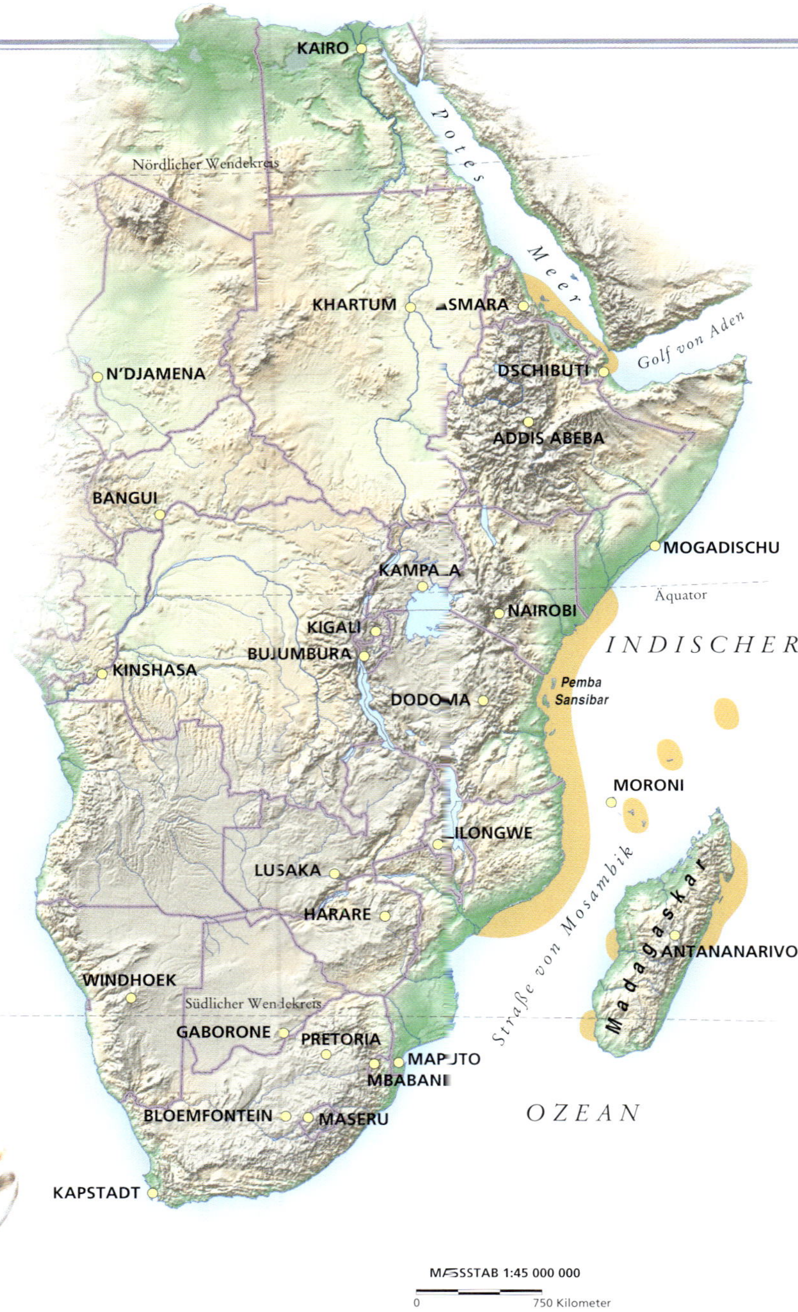

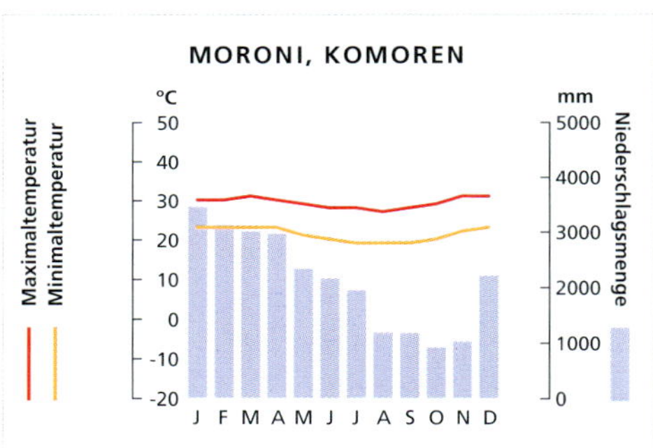

Schmuckschalen

Die Schalen von Weichtieren haben mehrere Schichten. Die Perlmuttschicht besteht hauptsächlich aus Kalziumkarbonat und verleiht der Schale ihren Glanz und das charakteristische Muster. Schalen sind eine schützende Festung für die darin wohnenden Weichtiere. Die Farben und Muster dienen zur Tarnung vor den zahllosen Fressfeinden. Algen leben um die Klappenöffnung von Klaffmuscheln, wo sie Sonnenlicht einfangen und die Muschel mit energiereicher Nahrung versorgen.

Kaurischnecken
Kaurischnecken leben unter Felsen und fressen nachts Algen. Ihre glatten, porzellanartigen Schalen sind in einen Mantel gewickelt, der oft prächtig gefärbt ist. In Afrika wurden die Schalen früher als Währung und zur Verzierung von Stoffen und Körben verwendet.

Riesenmuschel
Die weichen Körper von Klaffmuscheln werden von zwei Schalen geschützt. Die Riesenmuschel lebt im seichten Wasser nahe der Oberfläche, wo sie sich an Korallentrümmer oder Kalksteinflächen heftet und Plankton aus dem Wasser filtert.

Fangschreckenkrebs
Die auf Stielen sitzenden Komplexaugen des Fangschreckenkrebses zählen zu den ungewöhnlichsten Sehorganen im Tierreich. Die aktiven Jäger zerschmettern ihre Beute mit keulenartigen Verdickungen an den Enden ihrer Fangarme, wobei sie so starke Kräfte einsetzen, dass sie sogar Glas zertrümmern können.

Seesterne

Seesterne haben kein zentrales Gehirn, aber zwei Mägen und mindestens fünf nachwachsende Arme. Die stachelige Hülle hält Organismen davon ab, sich auf der Haut anzusiedeln. Alle Seesterne können sich geschlechtlich und nicht-geschlechtlich fortpflanzen.

Süßlippen

Wie ihr Name vermuten lässt ist die im Indischen Ozean verbreitete Schwarztupfen-Süßlippe an ihren Lippen und Tupfen zu erkennen. Über den Rücken der Jungfische verlaufen sechs Linien, die später zu Tupfen werden. Die nachtaktiven Fische können 45 Zentimeter lang werden und ernähren sich von wirbellosen Tieren.

Napoleon-Lippfisch

Der Napoleon-Lippfisch ist an seinem großen Kopfwulst zu erkennen und zählt zu den größten Fischen der Korallenriffe. Er ist tagaktiv und ruht nachts in Riffhöhlen. Der blaue Fisch kann bis zu 32 Jahre alt werden. Da sie eine niedrige Fortpflanzungsrate hat, wird die Spezies durch Überfischung bedroht.

Echte Karettschildkröte

Als Bewohnerin der tropischen und subtropischen Gewässer der Erde wandert die Echte Karettschildkröte oft Hunderte oder Tausende Kilometer zwischen ihren Brut- und Nahrungsgründen hin und her. Die Ausbreitung des Menschen an Nistplätzen, die Überjagung und das Verfangen in Fischernetzen schaden der Karettschildkrötenpopulation.

GESCHÄTZTE BEDROHUNG FÜR KORALLENRIFFE

- Geringe
- Mittlere
- Hohe

Gefleckter Riesenbarsch

Der Gefleckte Riesenbarsch kommt im Roten Meer und im westlichen Abschnitt des Indischen Ozean vor. Er ernährt sich von Fischen und Krebstieren, ist äußerst territorial und für seine Aggression bekannt. Seine Körpergröße macht ihn zu einem beliebten Ziel für Speerfischer.

Kragenechsen leben auf Neuguinea und an den tropischen Küsten im Norden und Osten von Australien. Werden sie aufgeschreckt oder verärgert, stellen sie den umhangähnlichen Kragen über ihren Schultern auf, wodurch sie doppelt so groß erscheinen, als sie tatsächlich sind. Um Fressfeinde abzuwehren, sperren Kragenechsen ihr Maul weit auf, stoßen ein lautes Zischen aus und stemmen sich auf den Vorderbeinen in die Höhe.

AUSTRALASIEN & OZEANIEN

Australasien & Ozeanien

Die biogeographische Region Australasien erstreckt sich von den östlichsten Inseln des Indonesischen Archipels über Neuguinea bis Australien. Ozeanien umfasst die südpazifischen Inselgruppen und Neuseeland. Die Landflächen der beiden Regionen bestehen großteils aus drei Überresten des einstigen Superkontinents Gondwana, wobei Australien und Neuguinea das größte, Neuseeland und Neukaledonien die kleineren Bruchstücke darstellen. Die übrigen Inselgruppen sind in erster Linie vulkanischen Ursprungs oder Korallenatolle auf versunkenen Vulkanresten. Die Flora und Fauna Australasiens und Ozeaniens ist reich an endemischen Arten, deren Vorfahren die Wälder von Gondwana durchstreiften. Zu den Pflanzenrelikten zählen in erster Linie Araukarien und Südbuchen, während die großen, flugunfähigen Laufvögel, Kloakentiere und Beuteltiere an die Wildtiere von Gondwana erinnern.

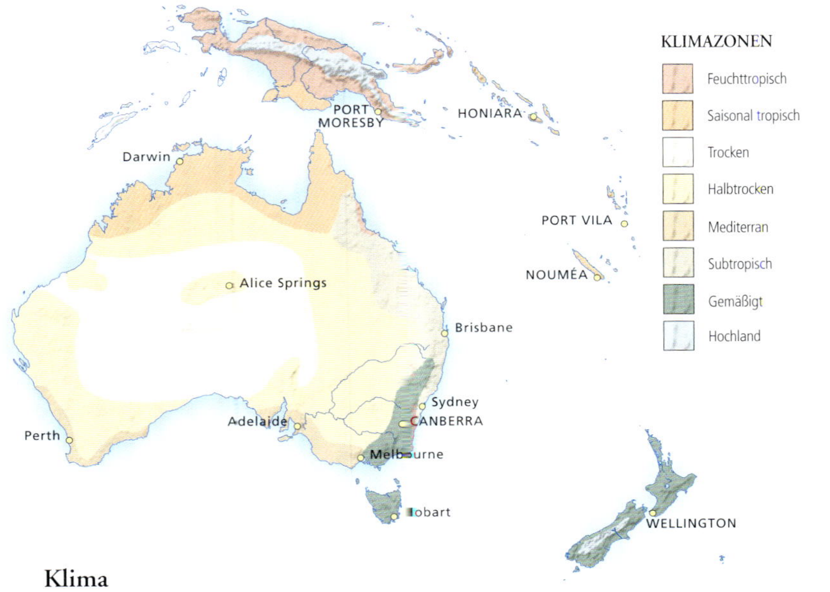

Klima

Die Nähe zum Äquator schafft im größten Teil von Ozeanien warme, feuchte Bedingungen. Zwischen dem fünften südlichen Breitengrad und der geographischen Breite von Nordaustralien treten im Sommer Wirbelstürme auf, die in der Region als „Zyklone“ bezeichnet werden. In den kühleren mittleren Breiten sorgen feuchte Meereswinde für regelmäßige Niederschläge auf Neuseeland und an der australischen Ostküste. Das Innere von Australien ist trocken: Etwa die halbe Fläche des Kontinents verzeichnet eine jährliche Niederschlagsmenge von weniger als 300 Millimetern.

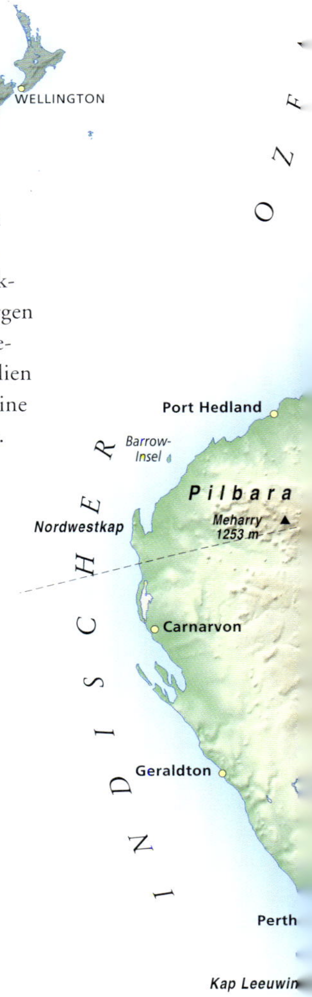

Hochland von Neuguinea
In den Regenwäldern des Hochlandes von Neuguinea leben zahlreiche einzigartige Säugetier- und Vogelspezies, darunter mehrere Baumkängurus und Paradiesvögel.

Der tropische Norden
Das „obere Ende“ von Australien mit seinen Termitenhügeln wird von Arten bewohnt, die an die Wetterextreme der starken Sommerregenfälle und trockenen Winter angepasst sind.

Neuseeland
Der auf Neuseeland endemische Kiwi ist einer der wenigen Überlebenden von flugunfähigen Vögeln, die einst auf dem großen Südkontinent Gondwana lebten.

Das Great Barrier Reef
Australiens Great Barrier Reef ist das größte Saumriff der Erde. Seine zahllosen Korallen- und Fischarten machen es zu einem bedeutenden globalen Biodiversitäts-Hotspot.

Das Outback
In den inneraustralischen Wüsten leben an trockene Bedingungen angepasste Arten wie die Bartagame, aber es gibt auch Oasen in Form von artesischen Quellen und kurzlebigen Seen.

Südostpazifische Inseln
Die Lord-Howe-Insel ist die Heimat von Meeresvögeln, die an den raubtierfreien Stränden nisten. Andere Inseln sind Rückzuggebiete für endemische Arten, darunter einige flugunfähige Vögel.

Die Wildtiere des Kap York
Das Kap York ist die Übergangsregion zwischen Australien und Neuguinea, weshalb seine Flora und Fauna eine faszinierende Mischung aus Arten von beiden Landmassen enthalten.

Gemäßigte südliche Wälder und Heideland
Neben den Eukalyptusbäumen, von denen er sich ernährt, zählt Australiens Koala zu den am besten bekannten Bewohnern der gemäßigten südlichen Wäldern.

ANTEILE AN DER GESAMTEN LANDFLÄCHE

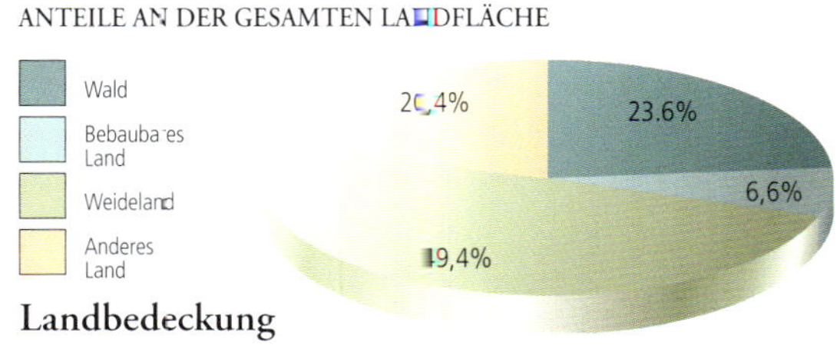

Landbedeckung

Ein Großteil von Australien und Neuseeland eignet sich für die Weidehaltung, wobei das Vieh in Australien weit umherwandern muss, um genügend Nahrung zu finden. Ein Viertel von Ozeanien ist mit Wäldern bedeckt. Auf den pazifischen Inseln gibt es kaum bebaubares Land mit Ausnahme einiger Plätze, an denen größere Regenmengen und vulkanische Böden landwirtschaftliche Produktivität gewährleisten.

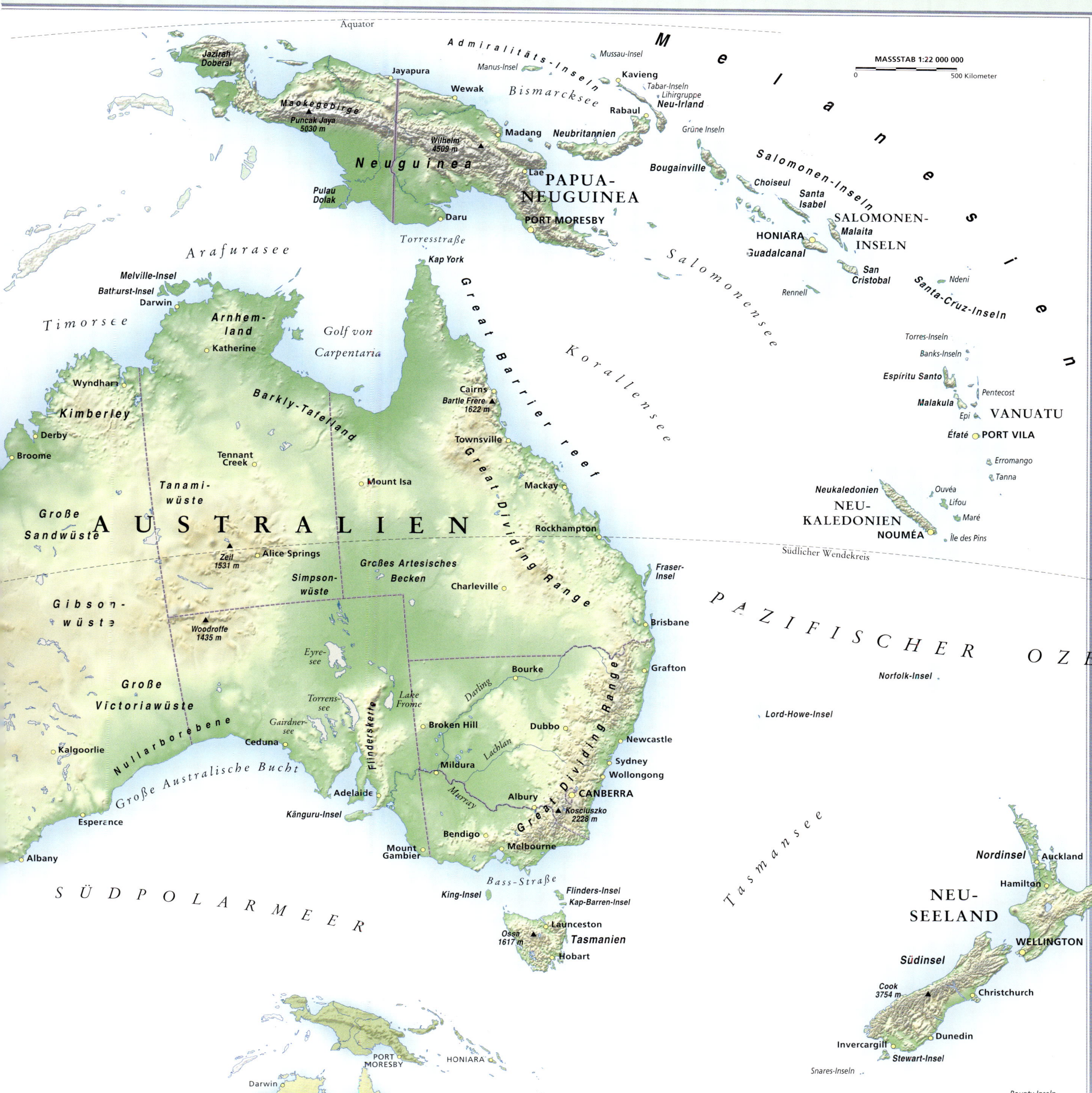

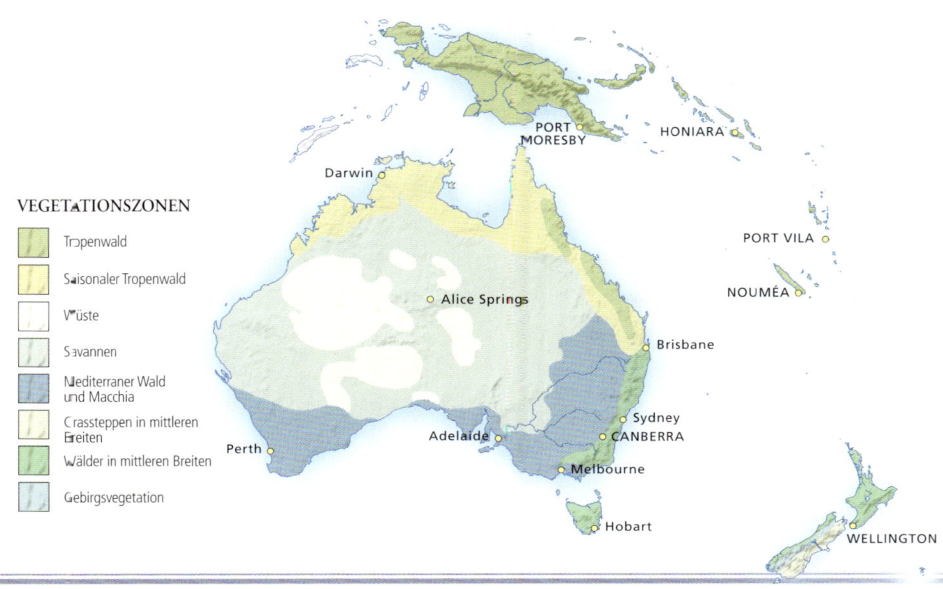

Vegetation

Die Inseln Ozeaniens haben im Inneren Regenwälder und in Küstennähe Palmen und Mangroven. Im Norden von Australien verschmelzen Küstenregenwälder mit Savannen. Der Südosten wird von immergrünen Hartlaubwäldern dominiert, in denen Eukalyptus- und Akazienarten vorherrschen, während im trockenen Landesinneren Stachelkopfgräser und Mulgabäume weitverbreitet sind. In den Wäldern im Norden von Neuseeland wachsen hohe Kauribäume, während an anderen Plätzen gemäßigte Regenwälder zu finden sind.

KLOAKENTIERE UND ANDERE EINZIGARTIGE TIERE

In Australien findet man einzigartige Relikte der Fauna, die vor 200 Millionen auf dem südlichen Riesenkontinent Gondwana lebte. Dazu gehören Lungenfische, Laufvögel (große flugunfähige Vögel), endemische Schildkröten, Frösche und Kloakentiere, Eier legende Säugetiere und die einzigen Überlebenden der ersten Säugetiere, die zur Zeit der Dinosaurier auftauchten. Fossile Kloakentiere findet man auch in Südamerika und Australien, aber die lebenden Arten kommen nur in Australien und auf Neuguinea vor. Die einzige lebende Schnabeltierart ist in Ostaustralien heimisch, während die beiden Ameisenigelspezies in Australien und auf Neuguinea vorkommen. Bis ins Pleistozän vor 50 000 Jahren gab es auch in Australien Verwandte des Kurzschnabeligels. Kloakentiere weisen zwar fortgeschrittene Säugetiermerkmale wie Fellbehaarung, Milchdrüsen und eine große Hirnrinde auf, haben aber keine Zitzen und besitzen einige primitive Merkmale von Reptilien.

Kurzschnabeligel
Der Kurzschnabeligel, ein stacheliges, rundliches Tier, ist in Australien und im Tiefland von Neuguinea weitverbreitet, wo seine bevorzugte Beute reichlich vorhanden ist. Der Speiseplan des Ameisenigels besteht aus Ameisen und Termiten, die er in großen Mengen verschlingt. Außer in den heißesten Monaten des Jahres sieht man ihn bei Tag häufig nach Nahrung suchen. Wird er bedroht, kann er sich senkrecht im Boden vergraben, so dass nur einige Stacheln zu sehen sind.

Krallen und Zunge
Ameisenigel verwenden ihre kräftigen Krallen zum Ausgraben der Nester und Tunnel von Ameisen und Termiten. Danach stecken sie ihre langen, klebrigen Zungen in die Gänge, um die Insekten aufzuschlecken.

Kloakentiere
Kloakentiere legen Eier, aus denen nach einer kurzen Brutzeit in einem Nest oder einer Bruttasche die Jungen schlüpfen. Sie saugen Milch von den Brustdrüsen ihrer Mutter. Bei Ameisenigeln befinden sich die Milchdrüsen im Bauchbeutel der Mutter. Der hochspezialisierte Speiseplan des Schnabeltiers besteht aus Süßwasserkrebstieren und Insektenlarven, während der Langschnabeligel Würmer frisst. Alle Kloakentiere können bei Kälte und Nahrungsmangel in einen energiesparenden Starrezustand fallen. In südlicheren Breiten hält der Kurzschnabeligel eine Art Winterschlaf.

Schnabeltier
Schnabeltiere schwimmen mit ihren Vorderfüßen, die Schwimmhäute haben, und benutzen die Hinterfüße als Steuer. Beim Tauchen schließen sie Augen und Ohren, während sie mit Elektrorrezeptoren, die sich im Schnabel befinden, die Bewegungen ihrer Beute aufspüren. Schnabeltiere sind in ostaustralischen Bächen, Flüssen und Seen anzutreffen.

Seltsame Kreaturen

Neben den Kloakentieren leben in Australien viele andere einzigartige Tiere wie die Emus und Kasuare, große flugunfähige Vögel, die mit dem afrikanischen Strauß und den südamerikanischen Nandus verwandt sind. Der fleischflossige Lungenfisch und die Weichschildkröten, seltene Bewohner der Inlandgewässer, haben Verwandte in Afrika und Südamerika. Bodenfrösche und Scheinkröten, die früher einer amerikanischen Familie zugerechnet wurden, werden heute als australische Besonderheiten betrachtet.

Papua-Weichschildkröte
Die im Norden von Australien und auf Neuguinea vorkommenden Papua-Weichschildkröten haben weiche Panzer. Sie leben in Flüssen mit Pegelunterschieden. Der Anstieg des Wassers regt die Brut in den Eiern zum Schlüpfen an.

Australischer Lungenfisch
Die Luft atmenden Fische gibt es nur in zwei Flüssen in Queensland. Werden sie in seichten Becken eingeschlossen, können sie mit ihren Lungen Luft atmen. Im Gegensatz zu ihren afrikanischen und amerikanischen Verwandten können sie aber nicht im Schlamm überleben.

Australische Südfrösche
Der leuchtend gefärbte Frosch lebt nur in Torfmooren auf über 1000 Meter Höhe in den Australischen Alpen. Er hat eine kurze Brutsaison und legt seine Eier in tiefe Baue.

Emu
Der in fast ganz Australien verbreitete Emu frisst Insekten sowie Blätter und Blüten von verschiedenen Pflanzen. Das Männchen brütet die Eier aus und kümmert sich sechs Monate lang um die Jungen. Ausgewachsene Emus erreichen eine Körperhöhe von zwei Metern.

Schnabeltiernachwuchs

In einem Nest am Ende eines langen Baues bebrütet die Schnabeltiermutter zwei Wochen lang ihre Eier. Danach säugt sie die Jungen, bis sie alt genug sind, um selbst nach Nahrung zu suchen.

Bau
Der lange Nistbau endet in einer kleinen, mit Pflanzen ausgekleideten Kammer.

Eingang
Pflanzenbewuchs verdeckt den Eingang, der sich nahe am Wasser befindet.

AUSTRALASIEN & OZEANIEN

Australiens Beuteltiere

Beuteltiere entwickelten sich auf Gondwana etwa zur selben Zeit, als der große Südkontinent auseinanderbrach. Sie bildeten einen Hauptbestandteil der frühen australischen und südamerikanischen Säugetierfauna. Zu Beginn des Tertiärs waren sie die vorherrschenden Säugetiere Australiens. Beuteltiere haben primtivere Gehirn- und Skelettmerkmale als Plazentatiere. Sie bringen lebende Junge zur Welt, die schon im Embryonalstadium geboren werden. Sie hängen sich an die Zitzen in der Bauchtasche der Mutter, wo sie ernährt werden, bis sie vollständig behaart sind und sich fortbewegen können. Australiens Beuteltiere reichen von der winzigen, acht Zentimeter großen Flachkopfbeutelmaus, die in Savannen lebt, bis zum Roten Riesenkänguru, das aufrecht stehend eine Körperhöhe von eineinhalb Metern erreicht. Fossilfunde zeigen, dass es in vergangenen Zeiten weitaus beeindruckendere Beuteltiere gegeben hat wie die Riesenwombats, die so groß waren wie ein Nashorn.

Koala
Der Koala sieht schläfrig aus, weil er sich von hochgiftigen Eukalyptusblättern ernährt. Er besitzt die Fähigkeit, die toxischen Substanzen zu entgiften, benötigt dafür jedoch viel Energie. Koalas machen keine Nester, sondern schlafen in Astgabeln.

Nacktnasenwombat
Der stämmige Körper und die kräftigen Beine machen den Nacktnasenwombat zu einem hervorragenden Landschaftsarchitekten, der große Bausysteme mit Nistkammern und mehreren Eingängen anlegt. Mit seinem großen Dickdarm kann sich der nachtaktive Grasfresser wie ein Pferd von trockenen Gräsern ernähren.

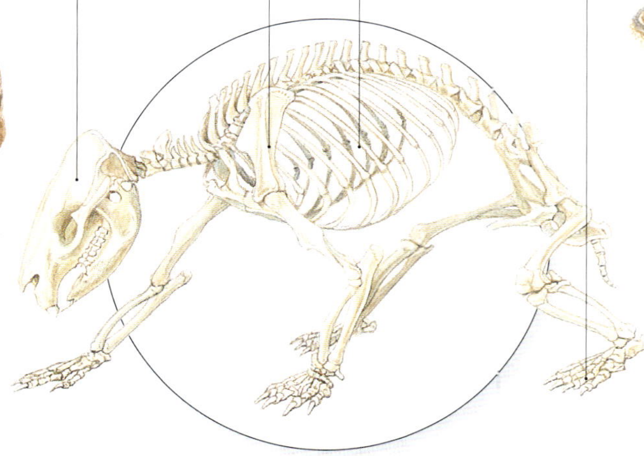

Kleiner Kurznasenbeutler
Isoodon obesulus

Vielfältige Lebensräume

Beuteltiere sind in verschiedenen Lebensräumen zu finden. Bäume bieten Schutz und Nahrung für Ringbeutler, Ringelschwanzbeutler, Gleitbeutler, Kusus und Koalas. Auf steinigen Berghängen leben Fels- und Bergkängurus, während sich der Kurznasenbeutler in Grasnestern versteckt. Der Große Beutelmull pflügt sich durch den weichen Sand, ohne einen permanenten Bau anzulegen.

SCHUTZSTATUS

Der Beutelteufel wird von einem Virus bedroht, der die Bildung von Gesichtstumoren auslöst. Die ansteckende, tödliche Krankheit wird durch Bisse übertragen. Jetzt versucht man, einen Impfstoff zu entwickeln und eine krankheitsfreie Population aufzubauen, denn es ist zu befürchten, dass der wildlebende Bestand des fleischfressenden Beuteltiers aussterben könnte. Von 170 australischen Beuteltierspezies sind zehn bereits ausgestorben, weitere 34 werden von der Weltnaturschutzunion (IUCN) als stark gefährdet eingestuft, und 26 Arten sind nahe daran, als stark gefährdet gelistet zu werden.

Schutz
Ein halb ausgewachsenes Junges verbringt viele Stunden mit Spielen und Herumhüpfen. Ist es hungrig, müde oder in Gefahr, klettert es schnell in den schützenden Beutel der Mutter, wobei es einen Purzelbaum schlägt.

Grosse und kleine Beuteltiere

In allen australischen Landlebensräumen kommen Beuteltiere vor, am zahlreichsten sind sie aber in feuchteren Waldgebieten mit dichter, vielfältiger Vegetation. Die meisten Beuteltiere besetzen ausgewählte Nischen, und mehr als die Hälfte sind Fleisch-, Insekten- oder Allesfresser. Koalas und Riesengleitbeutler können hochgiftige Eukalyptusblätter fressen. Andere Beuteltiere haben sich auf eine Kost aus Termiten, Blütenstaub und Nektar, Harzen oder Pilzen spezialisiert.

Honigbeutler
Mit ihren borstenspitzen Zungen lecken die mausähnlichen Honigbeutler Pollen und Nektar aus den Blüten von Banksien und anderen Heidepflanzen.

Stuart-Breitfußbeutelmaus
Die kleine, fleischfressende Beutelmaus nistet in hohlen Baumstämmen oder Felsspalten. Sie ist nachtaktiv und ernährt sich von Käfern und Spinnen.

Rotes Riesenkänguru
Das Rote Riesenkänguru ist im Inneren von Australien weitverbreitet und weidet Gräser und Sträucher ab. Es frisst in erster Linie in der Morgen- und Abenddämmerung und ruht tagsüber unter Bäumen.

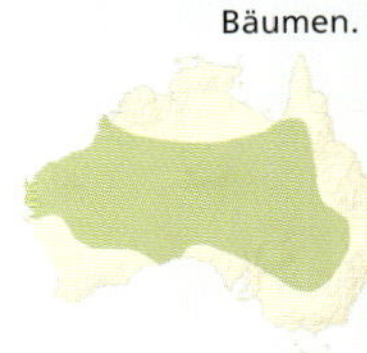

Hochland von Neuguinea

Das Hochland von Neuguinea umfasst alles Land auf über 900 Metern Höhe. Es besteht aus einer zentralen Bergkette, die sich von West nach Ost über die ganze Insel zieht, sowie zwei großen Ausläufern auf der Vogelkop- und Huon-Halbinsel und mehreren kleineren Gebirgszügen. Das Hochland bedeckt nahezu 30 Prozent der Fläche von Neuguinea. Die Vegetation reicht von Palm- und Regenwäldern in feuchteren Gebieten bis zu Baumfarn- und Grassavannen auf den trockeneren Berghängen. Das für Hochtäler typische offenen Grasland ist nicht nur eine Folge der Entwaldung, sondern eine natürliche Vegetationsform in niederschlagsarmen Gegenden mit geringer Bodenfruchtbarkeit. Die Säugetier- und Vogelarten der einzelnen Regionen weisen deutliche Unterschiede auf. Entlang der Zentralkette kommen Unterarten oder örtlich begrenzte Varianten vor, während auf den Halbinseln verwandte Spezies zu finden sind.

MASSSTAB 1:8 000 000

0 100 Kilometer

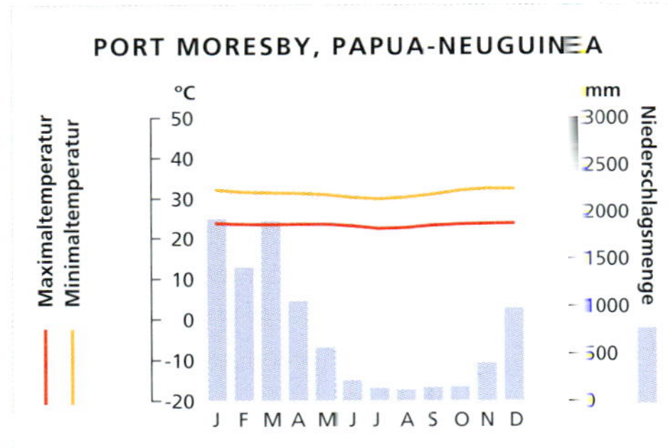

SCHUTZSTATUS

Der Langschnabeligel war einst in den Regenwäldern von Neuguinea oberhalb von 600 Metern Höhe häufig anzutreffen. Bei den Papuas galt er als Delikatesse. Als Folge der Bejagung und des drastischen Lebensraumverlusts ist die Spezies mittlerweile vom Aussterben bedroht.

Abgelegene Landschaften

Das zerklüftete Gelände und die geringe Bevölkerungsdichte haben dazu geführt, dass ein Großteil des dicht bewaldeten Hochlandes von Neuguinea unberührt blieb. Tiere wie der Kuskus, das Baumkänguru, der farbenprächtige Paradiesvogel und der Langschnabeligel sind an das Waldleben angepasst. Durch Eingriffe des Menschen gehen aber immer größere Flächen dieses Lebensraumes verloren.

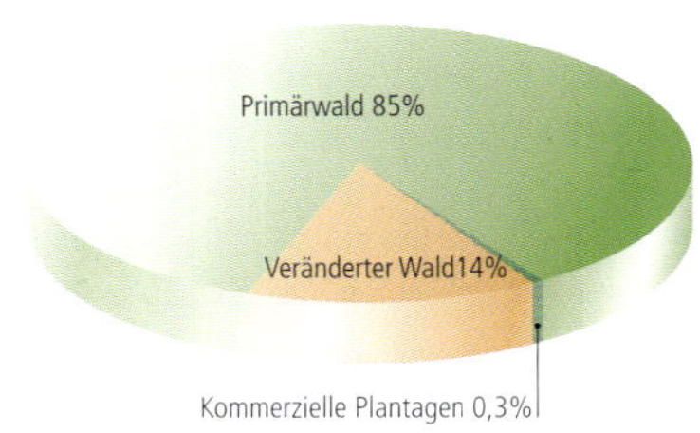

Wälder

Die Wälder im Hochland von Neuguinea unterscheiden sich je nach Höhe. Auf tiefer gelegenen Hängen wachsen Regenwälder mit Fruchtbäumen, die zahllose Flughunde, Vögel und einige der größten Vogelflüglerschmetterlinge der Welt anziehen. Mit zunehmender Höhe wird der Wald dünner und macht Platz für niederwüchsige Bäume und Gräser.

Vogelflügler

Das Männchen der Vogelflüglerspezies *Ornithoptera priamus poseidon* ist häufig als leuchtend grüngelber Blitz zu sehen, der durch den Halbschatten im Unterholz des Regenwaldes flattert. Die Larven der Vogelflügler ernähren sich von Rankengewächsen aus der Gattung *Aristolochia*.

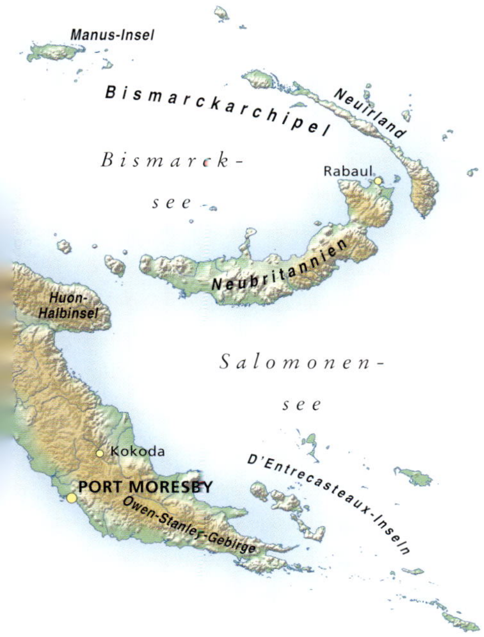

Goodfellow-Baumkänguru
Das in den Regenwäldern des zentralen Hochlandes lebende Goodfellow-Baumkänguru hat durch Waldrodungen für die Landwirtschaft einen deutlichen Lebensraumverlust erlitten. Dennoch bleibt es die am weitesten verbreitete Spezies innerhalb der Baumkänguru-Gruppe.

Tüpfelkuskus
Als das am weitesten verbreitete Säugetier Neuguineas kommt der Tüpfelkuskus in allen Lebensräumen vor. Er zählte lange Zeit zur bevorzugten Jagdbeute der Papuas, die ihn auf zahlreichen Nachbarinseln einführten.

Paradiesvögel

Paradiesvögel sind die Symboltiere Neuguineas. Die auffällig bunten Männchen vollführen akrobatische Balzflüge und stellen ihre bunten Federn zur Schau. Sie wurden von der Bevölkerung als Haarschmuck verwendet. Das Verbreitungsgebiet der Paradiesvögel erstreckt sich bis Indonesien und ins subtropische Australien. Das Zentrum der Artenvielfalt ist jedoch das Hochland von Neuguinea.

Raggi-Paradiesvogel
Der Raggi-Paradiesvogel ist die häufigste Spezies der Familie. Die Männchen versammeln sich in Gruppen, um ihre Balztänze aufzuführen, die sie mit hohen Rufen begleiten.

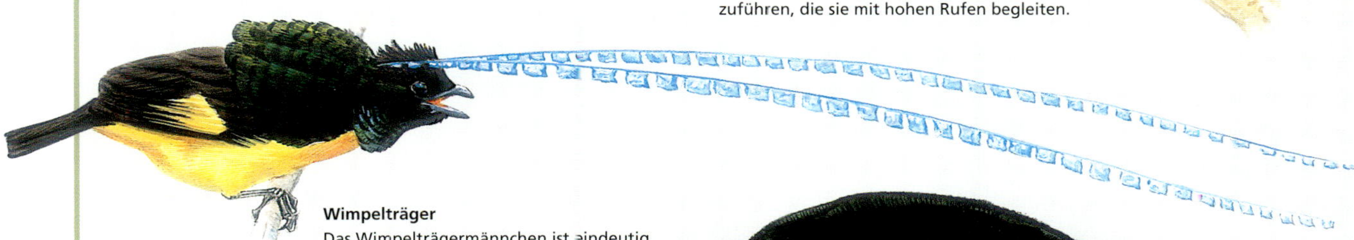

Wimpelträger
Das Wimpelträgermännchen ist eindeutig an den beiden langen Kopffedern zu erkennen, wohingegen das Weibchen leicht mit einem graubraunen Honigfresser verwechselt werden kann. Die einzelgängerischen Männchen balzen auf abgestorbenen Ästen im Kronendach.

Kragenparadiesvogel
Das Männchen des Kragenparadiesvogels mit seinen hellblau schimmernden falschen Brustflügeln und aufstellbaren schwarzen Rückenfedern ist unverwechselbar.

Rothschild-Paradieselster
Rothschild-Paradieselstern sind stille Vögel mit langen Schwanzfedern, die im mittleren bis oberen Kronendach leben. Ihr Flug ist durch ein charakteristisches Flatter-und-Gleit-Muster geprägt.

Blauer Paradiesvogel
Im Gegensatz zum verwandten Raggi-Paradiesvogel ist das Männchen des Blauen Paradiesvogels ein Einzelgänger, der in Baumwipfeln verborgen auf Berghängen lebt.

Great Barrier Reef

Als eine der ersten australischen Nominierungen wurde das Great Barrier Reef 1981 in die Weltnaturerbeliste der UNESCO aufgenommen. Das parallel zur Nordostküste verlaufende Riff erstreckt sich beinahe über 14 Breitengrade und ist mit einer Fläche von 347 800 Quadratkilometern das größte Welterbegebiet. Es schließt den Great Barrier Reef Marine Park ein, der 1975 eingerichtet wurde, um die Erhaltung des Riffs und seiner Lebewesen zu sichern. Trotz seines Namens ist das Riff keine lange, durchgehende Barriere, sondern besteht aus 760 Saumriffen und über 2000 anderen Riffen und Inselchen im Inneren der Barriere. Manche Inseln sind weniger als einen Hektar groß, andere bis zu zu 100 000 Hektar. Die seichten tropischen Gewässer mit Oberflächentemperaturen zwischen 24 und 30 Grad Celsius sind eine ideale Umgebung für eine Vielzahl von Meerestieren.

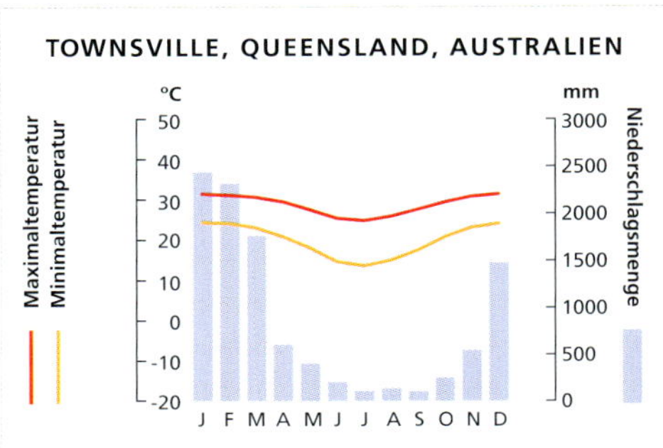

Leben im Meer

Das Riff ist aus den Skeletten von über 300 Korallenarten aufgebaut und ernährt eine vielfältige Ansammlung von Meerestieren, darunter mehr als 1500 Fisch-, 4000 Weichtier- und 400 Schwammarten. In den geschützten Gewässern versorgen weite Seetangfelder Seekühe und Grüne Meeresschildkröten mit Nahrung. Sie bieten auch einen Zufluchtsort für viele andere Lebewesen. Die unzähligen kleinen Inseln und Koralleninselchen beherbergen eine große Anzahl von brütenden Meeresvögeln.

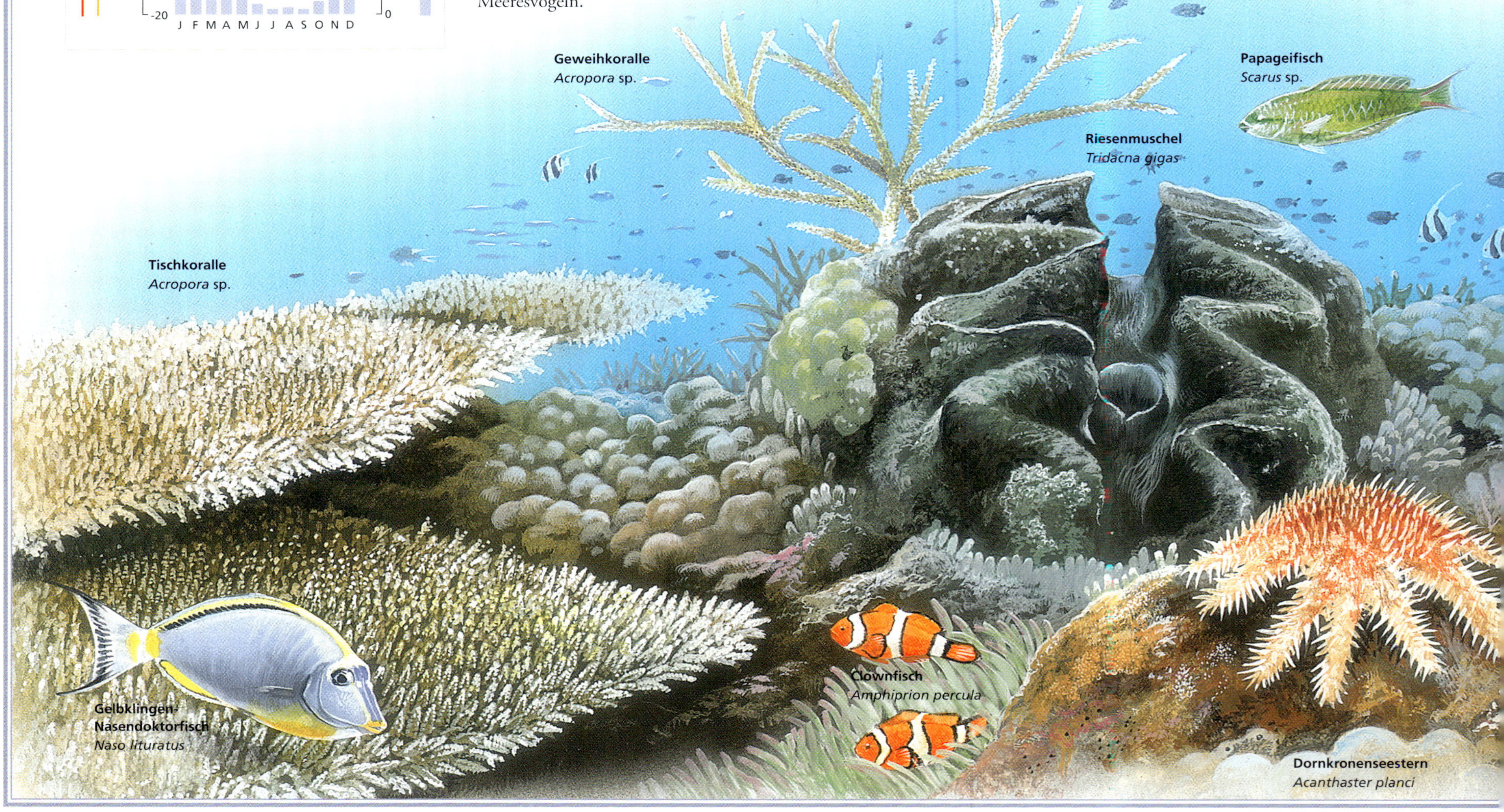

Zwergwal
Die Südlichen Zwergwale besuchen regelmäßig die westaustralische Küste und die Gewässer um das Great Barrier Reef, wo sie oft Taucher begleiten. Die Tiere halten sich im Sommer in kalten und im Winter in warmen Meeren auf.

Seekuh
Seekühe waren einst in seichten Gewässern rund um den Indischen Ozean verbreitet. Heute sind nur noch Restbestände erhalten, unter anderem vor der nordaustralischen Küste, wo Seetangfelder Nahrung und Schutz vor Fressfeinden bieten.

Unechte Karettschildkröte
Die Unechte Karettschildkröte ist eine von mehreren Meeresschildkrötenarten, die nebeneinander in seichten tropischen Gewässern leben. Sie teilen dasselbe Verbreitungsgebiet, haben aber unterschiedliche Nahrungsgewohnheiten. Die Unechte Karettschildkröte frisst in erster Linie Weichtiere, wobei sie mit ihren kräftigen Kiefern große Schalen zerbrechen kann.

SCHUTZSTATUS

Die größte Bedrohung für das Great Barrier Reef sind zur Zeit die Abwässer aus der Landwirtschaft, der korallenfressende Dornenkronenseestern und die Schäden, die durch die Anker der Touristenboote verursacht werden. Zu den potenziellen Gefahren zählen Öl, Verschmutzungen durch illegal abgelassenes Eilgenwasser von Schiffen, die Einführung exotischer Meeresorganismen im Ballastwasser von Schiffen und der Anstieg des Meeresspiegels.

Rußseeschwalbe
Die zahllosen kleinen, unzugänglichen Inseln des Great Barrier Reef bieten Zufluchtsorte für rastende und nistende Meeresvögel. Da es auf den Inseln keine Landraubtiere gibt, können Rußseeschwalbenkolonien gefahrlos auf dem Sand nisten.

Wildtiere des Kap York

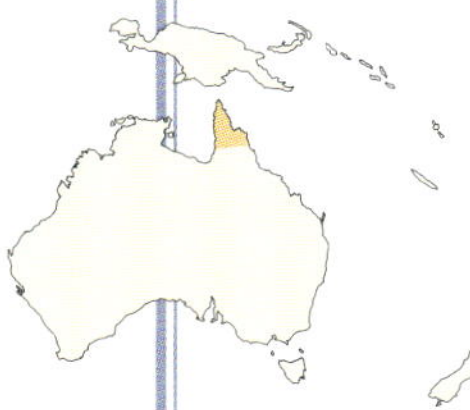

Die Kap-York-Halbinsel ist der nördlichste Ausläufer von Australien, der wie ein Finger auf den Rest der Welt zeigt. Die Torresstraße stand nicht immer unter Wasser. Flora, Fauna und Völker der Region sind Zeugen für die enge Beziehung zwischen Australien und den benachbarten Inseln von Neuguinea. Am Kap York zeigt sich, dass die Inseln vor relativ kurzer Zeit von Australien isoliert wurden. Die Verbreitungsgebiete vieler Pflanzen und Tiere wie Kurzschnabeligel, Streifenbeutler, Tüpfelkuskus, Palmkakadus und Vogelflüglerschmetterlinge überspannen die Meerenge. Viele andere Tiergruppen wie Baumkängurus, Filander und Raubbeutler gibt es als eng verwandte Arten auf beiden Seiten der Torresstraße. Die Halbinsel war früher vollständig mit Regenwäldern bedeckt, aber als der australische Kontinent eine lange Trockenperiode durchlebte, schrumpften die Wälder. Dieses Ereignis fiel zeitlich mit der Abtrennung Australiens von Neuguinea vor etwa 6000 Jahren zusammen, wo große Flächen der alten Regenwälder erhalten sind.

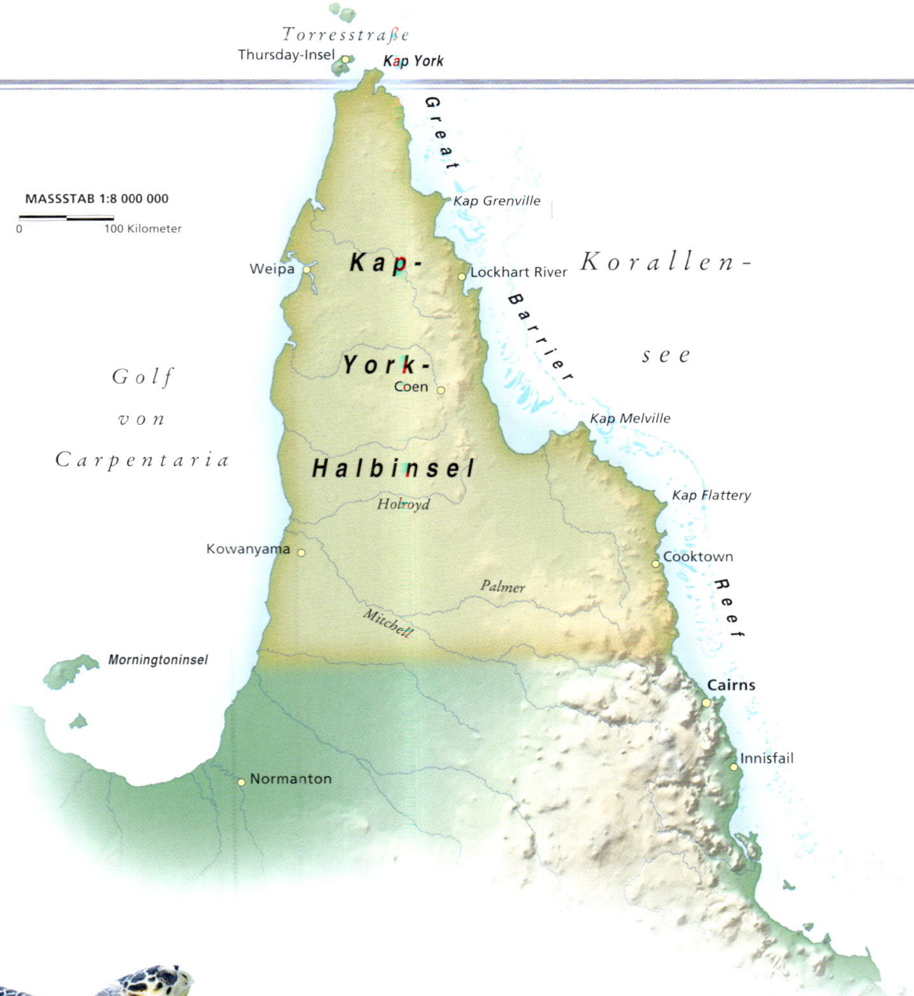

Neuguinea und Kap York
Diese Tabelle veranschaulicht die Anzahl der Arten landlebender Säugetiere nach der Abtrennung Australiens von Neuguinea: Manche Arten findet man an beiden Orten, andere treten nur hier oder dort auf.

Brücke und Barriere – Neuguinea und Kap York	
Landlebende Säugetiere in:	Anzahl der Arten
Neuguinea	250
Neuguinea und Kap York	19
Neuguinea, Kap York und andere Plätze in Australien	14
Kap York	16
Kap York und andere Plätze in Australien	35
Australien	240

Heimkehr
Meeresschildkröten gehören zu den langlebigsten Tieren. Die Weibchen der Grünen Meeresschildkröte brüten erstmals im Alter von 60 Jahren. Studien haben gezeigt, dass sie zum Brüten an den Strand zurückkehren, an dem sie selbst geschlüpft und ins Wasser gekrochen sind.

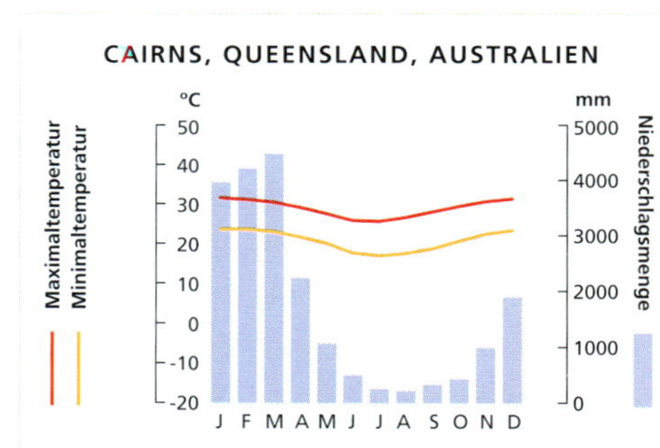

Streifenbeutler
Der auf Neuguinea und am Kap York lebende Streifenbeutler ist Australasiens Antwort auf den Specht. Wie das madagassische Fingertier benutzt er den verlängerten vierten Finger, um er Insektenlarven aus Ästen zu ziehen. Dabei helfen ihm seine kräftigen Schneidezähne.

Brillenflughund
Brillenflughunde sind im Tiefland von Neuguinea weitverbreitet. Am Kap York rasten sie in den Regen- und Galeriewäldern an der Spitze und im Süden der Halbinsel. Obwohl sie in erster Linie Regenwaldfrüchte fressen, wurden sie von den Bauern verfolgt, da sie gelegentlich über Plantagen mit exotischen Früchten herfallen.

Fuchskusu
In den tropischen Savannen kommt der Fuchskusu in einer hellen Form vor, während er in den Regenwäldern des Kap York und der Atherton Tablelands im Norden von Queensland dunkler ist.

Mangrovenwald

Mangrovenwälder beherbergen viele seltsame Pflanzen und Tiere. Mangroven haben ungewöhnliche Wachstumsgewohnheiten, denn sie entwickeln lange Stelzwurzeln und Luftwurzeln, sogenannte Pneumatophoren. Bei Ebbe wimmelt es im Schlamm von Winkerkrabben, Grundeln klettern auf der Flucht vor größeren Fischen auf die Wurzeln der Mangroven, und im seichten Wasser lauern Schützenfische, um mit einem Wasserstrahl Insekten abzuschießen.

Beute anvisieren
Mit einem gezielten Wasserstrahl aus seinem Maul schießt der Schützenfisch Insekten von über dem Wasser hängenden Zweigen.

Ruhige Gewässer
In allen Küstengebieten mit seichten, ruhigen Gewässer gibt es Mangrovenlebensräume. Am Kap York umsäumen sie die Flussmündungen und die unberührte Küstenlinie im Inneren des Great Barrier Reef. Die Gezeitenzone bietet eine perfekte Kinderstube und Nahrungsgründe für zahllose Wasserlebewesen.

Grüner Baumpython

Im Gegensatz zu den meisten anderen Rautenpythons aus der Gattung *Morelia* lebt der Grüne Baumpython vorwiegend auf Bäumen. Er ähnelt dem südamerikanischen Grünen Hundskopfschlinger, mit dem er die gelbe Färbung der Jungtiere, die Nahrungsvorliebe für Vögel und die unverwechselbare Angewohnheit teilt, eingerollt auf Ästen zu ruhen. Der Grüne Baumpython ist auf Neuguinea weitverbreitet, in Australien kommt er nur in den Bergregenwäldern der Kap-York-Halbinsel vor.

Pythonkiefer
Bei einem Python sind beide Hälften des Unterkiefers mit dehnbahren Bändern befestigt und die Oberkiefer nicht mit dem Schädel verwachsen. Das ermöglicht eine sperrklinkenartige Bewegung, mit der große Beutetiere in die Speiseröhre gezogen werden.

Wildtiere des Kap York

Tropische Regenwälder

Das Weltnaturerbe der Wet Tropics of Queensland besteht aus beinahe 9000 Quadratkilometern an tropischem Regenwald und erstreckt sich von Townsville im Süden bis Cooktown im Nordosten von Queensland. Die Region ist ein grünes, zerklüftetes Wunderland mit einigen der größten Tropenwaldflächen Australiens. Ein Großteil des Gebiets, das alle vier Naturerbekriterien erfüllt und 1988 in die Welterbeliste aufgenommen wurde, liegt auf öffentlichem Land und steht im Rahmen von Nationalparks unter Naturschutz. Wo der Regenwald bis an die Küste reicht, verbindet er sich mit dem Welterbegebiet des Great Barrier Reef. Die Regenwaldökosysteme der Feuchttropen von Queensland zählen zu den artenreichsten Gebieten der Erde und bergen mehr als 3000 Pflanzenarten aus über 200 Familien. In den Wäldern leben primitive Blütenpflanzen und einzigartige endemische Tierarten wie das Moschusrattenkänguru.

Rotwangen-Zwergpapagei
Der kleine, farbenprächtige Rotwangen-Zwergpapagei ist nur selten zu sehen. Er verbringt den Großteil seiner Lebenszeit im Kronendach des Regenwaldes, wo er sich von den Samen heimischer Feigen ernährt. Sein Verbreitungsgebiet reicht bis Neuguinea.

Moschusrattenkänguru
Das Moschusrattenkänguru ist der kleinste und primitivste Vertreter aller Kängurufamiliengruppen. Er hat als einzige Art den opponierbaren ersten Zeh behalten, der bei den meisten anderen Beuteltiergruppen zu finden ist, bei Kängurus jedoch fehlt. Das Tier ist tagaktiv und ernährt sich von Früchten und Pilzen.

Endemische Arten

Klasse	Anzahl der Arten	Beispiel
Säugetiere	8	Herbert-River-Ringbeutler
Vögel	13	Zahnlaubenvogel
Reptilien	18	*Carphodactylus laevis*
Amphibien (Frösche)	20	Kaskadenfrosch
Fische	78	Cairns-Regenbogenfisch
Wirbellose	Tausende	*Ornithoptera priamus*

Grüner Ringbeutler
Die Regenwaldbeutler sind einzelgängerische Tiere, die die Tagstunden zusammengerollt auf einem Ast verbringen und schlafen. Erst nachts werden sie aktiv. Der grüne Farbton ihres dicken, wolligen Fells ist auf die lichtbrechenden Effekte einzelner Haare zurückzuführen.

Tropischer Regenwaldboden

Der Boden des tropischen Regenwaldes ist ein gedeckter Tisch für Frucht- und Insektenfresser und ein idealer Lebensraum für Wirbellose wie Hundertfüßer, Schnecken und Käfer. In abgestorbenem Laub und verrottenden Ästen finden Frösche und Eidechsen Nahrung und Zuflucht. Die dichte Vegetation des Laubdaches hält einen Großteil des Sonnenlichts davon ab, den Waldboden zu erreichen, weshalb Sämlinge langsam wachsen, aber Pilze gut gedeihen.

Lilly Pilly
Acmena smithii

Australischer Laubfrosch
Litoria xanthomera

Buschhuhn
Alectura lathami

Nashornkäfer
Xylotrupes ulysses

Bettongia tropica
Das kleine, nachtaktive Bürstenkänguru gibt es nur im Norden von Queensland. Es besitzt einen langen Schwanz, eine Bauchtasche und bewegt sich hüpfend vorwärts. Seine Nahrung besteht aus Pilzen, Grasstängeln, Insekten und Blättern.

Kasuar
Der Regenwald ist der natürliche Lebensraum des Kasuars, obwohl der Vogel auf der Suche nach Früchten auch über Gärten und Obstplantagen herfällt. Wie bei den Emus und Straußen bebrütet das Männchen die Eier und zieht die Jungen groß, die neun Monate lang unter seiner Obhut bleiben.

Fruchtverteilung
Kasuare spielen eine wichtige Rolle beim Verteilen der Samen von Waldbäumen wie dem Quandong. Sie verschlingen die Früchte im Ganzen. In ihrem Verdauungstrakt werden die Samen aktiviert und danach in natürlichen Dünger gehüllt an die Erde zurückgegeben.

Der tropische Norden

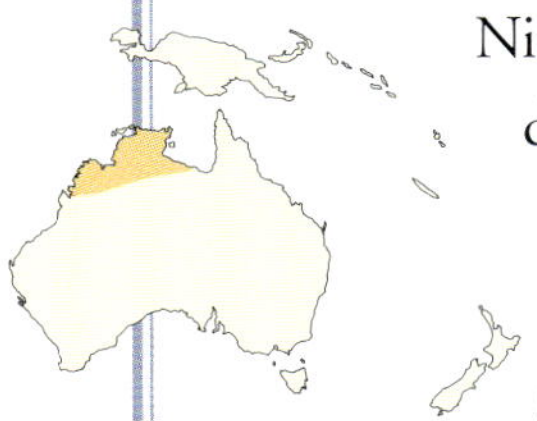

Das Klima der nordwestlichen Regionen von Australien ist tropisch, während es an der Ostküste subtropisch ist. Die jährliche Niederschlagsmenge ist hoch und liegt in Darwin bei durchschnittlich 1200 Millimetern, wobei der Regen in der kurzen Monsunzeit zwischen November und April fällt. Während des restlichen Jahres wird das Wettergeschehen von trockenen, heißen Winden beherrscht. Die Ökosysteme der Region werden von Savannen und Baumsavannen dominiert. In feuchten Senken wachsen Palmwälder und Lianengestrüpp, es gibt jedoch keine großen Regenwaldflächen. Zur vielfältigen Topographie der Landschaft gehören ausgedehnte, von eindrucksvollen Schluchten zerschnittene Hochplateaus mit einer Abbruchkante aus zerklüfteten Sandsteinfelsen. Das Gebiet ist die Heimat des zweitgrößten Nationalparks der Welt, des Nationalparks Kakadu, in dem viele einzigartige Pflanzen und Tiere des tropischen Nordens leben.

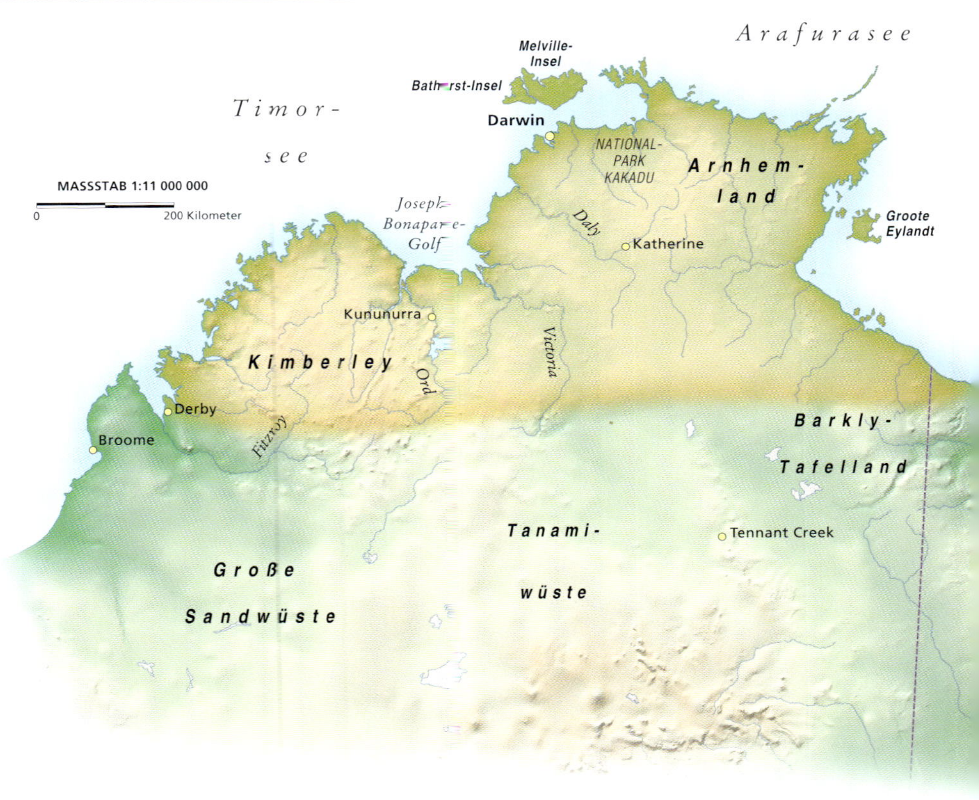

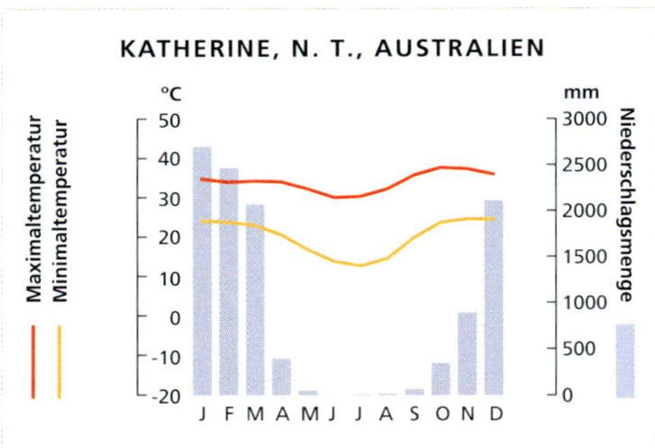

Gouldamadine
Die farbenprächtige Gouldamadine kommt nur im äußersten Norden von Australien vor. Sie ist eine saisonale Besucherin der Küste, brütet aber im Landesinneren und nistet in Baumhöhlen.

Kakadu-Nationalpark	
Landfläche	1 980 400 Hektar
Jährliche Besucherzahl	200 000
Welterbeauflistung	1981, Erweiterungen 1987, 1992
Säugetiere	62 Arten
Vögel	280 Arten
Reptilien	123+ Arten
Amphibien (Frösche)	25 Arten
Fische	51 Süßwasserarten
Wirbellose	Mehr als 10 000

Taipan

Der Taipan ist eine der größten und giftigsten Schlangen Australiens. Als Raubtier, das zuschlägt und abwartet, beißt er sein ahnungsloses Opfer ein bis zwei Mal, ehe er sich zurückzieht, um auf dessen Tod zu warten. Für Menschen ist der Taipan gefährlich, weil er im hohen Gras lauert, um vorbeikommende Ratten, Beuteltiere oder Vögel zu erbeuten.

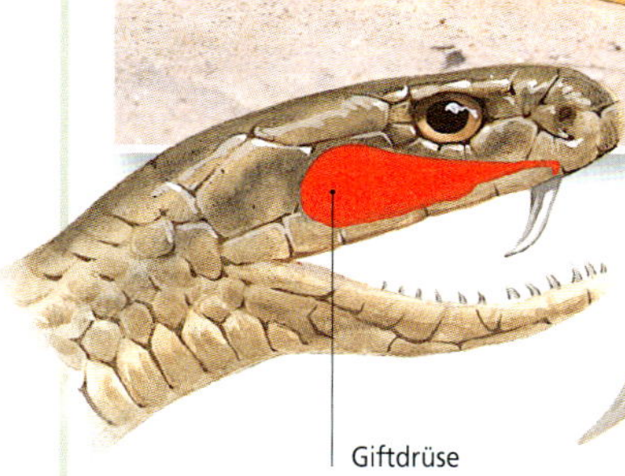

Giftdrüse

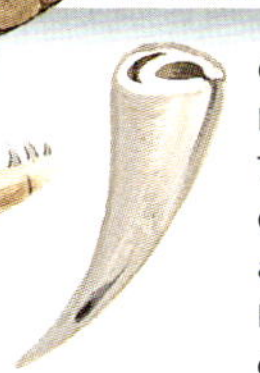

Giftzahn
Die hohlen Giftzähne des Taipan setzen an der Vorderseite des Oberkiefers an. Aus einer Drüse im Hinterkopf wird Gift in die Zähne geleitet.

Leistenkrokodil
Die zu Recht als gefährliche Raubtiere gefürchteten Leistenkrokodile sind in den Meeren, Flussmündungen, großen Flüssen und während der feuchten Jahreszeit auch in den Überschwemmungsebenen an der nordaustralischen Küste zu finden. Leistenkrokodilweibchen bauen Hügelnester aus verrottender Vegetation, die sie bewachen, während die Eier ausgebrütet werden.

Brolgakranich
Der Brolgakranich, eine der beiden australischen Kranicharten, ist bekannt für seinen Balztanz. Mit ausgestreckten Flügeln springt er hoch in die Luft oder verbeugt sich vor der Umworbenen. Der einst weitverbreitete Vogel ist heute nur im tropischen Norden häufig anzutreffen. Die Brutpaare teilen die Nistaufgaben und kümmern sich bis zu einem Jahr lang um ihren Nachwuchs.

Zwergbeutelmarder

Aga-Kröten, die 1935 in Australien eingeführt wurden, zählen zu den größten Bedrohungen für den tropischen Norden. Das Sekret aus ihren Ohrspeicheldrüsen ist für die meisten heimischen Tiere hochgiftig. Obwohl manche Arten Methoden gefunden haben, um der Kröte aus dem Weg zu gehen oder sie sogar zu fressen, ist der Zwergbeutelmarder besonders gefährdet. Seitdem die Kröte ins Arnhemland und in den Kakadu-Nationalpark vorgedrungen ist, starben zahlreiche Zwergbeutelmarder. Durch den Aufbau von Populationen auf krötenfreien Inseln im Norden von Darwin versucht man jetzt, den Zwergbeutelmarder zu retten.

Aga-Kröten
Am Golf von Carpentaria leben seit Jahren Aga-Kröten. In jüngster Zeit dehnten sie ihr Verbreitungsgebiet nach Westen aus und erreichten 2005 Darwin.

Termitenfestungen

Termitenbaue wie die bis zu siebeneinhalb Meter hohen Hügel der Art *Nasutitermes triodiae* sind für die Landschaft des tropischen Nordens charakteristisch. Die meisten Termitenarten legen jedoch unscheinbare Nester unter der Erde oder in hohlen Bäumen an.

Soldatin
Soldatinnen sind mit gewaltigen Kiefern bewaffnet oder wie im Fall der Art *Nasutitermes triodiae* mit einer Schnauze, die eine giftige, klebrige Flüssigkeit verspritzt.

König
Die Hauptaufgabe des Königs liegt in der Befruchtung der Königin. Bei der Gründung einer neuen Kolonie kümmert er sich aber auch um die Jungen.

Königin
Sobald sie ein Männchen finden, verlieren Termitenköniginnen ihre Flügel. Gemeinsam errichten sie eine vorläufige Zufluchtsstätte, in der die erste Brut geboren wird. Eine Termitenkönigin kann 50 Jahre alt werden und täglich bis zu 2000 Eier legen.

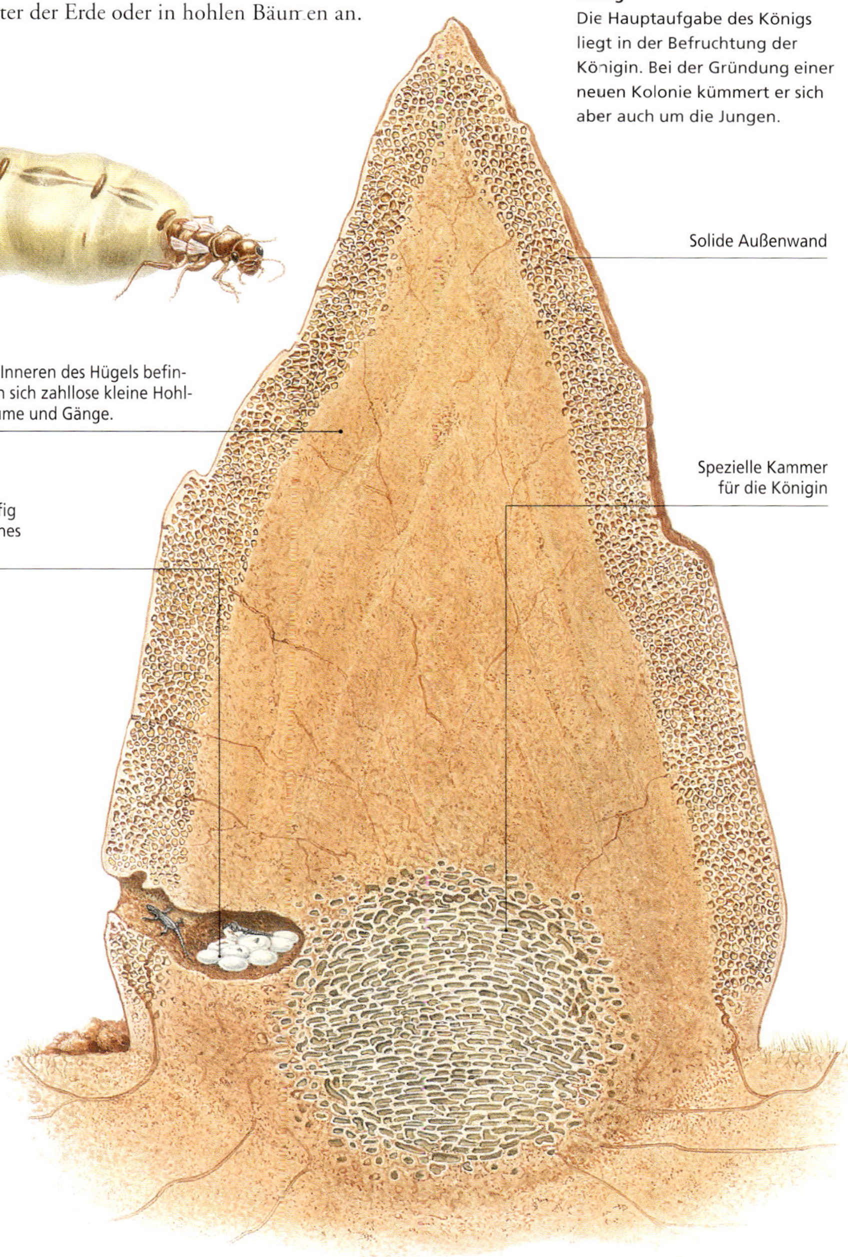

Hochhaushügel
Die Gras- und Baumsavannen im äußersten Norden von Australien sind mit beeindruckenden Termitenhügeln versehen. Sie sind Meisterwerke der Klimatechnik. Unter anderem sind sie schlank und in Nord-Süd-Richtung gebaut, so dass mittags nur wenig Sonnenlicht auftreffen und die Hügel aufheizen kann.

Das Outback

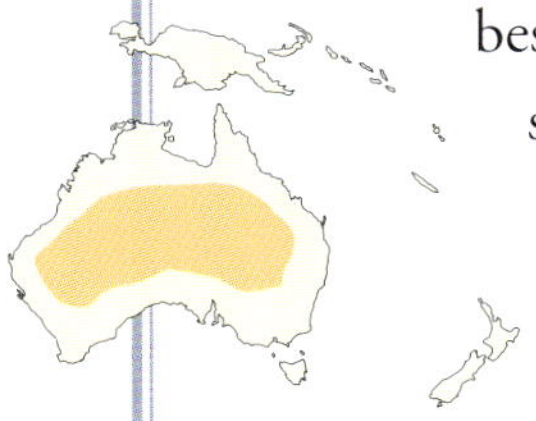

Der Begriff „Outback“ bezieht sich generell auf das halbtrockene und trockene Land im Inneren von Australien. Der Name beschwört Bilder vom Ayers Rock und von den phantastischen Schluchten der MacDonnell Ranges herauf, aber der Großteil des Outback ist flaches oder hügeliges Land mit kargen Grassteppen oder Baumsavannen, die von kleinwüchsigen Mulga- und Malleesträuchern geprägt sind. Die scheinbar trostlosen Ökosystemen erhalten eine reiche Vielfalt an Wildtieren. Es wimmelt von Ameisen, die sich im Wettbewerb mit Papageien und Hüpfmäusen von Grassamen ernähren. Termiten fressen abgestorbene Gräser, während Eidechsen, Vögel und kleine Säugetiere Ameisen und andere Insekten verschlingen. Wasser ist der einschränkender Faktor. Es taucht im Outback paradoxerweise an den seltsamsten Orten auf. Plätze wie der Eyresee, felsige Schluchten und die unzähligen Hügelquellen am Rand des Großen Artesischen Beckens, eines riesigen Grundwasserleiters, widerlegen das Bild von einem öden Kontinent.

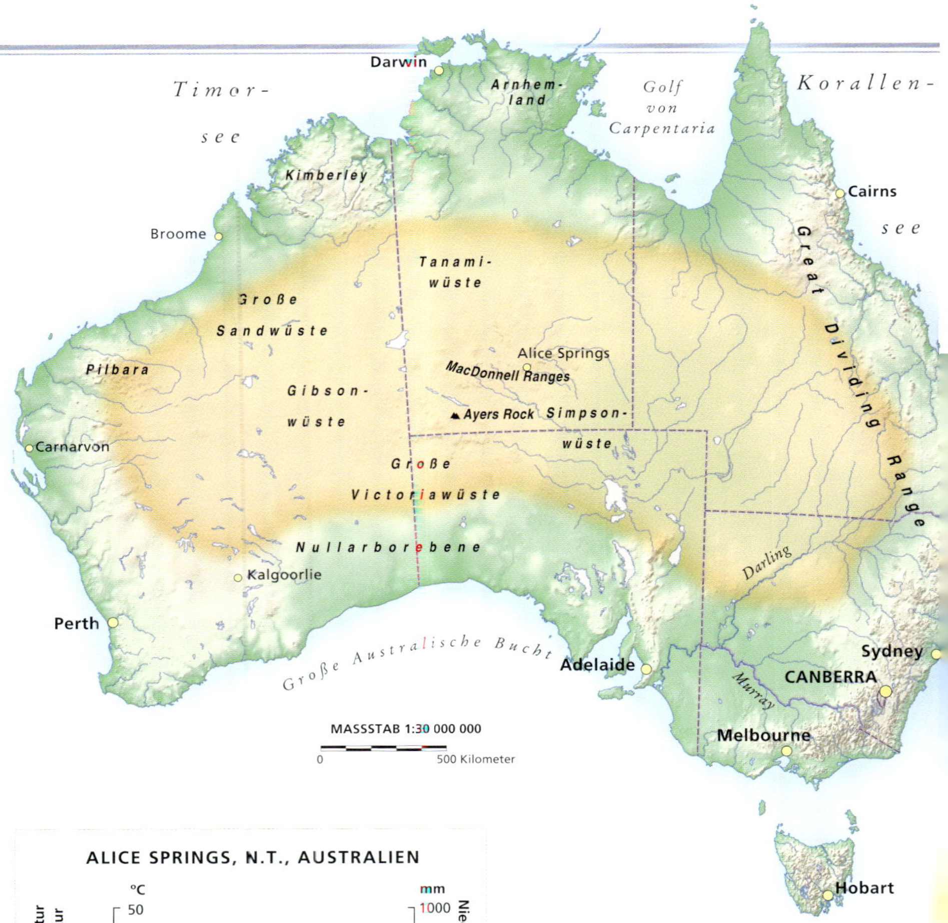

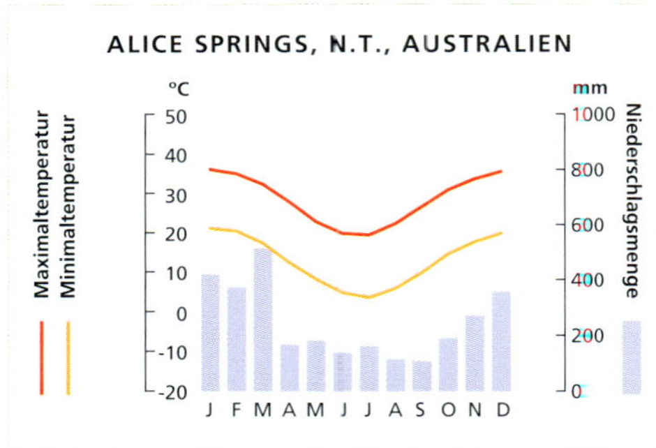

Dornteufel
Die Stachelhaut schützt den winzigen Dornteufel vor Fressfeinden, während er die Wüste durchstreift und Ameisen aufleckt. Die Echse ist gut an das trockene Klima angepasst und „trinkt“ Tau von ihren Schuppen.

Spinifex-Grassteppen

Spinifexgras ist ein mehrjähriges Büschelgras. Es wächst in charakteristischen Ringen, während sich die Pflanze ausbreitet und ältere Stängel absterben. Neben anderen Sträuchern und Bäumen bietet das Spinifexgras Nahrung und Zuflucht für verschiedene Tiere. Weißflügel-Staffelschwänze und Grasschlüpfer flitzen zwischen den Grasbüscheln umher und sammeln Insekten von den stacheligen Blättern.

Goulds-Waran
Varanus gouldii

Westliche Bartagame
Pogona minor

Weißflügel-Staffelschwanz
Malurus leucopterus

SCHUTZSTATUS

Die Doppelkamm-Beutelmaus ist in ihrem Verbreitungsgebiet gefährdet. Die vermehrte Rinderhaltung scheint ihre Beuteinsekten dezimiert und damit ihre Lebensgrundlage zerstört zu haben, ebenso wie die des Großen Kaninchennasenbeutlers, dessen Baue sie bewohnt. Die umherstreifende Jägerin braucht für ihr künftiges Überleben große Schutzgebiete.

Kaninchennasenbeutler
Die einst im Outback weitverbreiteten Kaninchennasenbeutler sind heute nur noch an wenigen Orten anzutreffen. Die scheuen, nachtaktiven Vertreter der Nasenbeutlerfamilie, deren Ohren und Gang an Kaninchen erinnern, fressen Pilze und Insekten.

Dingo
Dingos sind Vertreter der Hundefamilie Canidae. Obwohl sie in Australien von den Küsten- bis in die Gebirgsregionen vorkommen, bleiben sie ein Symbol für das Outback. Dingos jagen manchmal in Rudeln und erbeuten andere Säugetiere und Vögel.

Keilschwanzadler
Der Keilschwanzadler ist Australiens größter Greifvogel. Obwohl er Lämmer und kleine Kängurus schlagen kann, ernährt er sich in erster Linie von Kaninchen und Aas. Seit die Kaninchenbestände effektiv dezimiert wurden, sind die Adler gezwungen, überfahrene Tiere zu fressen, wobei sie oft selbst Opfer von Fahrzeugen werden.

Emu
Auf Nahrungssuche führt ein Emumännchen seine Küken an. Kängurus und Emus haben von der ländlichen Entwicklung abgelegener Gebiete profitiert, wo Staudämme und Brunnen den Laufvögeln eine verlässliche Wasserversorgung sichern.

Spinifexgras
Triodia sp.

Kammschwanz-Beutelmaus
Dasycercus cristicauda

Skink
Lerista sp.

Felsschluchten

Seit Jahrtausenden schneiden Wasserfluten felsige Schluchten ins Outback. In der Regenzeit werden sie von Flüssen durchströmt, die die Wasserlöcher in tiefer gelegenen Bereichen füllen. In feuchten, geschützten Abschnitten wachsen Feigenbäume und Palmen, während die meisten Pflanzen an die darauffolgende Trockenzeit angepasst sind. Wildtiere wie die Felskängurus finden Zuflucht in den Felswänden.

Schwarzpfoten-Felskänguru
Die Schluchten sind die Heimat von Felskängurus, die an vielen beliebten Touristenzielen im australischen Outback wie der Ormiston-Schlucht oder den westlichen MacDonnell Ranges ein vertrauter Anblick sind.

DAS OUTBACK

WASSER IN DER WÜSTE

Die meisten Wüstenflüsse entspringen wie der afrikanische Okavango oder der nordamerikanische Colorado in angrenzenden Regionen mit hohen Niederschlagsmengen. In den australischen Trockenzonen beginnen und beenden die Flüsse ihre Reise jedoch in der ausgedörrten Wüste. Wenn ein Frontsystem oder ein weit ins Landesinnere vordringender Wirbelsturm Niederschläge bringt, sind die Folgen über weite Gebiete hinweg monatelang zu spüren. Der Regen, der auf die Ebenen im Nordosten von Australien fällt, bahnt sich langsam seinen Weg nach Westen in die Flusssysteme Cooper und Diamantina. Weiter westlich lässt er den Finke anschwellen. Alle Flüsse enden im Eyre-Becken. Die sporadischen Überschwemmungen liefern den Anstoß für ein massenhafte Fortpflanzung. Von wasserlebenden Mikroorganismen bis zu Fischen und Vögeln sammeln sich alle Lebewesen in den anschwellenden Seen und Wasserlöchern.

Land der Kanäle
Der Diamantina ist ein für das flache „Kanalland" des Outback typischer Wasserlauf. Die Flussbetten sind meist ausgetrocknet, aber sobald Regen fällt, transportieren sie die Wasserfluten ans Ziel ihrer Reise, den Eyresee. Nach heftigen Regenfällen stehen große Flächen des umliegenden Landes wochenlang unter Wasser.

Warten auf den Regen
Lange Dürreperioden machen das Leben für Frösche im Landesinneren von Australien unmöglich, da sie ihre Haut feucht halten müssen. Der Wasserreservoirfrosch hat sich angepasst, indem er sich in einer unterirdischen Kammer verbirgt, aus seinen äußeren Hautschichten einen schützenden Kokon bildet und in einem Starrezustand auf Regen wartet. Danach kommt er aus seinem Versteck, um zu fressen und sich zu paaren.

Das Einzugsgebiet des Eyresees

Fläche des Beckens, das häufig überflutet wird.

Eingraben
Der Frosch gräbt einen kleinen Bau und bereitet sich auf das Warten auf den Regen vor.

Unterirdische Inaktivität
In einen Kokon gehüllt, fällt der Frosch in einen Starrezustand, der mehrere Monate andauern kann.

Regen
Sobald der Regen den Boden aufweicht, kommt der Frosch wieder an die Oberfläche.

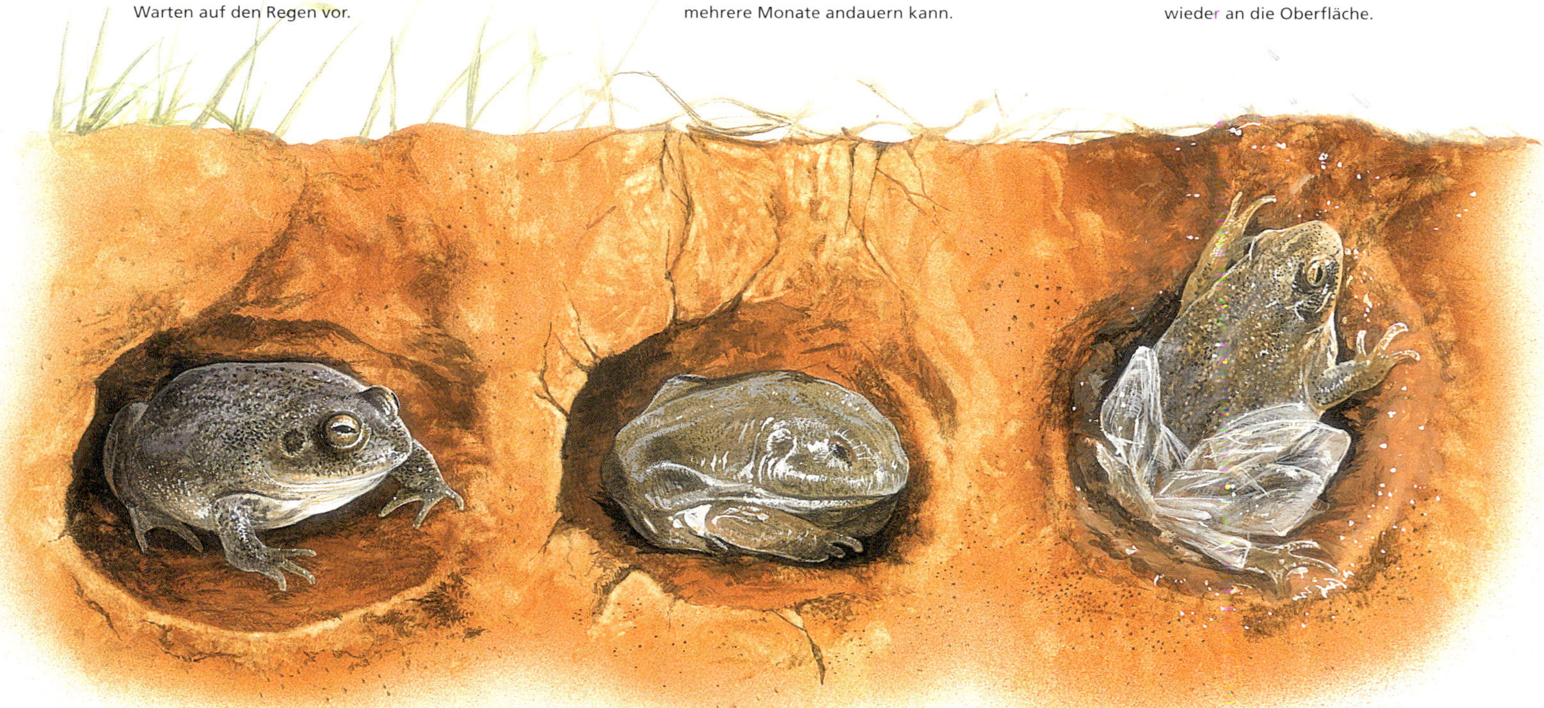

Wasservögel in Feuchtgebieten

Die Wüstenfeuchtgebiete locken Vögel aus ganz Australien zu den vorübergehend reichen Nahrungs- und Brutplätzen. Reiher, Kraniche, Löffler und Kormorane brüten in den Bäumen, die die Flüsse und Wasserlöcher umsäumen. Pelikane, Möwen und Seeschwalben nisten auf Inseln in den kurzlebigen Seen, während Trauerschwäne neben verschiedenen Entenarten in den Schilfgürteln brüten, die die Feuchtgebiete umgeben.

Spatelschnabelente
Die Spatelschnabelente gehört zu einer Gruppe nomadischer Arten, die die vergänglichen Wasserläufe im Landesinneren zum Brüten nutzen. Sobald die Dürre zurückkehrt, ziehen sie sich in die Flussmündungen und Lagunen an der Küste zurück.

Molukkenibis
Sümpfe sind die bevorzugten Nahrungsgründe des Molukkenibis, der Insekten, Krebstiere, Fische und Frösche frisst. Während die meisten Vögel in den Feuchtgebieten der Flüsse Murray und Darling brüten, nutzen einige die weiter im Landesinneren gelegenen kurzlebigen Feuchtgebiete.

Königslöffler
Der nomadische Königslöffler ist eine der beiden in Australien vorkommenden Löfflerarten. Er nistet in kleinen Kolonien über den Norden und Osten des Kontinents verstreut.

Brillenpelikan
Obwohl Brillenpelikane auch in kleinen Kolonien rund um den Küstensaum des Kontinents brüten, ist der Eyresee einer ihrer wichtigsten Brutplätze. Sobald das Wasser der Überschwemmungen den See erreicht, zieht es Hunderte Vögel an.

Leben in einem Billabong

Nach starken Regenfällen treten die Flüsse über die Ufer und überschwemmen die umliegenden Ebenen. In Trockenzeiten schrumpfen sie und bilden Billabongs – isolierte Wasserlöcher. Das stehende Wasser ist ein idealer Lebensraum für Flusskrebse, Frösche, Schlangenhalsschildkröten sowie eine Vielzahl von kleinen Fischen und Insekten. Die reichen Nahrungsgründe ziehen zahllose Vögel an, darunter mehrere langbeinige Watvogelarten.

Gemässigte Wälder und Heiden

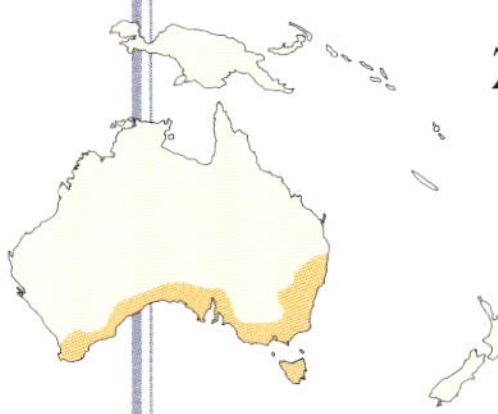

Zwei große Pflanzenfamilien beherrschen die südaustralischen Wälder und Heiden: die Myrtaceae – zu ihnen gehören die Eukalyptusgewächse Blaugummibäume, Myrtenheiden und Zylinderputzer – und die Proteaceae. Ihre typische Vertreter sind die Banksien und Grevilleen, die sich nach den periodisch auftretenden Bränden rasch erholen. Bei allen Arten kommt es zu synchronen Massenblüten, die nektarfressende Säugetiere wie Beutelratten und Flughunde, Vögel wie Honigfresser und Loris sowie zahllose Insekten anziehen, die die Pflanzen bestäuben. In Gebieten mit höherem Niederschlag und nährstoffreichen Böden kommen hohe Bäume vor wie die Karris im äußersten Südwesten und die Eberesche im Südosten des Kontinents. In trockeneren Gegenden mit ärmeren Böden wachsen knorrige Angophoren, Eukalyptusbäume, und es gibt Heideland mit verkümmerten Bäumen und Sträuchern.

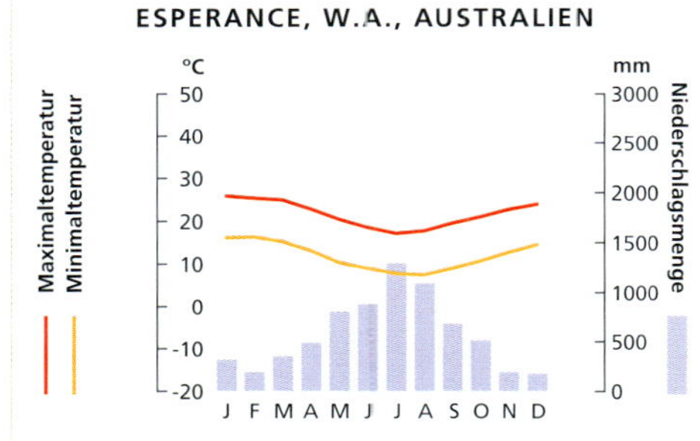

Weißaugen-Honigfresser
Der vertraute Bewohner der Küstenwälder und Heideländer im Südwesten und Südosten von Australien ist ein häufiger Besucher städtischer Parks und von Gärten. Weißaugen-Honigfresser sammeln sich oft zu großen Schwärmen und ernähren sich vom Nektar blühender Sträucher, wobei Banksien und Grevilleen zu ihren Favoriten zählen.

Weitere Arten in diesem Lebensraum	
Deutscher Name	**Spezielles Merkmal**
Steinhuscher	Endemischer Vogel
Stummelfüßer	Verbindungsglied zw. Würmern u. Gliederfüßern
Lackvögel	Einer der ältesten Singvögel
Gilbert-Kaninchenkänguru	Stark gefährdete Spezies; galt bereits als ausgestorben
Kleiner Kurznasenbeutler	Zunehmende Bestände in der Region um Sydney
Buschhuhn	Zunehmende Bestände in der Region um Sydney

Seidenlaubenvogel
Erbt oder erwirbt ein Seidenlaubenvogelmännchen ein Revier, wird sein Gefieder blauschwarz. Der Vogel baut eine Laube und schmückt sie mit allen blauen Gegenständen, die er finden kann. Danach flattert er laut schnatternd und singend um die Laube, um eine Paarungspartnerin anzulocken.

Ameisenbeutler
Das Beuteltier mit dem buschigen Schwanz und spitzen Gesicht frisst ausschließlich Termiten. Die lange Zunge, mit der es die Fressgänge von Termiten unter der Erde oder in Baumstämmen erkundet, spielt bei der Nahrungssuche eine Schlüsselrolle.

Waldbrände
Die Regeneration vieler Wälder in der südlichen Hälfte von Australien ist vom Feuer abhängig. Ausgewachsene Bäume bringen große Mengen an Samen hervor. Sie können erst keimen, wenn ein Waldbrand die alten Pflanzen zerstört und die Samen aktiviert.

Graurücken-Leierschwanz
Der Name des Graurücken-Leierschwanzes weist auf die Form seines Schwanzes hin. Der Vogel ist einer der ältesten Vertreter der Singvogelgruppe, die in Australien entstand und sich von dort aus über die ganze Welt verbreitete. Das Leierschwanzmännchen kann beinahe jedes Geräusch nachahmen, das es hört.

SCHUTZSTATUS

Der Bergbilchbeutler ist ein lebendes Fossil, das anhand von Höhlenablagerungen aus dem Pleistozän beschrieben wurde, ehe man 1966 lebende Tiere entdeckte. Er ist auf hochalpine Heiden beschränkt und durch Waldbrände und globale Erwärmung vom Aussterben bedroht.

Winterwärme
In den Wintermonaten überlebt der Bergbilchbeutler in Tunneln unter der Schneedecke, die eine isolierende Barriere gegen die Kälte bilden. Jede Verringerung der Schneebedeckung stellt eine Bedrohung für das winzige Tier dar.

Sommerfest
In der Zeit der Fülle hält das Beuteltier ein Festmahl aus Bogong-Faltern, die zu Tausenden in den alpinen Lebensraum des Bilchbeutlers kommen. Der fettreiche Falter ist die ideale Nahrung für ein Tier, das sich auf magere Zeiten vorbereitet.

Jägerliest
Der Jägerliest oder Lachender Hans ist einer der bekanntesten australischen Vögel. Als erfolgreicher Jäger erbeutet der Eisvogel Eidechsen, Schlangen, Würmer und Heuschrecken. In der Abenddämmerung ist sein heiserer, lachender Ruf ein vertrautes Geräusch im australischen Busch.

Rotnackenwallaby
Das einzelgängerische Rotnackenwallaby zählt zu den häufigsten Vertretern der Kängurufamilie und lebt als einzige Spezies in hochalpinen Regionen. Sein dickes Winterfell wurde von den australischen Ureinwohnern zum Anfertigen von warmen Umhängen verwendet.

PAPAGEIENVÖGEL

Papageienvögel sind für alle drei Südkontinente und das südliche Asien charakteristisch, und nur eine einzige Art ist bis in die nördlichen Tropen vorgedrungen. Australiens Papageienpopulationen sind vielfältig, und in den meisten Teilen des Landes sind die bunten Vögel ein gewohnter Anblick. Australien besitzt mit 15 Prozent aller Papageienvogelarten der Welt zwar relativ wenige Arten, aber bei den Gattungen liegt sein Anteil bei 30 Prozent. Seit der Mitte des 19.Jahrhunderts, als die Landrodung und die Besiedelung in Australien zunahmen, haben viele Papageienvögel ihre Anpassungsfähigkeit unter Beweis gestellt. Einige Kakaduarten sind viel weiter verbreitet als früher, andere haben ihr Verhalten drastisch verändert. Pennantsittiche leben jetzt das ganze Jahr über im Tiefland von Sydney, das sie früher nur im Winter besuchten. In vielen Städten und Vorstädten hat die Anzahl der Papageien in jüngster Zeit zugenommen. Als die Waldgebiete schrumpften, wurden Bäume an Sraßenrändern zu beliebten Rastplätzen.

Schönsittich
Bei der Vorbereitung zur Landung auf einem Baum stellt das Schönsittichmännchen seine Flügel- und Schwanzfedern zur Schau. Der Papageienvogel lebt in den östlichen Gebirgsketten und nistet in Baumhöhlen.

Inka-Kakadu
Der Inka-Kakadu zieht häufig in Paaren oder kleinen Gruppen umher. Er bewohnt kurzlebige Wasserläufe und abgelegene Wasserlöcher und sucht in den nahen Grassteppen und Dünen nach Nahrung.

Königssittich
Der große, waldlebende Papageienvogel ist an der roten Brust- und Kopffärbung zu erkennen. Er frisst Samen von Akazien und anderen Sträuchern und Bäumen des Unterholzes.

Rabenkakadu
Der Banks-Rabenkakadu ernährt sich vornehmlich von Eukalyptussamen. In Gebieten mit starkem Holzschag frisst er im Kronendach, aber im offenen Gelände trifft man ihn häufig auf dem Boden an.

SCHNABELFORMEN

Neben dem bunten Gefieder gehören die Schnäbel zu den auffälligsten Merkmalen von Papageienvögeln. Die Länge der nach unten gebogenen oberen Schnabelhälfte variiert von Art zu Art. Manche sind lang und damit ideal, um in weichem Holz nach Insekten zu graben oder in reife Früchte zu schneiden. Andere sind kurz und kräftig, um Baumzapfen oder andere harte Samenhüllen aufzubrechen.

Nacktaugenkakadu
Mit seinem langen, schmalen Schnabel kann der Nacktaugenkakadu Samen aus Zapfen ziehen und Knollen ausgraben.

Rotwangen-Zwergpapagei
Dieser Papagei frisst die Samen weicher Feigen, wobei er die Früchte mit der Kante seines scharfen Schnabels aufschneidet.

Palmkakadu
Ein großer Schnabel und kräftige Kiefermuskeln ermöglichen dem Palmkakadu das Aufbrechen von Samenhüllen und unreifen Früchten.

Helmkakadu
Der Helmkakadu hält hartschalige Früchte mit einem Fuß fest und bricht sie mit seinem kräftigen Schnabel auf.

Allfarblori
Statt seinen Schnabel zu verwenden, leckt der Allfarblori mit seiner haarigen Zunge Nektar und Pollen aus Blüten.

Wellensittich
Im australischen Outback sorgen Wellensittiche für bunte Schauspiele. Schwärme aus Tausenden von Vögeln steigen plötzlich von einem Wasserloch auf und kreisen umher, um kurz darauf wieder zu landen und erneut wegzufliegen.

Allfarblori
Diese Loris sind in den meisten australischen Vorstädten zu finden, wo sie in Schwärmen in Gärten rasten. Bei Tag verteilen sich die Vögel, um Nektar von Bäumen und Sträuchern zu fressen.

Rosellasittich
Platycercus eximius

Verschiedenartige Nester

Die Nester der australischen Papageienvögel sind je nach Verbreitungsgebiet und verfügbaren Plätzen unterschiedlich angelegt. Hohlräume in Baumstämmen oder Ästen werden von vielen Arten als bequemer Nistplatz verwendet. Manche Arten legen ihre Nester auch auf dem Boden, im Gras, unter Felsen oder sogar in Zaunpfosten an.

Bodennest
Der Erdsittich lebt in grasbewachsener Heide. Er legt ein Bodennest an, das von tief hängendem Blattwerk verdeckt wird.

Baumnest
Wie viele andere Papageienvögel baut der Königssittich sein Nest in tiefen Hohlräumen von Baumstämmen.

Gemeinschaftsnest
Wellensittiche nisten häufig gemeinsam in Baumhöhlen, wobei sie in einem Baum mehrere Nester anlegen.

Felsennest
Klippensittiche leben in Küstennähe und errichten Nester in seichten Vertiefungen im Schutz eines überhängenden Felsen.

Termitennest
Der Goldschultersittich errichtet sein Nest am Ende eines Tunnels in einem Termitenhügel.

Neuseeland

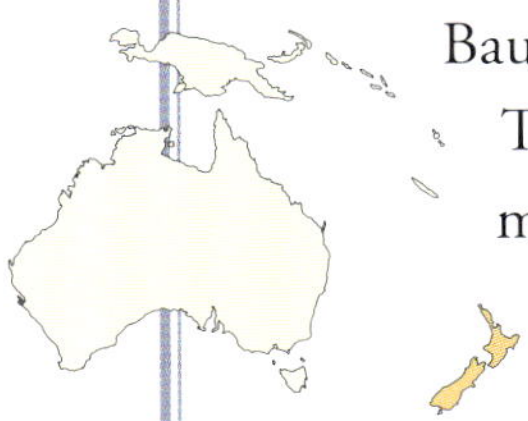

Neuseelands Tiere und Pflanzen stammen teilweise von Arten aus dem Urkontinent Gondwana ab. Hierzu gehören Araukarien, Baumfarne, Moas und Kiwis. Andere Arten sind über die Tasmansee oder den Pazifischen Ozean eingewandert. Die meisten neuseeländischen Vögel sind nahe Verwandte australischer Arten. Die heimischen Fledermäuse sind eng mit einer südamerikanischen Familie verwandt, und die nächsten Verwandten der vier heimischen Frösche leben in den pazifischen Küstenwäldern zwischen British Columbia und Kalifornien. Neuseeland besitzt zehn heimische Säugetiere, drei Fledertiere und sieben Flossenfüßer, aber 35 eingeschleppte Säugetierarten. Pazifische Ratten und Hunde gelangten mit den Maoris auf die Inseln, während die restlichen Arten von den Europäern eingeführt wurden, darunter Igel, Kaninchen, drei Nagetiere und 16 Huftiere. Im Verlauf der vergangenen 200 Jahre wirkten sich die Eindringlinge verheerend auf die Fauna und Flora aus.

Kea
Der Kea ist ein Papagei, der im Gebirge lebt. Den meisten Besuchern des Haast-Passes ist er vertraut, da er die Scheibenwischer dort geparkter Autos beschädigt. Er ist verrufen, weil er angeblich Schafe attackiert. Seine Bestandszahlen sinken.

Haastkiwi
Der Haastkiwi ist die größte der vier Kiwispezies, aber wie bei den anderen drei Arten schrumpfen seine Bestände und er benötigt Schutz. Er wird von Hunden und Hauskatzen ebenso gefressen wie von Hermelinen.

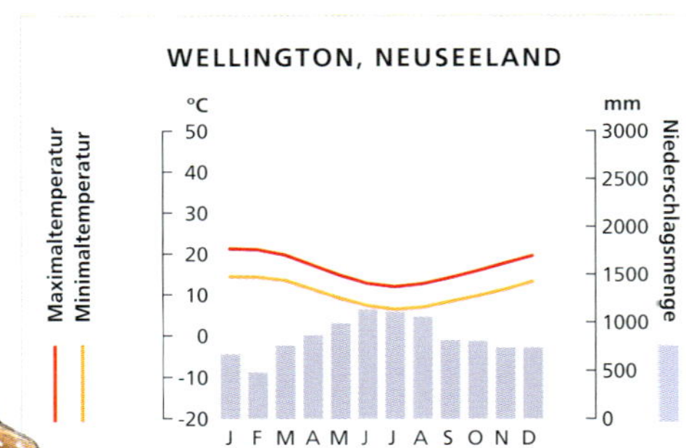

Hochstetter-Frosch
Von den vier Froscharten Neuseelands ist der Hochstetter-Frosch, der an verschiedenen Plätzen auf der Nordinsel vorkommt, am häufigsten anzutreffen. Er legt seine Eier in den feuchten Boden, und die Jungtiere schlüpfen, ohne ein frei lebendes Larvenstadium durchzumachen.

Brückenechsen

Auf Inseln vor der neuseeländischen Küste haben zwei Brückenechsenarten überlebt. Trotz ihrer echsenähnlichen Erscheinung sind sie keine Echsen, sondern gehören zu einer alten Reptilienordnung aus der Zeit vor den Dinosauriern. Es gibt sie nur auf Neuseeland, wo die halbe Population der Spezies *Sphenodon punctatus* auf der Stephens-Insel in der Cookstraße lebt. Auch auf einigen anderen Inseln vor der Küste leben Brückenechsen.

Höhlenschrecke
In Neuseeland gibt es 70 Höhlenschreckenarten. Die wald- und höhlenlebenden Heuschrecken sind in allen Lebensräumen vom Küstenbuschland bis in die Gebirgsregionen zu finden.

Moa

Der Moa war ein mittelgroßer bis großer Vogel, der nach heutiger Ansicht näher mit den Emus und Kasuaren von Australien und Neuguinea verwandt war als mit den Kiwis. Die beiden größten Arten, der Südinsel-Riesenmoa und der Nordinsel-Riesenmoa, erreichte eine Körperhöhe von 3,6 Metern und ein Gewicht von 250 Kilogramm. Die Riesenvögel weideten Baume und Sträucher ab. Bis zur Ankunft der Maori im 10. Jahrhundert nach Christus war der Haastadler ihr einziger Fressfeind. Um das Jahr 1400 hatten die Maoris die beiden großen Moas ausgerottet.

SCHUTZSTATUS

Der Kakapo ist der schwerste Papagei der Welt und war früher über ganz Neuseeland verbreitet. Waldrodungen und Fressfeinde haben ihn auf einer Handvoll Inseln überleben lassen. Der flugunfähige, nachtaktive Vogel lebt von Früchten und anderen Pflanzenteilen und brütet nur alle drei bis fünf Jahre.

Eingeführte Vögel

Von 335 in Neuseeland verzeichneten Vogelarten wurden 40 im Lauf der letzten 200 Jahre eingeführt. Viele haben zum Rückgang von endemischen Arten beigetragen, vor allem indem sie ihnen Nahrung und Nistplätze nahmen. Die bedrohten Arten profitieren von Zuchtprogrammen in Gefangenschaft.

Snares-Maorischnäpper
Diese schwarze Unterart des Maorischnäppers kommt nurauf der Snares-Insel vor.

Maorischnäpper
Die schwarzweiße Variante des Maorischnäppers ist in Neuseeland weitverbreitet. Er ist in bewaldeten Gebieten anzutreffen, wo er Insekten jagt. Gelegentlich frisst er auch Früchte.

Südwestpazifische Inseln

Die tropischen Inseln im Südwestpazifik haben unterschiedliche Ursprünge. Neukaledonien ist ein Überrest von Gondwana, während die Inseln von den Salomonen bis Vanuatu durch Vulkanismus entlang des Pazifischen Feuerrings entstanden sind. Auf Neukaledonien findet man alte Pflanzen, die auf eine Verwandschaft mit Australien hindeuten, sowie viele endemische Pflanzenfamilien: 75 Prozent aller Pflanzenarten kommen nirgendwo sonst vor. Die Vegetation auf den vulkanischen Inseln weist dagegen mehr Ähnlichkeit mit Neuguinea und dem Bismarckarchipel auf. Auf den größeren Inseln leben zahlreiche endemische Landvögel wie der neukaledonische Kagu. Die kleineren Inseln beherbergen große Brutkolonien von Hochsee-Meeresvögeln, darunter die Norfolkinsel und die Lord-Howe-Insel mit ihren Nebeninseln wie Ball's Pyramid im Südosten.

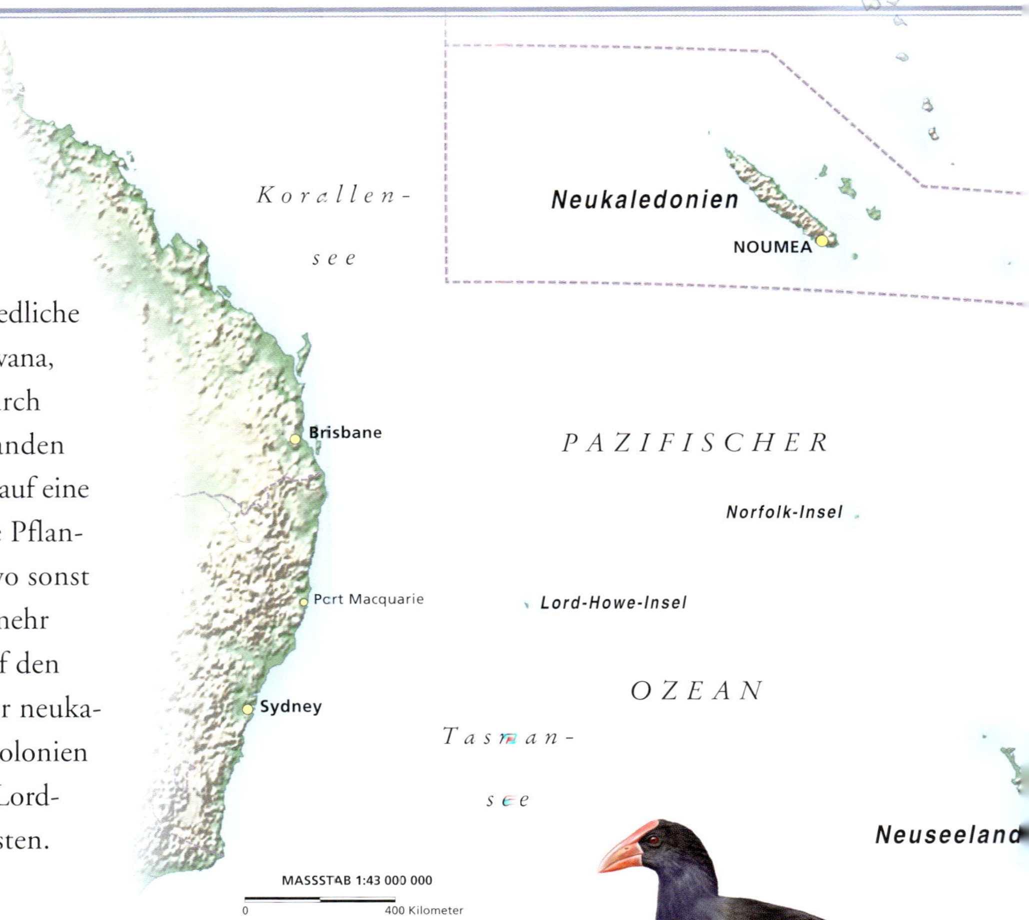

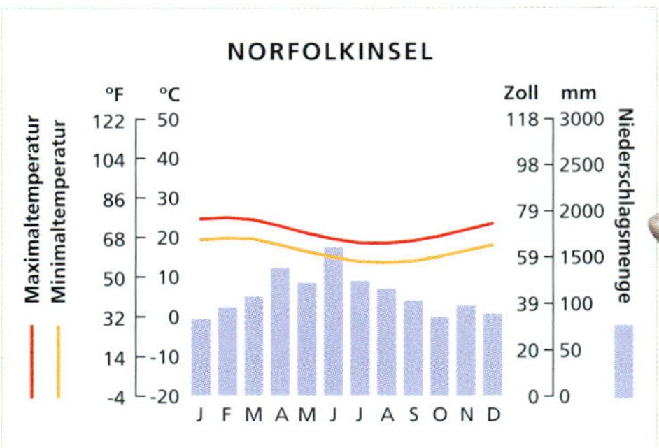

Landschnecke
Eine große, bodenlebende Schnecke, die auf der Lord-Howe-Insel endemisch ist, erreicht eine Körperlänge von acht Zentimetern. Eingeschleppte Ratten bedrohen die Art.

Purpurhuhn
Das Purpurhuhn gehört zu den erfolgreichsten Besiedlern der südwestpazifischen Inseln. Solange es Zugang zu Nistplätzen in Schilfgürteln hat, kann es in jeder feuchten Umgebung leben.

Rußseeschwalbe
Die Rußseeschwalben-Brutkolonie auf dem Mount Eliza ist eine der Hauptattraktionen der Lord-Howe-Insel. Vogelbrutkolonien befinden sich meist auf unzugänglichen Inseln, aber hier versammeln sich zahllose Vögel, die mitt erweile beobachtet werden.

Solandersturmvogel

Der Solandersturmvogel lebt auf dem offenen Meer. Es gibt sie nur in einem kleinen Gebiet in den wärmeren Gewässern des Südwestpazifik. Außerhalb der Brutsaison wandern einige in den Nordpazifik, aber zur Brutzeit versammeln sie sich in dicht gedrängten Kolonien auf der Lord-Howe-Insel. Solandersturmvögel legen pro Saison nur ein Ei.

Brüten
In einer kleinen, unterirdischen Nistkammer bebrüten Solandersturmvogeleltern abwechselnd das Ei.

Nestling
Während die Eltern zur Futtersuche aufs offene Meer hinaus fliegen, ist der Nestling der Gefahr ausgesetzt, von Ratten oder Vögeln gefressen zu werden.

Schutzstatus

Auf abgelegenen Inseln tendieren Rallen dazu, sich zu einer flugunfähigen Form zu entwickeln, z. B. die Waldralle der Lord-Howe-Insel. Sie war auf der ganzen Insel verbreitet und häufig anzutreffen, bis verwilderte Katzen und Schweine den Bestand dezimierten. 1973 lebten nur mehr einige Exemplare auf dem Mount Gower und Mount Lidgbird. Eine sichere Brutkolonie wurde eingerichtet, und Mitte der 1980er Jahre wurden 85 in Gefangenschaft gezüchtete Waldrallen in der Wildnis angesiedelt. Die Population besteht zur Zeit aus etwa 200 Vögeln.

Baumhummer
Die Baumhummer-Population der Lord-Howe-Insel wurde von eingeführten Ratten beinahe ausgelöscht, doch im Jahr 2001 wurden auf einem abgelegenen Eiland einige überlebende Exemplare entdeckt. Die Nachkommen einer kleinen, in Gefangenschaft gezüchteten Kolonie sollen nach einem geplanten Rattenvernichtungsprogramm wiederangesiedelt werden.

Kagu
Der Kagu, ein Verwandter der Rallen und Kraniche, ist auf Neukaledonien endemisch. Obwohl seine Flügel für seine Form und sein Gewicht eine normale Größe haben, kann er nicht fliegen und lebt auf dem Waldboden. Er fällt häufig Hunden und Katzen zum Opfer.

Ziegensittich
Das Verbreitungsgebiet des Ziegensittichs, das einst die neuseeländischen Hauptinseln umfasste, beschränkt sich heute auf einige Inseln vor der Küste. Er hat eine auffällige rote Krone, ein rotes Band über Wange und Auge und frisst hauptsächlich Samen, Früchte und Beeren.

Kaiserpinguine leben in der Antarktis und gehören zu den wenigen Tieren, die dort auch den Winter verbringen. Sind die Pinguinküken sechs Wochen alt, sammeln sie sich in Gruppen oder Krippen, die von einem adulten Vogel beschützt werden. Dadurch können die anderen ausgewachsenen Pinguine die Kolonie verlassen, um auf Beutefang zu gehen. Kaiserpinguine füttern ihre Küken, bis sie etwa neun Monate alt sind.

DIE POLE

DIE POLE

Obwohl sich die Polarregionen in ihrer extremen Kälte und Saisonabhängigkeit ähneln, unterscheiden sie sich in ihrer Geographie grundlegend. Die Arktis liegt in einem weiten Meeresbecken: Ein Besucher des geographischen Nordpols steht auf Meereis inmitten eines tiefen, kalten Ozeans. Die Antarktis liegt dagegen auf einem Kontinent: Ein Besucher des geographischen Südpols steht auf dem Festland auf einer Eiskappe in 2835 Metern Höhe. Wegen ihrer hohen Lage ist die Antarktis viel kälter. Die geographischen Grenzen der Regionen sind die Polarkreise auf 66 Grad 33 Minuten nördlicher und südlicher Breite. Mit einem Radius von 2606 Kilometern umschließen sie rund acht Prozent der Erdoberfläche. Die Arktis grenzt an die gemäßigten Länder der nördlichen Kontinente, und über den Landweg kommen Pflanzen und Tiere aus dem Süden an. Als isolierter Kontinent hat die Antarktis nur wenig mit dem Rest der Welt gemeinsam. Sie hat weniger Lebensräume anzubieten. Darum ist die Artenvielfalt relativ gering. Auf einer kleinen Insel in der Arktis leben bis zu 90 Blütenpflanzenarten, während auf dem ganzen antarktischen Kontinent nur zwei Arten vorkommen.

Arktis
Meereis spielt eine wichtige Rolle in der Ökologie der Arktis. Für Eisbären ist das Eis die Plattform für die Robbenjagd

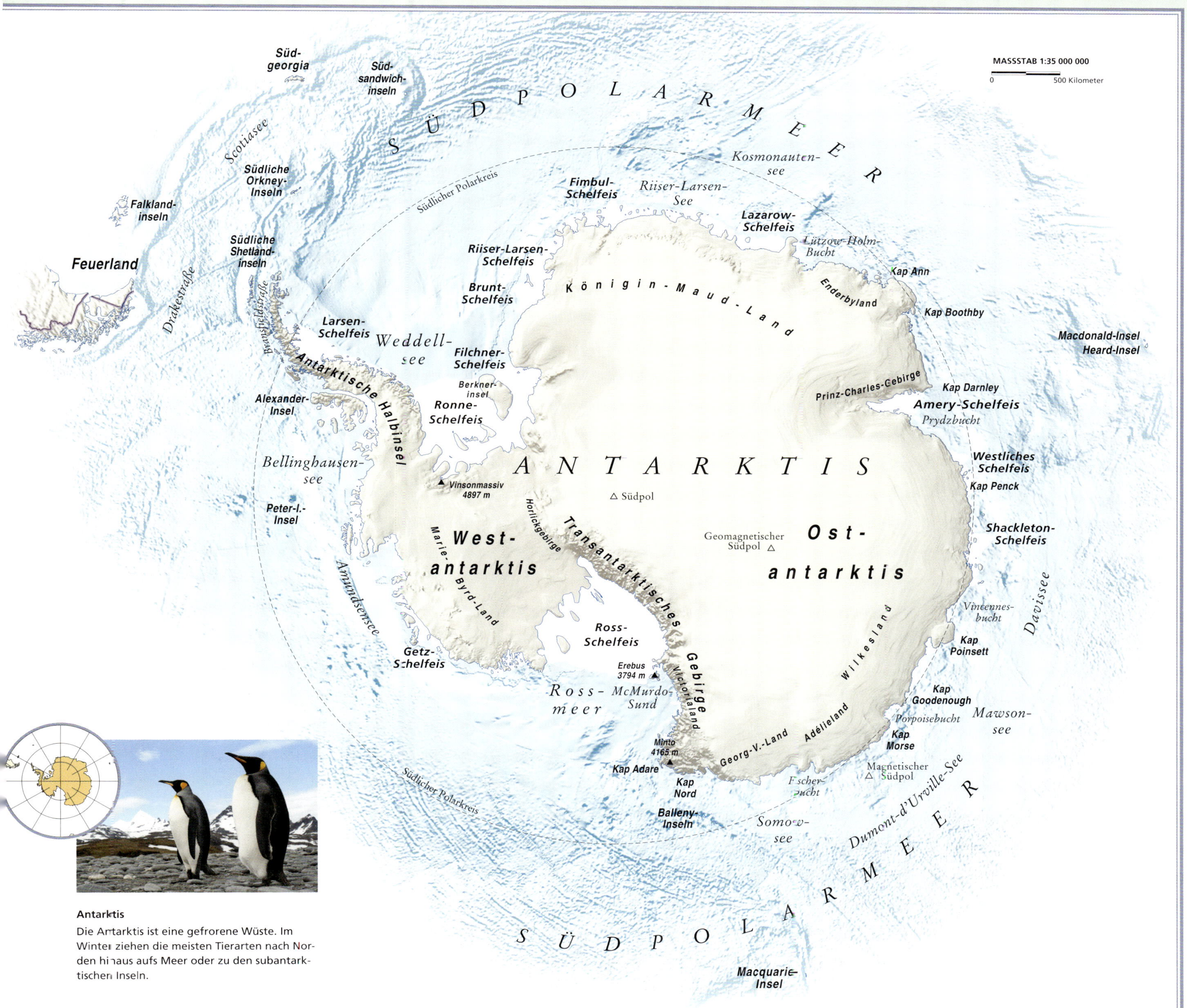

Antarktis
Die Antarktis ist eine gefrorene Wüste. Im Winter ziehen die meisten Tierarten nach Norden hinaus aufs Meer oder zu den subantarktischen Inseln.

DIE ARKTIS

Klima

Im sonnenlosen Winter entstehen über dem Packeiskern mächtige Hochdruckgebiete, die im zentralen Eismeerbecken Temperaturen um minus 30 und auf dem Land in Nordamerika, Grönland und Sibirien um minus 50 Grad Celsius bringen. Während der restlichen Zeit des Jahres sorgen ostwärts ziehende Wirbelstürme für Regen, Schnee und Wind. Von Mai bis September steigen die monatlichen Durchschnittstemperaturen über den Gefrierpunkt.

Natürliche Rohstoffe

Auch wenn das arktische Land karg ist und nur wenig Leben ermöglicht, so gibt es unter Wasser großen Reichtum an Fischen und anderen Meereslebewesen. Völker wie die Inuit leben seit langer Zeit vom Robben- und Walfang. Auf dem Packeis vor Neufundland und im Weißen Meer werden noch immer Robben kommerziell gejagt: Der Walfang ist streng auf lokale Gemeinden beschränkt. In Nordsibirien und Alaska wurden gewaltige Kohle-, Erdöl- und Erdgasvorkommen erschlossen.

DIE ANTARKTIS

Klima

Ein anhaltendes Winterhochdruckgebiet über dem Kontinent macht den höchsten Punkt des Plateaus zu einem der kältesten Plätze der Erde. Im August 1960 wurde in der russischen Forschungsstation Wostok die Weltrekordtemperatur von minus 88,3 Grad Celsius gemessen. In den Sommermonaten steigen die Durchschnittstemperaturen am Pol auf minus 30 Grad. Im Bereich der Küstenstationen und auf der Antarktischen Halbinsel wird es deutlich wärmer.

Natürliche Rohstoffe

Im Verlauf des 19. und 20. Jahrhunderts wurden die Wal- und Robbenbestände des Südpolarmeeres beinahe bis zur Ausrottung bejagt. Seit die Internationale Walfangkommission den Großteil des Südpolarmeeres zum Walschutzgebiet erklärt hat, haben sich die Populationen erholt. Das größere Problem ist mittlerweile der illegale Wal- und Fischfang, der die Bestände der Riesen-Antarktisdorsche und Schwarzen Seehechte dezimiert. Der Antarktisvertrag verbietet den Bergbau.

Arktische Tundra

Tundra ist die Bezeichnung für die baumlosen Ebenen nördlich der Taiga. Es ist eine karge, oft steinige Landschaft mit Seen, Sümpfen und Marschen. Obwohl sie auf einem Permafrostboden liegt, wachsen auf der sommerlichen Tundra Moose, Gräser, Binsen, winzige Büsche und Bäume. Rosafarbene, weiße, blaue und gelbe Blütenpflanzen lassen die raue Gegend fast lieblich erscheinen. Bevor der Winter hereinbricht, gibt es einen kurzen Herbst mit zum Teil kräftiger Laubfärbung, Samen und Beeren. Im Süden der Tundra werden die Bäume und Büsche zunehmend größer. Langsam verschmilzt die Tundra mit der Taiga. Im Norden wird die Vegetation dagegen allmählich dünner bis zur fast leblosen arktischen Wüste. Obwohl sich Menschen aus gemäßigten Zonen meist nicht vorstellen können, wie Pflanzen und Tiere in der Tundra überleben, ist sie die Heimat von Hunderten Lebewesen einschließlich des Menschen.

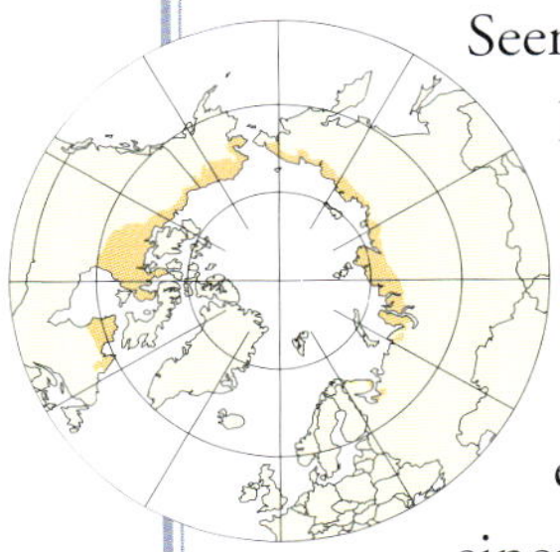

Insekten

Insekten tauchen im Frühling auf, sobald der Schnee schmilzt und sich der Boden erwärmt – was meist erst im Juni geschieht. Motten, Schmetterlinge, Schwebfliegen und Hummeln suchen in den Blüten nach Nektar und Blütenstaub, Schmeißfliegen brüten auf Kadavern; Libellen und Köcherfliegen schweben über den Teichen, während Stechmücken und Bremsen die grasenden Karibus plagen.

Hummel
Hummelköniginnen verbringen den Winter unter der Erde und kommen im Frühling hervor, um sich aufzuwärmen und nach Nistlöchern zu suchen. Sie sammeln Nektar und Blütenstaub und legen Eier, um Kolonien zu gründen.

Gebänderte Prachtlibelle
Libellen verbringen jahrelang als Larven in Teichen, fressen andere Insekten und wachsen langsam heran. Sobald sie ausgewachsen sind, klettern sie aus dem Wasser und fliegen einige Tage lang umher, um sich zu paaren und Eier zu legen.

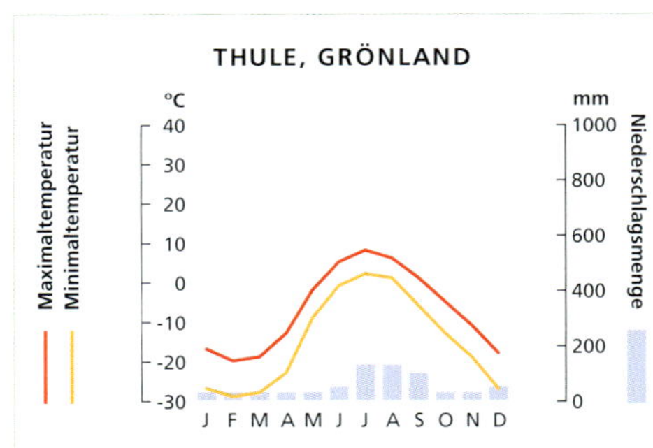

Moschusochse
Moschusochsen leben in kleinen, umherwandernden Herden und fressen Riedgräser, Gräser und Zwergweiden. Im Herbst setzen sie Fett an und bekommen ein dickes Wollfell. Im Winter leben sie an Plätzen mit dünner Schneedecke, wo sie leichter Nahrung finden.

Eisfuchs
Eisfüchse sind je nach Region im Winter grau oder weiß, im Sommer braun oder weiß und braun. Sie sind ständig auf der Jagd nach Erdhörnchen, Lemmingen und nistenden Vögeln. Im Winter begeben sich viele auf das Meereis, um Robbenjunge zu jagen und die Überreste von Eisbärbeuten zu fressen.

Leben in der Tundra

Im Winter ist die Tundra großteils mit Schnee bedeckt. Kleine Tiere wie dieses Erdhörnchen, Mäuse und Lemminge leben weiterhin im Verborgenen. Der Boden ist noch warm, und die Schneedecke schützt die Tiere vor Wind und Wetter. Größere Arten wandern nach Süden in den Schutz der Wälder wie das Karibu oder legen eine Fettschicht an und bekommen ein dickes Winterfell wie der Moschusochse.

Karibu
Im Frühling wandern Tausende Karibus über die Tundra nach Norden und bringen unterwegs ihre Kälber zur Welt. Während der langen Sommertage sind sie ständig in Bewegung, weiden die frische Vegetation ab und setzen Fett an. Wenn das Wetter kälter wird, paaren sie sich und ziehen im Herbst nach Süden, um in den Wäldern zu überwintern.

Schneeeule
Schneeeulen leben das ganze Jahr über in der Tundra. Sie halten auf Steinen oder niedrigen Büschen sitzend nach Beute Ausschau, um sich geräuschlos und fast unsichtbar auf Hasen, Lemminge, Mäuse, Enten, andere kleine Säugetiere und Vögel zu stürzen.

Lemminge
Eine Schneeeule erbeutet jährlich bis zu 1600 Lemminge. In guten Jahren, wenn der Schnee früh schmilzt und Lemminge leicht zu fangen sind, kann sie zehn Küken großziehen. In schlechten Jahren legen Schneeeulen nur drei bis fünf Eier.

Warmhalten

Um aktiv zu bleiben und ihre Körpertemperatur bei 37 Grad Celsius zu halten, müssen warmblütige Tiere wie Säugetiere und Vögel fressen. Große Tiere wie der Grizzlybär haben zwar eine Fettschicht und ein dickes Fell, finden jedoch im Winter nicht genügend Nahrung, weshalb sie sich zum Überwintern in eine geschützte Höhle zurückziehen, ihren Stoffwechsel herunterfahren und den Winter verschlafen.

DIE ARKTIS

SOMMERBLÜTE

Die arktischen Landpflanzen überleben den Winter unter dicht gepresstem Schnee, geschützt vor rauen Winden und tiefen Temperaturen. Zahlreiche Insekten, Mäuse, Lemminge und andere kleine Tiere machen es den Pflanzen gleich. Im Frühling schmilzt der Schnee, und die Sonnenstrahlen regen das Pflanzenwachstum an. Teiche und Seen tauen auf. Algen, Teichgräser, Moose, Gräser und Blütenpflanzen wachsen rasch. Sobald die Luft wärmer wird, tauchen Millionen Insekten auf. Tausende Zugvögel erreichen den Norden, wobei einige aus Afrika, Südamerika und dem Süden der Europa oder der USA kommen, um in der Fülle des Frühlings und Sommers zu fressen und zu brüten. Schwäne, Lappentaucher und Enten plantschen in den Bächen und Seen. Gänse weiden die Gräser ab, und Watvögel finden zwischen Gräsern und im lockeren Erdreich Insekten. Karibus und Rentiere ziehen nach Norden, während Stachelschweine, Füchse, Braun- und Schwarzbären zum Jagen und Aasfressen aus den Wäldern kommen.

Sommerblumen
Monatelang lag diese Wiese in einer arktischen Ecke von Neufundland unter Schnee. Gegen Ende des Winters schmilzt der Schnee, die Sonnenstrahlen der länger werdenden Tage erwärmen Boden und Vegetation, und die Tundra füllt sich mit Leben. Arktischer Mohn und andere schnell wachsende einjährige Pflanzen kommen zuerst zum Vorschein und bieten einen farbenprächtigen Anblick zwischen den mehrjährigen Gräsern.

Rotfuchs
Das Verbreitungsgebiet des eurasischen und nordamerikanischen Rotfuchses reicht bis in die Arktis, aber im allgemeinen nicht so weit nach Norden wie das des Eisfuchses. Im Gegensatz zum Eisfuchs behält das Rotfuchsfell im Winter seine Farbe. Es wird lediglich dichter.

Moorschneehuhn
Wintergefieder

Moorschneehuhn
Sommergefieder

Moorschneehuhn
Eine Moorschneehenne im sommerlichen Tarngefieder. Moorschneehühner ernähren sich fast ausschließlich von den Blättern und Knospen der Zwergweiden. Sie brauchen das ganze Jahr über eine Tarnung, die sie vor Fressfeinden schützt. Im Sommer braun gescheckt und im Winter weiß, verschmelzen sie mit der Umgebung.

Mohn und Bärentrauben
Im Herbst färbt sich die Tundra leuchtend rot, wenn sich die Zwergbüsche darauf vorbereiten, ihre Blätter abzuwerfen. Rote Beeren tauchen auf, die reich an Nährstoffen für Bären und andere Tiere sind. Dazwischen wächst die Rentierflechte, die zur einen Hälfte Pilz und zur anderen Alge. Sie wird von Rentieren und Karibus gern gefressen.

Karibu
Karibus sind die Hirsche des arktischen Nordamerika; Rentiere sind die wilden und domestizierten Herden in Europa und Asien. Im Frühling ziehen sie in nördlicher und im Herbst in südlicher Richtung über die Tundra. Die Kälber werden auf der Frühlingswanderung geboren.

Tagesstunden
Mit dem fortschreitenden Frühling nimmt die Anzahl der hellen Tagesstunden rasch zu, wobei die Tage länger werden, je weiter man nach Norden kommt (siehe Tabelle). Nach der Herbsttagundnachtgleiche werden die Tage kürzer als die Nächte. Für jede Sommertagesstunde gibt es im Winter eine zusätzliche Nachtstunde.

	Jan.	Feb.	März	Apr.	Mai	Juni	Juli	Aug.	Sept.	Okt.	Nov.	Dez.
80° N	0	2,3	13,6	24	24	24	24	24	13,1	0,8	0	0
70° N	2,5	8,3	12,5	17,1	24	24	24	17,2	12,6	8,2	2,4	0
60° N	7,1	9,8	12,3	15,1	17,6	18,9	17,7	15,1	12,4	9,7	7,1	5,9

Grizzlybär
Grizzlys sind große Bären, immer hungrig und bereit, jede Nahrung zu fressen, die sie finden. Im Sommer erbeuten sie Lemminge, Erdhörnchen, nistende Vögel, Eier und kranke oder verletzte Karibus. Sie fressen auch Gräser, Sprossen und Beeren und halten Winterruhe.

Nonnengänse
Branta leucopsis

Zug der Gänse

Millionen Enten, Gänse und Strandvögel, die den arktischen Winter nicht überleben würden, überwintern in gemäßigteren Regionen. Zu Frühjahrsbeginn fliegen sie wieder nach Norden und erreichen die Tundra zur Zeit der Schneeschmelze, wenn die Teiche auftauen und das Gras zu wachsen beginnt. Weil die Sommer so kurz sind, haben es die Zugvögel eilig, zu nisten und ihre Eier zu legen.

Nonnengans
Nonnengänse, die auf Spitzbergen nisten, überwintern in Großbritannien. In der ostsibirischen Arktis brütende Nonengänse verbringen den Winter in Holland. Kommt der Frühling spät und bleibt der Schnee liegen, können sie nicht brüten.

Die Arktis

Jäger und Gejagte

Die Grundnahrung in der Tundra sind Gräser, Flechten, Sträucher, Wurzeln, Samen und Beeren. Sie werden das ganze Jahr über von Lemmingen, Mäusen, Erdhörnchen, Hasen, Moschusochsen, Schneehühnern, überwinternden Finken und Erdinsekten gefressen. Im Sommer kommen Karibus, Rentiere und Gänse, um sich von der neuen Vegetation zu ernähren. Die pflanzenfressenden Säugetiere, Vögel und Insekten werden von Füchsen, Wölfen, Wieseln, Eulen, Falken, Raben und Raubmöwen erbeutet. Vögel und kleine Säugetiere werden zur Beute kleinerer Jäger, während Wölfe Moschusochsen und Karibus erlegen und die Knochen für Füchse und Aasvögel übrig lassen. Im Sommer kommen Watvögel zu Besuch, die sich in erster Linie von bodenlebenden Insekten ernähren. In Bächen, Teichen und Seen filtern Enten Gräser und Insekten aus dem Wasser oder tauchen nach Fischen. Grizzlys und Eisbären fressen alles, von Beeren bis zu Karibukadavern. Eisbären und Eisfüchse begeben sich sogar aufs Meereis, um Robben zu fangen.

Arktischer Ziesel
Die kleinen Tiere fressen nur in den drei bis vier Sommermonaten, in denen nährstoffreiche Gräser und Schösslinge im Überfluss vorhanden sind. Geht der Sommer zu Ende, setzen sie Fett an und überwintern in unterirdischen Bauen.

Landtiere		Meerestiere
Fleischfresser & Allesfresser	Pflanzenfresser & Insektenfresser	Fleischfresser & Allesfresser
Füchse	Lemminge	Schwertwale
Wölfe	Mäuse	Robben
Wiesel	Hörnchen	Walrosse
Falken	Rentiere	Haie
Eulen	Karibus	Möwen
Bären	Vögel	Enten und andere Vögel

Eismöwe
Die riesigen Möwen suchen am Strand nach Aas, das von der Flut angeschwemmt wurde, und patrouillieren über den Nistplätzen anderer Vögel auf Klippen und Stränden, um nach unbewachten Eiern und Küken Ausschau zu halten.

Fressen auf See

Die Nahrungsgrundlage im Meer ist Plankton – winzige Pflanzenzellen und garnelenartige Krebstiere, die sich im Frühling, wenn das Meereis schmilzt, stark vermehren. Von kleinen Fischen bis zu großen Walen ernähren sich zahllose Tiere von Plankton. Die Fische werden von Robben, Delfinen, kleinen Walen und Meeresvögeln gefressen. Bartrobben und Walrosse fressen Muscheln, die auf dem Meeresgrund von herabsinkender organischer Materie leben.

Papageitaucher
Papageitaucher verbringen den Sommer in Bauen auf Klippen, häufig in Kolonien aus Tausenden von Vögeln. Sie fangen kleine Fische, die sie zu ihren Nestlingen bringen.

Großer Schwertwal
Schwertwale sind auf der ganzen Welt zu finden, auch in der Arktis. Sie jagen in Rudeln nach Robben und anderen Walen. Ein Schwertwal kann bei einer Mahlzeit sieben Robben verschlingen.

Eisfuchs
Eisfüche jagen Vögel und kleine Säugetiere. Wie Hermeline verändern sie ihre Farbe von Sommer zum Winter. Hier stürzt sich ein Eisfuchs im Sommerfell auf eine Maus oder einen Lemming. Im Winter ziehen viele Eisfüchse aufs Meereis, um die Überreste von Robben zu fressen, die von Eisbären getötet wurden.

Polarwolf
Polarwölfe jagen in Rudeln aus einem Dutzend oder mehr Individuen. Sie folgen oft wandernden Rentieren oder Moschusochsen und töten Kälber oder ältere Tiere, die nicht mit der Herde Schritt halten können. Obwohl sie auch Vögel und kleine Säugetiere fressen, besteht ihre Beute in erster Linie aus großen Säugetieren.

Bartkauz
Bartkauze leben in den nördlichen Wäldern und an der Grenze zwischen Wald und Tundra. Wie Schneeeulen jagen sie Mäuse, Wühlmäuse und kleine Lemminge. Sie schauen und horchen auf Bewegungen, um danach auf ihre Beute herabzustürzen und sie fortzutragen. Die Männchen bringen das meiste Futter in die Nester.

Hermelin
Das Hermelin ist im Sommer braun; im Winter wird sein Fell weiß mit schwarzer Schwanzspitze. Als Jäger kleiner Säugetiere und Vögel pirscht es sich lautlos an und springt auf sein Opfer, ohne gesehen zu werden. Dieses Hermelin hat einen tiefgefrorenen Polarhasen gefunden.

Saibling
Manche Saiblinge leben in Seen, andere in Bächen und Flüssen, wo sie sich in erster Linie von Insekten und kleineren Fischen ernähren. Obwohl sie einen Teil ihres Lebens im Meer verbringen, sind Flusssaiblinge sogar in Gebirgsbächen zu finden, wo sie Lachseier fressen.

Sattelrobbe
Sattelrobben leben auf dem Meereis und ernähren sich von Lodden, Dorschen und anderen Schwarmfischen. Das Fell der Jungen ist in den ersten zwölf Tagen weiß und wird später zum Schwimmen grauer.

Gönlandhai
Die einzigen Haie in arktischen Gewässern sind langsame Fische, die auf dem Meeresgrund leben und sich von Robben und kleineren Fischen ernähren. Sie werden wegen ihres Öls und ihrer Sandpapierhaut gejagt.

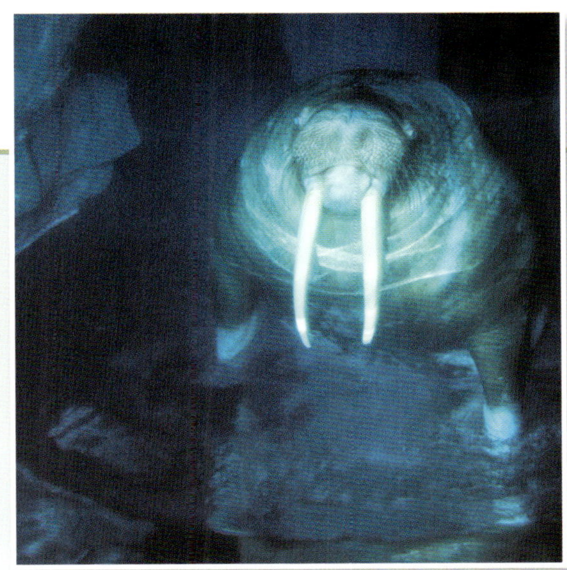

Walross
Walrosse leben auf küstennahem Meereis und an arktischen Stränden. Sie tauchen auf den Meeresgrund, den sie mit ihren Stoßzähnen aufscharren, um die darin vergrabenen Muscheln zu fressen.

DER EISBÄR

Eisbären leben an den Rändern des Nordpolarmeeres und der angrenzenden Meere. Die Männchen werden bis zu 600 Kilogramm schwer, die Weibchen 250 Kilogramm. Ein aufrecht stehender Eisbär ist größer als ein Mensch. Im Gegensatz zu Braun- und Grizzlybären verbringen Eisbären den Großteil ihres Lebens auf dem Meereis, das sich im Winter entlang der Küste und über dem Meer ausbreitet. Sie ernähren sich hauptsächlich von Robben, die sich auf dem Eis ausruhen und ihre Jungen zur Welt zu bringen. Als ganzjährige Arktisbewohner müssen Eisbären extreme Minustemperaturen überleben. Ihr bis zu 30 Zentimeter dickes Fell schützt sie vor dem schlimmsten Polarwetter. Das Fell ist wasserdicht und ermöglicht es den Bären, stundenlang im eisigen Meer zu schwimmen. Im Sommer hungern sie auf dem Land, da sie ohne Eis keine Robben jagen können. Jetzt fressen sie sogar Gräser, Beeren, Vogeleier und Nestlinge. Im Herbst fischen sie Lachse und Saiblinge aus Süßwasserbächen.

Auf Nahrungssuche
Trotz ihres Gewichts springen Eisbären von Eisscholle zu Eisscholle und wandern auf Nahrungssuche weite Strecken. Mit Satellitensendern versehene Eisbären sind in einem Jahr 5000 Kilometer weit gelaufen

Revierverteidigung
Da Eisbären dort leben, wo Nahrung knapp ist, ziehen sie allein umher. Bei Gruppen aus zwei oder drei Eisbären handelt es sich meist um Mütter mit Jungen. Treffen zwei Männchen aufeinander, brüllen sie und ringen miteinander, bis einer der beiden Kontrahenten das Weite sucht.

Einsamer Jäger
Eisbären sind einzelgängerische Tiere, die sich mit Schläue durchs Leben schlagen, ständig hungrig und sehr stark sind – kräftig genug, um in Häuser und Lebensmittelgeschäfte einzubrechen. Sie werden noch immer in geringer Zahl gejagt, stehen jedoch durch ein internationales Abkommen in der gesamten Arktis unter Naturschutz.

Familiengruppe
Die Jungen bleiben bis zu zwei Jahre bei ihrer Mutter. Im Winter ist das Leben hart. Viele Jungtiere sterben

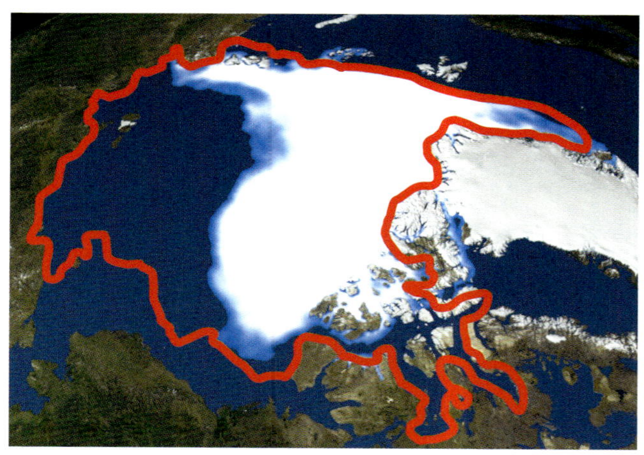

Veränderungen des Meereises
Sowohl die ständihgen als auch die sich alljährlich neubildenden Meereisflächen werden kleiner, in den letzten 30 Jahren um 38 Prozent. Mit dem Eis schrumpfen die Eisbären- und Robbenbestände, so dass sie aus einigen Gebieten ganz verschwinden werden. Da sich das Klima ständig verändert, war die Arktis in der Vergangenheit schon wärmer und kälter, wobei Robben und Eisbären die Veränderungen überlebt haben.

JAGEN, UM ZU ÜBERLEBEN

Eisbären verbringen einen Teil ihrer Zeit auf dem Land, aber den größeren Teil auf dem Meereis. Die Weibchen bringen ihre Jungen an Land zur Welt und bringen sie danach hinaus aufs Meereis, wo Nahrung leichter zu finden ist. Männchen und Weibchen gehen nach der Paarung getrennte Wege. Die Mütter ziehen die Jungen alleine groß.

Robbenfleisch
Auf dem Meereis jagen die Bären Robben, die im Frühling zwischen den Eisschollen ihre Jungen großziehen. Das ausgewachsene Weibchen weiß, wie man die Robben findet, und versorgt sich und ihre Jungen mit einer Mahlzeit.

Walkadaver
Eisbären sind immer bereit, alles zu fressen, was sie finden. Hier sind eine Mutter und ihre herangewachsenen Jungen dem Geruch eines toten Wales gefolgt, der am Strand von Svalbard angeschwemmt wurde.

Eismeer-Ringelrobbe
Eismeer-Ringelrobben leben in Küstennähe auf dem Packeis, wo sie im Frühling in versteckten Höhlen zwischen Eisschollen ihre Jungen zur Welt bringen. Eisbären jagen die ausgewachsene Robben und die Jungtiere.

Behüteter Nachwuchs
Eisbärenmütter und ihre Jungen verlassen im Frühling ihre Höhlen und begeben sich aufs Meereis. Die Jungen bleiben in der Nähe der Mutter, die sie wachsam vor hungrigen Raubtieren wie Füchsen, Wölfen und anderen Eisbären beschützt.

Winter in der Höhle

Eisbären paaren sich im Sommer. Im Winter graben die trächtigen Weibchen Geburtshöhlen in den Schnee. Gegen Dezember werfen sie ein, zwei, selten drei kaninchengroße Junge, die mit Muttermilch genährt werden. Zwischen dem Füttern schlafen Mutter und Junge, um Energie zu sparen. Im März oder April sind die Jungen groß genug, um die Höhle zu verlassen.

Antarktische Wüste

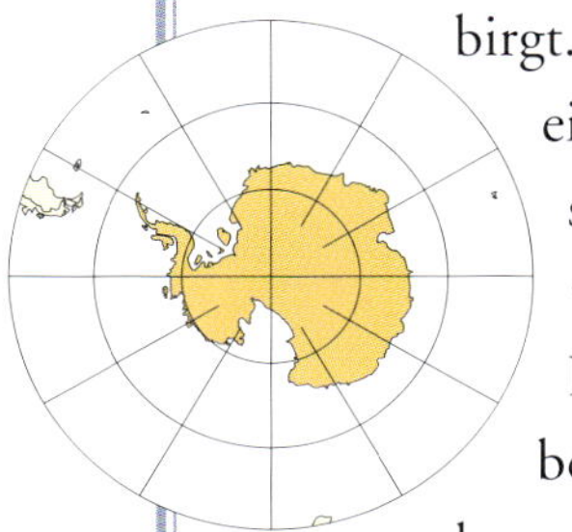

Die Antarktis ist die größte und trockenste Wüste der Erde, obwohl sie 70 Prozent des Süßwassers und 90 Prozent des Eises der Welt birgt. Ein Großteil der antarktischen Eisdecke ist vier, an einigen Stellen fast fünf Kilometer dick. Die Antarktis ist sehr kalt. Im Jahr 1983 wurde eine Rekordtemperatur von minus 89,5 Grad Celsius gemessen. Der geringe Niederschlag kann Millionen Jahre lang gefroren bleiben und dokumentiert in seinem Eis die Klimaveränderungen vergangener Zeiten. Unter dem Eis liegen große Seen, die durch Erdwärme über dem Gefrierpunkt gehalten werden. Leben gibt es nur an den Rändern der Eisdecke in der Nähe des „warmen" Meeres, wo die Wassertemperaturen unter dem Eis lediglich auf minus 1,8 Grad Celsius sinken. An den Rändern des Kontinents absorbieren dunkle Felsen Sonnenlicht und Wärme, so dass auf ihren Oberflächen Algen und Flechten wachsen.

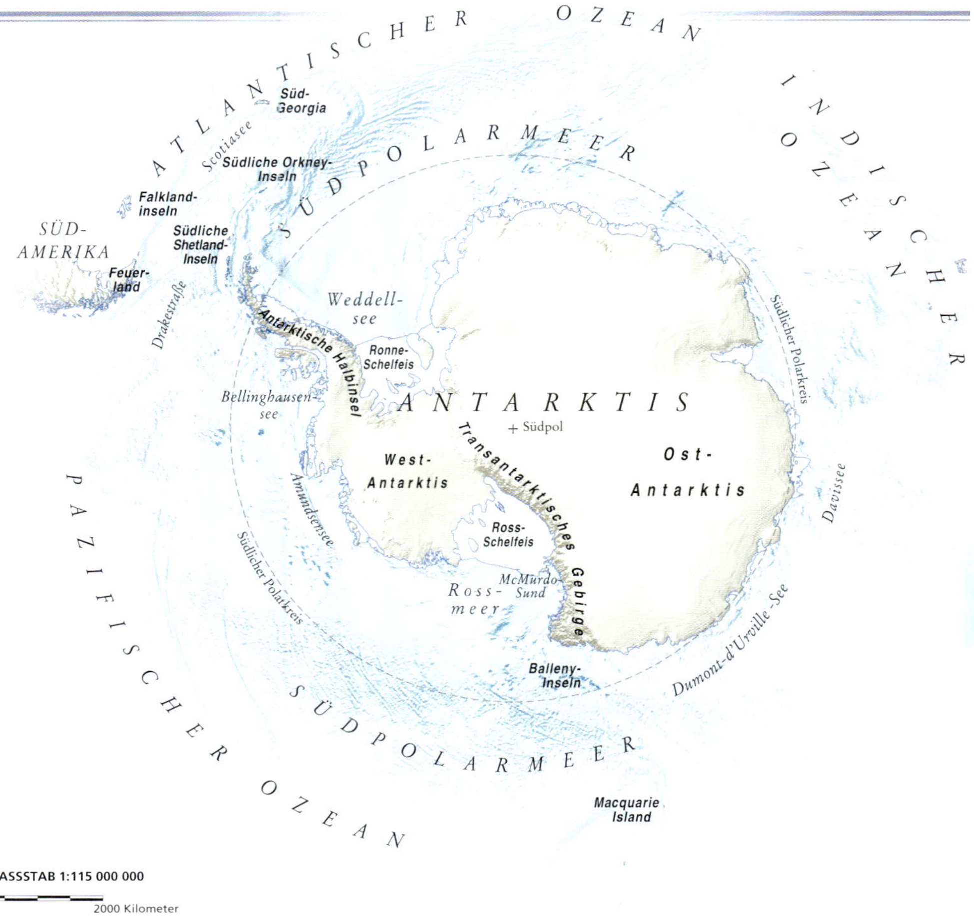

Adéliepinguine
Adéliepinguine kommen am Rand der Antarktis häufig vor. Sie versammeln sich im Sommer in großen Kolonien, um ihre Jungen zu gebären. Den Großteil ihres Lebens verbringen sie auf dem Meer, wo sie Fische und Krill jagen.

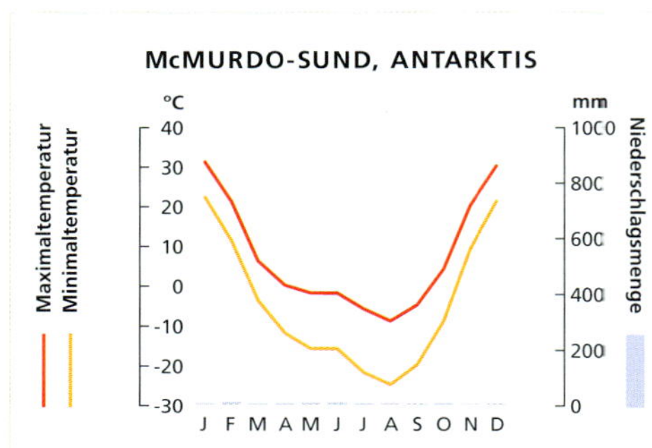

NAHRUNG DES KRABBENFRESSERS

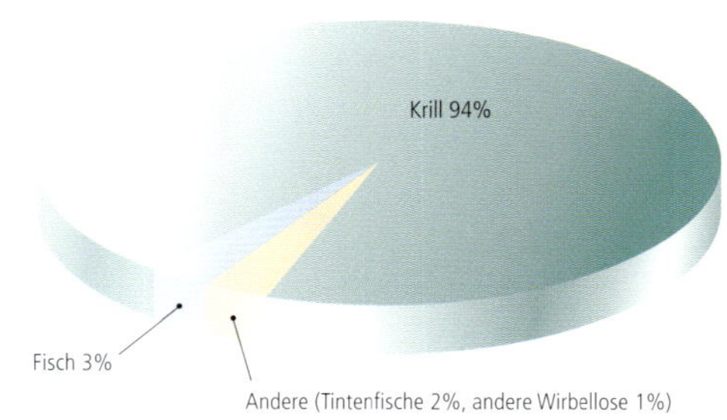

NAHRUNG DES SEELEOPARDEN

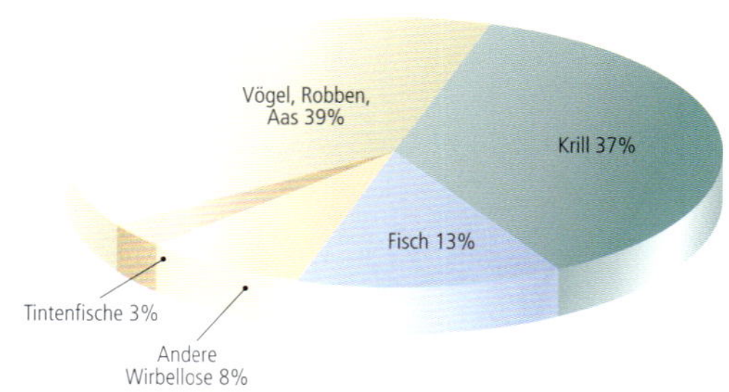

Scotiasee-Eisfisch
Die extreme Kälte der antarktischen Gewässer ist für die meisten Fische eine zu strenge Umgebung, aber einige Arten haben sich angepasst. Eisfische wie der Scotiasee-Eisfisch haben in ihrem Blut kein Hämoglobin, sondern stattdessen eine Art „Frostschutzmittel" entwickelt.

Seeleopard
Seeleoparden haben einen großen Kopf und weite, kräftige Kiefer. Ihr vielfältiger Speiseplan schließt große Beutetiere wie Pinguine und junge Krabbenfresser ein, sie filtern jedoch ebenso Krill aus dem Wasser. Gelegentlich sind sie an Stränden von subantarktischen Inseln anzutreffen.

Taylor Valley
Das Taylor Valley gehört zu den „Trockentälern" in der Region um den McMurdo-Sund. Die Täler erhalten so gut wie keinen Niederschlag und sind Wüsten der extremsten Sorte. Mit Ausnahme einiger permanent gefrorener Seen sind sie großteils eisfrei. Leben gibt es nur in Form von Moosen und Algen.

Rossrobbe
Die Rossrobbe ist die seltenste Robbenart der Antarktis. Ihr Verbreitungsgebiet zieht sich in einem Gürtel rund um den Kontinent, mit der größten Wahrscheinlichkeit trifft man sie jedoch im Rossmeer an. Sie ernährt sich in erster Linie von Tintenfischen, frisst aber auch Fische und Krill. Die Jungen werden im Frühsommer auf dem Packeis geboren und von der Mutter vier Wochen lang gesäugt.

Krabbenfresser
Krabbenfresser sind die häufigste Robbenart der Erde. Sie leben auf dem antarktischen Packeis. Ihre Population wird auf elf bis zwölf Millionen Tiere geschätzt. Die charakteristischen, dreilappigen Zähne ermöglichen dem Krabbenfresser, Krill aus dem Wasser zu filtern, der seine Hauptnahrung darstellt.

Südamerikanischer Seebär
Diese Vertreter der Ohrenrobbengruppe leben auf den Inseln vor der Küste des antarktischen Kontinents. Sie verbringen den Großteil des Winters auf dem Meer, um Fische, Krill, Langusten und Pinguine zu fangen.

Nahrungsgründe

Als zentrales Krebstier der antarktischen Nahrungskette lebt der Krill an den Rändern des Meereises und ist die Hauptnahrungsquelle für Bartenwale, zahlreiche Robben und Pinguine. Die Gesamtmasse des Krills beträgt mehr als 100 Millionen Tonnen, was ihn für die Fischereiindustrie interessant macht. Krill ernährt sich von Mikroplankton wie Kieselalgen.

Schwärme
Der Krill ist normalerweise weiträumig im Wasser verteilt, aber periodisch treten die winzigen Organismen in Schwärmen auf, die viele Quadratkilometer bedecken. Krillschwärme färben das Meer rot und bieten ein willkommenes Nahrungskonzentrat für Wale.

Nahrung
Krill ist eine Form des Planktons, winzige Krebstiere, die mit den Vorderbeinen Nahrung filtern und in die Mundöffnung schieben. Krill stellt ein potenzielles Nahrungsmittel für Menschen dar und kann zur Gewinnung biochemischer Stoffe genutzt werden.

DIE ANTARKTIS

LANGSTRECKEN-WANDERER

In der Natur sind jahreszeitliche Wanderungen häufig. Wildtiere ziehen zwischen fernen Lebensräumen hin und her, um sich an den geeigneten Plätzen zu paaren, ihre Jungen zur Welt zu bringen und zu fressen. Viele Tiere flüchten vor dem strengen Winter der Polarregionen. Im Sommer ist dort Nahrung im Überfluss vorhanden, aber den Winter können nur wenige Tiere überleben. Der Kaiserpinguin bleibt als einzige Spezies ganzjährig auf dem Eis der Antarktis. Andere Vogel-, aber auch Robbenarten wandern, manche über lange Strecken. Bartenwale wie der Buckelwal ziehen entlang immer gleicher Routen in die Tropen. Auch Nördliche und Südliche Glattwale verbringen den Winter in wärmeren Gewässern. Der Grauwal wandert vom Nordpazifik vor die mexikanische Küste, eine Rundreise von 20 000 Kilometern.

Wanderrouten

Die meisten wandernden Wassertiere bleiben auf ihrer Heimathalbkugel, obwohl sie weite Strecken zurücklegen. Bei Vögeln gibt es diese Einschränkung nicht, und einige Arten wandern sogar von einem Pol zum anderen. Wale ziehen von ihren sommerlichen Nahrungsgründen in den Polarregionen zur Paarung in die Tropen. Robben begeben sich auf Inseln und Küsten in subpolaren Breitengraden, um ihre Jungen zur Welt zu bringen.

Buckelwal

In antarktischen Gewässern ernähren sich Buckelwale von Krillschwärmen (oben). Sie nehmen gewaltige Mengen an Wasser ins Maul und sieben es durch ihre Barten, wobei der Krill herausgefiltert wird. In der Arktis erzeugen Buckelwale in Gemeinschaftsaktionen Blasenvorhänge, um den Krill zusammenzutreiben. Die Wanderung des Buckelwals endet in tropischen Gewässern, zum Beispiel vor der Küste von Tonga (links). Die Sprünge der Tiere dienen wahrscheinlich als Signal für Artgenossen.

SCHUTZSTATUS

Der Finnwal wird an Größe nur vom Blauwal übertroffen. Als schnellster Furchenwal schwimmt er mit einer Geschwindigkeit von 24 bis 32 Stundenkilometern. Seine Körpergröße machte ihn zu einer begehrten Beute von Walfängern.

Südliche Seeelefanten

Diese jungen Seeelefanten sind vor dem antarktischen Winter geflüchtet und ruhen sich im Büschelgras einer subantarktischen Insel aus. Seeelefanten wachsen durch die sehr fette Muttermilch rasch heran, werden nach drei Wochen entwöhnt und können danach für sich selbst sorgen.

Südlicher Glattwal

Südliche Glattwale haben Schwielen auf Kopf und Rücken. Walfänger nannten den Wal „the right whale" („der richtige Wal"), weil sie langsam und leicht zu fangen ist, einen hohen Trangehalt aufweist und auf dem Wasser treibt, wenn er tot ist.

ZUGVÖGEL

Vögel, die das ganze Jahr in den Polarregionen bleiben, erleben den großen Kontrast zwischen den polaren Wintern und Sommern. Die Antarktisseeschwalbe und einige Pinguinarten bleiben in der Antarktis; andere wie die Küstenseeschwalbe und der Albatros wandern weite Strecken.

Kurzschwanz-Sturmtaucher

Kurzschwanz-Sturmtaucher brüten im Südosten von Australien und haben zwei Zugstrecken: Während des Südwinters ziehen sie im Uhrzeigersinn um den Pazifischen Ozean. Im Frühling und Sommer wandern sie in die antarktischen Gewässer, um Futter für ihre Jungen zu sammeln.

Küstenseeschwalbe

Küstenseeschwalben sind als große Wanderer bekannt und ziehen von ihren arktischen Brutgründen in die Antarktis. Sie halten im Schwebflug nach kleinen Fischen nahe der Wasseroberfläche Ausschau und tauchen nach Beute.

Küstenseeschwalbenküken

Nach dem Schlüpfen in der Arktis wiegen die Küken nur wenige Gramm. Einige Wochen später ziehen sie bereits für den Südsommer in die Antarktis.

Vögel der Antarktis

Das Südpolarmeer umschließt die Antarktis und bedeckt etwa fünf Prozent der Oberfläche unseres Planeten. Es ist die Heimat einer großen und vielfältigen Meeresvogelgemeinschaft aus Albatrossen, Sturmvögeln, Möwen, Seeschwalben und Kormoranen. Die Antarktis ist das Reiseziel von Zugvögeln der Nordhalbkugel wie der Küstenseeschwalbe, die hier den Südsommer verbringt. Die ersten Seeleute tauften die Seegebiete des Südpolarmeeres nach den Windverhältnissen auf den Breitengraden: „die brüllenden 40er", „die rasenden 50er" und „die heulenden 60er". Albatrosse und Sturmvögel können den Stürmen trotzen und mit Flügelspannweiten von über dreieinhalb Metern die Windenergie nutzen. Kleine Inseln im Südpolarmeer dienen als Nistplätze für Millionen von Meeresvögeln, die im umgebenden Meer nach Beute suchen. Beim Fliegen verringert die aerodynamische Stromlinienform den Energieaufwand, wodurch sie sich auf Nahrungssuche weit aufs Meer hinaus begeben können. Meeresvögel benutzen verschiedene Jagdmethoden wie Tauchen und Ergreifen an der Wasseroberfläche.

Schneesturmvogel
Seesturmvögel leben das ganze Jahr in der Antarktis und fischen im offenen Wasser zwischen dem Eis. Die wendigen Flieger können Winterstürme überleben, nisten auf dem Boden und legen im Frühsommer ein einziges Ei auf den nackten Felsen.

Antarktisskua
Antarktisskuas brüten dicht bei brütenden Pinguinkolonien. Die räuberischen Aasfresser fressen Eier und Pinguinküken. Ihre eigenen Brutreviere verteidigen sie aggressiv. Der Haken an der Schnabelspitze dient zum Aufreißen von Fleisch.

Brauner Skua
Braune Skuas gibt es auf subantarktischen Inseln und gemäßigten Inseln im Süden von Neuseeland. Sie nisten auf dem Boden, verwenden für ihr Nest Pflanzenmaterial und legen zwei Eier, wobei meist nur ein Junges überlebt.

Weissgesicht-Scheidenschnabel

Sie leben auf der Antarktischen Halbinsel und auf südatlantischen Inseln, immer dicht bei Pinguinen, anderen Meeresvögeln und Seebärkolonien. Die Kolonien ernähren die Scheidenschnäbel und liefern Eier, Küken und Aas.

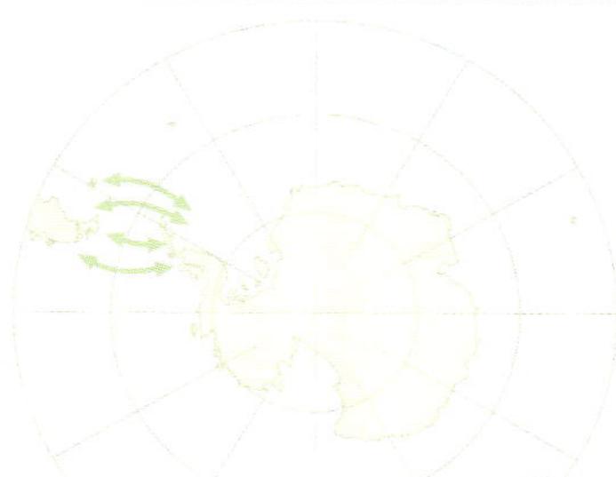

Südatlantik und zurück
Saisonale Flüge des Weißgesicht-Seidenschnabels

Wanderflüge
Diese Vögel fliegen über den stürmischen Südozean von der Antarktis in ihre Überwinterungsgebiete in Patagonien, Feuerland und auf den Falklandinseln, wobei sie in beiden Richtungen mehr als 3200 Kilometer zurücklegen.

Saisonale Bewohner
Weißgesicht-Scheidenschnäbel sind nach der Scheide oder dem Schild um ihren Schnabel benannt. Sie legen bis zu vier Eier in ein Bodennest, das in einem geschützten Hohlraum errichtet wird.

Wandernder Albatros im Flug

Albatrosse sind die effizientesten Flieger unseres Planeten. Ihre langen Flügel verleihen einen enormen Auftrieb, verhindern jedoch ein schnelles Schlagen mit den Flügeln. Albatrosse sind Gleiter, die lange Strecken zurücklegen, ohne mit den Flügeln zu schlagen. Bei Windstille ruhen sie sich auf der Wasseroberfläche aus und warten auf den Wind. Beim Abheben vom Wasser laufen sie mit ausgestreckten Flügeln gegen den Wind.

Männliches Balzverhalten
Balzende Männchen preisen sich an, indem sie die Flügel ausstrecken, den Kopf heben und Rufe für potenzielle Partnerinnen ausstoßen. Nähern sich interessierte Weibchen, geht das Balzritual weiter.

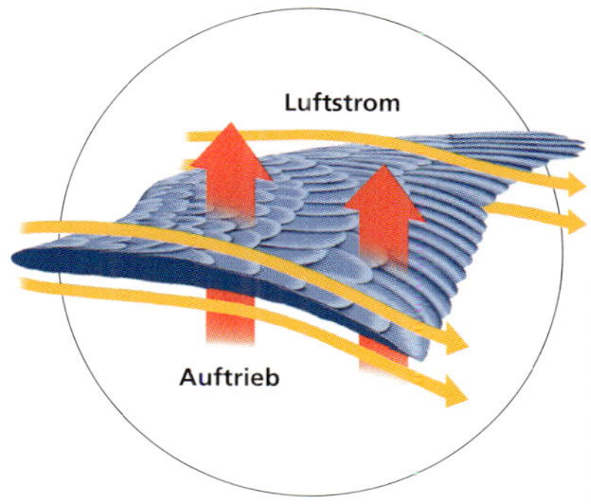

Aerodynamisches Design
Ein Vogelflügel ist so geformt, dass die Luft an der gebogenen Oberfläche schneller vorbeiströmt als an der Unterseite. Das erzeugt Auftrieb.

Paarungsrituale
Albatrosse benutzen die Balzrituale auch, um die Bindung zwischen den bereits bestehenden Paaren zu festigen. Sie gehen wie viele Meeresvögel lebenslange Paarbindungen ein. Ein eingespieltes Paar hat größere Chancen auf einen Bruterfolg als Vögel, die zum ersten Mal brüten.

Albatrosküken
Auf einem Nest aus Schlamm und Pflanzenmaterial wartet ein Albatrosküken auf die nächste Mahlzeit. Albatrosse legen nur ein Ei, und einige Arten brüten nur alle zwei Jahre. Jede Brutsaison erfordert von den Eltern viel Zusammenarbeit, um sicherzustellen, dass ihr Küken flügge wird.

Zugroute

Auf ihrer Rundreise um den Globus nutzen Albatrosse die Wettersysteme. Über einen Großteil der südlichen Hemisphäre ziehen starke, anhaltende Westwinde hinweg, die den Vögeln Energie für ihre Langstreckenflüge liefern. Solche Flüge werden von noch nicht brütenden und jungen Vögeln unternommen, aber auch von erwachsenen Vögeln, die nach der Brutsaison wieder Körperreseven speichern müssen.

PINGUINPARADE

Von den 17 Pinguinarten werden nur vier als antarktisch betrachtet: Kaiser-, Adélie-, Kehlstreif- und Goldschopfpinguine. Die restlichen Arten sind auf subantarktischen und gemäßigten Inseln bis zu den Galàpagos-Inseln und zum Äquator zu finden, alle sind jedoch auf die Südhalbkugel beschränkt. Obwohl sie von fliegenden Vorfahren abstammen, sind Pinguine flugunfähig und bewegen sich auf Nahrungssuche „fliegend" durchs Wasser. Verschiedene anatomische, physiologische und verhaltensmäßige Anpassungen ermöglichen es Pinguinen, als Meerestiere zu überleben, zu brüten und sich zu ernähren. Ihre Federn sind dichter als die aller anderen Vögel, ihr Körper ist stromlinienförmig und gut isoliert, und unter der Haut sorgt eine dicke Fettschicht für weitere Isolierung und Energiereserven für Zeiten, in denen die Tiere keine Nahrung aufnehmen können. Die Brustmuskulatur nimmt bis zu 25 Prozent der Körpermasse eines Pinguins ein und treibt die Flossen an, die beim Schwimmen und Rutschen über den Schnee eingesetzt werden.

Kehlstreifpinguin
Kehlstreifpinguine sind nach dem charakteristischen schwarzen Strich unter ihrem Schnabel und auf den Wangen benannt. Ihre Brutkolonien befinden sich auf der Antarktischen Halbinsel und auf südatlantischen Inseln. Sogar auf den Balleny-Inseln im Süden von Neuseeland gibt es eine kleine Brutpopulation.

Leben auf dem Eis
Pinguinfedern sind hoch angepasste Strukturen. Sie bilden eine dichte Schicht, die den Körper trocken hält. Pinguine haben kräftige Füße mit Zehen, die auf Eis und nassen Felsen Griff bieten.

Federschichtung

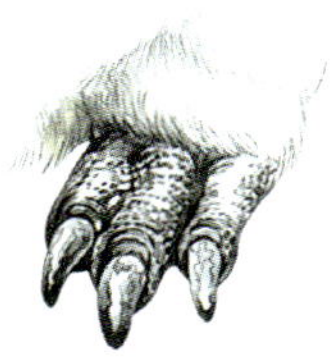

Lange Zehennägel, um auf dem Eis Halt zu finden

Nisten und fressen

Die meisten Pinguinarten nisten in der Nähe des Meeres. Sie tauchen, um Beuteansammlungen wie Krill- oder Fischschwärme zu suchen. Die vier antarktischen Pinguinarten brüten rund um den Kontinent, wobei Adélie, Kehlstreif- und Goldschopfpinguine eisfreie Küstengebiete auswählen. Die meisten Kaiserpinguinkolonien sind auf dem Wintermeereis zu finden.

Verteilung
Pinguine kommen an den Küsten aller südlichen Kontinente, der Antarktischen Halbinsel und der kleinen ozeanischen Inseln des Südpolarmeeres vor.

Kaiserpinguine
Kaiserpinguine sind die größten und schwersten Pinguine, wobei manche Exemplare über 45 Kilogramm wiegen. Sie können tief tauchen – der tiefste verzeichnete Tauchgang liegt bei über 500 Metern und dauerte beinahe 20 Minuten.

Pinguinvielfalt
Pinguine sind nicht einfach schwarzweiß, sondern mit bunten Hauben, orangefarbenen und gelben Zeichnungen und einzigartigen Federflecken geschmückt. Jede Art besitzt einen unterschiedlich geformten Schnabel.

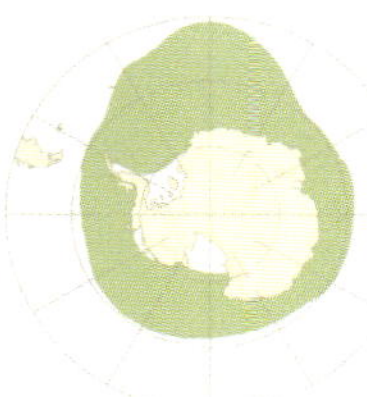

Adéliepinguin
Adéliepinguine sind die am weitesten verbreitete Pinguinart der Antarktis. Ihre Nahrung besteht in erster Linie aus Krebstieren und Fischen. Auf Beutefang können sie bis zu 200 Meter tief tauchen. Zwischen den Tauchgängen ruhen sie sich auf Eisschollen aus, um vor Fressfeinden wie Seeleoparden geschützt zu sein.

Königspinguin
Königspinguinkolonien können aus über 100000 Paaren bestehen und sind so groß, dass sie auf Satellitenbildern zu erkennen sind. Man findet sie auf subantarktischen Inseln im Südpolarmeer, wo das Klima im Gegensatz zum kalten, trockenen Klima der Antarktis maritimer, also feuchter und milder ist.

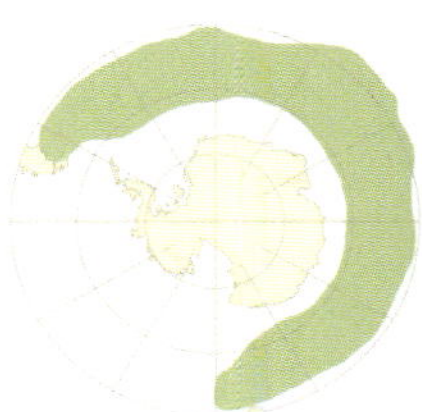

Sorge um den Nachwuchs

Ab dem Moment ihres Schlüpfens sind Pinguinküken in der Antarktis vielen Gefahren ausgesetzt. Kaiserpinguine schlüpfen im Winter, wenn die Temperaturen auf minus 40 Grad Celsius sinken. Pinguineltern sind rund um die Uhr damit beschäftigt, ihre Küken in den eisigen, starken Winden warm zu halten.

Nistplatz
Ein steiniges Nest, das vom Männchen errichtet wird, birgt Eier und Küken. Es wird auf einem erhöhten Platz angelegt, damit es nicht überschwemmt wird, wenn Eis und Schnee im Sommer schmelzen.

Beschützen der Jungen
Bis die Küken halb ausgewachsen sind, beschützen sie ihre Eltern vor den Elementen. Ihre Daunenfedern schützen sie nicht vor den tiefen Lufttemperaturen.

Fütten des Nachwuchses
Königspinguine brauchen über ein Jahr, um ihre Küken großzuziehen. In den Wintermonaten warten die Küken manchmal wochenlang auf die nächste Mahlzeit. Die Eltern suchen draußen auf dem Meer nach Futter für ihre großen Küken.

Große Tümmler leben in den warmen Gewässern der Erde. Die sozialen, aktiven und intelligenten Delfine verständigen sich untereinander mit Hilfe eines komplexen Systems aus Pfeiftönen, Quieklauten und Berührungen. Sie können beim Schwimmen eine Geschwindigkeit von 30 Stundenkilometern erreichen. Delfine sind Vertreter der

DIE OZEANE

Die Ozeane

Unser blauer Planet wird von Wasser beherrscht. Es bedeckt rund 70 Prozent der Erdoberfläche. Vor 200 Millionen Jahren gab es auf der Erde nur einen einzigen Ozean und den Kontinent Pangea. Im Verlauf der Jahrmillionen brach Pangea auseinander und bildete die Kontinente, die jeder auf einer eigenen Platte der Erdkruste zu driften begannen. Die fünf Weltmeere – Pazifischer, Atlantischer, Indischer Ozean, Nord- und Südpolarmeer – entstanden, als die Kontinente auseinandertrieben. Die Weltmeere sind ein riesiger, dreidimensionaler Raum, wobei die Bedingungen von heller, tropischer Wärme an der Oberfläche bis zur einige Kilometer darunterliegenden finsteren Polarkälte variieren. Die Meeresökosysteme reichen von hochproduktiven, brackigen Marschen, Felsküsten und Korallenriffen bis zu leblosen mittelozeanischen Regionen. In dieser Fülle an Lebensräumen hat sich eine außergewöhnliche Vielfalt an Organismen mit unterschiedlichsten Anpassungen an das Leben im Meer entwickelt.

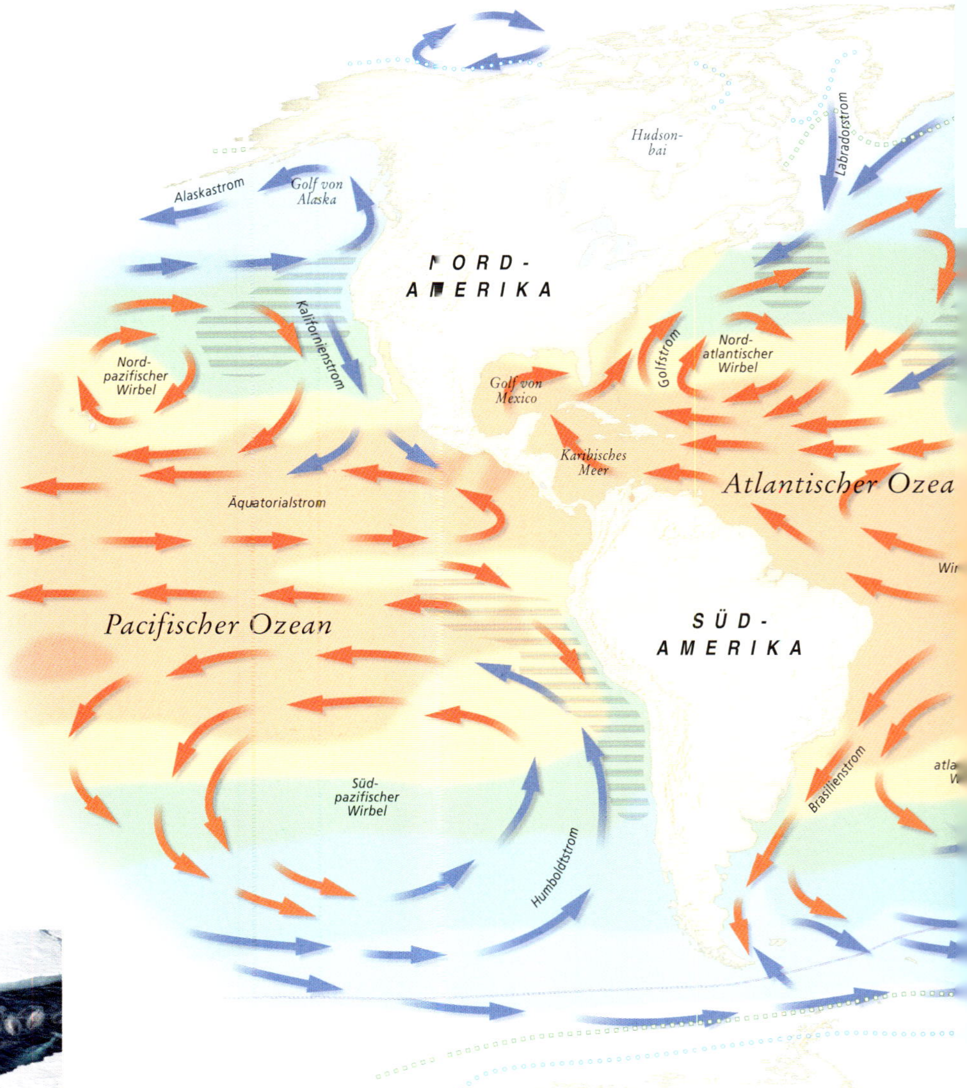

Pazifischer Ozean
Der Pazifik ist das älteste und größte Weltmeer. Die Korallenriffe zwischen Indonesien und dem Great Barrier Reef vor der ostaustralischen Küste bergen die vielfältigste Meeresfauna der Welt.

Nordpolarmeer
Das Nordpolarmeer ist von Land eingeschlossen und von Meereis geprägt. Die globale Erwärmung verstärkt die sommerliche Eisschmelze und bedroht die arktischen Ökosysteme.

Atlantischer Ozean
Der Atlantik entstand vor 150 Millionen Jahren, als Europa und Nordamerika sowie Afrika und Südamerika auseinanderbrachen. Auf der Bruchkante liegt der Mittelatlantische Rücken

Südpolarmeer
Das nährstoffreiche Südpolarmeer, das die Antarktis umfließt, produziert riesige Mengen an Plankton. Im Sommer versammeln sich dort große Wale, um sich von Krill zu ernähren.

Indischer Ozean
Der Indische Ozean hat eine sehr ähnliche tropische Meeresfauna wie der Westpazifik. Die Strömungen verlaufen um die indonesischen Inseln und Australien.

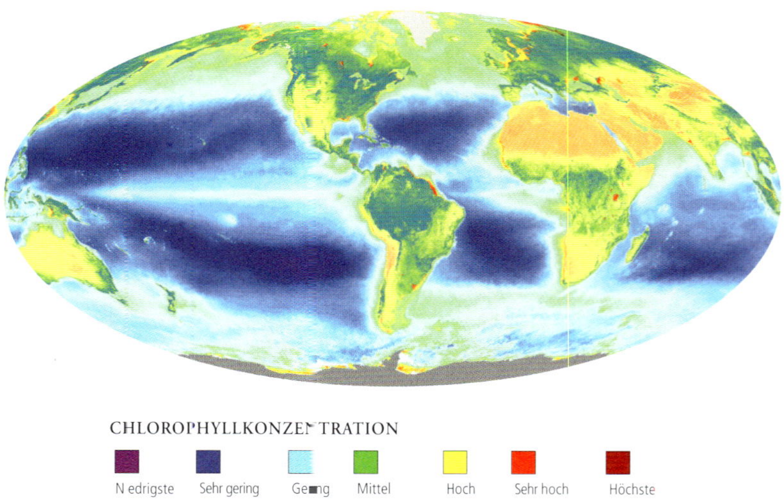

Produktivität der Weltmeere
Anhand von Satellitenmessungen der Chlorphyllkonzentration an der Meeresoberfläche schätzen Wissenschaftler die weltweite Phytoplanktonproduktion. Die Produktivität der Weltmeere ist in höheren Breitengraden, äquatornahen Zonen mit aufsteigendem Tiefenwasser und entlang der westlichen Ränder der Kontinente am höchsten. In diesen nährstoffreichen Gewässern sind die produktivsten Fischgebiete zu finden.

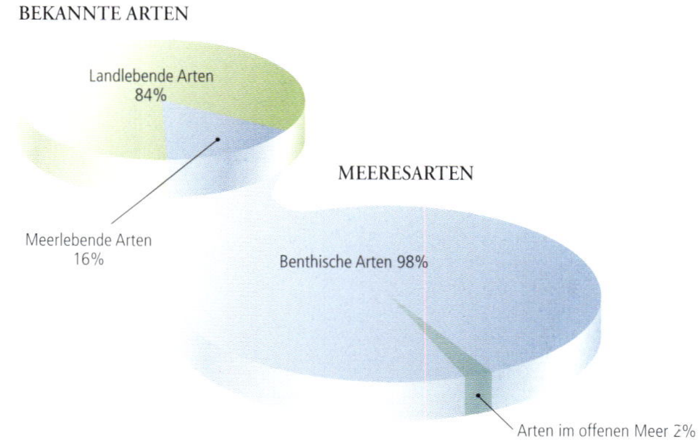

Meeresarten
Unter den bekannten Arten machen die Meeresorganismen nur 16 Prozent aus, da Pflanzen und Tiere an Land einfacher zu sammeln und zu beobachten sind als in den Meeren. In jüngster Vergangenheit entdeckte eine Expedition, die vor der Küste der Antarktis auf dem Grund der Tiefsee Tiere sammelte, Hunderte neue Arten.

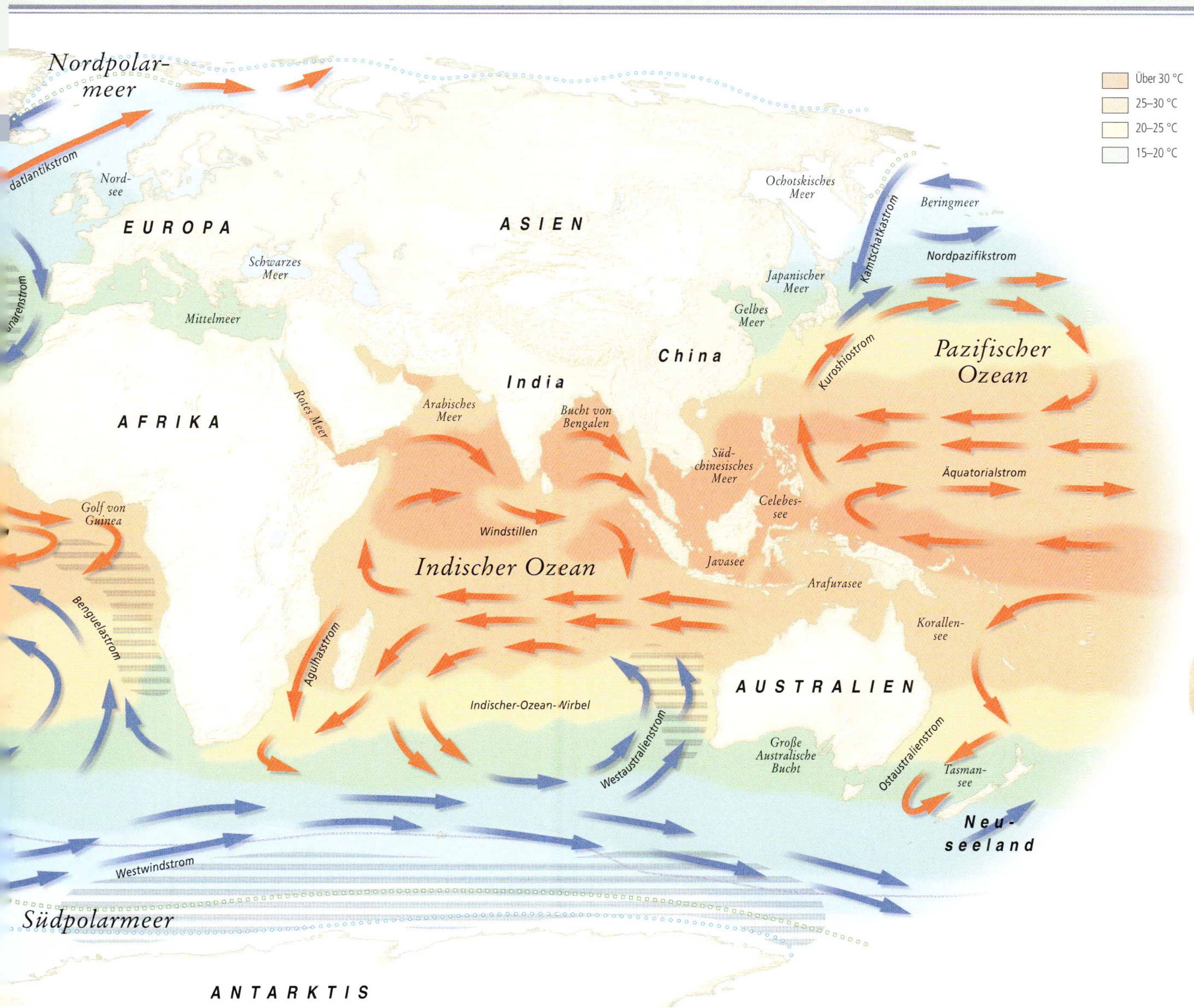

Strömungen und Temperatur

Die Weltmeere werden von Strömungswirbeln beherrscht, die von Wind und Erdrotation angetrieben werden. Auf der Nordhalbkugel drehen sie sich im Uhrzeigersinn, auf der Südhalbkugel in die entgegengesetzte Richtung. An den Westseiten der Ozeane bringen sie warmes, tropisches Wasser in höhere Breiten, an den Ostseiten kälteres, gemäßigtes Wasser in niedrigere Breiten. In den westlichen Abschnitten der großen Meeresbecken leben tropische Arten auf einer viel größeren Fläche als in den östlichen.

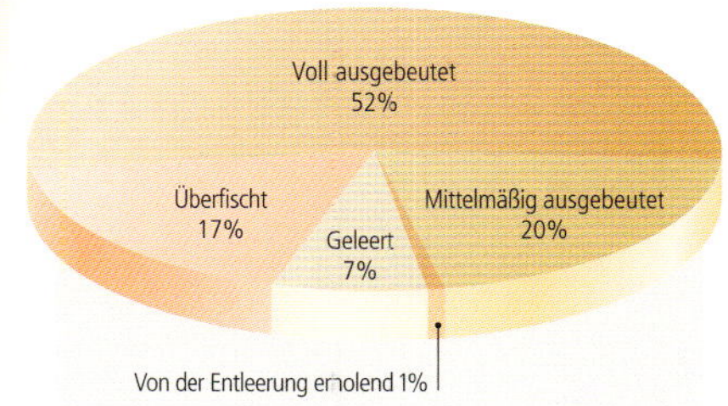

SCHUTZSTATUS

Früher war man der Ansicht, die Fischbestände wären unerschöpflich, aber die moderne Technik machte es möglich, dass die Fischflotten die Fortpflanzungskapazität der Wildpopulationen eingeholt haben. Über die Hälfte der Meeresfischbestände der Welt (oben) sind zur Gänze ausgebeutet, weitere 25 Prozent überfischt oder erschöpft. Die Weltnaturschutzorganisation IUCN hat vor kurzem viele Fische mit langsamer Fortpflanzungsrate in ihre Rote Liste der bedrohten Arten aufgenommen.

Meereszonen

Der Lebensraum Meer ist in zwei Hauptbereiche geteilt: pelagisch (in der Wassersäule) und benthisch (auf dem Meeresgrund). Die meisten Arten sind benthisch. Sonnenlicht, Temperatur, Druck und Tierleben verändern sich mit zunehmender Tiefe, wobei der Ozean in drei Hauptschichten unterteilt werden kann: Das schmale Band der Sonnenlichtzone, die halbdunkle Dämmerlichtzone und die schwarzen Tiefen der Mitternachtszone.

Der Pazifische Ozean

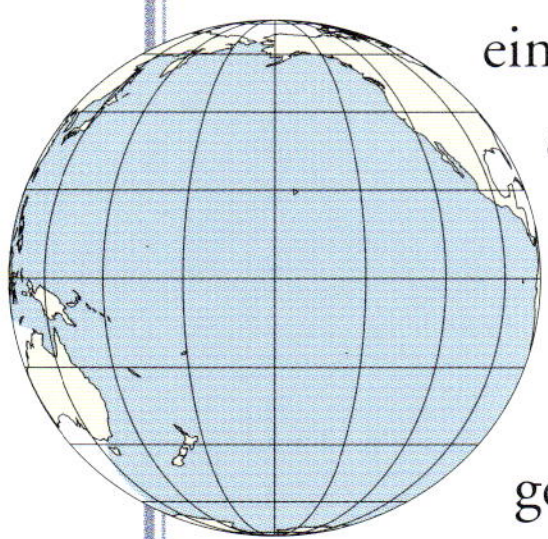

Die größte Artenvielfalt und biologische Produktivität aller Meere hat der Pazifische Ozean. Der gewaltige Wasserkörper wirkt wie ein großer Thermostat, der die vorbeiströmenden Luftmassen im Sommer kühlt und im Winter erwärmt. Weil die Größe des Pazifik sein Klima mäßigt, starben dort im Verlauf der Vergletscherungen und anderer Perioden extremer globaler Klimaveränderungen weitaus weniger Arten aus als anderswo. Die relativ stabile Ozeanwelt ermöglichte die Entwicklung von komplexen Ökosystemen. Die Korallenriffe des indo-australischen Archipels besitzen die größte Vielfalt an tropischen Meeresarten, während die Felsküsten und Kelpwälder des östlichen Nordpazifik die größte gemäßigte Artenvielfalt bergen. Der Pazifik weist einen der größten Nährstoffgehalte und eine der stärksten Planktonblüten auf. Das Beringmeer, wo sich Plankton in den langen Sommertagen stark vermehrt, und der Humboldtstrom vor der südamerikanischen Küste sind zwei der ergiebigsten Fischgebiete der Welt.

Clownfisch
Amphiprion ocellaris

Der dynamische Pazifik
Im Zentralpazifik gibt es ein langes Gebirgsrückensystem. Hier steigt die Erdkruste auf und schiebt die Ozeanplatte nach Osten und Westen unter die Kontinente. In den Kollisionszonen herrschen gewaltige tektonische Kräfte. Überall brechen Vulkane hervor. Darum nennt man den Rand des Pazifik auch den Pazifischen Feuerring.

ANTEIL AN DER GESAMTEN MEERESFLÄCHE

Fakten	
Fläche	155,6 Millionen km²
Durchschnittstiefe	4001 m
Größte Tiefe	10 924 m
Größte Breite	18 000 km
Größte Länge	13 900 km
Küstenlänge	135 663 km

Tölpel und Sardellen
Tölpel sind die fliegenden Torpedos des Meeres. Sie falten ihre Flügel und fallen wie Pfeile vom Himmel, um in einer Spur aus Luftblasen ihre Sardellenbeute aufzuspießen. Tölpel sammeln sich in Meeresgebieten mit reichlich Plankton, das produktive Nahrungsketten und große Fischschwärme ernährt. Während des Großteils des Jahres steigt kaltes, nährstoffreiches Wasser vor der peruanischen Küste an die Oberfläche und ermöglicht ein reiches Ökosystem aus Plankton, Fischen und Meeresvögeln wie dem Guanotölpel.

El Niño

Der spanische Name „El Niño" bedeutet „Das Christkind" und wurde gewählt, weil das Phänomen oft um Weihnachten vor der peruanischen Küste seinen Anfang nimmt. Warmes, nährstoffarmes Wasser breitet sich vom Zentralpazifik nach Osten aus, und der Aufstieg kalten Tiefenwassers hört auf, von der die Region normalerweise beherrscht wird. Bei La Niña herrschen umgekehrte Bedingungen vor. Wissenschaftler verwenden für das Ereignis, das tiefgreifende Einflüsse auf die globalen Wettermuster hat, die Bezeichnung „El Niño/Southern Oscillation" oder ENSO.

El Niño
Die Wassererwärmung durch den El Niño kann den Meeresspiegel um 20 Zentimeter ansteigen lassen. Der weiße Fleck zeigt El Niño, der sich im März 1997 entlang des Äquators langsam nach Osten bewegt.

La Niña
Die durch kälteres Wasser verursachten tieferen Meeresspiegel während des La-Niña-Ereignisses vom Juli 1998 sind violett eingefärbt. El-Niño- und La-Niña-Ereignisse treten nicht in festgesetzten Zyklen auf.

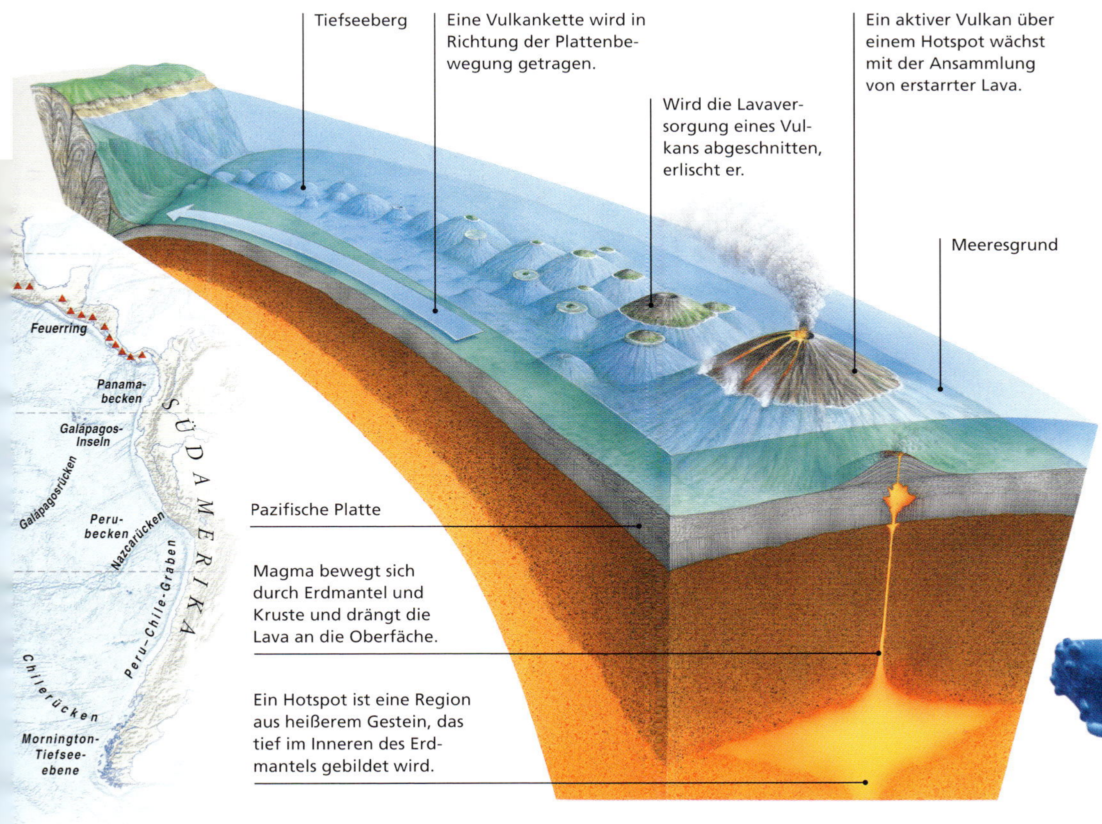

Der hawaiianische Hotspot

Die meisten Vulkaninseln existieren nur zehn bis 30 Millionen Jahre, ehe sie verwittern und im Meer verschwinden. Der Hawaiianische Archipel bildet sich seit 70 Millionen Jahren über einem Hotspot in der Pazifischen Platte. Die Große Hawaii-Insel ist noch immer aktiv und wächst weiter. Über dem Hotspot sind weitere Inseln entstanden, die auf der Platte nach Nordwesten treiben.

Einzigartige Spezies
Wenn ein Hotspot schrittweise eine Reihe neuer Inseln hervorbringt, können Flachwasserarten entlang der Kette von Insel zu Insel gelangen und haben Zeit, sich zu einzigartigen Spezies zu entwickeln. Von den rund 600 Strandfischarten Hawaiis sind 25 Prozent endemisch (nirgendwo sonst zu finden) wie der Hawaii-Feuerfisch, ein Rifffisch mit giftigen Stacheln.

Buckelwal
Im Sommer sammeln sich Buckelwale in großen Gruppen in den planktonreichen Gewässern vor der Küste von Alaska. Im Winter schwimmen sie durch den halben Pazifik in die subtropischen Lebensräume um Hawaii, wo ihre Kälber geboren werden. Buckelwale sind die akrobatischsten großen Wale: Sie springen häufig aus dem Wasser, um sich mit einem gewaltigen Platschen fallen zu lassen.

Kelpwald

Kelp ist die Bezeichnung für riesige Braunalgen, die eine Länge von 50 Metern und mehr erreichen. Sie brauchen kühle Küstentemperaturen und einen felsigen Grund, um sich anzuheften. Im nordöstlichen Pazifik bilden Kelpwälder ein komplexes Ökosystem, das eine breite Vielfalt von Meeresfischen ernährt wie diese Riffbarsche der Spezies *Chromis punctipinnis,* die im Kelp schweben und von dort aus Streifzüge ins offene Wasser unternehmen, um Plankton zu fressen.

SCHUTZSTATUS

Die Lederschildkröte, die größte Meeresschildkröte der Welt, kann ein Gewicht von 910 Kilogramm erreichen und über 900 Meter tief tauchen, um Quallen zu fressen. An den pazifischen Stränden von Mittelamerika nisteten einst Zehntausende Lederschildkröten. Die Populationen wurden durch die Hochseefischerei dezimiert, und die häufiger auftretenden El-Niño-Ereignisse behindern die Erholung der Bestände.

Der Atlantische Ozean

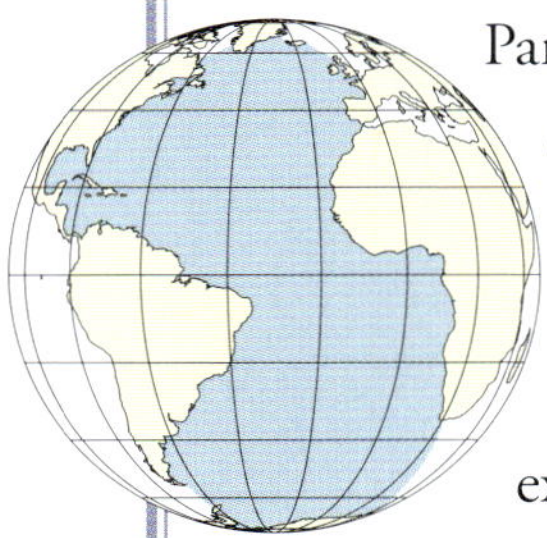

Der Nordatlantik tauchte vor annähernd 160 Millionen Jahren auf, als Nordamerika nach dem Zerbrechen des Superkontinents Pangea begann, sich von Eurasien wegzubewegen. Der Südatlantik entstand erst später, nachdem sich Südamerika von Afrika abgetrennt hatte. Der Atlantik ist daher jünger und kleiner als der Pazifik. Klimatische Veränderungen fielen im Atlantischen Ozean deutlich extremer aus. Dies führte zu Aussterbewellen. Daher ist die Artenvielfalt weitaus geringer. Das Mittelmeer und das Karibische Meer waren einst beide tropische Arme des Atlantik. Als ein Großteil von Europa und Nordamerika vor 10 000 Jahren mit Gletschern bedeckt war, überlebten die tropischen Arten nur in der Karibik. In der Karibik gibt es lediglich halb so viele Rifffischarten wie im Westpazifik. Im Atlantik liegen einige der fischreichsten Gebiete der Welt. Sie waren einer der Hauptanstöße für die Besiedlung der Neuen Welt.

Merkmale des Atlantischen Ozeans
Der Atlantische Ozean ist im Norden von Landmassen umgeben und voll reicher Fischbänke. Im Westen findet man tropische Vielfalt, im Osten kühle, gemäßigte Gewässer und im Süden einen weiten, offenen Ozean, der mit den mächtigen Wassermassen des Südpolarmeeres zusammentrifft

ANTEIL AN DER GESAMTEN MEERESFLÄCHE

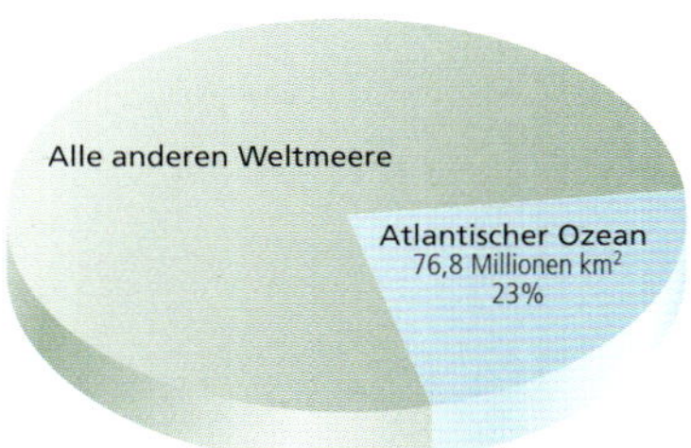

Karibik-Languste
Panulirus argus

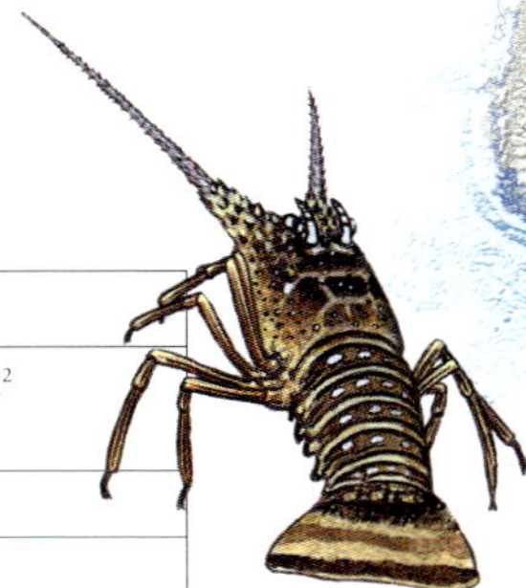

Fakten	
Fläche	76,8 Millionen km²
Durchschnittstiefe	3605 m
Maximale Tiefe	8605 m
Maximale Breite	7900 km
Maximale Länge	14 120 km
Küstenlänge	111 866 km

Papageitaucher
Der Papageitaucher ist ein stromlinienförmiger Tauchvogel mit kurzen Flügeln und einem farbenprächtigen Schnabel, den er zum Fangen von Sandaalen und anderen kleinen Fischen benutzt. Papageitaucher versammeln sich an den reichen nordatlantischen Fischbänken und nisten auf hohen Inselklippen, wo sie vor den meisten Raubtieren sicher sind.

Blauer Marlin
Der Blaue Marlin lebt in den tropischen und subtropischen Meeren der Welt. Sein langer Schnabel und stromlinienförmiger Körperbau eignen sich perfekt für die rasche Beschleunigung, die der Marlin benötigt, um Mahimahi, Thunfische oder andere schnell schwimmende Beute zu fangen.

Unechte Karettschildkröte
Caretta caretta

Golfstrom

Der Golfstrom, eine starke Meeresströmung, ist Teil des gewaltigen Wirbels, der das Wasser im Uhrzeigersinn um den Nordatlantik kreisen lässt. Die frühen europäischen Seefahrer machten sich den Golfstrom, den sie den „Fluss im Meer“ nannten, zunutze, um ihre Rückkehr aus der Neuen Welt zu beschleunigen. Auf ähnliche Weise nutzen Meerestiere wie Unechte Karettschildkröten, Blauhaie, Makos und Rote Thuns von die Strömung, die sie rund um den Atlantik trägt.

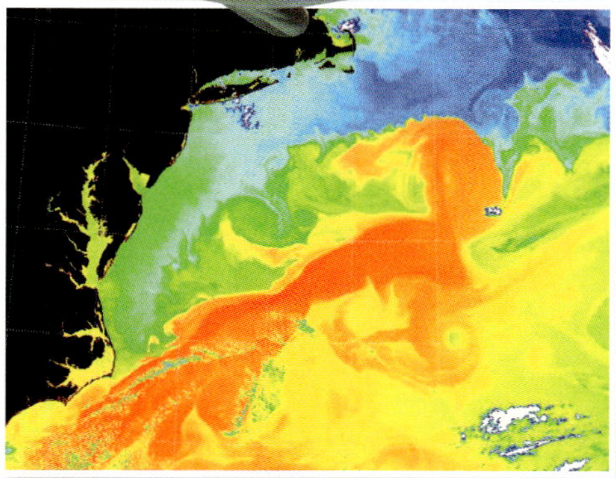

Satellitenstrom
Der tropische Golfstrom – auf dem Falschfarben-Satellitenbild orangefarben – fließt entlang der US-Küste nach Norden zum Cape Hatteras in North Carolina, dreht über den Nordatlantik ab und erwärmt die Britischen Inseln.

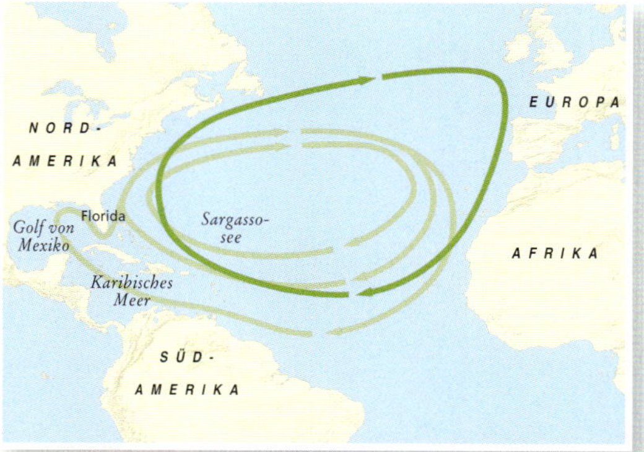

Atlantikwanderungen
An den Stränden von Florida geschlüpfte Unechte Karettschildkröten werden vom Golfstrom um den Nordatlantischen Wirbel getragen, ehe sie in die USA zurückkehren. Auch Blauhaie wandern in der Wirbelströmung rund um den Atlantik.

Pottwale und Riesenkalmare
Pottwale durchkreuzen die Meere vom arktischen Eis bis in die klaren, tropischen Gewässer. Ihre Beute finden sie mit ihrem Sonarsystem. Pottwale können über 1,6 Kilometer tief tauchen und auf der Suche nach Riesenkalmaren und anderer Beute zwei Stunden lang unter Wasser bleiben.

Tiefseefische

In der Tiefsee unterhalb von 1000 Metern leben Fische, die äußerst seltsam aussehen. Sie sind an das Leben mit wenig Nahrung und ohne Tageslicht angepasst, haben wässrige Muskeln und weiche Knochen, für deren Aufbau und Erhaltung man weniger Nährstoffe benötigt . Einige Tiefseefische, die in einem Hinterhalt auf kleine Garnelen und Fische lauern wie der Seeteufel, locken ihre Beute mit Leuchtorganen an.

Schwarzer Schlinger
Der Schwarze Schlinger kann Beute verschlingen, die größer ist als er selbst, indem er seinen riesigen Magen ausdehnt.

Aphyonus gelatinosus
Der kleine Fisch besitzt einen weißen, geleeartigen Körper und ein winziges Auge. Er lebt auf dem Grund der Tiefsee.

Schwarzer Drachenfisch
Mit Leuchtorganen unter beiden Augen kann dieser Fisch als eine von weinigen Arten rotes Licht erzeugen. Sein großer Unterkiefer kann weit nach vorn gestreckt werden.

Schlinger
Das gewaltige Maul des aalähnlichen Fisches ist locker eingehängt, wodurch er große Beute verschlingen kann. Der peitschenartige Schwanz endet in einem Leuchtorgan.

Krøyer-Tiefsee-Anglerfisch
Das Anglerfischweibchen lockt mit seinem Leuchtorgan Beutetiere an. Das winzige parasitische Männchen hängt am Hinterteil des Weibchens und versorgt es bei Bedarf mit Sperma.

Parasitisches Männchen

Der Indische Ozean

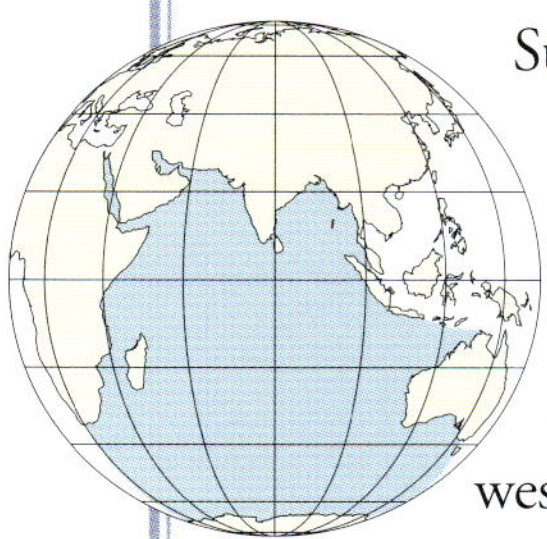

Der Indische Ozean besitzt eine reiche tropische Küstenfauna, die sich von Südafrika bis ins Rote Meer, nach Osten um den indischen Subkontinent und nach Süden über den Indo-Malayischen Archipel bis Westastralien erstreckt. Im Osten und Westen gibt es zahllose Korallenriffe, während an der indischen Küste Sandstrand- und Mangrovenlebensräume vorherrschen. Die Tiere des Indischen Ozeans sind eng mit den westpazifischen Arten verwandt. Viele tropische Küstenfische sind von Südafrika bis zu den südpazifischen Inseln verbreitet. Der Indische Ozean ist die Heimat einer Vielfalt von Haien, die von kleinen, im Meeresgrund wühlenden Katzenhaien bis zu großen, getarnten Teppichhaien und geschmeidigen Requiemhaien reicht. An den indischen Stränden versammeln sich alljährlich Oliv-Bastardschildkröten, um ihre Eier abzulegen. Im zentralen Indischen Ozean erhalten große Mengen aufsteigenden Tiefenwassers reiche Thunfischbestände – und Fischereiflotten, die sie ausbeuten.

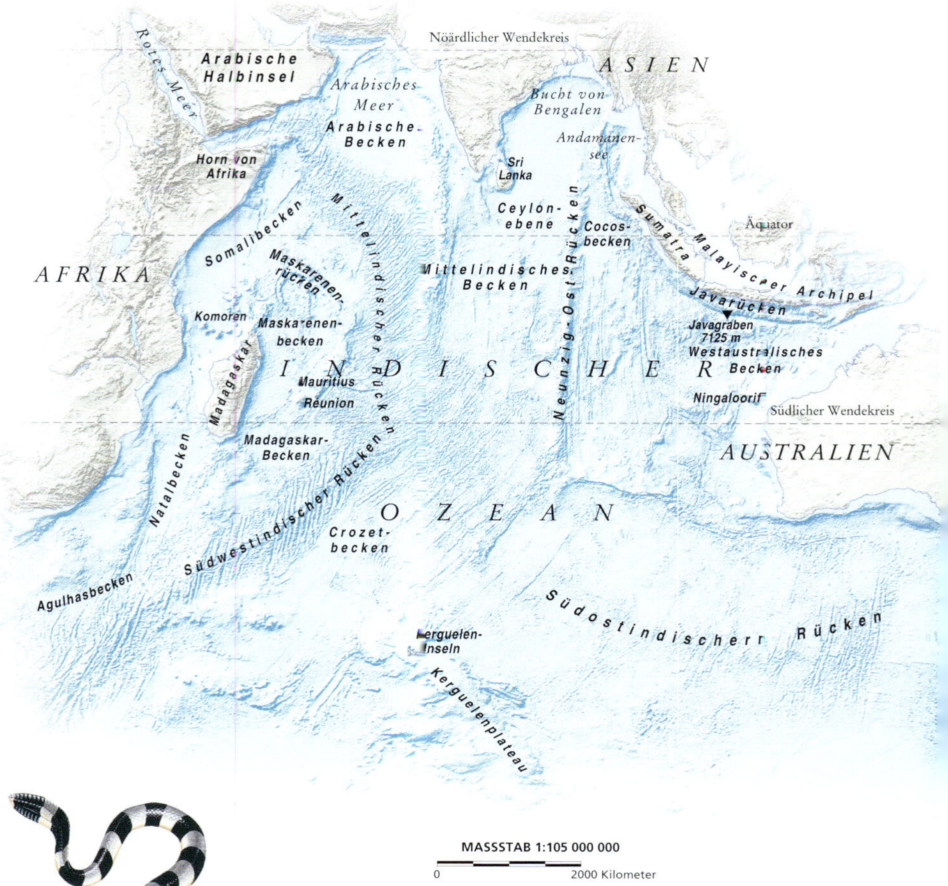

ANTEIL AN DER GESAMTEN MEERESFLÄCHE

Fakten	
Fläche	68,6 Millionen km^2
Durchschnittstiefe	3854 m
Maximale Tiefe	7455 m
Maximale Breite	10 200 km
Maximale Länge	9400 km
Küstenlänge	66 526 km

Natternplattschwanz
Laticauda colubrina

Entstehung des Indischen Ozeans
Vor mehr als 100 Millionen Jahren waren Indien, Australien und die Antarktis zusammen mit Afrika und Südamerika im südlichen Superkontinent Gondwana vereint. Indien und Australien brachen weg und trieben langsam nach Norden und Osten, wobei das Becken des Indischen Ozeans entstand.

Quastenflosser

Quastenflosser sind Verwandte der Fische, die sich zu den Landwirbeltieren entwickelten. Sie galten als seit 65 Millionen Jahren ausgestorben. Im Jahr 1938 zog ein Schleppnetzfischer vor Mosambik ein schwarzes, rauschuppiges Monster aus der Tiefe. Bei der Kreatur handelte es sich um einen Quastenflosser, ein lebendes Fossil. Seither wurden weitere Quastenflosserrestbestände vor der Küste Ost- und Südafrikas, der Komoren, Madagaskars und der indonesischen Insel Sulawesi entdeckt.

Lebendes Fossil
Die Entdeckung eines lebenden Quastenflossers ließ die Wissenschaft erbeben. Quastenflosser suchen unterseeische Vulkanhänge auf, verstecken sich tagsüber in Höhlen und jagen nachts in den Strömungen treibend nach Nahrung.

Delfine und rotierende Schwärme
Delfine und einige Haiarten folgen den Sardinenschwärmen, die im Sommer entlang der südafrikanischen Küste nach Süden und im Winter nach Norden wandern. Sardinen und andere Schwarmfische bilden dichte, kugelförmige Schwärme, wenn sie von Fressfeinden bedroht werden.

Korallengemeinschaften

Der Indische Ozean birgt zahllose Korallenarten. Regionen mit geringem Süßwasserzufluss und klarem Wasser wie das Rote Meer (unten) haben besonders reiche Korallengemeinschaften. Riffkorallen kommen in größeren Tiefen vor, weil im klaren tropischen Wasser genügend Sonnenlicht durchdringt, um die Photosynthese von Algen zu ermöglichen, die bei der Ernährung der Korallen mithelfen. Globale Erwärmung und hohe Meerestemperaturen verursachen die potenziell tödliche Korallenbleiche.

Wanderung der Weissen Haie

Früher hielt man Weiße Haie für Küstenbewohner, bis Satellitenverfolgungsexperimente zeigten, dass sie Tausende Kilometer über den offenen Ozean wandern können. Ein ausgewachsenes Weibchen, das vor Südafrika markiert wurde, schwamm durch den Indischen Ozeans bis Westaustralien und kehrte innerhalb eines Jahres zurück. Die Gründe für die Reise sind unklar. Wahrscheinlich hat sie etwas mit der Fortpflanzung zu tun.

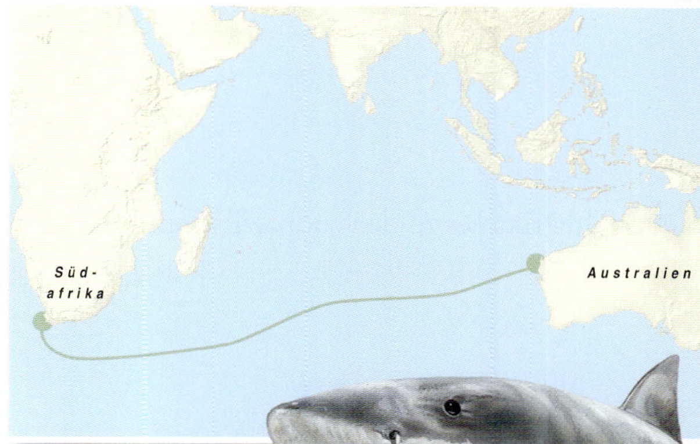

Walhai
Walhaie (links und unten) sind die größten lebenden Fische. Sie erreichen eine Länge von 13,5 Metern, sind jedoch harmlose Planktonfresser. Jedes Jahr versammeln sie sich in großer Anzahl an Plätzen wie dem Ningalooriff vor der westaustralischen Küste, um sich an Billionen winziger Koralleneier satt zu fressen.

Mantarochen
Mantarochen fliegen mit schlagenden Flügeln und weit geöffnetem Maul durch tropische Meere und filtern Plankton aus dem Wasser. Der größte Rochen kann eine Spannweite von 6,5 Metern erreichen. Mantas schnellen manchmal mit ihrem gewaltigen Körper aus dem Wasser und landen mit einem donnerndem Platschen.

Das Nordpolarmeer

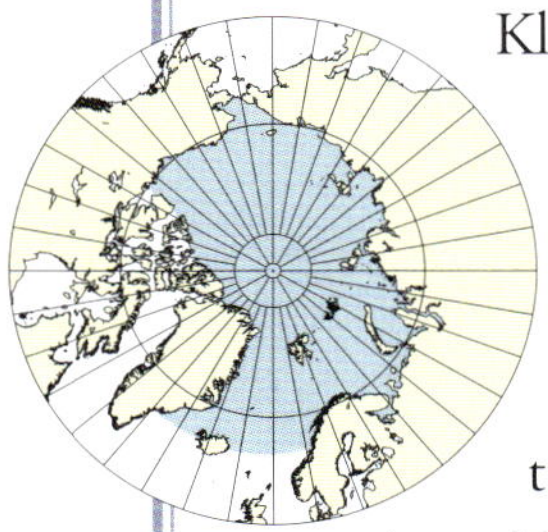

Obwohl das Nordpolarmeer das kleinste Weltmeer ist, weiß man wenig über seine Lebewesen. Permanentes Meereis und ein raues Klima erschweren die Erforschung. Im Nordpolarmeer kommen relativ wenige Arten vor, eine Folge der Klimaschwankungen in jüngster geologischer Zeit. Im Frühling und Sommer schrumpfen die Packeisränder und geben eine Übergangszone mit üppigem Phytoplanktonwachstum frei. Diese Primärproduktion bildet die Basis für die meisten Nahrungsnetze. Mehrere Robbenarten ruhen sich auf dem Eis aus, bringen dort ihre Jungen zur Welt und versuchen, ihren Fressfeinden, den Eisbären, aus dem Weg zu gehen. Unter dem Eis verfolgen junge Grönlanddorsche winzige Krebstiere und verstecken sich vor Robben und Schlafhaien, die sie als potenzielle Mahlzeit betrachten. Am Rand des Eises patrouillieren große Wale, die Tonnen von Zooplankton verschlingen.

MASSSTAB 1:45 000 000

0 750 Kilometer

ANTEIL AN DER GESAMTEN MEERESFLÄCHE

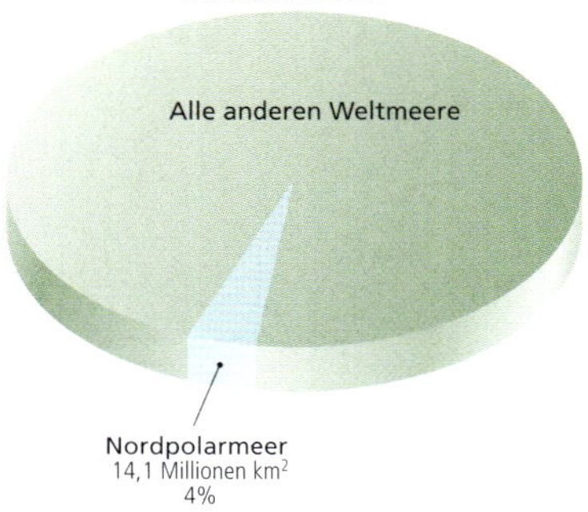

Fakten	
Fläche	14,1 Millionen km²
Durchschnittstiefe	1430 m
Maximale Tiefe	5625 m
Maximale Breite	3200 km
Maximale Länge	5000 km
Küstenlänge	45 389 km

Federstern
Florometra serratissima

Merkmale des Nordpolarmeeres
Im Verlauf der Zeit war das von Land umgebene Nordpolarmeer extremen Klimaschwankungen und Artensterben ausgesetzt. Die meisten Tierfamilien des Nordpolarmeeres stammen von nordpazifischen Gruppen ab, die während der periodischen Öffnungen der Beringstraße eingewandert sind.

Grönlanddorsch
Junge Grönlanddorsche finden in Eisspalten Zuflucht. Obwohl die Dorschfamilie in arktischen Ökosystemen stark vertreten und wichtig ist, liegt der Ursprung der Dorsche als einziger Fischfamilie im Atlantik. Alle anderen Familien wie die Groppen, Schleimfischartigen und Flundern kamen aus dem Pazifik.

Schlafhaie
Der Grönlandhai und sein naher Verwandter, der Pazifische Schlafhai, sind die größten Raubtiere in den arktischen Meeresökosystemen. Auf den Augen beider Arten sitzen häufig parasitische Ruderfußkrebse, was zur Erblindung führen kann, sonst aber keine gesundheitlichen Auswirkungen zu haben scheinen.

Walarten

Bei den Walen unterscheidet man zwei Haupttypen: Zahnwale, die sich von Fischen und Tintenfischen ernähren, und Bartenwale, die mit langen, haarähnlichen Barten Zooplankton und kleine Fische aus dem Wasser filtern. Zwei Zahnwale – der Weißwal und der Narwal – und ein Bartenwal – der Grönlandwal – sind ganzjährige Arktisbewohner. Andere Bartenwale wie der Finnwal, Zwergwal und Atlantische Nordkaper kommen im Sommer, um das Zooplankton abzugrasen.

Narwal
Das Narwalmännchen besitzt einen spiralförmigen Stoßzahn, der an das Horn des Einhorns erinnert.

Zwergwal
Der Zwergwal ist der kleinste Bartenwal des Nordpolarmeeres.

Finnwal
Finnwale schwimmen häufig fressend durch Wolken aus Krill.

Lebensräume

Der arktische Sommer bringt Vögel, die in der Tundra nisten und ihre Nahrung in den reichen Gewässern des Nordpolarmeeres finden. Explosionsartiges Auftreten von Phytoplankton, den Kieselalgen, ernährt winzige Ruderfußkrebse und Amphipoden, die im Wasser und in den Poren des Eises grasen. Sie werden von kleinen Fischen wie Lodden und Heringen ebenso gefressen wie von großen Walen. Auf dem Meeresgrund leben Borstenwürmer, Schlangensterne und Klaffmuscheln.

Arktische Quallen

Quallentiere sind wichtige Raubtiere in den pelagischen Ökosystemen der Arktis. Sie umfassen rund 150 Arten von Echten Quallen und acht Arten von Staatsquallen, die aus Hunderten von Polypen bestehen. Beide Gruppen lähmen ihre Beute mit langen, klebrigen Tentakeln und fressen Fische, Tintenfische, Garnelen und andere Quallen. Im Nordpolarmeer findet man auch eine kleine Anzahl harmloser Rippenquallen.

Riesenqualle
Die Gelbe Haarqualle ist die größte Qualle der Welt mit bis zu 2,3 Meter breitem, glockenförmigem Körper und bis zu 36,5 Meter langen Tentakeln. Ihr Gift kann einen Menschen töten.

Staatsqualle
Die *Physophora hydrostatica* wird nur etwa 40 Zentimeter groß, aber trotz ihrer geringen Körpergröße trägt sie einen großen Stachel wie ihre tropische Verwandte, die Portugiesische Galeere.

Beluga
Belugas sind bei ihrer Geburt grau und werden im Alter von fünf Jahren weiß.

Grönlandwal
Der Grönlandwal wird von den Inuit gejagt und bildet einen wichtigen Bestandteil ihrer Kultur.

Atlantischer Nordkaper
Mit weniger als 350 Individuen ist diese Art nahe am Aussterben.

Das Südpolarmeer

Das Südpolarmeer umfließt den eisigen antarktischen Kontinent. Vor 30 Millionen Jahren gab es die kalte Zirkumpolarströmung noch nicht, weil die Antarktis mit der Spitze von Südamerika verbunden war und die Region von Strömen aus dem Norden erwärmt wurde. Als die Verbindung abbrach, wurde der Zirkumpolarstrom geboren, die Meerestemperaturen sanken, an Wärme angepasste Tiere starben aus, und die an die Kälte angepassten Überlebenden entwickelten sich zu einer einzigartigen Fauna. Das Südpolarmeer bot ein stabiles Polarklima, in dem die Kaltwassertiere mit der Zeit eine große Artenvielfalt entwickelten. Das berühmteste Symbol der Antarktis ist der Pinguin mit seinen isolierenden Federn und seinem torpedoförmigen Körper. Ebenso erwähnenswert sind die 90 Antarktisfischarten, die zahlreiche ökologische Nischen besetzen. Sie haben in ihrem Blut spezielle Moleküle, sogenannte Glykoproteine, die wie Frostschutzmittel wirken.

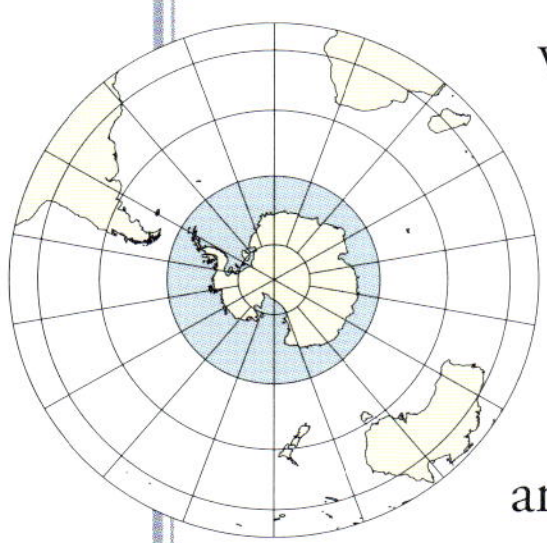

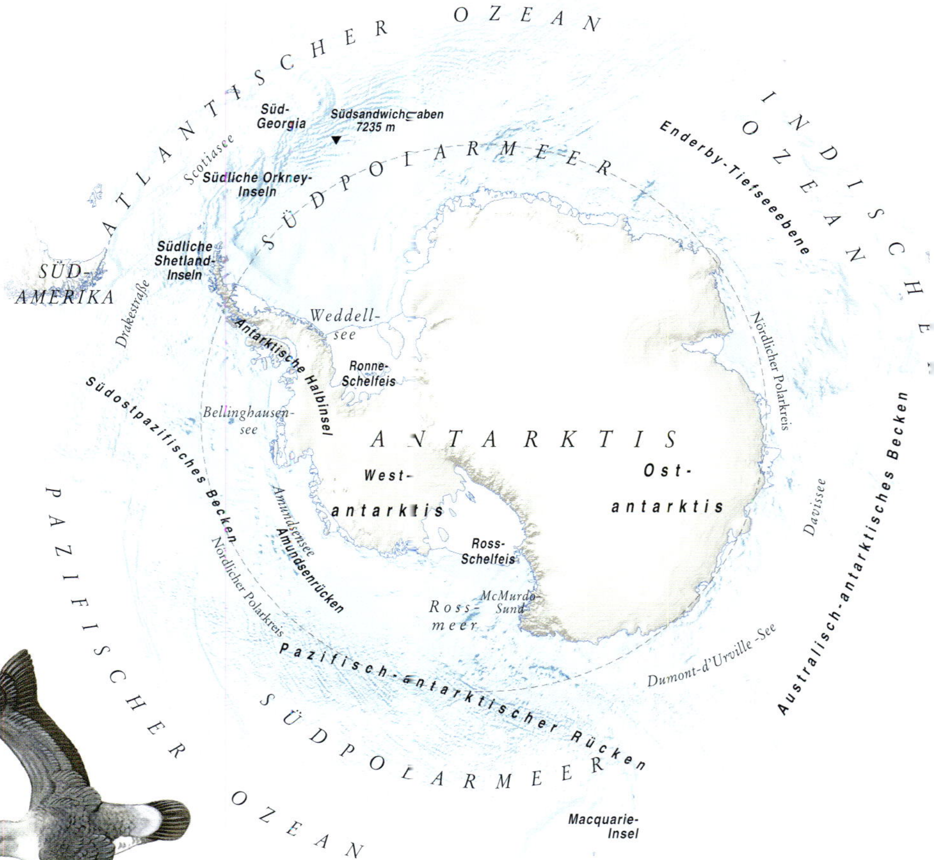

MASSSTAB 1:70 000 000
0 1500 Kilometer

ANTEIL AN DER GESAMTEN MEERESFLÄCHE

Fakten	
Fläche	20,3 Millionen km²
Durchschnittstiefe	4500 m
Maximale Tiefe	7235 m
Maximale Breite	2700 km
Maximale Länge	21 500 km
Küstenlänge	17 968 km

Graukopfalbatros
Thalassarche chrysostoma

Merkmale des Südpolarmeeres
Das Südpolarmeer wird im Norden von der antarktischen polaren Frontzone begrenzt, wo kaltes, dichtes Wasser aus der Antarktis auf wärmeres, leichteres Wasser aus dem Pazifischen, Atlantischen und Indischen Ozean trifft. Auf Grund der unterschiedlichen Dichte der einzelnen Wasserarten vermischen sie sich kaum.

Spähende Schwertwale
Im Sommer besuchen zahlreiche Wale den Rand des antarktischen Eises, um nach Nahrung zu suchen. Schwertwale tauchen zwischen dem Packeis auf, heben die Köpfe aus dem Wasser und halten Ausschau nach Robben oder anderen Beutetieren.

Antarktisdrachenfische
Antarktisdrachenfische sind häufige Bewohner des antarktischen Meeresgrundes. Sie lauern lautlos auf vorbeikommende Beutetiere. Die Strategie des Sitzens und Wartens ist bei den nahe verwandten Krokodileisfischen noch ausgeprägter. Die Tiere besitzen kein Hämoglobin und beziehen den benötigten Sauerstoff aus dem kalten, sauerstoffreichen Wasser.

Bodenbewohner

Die antarktische Meeresgrundgemeinschaft ist vielfältiger als die arktische. Über 90 Prozent der Wirbellosen auf dem Kontinentalsockel entwickelten sich in der Antarktis und kommen sonst nirgends vor. Die Meeresströmungen bringen schwebendes Zooplankton, Phytoplankton, Bakterien und andere Mikroorganismen, von denen sich Schwämme, Seegurken, Federsterne und anderen Nahrungsfiltrierer ernähren. In den Tiefen des Südpolarmeeres wurden vor kurzem Hunderte neue Arten von Würmern und anderen winzigen Lebewesen entdeckt.

Seestern
Seesterne sind häufige Mitglieder der antarktischen Meeresgrundgemeinschaften. Sie fressen Klaffmuscheln und andere Weichtiere.

Anemone
Anemonen sind eng mit Quallen verwandt. Sie erbeuten Fische und andere Tiere, die ihren stechenden Tentakeln zu nahe kommen.

Seeigel
Der antarktische Seeigel ernährt sich von Algen und tarnt sich mit Schalenteilen und anderen Bruchstücken vor Fressfeinden.

SCHUTZSTATUS

Der Blauwal ist das größte Lebewesen, das je auf Erden existiert hat. Er wird 33 Meter lang und wiegt bis zu 160 Tonnen. Im Sommer versammeln sich Blauwale im Südpolarmeer, um sich an den Krillwolken satt zu fressen. Im Winter ziehen sie in tropische Klimazonen, um sich auszuruhen und ihre Kälber zu gebären.

Lebenswichtiger Krill

Krill sind vier bis sechs Zentimeter große, garnelenartige Lebewesen, die im Südpolarmeer in dichten Schwärmen mit 10 000 Individuen pro Kubikmeter schwimmen. Die kleinen Tiere leben fünf Jahre und sind die wichtigste Nahrungsquelle für viele Fisch-, Tintenfisch-, Pinguin-, Robben- und Walarten, deren Überleben vom Krill abhängt.

Kommerzieller Fang
Als einfache Proteinquelle hat Krill das Interesse der industriellen Fischerei geweckt. Durch Krillfang in großem Maßstab könnte das antarktische Nahrungsnetz gestört werden.

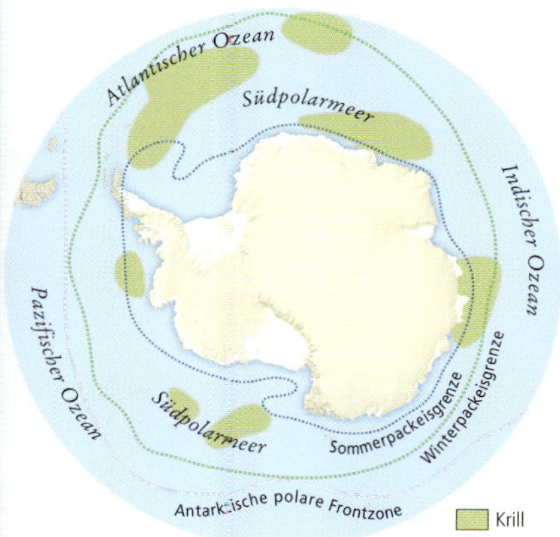

Verteilung im Südpolarmeer
Krill lebt in kalten, reichhaltigen Meeren an beiden Enden der Erde, erreicht seine höchsten Konzentrationen aber im Südpolarmeer, wo es die meiste Phytoplanktonnahrung gibt.

Königspinguin
Im Gegensatz zu den vier antarktischen Pinguinarten, die auf dem Kontinent oder auf der Spitze der Antarktischen Halbinsel nisten, bevorzugen Königspinguine die angenehmeren Inseln im Südpolarmeer wie die Macquarie-Insel, wo sich zahllose brütende Meeresvögel wie Sturmvögel und Albatrosse zu ihnen gesellen.

Antarktische Robben

Die Antarktis ist die Heimat von sechs Robbenarten. Rossrobben, Weddellrobben, Krabbenfresser und Seeleopard bringen im Frühling ihre Jungen auf dem Eis zur Welt. Der Antarktische Seebär und der Seeelefant pflanzen sich in großen Kolonien auf Inselstränden nördlich des Packeises fort. Die Nahrung der antarktischen Robben besteht aus Fischen, Tintenfischen und Krill, während der Seeleopard auch Pinguine und junge Robben frisst.

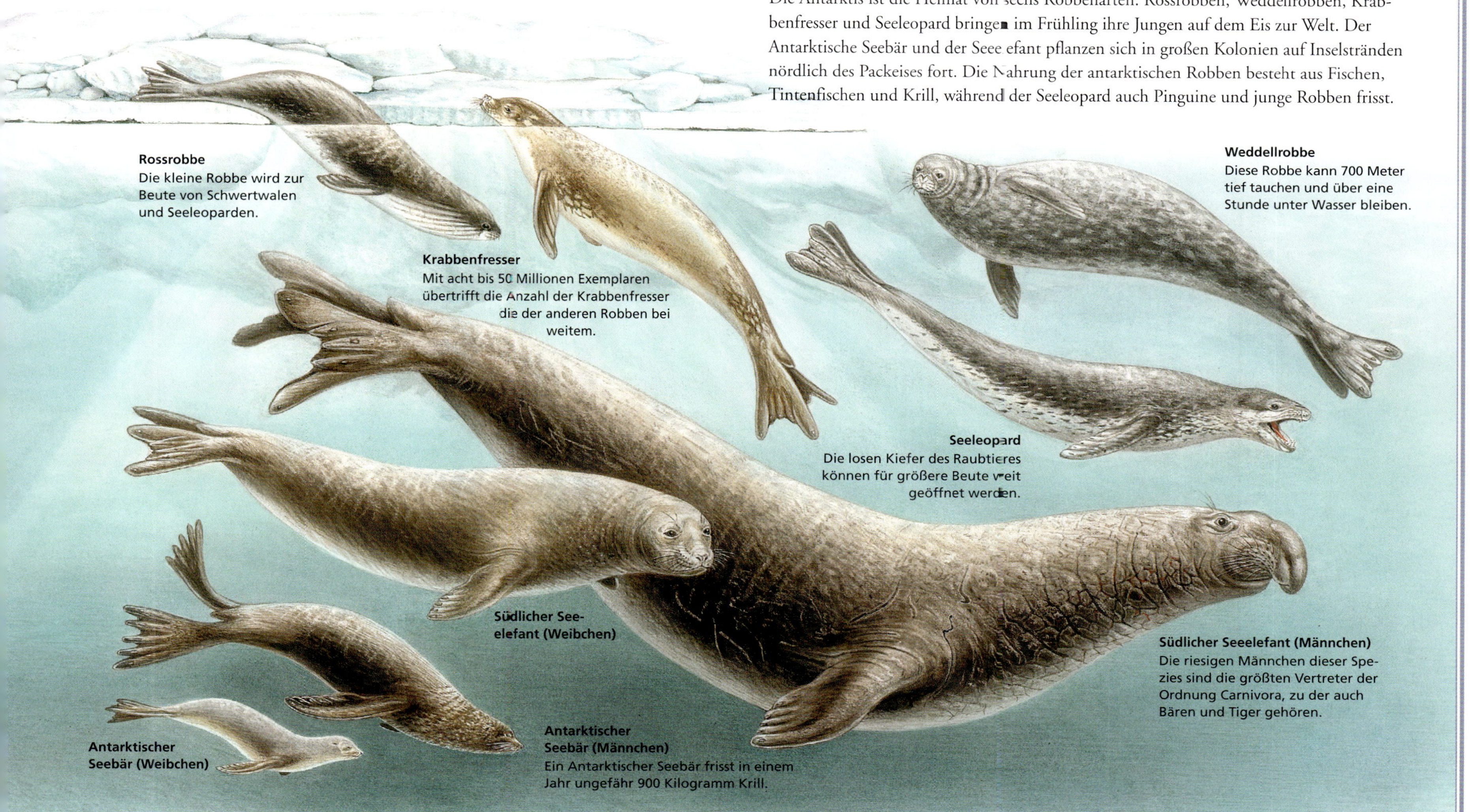

Rossrobbe
Die kleine Robbe wird zur Beute von Schwertwalen und Seeleoparden.

Krabbenfresser
Mit acht bis 50 Millionen Exemplaren übertrifft die Anzahl der Krabbenfresser die der anderen Robben bei weitem.

Weddellrobbe
Diese Robbe kann 700 Meter tief tauchen und über eine Stunde unter Wasser bleiben.

Seeleopard
Die losen Kiefer des Raubtieres können für größere Beute weit geöffnet werden.

Südlicher Seeelefant (Weibchen)

Südlicher Seeelefant (Männchen)
Die riesigen Männchen dieser Spezies sind die größten Vertreter der Ordnung Carnivora, zu der auch Bären und Tiger gehören.

Antarktischer Seebär (Weibchen)

Antarktischer Seebär (Männchen)
Ein Antarktischer Seebär frisst in einem Jahr ungefähr 900 Kilogramm Krill.

Diese Dünnschlange lebt im Nationalpark Soberania, Panama, Mittelamerika. Sie frisst die Kaulquappen von Rotaugenlaubfröschen, die gerade schlüpfen. Alle Schlangen sind Fleischfresser; die Dünnschlange frisst Frösche, Vögel, Echsen und Insekten. Viele Schlangen können ihren Stoffwechsel um 70 Prozent verlangsamen und müssen nur einige Male im Jahr fressen.

ANHANG

Tiere auf einen Blick

Wissenschaftler haben mindestens 1,5 Millionen Arten von Pflanzen, Tieren und Mikroorganismen beschrieben. Beinahe täglich werden neue Spezies entdeckt, und die Gesamtzahl aller Lebensformen wird auf zehn bis 50 Millionen geschätzt. Die Taxonomie gibt jedem Organismus einen Namen und teilt die Lebensformen in eine Hierarchie aus von einander abgegrenzten Gruppen oder Taxa ein, die auf evolutionären Verwandtschaften beruhen. Die Grundkategorie ist die Art. Arten sind Populationen von Lebewesen, die eine oder mehrere Ähnlichkeiten teilen, die bei verwandten Organismen nicht zu finden sind, und die sich nur untereinander fortpflanzen können. Jede Art erhält einen zweiteiligen wissenschaftlichen Namen. Der erste Teil bezeichnet die Gattung, die Gruppe von nahe verwandten Organismen, zu der die Art gehört. Der zweite Teil ist der spezifische Name der Art. Da Tiere weltweit unter verschiedenen Namen bekannt sind, ist der wissenschaftliche Name latinisiert, um Verwechslungen zu vermeiden. Alle Taxa über der Art – wie die Ordnung – umfassen die „Urspezies“, aus der alle Tiere in dieser Taxa entstanden sind. Die Gentechnik ermöglichte DNA-Vergleiche und veranlasste die Wissenschaftler, die Klassifikation vieler Tiere neu zu überdenken.

INHALT

Zur Benutzung

Wissenschaftliche Ordnungsbezeichnung → **Ordnung Falconiformes**

Deutsche Ordnungsbezeichnung → **Greifvögel**

Gesamtzahl der lebenden Arten in der Ordnung → 302 Arten

Eine Karte zeigt die Verteilung der Ordnung oder Familie.

Wissenschaftlicher Name der Familie innerhalb der Ordnung → Familie Accipitridae

Deutscher Name der Familie → Falken, Adler, Habichte, Weihen, Milane & Altweltgeier

Gesamtzahl der lebenden Arten in der Familie → 234 Arten

Allgemeiner Name der Art (alternative Namen werden ebenfalls erwähnt) → **Eckschwanzsperber**

Wissenschaftlicher Name der Art → *Accipiter striatus*

- Nord- & Südamerika
- Brütet im Nadelwald; im Winter verschiedene Lebensräume
- 24–34 cm
- 43–56 cm
- 87–218 g
- Vögel, auch große Insekten, kleine Säugetiere
- Nicht gefährdet

Aufenthaltsort der Art: Verbreitungsgebiet und Lebensraum

Keilschwanzadler

Aquila audax

- Australien, Neuguinea
- Alle Landlebensräume
- Bis zu 110 cm
- 2,7 m
- 4 kg
- Mittelgroße Säugetiere, Echsen, Vögel, Aas (überfahrene Tiere)
- Nicht gefährdet (eine tasmanische Unterart ist stark gefährdet)

Nahrung der Art

Status auf der Roten Liste der IUCN (mit Zusatznotizen)

Fakten über die Arten, die in diesem Atlas beschrieben werden. Die einzelnen Arten sind in taxonomischen Gruppen und innerhalb dieser Gruppen nach ihren wissenschaftlichen Namen alphabetisch angeordnet. Um eine bestimmte Art anhand ihres allgemeinen Namens zu suchen, können Sie das Register zur Hand nehmen, die Seitenangaben in eckigen Klammern verweisen auf diese Überblicksseiten.

Größenordnung der Art: Körperlänge, Flügelspannweite, Gewicht

Reiche des Lebens

Die Lebensformen der Erde können in sechs Taxa eingeteilt werden, die man Reiche nennt und die manchmal in drei höhere Domänen gegliedert werden: Bacteria (Eubacteria), Archaea (Archaebacteria) und Eukarya (Protista, Fungi, Plantae und Animalia).

EUBACTERIA
Die meisten bekannten Prokaryoten
10 000 Arten

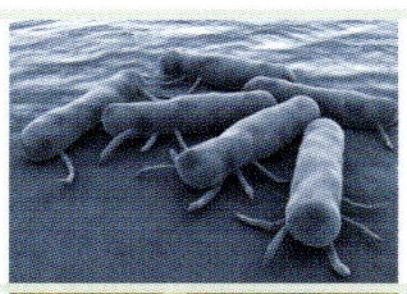

Die Mikroorganismen waren bis zur Entdeckung der Archäbakterien in den 1970er Jahren die einzigen bekannten Prokaryoten (Einzeller ohne Zellkern). Eubacteria verwerten Nährstoffe in allen Lebensräumen der Erde.

ARCHAEBACTERIA
Prokaryoten der Extreme
18–23 Stämme

Diese uralten Lebensformen, die um vulkanische Tiefseespalten, in heißen Quellen und extrem salzigem Wasser vorkommen, brauchen keinen Sauerstoff. Sie sind Prokaryoten, die sich aber genetisch deutlich von anderen Bakterien unterscheiden.

PROTISTA
Protisten
250 000 Arten

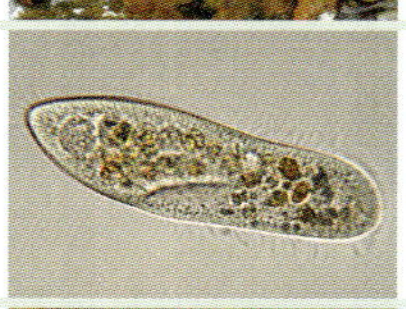

Wie Pilze, Pflanzen und Tiere sind Protisten Eukaryoten (Organismen mit Zellkern). Protisten sind Ein- oder Mehrzeller ohne spezialisiertes Gewebe wie die Algen, Wimpertierchen und Schleimpilze.

FUNGI
Pilze
100 000 Arten

Zum Reich der Fungi gehören Pilze mit Fruchtkörpern, Schimmelpilze und Hefen. Pilze spielen eine wichtige Rolle bei der Zersetzung organischer Materie und Nährstoffwiederaufbereitung. Im Gegensatz zu Pflanzen können sie nicht ihre eigene Nahrung erzeugen.

PLANTAE
Pflanzen
350 000 Arten

Die meisten Pflanzen erzeugen ihre eigene Nahrung durch Photosynthese und sind die primären Produzenten in Ökosystemen. Das Reich der Pflanzen umfasst Blütenpflanzen, Moose und Farne.

ANIMALIA
Tiere
1 350 000 Arten

Die Tiere bilden das größte Reich. Es besteht aus etwa 30 Stämmen von Wirbellosen und dem Stamm Chordata, der alle Wirbeltiere einschließt: Säugetiere, Vögel, Reptilien, Amphibien und Fische.

Tierklassifizierung
Alle Lebensformen können nach dem Linnéschen System eingeteilt werden. Jede Kategorie enthält Organismen mit zunehmend ähnlichen Merkmalen. Der Rotluchs gehört ins Reich Animalia (Tiere); Stamm Chordata (Tiere mit zentralem Nervenstrang); Klasse Mammalia (alle Säugetiere); Ordnung Carnivora (mit spezialisierten Zähnen zum Fleischfressen); Familie Felidae (alle Katzen); Gattung *Lynx* (alle Luchse). Kein anderer Organismus trägt die wissenschaftliche Artbezeichnung *Lynx rufus*.

ART
Lynx rufus
Rotluchs

GATTUNG
Lynx
Rotluchs, Eurasischer Luchs, Kanadischer Luchs

FAMILIE
Felidae
Rotluchs, Hauskatze, Löwe, Leopard, Jaguar

ORDNUNG
Carnivora
Rotluchs, Robbe, Wolf, Bär, Stinktier, Erdmännchen

KLASSE
Mammalia
Rotluchs, Känguru, Mensch, Delfin, Wollmammut

STAMM
Chordata
Rotluchs, Hai, Salamander, Dinosaurier, Albatros

REICH
Animalia
Rotluchs, Gespenstschrecke, Seeigel, Papagei, Krokodil

SÄUGETIERE

Säugetiere leben auf allen Kontinenten und in beinahe jedem Lebensraum, nähren ihre Jungen mit Milch aus Brustdrüsen, sind meist behaart und haben einen Unterkiefer, der direkt am Schädel ansetzt. Die 28 Ordnungen der Klasse Mammalia sind nach dem Aufbau ihres Fortpflanzungstrakts in drei Hauptgruppen unterteilt: die Ordnung der primitiven, Eier legenden Kloakentiere, die sieben Ordnungen der Beuteltiere, die ihre Jungen in einem sehr frühen Entwicklungsstadium zur Welt bringen, und die 20 Plazentatierordnungen. Jüngste DNA-Analysen deuten darauf hin, dass sich die Plazentatiere in drei großen Ausbreitungswellen über Afrika, Südamerika und die Nordhalbkugel ausbreiteten.

Symbolschlüssel

Vorkommen · Lebensraum · Körperlänge · Schwanzlänge · Flügelspannweite · Gewicht · Nahrung · Schutzstatus · ♀♂ Geschlecht

STAMM CHORDATA
WIRBELTIERE
53 000+ Arten

KLASSE MAMMALIA
SÄUGETIERE
5400+ Arten

EIER LEGENDE SÄUGETIERE
5 ARTEN IN 1 ORDNUNG

ORDNUNG MONOTREMATA
SCHNABELTIERE
5 Arten

Schnabeltier
Ornithorhynchus anatinus
Östliches Australien, Känguru-Insel, Kinginsel
Süßwasserbäche, Flüsse, Dämme
Bis 40,5 cm
15 cm
2 kg
Wasserlebende Wirbellose
Nicht gefährdet

Kurzschnabeligel
Tachyglossus aculeatus
Australien, Neuguinea
Alle Landlebensräume
Bis 35,5 cm
7,5 cm
Bis 7 kg
Ameisen, Termiten
Nicht gefährdet

Langschnabeligel
Zaglossus bruijni
Neuguinea
Regenwald
Bis 63,5 cm
Bis 10 kg
Würmer
Vom Aussterben bedroht

BEUTELTIERE
331 ARTEN IN 7 ORDNUNGEN

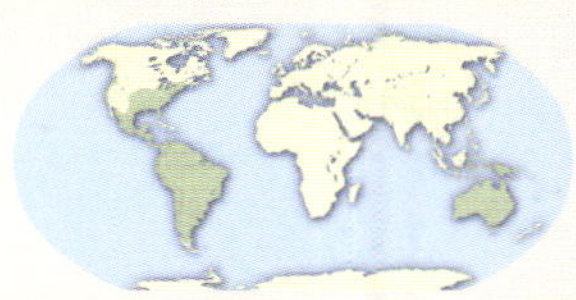

ORDNUNG DIDELPHIMORPHIA
AMERIKANISCHE BEUTELRATTEN
87 Arten

Rote Wollbeutelratte
Caluromys lanatus
Südamerika
Tropenwald
18–29 cm
27–49 cm
Bis 500 g
Früchte & Nektar von blühenden Bäumen, Samen, Blätter, kleine Wirbellose, Aas
Nicht gefährdet

Südopossum
Didelphis marsupialis
Mexiko bis Argentinien
Wald, Plantagen
35,5 cm
Bis 45,5 cm
♂ 1,5 kg
Früchte, kleine Tiere
Nicht gefährdet

Nordopossum
Didelphis virginiana
Östliche & zentrale USA, Mexiko, nördliches Costa Rica
Laubwald, Stadtgebiete
57–80 cm
18–30,5 cm
1–5 kg
Früchte, Nüsse, Regenwürmer, Insekten, kleine Wirbeltiere, Aas
Nicht gefährdet

ORDNUNG PAUCITUBERCULATA
MAUSOPOSSUMS
6 Arten

ORDNUNG MICROBIOTHERIA
CHILOE-BEUTELRATTE
1 Art

ORDNUNG DASYUROMORPHIA
BEUTELMARDER, BEUTELMÄUSE, AMEISENBEUTLER & VERWANDTE
71 Arten

Stuart-Breitfußbeutelmaus
Antechinus stuartii
Östliches Australien
Wald, feuchte Hartlaubvegetation
♂ 15–25 cm, ♀ 14–22 cm
Beinahe ebenso lang wie der Körper
♂ 29–71 g, ♀ 17–36 g
Käfer, Spinnen, Schaben, andere Wirbellose, Mäuse, Pflanzen
Nicht gefährdet

Zwerg-Fleckenbeutelmarder
Dasyurus hallucatus
Kleine Gebiete im nördlichen Australien
Felsige Lebensräume, Savanne, küstennaher Eukalyptuswald
24–35 cm
21–31 cm
300–900 g
Kleine Säugetiere, Reptilien, Käfer, Ameisen, Termiten, Grashüpfer, andere Wirbellose, Feigen, Früchte
Stark gefährdet

Ameisenbeutler
Myrmecobius fasciatus
Südwestliches Australien
Regenwald
Bis 28 cm
10 cm
Bis 725 g
Termiten
Stark gefährdet

Beutelteufel, Tasmanischer Teufel
Sarcophilus harrisii
Tasmanien
Wald
Bis 63,5 cm
25,5 cm
Bis 9 kg
Aas
Stark gefährdet

ORDNUNG PERAMELEMORPHIA
KANINCHENNASENBEUTLER
21 Arten

Großer Kaninchennasenbeutler
Macrotis lagotis
Zentrales Australien
Akazienbusch-, Stachelkopfgrassteppe
Bis 45,5 cm
28 cm
Bis 2,3 kg
Gliederfüßer, Knollen, Pilze
Gefährdet

Großer Kaninchennasenbeutler
Macrotis lagotis

ORDNUNG NOTORYCTEMORPHIA
BEUTELMULLE
2 Arten

ORDNUNG DIPROTODONTIA
BEUTELRATTEN, KÄNGURUS, KOALAS, WOMBATS & VERWANDTE
143 Arten

Unterordnung Vombatiformes
Koala & Wombats
4 Arten

Koala
Phascolarctos cinereus
Südliches & östliches Australien
Waldgebiete, Wald
Bis 81 cm
Bis 10 kg
Blätter, Schösslinge
Nicht gefährdet

Nacktnasenwombat
Vombatus ursinus
Australien
Offener Wald, Grassteppe
Bis 127 cm
5 cm
Bis 36 kg
Blätter, Gras
Nicht gefährdet

Unterordnung Phalangeriformes
Beutler
63 Arten

Bergbilchbeutler
Burramys parvus
Australische Alpen
Alpine Geröllfelder über Baumgrenze
Bis 11,5 cm
15 cm
Bis 85 g
Insekten, Samen, Früchte
Vom Aussterben bedroht

Streifenbeutler
Dactylopsila trivirgata
Australien, Neuguinea, pazifische Inseln
Wald, Savanne
Bis 28 cm
35,5 cm
Bis 600 g
Insekten, Früchte, Honig
Nicht gefährdet

Streifen-Ringelschwanzbeutler
Pseudochirops archeri
Nordöstliches Australien
Regenwald
37 cm
37 cm
1 kg
Blätter von Feigenbäumen
Nicht gefährdet

Tüpfelkuskus
Spilocuscus maculatus
Nördliches Australien, Neuguinea, pazifische Inseln
Alle Waldtypen
Bis 56 cm
56 cm
Bis 5,9 kg
Blätter, Schösslinge, Früchte
Nicht gefährdet

Honigbeutler
Tarsipes rostratus
Westliches Australien
Küstenheide
Bis 10 cm
Bis 10 cm
Bis 16 g
Nektar, Blütenstaub
Nicht gefährdet

Fuchskusu
Trichosurus vulpecula
Südöstliches Australien
Wald, Vorstadtgärten
Bis 51 cm
40,5 cm
Bis 4,1 kg
Blätter, Blüten, Früchte
Nicht gefährdet

Unterordnung Macropodiformes
Kängurus & Verwandte
57 Arten

Nördliches Bürstenkänguru
Bettongia tropica
Kleines Verbreitungsgebiet im tropischen Nordosten von Australien
Trockene, offene Eukalyptuswälder
30 cm
29–36 cm
1–1,5 kg
Pilze, Insekten, Blätter, Stängel
Stark gefährdet

Goodfellow-Baumkänguru
Dendrolagus goodfellowi
Neuguinea
Regenwald
Bis 63,5 cm
76 cm
Bis 6,8 kg
Blätter, Schösslinge
Stark gefährdet

Moschusrattenkänguru
Hypsiprymnodon moschatus
Nordwestliches Australien
Tropischer Regenwald
20 cm
12–16 cm
500 g
Früchte, Wurzeln, Stängel, Samen, Pilze
Nicht gefährdet

Rotnackenwallaby
Macropus rufogriseus
Östliches Australien
Wald, Heide, Küstenmacchia
Bis 91,5 cm
89 cm
Bis 27 kg
Blätter, Schösslinge
Nicht gefährdet

Rotes Riesenkänguru
Macropus rufus
Australien
Grassteppe, Wüste
♂ bis 1,4 m; ♀ bis 1,1 m
0,9–1 m
♂ bis 85 kg, ♀ bis 35 kg
Gräser, Kräuter
Nicht gefährdet

Schwarzpfoten-Felskänguru
Petrogale lateralis
Südliches & westliches Australien
Felsschluchten & Hügel
Bis 58,5 cm
51 cm
Bis 8,2 kg
Gräser, Kräuter
Gering gefährdet

Rotes Riesenkänguru
Macropus rufus

PLAZENTATIERE
5080 ARTEN IN
20 ORDNUNGEN

Ordnung Cingulata
Gürteltiere
21 Arten

Neunbinden-Gürteltier
Dasypus novemcinctus
Südliche USA bis ins nördliche Argentinien & Uruguay
Savanne, Wald
76 cm
34 cm
5,9 kg
Insekten, Würmer, Schnecken, Eier, kleine Amphibien, Beeren
Nicht gefährdet

Dreibinden-Gürteltier
Tolypeutes tricinctus
Brasilien
Tropenwälder auf kalkigen Böden
20,5–25,5 cm
7,5 cm
2 kg
Käferlarven, Ameisen, Termiten
Gefährdet

Ordnung Pilosa
Ameisenbären & Faultiere
10 Arten

Braunkehl-Faultier
Bradypus variegatus
Mittel- & Südamerika
Regenwald
58,5 cm
6 cm
5 kg
Blätter, Schösslinge
Nicht gefährdet

Großer Ameisenbär
Myrmecophaga tridactyla
Mittel- & Südamerika
Savanne, Laub- & Regenwald
2 m
89 cm
63,5 kg
Ameisen, Termiten
Gering gefährdet

Ordnung Pholidota
Schuppentiere
8 Arten

Steppenschuppentier
Manis temminckii
Östliches & südliches Afrika
Baum- und Grassavanne
35,5–61 cm
30,5–51 cm
6,8–18,1 kg
Ameisen
Nicht gefährdet

Ordnung Soricomorpha
Spitzmäuse, Mulle, Maulwürfe & Schlitzrüssler
428 Arten

Sternmull
Condylura cristata
Südöstliches Kanada, nordöstliche USA bis Georgia
Feuchte Felder, Wiesen, Wälder, Marschen
12,5–23 cm
5–10 cm
40–85 g
Würmer, Insekten, Insektenlarven; kleine Krebstiere, Weichtiere, Fische
Nicht gefährdet

Wasserspitzmaus
Neomys fodiens
Nördliches Eurasien
Teiche, Marschen
Bis 10 cm
Bis 7 cm
Bis 45 g
Würmer, Krebstiere, Fische
Nicht gefährdet

Kubanischer Schlitzrüssler
Solenodon cubanus
Östliches Kuba
Bewaldete oder mit Sträuchern bewachsene Gebiete
28 cm
53,5 cm
1 kg
Gliederfüßer, Würmer, Schnecken, kleine Reptilien, Wurzeln, Früchte
Stark gefährdet

Ordnung Afrosoricida
Tanreks & Goldmulle
51 Arten

Ordnung Erinaceomorpha
Igel & Rattenigel
24 Arten

Ordnung Dermoptera
Riesengleiter
2 Arten

Ordnung Scandentia
Spitzhörnchenartige
20 Arten

Ordnung Chiroptera
Fledertiere
1116 Arten

Goldkronen-Flughund
Acerodon jubatus
Philippinen
Primär- & Sekundärwälder von Meeresniveau bis in 1100 m Höhe
1,5–1,7 m
Bis 1,2 kg
Feigen
Stark gefährdet

Jamaika-Fruchtfledermaus
Artibeus jamaicensis
Mittel- & Südamerika
Regenwald, Strauchwald
10 cm
40 cm
45 g
Nektar, Pollen, Blütenteile, Insekten
Nicht gefährdet

Weiße Fledermaus
Ectophylla alba
Mittelmerika, Karibik
Regenwald
4 cm
10 cm
5 g
Früchte, Samen, Blüten, Insekten
Gering gefährdet

Blütenfledermaus
Leptonycteris curasoae
Südliches Arizona bis Mexiko & nördliches Südamerika
Savannen, Eichenwald, tropischer Trockenwald
7,5–8,5 cm
36–40 cm
15–25 g
Nektar & Pollen von Saguaro, Kakteen, Agaven, Seidenbäumen
Gefährdet

Brillenflughund
Pteropus conspicillatus
Nordöstliches Australien, Neuguinea, pazifische Inseln
Regenwald, Galeriewald, Teebaumwald, Mangroven
Bis 28 cm
1,5 m
Bis 900 g
Frühte, Nektar
Nicht gefährdet

Mittelmeer-Hufeisennase
Rhinolophus euryale
Südliches Europa, nördliches Afrika
Höhlen
Bis 9 cm
Bis 32 cm
Bis 15 g
Motten, Insekten
Gering gefährdet

Mittelmeer-Hufeisennase
Rhinolophus euryale

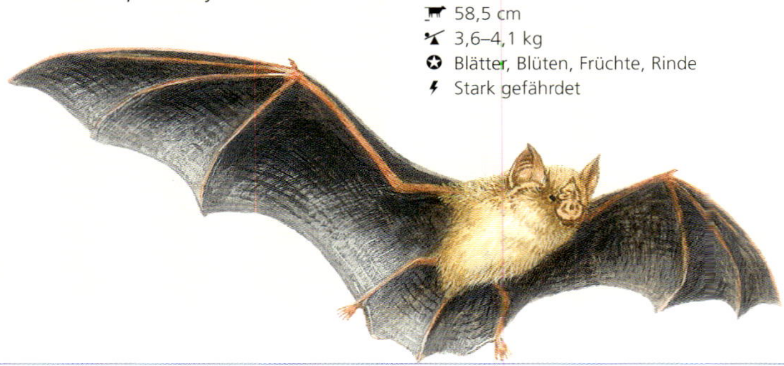

Ordnung Primates
Primaten
376 Arten

Unterordnung Strepsirrhini
Halbaffen
88 Arten

Fingertier
Daubentonia madagascariensis
Östliches Madagaskar
Regenwald, Laubwald
40,5 cm
40,5 cm
2,7 kg
Wirbellose, Samen, Früchte, Nektar
Gering gefährdet

Indri
Indri indri
Östliches Madagaskar
Bergwald
61 cm
51 cm
6–11 kg
Blätter, Früchte, Samen
Stark gefährdet

Katta
Lemur catta
Südliches Madagaskar
Laubwald, trockene Buschsteppe
43 cm
60 cm
2,2 kg
Früchte, Blätter
Gering gefährdet

Grauer Mausmaki
Microcebus murinus
Westliches Madagaskar
Sekundärwald, Dornwüste
12,5 cm
15 cm
110 g
Früchte, Wirbellose, Blüten
Nicht gefährdet

Sunda-Plumplori
Nycticebus coucang
Südostasien
Kronendach des Regenwaldes
30–38 cm
Bis 2 kg
Früchte, Blätter, Insekten, Vogeleier, Jungvögel
Gefährdet

Galagos
Otolemur crassicaudatus
Östliches & südliches Afrika
Galeriewald, Baumsavanne, Bergwald
30,5 cm
40,5 cm
1,1 kg
Gummiharz, Früchte, Insekten
Nicht gefährdet

Coquerel-Sifaka
Propithecus coquereli
Nordwestliches Madagaskar
Trockener Laubwald
43 cm
58,5 cm
3,6–4,1 kg
Blätter, Blüten, Früchte, Rinde
Stark gefährdet

Koboldmaki
Tarsius syrichta
Südöstliche Philippinen
Primär- & Sekundärwälder
10–15 cm
Etwa doppelt so lang wie der Körper
♂ 140 g, ♀ 115 g
Insekten, Spinnen, Eidechsen, Vögel
Gering gefährdet

Roter Vari
Varecia rubra
Östliches Madagaskar
Regenwald
51 cm
61 cm
3,6 kg
Früchte, Samen, Blätter
Stark gefährdet

Unterordnung Haplorhini
Affen & Menschenaffen
288 Arten

Familie Cebidae
Seidenäffchen & Verwandte
56 Arten

Zwergseidenäffchen
Callithrix (oder Cebuella) pygmaea
Westliches Amazonasbecken
Regenwald
12,5 cm
15 cm
120 g
Früchte, Blätter, Insekten
Nicht gefährdet

Weißschulterkapuziner
Cebus capucinus
Mittelmerika, nordwestliches Südamerika
Wald, Mangroven
89 cm
45,5 cm
5 kg
Früchte, Insekten
Nicht gefährdet

Zweifarbentamarin
Saguinus bicolor
Kleine Region in Brasilien im Norden des Amazonas
Regenwald
28 cm
40,5 cm
425 g
Früchte, Blüten, Wirbellose
Stark gefährdet

Kaiserschnurrbarttamarin
Saguinus imperator
Südwestliches Amazonasbecken
Tropenwald
25 cm
33 cm
500 g
Früchte, Nektar, Pflanzensaft, Frösche, Schnecken
Nicht gefährdet

Familie Aotidae
Nachtaffen
8 Arten

Familie Pitheciidae
Springaffen, Sakis & Uakaris
40 Arten

Familie Atelidae
Brüll-, Klammer- & Wollaffen
24 Arten

Rothandbrüllaffe
Alouatta belzebul
Venezuela bis oberes Amazonasbecken
Kronendach des Waldes
71 cm
73,5 cm
6,8 kg
Früchte, Blätter, Blüten, kleine Vögel, Reptilien, Säugetiere
Gefährdet

Mantelbrüllaffe
Alouatta palliata
- Mittel- & Südamerika
- Regenwald
- 1,8 m
- 89 cm
- 8,6 kg
- Früchte, Blätter und Blüten
- Nicht gefährdet

Familie Cercopithecidae
Altweltaffen
81 Arten

Eulenkopfmeerkatze
Cercopithecus hamlyni
- Albert-Rift in Ostafrika
- Bambus-, Regenwald
- 40,5–66 cm
- 51–66 cm
- ♂ 4,5–10 kg
- Früchte, Blätter
- Gefährdet

Goldmeerkatze
Cercopithecus kandti
- Albert-Rift in Ostafrika
- Berg-, Bambuswald
- ♂ 48–67 cm, ♀ 46–53 cm
- ♂ 4,5–11,3 kg, ♀ 3,5–4,5 kg
- Blätter, Bambus, Früchte
- Stark gefährdet

Diademmeerkatze
Cercopithecus mitis
- Ost- & Zentralafrika
- Immergrüner Wald
- 43–68,5 cm
- 53,5–109 cm
- 5–6,8 kg
- Früchte, Blätter
- Nicht gefährdet

Mantelaffe
Colobus guereza
- Ost- & Zentralafrika
- Primär- & Sekundärwald, Flusswald, Savanne
- 48–73,5 cm
- 66–89 cm
- 11,5–23 kg
- Blätter, Früchte
- Nicht gefährdet

Japanmakak
Macaca fuscata
- Japan
- Subtropische bis subalpine immergrüne Wälder & Laubwälder
- Bis 79–95 cm
- Bis 10 cm
- ♂ 10–14 kg, ♀ 5,5 kg
- Früchte; auch Samen, junge Blätter & Blüten, Baumrinde, Insekten
- Nicht gefährdet

Berberaffe
Macaca sylvanus
- Nördliches Marokko, nördliches Algerien, in Gibraltar eingeführt
- Mischwälder mit Eichen und Zedern
- Bis 75 cm
- Bis 2,5 cm
- Bis 13,1 kg
- Blätter, Früchte, Insekten
- Stark gefährdet

Drill
Mandrillus leucophaeus
- Westliches Kamerun, Nigeria, Äquatorialguinea
- Galerie- & Tieflandregenwald, Bergwald
- 61–73,5 cm
- 5–7,5 cm
- ♂ 25 kg, ♀ 11,5 kg
- Früchte, Samen, Wirbellose
- Stark gefährdet

Mandrill
Mandrillus sphinx
- Kamerun, Gabun, Kongo
- Primäre immergrüne Wälder
- 56–81 cm
- 7,5 cm
- 11–27 kg
- Früchte, Samen
- Gefährdet

Nasenaffe
Nasalis larvatus
- Tiefland von Borneo
- Mangrovensümpfe, Flusswälder, Regenwald
- 71 cm
- 75 cm
- ♂ 24 kg, ♀ 12 kg
- Samen, Blätter, Schösslinge, Früchte
- Stark gefährdet

Anubispavian
Papio anubis
- Ostafrika
- Waldgebiete, Savanne in der Nähe von Felsnasen
- ♂ 70 cm
- 40 cm
- ♂ bis 24 kg, ♀ bis 14 kg
- Wurzeln, Früchte, Blüten, Blätter, Insekten, Vogeleier, kleine Säugetiere
- Nicht gefährdet

Miss Waldrons Roter Stummelaffe
Piliocolobus badius waldronae
- Westafrika
- Kronendach des Regenwaldes
- 1 m
- Früchte, Samen, Blattwerk
- Vom Aussterben bedroht (im Jahr 2000 als ausgestorben gelistet)

Rotschenkliger Kleideraffe
Pygathrix nemaeus
- Kambodscha, China, Vietnam, Laos
- Tropenwald
- 61–76 cm
- 56–76 cm
- ♂ bis 7 kg, ♀ bis 5 kg
- Blätter mit hohem Faseranteil
- Stark gefährdet

Goldstumpfnase
Rhinopithecus roxellana
- Zentrales & südwestliches China
- Gemäßigte Bergwälder
- ♂ 58–68 cm, ♀ 47,5–52 cm
- Ebenso lang wie der Körper
- ♂ 19,8 kg, ♀ 12,4 kg
- Flechten, Bäume, Sträucher, Rankengewächse, Insekten
- Stark gefährdet

Silberner Haubenlangur
Trachypithecus cristatus
- Birma, Indochina, Borneo
- Küsten-, Mangroven-, Flusswälder
- 46–51 cm
- ♂ 67–75 cm, ♀ 50–58 cm
- 5,7 kg
- Früchte, Blätter, Schösslinge
- Gering gefährdet

Bengalischer Hanuman-Langur
Semnopithecus entellus
- Indien, Bangladesch
- Subtropischer oder tropischer Trockenwald, Buschsteppe
- ♂ 51–78 cm, ♀ 40–58 cm
- 69–101 cm
- ♂ 18 kg, ♀ 11,2 kg
- Blätter, Knospen, Früchte, Blüten, durch Insekten ergänzt
- Nicht gefährdet

Dschelada
Theropithecus gelada

Dschelada
Theropithecus gelada
- Äthiopien
- Gebirgsgrassteppen
- ♂ 68,5–74 cm, ♀ 48–63,5 cm
- ♂ 45,5–53,5 cm, ♀ 30,5–51 cm
- ♂ 20 kg, ♀ 12,7 kg
- Blätter, Gräser
- Nicht gefährdet

Familie Hylobatidae
Gibbons
14 Arten

Weißhandgibbon, Lar
Hylobates lar
- China, Indonesien, Malaysia, Birma, nördliches Sumatra, Thailand
- Kronendach des Regenwaldes
- Bis 58,5 cm
- ♂ 5,7–7 kg, ♀ 5,3 kg
- Früchte, weiche Blätter, Blüten, Schösslinge, Insekten, Schnecken, Vogeleier
- Stark gefährdet

Kappengibbon
Hylobates pileatus
- Südöstlichest Thailand, Kambodscha
- Regenwald
- 40–65 cm
- 4–8 kg
- Blätter, Früchte, Blüten, Knospen, Insekten, Vogeleier, kleine Vögel
- Stark gefährdet

Familie Hominidae
Menschenaffen
7 Arten

Berggorilla
Gorilla beringei
- Uganda, Ruanda, Demokratische Republik Kongo
- Berg- & Bambuswald
- ♂ 1,4–1,8 m, ♀ 1,3–1,5 m
- ♂ 159 kg, ♀ 98 kg
- Blätter, Schösslinge, Stängel
- Stark gefährdet

Westlicher Gorilla
Gorilla gorilla
- West- & Zentralafrika
- Primär- & Sekundärwald, Tieflandsumpf, Bergwald
- ♂ 1,7 m, ♀ 1,5 m
- ♂ 170 kg, ♀ 72 kg
- Früchte, Blätter, Schösslinge, Stängel
- Vom Aussterben bedroht

Bonobo
Pan paniscus
- Demokratische Republik Kongo
- Tropischer Regenwald
- ♂ 71–87 cm, ♀ 71–74 cm
- ♂ 39 kg, ♀ 31 kg
- Früchte, Blätter, Kräuter
- Stark gefährdet

Schimpanse
Pan troglodytes
- West-, Zentral- & Ostafrika
- Regenwald, trockene Baum- und Grassavanne
- 81 cm
- ♂ 40–60 kg, ♀ 32–47 kg
- Früchte, Blätter, Kräuter, Blüten, Insekten, kleine Wirbeltiere
- Stark gefährdet

Sumatra-Orang-Utan
Pongo abelii
- Sumatra
- Tropischer Regenwald
- ♂ bis 1,4 m, ♀ 0,9 m
- ♂ bis 90 kg, ♀ bis 45 kg
- Früchte, Insekten, Vogeleier, kleine Wirbeltiere
- Vom Aussterben bedroht

Borneo-Orang-Utan
Pongo pygmaeus
- Borneo
- Tropischer Regenwald
- ♂ bis 1,5 m, ♀ bis 1 m
- ♂ bis 110 kg, ♀ bis 60 kg
- Früchte, junge Blätter, Schösslinge, Samen, Rinde, Insekten, Vogeleier
- Stark gefährdet

Ordnung Carnivora
Fleischfresser
286 Arten

Familie Canidae
Hunde & Füchse
35 Arten

Kojote
Canis latrans
- Nord- bis Mittelamerika
- Wüste, Grassteppe, Wald, Ackerland, Vorstädte, Städte
- 75–100 cm
- 25,5–40,5 cm
- ♂ 8–20 kg, ♀ 7–18 kg
- Säugetiere von Mäusen bis zu Hirschen, Vögel, Schlangen, Pflanzenmaterial, Aas
- Nicht gefährdet

Wolf
Canis lupus
- Nördliches Nordamerika, Teile Eurasiens
- Nadel- & Laubwald, Tundra, Halbwüsten
- 87–130 cm
- 35–51 cm
- ♂ 30–80 kg, ♀ 23–55 kg
- Hirsche, Hasen, andere Säugetiere
- Nicht gefährdet

Dingo
Canis lupus dingo
- Australien
- Die meisten australischen Lebensräume von Wüste bis Regenwald
- Bis 100 cm
- Bis 36 cm
- Bis 24 kg
- Känguru, Wallabys, kleine Säugetiere, Vögel, Früchte
- Gefährdet

Eurasischer Wolf
Canis lupus lupus
- Europa, Asien
- Wald
- Bis 1,6 m
- Bis 56 cm
- Bis 59 kg
- Fleischfresser
- Nicht gefährdet

Eisfuchs
Vulpes lagopus

Äthiopischer Wolf
Canis simensis
- Äthiopien
- Gebirgsgrassteppe
- 90–100 cm
- 25–35 cm
- 11,5–18 kg
- Kleine Säugetiere, vor allem Nagetiere
- Stark gefährdet

Mähnenwolf
Chrysocyon brachyurus
- Südamerika
- Savanne, Strauchwald
- 90 cm
- 44,5 cm
- 22,5 kg
- Nagetiere, Hasen, Vögel, Fische, Früchte, Zuckerrohr, Knollen
- Gering gefährdet

Andenfuchs
Lycalopex culpaeus
- Südamerika
- Wald, Prärie
- 112 cm
- 33 cm
- 6 kg
- Säugetiere, Huftiere, Wirbeltiere, Geflügel, Nutzvieh
- Nicht gefährdet

Afrikanischer Wildhund
Lycaon pictus
- Verstreut in Afrika südlich der Sahara
- Baum- und Grassavanne
- 74–112 cm
- 30–41 cm
- 18–36 kg
- Kleine bis mittelgroße Säugetiere wie Antilopen
- Stark gefährdet

Marderhund
Nyctereutes procyonoides
- Ostasien
- Laub-, Mischwälder
- Bis 61 cm
- Bis 18 cm
- Bis 10 kg
- Wirbellose, Frösche, Eidechsen, Nagetiere, Vögel, Samen, Beeren
- Nicht gefährdet

Patagonischer Fuchs
Pseudalopex griseus
- Chile, Patagonien, Argentinien
- Gebiete mit Sträuchern und Wäldern
- 100 cm
- 43 cm
- 4,5 kg
- Hasen, Nagetiere, auch Beeren, Vogeleier, Insekten
- Nicht gefährdet

Kapfuchs
Vulpes chama
- Südafrika
- Savanne, Steppen, Halbwüsten
- 54–61 cm
- 28–40 cm
- 2,5–3,5 kg
- Wirbellose, kleine Wirbeltiere
- Nicht gefährdet

Eisfuchs
Vulpes lagopus
- Arktis
- Taiga, Tundra, Moore
- Bis 70 cm
- Bis 40 cm
- Bis 8 kg
- Insekten, kleine Säugetiere, Vögel, Aas
- Nicht gefährdet

Rotfuchs
Vulpes vulpes
- Nordamerika, Europa, Nord- & Zentralasien, Nordafrika, Arabien; in Australien eingeführt
- Laubwald, Mischwald
- Bis 81 cm
- Bis 41 cm
- Bis 6,8 kg
- Wirbellose wie Insekten & Weichtiere, kleine Wirbeltiere wie Nagetiere & Vögel, Vogeleier, Früchte
- Nicht gefährdet

Fennek, Wüstenfuchs
Vulpes zerda
- Zentralsahara
- Wüste, Steppe
- 38–41 cm
- 18–21 cm
- 0,8–1,5 kg
- Wüstenheuschrecken, andere Wirbellose, Früchte
- Nicht gefährdet

Familie Ursidae
Bären & Pandas
8 Arten

Großer Panda
Ailuropoda melanoleuca
- Südwestchina (Provinzen Gansu, Shaanxi & Sichuan)
- Bambus- & Nadelwälder
- Bis 1,5 m
- 70–125 kg
- Bambusblätter & -schösslinge
- Stark gefährdet

Malaienbär
Helarctos malayanus
- Südostasien
- Tropischer Regenwald
- 1,2 m
- 65 kg
- Früchte, Insekten
- Gefährdet

Brillenbär
Tremarctos ornatus
- Tropische Anden
- Regenwald, Nebelwald
- 1,8 m
- 7,5 cm
- 820 kg
- Früchte, Blätter, Insekten
- Gefährdet

Schwarzbär, Baribal
Ursus americanus
- Kanada südlich der Arktis & Alaska über USA bis nördliches Mexiko
- Von Laubwald, Wüste und subtropischen Wäldern bis zu borealem Wald & Tundra
- 1,2–2 m
- 8–14 cm
- ♂ 47–409 kg, ♀ 39–236 kg
- Früchte, Nüsse, Grünpflanzen; auch Fleisch, Insekten
- Nicht gefährdet

Grizzlybär
Ursus arctos horribilis
- Nordwestliches Nordamerika, Kanada
- Arktische Tundra, borealer Wald, offene Ebenen, Wüstenränder
- 0,9–2,7 m
- 6,5–20 cm
- 80–590 kg oder mehr
- Pflanzen, Pilze, Insekten, Vögel, Säugetiere, Aas
- Nicht gefährdet

Europäischer Braunbär
Ursus arctos arctos
- West-, Mittel- & Nordeuropa, Russland, Türkei, Iran, Afghanistan, Himalaya, Japan
- Gebirge, Wald
- Bis 2,8 m
- Bis 13 cm
- Bis 205 kg
- Beeren, Fische, Säugetiere
- Nicht gefährdet

Sibirischer Braunbär
Ursus arctos collaris
- Sibirien, Mongolei, östliches Kasachstan
- Taigawald
- Bis 2,8 m
- Bis 13 cm
- 100–680 kg
- Beeren, Wurzeln, Blätter, Sprossen, Insekten, Fische, kleine Säugetiere
- Nicht gefährdet

Eisbär
Ursus maritimus
- Arktische Küstengebiete
- Tundra, Meereis
- Bis 2,5 m
- 10 cm
- ♂ bis 360 kg, ♀ 550 kg
- Robben, Fische, Vögel, Eier, Aas, Beeren
- Gefährdet

Kragenbär
Ursus thibetanus
- Afghanistan, Pakistan bis China, Korea, Japan
- Wald (Tiefland bis hügelige Gebiete)
- 1,4–2 m
- Bis 10 cm
- ♂ 100–218 kg, ♀ 50–125 kg
- Pflanzenmaterie wie Eicheln, Nüsse, Bambus & Beeren, Insekten, Aas, kleinere Wirbeltiere
- Gefährdet

Familie Mustelidae
Marderartige
59 Arten

Tayra
Eira barbara
- Mittelamerika, Südamerika, Trinidad
- Regenwald
- Bis 70 cm
- 40 cm
- Bis 5,8 kg
- Früchte, Wirbellose, Reptilien
- Nicht gefährdet

Vielfraß
Gulo gulo
- Nördliches Nordamerika, Europa, Asien
- Borealer Wald, arktische Tundra
- 65–104 cm
- 17–26 cm
- ♂ 12,7–14 kg, ♀ 8,3–9,9 kg
- Aas von Elchen & Rentieren, Erdhörnchen, Schneehühner, Schneeschuhhasen
- Gering gefährdet

Europäischer Dachs
Meles meles

Amerikanischer Fischotter
Lontra canadensis
- Kanada & USA außer südwestliche Wüsten & hohe Arktis
- Seen, Flüsse, Bäche, Sümpfe, Marschen, Flussmündungen
- 89–130 cm
- 30–51 cm
- 5–14 kg
- Fische, Frösche, Krebse, Schildkröten, Vögel, Eier, Bisamratten
- Nicht gefährdet

Fischotter
Lutra lutra
- Europa, Asien, Nordafrika
- Flüsse, Feuchtgebiete
- Bis 110 cm
- Bis 55 cm
- Bis 12 kg
- Fische, Krebstiere
- Gering gefährdet

Baummarder
Martes martes
- Nord- & Mitteleuropa
- Wald
- Bis 53 cm
- Bis 25 cm
- Bis 1,6 kg
- Kleine Säugetiere, Vögel, Frösche
- Nicht gefährdet

Zobel
Martes zibellina
- Sibirien, nördliche Mongolei, China, Japan (Hokkaido)
- Wald
- 38–56 cm
- 9–12 cm
- 0,9–1,8 kg
- Kleine Säugetiere, Vögel, Fische
- Nicht gefährdet

Dachs
Meles meles
- Großbritannien & Westeuropa bis China, Korea & Japan
- Waldgebiete, Felder
- Bis 90 cm
- Bis 20,5 cm
- Bis 16 kg
- Regenwürmer, Käfer, kleine Säugetiere, Reptilien, Amphibien, Eier, Früchte, Wurzeln, andere Pflanzenteile
- Nicht gefährdet

Hermelin
Mustela erminea
- Arktis
- Tundra, Moore, Felder, Marschen, borealer Wald, Waldgebiete
- 25 cm
- 10 cm
- ♂ 200–440 g, ♀ 140–280 g
- Insekten, kleine Amphibien, Reptilien, Vögel, Säugetiere, Aas
- Nicht gefährdet

Schwarzfußiltis
Mustela nigripes
- Früher das Innere von Nordamerika vom südlichen Kanada bis ins nördliche Mexiko
- Grassteppe, Halbwüste, Wüste
- 48–60 cm
- 10,5–14 cm
- ♂ 905–1,125 g, ♀ 635–860 g
- Präriehunde
- Stark gefährdet (war in freier Wildbahn bereits ausgestorben; in Gefangenschaft gezüchtete Tiere wurden wiederangesiedelt)

Mauswiesel
Mustela nivalis
- Nordamerika, Europa, Asien
- Wiesen, Marschen
- Bis 26 m
- Bis 7,5 cm
- Bis 250 g
- Mäuse, Wühlmäuse, kleine Nagetiere
- Nicht gefährdet

Europäischer Iltis
Mustela putorius
- Europa
- Feuchtgebiete, Wald
- Bis 46 cm
- Bis 23 cm
- Bis 1,7 kg
- Nagetiere, Vögel, Frösche
- Nicht gefährdet

Riesenotter
Pteronura brasiliensis
- Südliches Venezuela & Kolumbien bis ins nördliche Argentinien
- Amazonas-Regenwald
- 2 m
- 1 m
- 34 kg
- Fische, Krebse
- Stark gefährdet

Silberdachs
Taxidea taxus
- Südwestliches Kanada, USA, Mexiko
- Von Bergwiesen bis Prärie, Marschen & Wüste
- 60–79 cm
- 10–13 cm
- 4–12 kg
- Nagetiere (vor allem Hörnchen), Vögel, Reptilien, Insekten
- Nicht gefährdet

Familie Mephitidae
Skunks
12 Arten

Streifenskunk
Mephitis mephitis
- Südliches Kanada (ausgenommen Pazifikküste), USA, nördliches Mexiko
- Alle Lebensräume ausgenommen extrem trockene Regionen
- 58–80 cm
- 17–30 cm
- 1,1–5,2 kg
- Insekten, Nagetiere, Kaninchen, Vögel, Eier, Aas, Früchte, Pflanzen
- Nicht gefährdet

Familie Ailuridae
Kleiner Panda
1 Art

Kleiner Panda
Ailurus fulgens
- China, Indien, Bhutan, Laos, Nepal, Birma
- Bergwald mit Nadel- & Laubbäumen
- 40–60 cm
- 30–60 cm
- 3–6 kg
- Bambus, Beeren, Früchte, Pilze, Wurzeln, Eicheln, Flechten, Gräser, Vögel, Fische, Eier, Nagetiere, Insekten
- Gefährdet

Familie Phocidae
Echte Robben
19 Arten

Seeleopard
Hydrurga leptonyx
- Südpolarmeer
- Antarktisches Packeis, subantarktische Inseln
- ♂ 2,4–3,3 m
- ♂ 200–450 kg, ♀ 220–565 kg
- Krill, Pinguine, Fische, Tintenfische, junge Krabbenfresser
- Nicht gefährdet

Weddellrobbe
Leptonychotes weddellii
- Südpolarmeer
- Treibeis & Meer um die Antarktis
- ♂ Bis 2,9 m, ♀ bis 3,5 m
- 400–600 kg
- Fische, Tintenfische, Krebstiere
- Nicht gefährdet

Krabbenfresser
Lobodon carcinophagus
- Südpolarmeer
- Packeis, Eisschollen am Packeisrand
- 2,6 m
- 340 kg
- Hauptsächlich Krill, auch Tintenfische, Fische
- Nicht gefährdet

Südlicher Seeelefant
Mirounga leonina
- Argentinien, Neuseeland, subantarktische Inseln
- Meeresstrände
- ♂ 5 m, ♀ 3 m
- ♂ 48 cm, ♀ 28 cm
- ♂ 3,6 t, ♀ 0,7 t
- Kopffüßer wie Tintenfische, große Fische wie Haie
- Nicht gefährdet

Mönchsrobbe
Monachus monachus
- Westafrikanische Küste, Ägäis
- Küsten- & Inselgewässer
- Bis 2,4 m
- Bis 320 kg
- Fische, Weichtiere, Oktopusse
- Vom Aussterben bedroht

Rossrobbe
Ommatophoca rossii
- Südpolarmeer
- Packeis
- 3 m
- 214 kg
- Tintenfische, Fische, Krill
- Nicht gefährdet

Sattelrobbe
Phoca groenlandica
- Sankt-Lorenz-Golf & Neufundland, Weißes Meer, Grönlandsee, im Sommer nördlichere Gewässer
- Arktische Meere, Packeis
- 1,8–2 m
- 118–135 kg
- Lodde, Grönlanddorsch
- Nicht gefährdet

Ringelrobbe
Phoca hispida
Arktische Küsten & Meere, Ostsee, Seen in Russland & Finnland
Treibeis vor der Küste, Packeis
1,25 m
65 kg
Zooplankton, Fische, Tintenfische
Nicht gefährdet

Seehund
Phoca vitulina vitulina
Nordatlantik, Nordpazifik
Küste, Meer
Bis 1,9 m
Bis 170 kg
Krebstiere, Tintenfische, Fische
Nicht gefährdet

Familie Otariidae
Seelöwen & Seebären
16 Arten

Südlicher Seebär
Arctocephalus gazella
Südpolarmeer
Felsen, Strände & Büschelgrasdickicht auf subantarktischen Inseln & vor allem rund um die Antarktische Halbinsel
♂ 1,7–2 m,
♀ 1–1,3 m
♂ 125–200 kg,
♀ 25–40 kg
Krill, Fische, Tintenfische
Nicht gefährdet

Kalifornischer Seelöwe
Zalophus californianus
Nordamerikanische Westküste
Küstengewässer
2,4 m
300 kg
Tintenfische, Fische
Nicht gefährdet

Galápagos-Seelöwe
Zalophus californianus wollebaecki
Galápagos-Inseln
Seichte Küstengewässer
2 m
28 cm
400 kg
Sardinen
Stark gefährdet

Familie Odobenidae
Walross
1 Art

Walross
Odobenus rosmarus
Küsten um die Arktis (nordatlantische & nordpazifische Unterarten)
Seichte Küstenmeere
♂ bis 4,3 m,
♀ bis 2,4 m
Bis 1,6 t
Muscheln
Nicht gefährdet

Südlicher Seebär
Arctocephalus gazella

Familie Procyonidae
Waschbären
14 Arten

Nordamerikanisches Katzenfrett
Bassariscus astutus
Südwestliche USA, Mexiko, Baja-Halbinsel
Felsiges & gebirgiges Gelände, trockene Busch- und Waldsteppen,
62–81 cm
31–44 cm
0,9–1,3 kg
Pflanzen, kleine Säugetiere, Insekten, Früchte, Eicheln, Echsen, Vögel, Eier
Nicht gefährdet

Wickelbär
Potos flavus
Südmexiko bis Bolivien & Brasilien
Regenwald
56 cm
56 cm
3,2 kg
Früchte, Blütennektar
Nicht gefährdet

Waschbär
Procyon lotor
Nord- & Mittelamerika, in Europa eingeführt
Alle Lebensräume mit Wasser, einschließlich Stadtgebiete
60–95 cm
19–40,5 cm
1,8–10,4 kg
Insekten, Fische, Krebstiere, Weichtiere, kleine Nagetiere, Vögel, Eier, Aas, Früchte, Samen
Nicht gefährdet

Familie Hyaenidae
Hyänen & Erdwolf
4 Arten

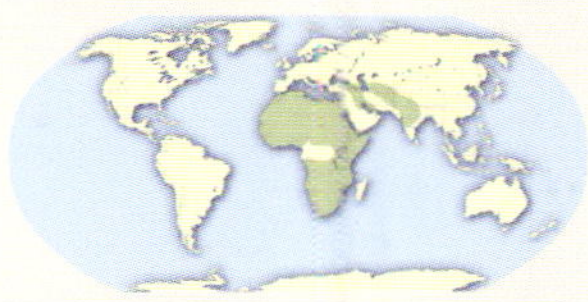

Tüpfelhyäne
Crocuta crocuta
Afrika südlich der Sahara
Savanne, Grassteppe
1–1,8 m
25–36 cm
40–90 kg
Kleine bis große Säugetiere, Aas
Nicht gefährdet

Streifenhyäne
Hyaena hyaena
Nord- & Nordostafrika
Trockensteppe, Savanne
100–120 cm
25–35 cm
25–55 kg
Aas, kleine Säugetiere
Gering gefährdet

Erdwolf
Proteles cristata
Östliches & südliches Afrika
Grassavannen
55–80 cm
20–30 cm
8–12 kg
Termiten
Nicht gefährdet

Familie Viverridae
Schleich- & Ginsterkatzen
35 Arten

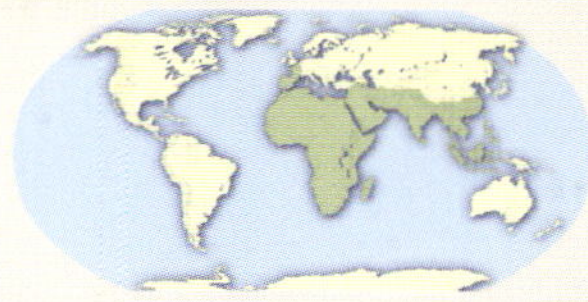

Fossa
Cryptoprocta ferox
Madagaskar
Regenwald
58–76 cm
55–70 cm
7–12 kg
Kleine bis mittelgroße Wirbeltiere wie Lemuren
Gefährdet

Fanaloka
Fossa fossana
Madagaskar
Primärwald
40–45 cm
21–25 cm
1,5–2 kg
Kleine Säugetiere wie Nagetiere
Gefährdet

Familie Herpestidae
Mangusten
33 Arten

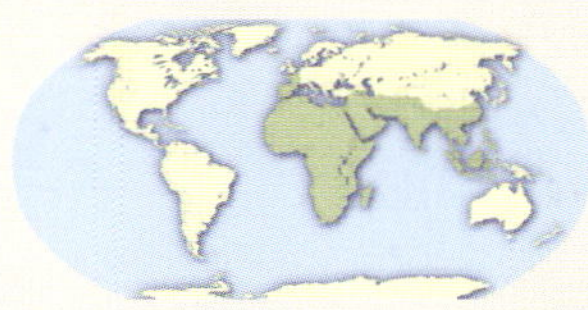

Indischer Mungo
Herpestes edwardsii
Indischer Subkontinent, östliche Arabische Halbinsel, Sri Lanka, südöstliches China
Offener Wald, Buschsteppe
35–43 cm
43 cm
0,9–1,8 kg
Vögel, Reptilien, Säugetiere, Insekten
Nicht gefährdet

Erdmännchen
Suricata suricatta
Südliches Afrika
Buschsteppe, Macchia
25–30 cm
18–24 cm
590–955 g
Insekten
Nicht gefährdet

Familie Felidae
Katzen
40 Arten

Gepard
Acinonyx jubatus hecki
Nördliches Afrika
Waldsteppe, Savanne, Grassteppe
1–1,5 m
65–90 cm
35–65 kg
Kleine bis mittelgroße Säugetiere wie Antilopen & Gazellen
Vom Aussterben bedroht

Kleinfleckkatze
Felis geoffroyi

Kleinfleckkatze
Felis geoffroyi
Südliches Bolivien & Paraguay bis Argentinien & Chile
Wald- und Buschsteppe
90 cm
40 cm
3 kg
Kleine Echsen, Insekten, Nagetiere, Frösche, Fische
Gering gefährdet

Wildkatze
Felis silvestris
Afrika, Europa bis westliches China & nordwestliches Indien
Gebirge, Wald
Bis 71 cm
Bis 30 cm
Bis 13,6 kg
Nagetiere, Vögel
Nicht gefährdet

Langschwanzkatze
Leopardus wiedii
Mittel- & Südamerika
Regenwald
70 cm
50 cm
9 kg
Baumlebende Tiere, Vögel, Reptilien, Insekten
Gering gefährdet

Kanadischer Luchs
Lynx canadensis
Kanada & Alaska, Rocky Mountains
Borealer Wald
67–107 cm
5–13 cm
4,5–17,3 kg
Schneeschuhhasen, andere kleine Säugetiere, Hirsche, Vögel
Nicht gefährdet

Eurasischer Luchs
Lynx lynx
Frankreich, Balkan, Irak, Skandinavien bis China
Gebirge, Wald
Bis 1,3 m
Bis 25 cm
Bis 30 kg
Hirsche, kleine Säugetiere, Nagetiere
Nicht gefährdet

Iberischer Luchs
Lynx pardinus
Früher Spanien & Portugal, jetzt auf das südliche Spanien beschränkt
Wald
85–110 cm
12–30 cm
♂ 13–26 kg,
♀ 9 kg
Kaninchen, kleine Säugetiere, andere Wirbeltiere
Vom Aussterben bedroht

Rotluchs
Lynx rufus
Großteil der USA, südliches Kanada, Mexiko
Fast alle Lebensräume von Bergen bis zu Sümpfen & Wüsten
60–120 cm
9–20 cm
♂ 7,2–31 kg,
♀ 3,6–24 kg
Säugetiere von Mäusen bis zu Hirschkälbern, vor allem Kaninchen; Vögel, Reptilien, Amphibien, Insekten
Nicht gefährdet

Nebelparder
Neofelis nebulosa
Südliches China, Südostasien, östlicher Himalaya, nordöstliches Indien
Subtropische & tropische Wälder
61–92 cm
Bis 90 cm
15–23 kg
Hirsche, Schweine, Primaten, Vögel
Gefährdet

Löwe
Panthera leo
Afrika südlich der Sahara
Savanne, Grassteppe
♂ Bis 2,4 m, ♀ 1,8 m
60–100 cm
♂ 150–260 kg,
♀ 122–182 kg
Mittelgroße bis große Säugetiere
Gefährdet

Asiatischer Löwe
Panthera leo persica
Girwald-Nationalpark im indischen Bundesstaat Gujarat
Wald
♂ 1,7–2 m,
♀ 1,3–1,7 m
Bis 1 m
♂ 150–225 kg,
♀ 100–150 kg
Kleine Säugetiere, Hirsche, Muntjaks, Sambars, Wildschweine, Nilgau-Antilopen, Rinder
Stark gefährdet

Jaguar
Panthera onca
Mexiko bis Argentinien
Wald, Grassteppe, Weideland
2,7 m
76 cm
159 kg
Säugetiere, Reptilien, Fische
Gering gefährdet

Leopard
Panthera pardus
Afrika südlich der Sahara
Waldgebiete, Savanne, Grassteppe
♂ 1,5–1,9 m,
♀ 1–1,4 m
68–110 cm
♂ 35–90 kg,
♀ 28–70 kg
Kleine bis mittelgroße Säugetiere
Gering gefährdet

Ceylon-Leopard
Panthera pardus kotiya
Sri Lanka
Trockener Monsunwald, tropischer Regenwald, Bergwald
0,9–2,4 m
58–99 cm
♂ 56 kg, ♀ 30 kg
Kleine Säugetiere, Hirsche, Muntjaks, Sambars, Affen, Hunde, Rinder
Stark gefährdet

Tiger
Panthera tigris
Indien bis Vietnam, Sibirien bis Indonesien
Wald
1,4–2,7 m
1 m
Bis 350 kg
Hirsche, wilde Schweine, Rinder
Stark gefährdet

Sibirischer Tiger
Panthera tigris altaica
Fernöstliches Russland, nordöstliches China, Nordkorea
Taiga
1,9–2,7 m
1 m
♂ bis 360 kg,
♀ bis 181 kg
Hirsche, Ziegenantilopen, Säugetiere
Stark gefährdet

Königstiger
Panthera tigris tigris
- Indien, Bhutan, Nepal, Bangladesch, Birma
- Trockener Monsunwald, Mangrovensumpfwald
- ♂ 2,7–3 m, ♀ 2,4–2,6 m
- 84–94 cm
- ♂ 180–258 kg, ♀ 100–160 kg
- Hirsche, Muntjaks, Sambars, Wildschweine, Affen, Wildrinder, Nutzvieh, Schlangen, Vögel
- Stark gefährdet

Puma, Berglöwe
Puma concolor
- Nord- & Südamerika
- Alle Lebensräume ausgenommen landwirtschaftliche Flächen & Wüste
- ♂ 0,9–1,8 m, ♀ 0,9–1,5 m
- 53–91 cm
- ♂ 55–75 kg, ♀ 35–50 kg
- Säugetiere, darunter Hirsche & andere große Huftiere
- Nicht gefährdet

Schneeleopard
Panthera uncia
- Zentralasiatische Gebirge (einschließlich Himalaya), Afghanistan, nördliches Pakistan, östliches Tibet
- Bergwiesen, hoch gelegene Felsregionen
- 99–130 cm
- 81–99 cm
- 35–55 kg
- Wildziegen, Hirsche, kleine Säugetiere, Wildschweine
- Stark gefährdet

Ordnung Proboscidea Elefanten

3 (lebende) Arten

Asiatischer Elefant
Elephas maximus
- Indien, Nepal, Bangladesch, Bhutan, Sri Lanka, China, Thailand, Laos, Kambodscha, Malaysia, Indonesien
- Immergrüner & trockener Laubwald, Sümpfe, Grassteppen
- Bis 7,5 m
- 1–1,5 m
- 3–5 t
- Gräser, Blätter, Rinde, Früchte
- Stark gefährdet

Afrikanischer Elefant
Loxodonta africana
- Afrika südlich der Sahara
- Wald bis Halbwüste
- 9 m
- 1 m
- ♂ 4–6,3 t, ♀ 2,2–3,5 t
- Gräser, hölzige Pflanzen
- Gering gefährdet

Wollmammut
Mammuthus primigenius
- Nordamerika, Eurasien, Sibirien
- Steppentundra
- 3,5 m; Stoßzähne bis 4,8 m lang
- 5–12 t
- Gräser
- Um 1700 v. Chr. ausgestorben

Ordnung Sirenia Seekühe (Sirenen)

5 Arten

Familie Trichechidae
Manatis
3 Arten

Nagelmanati
Trichechus manatus
- Georgia & Florida bis Brasilien, Orinoco
- Seichte Flüsse, Buchten, Flussmündungen, Küstengewässer
- 3,6 m
- 68,5 cm
- 725 kg
- Gräser, Schildkrötengras, Algen, Mangrovenblätter, Wasserhyazinthen
- Gefährdet

Familie Dugongidae
Dugongs
2 Arten

Dugong
Dugong dugon
- Rotes Meer bis Südwestpazik
- Seichte Küstengewässer
- Bis 3,3 m
- Bis 1000 kg
- Seegräser
- Gefährdet

Stellersche Seekuh
Hydrodamalis gigas
- Beringmeer
- Kalte Küstengewässer
- Bis 9 m
- 3 t
- Kelp
- 1768 ausgestorben

Ordnung Perissodactyla Unpaarhufer

17 Arten

Familie Equidae
Pferde, Zebras & Esel
8 Arten

Verwildertes Hauspferd
Equus ferus caballus
- USA, einige atlantische Küsteninseln
- Ebenen & Berge mit Wüstenbeifuß, Wacholderstrauchwälder
- 2,9 m
- 90 cm
- 350–700 kg
- Gräser, Kräuter, Büsche
- Verwilderte Hauspferde in Nordamerika

Grevyzebra
Equus grevyi
- Äthiopien, Kenia
- Grassavanne
- 2,5–3 m
- 40–74 cm
- ♂ 430 kg, ♀ 385 kg
- Gräser
- Stark gefährdet

Asiatischer Esel, Onager
Equus hemionus
- Gujarat (Indien)
- Salzwüste, Gras- & Buschsteppe in trockenen Zonen
- Bis 2,6 m
- 250 kg
- Gräser, Blätter, Früchte
- Stark gefährdet

Przewalski-Pferd
Equus przewalskii
- Mongolei
- Halbwüstensteppe
- 2,1 m
- 90 cm
- 300 kg
- Gräser
- Vom Aussterben bedroht

Steppenzebra
Equus quagga
- Östliches & südliches Afrika
- Baum- & Grassavanne
- 2,2–2,5 m
- 45–57 cm
- ♂ 220–322 kg, ♀ 175–250 kg
- Gräser
- Nicht gefährdet

Familie Tapiridae
Tapire
4 Arten

Mittelamerikanischer Tapir
Tapirus bairdii
- Mittelamerika
- Tropenwälder
- 2 m
- 13 cm
- Bis 400 kg
- Pflanzen, herabgefallene Früchte
- Stark gefährdet

Flachlandtapir
Tapirus pinchaque
- Tropisches Südamerika
- Tropenwald
- 2,1 m
- 8 cm
- 227 kg
- Farne, Schachtelhalme, Früchte, Blätter
- Stark gefährdet

Familie Rhinocerotidae
Nashörner
5 Arten

Breitmaulnashorn
Ceratotherium simum
- Zentrales & südliches Afrika
- Grassavanne
- 3,6–4,2 m
- 80–100 cm
- ♂ 2–3,6 t, ♀ 1,4–2 t
- Gräser
- Gering gefährdet

Sumatranashorn
Dicerorhinus sumatrensis
- Malaysia, Sumatra, Sabah, Borneo
- Regenwald, Sümpfe, Nebelwald
- 2,5 m
- 50 cm
- 500–800 kg
- Gräser, Blätter, manche Früchte
- Vom Aussterben bedroht

Spitzmaulnashorn
Diceros bicornis
- Südliches Afrika (auch Zentral- & Ostafrika)
- Savanne, Gras- & Buschsteppe
- 2,9–3,7 m
- 65–68 cm
- 0,7–1,4 t
- Blätter, Zweige, Äste
- Vom Aussterben bedroht

Panzernashorn
Rhinoceros unicornis
- Nepal, Bhutan, Assam (Indien)
- Grassteppe & Wald auf den Hügeln am Fuß des Himalaya
- 4 m
- 70 cm
- ♂ 2,2–3 t, ♀ 1,6 t
- Gräser, Blätter
- Gefährdet

Ordnung Hyracoidea Schliefttiere

Schliefttiere
4 Arten

Kap-Klippschliefer
Procavia capensis
- Afrika
- Bergklippen, Felsnasen
- 38–58 cm
- 1,8–5,4 kg
- Gräser, Kräuter
- Nicht gefährdet

Ordnung Tubulidentata Erdferkel

1 Art

Erdferkel
Orycteropus afer
- Afrika südlich der Sahara
- Savanne, Waldgebiete, Macchia
- 1–1,6 m
- 43–63 cm
- 40–82 kg
- Termiten, Ameisen, Larven
- Nicht gefährdet

Ordnung Artiodactyla Paarhufer

240 Arten

* *DNA-Analysen zeigen, dass Paarhufer näher mit Walen verwandt sind als mit allen anderen Säugetiergruppen.*

Familie Bovidae
Rinder, Antilopen & Schafe
143 Arten

Unterfamilie Bovinae
Rinder & spiralhörnige Antilopen
24 Arten

Bison
Bison bison
- Nördliches Kanada, USA ausgenommen Küsten, nördliches Mexiko
- Mittelgras- & Kurzgrasprärien, Waldwiesen
- 2,1–3,8 m
- 43–90 cm
- ♂ 460–907 kg, ♀ 7358–504 kg
- Gemischte Gräser
- Gering gefährdet

Gaur
Bos frontalis
- Indien, Bangladesch, Bhutan, Laos, Kambodscha, Malaysia, Borneo, Nepal, Thailand, Vietnam, Birma
- Tropische Waldgebiete
- 2,5–3,6 m
- ♂ 1–1,5 t, ♀ 0,7–1 t
- Gräser, Schösslinge, Früchte
- Gefährdet

Yak
Bos mutus
- Himalayaregion im südlichen Zentralasien, Hochland von Tibet, Mongolei
- Baumloses Hochland, Gebirge, Hochebenen
- 3–3,4 m
- Bis 1,2 t
- Gräser, Flechten, andere Vegetation
- Gefährdet

Nilgauantilope
Boselaphus tragocamelus
- Indien
- Grassteppe, Waldgebiete
- 1,8–2 m
- 120–240 kg
- Gräser, Blätter, Knospen, Früchte
- Nicht gefährdet

Tamarau
Bubalus mindorensis
- Mindoro-Insel auf den Philippinen
- Tropischer Hochlandwald, bevorzugt dichtes Gestrüpp auf Lichtungen
- 2,2 m
- 60 cm
- ♀ 200–300 kg
- Gräser, junge Bambusschösslinge
- Vom Aussterben bedroht

Afrikanischer Büffel, Kaffernbüffel
Syncerus caffer
- Afrika südlich der Sahara
- Wälder, Savanne
- 1,7–3,4 m
- 50–80 cm
- 250–850 kg
- Gräser
- Nicht gefährdet

Bergnyala
Tragelaphus buxtoni
- Äthiopien
- Bergwald, Bergheiden
- 1,9–2,5 m
- 20–25 cm
- 200–300 kg
- Kräuter, Sträucher, Gräser
- Stark gefährdet

Bongo
Tragelaphus euryceros
- West- & Zentralafrika
- Regenwald mit dichtem Unterholz
- 1,7–2,5 m
- 23–64 cm
- ♂ 240–405 kg, ♀ 210–253 kg
- Blätter, Sträucher, Kräuter
- Gering gefährdet

Panzernashorn *Rhinoceros unicornis*

Sumatranashorn *Dicerorhinus sumatrensis*

Breitmaulnashorn *Ceratotherium simum*

Spitzmaulnashorn *Diceros bicornis*

Großer Kudu *Tragelaphus strepsiceros*

Sitatunga, Marschbock
Tragelaphus spekii
- Zentralafrika
- Sumpfgebiete
- ♂ 1,5–1,7 m, ♀ 1,1–1,6 m
- 18–30 cm
- ♂ 80–130 kg, ♀ 40–85 kg
- Sträucher, Kräuter, Gräser
- Nicht gefährdet

Großer Kudu
Tragelaphus strepsiceros
- Östliches & südliches Afrika
- Waldgebiete, immergrüner Wald
- ♂ 1,9–2,4 m, ♀ 1,8–2,3 m
- 30–55 cm
- ♂ 190–315 kg, ♀ 120–215 kg
- Blätter, Kräuter, Gräser
- Nicht gefährdet

Unterfamilie Cephalophinae
Ducker
18 Arten

Blauducker
Philantomba monticola
- Zentralafrika
- Tiefland- & Bergregenwald
- 55–90 cm
- 7–13 cm
- 3,5–9 kg
- Früchte, Blätter
- Nicht gefährdet

Unterfamilie Hippotraginae
Pferdeböcke
8 Arten

Mendesantilope
Addax nasomaculatus
- Niger, möglicherweise Tschad; früher in ganz Nordafrika verbreitet
- Wüste
- 1,2–1,8 m
- 27–35 cm
- ♂ 100–135 kg, ♀ 60–90 kg
- Wüstengräser
- Vom Aussterben bedroht

Rappenantilope
Hippotragus niger
- Östliches & südliches Afrika
- Miombowald
- 1,9–2,5 m
- 40–75 cm
- ♂ 200–270 kg, ♀ 190–230 kg
- Gräser
- Nicht gefährdet

Säbelantilope
Oryx dammah
- Früher Nordafrika
- Halbwüste, Grassteppe
- 1,9–2,2 m
- 45–60 cm
- 135–140 kg
- Gräser, Kräuter, Sträucher
- In freier Wildbahn ausgestorben

Spießbock
Oryx gazella
- Südwestafrika
- Trockensteppen, Halbwüsten
- 1,8–1,95 m
- 40–48 cm
- ♂ 130–240 kg, ♀ 180–225 kg
- Gräser, Kräuter
- Nicht gefährdet

Arabische Oryx
Oryx leucoryx
- Arabische Halbinsel
- Wüste
- 1,5–2,4 m
- 70 kg
- Gräser, Vegetation
- Stark gefährdet (1972 in der Natur ausgestorben, nach Züchtungsprogrammen wiederangesiedelt)

Unterfamilie Antilopinae
Gazellen, Zwergantilopen & Saiga
38 Arten

Springbock
Antidorcas marsupialis
- Südwestafrika
- Savanne, Buschsteppe
- 1,2–1,5 m
- 13–28 cm
- ♂ 30–59 kg, ♀ 20–43 kg
- Gräser, Sträucher
- Nicht gefährdet

Thomson-Gazelle
Eudorcas thomsonii
- Ostafrika
- Grassteppe, Savanne
- 58–90 cm
- 23–36 cm
- 13–22 kg
- Gräser, Kräuter, Sträucher
- Gering gefährdet

Dorcasgazelle
Gazella dorcas
- Nordafrika
- Halbwüste
- 90–110 cm
- 15–20 cm
- 15–20 kg
- Kräuter, Sträucher, Gräser
- Gefährdet

Giraffengazelle, Gerenuk
Litocranius walleri
- Ostafrika
- Halbtrockene Buschsteppe
- 1,4–1,6 m
- 23–36 cm
- 28–52 kg
- Blätter von Bäumen
- Gering gefährdet

Saiga
Saiga tatarica
- Kalmückien (Russland), östliche Mongolei, Kasachstan
- Halbwüsten
- 1,1–1,46 m
- 6–13 cm
- 36–63 kg
- Gräser
- Vom Aussterben bedroht

Unterfamilie Caprinae
Schafe & Ziegen
35 Arten

Takin
Budorcas taxicolor
- Östlicher Himalaya, einschließlich China & Bhutan
- Hochgelegene Bambuswälder
- ♂ 2,2 m, ♀ 1,7 m
- Bis 350 kg
- Gräser, Knospen, Blätter
- Gefährdet

Schraubenziege
Capra falconeri
- Nördliches Pakistan, Turkmenistan, Afghanistan
- Zerklüftete, spärlich bewaldete Hügel & Berghänge
- 1,3–1,8 m
- 10–20 cm
- 40–110 kg
- Gräser, Sträucher, Bäume
- Stark gefährdet

Steinbock, Alpensteinbock
Capra ibex
- Alpen & andere Gebirge in Europa
- Geschützte Berghänge
- Bis 1,7 m
- Bis 30 cm
- Bis 120 kg
- Gräser, Blätter, Zweige
- Nicht gefährdet

Äthiopischer Steinbock
Capra walie
- Äthiopien
- Steile, felsige Gebiete in 2500–4500 Metern Höhe
- Höhe: 68–109 cm
- 80–125 kg
- Büsche, Kräuter, Flechten, Sträucher, Gräser
- Stark gefährdet

Himalaya-Tahr
Hemitragus jemlahicus
- Nördliche Himalayaregion, Tibet
- Bewaldete Hügel, Berghänge
- 1,2–1,7 m
- 135–180 kg
- Gräser, Stäucher, Bäume
- Gering gefährdet

Roter Goral
Naemorhedus baileyi
- China, Indien, Birma
- Tropische- & subtropische trockene Wälder & Savannen
- 1 m
- 20–30 kg
- Flechten, Gräser, weiche Stängel, Blätter, Zweige
- Gefährdet

Schneeziege
Oreamnos americanus
- Westliches Nordamerika
- Felsklippen & Bergwiesen im Hochgebirge an oder über der Baumgrenze
- 1,3–1,8 m
- 8–14 cm
- ♂ 46–136 kg, ♀ 46–84 kg
- Gräser, Kräuter, Farne, Flechten, Zweige
- Nicht gefährdet

Moschusochse
Ovibos moschatus
- Arktisches Kanada, Grönland, Spitzbergen
- Arktische Tundra
- 2 m
- 10 cm
- 300 kg
- Gräser, Riedgräser, Weiden
- Nicht gefährdet

Dickhornschaf
Ovis canadensis
- Rocky Mountains, Wüsten im Südwesten der USA; früher größeres Verbreitungsgebiet
- Offene, baumlose Berglebensräume mit Felsen oder steilem Gelände
- 1,5–1,9 m
- 7–12 cm
- ♂ 75–135 kg, ♀ 48–85 kg
- Gräser, Kräuter
- Nicht gefährdet

Mufflon
Ovis orientalis ophion
- Zypern
- Gebirge
- Bis 1,5 m
- Bis 10 cm
- Bis 54,4 kg
- Kurze Gräser, Sträucher
- Gefährdet

Gämse
Rupicapra rupicapra
- Europa, in Neuseeland eingeführt
- Gebirge
- Bis 1,3 m
- Bis 15 cm
- Bis 62 kg
- Gräser, Blätter, Pilze
- Nicht gefährdet

Unterfamilie Reduncinae
Riedböcke, Kobs & Letschwe
9 Arten

Weißohr-Kob
Kobus kob
- Sudan, Äthiopien
- Grassteppe
- 1,6–1,8 m
- 10–15 cm
- ♂ 85–121 kg, ♀ 60–77 kg
- Gräser
- Nicht gefährdet

Roter Letschwe
Kobus leche
- Südliches Afrika
- Sumpgebiete
- ♂ 1,6–1,8 m, ♀ 1,3–1,7 m
- 30–46 cm
- ♂ 85–130 kg, ♀ 60–95 kg
- Gräser
- Nicht gefährdet

Unterfamilie Aepycerotinae
Impala
1 Art

Unterfamilie Peleinae
Rehantilope
1 Art

Unterfamilie Alcelaphinae
Kuhantilopen
8 Arten

Gnu
Connochaetes taurinus
- Südliches & östliches Afrika
- Savanne
- 1,7–2,4 m
- 60–100 cm
- ♂ 165–290 kg, ♀ 140–260 kg
- Gräser
- Nicht gefährdet

Unterfamilie Pantholopinae
Tschiru
1 Art

Tschiru
Pantholops hodgsonii
- Hochland von Tibet
- Halbtrockene Gras- & Gebirgssteppe
- 1,2–1,3 m
- 18–30 cm
- 26–40 kg
- Gräser, Kräuter
- Stark gefährdet

Familie Cervidae
Hirsche
51 Arten

Elch
Alces alces
- Nördliches Nordamerika, Eurasien
- Nadel- & Laubwald nahe bei Seen
- 2,4–3,2 m
- 8–13 cm
- 270–600 kg
- Blätter, Zweige, Wasserpflanzen
- Nicht gefährdet

Prinz-Alfred-Hirsch
Cervus alfredi
- Insel Panay (Philippinen)
- Wälder
- Bis 1,3 m
- 25–80 kg
- Gräser, Blätter
- Stark gefährdet

Rothirsch
Cervus elaphus
- Europa, Nordmerika
- Wald
- Bis 2,4 m
- Bis 20 cm
- Bis 295 kg
- Gräser
- Nicht gefährdet

Sardischer Rothirsch
Cervus elaphus corsicanus
- Sardinien
- Gebirge, Wald
- Bis 2,7 m
- Bis 27 cm
- Bis 340 kg
- Kurze Gräser, Sträucher
- Gefährdet

Leierhirsch
Cervus eldii
- Indien, Birma, Thailand, Kambodscha, China, Vietnam, Laos
- Offener Wald in der Nähe von Flüssen & Marschen
- 1,5–1,8 m, ♂ Geweih bis 2 m
- Bis 20–30 cm
- Bis 150 kg
- Gräser, krautige Pflanzen, Schösslinge
- Stark gefährdet

Damhirsch
Dama dama
- Mittelmeer bis Südwestasien
- Laubwaldgebiete, Wiesen
- Bis 1,6 m
- Bis 23 cm
- Bis 85 kg
- Gräser, Kräuter, Blätter
- Nicht gefährdet

Andenhirsch
Hippocamelus antisensis
- Nördliche Anden (Südamerika)
- Zerklüftete Hügel, Berghänge, alpine Grassteppen
- 1,7 m
- 13 cm
- 65 kg
- Flechten, Moose, Kräuter, Gräser
- Gefährdet

Indischer Muntjak
Muntiacus muntjak
- Indischer Subkontinent, Sri Lanka, Südostasien
- Trockener Monsunwald, tropischer Regenwald, Bergwald, Macchia
- 90–135 cm
- 13–23 cm
- 15–20 kg
- Gräser, Blätter, Früchte, weiche Schösslinge, Samen
- Nicht gefährdet

Maultierhirsch
Odocoileus hemionus
- Westliches Nordamerika bis Nord- & Zentralmexiko
- Gebirge, Wald, Wüste, Strauchwald
- 1,25–1,7 m
- 11–21 cm
- ♂ 40–120 kg, ♀ 30–80 kg
- Pflanzen wie Gräser, Kräuter, junge Zweige von Bäumen & Büschen, Eicheln
- Nicht gefährdet

Weißwedelhirsch
Odocoileus virginianus
- Südliches Kanada, USA, nördliches Südamerika
- Waldlebensräume von gemäßigt über halbtrocken bis Regenwald
- 0,85–2,4 m
- 17–30 cm
- 22–137 kg
- Grüne Blätter, Zweige, Schösslinge, Eicheln, Beeren, Samen, Gräser
- Nicht gefährdet

Nördlicher Pudu
Pudu puda
- Südliches Chile bis südwestliches Argentinien
- Regenwald
- 58–84 cm
- 8 cm
- 10 kg
- Zweige, Rinde, Früchte, Blätter, Samen
- Gefährdet

Rentier, Karibu
Rangifer tarandus
- Nördliches Eurasien, nördliches Nordamerika
- Taiga, Arktische Tundra
- 1,4–2,1 m
- 11–20 cm
- ♂ 81–153 kg, ♀ 63–94 kg
- Im Sommer Blätter, Sträucher & andere Pflanzen, im Winter Flechten
- Nicht gefährdet

Familie Tragulidae
Hirschferkel
8 Arten

Familie Moschidae
Moschushirsch
7 Arten

Familie Antilocapridae
Gabelbock
1 Art

Gabelbock
Antilocapra americana
- 48 US-Staaten (ohne Alaska, Hawaii)
- Flache Ebenen von heißen Wüsten bis zu Gebirgsplateaus ohne tiefe Winterschneedecke
- 1,3–1,5 m
- 10–14,5 cm
- ♂ 42–59 kg, ♀ 41–50 kg
- Verschiedene Pflanzen, vor allem Kräuter & Sträucher
- Nicht gefährdet

Familie Giraffidae
Giraffe & Okapi
2 Arten

Giraffe
Giraffa camelopardalis
- Östliches & südliches Afrika; früher in allen nord-, ost- und südafrikanischen Savannen
- Akazienwälder, Savanne
- 3,5–4,8 m
- 76–110 cm
- ♂ 1,8–1,9 t, ♀ 0,45–1,2 t
- Blätter von Bäumen, Sträucher
- Nicht gefährdet

Okapi
Okapia johnstoni
- Demokratische Republik Kongo
- Regenwald
- 1,9–2,1 m
- 30–42 cm
- 210–250 kg
- Blätter, Früchte, Farne, Pilze
- Gering gefährdet

Familie Camelidae
Kamele & Lamas
6 Arten

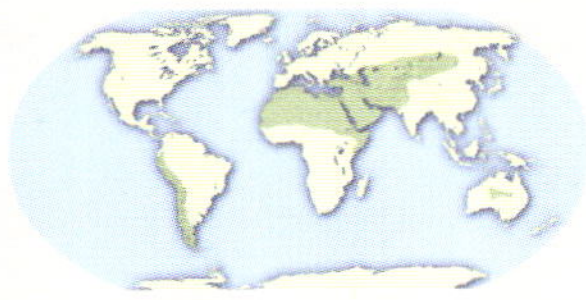

Trampeltier
Camelus bactrianus
- Nordwestliches China, Mongolei
- Felswüste, Grassteppe
- 3 m
- 815 kg
- Gräser, Blätter von Sträuchern
- Vom Aussterben bedroht

Lama
Lama glama
- Südliches Peru bis nordwestliches Argentinien
- Puna, hohe Anden, Paramo
- 2 m
- 23 cm
- 120 kg
- Gräser, Salzpflanzen
- Domestiziert

Guanako
Lama guanicoe
- Südliches Peru bis östliches Argentinien & Feuerland
- Puna, hohe Anden, Paramo, patagonische Grassteppen
- 2 cm
- 23 cm
- 150 kg
- Büsche, Flechten, Pilze
- Nicht gefährdet

Alpaka
Vicugna pacos
- Anden von Ecuador, südliches Peru, nördliches Bolivien & Nordchile
- Puna, hohe Anden, Paramo
- 2,2 m
- 20 cm
- 45–79 kg
- Gräser, Salzpflanzen
- Domestiziert

Vikunja
Vicugna vicugna
- Südperuanische Anden, westliches Bolivien, nordwestliches Argentinien & nördliches Chile
- Windige, kalte, halbtrockene Andenhochbenen oder Puna
- 1,5 m
- 23 cm
- 50 kg
- Gräser, kleine Kräuter, Flechten, täglich Wasser
- Nicht gefährdet

Vikunja
Vicugna vicugna

Familie Suidae
Schweine
19 Arten

Flussschwein
Potamochoerus porcus
- West- & Zentralafrika
- Regenwald, Sumpfwald
- 1–1,5 m
- 30–45 cm
- 45–115 kg
- Wurzeln, Knollen, Früchte
- Nicht gefährdet

Wildschwein
Sus scrofa
- Eurasien & nördliches Afrika
- Flusstal, Wald
- Bis 1,8 m
- Bis 30 cm
- Bis 200 kg
- Gräser, Nüsse, Beeren, Aas, Wurzeln, Knollen, Insekten, kleine Reptilien
- Nicht gefährdet

Familie Tayassuidae
Nabelschweine
3 Arten

Chacopekari
Catagonus wagneri
- Paraguay, Bolivien, Brasilien, Argentinien
- Trockene Dornbuschsteppen
- 96–117 cm
- 3–10 cm
- 30–43 kg
- Kakteen, Wurzeln, Samenkapseln
- Stark gefährdet

Familie Hippopotamidae
Flusspferde
2 Arten

Zwergflusspferd
Hexaprotodon liberiensis
- Westafrika, vor allem Liberia
- Flüsse
- 2 m
- 275 kg
- Waldpflanzen an Flussufern
- Stark gefährdet

Flusspferd
Hippopotamus amphibius
- Afrika südlich der Sahara
- Grasland mit permanentem Wasser
- 2,8–3,5 m
- 35–50 cm
- ♂ 0,65–3,2 t, ♀ 0,5–2,5 t
- Gräser
- Gefährdet

Flusspferd
Hippopotamus amphibius

Ordnung Cetacea
Waltiere
84 Arten

Unterordnung Odontoceti
Zahnwale
71 Arten

Weißwal, Beluga
Delphinapterus leucas
- Arktische & subarktische Gewässer
- Meeresarme, Fjorde, Kanäle, Buchten, Flussmündungen
- Bis 5 m
- Bis 1,5 t
- Oktopusse, Tintenfische, Fische, Krabben, Schnecken
- Gering gefährdet

Gemeiner Delfin
Delphinus delphis
- Gemäßigte bis tropische Meere
- Küstengewässer
- Bis 2 m
- Bis 200 kg
- Sardinen, Sardellen, Tintenfische
- Nicht gefährdet

Amazonasdelfin
Inia geoffrensis
- Amazonas, Orinoco
- Hauptflüsse, kleine Nebenarme, Seen
- 3 m
- 50 cm
- 90 kg
- Krebstiere, Welse, Süßwasserfische
- Daten ungenügend

Chinesischer Flussdelfin
Lipotes vexillifer
- Jangtsetal (China)
- Flüsse, Seen
- Bis 2,5 m
- 135–230 kg
- Fische
- Stark gefährdet

Narwal
Monodon monoceros
- Arktische Meere
- Tiefes Wasser nahe Packeis
- Bis 6 m ohne Stoßzähne
- Bis 1,6 t
- Dorsche, Tintenfische, Garnelen
- Gering gefährdet

Großer Schwertwal, Orca
Orcinus orca
- Weltweit, vor allem Polarmeere
- Küstengewässer
- Bis 9,8 m
- Bis 10 t
- Fische, Tintenfische, Robben, Pinguine
- Daten ungenügend

Pottwal
Physeter catodon
- Von den Tropen bis ins Packeis
- Tiefe bis obere Wasserschichten
- Bis 18,5 m
- Bis 70 t
- Riesenkalmar, Oktopusse, Tiefseefische, Haie, Rochen
- Gefährdet

Zügeldelfin
Stenella frontalis
- Warmgemäßigter bis tropischer Atlantik
- Kontinentalsockel, Flachwasser
- 2,3 m
- ♂ 40 kg, ♀ 130 kg
- Fische, Tintenfische
- Daten ungenügend

Weißwal
Delphinapterus leucas

Unterordnung Mysticeti
Bartenwale
13 Arten

Grönlandwal
Balaena mysticetus
- Arktische & subarktische Gewässer
- Folgt dem sich zurückziehenden Eis; im Sommer Buchten & Flussmündungen
- 15–18 m
- Bis 100 t
- Plankton, Krill, kleine Fische
- Nicht gefährdet

Zwergwal
Balaenoptera acutorostrata
- Nordhalbkugel vom Nordpolarmeer bis in die Tropen
- Meist Küstengewässer
- Bis 11 m
- Bis 10 t
- Plankton, Krill, kleine Fische
- Nicht gefährdet

Blauwal
Balaenoptera musculus
- Alle Weltmeere mit Ausnahme der hohen Arktis
- Offenes Meer
- Bis 33,5 m
- Bis 190 t
- Plankton, Krill, kleine Fische
- Stark gefährdet

Finnwal
Balaenoptera physalus
- Vom Packeis bis in die Subtropen
- Offenes Meer, Küstengewässer
- Bis 25 m
- Bis 80 t
- Plankton, Krill, kleine Fische
- Stark gefährdet

Südkaper, Südlicher Glattwal
Eubalaena australis
- Südpolarmeer (Sommer), Neuseeland, Australien, Argentinien, Brasilien, Chile, Mosambik, Südafrika
- Polare Gewässer zur Nahrungsaufnahme; Kontinentalsockel zum Gebären der Kälber
- 15 m
- 65 t
- Plankton, Krill, kleine Fische
- Nicht gefährdet

Nordkaper, Nördlicher Glattwal
Eubalaena glacialis
- Subarktische bis kaltgemäßigte nordatlantische Gewässer
- Seichte Küstengewässer, Hochsee
- Bis 18 m
- Bis 90 t
- Plankton, Krill, kleine Fische
- Stark gefährdet

Buckelwal
Megaptera novaeangliae
- Vom Packeis bis zu den Tropen
- Offenes Meer, Küstengewässer
- Bis 15 m
- Bis 65 t
- Plankton, Krill, kleine Fische
- Nicht gefährdet

Ordnung Rodentia
Nagetiere

2277 Arten

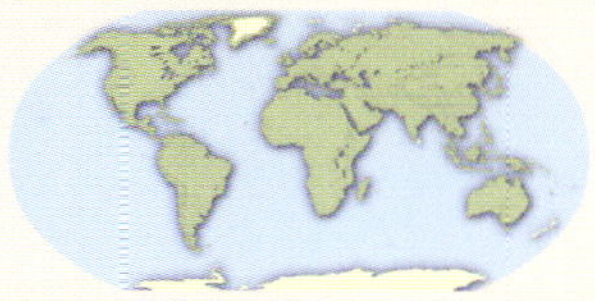

Unterordnung Sciurognathi
Hörnchenverwandte, Mäuseverwandte & Gundis

2174 Arten

Hörnchenverwandte
409 Arten
in 6 Familien

Kanadischer Biber
Castor canadensis
- Nordamerika ausgenommen Wüsten- & Tundraregionen
- Seen, Teiche, Bäche
- 100–120 cm
- 23–33 cm
- 16–30 kg
- Land- & Wasserpflanzen, Blätter, innere Rinde, Holz
- Nicht gefährdet

Europäischer Biber
Castor fiber
- Westeuropa bis Ostsibirien
- Flüsse
- Bis 1,3 m
- Bis 30 cm
- Bis 34 kg
- Pflanzen, Rinde, Blätter
- Nicht gefährdet

Schwarzschwanz-Präriehund
Cynomys ludovicianus
- Nordamerikanische Große Ebenen
- Kurzgras- & Mittelgrasprärie
- 34–42 cm
- 6–9,5 cm
- ♂ 575–1490 g, ♀ 765–1030 g
- Gräser, Kräuter, Samen
- Nicht gefährdet

Merriams Känguruaratte
Dipodomys merriami
- Südwestliche USA, nördliches Mexiko, Baja California
- Verschiedene trockene Lebensräume
- 20–28 cm
- 12–18 cm
- 33–53 g
- Samen, Grünpflanzen, Insekten
- Nicht gefährdet

Nördliches Gleithörnchen
Glaucomys sabrinus
- Nördliches Nordamerika, südliche Appalachen
- Nadel-, Misch- & Laubwälder
- 28–34 cm
- 13–15 cm
- 75–140 g
- Pilze, Früchte, Nüsse, Samen, Insekten, Vogeleier, Fleisch von kleinen Säugetieren & Vögeln
- Nicht gefährdet (eine Unterart in den Appalachen ist stark gefährdet)

Nördliches Gleithörnchen
Glaucomys sabrinus

Murmeltier
Marmota marmota

Grauhörnchen
Sciurus carolinensis

Murmeltier
Marmota marmota
- Gebirgsregionen in Europa, im nördlichen Kanada und in den USA
- Gebirge
- Bis 54 cm
- Bis 16 cm
- Bis 8 kg
- Gräser, Kräuter, Insekten
- Nicht gefährdet

Grauhörnchen
Sciurus carolinensis
- Östliches & zentrales Nordamerika, in Europa eingeführt
- Wald, städtische Parkanlagen
- 23–25 cm
- 15–25 cm
- 540 g
- Samen, Nüsse, Rinde
- Nicht gefährdet

Eichhörnchen
Sciurus vulgaris
- Westeuropa bis östliches Russland, Korea, nördliches Japan
- Laubwaldgebiete, Mischwald
- Bis 24 cm
- Bis 20 cm
- Bis 350 g
- Samen, Nüsse, Blüten
- Nicht gefährdet

Arktischer Ziesel
Spermophilus parryii
- Sibirien, Alaska, Kanada
- Arktische Tundra, offene Wiesen
- 35 cm
- 15 cm
- 900 g
- Gräser, Kräuter, Beeren, Samen, Schachtelhalme
- Nicht gefährdet

Streifenbackenhörnchen
Tamias striatus
- Östliche USA ausgenommen Südostküste, südöstliches Kanada
- Laub- & Nadelwald, suburbane Gebiete, Städte
- 22–29 cm
- 8–12 cm
- 80–150 g
- Nüsse, kleine Samen, manche Pflanzen, Pilze, Insekten, Würmer
- Nicht gefährdet

Eichhörnchen
Sciurus vulgaris

Mäuseverwandte
1569 Arten
in 7 Familien

Feldhamster
Cricetus cricetus
- Europa
- Tiefgelegenes Ackerland
- ♂ 27–32 cm, ♀ 22–25 cm
- ♂ 450 g, ♀ 350 g
- Körner, Früchte, Wurzeln, Pflanzen
- Nicht gefährdet, in Mitteleuropa jedoch gefährdet

Riesenohr-Springmaus
Euchoreutes naso
- China, Mongolei (Gobiwüste)
- Wüste, Halbwüste
- Bis 9 cm
- Bis 16 cm
- 23–38 g
- Insekten
- Nicht gefährdet

Wüstenspringmaus
Jaculus jaculus
- Nordafrika
- Wüste
- 17–32 cm
- 14–22 cm
- 50–70 g
- Samen, Stängel, Wurzeln
- Nicht gefährdet

Steppenlemming
Lagurus lagurus
- Russland, Ukraine
- Steppe
- 8–14 cm
- 0,7–2 cm
- 25–35 g
- Schösslinge, Blätter, Samen
- Nicht gefährdet

Schneemaus
Microtus nivalis
- Europa
- Gebirge
- Bis 18 cm
- Bis 10 cm
- Bis 43 g
- Gräser, Pflanzen
- Nicht gefährdet

Siebenschläfer
Muscardinus avellanarius
- Europa
- Felsige Gebiete, Wald
- Bis 19 cm
- Bis 16,5 cm
- Bis 200 g
- Pflanzen, Samen, Insekten
- Nicht gefährdet

Wüstenbuschratte
Neotoma lepida
- Südwestliche USA, Baja California
- Strauchwüsten, küstennahe Wüstenbeifußmacchia
- 23–38 cm
- 9,5–19 cm
- 128–162 g
- Blättervegetation, vor allem Sukkulenten
- Nicht gefährdet

Bisamratte
Ondatra zibethicus
- Nordamerika von Alaska bis in den Süden der USA, in Eurasien eingeführt
- Brack- & Süßwasserseen, Teiche, Bäche, Flüsse, Marschen
- 41–62 cm
- 18–30 cm
- 0,7–1,8 kg
- Wasserpflanzen wie Rohrkolben, Fische, Krebstiere, Schnecken
- Nicht gefährdet

Großer Mara
Dolichotis patagonum

Südliche Grashüpfermaus
Onychomys torridus
- Mexiko, Südwesten der USA
- Wüstenmacchia
- Bis 13 cm
- 6 cm
- 22 g
- Mäuse, Skorpione, Käfer
- Nicht gefährdet

Gescheckte Riesenborkenratte
Phloeomys pallidus
- Philippinen
- Tropenwald, nistet in hohlen Bäumen
- 30–50 cm
- Bis 2,5 kg
- Junge Blätter
- Nicht gefährdet

Familie Ctenodactylidae
Gundis

5 Arten

Unterordnung Hystricognathi
Meerschweinchenverwandte

285 Arten

Großer Mara
Dolichotis patagonum
- Zentrales & südliches Argentinien
- Strauchbewachsene Gebiete mit sandigen Böden, Hügel, offene Grassteppen
- 73,5 cm
- 5 cm
- 16,3 kg
- Blätter, Gräser, Kräuter, Früchte, Kakteen, Samen
- Gering gefährdet

Urson
Erethizon dorsatum
- Südliches Kanada, Alaska, westliche USA
- Borealer Wald, Tundra, Wüste, Chaparral, Weideland
- 60–130 cm
- 18–25 cm
- 5–18 kg
- Rinde, Kambium, Gewebe von Nadelbäumen
- Nicht gefährdet

Wasserschwein, Capybara
Hydrochaeris hydrochaeris
- Panama bis nordöstliches Argentinien
- Teiche, Flüsse & Seen in Lebensräumen von Savanne bis Regenwald
- 61 cm
- 5 cm
- Bis 45 kg
- Gräser, Wasserpflanzen
- Nicht gefährdet

Cuvier-Hasenmaus
Lagidium viscacia
- Argentinien, Bolivien, Chile, Peru
- Felsiges, gebirgiges Land
- Bis 40 cm
- 13 cm
- Bis 3 kg
- Gräser, Moose, Flechten
- Nicht gefährdet

Afrikanische Maulwurfsratte
Tachyoryctes macrocephalus
- Äthiopien
- Busch- & Grassteppe
- 15–28 cm
- 1–8 cm
- 160–600 g
- Gräser, Kräuter
- Stark gefährdet

Ordnung Lagomorpha
Hasen, Kaninchen, Pfeifhasen

92 Arten

Schneeschuhhase
Lepus americanus
- Kanada, Alaska, westliche & nordöstliche USA
- Borealer Wald
- 36–51 cm
- 2,5–6 cm
- ♂ 0,9–1,7 kg, ♀ 0,9–2,3 kg
- Gräser, Blüten, Knospen, Schösslinge, Blätter, Zweige, Rinde
- Nicht gefährdet

Kalifornischer Eselhase
Lepus californicus
- Westliche USA, nördliches Mexiko
- Wüste, Prärie, Chaparral, Ackerland
- 46–64 cm
- 5–11 cm
- 1,3–3,3 kg
- Kräuter, Gräser, Sträucher
- Nicht gefährdet

Schneehase
Lepus timidus
- Eurasien
- Gebirge
- Bis 60 cm
- Bis 20 cm
- Bis 4,7 kg
- Blätter, Zweige
- Nicht gefährdet

Europäisches Wildkaninchen
Oryctolagus cuniculus
- Europa, weltweit eingeführt
- Waldränder, Felder
- Bis 46 cm
- Bis 2,2 kg
- Gräser, andere Pflanzen
- Gering gefährdet

Amami-Kaninchen
Pentalagus furnessi
- Ryukyu-Inseln (Japan)
- Dichte, alte Wälder, japanische Pampasgrasebenen an Waldrändern
- 43–51 cm
- 2–3 kg
- Bambusschösslinge, Beeren, Blätter & Stängel der Süßkartoffel
- Stark gefährdet

Ordnung Macroscelidea
Rüsselspringer

15 Arten

Schneeschuhhase
Lepus americanus

Vögel

Vögel sind wahrscheinlich die mobilsten Tiere. Sie haben Federn und stammen von Reptilien ab, die die Flugfähigkeit erlangten. Einige Arten haben diese Flugfähigkeit aber wieder verloren. Der amerikanische Ornithologe Alexander Wetmore erstellte in den 1930er Jahren eine Klassifizierung der Vogelordnungen und -familien, die auf Ähnlichkeiten im Aufbau der Knochen, Skelette und Federn basiert. Seither haben DNA-Analysen und molekulare Untersuchungen gezeigt, dass auf Grund der konvergenten Evolution viele strukturelle Merkmale, die traditionell zur Klassifizierung herangezogen wurden, unzuverlässig sind. Bei der hier verwendeten Klassifikation wurden die Veränderungen berücksichtigt.

Symbolschlüssel

Vorkommen	Schwanzlänge	Nahrung
Lebensraum	Flügelspannweite	Schutzstatus
Körperlänge	Gewicht	♀♂ Geschlecht

STAMM CHORDATA
CHORDATIERE
53 000+ Arten

KLASSE AVES
VÖGEL
9743 Arten

Ordnung Tinamiformes Steisshühner

74 Arten

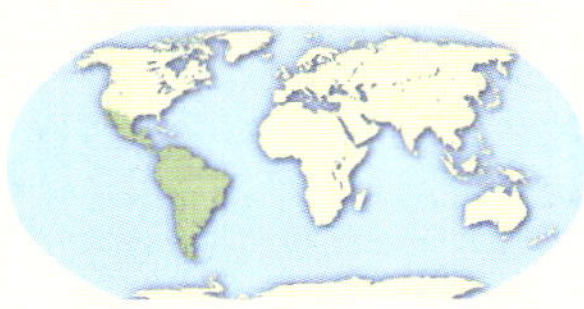

Ordnung Struthioniformes Strauss

1 Art

Strauß
Struthio camelus
Östliches & südliches Afrika
Savanne, Wüste
Körperhöhe: 2,5 m
2 m
♂ 100–130 kg,
♀ 90–110 kg
Gräser, Samen, Blätter
Nicht gefährdet

Emu
Dromaius novaehollandiae

Ordnung Rheiformes Nandus

2 Arten

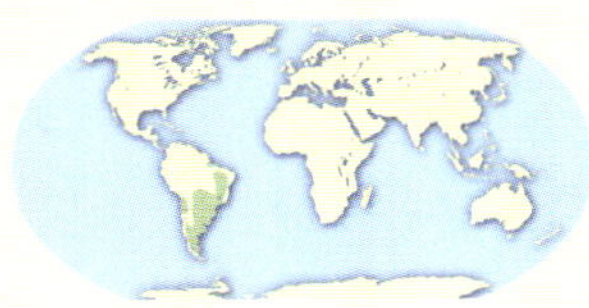

Nandu
Rhea americana
Östliches, südöstliches & westliches Südamerika
Hohe Grassteppen, Savanne, Strauchwälder, Chaparral, Wüste
1,5 m
56 cm
25 kg
Blätter, Samen, Früchte, Blüten, Wirbellose, kleine Wirbeltiere
Gering gefährdet

Ordnung Casuariiformes Kasuare & Emus

4 Arten

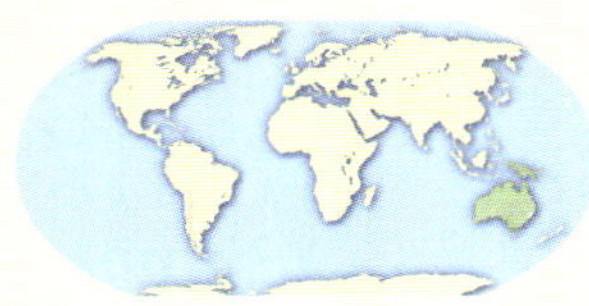

Helmkasuar
Casuarius casuarius
Seram (indonesische Insel, südliches Neuguinea, nordöstliches Australien
Regenwald
Bis 1,8 m
Bis 63 kg
Früchte
Gefährdet

Emu
Dromaius novaehollandiae
Australien
Offene Lebensräume, Ackerland
Bis 2 m
30–45 kg
Schösslinge, Insekten, Früchte
Nicht gefährdet

Blauer Pfau
Pavo cristatus

Ordnung Apterygiformes Kiwis

3 Arten

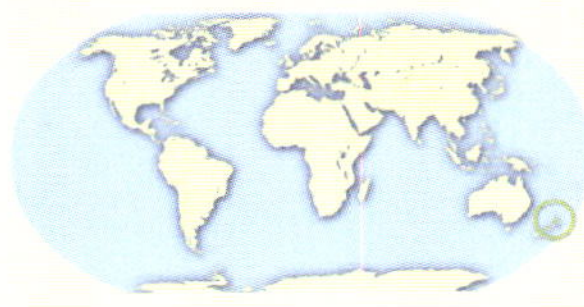

Haastkiwi
Apteryx haastii
Neuseeländische Südinsel
Wald, Feuchtgebiete, Büschelgrasland
Bis 46 cm
Bis 3 kg
Wirbellose, herabgefallene Früchte
Gefährdet

Ordnung Galliformes Hühnervögel

290 Arten

Haselhuhn
Bonasa bonasia
Nördliches Eurasien, Mittel- & Osteuropa
Dichte gemischte Nadelwälder
35–38 cm
45–48 cm
Pflanzenmaterial, Insekten
Nicht gefährdet

Beifußhuhn
Centrocercus urophasianus
Gemäßigtes Nordamerika
Hügel, Ebenen, Berghänge mit Wüstenbeifuß
62–70 cm
64–86 cm
1,4–3 kg
Blätter, Blüten, Früchte, Insekten
Gering gefährdet

Moorschneehuhn
Lagopus lagopus
Alaska, Kanada, Eurasien, Grönland
Tundra, borealer (Birken-) Wald
38 cm
61 cm
Pflanzen, Insekten
Nicht gefährdet

Himalaya-Glanzfasan
Lophophorus impejanus
Himalaya, vom östlichen Afghanistan bis ins westliche China
Gebirgsregionen in 2400 bis 4500 Metern Höhe
60 cm
1,8–2,4 kg
Samen, Knollen, Schösslinge, Wirbellose
Nicht gefährdet

Truthuhn
Meleagris gallopavo
Südliches Kanada bis Mexiko, Florida
Hartholzwald, Sümpfe, Grasebenen mit Gelbkiefern, Chaparral
1,1 m
1,2–1,5 m
2,5–10,8 kg
Nüsse, Samen, Früchte, Insekten, Knospen, Salamander
Nicht gefährdet

Blauer Pfau
Pavo cristatus
Indischer Subkontinent, Sri Lanka
Monsunwald, Buschsteppe, Laubwald
♂ 2,2 m in vollem Brutgefieder, ♀ 86 cm
♂ 5 kg, ♀ 3,4 kg
Samen, Früchte, Insekten, Reptilien, kleine Säugetiere
Nicht gefährdet

Birkhuhn
Tetrao tetrix
Nördliches Eurasien
Wald, Waldrand
Bis 48 cm
Bis 72 cm
Bis 1,2 kg
Knospen, Schösslinge, Beeren
Nicht gefährdet

Schwarzkopftragopan
Tragopan melanocephalus
Himalaya, von Pakistan bis Indien
Gemäßigter Wald, Nadelwald
48–60 cm
♂ Bis 2,2 kg,
♀ Bis 1,4 kg
Blätter, Schösslinge, Samen, Wirbellose
Gefährdet

Ordnung Anseriformes Entenvögel

162 Arten

Mandarinente
Aix galericulata
Östliches Russland, China, Japan
Seichte Seen, Marschen, Teiche
41–49 cm
65–75 cm
430–690 g
Pflanzen, Samen
Nicht gefährdet

Pfeifente
Anas penelope
Nördliches Eurasien
Marschen, Seen
Bis 48 cm
Bis 80 cm
Bis 800 g
Blätter, Schösslinge
Nicht gefährdet

Weißwangengans
Branta leucopsis
Östliches Grönland & nordatlantische Inseln (Sommer); Schottland & Niederlande (Winter)
Tundra, Klippen, Weideland
60 cm
1,4 m
1,8 kg
Gräser, niederwüchsige Kräuter
Nicht gefährdet

Blauflügelgans
Cyanochen cyanoptera
Äthiopien
Flüsse, Süßwasserseen, Sümpfe
60–76 cm
1,3–1,7 m
1,5 kg
Gräser, Kräuter
Gefährdet

Blauflügelgans
Cyanochen cyanoptera

Singschwan
Cygnus cygnus
Nördliches Eurasien
Feuchtgebiete, Wald
Bis 1,6 m
Bis 2,4 m
Bis 15 kg
Wasserpflanzen, Gräser
Nicht gefährdet

Rosenohrente
Malacorhynchus membranaceus
Australien
Alle Feuchtgebietstypen; nomadisch
Bis 45 cm
73 cm
370 g
Wasserlebende Wirbellose
Nicht gefährdet

Ordnung Sphenisciformes Pinguine

17 Arten

Kaiserpinguin
Aptenodytes forsteri
Antarktis
Meer, Eisdecke
Bis 1,5 m
22–37 kg
Fische, Krebstiere
Nicht gefährdet

Königspinguin
Aptenodytes patagonicus
Antarktis
Inseln, Meer
90–100 cm
9–17 kg
Fische, Kopffüßer
Nicht gefährdet

Adéliepinguin
Pygoscelis adeliae
Antarktis
Meer, Inseln, Eis
70 cm
3,8–8 kg
Krebstiere, Fische, Tintenfische
Nicht gefährdet

Kehlstreifpinguin
Pygoscelis antarcticus
Antarktis
Meer, Inseln, Eis
70–76 cm
3,5–5,5 kg
Krebstiere, Fische, Tintenfische
Nicht gefährdet

Magellan-Pinguin
Spheniscus magellanicus
Antarktis
Küstengebiete, Inseln, entlegene kontinentale Regionen
70 cm
5 kg
Sardinen, Tintenfische, Krill, andere Krebstiere
Gering gefährdet

Ordnung Gaviiformes Lappentaucher

5 Arten

Ordnung Podicipediformes Lappentaucher

19 Arten

Schwarzhalstaucher
Podiceps nigricollis
Europa, Asien, Afrika, westliche USA & Kanada, südliches Mexiko
Süßwasserseen & Teiche (Brüten), Salzwasser (Überwintern)
30–35 cm
51–55 cm
200–735 g
Wasserinsekten, Spinnen, Salzkrebse
Nicht gefährdet

Ordnung Procellariiformes Röhrennasen

112 Arten

Wanderalbatros
Diomedea exulans
Südpolarmeer, Australien
Meer, Inseln
1–1,4 m
2,5–3,5 m
6,5–11,5 kg
Kopffüßer, Fische
Gefährdet

Schneesturmvogel
Pagodroma nivea
Antarktis, Süd-Georgia
Inseln, Eis, Meer
30–40 cm
75–96 cm
200–400 g
Krebstiere, Fische, Kopffüßer
Nicht gefährdet

Solandersturmvogel
Pterodroma solandri
Pazifischer Ozean, ozeanische Inseln
Salzwasser, nistet auf Inseln
Bis 40 cm
100 cm
500 g
Fische, Kopffüßer, Krebstiere
Gefährdet

Kurzschwanz-Sturmtaucher
Puffinus tenuirostris
Süd- & Südostaustralische Küsten, Nordpazifik
Inseln um Südostaustralien, Neuseeland zum Brüten
41–43 cm
99 cm
200 g
Fische, kleiner Krill
Nicht gefährdet

Wanderalbatros
Diomedea exulans

Ordnung Phoenicopteriformes Flamingos

5 Arten

Zwergflamingo
Phoenicopterus minor
Östliches & südliches Afrika
Salzseen
78–91 cm
96 cm
680–905 g
Algen, Krebstiere
Gering gefährdet

Rosaflamingo
Phoenicopterus ruber roseus
Südliches Europa bis indischer Subkontinent, Südamerika
Deltas, Küstenlagunen
Bis 1,3 m
Bis 1,7 m
Bis 3,6 kg
Krebstiere, Algen
Nicht gefährdet

Ordnung Ciconiiformes Schreitvögel

118 Arten

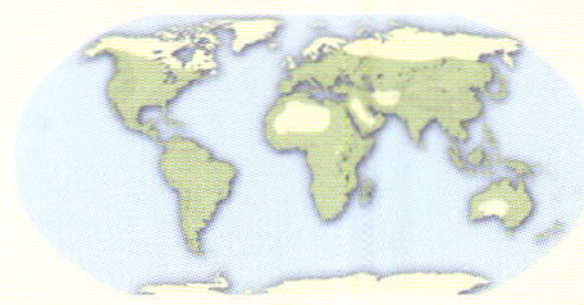

Rosalöffler
Ajaia ajaja
Südliche USA bis südliches Südamerika
Küstenmangroven, Sümpfe
80 cm
122 cm
1,2–1,8 kg
Fische, Frösche, Krebstiere
Nicht gefährdet

Kanadareiher
Ardea herodias
Alaska & Kanada bis ins nördliche Südamerika
Meeresküsten, Seen & Flüsse
1–1,4 m
1,7–2 m
2,1–2,5 kg
Hauptsächlich Fische, aber auch Wirbellose & kleine Wirbeltiere
Nicht gefährdet

Schwarzstorch
Ciconia nigra
Europa (Sommer); tropisches Afrika, China (Winter)
Wald, Feuchtgebiete
Bis 1 m
Bis 1,5 m
Bis 3 kg
Fische, Wirbellose
Nicht gefährdet

Amerikanische Zwergdommel
Ixobrychus exilis
Südliches Kanada bis nördliches Argentinien
Süß- oder Brackwassermarschen mit hoher Vegetation
28–36 cm
41–46 cm
50–100 g
Kleine Fische, Insekten
Nicht gefährdet

Krabbenreiher
Nyctanassa violacea
USA bis nordöstliches Südamerika
Sümpfe, Marschen
60 cm
Bis 112 cm
625 g
Krebstiere, Weichtiere, Frösche, Fische
Nicht gefährdet

Löffler
Platalea leucorodia
Brütet im südöstlichen Eurasien und in Nordafrika; überwintert in den Tropen
Feuchtgebiete, Flussmündungen
Bis 0,9 m
Bis 1,4 m
Bis 1,5 kg
Fische, Krebse, Frösche
Nicht gefährdet

Königslöffler
Platalea regia
Australien, Neuseeland, Indonesien, Papua-Neuguinea, pazifische Inseln
Feuchtgebiete, Flussmündungen
Bis 75 cm
Bis 120 cm
Bis 850 g
Fische, Krebse, Frösche, wasserlebende Wirbellose
Nicht gefährdet

Sichler
Plegadis falcinellus
Nord- & Südamerika, Eurasien, Afrika, Australien
Feuchtgebiete, Flussmündungen
Bis 65 cm
Bis 105 cm
Bis 820 g
Krebse, Insekten, kleine Schlangen
Nicht gefährdet

Molukkenibis
Threskiornis molucca
Östliches & nördliches Australien
Süßwasser- & Gezeitenfeuchtgebiete
65–75 cm
110–125 cm
1,4–2,4 kg
Fische, wasserlebende Wirbellose
Nicht gefährdet

Ordnung Pelecaniformes Ruderfüsser

63 Arten

Brillenpelikan
Pelecanus conspicillatus
Australien, Papua-Neuguinea, westliches Indonesien
Flüsse, Flussmündungen, Seen
Bis 1,9 m
2,6 m
Bis 13 kg
Fische
Nicht gefährdet

Krauskopfpelikan
Pelecanus crispus
Brütet vom Balkan bis Mongolei, überwintert in Indien
Sümpfe, seichte Seen
Bis 1,7 m
Bis 3 m
Bis 15 kg
Fische
Gefährdet

Brauner Pelikan
Pelecanus occidentalis urinator

Brauner Pelikan
Pelecanus occidentalis urinator
Galápagos-Inseln
Buchten, Meer, Strände, Lagunen
1,1–1,4 m
2 m
4,5 kg
Fische
Nicht gefährdet

Blaufußtölpel
Sula nebouxii
Nordwestliches Mexiko bis nördliches Peru, Galápagos-Inseln
Meerlebend; tropische & subtropische Inseln
81 cm
1,5 m
1,4 kg
Fische, Tintenfische
Nicht gefährdet

Guanotölpel
Sula variegata
Perustrom, Chile, Peru
Meer
76 cm
Bis 1,3 kg
Fische, Tintenfisch, Innereien
Nicht gefährdet

Ordnung Falconiformes Greifvögel

302 Arten

Familie Accipitridae
Habichte, Adler, Weihen & Altweltgeier
234 Arten

Eckschwanzsperber
Accipiter striatus
Nord- & Südamerika
Brütet meist im Nadelwald; im Winter verschiedene Lebensräume
24–34 cm
43–56 cm
87–218 g
Kleine Vögel, auch große Insekten, kleine Säugetiere
Nicht gefährdet

Keilschwanzadler
Aquila audax
Australien, Papua-Neuguinea
Alle Landlebensräume
Bis 110 cm
2,7 m
4 kg
Mittelgroße Säugetiere, Eidechsen, Vögel, Aas (überfahrene Tiere)
Nicht gefährdet (eine tasmanische Unterart ist stark gefährdet)

Steinadler
Aquila chrysaetos
Nordhalbkugel
Wald, Gebirge
Bis 82 cm
Bis 2 m
Bis 5,3 kg
Säugetiere, Vögel
Nicht gefährdet (in Europa selten)

Galápagos-Bussard
Buteo galapagoensis
Galápagos-Inseln
Tropische Trockenwälder & Macchia
54 cm
120 cm
680 g
Eidechsen, Schlangen, Nagetiere, Vögel, Riesenhundertfüßer & andere Wirbellose, Aas
Gefährdet

Bartgeier
Gypaetus barbatus

Rotschwanzbussard
Buteo jamaicensis
Nord- & Mittelamerika
Wald, Wüste, Stadtgebiete
46–66 cm
1,1–1,5 m
♂ Bis 1 kg,
♀ Bis 1,6 kg
Kleine Säugetiere, Vögel, Reptilien
Nicht gefährdet

Kornweihe
Circus cyaneus
Europa, Nord- & Zentralasien, Nordafrika, Nord- & Mittelamerika
Offene Grassteppen, Wälder entlang von Bächen, Feuchtgebiete
46–51 cm
102–117 cm
300–750 g
Mäuse, kleine Säugetiere und Vögel
Nicht gefährdet

Bartgeier
Gypaetus barbatus
Südeuropa, Afrika, Indien, Tibet
Gebirge
Bis 2,8 m
Bis 2,8 m
Bis 7 kg
Knochen
Nicht gefährdet

Weißkopfgeier
Haliaeetus leucocephalus
Nordamerika
Seen, Flüsse, Meeresküsten
Bis 76 cm
2 m
3–6,3 kg
Fische, Entenvögel, Säugetiere, Aas
Nicht gefährdet

Harpyie
Harpia harpyja
Südliches Mexiko bis nördliches Argentinien
Tropenwald
104 cm
2,1 m
9 kg
Faultiere, Affen, Opossums, Reptilien, Vögel
Gering gefährdet

Rotmilan
Milvus milvus
Europa & nordwestliches Afrika
Gebirge, Wald
Bis 63,5 cm
Bis 2 m
Bis 1,4 kg
Kleine Säugetiere, Vögel, Aas
Gering gefährdet

Philippinenadler
Pithecophaga jefferyi
Philippinen (Luzon, Mindanao)
Regenwald
♀ 1 m
♀ 2 m
♂ 5 kg, ♀ 7 kg
Baumlebende Säugetiere, Reptilien
Vom Aussterben bedroht

Kampfadler
Polemaetus bellicosus
Afrika südlich der Sahara
Halbwüste, Savanne
76–90 cm
1,9–2,6 m
5,2 kg
Vögel, kleine Säugetiere
Nicht gefährdet

Ohrengeier
Torgos tracheliotus
Östliches & südliches Afrika
Halbtrockene oder Wüstengebiete
78–114 cm
2,5 m
6,7 kg
Aas, lebende Beute
Gefährdet

Familie Pandionidae
Fischadler
1 Art

Fischadler
Pandion haliaetus
Eurasien, Nord- & Südamerika, Afrika, Australien
Flusstäler, Küsten
Bis 61 cm
Bis 1,8 m
Bis 2 kg
Fische
Nicht gefährdet

Familie Falconidae
Falken & Karakaras
60 Arten

Lanner, Feldeggsfalke
Falco biarmicus
Afrika, südöstliches Europa, nordwestliches Asien
Felder
Bis 42 cm
Bis 100 cm
Bis 750 g
Kleine Vögel, Insekten, Säugetiere
Nicht gefährdet

Eleonorenfalke
Falco eleonorae
Brütet auf südeuropäischen Inseln, überwintert auf Madagaskar
Macchia, Klippen
Bis 38 cm
Bis 120 cm
Bis 340 g
Insekten
Nicht gefährdet

Rötelfalke
Falco naumanni
Afrika südliche der Sahara
Wüste, Grassteppe
28–33 cm
64–72 cm
130–170 g
Insekten wie Grashüpfer & Termiten
Gefährdet

Wanderfalke
Falco peregrinus
Weltweit, ausgenommen äußerste Polarregionen & Neuseeland
Gebirge, Flusstäler
Bis 48 cm
Bis 110 cm
Bis 1,5 kg
Vögel, Säugetiere
Nicht gefährdet

Gerfalke
Falco rusticolus
Arktis & Subarktis
Tundra, Gebirge
48–66 cm
1,1–1,6 m
♂ bis 1,4 kg, ♀ bis 2,1 kg
Andere Vögel wie Moorhühner; Säugetiere wie Murmeltiere & Hasen
Nicht gefährdet

Buntfalke
Falco sparverius
Kanada, USA
Offene Lebensräume von Wiesen & Wüsten bis in Stadtgebiete
23–30 cm
51–60 cm
80–165 g
Kleine Wirbeltiere, große Insekten
Nicht gefährdet

Familie Sagittariidae
Sekretär
1 Art

Sekretär
Sagittarius serpentarius
Afrika südlich der Sahara
Grassteppe, Savanne
1,2–1,5 m
2 m
3,3 kg
Kleine Säugetiere, Eidechsen, Schlangen, große Insekten; junge Vögel, Reptilien und Insekten
Nicht gefährdet

Familie Cathartidae
Neuweltgeier
7 Arten
** Manche Schemata klassifizieren sie als eigene Ordnung Cathartiformes.*

Truthahngeier
Cathartes aura
Nord- & Südamerika
Wald bis Grassteppe & Wüste
66 cm
1,7 m
1,4 kg
Aas
Nicht gefährdet

Rabengeier
Coragyps atratus
Südöstliche USA bis Südamerika
Offene Baum- und Strauchwälder; viele andere Tieflandlebensräume
61–69 cm
1,3–1,5 m
1,6–2,2 kg
Aas
Nicht gefährdet

Kondor, Andenkondor
Vultur gryphus
Anden (Südamerika)
Offene Grassteppe, Gebirge
Bis 1,3 m
3,3 m
Bis 15 kg
Aas von mittelgroßen bis großen Säugetieren
Gering gefährdet

Ordnung Gruiformes
Kraniche & Verwandte
212 Arten

Kronenkranich
Balearica pavonina
Afrika südlich der Sahara
Marschen, Sümpfe
100 cm
1,9 m
3,6 kg
Insekten, Reptilien, kleine Säugetiere
Gering gefährdet

Kronenkranich
Balearica pavonina

Waldralle
Gallirallus sylvestris
Lord-Howe-Insel (Australien)
Regenwald
Bis 46 cm
Bis 52 cm
Bis 530 g
Insekten, Weichtiere, Wirbellose
Stark gefährdet

Schreikranich
Grus americana
Brütet im nordwestlichen Kanada, überwintert in Texas; in Florida & Wisconsin eingeführt
Süßwassermarschen, Prärie, Kornfelder, seichte Seen, Salzmarschen
1,5 m
2,3 m
6–7,8 kg
Pflanzen, Körner, Fische, Frösche, Weichtiere, Krebstiere, Insekten
Stark gefährdet

Kranich, Eurasischer Kranich
Grus grus
Brütet im nördlichen Eurasien, überwintert in Afrika & im südlichen Eurasien
Feuchtgebiete
Bis 1,3 m
Bis 2,4 m
Bis 6 kg
Blätter, Beeren, Insekten, kleine Vögel, Säugetiere
Nicht gefährdet

Schneekranich
Grus leucogeranus
Brütet in Sibirien, Japan; überwintert in Korea, Taiwan, China
Marschen, Flussbänke, Reisfelder, andere feuchte Landflächen
Körperhöhe: 1,4 m
Bis 2,5 m
7,7–10 kg
Amphibien, Fische, wasserlebende Wirbellose, Wasserpflanzen
Vom Aussterben bedroht

Brolgakranich
Grus rubicunda
Tropisches & östliches Australien
Grassteppen, Feuchtgebiete, Ackerland
Bis 1,3 m
Bis 2,7 m
6 kg
Wirbellose, kleine Wirbeltiere, Knollen, Schösslinge
Nicht gefährdet

Hoatzin
*Opisthocomus hoazin**
Orinocodelta & Amazonasgebiet
Tropischer Regenwald
66 cm
100 cm
900 g
Blätter, Schösslinge
Nicht gefährdet
** Manche Schemata klassifizieren ihn als eigene Ordnung Opisthocomiformes.*

Großtrappe
Otis tarda
Zentrales Eurasien von Spanien bis China
Offene Grassteppen
80–110 cm
1,8–2,5 m
♂ 10–16 kg, ♀ 3,5–5 kg
Samen, Insekten, Würmer, Frösche
Gefährdet

Purpurhuhn
Porphyrio porphyrio
Europa, Afrika, tropisches Asien, Australasia
Feuchtgebiete, Seen, Flüsse, Parks
Bis 51 cm
Bis 100 cm
Bis 1 kg
Wasserpflanzen, kleine Wirbellose und Wirbeltiere
Nicht gefährdet

Kagu
Rhynochetos jubatus
Neukaledonien
Regenwald, Bergwald
Bis 56 cm
Bis 81 cm
Bis 1,1 kg
Weichtiere, Gliederfüßer, Echsen
Stark gefährdet

Braunralle
Rougetius rougetii
Eritrea, Äthiopien
Marschige Gebiete auf Bergwiesen
14–51 cm
Samen, Wasserinsekten, Krebstiere
Gering gefährdet

Ordnung Charadriiformes
Wat-, Möwen-, Alkenvögel
351 Arten

Marmelalk
Brachyramphus marmoratus
Nordamerikanische Pazifikküste
Brütet in Küstennadelwäldern; überwintert vor der Küste
23–25,5 cm
41 cm
250–360 g
Kleine Fische, Garnelen, andere Krebstiere
Stark gefährdet

Brauner Skua
Catharacta lonnbergi
Subantarktis, Antarktis
Nistet auf Inseln; außerhalb der Brutzeit über das Meer verstreut
51–64 cm
1,25–1,6 m
1,3–2,5 kg
Frisst Aas von Meeresvögeln, Küken und Eiern, Robbenplazentas & Jungen; erbeutet nistende Sturmvögel
Nicht gefährdet

Gelbfuß-Regenpfeifer
Charadrius melodus
Brütet im mittleren Westen Kanadas & der USA, Große Seen, Atlantikküste; überwintert an der nordamerikanischen Atlantik- & Golfküste
Offene Sandstrände, Salztonebenen
18 cm
38 cm
43–63 g
Insekten, wasserlebende Wirbellose
Gering gefährdet

Mornellregenpfeifer
Charadrius morinellus
Nördliches Eurasien
Gebirge, Tundra, Wattenmeer
20 cm
Bis 59 cm
Bis 110 g
Insekten, Wirbellose
Nicht gefährdet

Weißgesicht-Scheidenschnabel
Chionis alba
Brütet im Südatlantik und auf der Antarktischen Halbinsel; manche überwintern auf den Falklandinseln
Felsige Inseln & Küsten
35–40 cm
76–86 cm
460–800 g
Aas von Eiern, Plazentas, Föten, Meereslebewesen
Nicht gefährdet

Papageitaucher
Fratercula arctica
Brütet an nordatlantischen Küsten; überwintert in wärmeren Meeren
Felsige Küsten & Inseln
36 cm
76 cm
500 g
Kleine, nahe an der Wasseroberfläche gefangene Fische
Nicht gefährdet

Austernfischer
Haematopus ostralegus
Westeuropa, zentrales Eurasien, östliches Asien
Küsten
Bis 42 cm
Bis 83 cm
Bis 540 g
Weichtiere wie Muscheln & Würmer
Nicht gefährdet

Zwergmöwe
Larus minutus
Brütet im nördlichen Eurasien, nördlichen Kanada; überwintert in Westeuropa und den nordöstlichen USA
Flussmündungen, Küstenmarschen
Bis 25 cm
Bis 78 cm
Bis 120 g
Insekten, Fische, Wirbellose
Nicht gefährdet

Silbermöwe
Larus argentatus
Eurasien, Nordamerika
Küsten
Bis 60 cm
Bis 1,4 m
Bis 1,2 kg
Allesfresser
Nicht gefährdet

Aztekenmöwe
Larus atricilla
US-Atlantikküste bis Golf von Mexiko
Meeresküsten
38–46 cm
91–120 cm
200–370 g
Wasser- & landlebende Wirbellose, Fische, Tintenfische, Abfall, Beeren
Nicht gefährdet

Rußseeschwalbe
Onychoprion fuscatus
Tropische Meere
Meer, Inseln
Bis 46 cm
91 cm
Bis 10 285 g
Fische
Nicht gefährdet

Goldregenpfeifer
Pluvialis apricaria
Brütet im nördlichen Eurasien; überwintert in Südeuropa, Nordafrika
Felder, Watt, Tundra
Bis 28 cm
Bis 72 cm
Bis 220 g
Insekten, Krebstiere, Beeren
Nicht gefährdet

Küstenseeschwalbe
Sterna paradisaea

Schwarzmantel-Scherenschnabel
Rynchops niger
- Nord- & Südamerika
- Mündungen, Küsten, Teiche, Seen
- 41–51 cm
- 112 cm
- 212–447 g
- Kleine Fische
- Nicht gefährdet (in einigen US-Staaten bedroht oder stark gefährdet)

Antarktisskua
Stercorarius maccormicki
- Antarktis
- Brütet auf eisfreien Flächen, häufig bei Pinguinkolonien
- 51–56 cm
- 1,3–1,5 m
- 0,6–1,5 kg
- Pinguineier, -küken & ausgewachsene Pinguine, kleine Fische
- Nicht gefährdet

Küstenseeschwalbe
Sterna paradisaea
- Zirkumpolar, brütet im hohen Norden, überwintert in der Antarktis
- Schlüpft in der Arktis, zieht in den Süden, kehrt zum Brüten zurück
- 36 cm
- 76–85 cm
- 95–120 g
- Kleine Fische, Krebstiere
- Nicht gefährdet

Kiebitz
Vanellus vanellus
- Gemäßigtes Eurasien
- Felder, Watt
- Bis 31 cm
- Bis 72 cm
- Bis 198 g
- Insekten, Wirbellose
- Nicht gefährdet

Ordnung Pteroclidiformes Flughühner
16 Arten

Tüpfelflughuhn
Pterocles burchelli
- Südliches Afrika
- Wüste, Macchia
- 24–40 cm
- 150–650 g
- Samen
- Nicht gefährdet

Steppenhuhn
Syrrhaptes paradoxus
- Zentralasien
- Trockensteppe
- 30–41 cm
- 70 cm
- 200–300 g
- Leguminosensamen, Schösslinge
- Nicht gefährdet

Ordnung Columbiformes Tauben
313 Arten

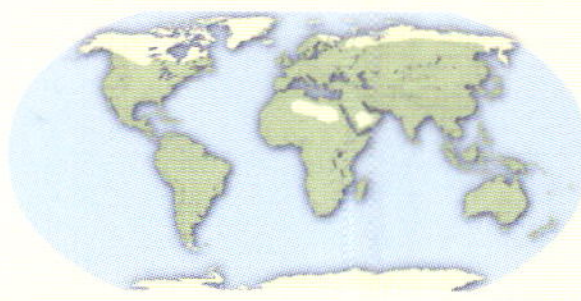

Wandertaube
Ectopistes migratorius
- Östliches Nordamerika
- Wald, Prärierand
- 35 cm
- 20 cm
- Samen
- Ausgestorben

Dodo
Raphus cucullatus
- Insel Mauritius
- Wald
- 100 cm
- 20 kg
- Früchte, Samen
- Ausgestorben

Ordnung Psittaciformes Papageienvögel
364 Arten

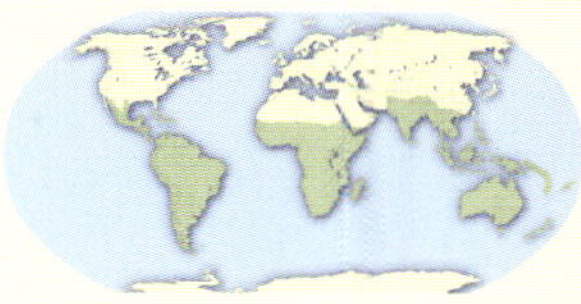

Königssittich
Alisterus scapularis
- Östliches Australien
- Regenwald, Eukalyptuswald, Obstgärten, Parks, Gärten
- Bis 46 cm einschließlich Schwanz
- Bis 275 g
- Samen, Früchte
- Nicht gefährdet

Rotbugamazone
Amazona aestiva
- Bolivien, Brasilien, Paraguay, Nordargentinien; z. B. in Stuttgart eingeführt
- Tropenwald, Palmhaine
- 35 cm
- 20 cm
- 4,5 kg
- Avocados & andere Früchte, Samen
- Nicht gefährdet

Venezuela-Amazone
Amazona amazonica
- Tropisches Südamerika
- Tropenwald
- 35 cm
- 90 cm
- 340 g
- Samen, Früchte, Beeren, Blüten, Nüsse
- Nicht gefährdet

Hellroter Ara, Arakanga
Ara macao
- Mittelamerika bis Amazonasregionen von Peru & Brasilien
- Laubbäume in Wäldern & an Flüssen
- Bis 91 cm einschließlich Schwanz
- 114 cm
- Bis 1 kg
- Früchte, Samen, Lehm
- Nicht gefährdet

Inka-Kakadu
Cacatua leadbeateri
- Landesinneres von Australien
- Mallee, Mulga, mit Bäumen bewachsene Wasserläufe
- Bis 41 cm
- Bis 480 g
- Früchte, Samen
- Nicht gefährdet

Banks-Rabenkakadu
Calyptorhynchus banksii
- Australien, vor allem Nordhälfte
- Regenwald, Waldgebiete, Busch- und Grassteppen
- Bis 1,4 m
- 41 cm
- Bis 870 g
- Blätter, Schösslinge
- Nicht gefährdet

Ziegensittich
Cyanoramphus novaezelandiae
- Inseln vor der Küste Neuseelands
- 27 cm
- 50–110 g
- Samen, Früchte, Beeren
- Gefährdet

Maskenzwergpapagei
Cyclopsitta diophthalma
- Neuguinea, tropische Küsten von Australien
- Regenwald
- Bis 16 cm
- Früchte, Pilze, Flechten, Insekten
- Nicht gefährdet

Wellensittich
Melopsittacus undulatus
- Trockenere Teile Australiens
- Offener Wald, Savanne, Grassteppe
- 18 cm
- 30–40 g
- Grassamen
- Nicht gefährdet

Goldbauchsittich
Neophema chrysogaster
- Südwesttasmanien, Küste von Victoria
- Salzmarschen, Grassteppen
- 20 cm
- 45 g
- Samen, Beeren, Sträucher, Gräser
- Vom Aussterben bedroht

Schönsittich
Neophema pulchella
- Östliches Australien
- Grassteppe, offene Wälder
- 20 cm
- 40 cm
- Bis 40 g
- Samen
- Nicht gefährdet

Kea
Nestor notabilis
- Neuseeländische Südinsel
- Gebirge, subalpiner Wald
- Bis 51 cm
- 100 cm
- Bis 1 kg
- Pflanzen, Käferlarven, andere Vögel, Säugetiere einschließlich Schafe
- Gefährdet

Graupapagei
Psittacus erithacus
- West- & Zentralafrika
- Regenwald
- 33–41 cm
- 46–51 cm
- 450 g
- Samen, Früchte
- Gering gefährdet

Kakapo
Strigops habroptila
- Inseln vor der Küste Neuseelands
- Wald
- Bis 64 cm
- Bis 91 cm
- Bis 2,5 kg
- Früchte, Blätter, Stängel, Samen
- Vom Aussterben bedroht

Allfarblori
Trichoglossus haematodus
- Australien, östliches Indonesien, Papua-Neuguinea, Neukaledonien, Salomonen, Vanuatu
- Regenwald, Eukalyptuswald, Waldgebiete, Parks, Gärten
- Bis 33 cm
- 17 cm
- 130 g
- Früchte, Nektar
- Nicht gefährdet

Ordnung Cuculiformes Kuckucksvögel
162 Arten

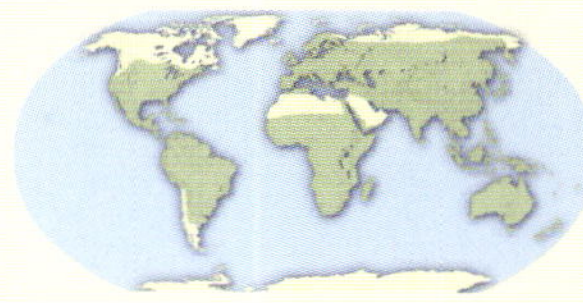

Wegekuckuck
Geococcyx californianus
- Südwestliche USA, Mexiko
- Wüste, Macchia
- 56 cm
- Bis 61 cm
- 300 g
- Insekten, kleine Reptilien, Nagetiere
- Nicht gefährdet

Guirakuckuck
Guira guira
- Südamerika
- Offene Strauch- und Buschwälder
- 40 cm
- 1,1–1,5 m
- 105 g
- Spinnen, Frösche, kleine Säugetiere, kleinere Vögel
- Nicht gefährdet

Rossturako
Musophaga rossae
- Zentrales & südliches Afrika
- Regenwald
- 38–46 cm
- 450 g
- Blätter, Früchte
- Nicht gefährdet

Ordnung Strigiformes Eulenvögel
195 Arten

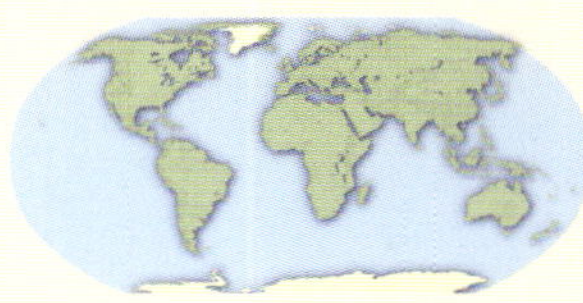

Raufußkauz
Aegolius funereus
- Eurasien & nördliches Nordamerika
- Gebirge, Taiga
- Bis 30 cm
- Bis 62 cm
- Bis 114 g
- Nagetiere
- Nicht gefährdet

Kaninchenkauz
Athene cunicularia
- Nord- & Südamerika
- Grassteppe, Weideland, Wüste
- 25 cm
- 56 cm
- 170 g
- Größere Insekten, kleine Nagetiere, Reptilien
- Nicht gefährdet

Goldbauchsittich
Neophema chrysogaster

Uhu
Bubo bubo
- Eurasien
- Gebirge, Wald
- Bis 71 cm
- Bis 2 m
- Bis 4 kg
- Kleine Säugetiere
- Nicht gefährdet

Schneeeule
Bubo scandiaca
- Eurasien, Arktisches Alaska, Kanada & Grönland
- Tundra, Taiga
- Bis 70 cm
- 1,3–1,5 m
- 2 kg
- Lemminge & andere kleine Säugetiere
- Nicht gefährdet

Brillenkauz
Pulsatrix perspicillata
- Mexiko, Mittelamerika, nördliches Südamerika (ausgenommen Anden)
- Regenwald
- Bis 46 cm
- 91 cm
- Bis 900 g
- Mäuse, Skunks, Insekten, Spinnen, Raupen, Fledermäuse, Vögel, Frösche
- Nicht gefährdet

Bartkauz
Strix nebulosa
- Nordhalbkugel
- Wald
- Bis 84 cm
- Bis 1,5 m
- Bis 1,5 kg
- Nagetiere
- Nicht gefährdet

Habichtskauz
Strix uralensis
- Skandinavien bis Japan & Korea
- Taiga
- 51–59 cm
- 115–125 cm
- ♂ bis 700 g), ♀ bis 1,2 kg
- Nagetiere, kleinere Vögel
- Nicht gefährdet

Ordnung Caprimulgiformes Schwalmvögel
118 Arten

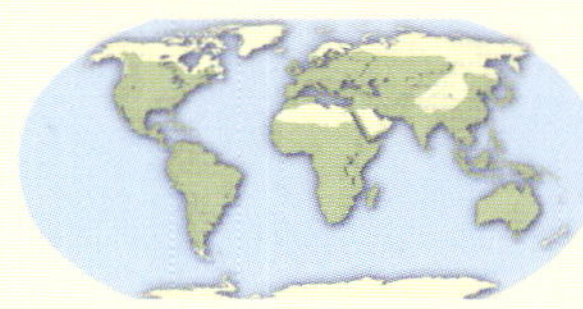

Weißflügel-Nachtschwalbe
Eleothreptus candicans
- Bolivien, Brasilien, Paraguay
- Savannen
- 20 cm
- 28 cm
- 50 g
- Käfer, Motten
- Stark gefährdet

Hellroter Ara
Ara macao

Ordnung Apodiformes
Kolibris & Segler
429 Arten

Costakolibri, Veilchenkopfelfe
Calypte costae
- Südwestliche USA & Mexiko
- Wüste, Halbwüste
- Bis 10 cm
- Bis 10 cm
- 3 g
- Blütennektar, Baumsaft, Insekten
- Nicht gefährdet

Ordnung Coliiformes
Mausvögel
6 Arten

Ordnung Trogoniformes
Trogone
39 Arten

Quetzal
Pharomachrus mocinno
- Mittelamerika
- Bergnebelwald
- 36 cm
- ♂ 64 cm Schwanzfeder
- 40 cm
- 210 g
- Früchte, Insekten, Frösche
- Gering gefährdet

Ordnung Coraciiformes
Rackenvögel
209 Arten

Helmhornvogel
Aceros cassidix
- Indonesien
- Tropischer Regenwald
- 70–80 cm
- ♂ 2,4–2,5 kg
- Hauptsächlich Feigen, auch Insekten, andere Früchte
- Nicht gefährdet

Eisvogel
Alcedo atthis
- Eurasien, Nordafrika
- Flüsse, Marschen
- Bis 16 cm
- Bis 25 cm
- Bis 40 g
- Süßwasserfische, wasserlebende Wirbellose
- Nicht gefährdet

Goldspecht
Colaptes auratus

Jägerliest
Dacelo novaeguineae

Südlicher Hornrabe
Bucorvus cafer
- Afrika südlich der Sahara
- Savanne, Waldgebiete, Grassteppe
- 0,9–1,3 m
- 1,2–1,8 m
- 3,2–6,2 kg
- Kleine Wirbeltiere, Insekten
- Nicht gefährdet

Jägerliest
Dacelo novaeguineae
- Östliches & südwestliches Australien
- Wälder, offener Wald, Gärten, Parks
- Bis 47 cm
- 64–66 cm
- 340 g
- Reptilien, Frösche, Wirbellose
- Nicht gefährdet

Karminspint
Merops nubicus
- Afrika südlich der Sahara
- Savanne, offene Wälder
- 35 cm
- 30 cm
- 28–32 cm
- 40–60 g
- Bienen & andere Fluginsekten
- Nicht gefährdet

Südlicher Gelbschnabeltoko
Tockus leucomelas
- Südliche Afrika
- Waldgebiete, Savannen, Busch
- 48–61 cm
- 1,8–2 m
- 1,8–2,7 kg
- Samen, Insekten
- Nicht gefährdet

Vielfarben-Todi
Todus multicolor
- Kuba
- Trockene Bergmacchia, Tropenwald, immergrüner Bergwald, Kiefernwald, Strand
- 10 cm
- 10,9 cm
- 6 g
- Kleine Insekten & Larven, Spinnen, kleine Eidechsen
- Nicht gefährdet

Ordnung Piciformes
Spechtvögel
398 Arten

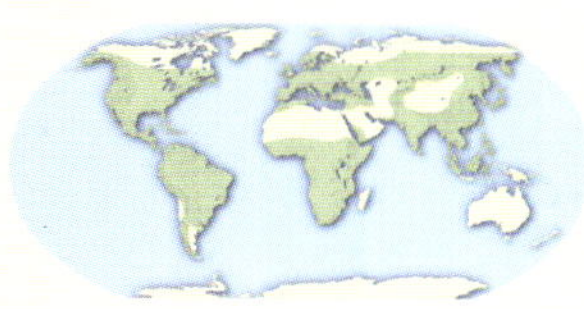

Goldspecht
Colaptes auratus
- Nord- & Mittelamerika, Westindische Inseln
- Offene Gebiete
- 30 cm
- 50 cm
- 130 g
- Insekten, vor allem Ameisen
- Nicht gefährdet

Bunt-Bartvogel
Eubucco versicolor
- Bolivien, Peru
- Tropenwald
- 23 cm
- 68 cm
- 110 g
- Früchte, Insekten
- Nicht gefährdet

Gilaspecht
Melanerpes uropygialis
- Südwestliche USA
- Wüste mit Saguaros & anderen großen Kakteen zum Nisten; offene Wälder an Bächen, Trockenwald
- 23 cm
- 41 cm
- 51–79 g
- Insekten, Früchte, Samen, Vogeleier, Echsen
- Nicht gefährdet

Fischertukan
Ramphastos sulfuratus
- Südliches Mexiko bis Venezuela & Kolumbien
- Regenwald
- 63 cm
- 41 cm
- 400 g
- Früchte, Insekten, Vogeleier, Frösche
- Nicht gefährdet

Riesentukan
Ramphastos toco
- Zentrales & östliches Südamerika
- Tiefland, Sümpfe, Savanne, Kronendach des tropischen Regenwalds
- Bis 64 cm; Schnabel bis 20 cm
- 61 cm
- 540 g
- Kleine Früchte, Beeren
- Nicht gefährdet

Tukan-Bartvogel
Semnornis ramphastinus
- Südamerika
- Tropenwald
- 25 cm
- 63 cm
- 100 g
- Früchte, Insekten
- Gering gefährdet

Ordnung Passeriformes
Sperlingsvögel
5754 Arten in 96 Familien, darunter die unten gelisteten Familien

Familie Alaudidae
Lerchen
91 Arten

Ohrenlerche
Eremophila alpestris
- Nördliches Eurasien, südosteuropäische Gebirge, Nordamerika
- Strand, Feld, Tundra
- Bis 21 cm
- Bis 32 cm
- Bis 37 g
- Insekten, Samen
- Nicht gefährdet

Familie Cardinalidae
Kardinalvögel
43 Arten

Rosenbrustkernknacker
Pheucticus ludovicianus
- Brütet in Kanada & im Osten der USA; überwintert von Mexiko bis ins nördliche Südamerika & in die Karibik
- Wälder, Obstgärten, Parks, Gärten
- 18–20 cm
- 28–33 cm
- 39–49 g
- Insekten, Samen, Früchte, Knospen
- Nicht gefährdet

Familie Corvidae
Rabenvögel
120+ Arten

Westlicher Buschhäher
Aphelocoma californica
- Westliche USA, Mexiko
- Tieflandmacchia, Wälder, Gärten
- 30 cm
- 38 cm
- 80 g
- Gliederfüßer, Früchte, Eicheln, Samen
- Nicht gefährdet

Kolkrabe
Corvus corax
- Beinahe auf der ganzen Welt
- Offene Flächen in verschiedenen Lebensräumen wie Tundra, Prärie, Wüste, Ackerland, Wald, Städte
- 56–68 cm
- 117 cm
- 0,7–1,6 kg
- Kleine Säugetiere & Vögel, Vogeleier, Insekten, Körner, Früchte, Aas
- Nicht gefährdet

Blauhäher
Cyanocitta cristata
- Südliches Kanada, östliche USA bis zentrales Texas
- Ränder von Nadel-, Laub- und Mischwäldern; Gärten
- 25–30 cm
- 33–43 cm
- 70–100 g
- Insekten, Eicheln, Nüsse, Vogeleier, kleine Säugetiere & Vögel
- Nicht gefährdet

Blauelster
Cyanopica cyana
- China, Korea, Japan, Mongolei
- Nadelwälder, Breitlaubwälder, Gärten
- 31–35 cm
- 16–20 cm
- Eicheln, Pinienkerne, Insekten, Früchte, Beeren
- Nicht gefährdet

Tannenhäher
Nucifraga caryocatactes
- Eurasien
- Nadelwald
- Bis 35 cm
- Bis 53 cm
- Bis 170 g
- Nüsse, Samen
- Nicht gefährdet

Unglückshäher
Perisoreus infaustus
- Nördliches Eurasien
- Taiga
- 30 cm
- Insekten, Beeren, Vogeleier & Nestlinge, kleine Säugetiere & Vögel
- Nicht gefährdet

Familie Cotingidae
Schmuckvögel
90 Arten

Andenklippenvogel, Roter Felsenhahn
Rupicola peruviana
- Venezuela, Kolumbien, Ecuador, Peru, Bolivien
- Regenwald
- 33 cm
- 35 cm
- 70 g
- Früchte
- Nicht gefährdet

Familie Emberizidae
Ammern
400 Arten

Pampa-Ammer
Embernagra platensis
- Argentinien, Bolivien, Brasilien, Paraguay, Uruguay
- Tropische hochgelegene Macchia, gemäßigte Grassteppen & Sümpfe
- 6,3 cm
- 5 cm
- 28 g
- Samen, Insekten
- Nicht gefährdet

Nevada-Ammer
Spizella breweri
- Brütet im südwestlichen Kanada, im Westen der USA; überwintert im Südwesten der USA, Mexiko
- Dichte Wüstenbeifußstände auf grasbewachsenen Flächen
- 14 cm
- 20 cm
- 14 g
- Grashüpfer, Käfer, andere Insekten, Samen, Pflanzenmaterial
- Nicht gefährdet

Familie Estrildidae
Prachtfinken
130 Arten

Gouldamadine
Erythrura gouldiae
- Nördliches Australien
- Tropische Waldgebiete, Spinifexgrassteppen
- 12–14 cm
- Samen, Insekten
- Stark gefährdet

Familie Icteridae
Stärlinge
88 Arten

Rotschulterstärling
Agelaius phoeniceus
- Nord- & Mittelamerika
- Feuchtgebiete, grasbewachsene Gebiete, offene Flächen in Wäldern
- 18–23 cm
- 30–41 cm
- 31–76 g
- Insekten, Samen, Körner
- Nicht gefährdet

Roststärling
Euphagus carolinus
- Brütet in Alaska, Kanada, Neuengland; überwintert in den östlichen & mittleren US-Staaten
- Im Sommer sumpfiger borealer Wald; im Winter Sümpfe & feuchte Waldgebiete
- 21–25 cm
- 37 cm
- 45–79 g
- Im Sommer Insekten; im Winter Eicheln, Samen, Früchte
- Gefährdet

Braunkopf-Kuhstärling
Molothrus ater
- Gemäßigtes bis subtropisches Nordamerika
- Grassteppen, Waldränder, Gestrüpp, Felder, Prärie, Weiden, Obstgärten, Stadt- & Vorstadtgebiete
- 18–23 cm
- 28–35 cm
- 37–51 g
- Samen, Spinnen, Insekten
- Nicht gefährdet

Gouldamadine
Erythrura gouldiae

Familie Meliphagidae
Honigfresser
182 Arten

Weißaugen-Honigfresser
Phylidonyris novaehollandiae
- Südliches Australien
- Wald, Heide
- 18 cm
- 20 g
- Nektar, Insekten
- Nicht gefährdet

Familie Menuridae
Leiervögel
2 Arten

Graurücken-Leierschwanz
Menura novaehollandiae
- Südöstliches Australien
- Regenwald, Eukalyptuswald
- Bis 100 cm
- 1 kg
- Wirbellose, Samen
- Nicht gefährdet

Familie Mimidae
Spottdrosseln
30+ Arten

Campospottdrossel
Mimus saturninus
- Nordöstliches Brasilien, Bolivien, Paraguay, Uruguay, Nordargentinien
- Savanne, Buschsteppe, Waldregionen
- 25 cm
- 30 cm
- 59 g
- Insekten, Würmer
- Nicht gefährdet

Krummschnabel-Spottdrossel
Toxostoma curvirostre
- Südwestliche USA, Mexiko
- Wüste, Halbwüste, Dornbuschsteppe, offene Strauchwälder
- 28 cm
- 33 cm
- 85 g
- Insekten, Samen, Beeren
- Nicht gefährdet

Familie Paradisaeidae
Paradiesvögel
40+ Arten

Blaubrust-Paradieselster
Astrapia rothschildi
- Huon-Halbinsel (Papua-Neuguinea)
- Regenwald
- Bis 68 cm
- Früchte, Insekten
- Nicht gefährdet

Kragenparadiesvogel
Lophorina superba
- Neuguinea
- Regenwald
- Bis 23 cm
- Bis 85 g
- Früchte, Insekten
- Nicht gefährdet

Raggiparadiesvogel
Paradisaea raggiana
- Neuguinea
- Tropenwald
- Bis 33 cm
- ♂ 270 g, ♀ 173 g
- Früchte, Insekten
- Nicht gefährdet

Blauparadiesvogel
Paradisaea rudolphi
- Südöstliches Neuguinea
- Regenwald, Gärten
- Bis 30 cm
- Bis 176 g
- Früchte, Insekten
- Gefährdet

Wimpelträger
Pteridophora alberti
- Neuguinea
- Regenwald
- Bis 22 cm
- Bis 87 g
- Früchte, Insekten
- Nicht gefährdet

Familie Paridae
Meisen
64 Arten

Blaumeise
Parus caeruleus
- Gemäßigtes & subarktisches Europa & westliches Asien
- Laub- oder Mischwaldgebiete
- Bis 12 cm
- Bis 18 cm
- Bis 11,3 g
- Insekten
- Nicht gefährdet

Familie Parulidae
Waldsänger
119 Arten

Blaurücken-Waldsänger
Dendroica caerulescens
- Brütet im östlichen Nordamerika; überwintert in Karibik & Mittelamerika
- Brütet in Laub- & Mischwäldern; überwintert in Tropenwäldern
- 10–13 cm
- 18–20 cm
- 8–11 g
- Insekten, kleine Früchte
- Nicht gefährdet

Goldwaldsänger
Dendroica petechia
- Brütet in Nordamerika; überwintert in der Karibik, in Mittelamerika & im nördlichen Südamerika
- Weiden- & anderes Feuchtdickicht, Felder, Mangroven
- 13 cm
- 16–20 cm
- 9–11 g
- Insekten, Spinnen
- Nicht gefährdet

Tigerwaldsänger
Dendroica tigrina
- Brütet im kanadischen borealen Wald & im Norden der USA; überwintert in der Karibik
- Brütet im Nadelwald; überwintert in verschiedenen Lebensräumen
- 13 cm
- 19–22 cm
- 9–12 g
- Im Sommer Falter & andere Insekten; im Winter Nektar & Insekten
- Nicht gefährdet

Schnäpperwaldsänger
Setophaga ruticilla
- Brütet im südlichen Kanada & im Osten der USA; überwintert in der Karibik & von Mexiko bis ins nördliche Südamerika
- Feuchter, sekundärer Laubwald
- 11–13 cm
- 16–19 cm
- 6–9 g
- Insekten
- Nicht gefährdet

Raggi-Paradiesvogel
Paradisaea raggiana

Familie Passeridae
Sperlinge
40 Arten

Kapsperling
Passer melanurus
- Südliches Afrika
- Savanne, Grassteppe
- 16 cm
- 25 cm
- 30 g
- Samen, Insekten
- Nicht gefährdet

Familie Petroicidae
Schnäpper
45 Arten

Maorischnäpper
Petroica macrocephala
- Neuseeland
- Wald, Macchia
- Bis 13 cm
- Bis 11 g
- Insekten
- Nicht gefährdet

Schwarzer Maorischnäpper
Petroica macrocephala dannefaerdi
- Neuseeland
- Wald, Macchia
- Bis 13 cm
- Bis 11 g
- Insekten
- Nicht gelistet

Chathamschnäpper
Petroica traversi
- Chatham-Inseln (Neuseeland)
- Bewaldete Inseln vor der Küste
- Bis 15 cm
- Bis 25 g
- Insekten
- Stark gefährdet

Familie Ploceidae
Webervögel
155 Arten

Mönchsweber
Ploceus pelzelni
- Afrika südlich der Sahara
- Savanne
- 14–19 cm
- 5–6,5 cm
- Insekten & andere kleine Wirbellose
- Nicht gefährdet

Familie Ptilonorhynchidae
Laubenvögel
17 Arten

Seidenlaubenvogel
Ptilonorhynchus violaceus
- Östliches Australien
- Regenwald, Eukalyptuswald, Gärten
- Bis 32 cm
- 200 g
- Blätter, Früchte, Insekten
- Nicht gefährdet

Familie Sturnidae
Stare
107 Arten

Rotschnabel-Madenhacker
Buphagus erythrorhynchus
- Afrika südlich der Sahara
- Offene Savanne
- 20 cm
- 50 g
- Insekten, Zecken, Blut von Huftieren
- Nicht gefährdet

Seidenlaubenvogel
Ptilonorhynchus violaceus

Star
Sturnus vulgaris
- Europa & südwestliches Asien; in Nordamerika, Südafrika, Australien & Neuseeland eingeführt
- Gärten, Felder
- 20 cm
- 40 cm
- 60–90 g
- Insekten
- Nicht gefährdet

Familie Troglodytidae
Zaunkönige
59 Arten

Kaktuszaunkönig
Campylorhynchus brunneicapillus
- Südwestliche USA bis Zentralmexiko
- Trockene Tiefländer, Gebirgssteppe mit dorniger Vegetation
- 18–22 cm
- 12 cm
- 30–50 g
- Insekten, Spinnen
- Nicht gefährdet

GRÖSSENVERGLEICH

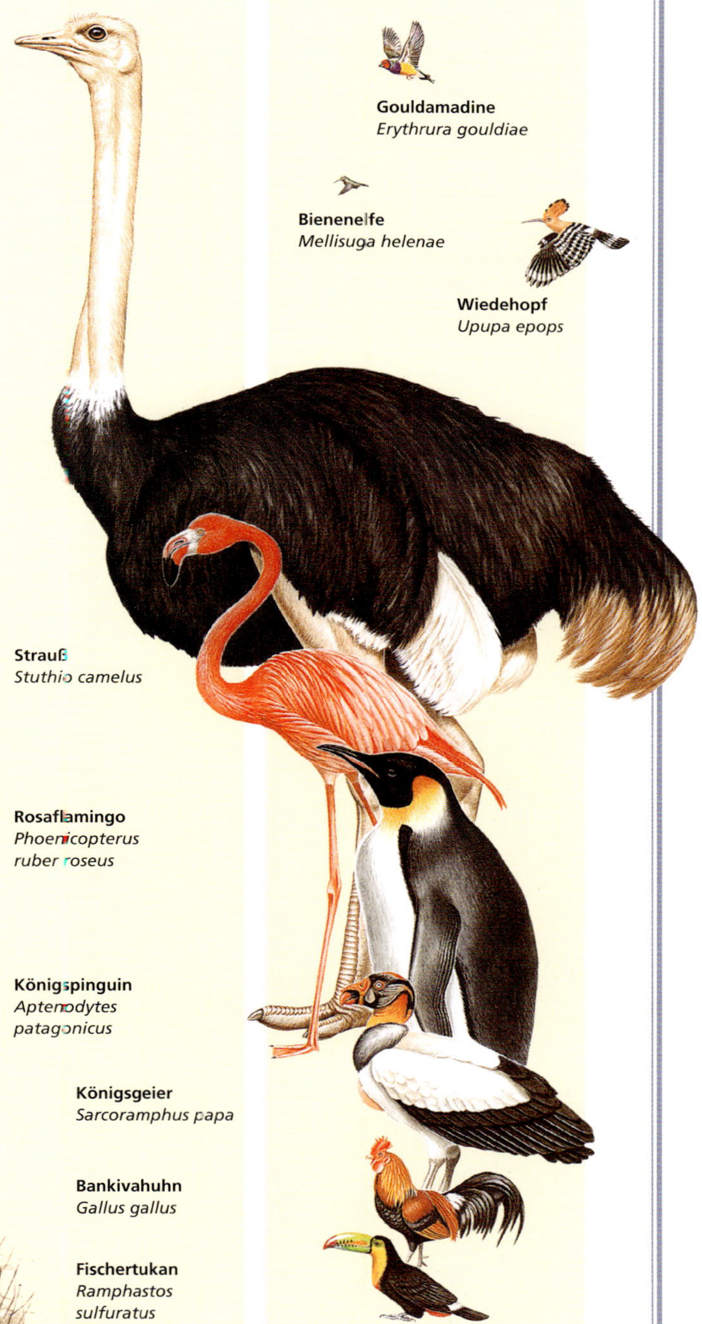

Familie Turdidae
Drosseln
305 Arten

Wanderdrossel
Turdus migratorius
- Nordamerika bis Mexiko
- Wald, offene Wälder, Gärten
- 20–28 cm
- 30–40 cm
- 77 g
- Insekten, Regenwürmer, Früchte
- Nicht gefährdet

Wanderdrossel
Turdus migratorius

Reptilien

Reptilien waren die ersten Tiere, die das Land eroberten. Mit undurchdringlicher Schuppenhaut, innerer Befruchtung und geschlossenen Eiern konnten sie unabhängig vom Wasser leben. Die Klasse Reptilia umfasst vier Ordnungen: Schildkröten, Krokodile, Brückenechsen und Schuppenkriechtiere (mit den Unterordnungen Echsen, Schlangen und Doppelschleichen). Auf Grund von DNA-Hinweisen sind viele Verwandtschaften innerhalb der Klasse heftig umstritten. Hier werden die traditionellen Gruppierungen verwendet, von denen die meisten zur Zeit überarbeitet werden. Krokodile sind näher mit Vögeln verwandt, und Schildkröten gehören möglicherweise in eine gesonderte Klasse. Die Schuppenkriechtierunterordnungen sind künstlich, da gliederlose Echsen, Schlangen und Doppelschleichen von Echsen abstammen, die ihre Gliedmaßen verloren haben. Einig ist man sich lediglich über den Status der Brückenechse als eigenständige alte Ordnung.

Symbolschlüssel

- Vorkommen
- Lebensraum
- Körperlänge
- Schwanzlänge
- Gewicht
- ♀♂ Weibchen/Männchen
- Nahrung
- Schutzstatus

STAMM CHORDATA
CHORDATIERE
53 000+ Arten

KLASSE REPTILIA
REPTILIEN
8000+ Arten

Ordnung Testudines
Schildkröten

293 Arten

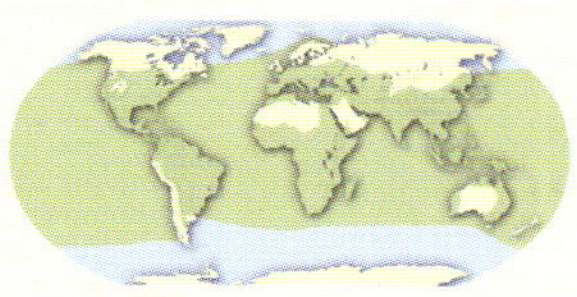

Unechte Karettschildkröte
Caretta caretta
- Weltweit in gemäßigten bis tropischen Meere
- Offenes Meer & Küstengewässer, nistet an Stränden
- 76–100 cm
- Bis 135 kg
- Weichtiere, Krebstiere, Wasserpflanzen
- Stark gefährdet

Papua-Weichschildkröte
Carettochelys insculpta
- Australien, Indonesien, Neuguinea
- Tropische Süßwasserbäche
- Bis 70 cm
- Bis 20 kg
- Allesfresser
- Gefährdet

Grüne Meeresschildkröte
Chelonia mydas
- Tropische & Subtropische Meere
- Offenes Meer & Küstengewässer, nistet auf Stränden
- 1,5 m
- Bis 205 kg
- Stark gefährdet

Zierschildkröte
Chrysemys picta
- Nordamerika
- Langsam fließendes, seichtes Süßwasser, Teiche, Seen
- Bis 25 cm
- 57 g
- Weichtiere, Flusskrebse, kleine Fische, Wasserpflanzen
- Nicht gelistet

Lederschildkröte
Dermochelys coriacea
- Weltweit in kaltgemäßigt bis tropischen Meeren
- Offenes Meer & Küstengewässer, nistet auf Stränden
- 2 m
- 250–900 kg
- Vom Aussterben bedroht

Galápagos-Riesenschildkröte
Geochelone nigra (früher *elephantopus*)
- Galápagos-Inseln
- Savanne, Trockenwald
- 1,2 m
- 300 kg
- Kakteen, Gräser, Blätter, Riedgräser, Lianen, Früchte
- Gefährdet

Kalifornische Gopherschildkröte
Gopherus agassizii
- Teile von Nevada, Kalifornien, Utah, Arizona & Mexiko
- Flachland & Berghänge in der Wüste
- Bis 37 cm
- 3,5–6,8 kg
- Gras, Kräuter, Kaktussprossen
- Gefährdet

Großkopfschildkröte
Platysternon megacephalum
- Südostasien
- Schnell fließende Bäche
- Bis 40 cm
- Fische, Weichtiere, Würmer
- Stark gefährdet

Spinnenschildkröte
Pyxis arachnoides
- Südküste von Madagaskar
- Wald, Buschsteppe
- 10 cm
- Gräser, Kräuter
- Vom Aussterben bedroht

Ordnung Crocodilia
Krokodile

23 Arten

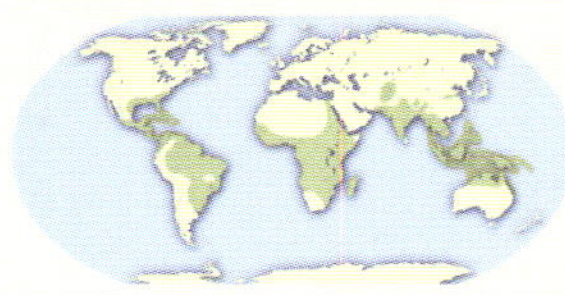

Philippinen-Krokodil
Crocodylus mindorensis
- Philippinen
- Seen, Teiche, Nebenflüsse, Marschen; nistet an Land
- Bis 3 m
- Bis 100 kg
- Wasserlebende Wirbellose, kleine Wirbeltiere
- Vom Aussterben bedroht

Nilkrokodil
Crocodylus niloticus
- Afrika südlich der Sahara
- Süßwassermarschen, Mangrovensümpfe
- Bis 6 m
- Bis 730 kg
- Fische, Säugetiere
- Nicht gefährdet

Leistenkrokodil
Crocodylus porosus
- Südostasien, nördliches Australien
- Küstengewässer, Flüsse, Wasserlöcher
- Bis 7 m
- Bis 1 t
- Fische, Entenvögel, Säugetiere
- Nicht gefährdet

Siam-Krokodil
Crocodylus siamensis
- Thailand, Laos, Kambodscha, Vietnam, Indonesien
- Sümpfe, Altarme, langsame Abschnitte von Bächen & Flüssen
- Bis 3 m
- Vom Aussterben bedroht

Gangesgavial
Gavialis gangeticus
- Nördliches Südasien von Pakistan bis Burma
- Große Flüsse
- 5 m
- 680 kg
- Fische
- Vom Aussterben bedroht

Grüne Meeresschildkröte
Chelonia mydas

Mohrenkaiman
Melanosuchus niger
- Bolivien, Brasilien, Kolumbien, Ecuador, Franz.-Guyana, Guyana, Peru
- Langsam fließende Flüsse, Feuchtgebiete, überschwemmte Savannen
- 6 m
- 2 m
- 1 t
- Fische, Schildkröten, Capybara, Hirsche
- Gering gefährdet

Ordnung Rhyncocephalia
Brückenechsen

2 Arten

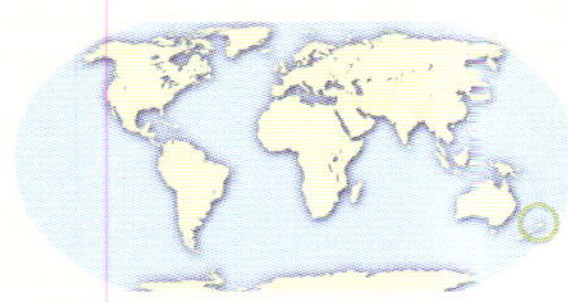

Brückenechse
Sphenodon punctatus
- Neuseeland
- Nagetierfreie Inseln vor der Küste
- Bis 61 cm
- 1 kg
- Wirbellose
- Nach derzeitigem Wissensstand nicht gefährdet

Ordnung Squamata
Schuppenkriechtiere

7655 Arten

Unterordnung Amphisbaenia
Doppelschleichen

140 Arten

Unterordnung Lacertilia
Echsen

4560 Arten

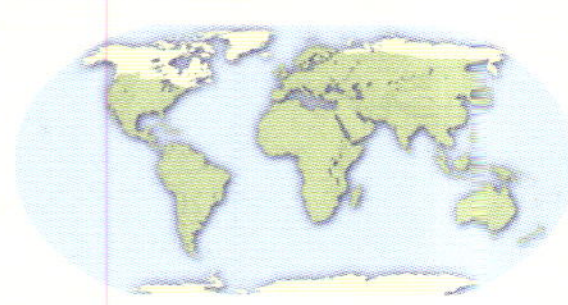

Europäischer Fransenfinger
Acanthodactylus erythrurus
- Portugal, Spanien, Algerien, Marokko
- Trockene, karge Lebensräume
- Bis 20 cm
- Bis 20 cm
- Insekten
- Nicht gefährdet

Meerechse
Amblyrhynchus cristatus
- Galápagos-Inseln
- Seichte Riffe, felsige Küstenlinien
- 46 cm
- 23 cm
- 2 kg
- Rote & grüne Meeresalgen
- Gefährdet

Kurzkammleguan
Brachylophus fasciatus
- Fidschi, Tonga
- Baumlebend
- Bis 81 cm mit Schwanz
- Bis 61 cm
- 300 g
- Bäume, Sträucher, Hibiskusblüten
- Stark gefährdet

Nashornchamäleon
Bradypodion xenorhinus
- Albert-Rift (Ostafrika)
- Bergwald
- 28 cm
- Insekten
- Nicht gelistet

Johnstons Chamäleon
Chamaeleo johnstoni
- Albert-Rift (Ostafrika)
- Bergwald
- 30 cm
- 85 g
- Heuschrecken, Würmer
- Nicht gelistet

Drusenkopf
Conolophus pallidus
- Galápagos-Inseln
- Trockene Tiefländer
- 100 cm
- 53 cm
- 13 kg
- Niedrig wachsende Pflanzen & Sträucher, Früchte, Kakteensprossen
- Gefährdet

Großer Taubleguan
Cophosaurus texanus
- Südliches Arizona & Mexiko (Sommer), trockenere Teile von Mexiko bis nördliches Südamerika
- Trockene Busch- & Grassteppe, Eichenwald, tropischer Trockenwald
- 9 cm
- 15–25 g
- Insekten, Spinnen
- Nicht gefährdet

Pantherchamäleon
Furcifer pardalis
- Nordmadagaskar
- Wald, Buschsteppe
- ♂ 46 cm, ♀ 23 cm
- Insekten
- Nicht gelistet

Gila-Krustenechse
Heloderma suspectum
- Südwestliche USA bis Nordmexiko
- Felsregionen in Wüstensteppen
- Bis 56 cm
- 15 cm
- 1,8 kg
- Kleine Vögel & Säugetiere, Eier, Echsen, Frösche, Insekten, Aas
- Gering gefährdet

Ambon-Segelechse
Hydrosaurus amboinensis
- Südostasien, Neuguinea
- Regenwald in der Nähe von Flüssen
- Bis 100 cm mit Schwanz
- Pflanzen, Insekten, Nagetiere
- Nicht gelistet

Dornteufel
Moloch horridus
- Zentralaustralien
- Sandige trockene & halbtrockene Lebensräume
- Bis 10 cm
- 10 cm
- 30–90 g
- Ameisen
- Nicht gelistet

Kurzhorn-Krötenechse
Phrynosoma hernandesi
- Südliches Kanada über zentrale und westliche USA bis nördliches Mexiko
- Kurzgras in nördlichen Großen Ebenen, Wüstenbeifuß im Großen Becken
- 6,4–15,2 cm
- Wirbellose
- Nicht gefährdet

Ruineneidechse
Podarcis sicula
- West- & Mitteleuropa; in den USA eingeführt
- Wald, Macchia, Grassteppe, Strände, Ackerland & Stadtgebiete
- Bis 20 cm
- Bis 13 cm
- Bis 15 g
- Pflanzen
- Nicht gefährdet

Bartagame
Pogona vitticeps
Zentrales Australien
Felswüsten bis Trockenwälder
61 cm mit Schwanz
200 g
Insekten, Mäuse, Blätter, Blüten
Nicht gelistet

Chuckwalla
Sauromalus obesus
Südwestliche USA bis nördliches Mexiko
Felswüste, Lavaflüsse, Hügelhänge, Felsnasen
Bis 23 cm
Bis 23 cm
900 g
Blätter, Knospen, Blüten, Früchte
Nicht gefährdet

Stachelleguan
Sceloporus magister
Südwestliche USA
Trockene bis halbtrockene Regionen mit Felshaufen & -spalten als Zuflucht
25 cm
Insekten, Spinnen, Echsen, Pflanzenmaterial
Nicht gefährdet

Madagassischer Plattschwanzgecko
Uroplatus fimbriatus
Ostmadagaskar
Primärer Regenwald
18 cm
Insekten
Nicht gelistet

Grays-Waran
Varanus griseus
Nordafrika, westliches Asien
Wüsten- & Halbwüsten
58 cm
Bis 87 cm
Bis 2,8 kg
Insekten, Echsen, Schlangen, Frösche, Säugetiere, Vogel- & Reptileier
Nicht gelistet

Komodowaran
Varanus komodoensis
Kleine Sunda-Inseln, Komodo, Flores, Gili, Montang, Padar
Trockenwald & Savanne auf vulkanischen Inseln
Bis 3 m
91 kg
Aas, Hirsche, Schweine, Wasserbüffel
Gefährdet

Unterordnung Serpentes
Schlangen
2955 Arten

Puffotter
Bitis arietans
Afrika südlich der Sahara
Steppe, Savanne, lichte Wälder
68–90 cm
6 kg
Kleine Säugetiere, Vögel, Reptilien
Nicht gelistet

Zwergpuffotter
Bitis peringueyi
Südwestafrika
Wüste
Bis 32 cm
Echsen
Nicht gelistet

Abgottschlange
Boa constrictor
Mittel- & Südamerika, Karibik
Regenwald, Savanne, halbtrockene Gebiete
Bis 4 m
27 kg
Fleisch, Vögel, Affen, Nabelschweine, Nagetiere, Leguane, junge Krokodile, Echsen
Nicht gelistet

Mangroven-Nachtbaumnatter
Boiga dendrophila divergens
Philippinen
Tieflandregenwald, Mangrovensümpfe
1,8–2,4 m
Kleine Säugetiere, Echsen, Frösche, Schlangen, Fische
Nicht gelistet (sondern häufig)

Westliche Klapperschlange
Crotalus viridis
Großteil der westlichen USA, Nordmexiko, südwestliches Kanada
Offene, trockene Lebensräume mit Felsnasen
90–120 cm
Kleine Säugetiere, Vögel, Reptilien
Nicht gefährdet

Gefleckte Harlekinkobra
Homoroselaps lacteus
Südliches Afrika
Alte Termitenhügel, Grassteppe
30–60 cm
Beinlose Echsen, Schlangen
Nicht gelistet

Teppichpython
Morelia spilota
Australien, Neuguinea, Indonesien
Lichte Wälder
Bis 4 m
Bis 5 kg
Kleine Säugetiere, Vögel
Nicht gelistet

Königskobra
Ophiophagus hannah
Süd- & Südostasien
Dichte Wälder
Bis 5,5 m
9 kg
Andere Schlangen
Nicht gelistet

Taipan
Oxyuranus scutellatus
Australien
Lichte Wälder, Savanne
3 m
Kleine Säugetiere, vor allem Ratten & Nasenbeutler
Nicht gelistet

Tigerpython
Python molurus bivittatus
Birma, Thailand, Laos, Kambodscha, Vietnam, Indonesien
Regenwald, Savanne, Marschen, Sümpfe, felsige Hügel, Wälder, Flusstäler, aber immer in Wassernähe
Bis 7 m
Bis 91 kg
Kleine und mittelgroße Säugetiere, Vögel
Nicht gelistet (aber nicht sehr häufig)

Stülpnasenotter
Vipera latastei
Nördliches Marokko bis nördliches Algerien, nordwestliches Tunesien
Küstendünen, Felsspalten
Bis 60 cm
Reptilien, kleine Säugetiere
Gering gefährdet

Levanteotter
Vipera lebetina
Unterarten in Nordafrika & Zentralasien
Wüsten- & Halbwüstengebiete
2 m
Kleine Säugetiere, Echsen
Nicht gelistet

Levanteotter
Vipera lebetina

AMPHIBIEN

Amphibien haben eine glatte, schuppenlose Haut, legen ihre Eier im Wasser ab und verwandeln sich von kiemenatmenden Jungtieren zu lungenatmenden Adulten. Die lebenden Amphibien stammen von einem gemeinsamen Vorfahren ab und werden in drei Ordnungen unterteilt: Froschlurche (Anura), Schwanzlurche (Caudata) und Blindwühlen (Gymnophiona).

Symbolschlüssel

Vorkommen · Körperlänge · Nahrung
Lebensraum · Gewicht · Schutzstatus

PHYLUM CHORDATA
CHORDATIERE
53 000+ Arten

KLASSE AMPHIBIA
AMPHIBIEN
6000+ Arten

ORDNUNG CAUDATA
SCHWANZLURCHE
472 Arten

Gefleckter Furchenmolch
Necturus maculosus

Fleckensalamander
Ambystoma maculatum
Östliche USA, südliches Kanada
Laubwälder mit semi-permanenten Teichen
15–25 cm
Weichtiere, Regenwürmer, Hundert- & Tausendfüßer, Spinnen, Insekten
Nicht gefährdet

Japanischer Riesensalamander
Andrias japonicus
China, Japan
Bäche, Teiche
Bis 1,5 m
Bis 25 kg
Fische, Insekten, Krebstiere, Würmer
Gering gefährdet

Gefleckter Furchenmolch
Necturus maculosus
Östliches & zentrales Nordamerika
Teiche, Bäche, Flüsse
Bis 48 cm
Krebstiere, Fische, Schnecken, Insektenlarven
Nicht gefährdet

Rotsalamander
Pseudotriton ruber
Östliche USA
Laubwälder, unter herabgefallener Rinde, Baumstämmen, Steinen; in Bächen unter abgestorbenem Laub
8–18 cm
Regenwürmer, Insekten, andere Schwanzlurche
Nicht gefährdet

Feuersalamander
Salamandra salamandra
Mittel- & Südeuropa
Laubwald in der Nähe von Bächen
Bis 25 cm
19 g
Insekten, Spinnen, Würmer, Schnecken
Nicht gefährdet

Bergmolch
Triturus alpestris
Europa von der französischen Atlantikküste bis zu den ukrainischen Karpaten, Rumänien, Bulgarien & Balkanländer
Wald, Teiche
Bis 12 cm
Bis 10 g
Wirbellose
Nicht gefährdet

ORDNUNG GYMNOPHIONA
BLINDWÜHLEN
149 Arten

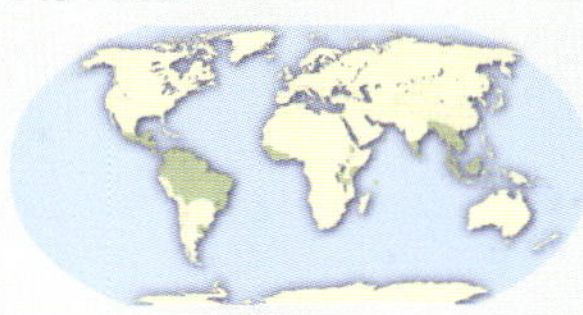

ORDNUNG ANURA
FROSCHLURCHE
4937 Arten

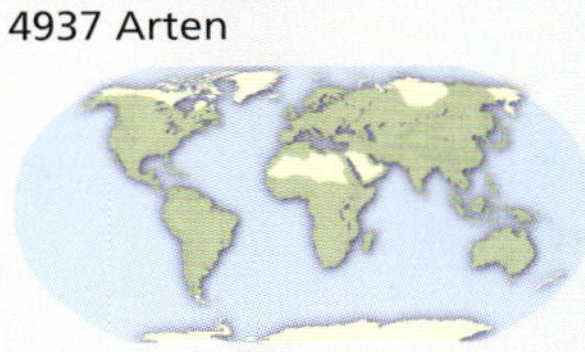

Rotaugenlaubfrosch
Agalychnis callidryas
Mittelamerika
Wald nahe Flüssen & Teichen
7,5 cm
Insekten
Nicht gefährdet

Chinesische Rotbauchunke
Bombina orientalis
Korea, Japanische Inseln (Tsushima & Kyushu), Nordostchina, angrenzende Teile Russlands
In oder in der Nähe von Teichen, Seen, Sümpfen, langsamen Bächen
4–5 cm
Kaulquappen fressen Algen, später Insekten; Jungunken fressen kleine Wirbellose; Adulte fressen Käfer, Ameisen, Fliegen, Würmer, Schnecken
Nicht gefährdet

Aga-Kröte
Bufo marinus
Tal des Rio Grande in Texas bis zentrales Amazonien & südöstliches Peru; in vielen Ländern eingeführt
Bewaldete Gebiete mit semi-permanentem Wasser
Bis 25 cm
113 g
Insekten, Weichtiere, Echsen
Nicht gefährdet

Goldkröte
Bufo periglenes
Costa Rica
Regenwald, Nebelwald
5 cm
20 g
Kleine Wirbellose
Ausgestorben

Wasserreservoirfrosch
Cyclorana platycephala
Australien
Grassteppe, Sümpfe, Wasserlöcher, Lehmpfannen
Bis 7,6 cm
Wirbellose
Nicht gefährdet

Blauer Baumsteiger
Dendrobates tinctorius
Surinam (Südamerika)
Teiche & Bäche
Bis 5 cm
3 g
Insekten
Nicht gefährdet

Zwerg-Panamabaumsteiger
Dendrobates pumilio
Mittelamerika, vor allem Costa Rica
Regenwald
Bis 2,5 cm
Kaulquappen fressen unbefruchtete Eier, danach Algen & verrottendes Material; Adulte fressen Wirbellose
Nicht gefährdet

Tomatenfrosch
Dyscophus antongilii
Nordöstliches Madagaskar
Primärer Regenwald, Küstenwald, überschwemmte Gebiete
7 cm
Insekten
Gering gefährdet

Hochstetter-Frosch
Leiopelma hochstetteri
Neuseeland
Feuchte Gebiete nahe Bächen
Bis 4,5 cm
Insekten
Gefährdet

Paradoxer Frosch
Pseudis paradoxa
Südamerika
Marschen, permanente Teiche in Savannen, offener Wald in tropischen Tiefländern
5 cm
Larven, kleine Insekten, winzige Wirbellose
Nicht gefährdet

Australischer Südfrosch
Pseudophryne corroboree
Südöstliches Australien
Alpine Torfmoossümpfe
Bis 3,5 cm
Insekten
Vom Aussterben bedroht

Australischer Südfrosch
Pseudophryne corroboree

FISCHE

Die Tiergruppe der Fische ist äußerst vielfältig, und die meisten Biologen betrachten den Begriff „Fisch" eher als praktische Bezeichnung, die wasserlebende Wirbeltiere mit Kiemen und Flossen beschreibt, denn als genau definierte taxonomische Einheit. Für Fische gibt es verschiedene Einteilungsschemata, aber eine weithin akzeptierte Klassifikation erkennt fünf Klassen von lebenden Arten in zwei Überklassen an: kieferlose Fische (Agnatha) mit Ingern und Neunaugen, und Kieferfische (Gnathostoma) mit Knorpelfischen (Haie und Rochen), Fleischflossern (Lungenfische und Verwandte) und Strahlenflossern (die meisten Knochenfische).

Symbolschlüssel

- Vorkommen
- Lebensraum
- Körperlänge
- Schwanzlänge
- Gewicht
- Nahrung
- Schutzstatus

STAMM CHORDATA
CHORDATIERE
53 000+ Arten

ÜBERKLASSE AGNATHA
KIEFERLOSE FISCHE
Neunaugen & Inger
105 Arten

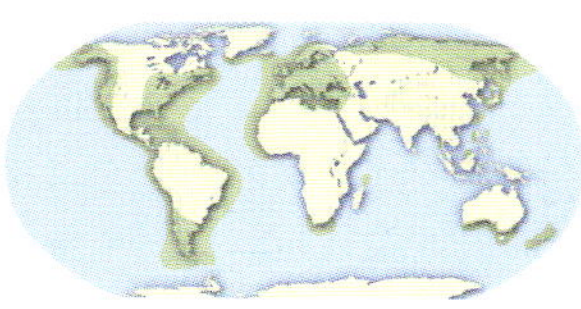

ÜBERKLASSE GNATHOSTOMATA
KIEFERFISCHE
etwa 26 000 Arten

Gemeiner Fuchshai
Alopias vulpinus

KNORPELFISCHE

KLASSE CHONDRICHTHYES
KNORPELFISCHE
999 Arten

UNTERKLASSE ELASMOBRANCHII
HAIE, ROCHEN & VERWANDTE
962 Arten

UNTERORDNUNG SELACHIMORPHA
HAIE
415 Arten

Gemeiner Fuchshai
Alopias vulpinus
- Weltweit, kühle bis gemäßigte Meere
- Offenes Meer & Küstengewässer
- Bis 7,5 m
- Bis 350 kg
- Schwarmfische, Krebstiere, Tintenfische
- Daten ungenügend

Weißer Hai
Carcharodon carcharias
- Weltweit, gemäßigte bis subtropische Meere
- Offenes Meer & Küstengewässer
- Bis 6 m
- 1,9 t
- Fische, Schildkröten, Meeressäugetiere
- Gefährdet

Weißer Hai
Carcharodon carcharias

Walhai
Rhincodon typus
- Weltweit in tropischen und warmgemäßigten Meeren
- Offenes Meer, Küstengewässer
- Bis 14 m
- Bis 13,6 t
- Plankton
- Gefährdet

Grönlandhai
Somniosus microcephalus
- Nordpolarmeer bis subtropischer Atlantischer Ozean
- Von arktischen Eismeer bis in die subtropische Tiefsee
- 7,3 m
- 1,1 t
- Knochenfische, Tintenfische
- Gering gefährdet

Bogenstirn-Hammerhai
Sphyrna lewini
- Tropische & warmgemäßigte Meere
- Offenes Meer & Küstengewässer
- Bis 4,3 m
- Bis 150 kg
- Fische, Kopffüßer, Krebstiere, andere Haie
- Gering gefährdet

UNTERORDNUNG BATOIDEA
ROCHEN & VERWANDTE
547 Arten

Mantarochen
Manta birostris
- Tropische Meere
- Offenes Meer
- 9,1 m
- 3 t
- Plankton
- Gering gefährdet

Meeresteufel
Mobula mobular
- Östlicher Atlantik: vor Irland, Portugal bis Senegal, Mittelmeer, möglicherweise Nordwestatlantik
- Meeresgewässer über Kontinentalsockeln & in der Nähe von Inseln
- Bis 5 m
- Bis 35 kg
- Plankton, kleine Fische
- Stark gefährdet

Leichhardts Sägerochen
Pristis microdon
- Tropischer Indischer Ozean, Südostasien, Neuguinea
- Seichte Küstengewässer, Flussmündungen, größere Flüsse
- Bis 7 m
- 600 kg
- Benthische Tiere
- Vom Aussterben bedroht

UNTERKLASSE HOLOCEPHALI
SEEKATZEN
37 Arten

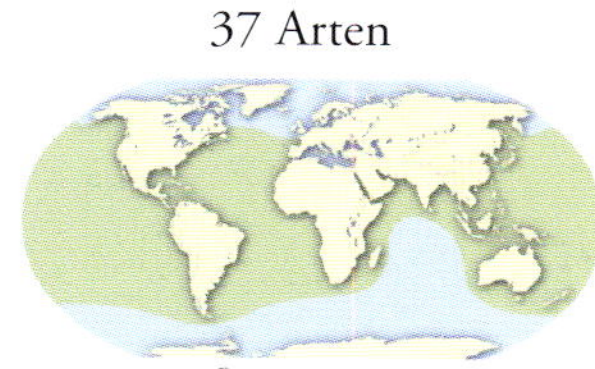

KNOCHENFISCHE

KLASSE SARCOPTERYGII
FLEISCHFLOSSER
11 Arten

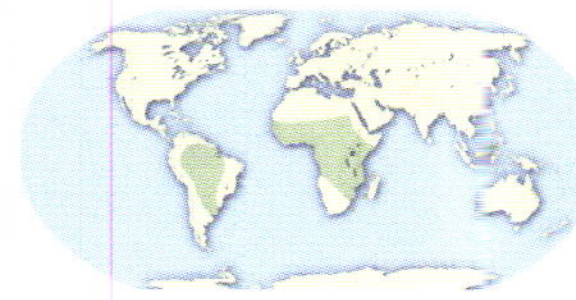

Quastenflosser
Latimeria chalumnae
- Südafrika bis Kenia, Komoren, Madagaskar
- Unterseeische Vulkanhänge in 150–700 Metern Tiefe
- 2 m
- 95 kg
- Tintenfische, Oktopusse, Fische
- Vom Aussterben bedroht

Australischer Lungenfisch
Neoceratodus forsteri
- Flüsse Burnett & Mary (Queensland, Australien)
- Süßwasser
- Bis 1,5 m
- Bis 40 kg
- Frösche, Fische, Wirbellose, Pflanzen
- Nicht gelistet

KLASSE ACTINOPTERYGII
STRAHLENFLOSSER
etwa 25 000 Arten

UNTERKLASSE CHONDROSTEI
STÖRE & VERWANDTE
52 Arten

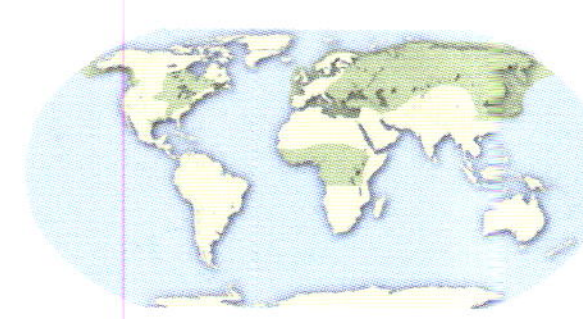

Löffelstör
Polyodon spathula
- Flusssystem des Mississippi & Missouri bis Montana, Ohio River, große Nebenflüsse
- Langsam fließendes Wasser großer Flüsse, meist tiefer als 1,2 m
- Bis 2,2 m
- Bis 100 kg
- Zooplankton
- Gefährdet

UNTERKLASSE NEOPTERYGII
NEUFLOSSER
24 615 Arten

TEILKLASSE HOLOSTEI
KNOCHENGANOIDE
8 Arten

TEILKLASSE TELEOSTEI
ECHTE KNOCHENFISCHE
24 607 Arten

ÜBERORDNUNG OSTEOGLOSSOMORPHA
KNOCHENZÜNGLER & VERWANDTE 221 Arten

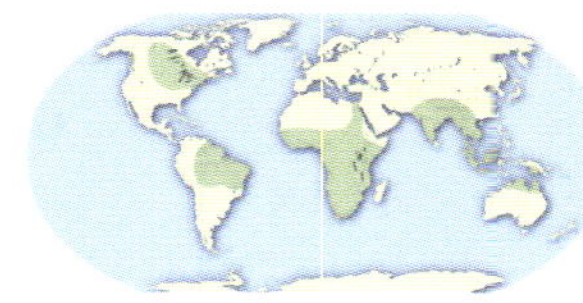

Arapaima
Arapaima gigas
- Amazonasbecken
- Regenwaldflüsse
- Bis 4,5 m
- Bis 200 kg
- Welse, kleine Vögel
- Daten ungenügend

ÜBERORDNUNG ELOPOMORPHA
AALE & VERWANDTE
911 Arten

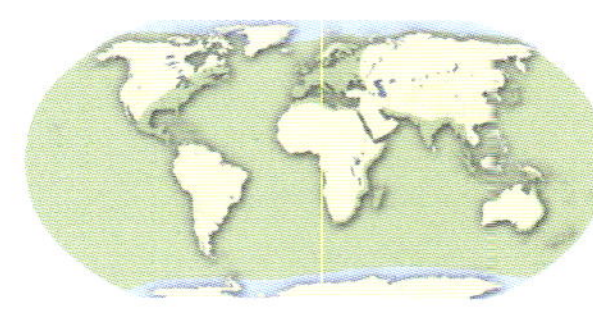

Pelikanaal
Eurypharynx pelecanoides
- Weltweit, tropische bis gemäßigte Meere
- Tiefsee in Tiefen zwischen 500 und 8000 m
- 60–100 cm einschließlich des langen, peitschenartigen Schwanzes
- Andere Fische, Garnelen, Plankton
- Nicht gelistet

ÜBERORDNUNG CLUPEOMORPHA
SARDINEN & VERWANDTE
378 Arten

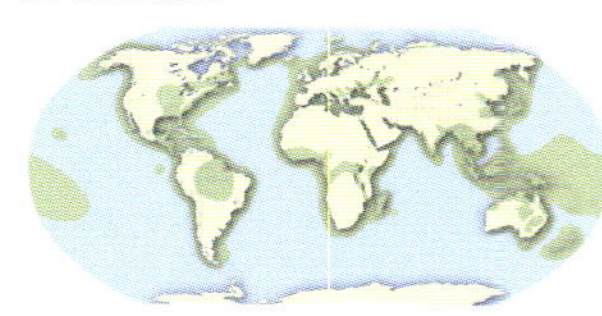

ÜBERORDNUNG OSTARIOPHYSI
WELSE & VERWANDTE
7023 Arten

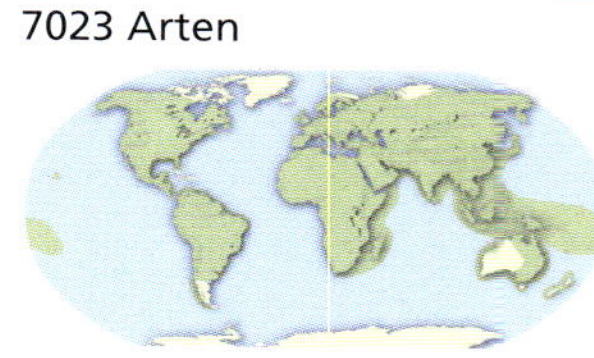

Mantarochen
Manta birostris

Rotlachs
Oncorhynchus nerka

Überordnung Protacanthopterygii Lachse & Verwandte
502 Arten

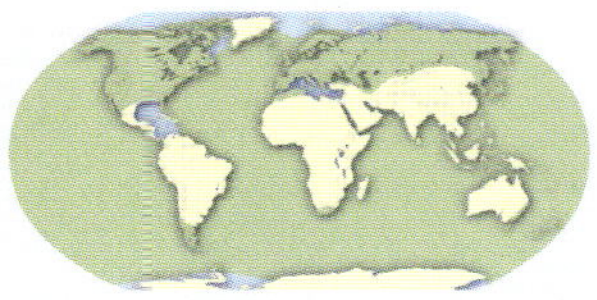

Cutthroat-Forelle
Oncorhynchus clarkii
- Flüsse & Bäche im westlichen Nordamerika; Meer vor der Pazifikküste; in vielen Ländern eingeführt
- Relativ kleine Bäche mit Kiesgrund & sanftem Gefälle; einige leben im Meer und laichen in Bächen
- 15–100 cm
- Bis 19 kg
- Kleine Fische, Krebstiere, Insekten
- Nicht gelistet

Rotlachs
Oncorhynchus nerka
- Pazifikküste von Alaska bis ins nördliche Kalifornien; nördliches Japan; ferner Osten Russlands bis Sibirien
- Überwintert im offenen Meer; schwimmt im Sommer in Flüssen; laicht in Nebenflüssen von Seen
- Bis 84 cm
- Durchschnittlich 2,3–3,6 kg, maximal 6,8 kg
- Tintenfische, kleine Fische, Plankton
- Nicht gelistet

Überordnung Stenopterygii Drachenfische & Verwandte
415 Arten

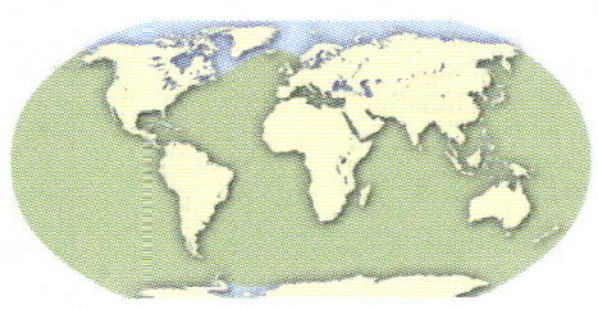

Schwarzer Drachenfisch
Malacosteus niger
- Atlantik, Pazifischer & Indischer Ozean, Südchinesisches Meer
- Tiefsee
- 15–20 cm
- Krebstiere
- Nicht gelistet

Überordnung Cyclosquamata Eidechsenfische & Verwandte
229 Arten

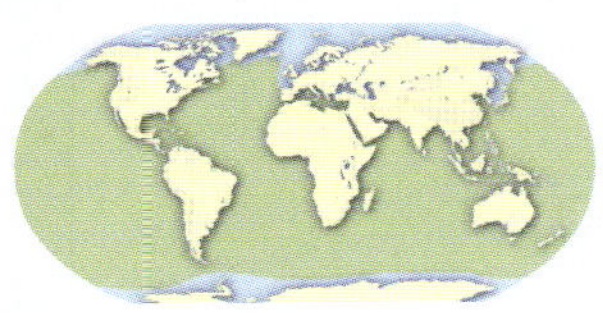

Überordnung Scopelomorpha Laternenfische
251 Arten

Überordnung Polymixiomorpha Bartfische
10 Arten

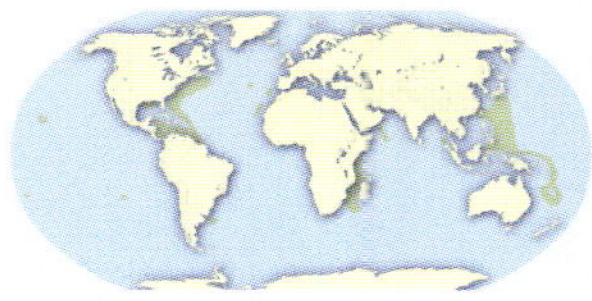

Überordnung Lampridiomorpha Gotteslachse & Verwandte
23 Arten

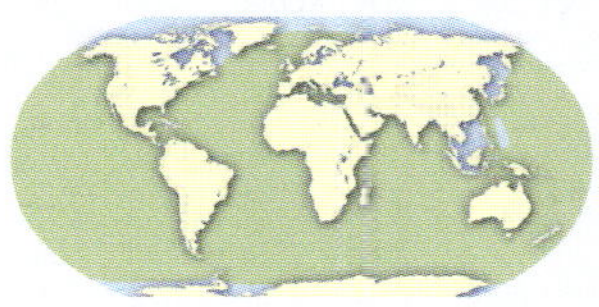

Riemenfisch
Regalecus glesne
- Gemäßigter bis tropischer Pazifischer & Atlantischer Ozean
- Offenes Meer
- Bis 8 m, unbestätigte Berichte von Fischen mit der doppelten Länge
- 270 kg
- Krebstiere, Quallen, Tintenfische
- Nicht gelistet

Überordnung Paracanthopterygii Dorsche, Anglerfische & Verwandte
1382 Arten

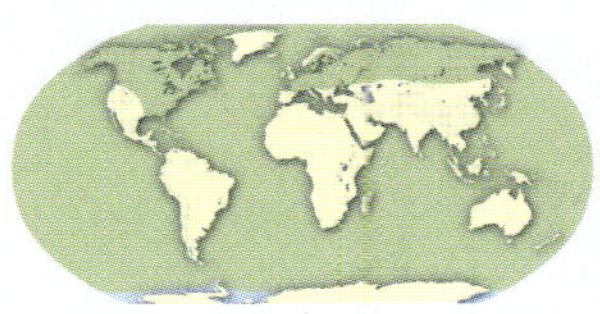

Aphyonus gelatinosus
- Östlicher Atlantik, Südwestpazifik, westlicher Indischer Ozean
- Tiefsee, Benthal
- 15 cm
- Benthische Organismen
- Nicht gelistet

Polardorsch
Boreogadus saida
- Nordpolarmeer
- Unter Eis, Wassersäule
- 40 cm
- Zooplankton, benthische Tiere
- Nicht gelistet

Krøyer-Tiefsee-Anglerfisch
Ceratias holboelli
- Weltweit in tropischen bis gemäßigten Gewässern
- Tiefsee
- 50–75 cm
- Zooplankton, benthische Tiere
- Nicht gelistet

Schwarzer Drachenfisch
Malacosteus niger

Überordnung Acanthopterygii Stachelflosser
13 262 Arten

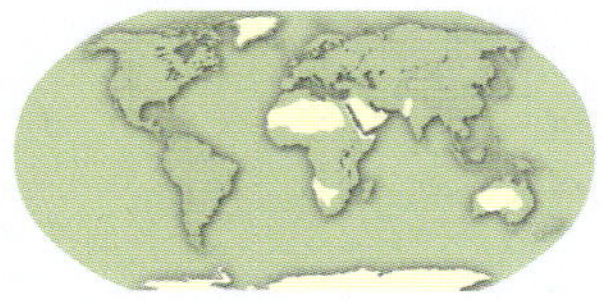

Napoleon-Lippfisch
Cheilinus undulatus
- Rotes Meer, Pazifik, Indischer Ozean
- Korallenriffe, Mangroven, Seegrasbänke
- Bis 2,3 m
- Bis 191 kg
- Weichtiere, Fische, Krebstiere
- Stark gefährdet

Schwarzer Schlinger
Chiasmodon niger
- Atlantik, Pazifik, Indischer Ozean
- Tropische & subtropische Gewässer
- 25 cm
- Knochenfische
- Nicht gelistet

Riffbarsch
Chromis punctipinnis
- Gemäßigter östlicher Pazifik
- Strandgewässer
- 25 cm
- Planktonische Wirbellose, benthische Algen, Gräser
- Nicht gelistet

Gefleckter Riesenzackenbarsch
Epinephelus tukula
- Indischer Ozean & Westpazifik
- Korallenriffe
- Bis 2 m
- Bis 110 kg
- Fische, Krebstiere
- Nicht gelistet

Nackter Drachenfisch
Gymnodraco acuticeps
- Südpolarmeer
- Nahe dem Grund in Tiefen zwischen 0 und 550 m
- Bis 34 cm
- Andere Fische, kleine Krebstiere, Borstenwürmer
- Nicht gelistet

Blauer Marlin
Makaira nigricans
- Tropischer bis warmgemäßigter Atlantik
- Offenes Meer
- 5 m
- Bis 820 kg
- Goldmakrelen, Thunfische, Tintenfische
- Nicht gelistet

Schwarztupfen-Süßlippe
Plectorhinchus gaterinus
- Indischer Ozean
- Korallenriffe
- Bis 46 cm
- Krebstiere, Weichtiere
- Nicht gelistet

Hawaii-Feuerfisch
Pterois sphex
- Hawaiianische Gewässer
- Küstengewässer, Meeresboden
- 23 cm
- Krabben, Garnelen, Fische
- Nicht gelistet

Hawaii-Feuerfisch
Pterois sphex

Grüner Papageifisch
Sparisoma viride
- Tropischer Westatlantik, einschließlich Karibisches Meer
- Korallenriffe
- Bis 55 cm
- Bis 1,6 kg
- Korallenpolypen, auf Steinen wachsende Algen
- Nicht gelistet

Großer Barrakuda
Sphyraena barracuda
- Tropische und subtropische Ozeane
- Warme Küstengewässer
- 106 cm
- 10 cm
- 40 kg
- Andere Fische
- Nicht gelistet

Neuseeländische Bastardmakrele
Trachurus novaezelandiae
- Australien, Neuseeland
- Kühle bis gemäßigte Küstengewässer
- Bis 50 cm
- Krebstiere
- Nicht gelistet

Fische im Größenvergleich

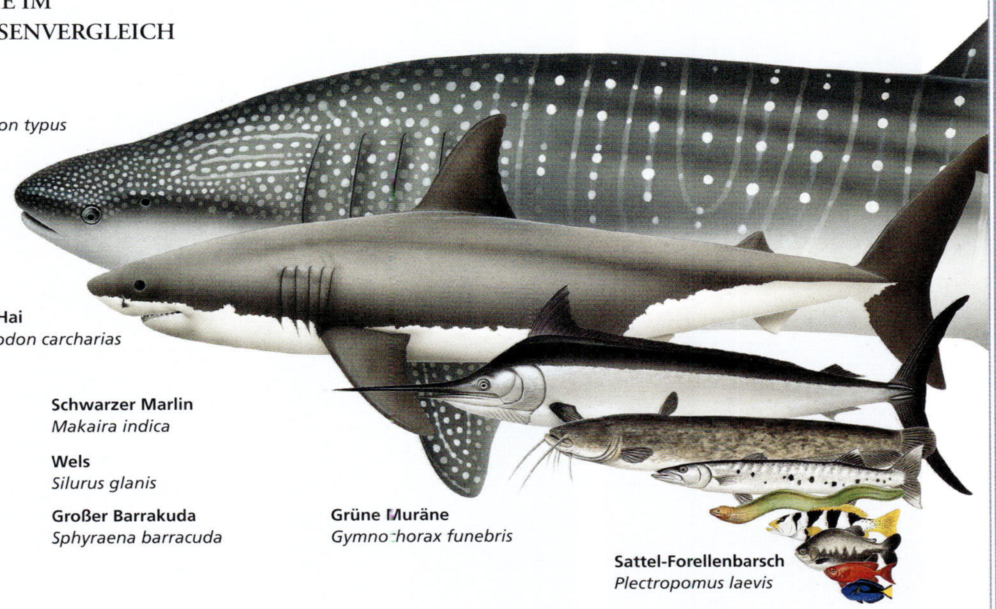

Walhai
Rhincodon typus

Weißer Hai
Carcharodon carcharias

Schwarzer Marlin
Makaira indica

Wels
Silurus glanis

Großer Barrakuda
Sphyraena barracuda

Grüne Muräne
Gymnothorax funebris

Sattel-Forellenbarsch
Plectropomus laevis

Schwarzer Pacu
Colossoma macropomum

Bullaugenbarsch
Priacanthus macracanthus

Blauer Doktorfisch
Acanthurus coeruleus

Aphyonus gelatinosus

Krøyer-Tiefsee-Anglerfisch
Ceratias holboelli

Wirbellose

Über 95 Prozent aller Tiere sind Wirbellose, deren gemeinsames Merkmal die fehlende Wirbelsäule ist. Die Wirbellosen sind in etwa 30 Stämme unterteilt. Aus ihrem Körperbau, ihrer frühen Entwicklungsgeschichte, molekularen Sudien und DNA-Analysen kann man Rückschlüsse auf ihre Verwandtschaften ziehen. Zu den Merkmalen, die die einzelnen Stämme festlegen, zählen die Organisation des Körpers aus einem lockeren Zellverband (Schwämme) über die Gewebsbildung (Stachelhäuter) bis zur Entwicklung von Organen (Plattwürmer). Die Entwicklung einer mit Flüssigkeit gefüllten Körperhöhle bildete einen entscheidenden Punkt in der Evolution. Sie ermöglichte die Entstehung von Tieren wie Fadenwürmern, Ringelwürmern und anderen Wurmstämmen, die sich mit Hilfe eines hydraulischen Antriebssystems fortbewegen. Während Stämme weiche Körper haben, werden andere von Skeletten wie den Schalen der Weichtiere und dem Außenskelett mit Gelenken der Gliederfüßer geschützt. Entsprechend ihrer Embryonalentwicklung werden die Wirbellosen in zwei Abstammungslinien eingeteilt, von denen eine über die Stachelhäuter zu den Chordatieren führt, während die andere alle restlichen Tierstämme umfasst. Die ständige Entdeckung neuer Wirbelloser lässt vermuten, dass die rund 1,3 Millionen bekannten Arten nur einen kleinen Teil der tatsächlichen Vielfalt repräsentieren.

Symbolschlüssel

- Vorkommen
- Lebensraum
- Körperlänge
- Flügelspannweite
- Gewicht
- Nahrung
- Schutzstatus

STAMM CHORDATA
CHORDATIERE
53 000+ Arten

WIRBELLOSE CHORDATIERE
2030+ Arten

UNTERSTAMM UROCHORDATA
MANTELTIERE
2000+ Arten

UNTERSTAMM CEPHALOCHORDATA
SCHÄDELLOSE
30 Arten

STAMM PORIFERA
SCHWÄMME
9000 Arten

STAMM CNIDARIA
NESSELTIERE
Seeanemonen, Korallen, Quallen & Verwandte
9000 Arten

Gelbe Haarqualle
Cyanea capillata
- Nordpolarmeer bis nördlicher Pazifischer & Atlantischer Ozean
- Offenes Meer
- Bis 36,5 m mit Tentakeln; Glockendurchmesser 2,3 m
- Zooplankton, kleine Fische, Rippenquallen, Ohrenquallen
- Nicht gelistet

Staatsqualle
Physophora hydrostatica
- Ostpazifik, Westatlantik
- Mittlere Wasserschichten
- Bis 41 cm mit Tentakeln
- Phytoplankton, Zooplankton
- Nicht gelistet

STAMM PLATYHELMINTHES
PLATTWÜRMER
13 000 Arten

STAMM NEMATODA
FADENWÜRMER
20 000+ Arten

STAMM MOLLUSCA
WEICHTIERE
Muscheln, Schnecken, Tintenfische & Verwandte
75 000 Arten

Riesenkrake
Architeuthis dux
- Alle Weltmeere, in tropischen & polaren Regionen selten
- Tiefsee, häufig in der Nähe von Kontinental- & Inselhängen
- ♂ bis 10 m mit Tentakeln, ♀ bis 13 m mit Tentakeln
- ♂ bis 150 kg, ♀ bis 275 kg
- Tiefseefische, andere Tintenfische
- Nicht gelistet

Pazifische Bananenschnecke
Ariolimax columbianus
- Nordamerikanische Pazifikküste von Alaska bis südliches Kalifornien
- Feuchter Waldboden, unter Baumstämmen & anderem Material
- Bis 25 cm
- 21–75 g
- Pilze, Blätter, abgestorbenes Pflanzenmaterial, Tierkot
- Nicht gelistet (häufig)

Kleiner Blaugeringelter Krake
Hapalochlaena maculosa
- Südliches Australien
- Seichte Küstengewässer
- Körper 5 cm, Arme 10 cm
- 28 g
- Kleine Krebstiere
- Nicht gelistet

Karibischer Riffkrake
Octopus briareus
- Westatlantik, Bahamas, Karibik, Küste des nördlichen Südamerika
- Korallenriffe, Felsen, Seegrasbänke
- 60 cm
- 1,5 kg
- Krabben, Garnelen, Hummer, Fische
- Nicht gelistet

STAMM ANNELIDA
RINGELWÜRMER
12 000 Arten

Riesenröhrenwurm
Riftia pachyptila
- Pazifischer Ozean
- Neben vulkanischen Tiefseespalten in über 1,6 km Tiefe
- Bis 2,4 m
- Bezieht Nährstoffe aus der Symbiose mit chemosynthetischen Bakterien
- Nicht gelistet

STAMM ARTHROPODA
GLIEDERFÜSSER
1,1 Millionen+ Arten

Karibischer Riffkrake
Octopus briareus

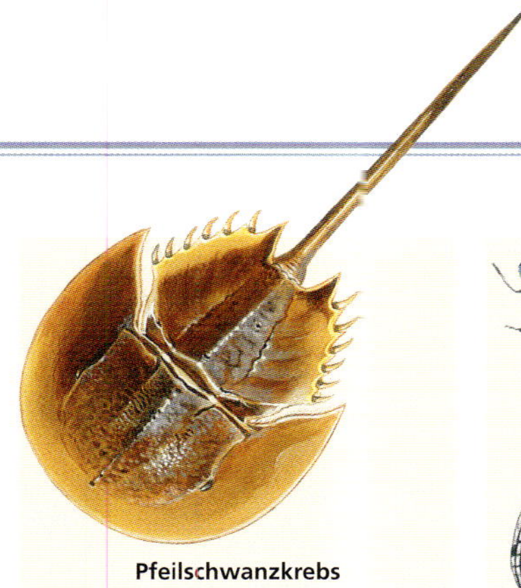

Pfeilschwanzkrebs
Limulus polyphemus

UNTERSTAMM CHELICERATA
KIEFERKLAUENTRÄGER
81 000+ Arten

KLASSE ARACHNIDA
SPINNENTIERE
80 000 Arten

KLASSE MEROSTOMATA
PFEILSCHWANZKREBSE
4 Arten

Pfeilschwanzkrebs
Limulus polyphemus
- Nord- & mittelamerikanische Ostküste; laicht in der Delaware-& Chesapeake Bay
- Sandstrände zum Laichen; seichte Buchten (Jungfische), Meer (Adulte)
- Bis 60 cm
- Bis 4,5 kg
- Meereswürmer, Weichtiere
- Gering gefährdet

KLASSE PYCNOGONIDA
ASSELSPINNEN
1000 Arten

UNTERSTAMM MYRIAPODA
TAUSENDFÜSSER
Hundertfüßer & Verwandte
13 500 Arten

UNTERSTAMM CRUSTACEA
KREBSTIERE
42 000 Arten

Krill, Antarktischer Krill
Euphausia superba
- Südpolarmeer
- Offenes Meer
- 4–6 cm
- 1 g
- Phytoplankton
- Nicht gelistet (häufig)

UNTERSTAMM HEXAPODA
SECHSFÜSSER
1 Million+ Arten

KLASSE INSECTA
INSEKTEN
1 Million+ Arten in 29 Ordnungen, von denen 11 hier gelistet sind

Hufeisen-Azurjungfer
Coenagrion puella

Ordnung Odonata
Libellen
5500 Arten

Ordnung Mantodea
Fangschrecken
2000 Arten

Ordnung Blattodea
Schaben
4000 Arten

Ordnung Isoptera
Termiten
2750 Arten

Ordnung Orthoptera
Springschrecken
20 000+ Arten

Wetagrille
Deinacrida heteracantha
- Neuseeland
- Regenwald
- Bis 10 cm
- Bis 70 g
- Blätter
- Gefährdet

Wanderheuschrecke
Locusta migratoria
- Afrika, Asien, Australien
- Weit verbreitet
- 4–6 cm
- 2 g
- Pflanzen
- Nicht gelistet (sondern häufig)

Ordnung Hemiptera
Schnabelkerfe
80 000+ Arten

Ordnung Coleoptera
Käfer
370 000+ Arten

Siebenpunkt-Marienkäfer
Coccinella septempunctata
- Europa, nördliches Asien, in Nordamerika & Ozeanien eingeführt
- Obstgärten, Gärten
- 5 mm
- Blattläuse
- Nicht gelistet

Hirschkäfer
Lucanus cervus
- Großbritannien, Kontinentaleuropa, Türkei, Syrien
- Eichenwälder, Wälder, Parks, Gärten
- ♂ bis 9 cm, ♀ bis 6 cm
- Larven fressen verfaulendes Holz; Adulte fressen Baumsaft
- Nicht gelistet (in mehreren europäischen Länder unter Naturschutz)

Nebeltrinkerkäfer
Onymacris unguicularis
- Namibwüste
- Sanddünen
- Bis 22 mm
- Verrottendes Material
- Nicht gelistet

Monarchfalter
Danaus plexippus

Trauermantel
Nymphalis antiopa

Ordnung Diptera Zweiflügler

120 000 Arten

Ordnung Lepidoptera Schmetterlinge & Motten

165 000 Arten

Monarchfalter
Danaus plexippus
- Nordamerika (Kanada bis Mexiko), in Australien eingeführt
- Wald, Felder, Straßenränder, Gärten
- 5 cm
- 10 cm
- Larven fressen Seidenpflanzen, Adulte fressen Blütennektar
- Nicht gelistet (häufig, mexikanische Wintergründe in Gefahr)

Julia
Dryas iulia
- Südliches Texas & Florida bis Brasilien
- Tropenwald
- 5 cm
- 9 cm
- Blütennektar
- Nicht gelistet

Junonia coenia
- USA, Mexiko
- Offene Felder, Strände
- 2,8 cm
- 4,5–7 cm
- Pflanzen wie Gerardien, Leinkraut & Wegerich
- Nicht gelistet (stabil)

Limenitis arthemis
- Östliche USA, im Westen bis zum Mississippi & im Süden bis Florida
- Feuchte Wälder, suburbane Gebiete
- 4,1 cm
- 5,7–10,1 cm
- Kirschbäume, andere Bäume
- Nicht gelistet (stabil)

Blauer Morphofalter
Morpho menelaus
- Mittel- & Südamerika
- Regenwald
- 15 cm
- 15 cm
- Blüten, Blätter, Pflanzensäfte
- Nicht gelistet

Ornithoptera priamus poseidon
- Neuguinea
- Regenwald
- Bis 12,5 cm
- Kletterpflanzen
- Nicht gelistet (lokal häufig)

Östlicher Tigerschwalbenschwanz
Papilio glaucus
- Östliches Nordamerika
- Laubwaldgebiete
- 5,5 cm
- 9 cm
- Wilder Traubenkirschen- & Tulpenbaum
- Nicht gelistet (stabil)

Rote Helen
Papilio helenus
- Süd- & Südostasien
- Immergrüner Wald
- 10–12 cm
- Larven fressen Pflanzen aus der Familie Rutaceae, darunter kultivierte Zitrusarten wie Limone & Orange
- Nicht gelistet (häufig)

Apollofalter, Roter Apollo
Parnassius apollo
- Europa
- Gebirge
- 7–9 cm
- Nektar
- Gefährdet

Protoparce quinquemaculata
- Nordamerika
- Getreidefelder
- 7,6 cm
- Larven sind Schädlinge auf Mais-, Baumwoll- und Tomatenpflanzen
- Nicht gelistet

Distelfalter
Vanessa cardui
- Alle Kontinente ausgenommen Antarktis
- Offene Lebensräume
- 2,8 cm
- 5 cm
- Larven fressen Disteln & andere Pflanzen; Adulte fressen Blütennektar
- Nicht gelistet (das Vorkommen variiert von Jahr zu Jahr)

Ordnung Hymenoptera Bienen, Wespen, Ameisen & Pflanzenwespen

198 000 Arten

Ordnung Phasmatodea Gespenstschrecken

3000 Arten

Baumhummer
Dryococelus australis
- Lord-Howe-Inselgruppe (Australien)
- Macchia, hohle Stämme von lebenden Waldbäumen
- Bis 12 cm
- Blätter von *Melaleuca howea* & anderen Bäumen
- Vom Aussterben bedroht

Kleiner Schillerfalter
Apatura ilia

Landkärtchen
Araschnia levana

KLASSE COLLEMBOLA
SPRINGSCHWÄNZE
7900 Arten

KLASSE PROTURA
BEINTASTLER
500 Arten

KLASSE DIPLURA
DOPPELSCHWÄNZE
800 Arten

STAMM ECHINODERMATA
STACHELHÄUTER
Seesterne, Seeigel & Verwandte
6000 Arten

Antarktischer Seeigel
Sterechinus neumayeri
- Südpolarmeer in der Nähe der Antarktis & subantarktischen Inseln
- Meeresboden, in seichten Gewässern am häufigsten
- 7 cm
- Phyto- & Zooplankton, Schwämme, Borstenwürmer, Robbenkot
- Nicht gelistet

STAMM NEMERTEA
SCHNURWÜRMER
900 Arten

STAMM ENTOPROCTA
KELCHWÜRMER
150 Arten

STAMM TARDIGRADA
BÄRTIERCHEN
600 Arten

STAMM CTENOPHORA
RIPPENQUALLEN
100 Arten

STAMM ROTIFERA
RÄDERTIERCHEN
Rädertierchen
1800 Arten

STAMM HEMICHORDATA
KIEMENLOCHTIERE
Eichelwürmer
90 Arten

STAMM CHAETOGNATHA
PFEILWÜRMER
90 Arten

STAMM GASTROTRICHA
BAUCHHÄRLINGE
700 Arten

STAMM KINORHYNCHA
HAKENRÜSSLER
150 Arten

STAMM PHORONIDA
HUFEISENWÜRMER
20 Arten

STAMM ONYCHOPHORA
STUMMELFÜSSER
100+ Arten

STAMM BRACHIOPODA
ARMFÜSSER
350 Arten

STAMM BRYOZOA
BRYOZOEN
Moostierchen
5000 Arten

STAMM SIPUNCULA
SPRITZWÜRMER
150 Arten

STAMM ECHIURA
IGELWÜRMER
160 Arten

STAMM LORICIFERA
KORSETTTIERCHEN
22 Arten

STAMM PRIAPULIDA
PRIAPSWÜRMER
17 Arten

STAMM NEMATOMORPHA
SAITENWÜRMER
240 Arten

STAMM ACANTHOCEPHALA
KRATZWÜRMER
1000 Arten

STAMM POGONOPHORA
BARTWÜRMER
80 Arten

STAMM GNATHOSTOMULIDA
KIEFERMÜNDCHEN
80 Arten

STAMM CYCLIOPHORA
3 Arten

STAMM PLACOZOA
PLACOZOEN
2 Arten

STAMM ORTHONECTIDA
GERADESCHWIMMER
20 Arten

STAMM RHOMBOZOA
RAUTENTIERE
150 Arten

KORALLENRIFF

Glossar

Aas
Verfaulendes Fleisch und andere Überreste von toten Tieren.

Aasfresser
Tier, das Aas frisst – häufig die Überreste von Tieren, die von Raubtieren erbeutet wurden.

Afterflosse
Einzelne Flosse an der Unterseite des Hinterleibs eines Fisches; spielt beim Schwimmen eine wichtige Rolle.

Allesfresser
Tier, das sowohl pflanzliche als auch tierische Nahrung zu sich nimmt. Allesfresser haben Zähne und Verdauungssysteme, die beinahe jede Art von Nahrung verarbeiten können.

Amphibium
Reptilähnliches Wirbeltier, das die Eier im Wasser ablegt, seine Jugend im Wasser und sein Leben als adultes Tier an Land verbringt.

Anpassung
Veränderung im Verhalten oder Körperbau, die das Überleben und die Fortpflanzung unter neuen Bedingungen ermöglichen.

Antarktische Konvergenz
Zone um die Antarktis, in der sich antarktische Gewässer mit wärmeren subantarktischen Gewässern vermischen.

Art
Gruppe von Tieren mit ähnlichen Merkmalen, die sich untereinander paaren und fortpflanzungsfähige Junge hervorbringen können.

Artbildung
Entstehung einer neuen Art durch Evolution.

Artenvielfalt
Die Vielfalt der in der Natur vorkommenden Pflanzen- und Tierarten.

Aussterben
Tod einer Art.

Bauchflossen
Paarweise angeordnete Flossen an den unteren Körperteilen eines Fisches.

Bakterien
Mikroskopische Lebensformen, die gewöhnlich aus einer einzigen Zelle ohne Zellkern bestehen.

Barten
Kammartige, faserige Platten bei einigen Walen.

Bebrüten
Eier außerhalb des Körpers in einer Umgebung halten, in der sie sich bis zum Schlüpfen der Jungen weiterentwickeln können.

Benthisch
Auf den Grund eines Wasserkörpers oder die Tiefen des Meeres bezogen bzw. auf dem Meeresgrund vorkommend.

Bergwald
Wald auf Berghängen in mittlerer Höhenlage. Bergwälder wachsen typischerweise unterhalb der höher gelegenen Nadelwälder.

Beute
Tiere, die von anderen Tieren gejagt, getötet und gefressen werden.

Beuteltier
Säugetier, das Junge zur Welt bringt, die kaum entwickelt sind. Die Jungen werden gewöhnlich in einem Beutel geschützt und mit Milch ernährt.

Billabong
Australische Bezeichnung für ein Wasserloch in einem Nebenarm eines Flusses, der in der Trockenzeit austrocknet.

Biodiversität
Gesamtzahl der Pflanzen- und Tierarten an einem bestimmten Ort.

Biodiversitäts-Hotspot
Gebiet, in dem die Vielfalt an Pflanzen- und Tierarten besonders groß ist.

Biogeographie
Lehre von der geographischen Verteilung der Pflanzen und Tiere.

Biolumineszenz
Von lebenden Organismen mit Hilfe eines Leuchtorgans erzeugtes Licht.

Biom
Hauptlebensraumtyp, der durch die vorherrschende Vegetationsform definiert wird. Zu den Biomen zählen Steppen, Nadelwälder, Wüsten und Tundren.

Biosphäre
Gesamtheit aller lebenden organischen Substanzen, Pflanzen, Tiere, Mikroorganismen.

Blindwühle
Tropisches, wurmähnliches Amphib, das unter der Erde lebt.

Blütenstaub
Staubähnliche Substanz, die von männlichen Blüten oder deren Geschlechtsorganen in einer Blüte erzeugt wird und bei der Fortpflanzung zum Einsatz kommt. Entspricht dem Sperma der Tiere.

Carapax
Harte äußere Bedeckung, die den Körper eines Tieres schützt, z. B. der Schildkrötenpanzer.

Dämmerungsaktiv
In der Morgendämmerung oder am frühen Abend aktiv werdend.

Dermal
Die Haut betreffend, vor allem die Dermis oder Lederhaut, die zweite Schicht in der Haut von Tieren.

Dimorphismus
Zwei unterschiedliche Formen innerhalb einer Art; unterscheiden sich Männchen und Weibchen einer Spezies in Größe oder Aussehen, spricht man von Geschlechtsdimorphismus.

Echoortung
Navigationssystem, das auf Schall basiert anstatt auf dem Sehvermögen oder dem Tastsinn. Tümmler, Delfine, viele Fledermäuse und einige Vögel benutzen Echoortung.

Eizahn
Spezielle Schuppe auf der Spitze der Oberlippe einer schlüpfenden Echse oder Schlange. Sie wird benutzt, um die Eischale von innen aufzubrechen.

Elektrorezeptoren
Spezielle Organe bei einigen Fischen und Säugetieren, mit dem sie das elektromagnetische Feld von Körpern anderer Tiere wahrnehmen können.

El Niño
Klimaphänomen. Tritt auf, wenn auf die Pazifikküste Perus statt des kalten Humboldtstroms warmes Oberflächenflächenwasser trifft. Führt zum Verschwinden von Fischbeständen und großen Wetterveränderungen regional aber auch weltweit.

Embryo
Ungeborenes Tier im frühesten Entwicklungsstadium. Ein Embryo wächst entweder im Körper der Mutter heran oder in einem Ei außerhalb des Körpers.

Emissionen
Freisetzung von Substanzen wie Gasen und Flüssigkeiten.

Endemisch
Art, die nur in einem Lebensraum oder einer Region zu finden ist. Emus sind beispielsweise in Australien endemisch.

Entwaldung
Die Abholzung von Waldbäumen zur Holzgewinnung oder um Land für die Landwirtschaft oder Besiedelung zu roden.

Ephemere Feuchtgebiete
Gebiete, die im Frühling, im Frühsommer oder nach heftigen Regenfällen regelmäßig überschwemmt werden.

Epiphyt
Aufsitzerpflanze; Pflanze, die auf einem Baum oder einer anderen Pflanze wächst, sich jedoch nicht von seinem Wirt ernährt und diesen nicht schädigt.

Evolution
Entwicklung der vererbbaren Merkmale einer Population von Generation zu Generation. Die Merkmale werden durch Mutationen in den Genen verändert und durch die Umwelt selektioniert. Evolution führt zur Entstehung neuer Arten und damit zur Entstehung neuer Familie, Ordnungen und Reiche der Organismen.

Feuchtgebiet
Land, das einen Teil des Jahres mit Süß- oder Salzwasser bedeckt ist. Die Vegetation ist an das Leben in durchtränkten Böden angepasst.

Fleischfresser
Tier, das sich in erster Linie von Fleisch ernährt.

Flughaut
Haut zwischen den vorderen und hinteren Gliedmaßen eines gleitenden Säugetieres oder Reptils.

Fossil
In Gestein erhaltener Überrest, Abdruck oder Spur einer Pflanze oder eines Tieres aus einem vergangenen geologischen Zeitalter.

Funktionell ausgestorben
Nicht zur Gänze ausgestorben, aber auf einen Punkt reduziert, wo das Aussterben unvermeidlich ist.

Gastrolithen
Magensteine; Steine, die von Tieren wie Krokodilen geschluckt werden, im Magen bleiben und beim Zermahlen der Nahrung helfen.

Gallertartig
Zähflüssige Beschaffenheit, ähnlich wie Gelee oder Gelatine.

Gattung
Zweitniedrigste Gruppe in der wissenschaftlichen Klassifikation der Lebewesen. Fasst meist zwei oder mehrere Arten zusammen.

Geburtsbau
Unterirdischer Ort, an dem ein in Bauen lebendes Tier seine Jungen zur Welt bringt.

Gefäßpflanze
Pflanze, bei der Wasser, Zucker und andere Substanzen über ein inneres Leitungssystem in alle Teile ihres Körpers transportiert werden.

Gemäßigt
Beschreibt eine Region mit warmen (jedoch nicht sehr heißen) Sommern und kühlen (jedoch nicht sehr kalten) Wintern. Die meisten gemäßigten Regionen der Erde liegen zwischen den Tropen und den Polarregionen.

Genetisches Material
Die Substanz, die die genetische Information einer Lebensform speichert. Das genetische Material beinahe aller Lebensformen ist die Desoxiribonukleinsäure (DNA).

Gezeitenzone
Der Bereich eines Strandes, der bei Flut mit Wasser bedeckt ist und bei Ebbe trocken fällt.

Gliederfüßer
Tiere mit gelenkigen Beinen und hartem Außenskelett wie Insekten, Spinnen, Krebstiere, Hundert- und Tausendfüßer.

Globale Erwärmung
Temperaturanstieg auf der Erde und in den tieferen Atmosphäreschichten in Folge der Aktivitäten des Menschen wie der Entwaldung und dem Verbrennen fossiler Brennstoffe. Die globale Erwärmung ist auch unter der Bezeichnung „Treibhauseffekt" bekannt.

Greifen
Einige baumlebende Säugetiere und Reptilien haben Greiffüße oder einen Greifschwanz, die beim Klettern als zusätzliche Gliedmaße eingesetzt werden. Elefanten haben am Ende des Rüssels einen „Greiffinger". Laubfresser wie die Giraffen besitzen Greiflippen, die ihnen beim Abreißen von Blättern helfen.

Greifvogel
Tagaktiver Raubvogel wie ein Habicht oder Falke. Zur Beschreibung von Eulen wird der Begriff jedoch nicht verwendet.

Großhirnrinde
Dünne äußere Schicht aus grauer Materie bei den Gehirnen der Menschen und höheren Säugetieren.

Harem
Gruppe von weiblichen Tieren, die mit einem meist deutlich größerem Männchen leben und sich mit diesem paaren.

Helm
Knöcherne oder hörnerne Ausbuchtung auf dem Kopf einiger Vögel wie der Kasuare.

Hierarchie
Die verschiedenen Stufen in der wissenschaftlichen Klassifikation der Lebewesen. „Stamm", „Klasse", „Ordnung", „Familie" und „Gattung" sind die unterschiedlichen Abstufungen in der zoologischen Hierarchie.

Hybrid
Nachwuchs von Eltern aus zwei verschiedenen Arten, auch Bastard genannt.

Hydrothermale Tiefseequelle
Quelle mit überhitztem, mineralreichen Wasser auf einigen Gebirgsrücken in der Tiefsee.

Insektenfresser
Tier, das sich ausschließlich oder in erster Linie von Insekten oder Wirbellosen ernährt. Manche Insektenfresser erbeuten auch kleine Wirbeltiere wie Frösche, Echsen und Mäuse. Beispiel: der Igel.

Invasive Art
Tier- oder Pflanzenart, die von Menschen in Gebieten eingeführt wurde, in denen sie von Natur aus nicht vorkommt und die die heimischen Arten bedroht.

Keratin
Protein, das in Hörnern, Haaren, Schuppen und Federn zu finden ist.

Kiemen
Organe, die Sauerstoff zum Atmen aus dem Wasser aufnehmen.

Kieselalge
Gruppe von winzigen Algen, die in Süß- und Salzwasserumgebungen leben. Haben ein Außenskelett aus Kieselsäure (Siliziumoxid).

Kleinstlebensraum
Sehr begrenzte, isolierte Umgebung – z. B. ein Baumstumpf –, in der ein Organismus lebt.

Kloakentier
Primitives Säugetier mit zahlreichen Reptilmerkmalen. Kloakentiere legen Eier und haben eine Kloake.

Knorpelfisch
Fisch mit einem Skelett aus Knorpeln wie ein Hai, ein Rochen oder eine Seekatze.

Kolonienbildende Arten
Vogelarten oder andere Tiere, die ihre Jungen gemeinsam in großen Gruppen zur Welt bringen und großziehen.

Destruent
Kompostierer, Organismus wie eine Bakterie oder ein Pilz, der sich von abgestorbenen Lebewesen ernährt, die er wieder in den ökologischen Kreislauf einbindet.

Kontinentaldrift
Theorie, die besagt, dass die gegenwärtige Verteilung der Kontinente eine Folge der Zersplitterung eines oder mehrerer früherer Superkontinente ist.

Kopfflossen
Hornartige Verlängerungen der Brustflossen bei Mantarochen und deren Verwandten.

Korallenbleiche
Massensterben von Korallenriffen, wenn die in den Korallen lebenden Algen getötet oder ausgestoßen werden. Übrig bleibt nur das farblose Kalkskelett der Algen. Ursache könnte der Treibhauseffekt und die dadurch resultierende Meereserwärmung sein.

Kronendach
Oberste Schicht eines Waldes, die zur Gänze aus Bäumen besteht.

Kropf
Dünnwandige, sackähnliche Schlundtasche, die Vögel zum Aufbewahren von Nahrung vor dem Verdauen oder zum Füttern der Jungen verwenden.

Landenge
Schmaler Streifen Land mit Wasser an beiden Seiten, der zwei größere Landmassen verbindet.

Landlebend
Die ganze oder die meiste Zeit an Land lebend; vgl. wasserlebend.

La Niña
Perioden mit ungewöhnlich kalten Meerestemperaturen im äquatorialen Pazifik, die zwischen El-Niño-Ereignissen auftreten.

Larve
Jungtier, das ganz anders aussieht als seine Eltern. Eine Insektenlarve - manchmal auch als Made oder Raupe bezeichnet - verwandelt sich in einer vollständigen oder unvollständigen Metamorphose in das adulte Tier.

Laubfresser
Pflanzenfressendes Säugetier, das mit seinen vorderen Gliedmaßen oder Lippen Blätter von Bäumen und Sträuchern zupft.

Laubwald
Gebiet, in dem holzige mehrjährige Pflanzen vorherrschend sind, die ihre Blätter zu einer bestimmten Jahreszeit oder in einem bestimmten Wachstumsstadium abwerfen.

Laufvögel
Flugunfähige Vögel wie Emus, Strauße, Kasuare und Nandus, denen der vorspringende Kiel auf dem Brustbein fehlt.

Lebensraum
Gebiet, in dem ein Tier in der Natur lebt. Verschiedene Tierarten leben in derselben Umgebung, aber jede Art lebt in einem anderen Lebensraum innerhalb dieser Umgebung.

Mangroven
Salzwasserresistente blühende Büsche und Bäume in tief gelegenen tropischen Küsten und Flussmündungen.

Massensterben
Das gleichzeitige Aussterben einer ganzen Art oder mehrere Arten, häufig in Folge einer Naturkatastrophe.

Meereis
Gefrorenes und zu Eis gewordenes Meerwasser; zur Meereisbildung kommt es bei Temperaturen von rund -1,8 °C.

Mikrobielle Fermentation
Zersetzung von Nahrungsmitteln, vor allem Kohlenhydraten, durch Mikroben im Dickdarm eines Tieres.

Mikroorganismen
Winzige Lebensformen wie Bakterien, die nur durch ein Mikroskop zu sehen sind.

Monokultur
Die Nutzung von Ackerland oder Waldgebieten für die Kultivierung einer einzigen Feldfrucht oder eines einzigen Organismus.

Muskelmagen
Das Äquivalent des Säugetiermagens bei Vögeln. Steine und Kies helfen im Muskelmagen beim Zermahlen der Nahrung.

Musth
Zeit mit hohem Testosteronspiegel bei Elefantenbullen, in der die zwischen Auge und Ohr sitzende Musth- oder Schläfendrüse eine Flüssigkeit absondert. Die Bullen sind in dieser Zeit besonders aggressiv.

Mykorrhiza
Symbiotische Beziehung zwischen einem Pilz und dem Wurzelsystem einer Pflanze.

Nachtaktiv
In der Nacht aktiv; nachtaktive Tiere verfügen über spezielle Anpassungen wie große, empfindliche Augen oder Ohren, um in der Dunkelheit ihren Weg zu finden.

Nagetier
Vertreter der Ordnung Rodentia wie Mäuse, Ratten, Hörnchen und Biber. Nagetiere sind relativ kleine, nagende Säugetierere.

Nahrungsfiltrierer
Tier, das sich von winzigen Beutetieren ernährt, die es aus dem Meerwasser siebt. Bespiele: Walhai, Blauwal.

Nahrungskette
System, in dem ein Organismus die Nahrung eines anderen bildet, der ebenfalls von einem anderen gefressen wird, und so weiter.

Nekton
Tiere, die aktiv im Meer schwimmen und nicht von den Bewegungen der Wellen oder Strömungen abhängig sind. Gegenstück: Plankton.

Nische
Die ökologische Rolle, die eine Art innerhalb einer Tiergemeinschaft einnimmt.

Ökologie
Die gegenseitigen Beziehungen zwischen Organismen und der Umgebung, in der sie leben, bzw. die Lehre von dieser Beziehung.

Ökosystem
Gemeinschaft aus Pflanzen, Tieren und der Umgebung, an die sie angepasst sind.

Opponierbar
Entgegenstellbar; beschreibt einen Daumen bzw. Zeh, der Gegenstände umgreifen und die anderen Finger derselben Hand bzw. die anderen Zehen desselben Fußes berühren kann.

Ordnung
Hauptgruppe in der taxonomischen Klassifikation; eine Ordnung bildet einen Teil einer Klasse und ist in eine oder mehrere Familien unterteilt.

Organismus
Lebensform; ein Organismus besteht aus verschiedenen Organen oder Organellen, die gemeinsam an der Erhaltung seiner Existenz arbeiten.

Ovipar
Fortpflanzen durch Eier; die Entwicklung des Embryos findet nicht im Körper der Mutter statt, sondern im Inneren eines Eies; vgl. vivipar, ovoviv par.

Ovipositor
Eiablageapparat; röhrenförmiges Organ, durch das Insektenweibchen ihre Eier ablegen. Der Stachel einer Biene oder Wespe ist ein modifizierter Ovipositor.

Ovovivipar
Fortpflanzen, indem sich die Jungen in einem Ei im Körper der Mutter entwickeln und lebend geboren werden. Die Jungtiere schlüpfen bei der Eiablage oder kurz danach; vgl. vivipar, ovipar.

Paarbindung
Partnerschaft zwischen einem weiblichen und männlichen Tier, vor allem bei Vögeln, während eines oder mehrere Brutversuche.

Pampas
Weite, östlich der Anden gelegene Grasebenen in Südamerika.

Parallele Evolution
Situation, in der verwandte Gruppen getrennt und unabhängig voneinander ähnliche Körpermerkmale entwickeln, um mit einem ähnlichen Evolutionsdruck zurechtzukommen.

Pelagisch
Frei im offenen Meer schwimmend; nicht zum Meeresgrund gehörend; vgl. benthisch.

Permafrost
Boden, der mindestens zwei aufeinanderfolgende Winter und den dazwischenliegenden Sommer hindurch gefroren bleibt.

Pflanzenfresser
Tier, das nur Pflanzenmaterial wie Blätter, Rinde, Wurzeln und Samen frisst.

Pheromon
Chemischer Botenstoff, der von einem Tier freigesetzt wird und das Verhalten seiner Artgenossen beeinflusst.

Pilze
Lebensformen wie Lamellenpilze, Schimmelpilze, Mehltau und Hefen, die kein Chlorophyll enthalten und sich von toten Organismen oder als Parasiten ernähren.

Plankton
Pflanzliche (Phytoplankton) oder tierische (Zooplankton) Organismen, die passiv im offenen Meer schweben oder treiben. Plankton bildet ein wichtiges Glied in der Nahrungskette.

Plazentatier
Säugetier, das die Jungen im Körper mit einem gut durchbluteten Organ ernährt, das Plazenta („Mutterkuchen") genannt wird.

Pleistozän
Geologische Epoche vor 1,8 Millionen bis 10 000 Jahren, in der Nordeuropa und Nordamerika von Eis bedeckt waren. Der moderne Mensch tauchte im Pleistozän auf.

Pneumatophoren
Luftwurzeln; Wurzeln bei manchen Marsch- und Sumpfpflanzen, die über die Wasseroberfläche hinausragen und als Atmungsorgane dienen.

Prärien
Ausgedehnte, grasbewachsene Ebenen oder hügelige Landstriche, die in naturbelassenem Zustand tiefe, fruchtbare Böden besitzen.

Primat
Vertreter der Säugetierordnung Primates, zu der Menschen, Affen und Halbaffen gehören.

Prokaryot
Meist einzelliger Organismus, der keinen Zellkern oder von einer Membran umschlossene Zellorganellen besitzt. Bakterien sind Prokaryoten.

Puppe
Stadium, in dem sich ein Insekt von einer Larve in die adulte Form verwandelt.

Raubtier
Tier, das in erster Linie davon lebt, dass es andere Tiere tötet und frisst.

Regenwald
Tropenwald mit einer jährlichen Niederschlagsmenge von mindestens 250 Zentimeteren. Regenwälder sind die Heimat einer großen Anzahl von Pflanzen- und Tierarten.

Reptil
Gruppe von rund 6000 Tierarten, die Luft atmen, kaltblütig sind und einen schuppenbedeckten Körper besitzen.

Restpopulation
Kleine Anzahl überlebender Pflanzen oder Tiere in einem Gebiet, in dem die jeweilige Art früher häufig anzutreffen war.

Revier
Gebiet, das von einem bestimmten Tier bewohnt und gegen Eindringlinge verteidigt wird. In dem Gebiet finden sich meist alle Ressourcen, die das Tier zum Leben braucht wie Nahrung, Nist- und Rastplätze.

Rezeptoren
Nervenenden, über die Tiere sensorische Reize aufnehmen.

Rote Liste gefährdeter Arten
Liste der bedrohten Tier- und Pflanzenarten, die von der 1963 gegründeten Weltnaturschutzorganisation IUCN regelmäßig aktualisiert wird.

Ruderfußkrebs
Vertreter einer Anzahl von winzigen Süßwasser- und Meereskrebstieren.

Rudiment
Im Laufe der Evolution teilweise oder fast vollständig zurückgebildetes Organ, Gliedmaß oder Verhalten. Beispiele: Beckenknochen der Wale, Blinddarm des Menschen.

Ruhend
In einem schlafähnlichen Zustand befindlich, häufig auf Grund der Umweltbedingungen, wobei die Körperfunktionen verlangsamt sind.

Rüssel
Bei Insekten ein langes, röhrenförmiges Mundwerkzeug (Saugrüssel), der zur Nahrungsaufnahme benutzt wird. Bei dem Rüssel einiger Säugetiere handelt es sich um eine verlängerte Nase oder Schnauze.

Salzwiesen
Gebiet in gemäßigten Zonen mit weichem, feuchten Boden, das periodisch mit Salzwasser bedeckt und gewöhnlich baumlos ist.

Säugetiere
Warmblütiges Wirbeltier, das seine Jungen mit Milch säugt und dessen Unterkiefer aus einem einzigen Knochen besteht. Obwohl die meisten Säugetiere behaart sind und ihre Jungen lebend gebären, haben einige Gruppen wie Wale und Delfine kaum oder keine Körperbehaarung; andere Säugetiere wie die Kloakentiere legen Eier.

Schlüsselspezies
Tier- oder Pflanzenart, die in ihrem Lebensraum so häufig vorkommt, dass sie einen großen Einfluss auf ihre Umgebung ausübt.

Schneidezähne
Vorderzähne eines Tieres, die zwischen den Fangzähnen sitzen und zum Zerschneiden von Nahrung dienen.

Seegras
Langblättrige, grasähnliche Meerespflanzen, die in den Küstengewässern der gemäßigten Klimazonen wachsen.

Selektion
Natürliche Auslese, grundlegender Prozess der Evolution. Bei den durch Mutation entstandenen Varianten einer Art setzen sich in der Natur die durch, die an ihre Umwelt besonders gut angepasst sind oder die durch attraktive Merkmale mehr oder einfacher Paarungspartner finden.

Spalte
Riss im Boden; in vulkanischen Gebieten kann es zu Eruptionen in Form einer Linie von Schloten entlang einer Spalte kommen.

Spermatophore
Spermienpaket, das bei der Paarung vom Männchen auf das Weibchen übertragen wird.

Staatsqualle
Eine von mehreren im offenen Meer treibenden oder frei schwimmenden, glocken- oder scheibenförmigen, gallertartigen Wirbellosenspezies.

Strahlung
Energie, die von einer Quelle in Form von Wellenlängen oder Teilchen abgestrahlt wird.

Subtropen
Region zwischen dem 35. und 40. nördlichen und südlichen Breitengrad.

Symbiose
Verbindung zwischen zwei Arten, die für beide von Vorteil ist.

Tagaktiv
Während des Tages aktiv. Die meisten Reptilien sind tagaktiv, weil sie auf die Sonnenwärme angewiesen sind.

Taxonomie
System zur Einteilung der lebenden Organismen in verschiedene Gruppen und Untergruppen anhand von ähnlichen Körpermerkmalen und Anpassungen.

Tertiär
Geologisches Zeitalter, das vor etwa 65,5 Millionen Jahren begann und vor rund 2,6 Millionen Jahren zu Ende ging.

Thermik
Säule aus aufsteigender Luft, die von Vögeln genutzt wird, um an Höhe zu gewinnen. Einige Vogelarten gleiten im Segelflug auf der Thermik, um Energie zu sparen.

Tiefseeberg
Isolierter unterseeischer Hügel oder Berg, der gewöhnlich vulkanischen Ursprungs ist.

Tiergift
Gift, das von einem Tier mit Fangzähnen, Stacheln oder ähnlichen Strukturen in Fressfeinde oder Beutetiere gespritzt wird.

Tierlaut
Lautäußerung eines Tieres, die zur Kommunikation dient, wie das Heulen der Wölfe.

Tierverbände
Gruppen von Tieren innerhalb größerer Populationen, die in Gemeinschaft leben und sich in Zusammenarbeit um das Herbeischaffen von Nahrung und die Errichtung der Baue oder Nester kümmern.

Torfmoore
Feuchte, schwammige Gebiete, in denen verrottende Torfpflanzen mit anderen Pflanzenmaterialien tiefe Torfschichten bilden.

Torpor
Erstarrungsähnlicher Zustand, in dem die Körpervorgänge stark verlangsamt sind.

Tragzeit
Trächtigkeitsdauer; Zeitperiode, in der sich die Jungen im Bauch des Weibchens entwickeln.

Tropenwälder
Wälder in tropischen Regionen mit geringen jahreszeitlichen Temperaturunterschieden.

Tundra
Kaltes, karges Gebiet, in dem der Boden großteils gefroren ist und die Vegetation aus Moosen, Flechten und anderen kleinen Pflanzen besteht, die an die Kälte angepasst sind.

Überständer
Waldbaum, der die umstehenden Bäume überragt.

Unterholz
Bewuchs aus kleinen Bäumen und Sträuchern unter dem Hauptkronendach des Waldes.

Verbreitungsgebiet
Das geographische Gebiet, in dem eine bestimmte Art regelmäßig anzureffen ist.

Vivipar
Lebend gebärend; Fortpflanzen durch Junge, die sich im Körper der Mutter entwickeln und lebendig zur Welt kommen. Die meisten Säugetiere und einige Fischarten sind vivipar.

Wadi
Arabischer Name für einen Flusslauf in der Wüste, der die meiste Zeit trocken ist und nur gelegentlich Wasser trägt.

Wanderung
Reise von einem Lebensraum in einen anderen, die gewöhnlich zu einer bestimmten Jahreszeit stattfindet. Viele Tiere legen auf ihren Wanderungen weite Strecken zurück, um Nahrung zu finden, sich zu paaren, Eier zu legen oder ihre Jungen zu gebären.

Wärmeregulierung
Die Fähigkeit eines Organismus, seine Körpertemperatur innerhalb eines bestimmten Bereichs zu halten.

Wassersäule
Modell eines Wasserkörpers von der Oberfläche bis zum Grund.

Weichtier
Wirbelsäulenloses Tier wie eine Schnecke oder ein Tintenfisch mit weichem Körper, der häufig teilweise oder zur Gänze von einer schützenden Schale umhüllt ist.

Wiederansiedlung
Das Freilassen einer Tierart in einem Gebiet, in dem sie füher gelebt hat, aus dem sie aber verschwunden ist.

Wiederkäuer
Huftiere mit vier Magenkammern: Rinder, Büffel, Bisons, Antilopen, Gazellen, Schafe, Ziegen und andere Vertreter der Familie Bovidae.

Wildfluss
Teil eines Baches oder Flusses, dessen verflochtene Nebenarme sich in einem unregelmäßigen Muster trennen und vereinen.

Winterschlaf
Einige Tiere sind während der Wintermonate komplett inaktiv. Vor Winterbeginn fressen sie, so viel sie können, ziehen sich danach an einen geschützten Ort zurück und fallen in einen tiefen Schlaf. Stoffwechsel, Köpertemperatur und Körperfunktionen sind in dieser Zeit stark reduziert.

Wirbel
Kreisförmige Strömung in einem Wasserkörper.

Wirbellose
Tiere ohne Wirbelsäule; viele Wirbellose sind Tiere mit weichen Körpern wie Würmer, Egel oder Oktopusse, die meisten Wirbellosen haben jedoch ein hartes Außenskelett.

Wirbeltier
Tier mit Wirbelsäule. Alle Wirbeltiere haben ein inneres Skelett aus Knorpeln oder Knochen.

Zahnwal
Zahnwale haben Zähne statt Barten, sind Fleischfresser und ernähren sich von Fischen, Tintenfischen und Meeressäugern.

Zirpen
Erzeugung eines Geräusches durch Aneinanderreiben zweier Gegenstände. Viele Insekten verständigen sich auf diese Weise, wobei manche ihre Beine am Körper reiben.

Züchtung in Gefangenschaft
Züchtung von stark gefährdeten Tierarten unter kontrollierten Bedingungen.

Zugroute
Route, der Zugvögel auf ihren Wanderungen regelmäßig folgen.

Zungenbein
Einzelner oder einer von mehreren U-förmigen Knochen am Zungenansatz eines Tieres.

Zweischaler
Weichtier mit zwei Schalen, die durch ein Gelenk verbunden sind, wie zum Beispiel eine Auster oder Muschel.

Register

Kursiv gedruckte Seitenzahlen verweisen auf Illustrationen und Fotografien; Zahlen und Buchstaben in eckigen Klammern auf Seite und Spalte in der Übersicht.

A

B

C

D

E

I

J

K

L

M

N

O

P

Klaus Bednarz
Peter Hirth

POLEN

Bucher

Für Moni und Nina

Seite 2/3: Landschaft bei Poznan/Posen

Bildkonzeption: Axel Schenck
Lektorat: Rüdiger Dingemann
Umschlaggestaltung: Peter Schmid
Herstellung: Angelika Kerscher

Printed and bound in Germany
ISBN 3 7658 0604 8

Inhalt

Einführung

Auch uns nennt man im Westen den Osten, und im Osten den Westen.

STANISLAW JERZY LEC

Andrzej Wajda (geb. 1926)

Krzysztof Zanussi (geb. 1939)

Wohl kein anderes Land in Europa wird von außen mit so vielen Emotionen, aber auch Klischees und Vorurteilen betrachtet wie Polen; aber auch kein anderes Land macht es dem von draußen kommenden Betrachter so schwer. Dabei ist Polen heute durchaus zugänglich – zum Glück nicht «offen», wie es in der dunkelsten Stunde seiner Geschichte hieß, wohl aber erreichbar für jeden, dem an einem eigenen Bild gelegen ist.

Seine natürlichen Grenzen im Norden (Ostsee) und Süden (Karpaten, Sudeten) sind ebensowenig unüberwindlich wie seine politischen im Westen (Oder/Neiße) und Osten (Bug); einen «Eisernen Vorhang» gibt es nicht mehr. Vorbei sind die Zeiten, in denen man sich – aus welchen Motiven auch immer – ängstlich abkapselte und jeden aus dem Ausland, und vor allem aus dem Westen, Kommenden als eine potentielle Bedrohung und jeden ins Ausland Reisenden als Risiko betrachtete. Vorbei auch die Zeiten, in denen man versuchte, ausschließlich die Informationen, die politisch nützlich schienen, ins Land und nur das, was propagandistisch wünschenswert schien, aus dem Land zu lassen. Die Zahl der Touristen, die jährlich Polen besuchen, geht in die Millionen, und die Berichte über die Gegenwart dieses Landes füllen ganze Bibliotheken.

Wenn Vaterland das erste Wort des Polen ist, so ist Freiheit das zweite. Ein schönes Wort!

HEINRICH HEINE

Polens zeitgenössische Literatur ist ein selbstverständlicher Bestandteil der Weltliteratur, Polens Filme sind gefragte Positionen der internationalen Festivals und Fernsehprogramme; Polens bildende Kunst wird in Paris und Düsseldorf ebenso gehandelt wie in London und New York, polnische Restaurateure arbeiten in München ebenso wie in Rom oder Tokio, polnische Komponisten lehren in Essen wie in Boston. Filmregisseure wie Andrzej Wajda, Krzysztof Zanussi, Roman Polanski und Krzysztof Kieslowski werden in Moskau gefeiert und in Hollywood, in Berlin und Cannes; der Komponist Krzysztof Penderecki von deutschen Rundfunkanstalten ebenso umworben wie von den Salzburger Festspielen; der im Exil lebende polnische Lyriker Czeslaw Milosz erhält den Literatur-Nobelpreis 1980, die Schriftsteller Jerzy Andrzejewski, Stanislaw Lem und Andrzej Szczypiorski erscheinen in den deutschsprachigen Bestsellerlisten wie in denen Japans und Finnlands, die Dramatiker Slawomir Mrozek und Witold Gombrowicz stehen auf den Spielplänen der Theater in Zürich und Düsseldorf ebenso wie auf denen von Stockholm und New York. Westliche Fernsehstationen strahlen eine dreizehnteilige polnische Serie unter dem Titel «Die Bauern» (nach dem gleichnamigen Roman von Wladyslaw Reymont) aus, und ein Film über die Stadt Lodz – «Das

Krzysztof Penderecki (geb. 1933)

Andrzej Szczypiorski (geb. 1924)

Stanislaw Lem (geb. 1921)

verheißene Land» (ebenfalls nach Reymont) – wird für den Oskar nominiert. Politisch und militärisch ist Polen die zweitstärkste Macht im Ostblock. Von Polen gingen in den vergangenen 40 Jahren mehr außenpolitische Initiativen aus als von irgendeinem anderen sozialistischen Land mit Ausnahme der Sowjetunion, von Polen kamen die weitestgehenden Vorschläge zur Gestaltung spezifisch mitteleuropäischer Zonen. In der UNO gilt Polen als eines der aktivsten Mitgliedsländer, und mit keinem Staat der Welt – mit Ausnahme von Israel – hat Polen ein politisches Verhältnis, das als problematisch oder gar gespannt bezeichnet werden könnte; von gelegentlichen Reibereien mit der DDR wegen Fragen des Grenzverlaufs abgesehen. Polen hat sich – mit Ausnahme der Wirtschaft – auf allen Gebieten einen Platz in der Welt erkämpft.

Und dennoch: das Bild Polens im Ausland wird noch immer häufig bestimmt von Irrationalität, Ignoranz und Ressentiment. In Amerika existieren die Polen bei weiten Teilen der Bevölkerung vor allem als negative Witzfigur; von den «Polish jokes», in denen die Polen als schmutzig, dumm und arbeitsscheu dargestellt werden, lebt ein ganzer Industriezweig.

Vielen Russen gilt der Nachbar im Westen als ein kleines Volk, das «vor allem Ärger» macht und das man besser unter Kontrolle hätte, wäre es eine Teilrepublik der großen Sowjetunion.

Viele Tschechen und Slowaken tragen den Polen heute noch nach, daß sie 1939 den Einmarsch Hitlers in die Tschechoslowakei goutiert haben – vom Jahr 1968 ganz zu schweigen...

Viele Franzosen wissen an den Polen einzig den Reiz ihrer Mädchen zu rühmen – Folge der unvergessenen Romanze Napoleons mit der Gräfin Maria Walewska.

1. Die Volksrepublik Polen ist ein sozialistischer Staat.

2. In der Volksrepublik Polen gehört die Macht den arbeitenden Menschen der Städte und Dörfer.

Verfassung der Volksrepublik Polen vom 16. Februar 1976

Mehr als 90 Prozent der Bevölkerung sind Gläubige, und diese Tatsache muß respektiert werden auch von denen, die dieses Volk regieren...

STEFAN KARDINAL WYSZYNSKI,
Primas von Polen, am 3. Mai 1977

Vielen Engländern fällt beim Namen Polen nur «Polish ham» ein – und eine als spleenig geltende Exilregierung in London.

Und die Deutschen? Noch im Jahre 1970 ergab eine Untersuchung über das Polen-Bild deutscher Schulkinder: die Polen sind «primitiv und brutal, hinterlistig und kalt, unfreundlich, unberechenbar und jähzornig». Bis in die Gegenwart, so scheint es, hat sich als dominierendes Element im Polen-Bild der Deutschen behauptet, was der preußische Feldmarschall v. Knesebeck 1814 in einer Denkschrift an den Freiherrn vom Stein schrieb: «Unordnung, wüstes Leben ist des Pohlen Element. Nein – laßt diese Menschen den Durchgang unter dem Kantschuh machen. Die Vorsehung will es so... Für jetzt also kein Pohlen mehr.» Auch heute noch fällt vielen Deutschen beim Stichwort Polen als erstes die abfällige Formel «polnische Wirtschaft» ein, die der deutsche Professor und Weltreisende Georg Forster bereits im Jahre 1788 prägte. Selbst mit dem Ausdruck «polnisches Gesindel», der 1577 erstmals in einem anonymen Schmählied auftauchte, ist man in Deutschland heute noch schnell bei der Hand.

Hort zu, was wil ich singen,
was wil ich heben an!
von dem Polnischen Gesinde
wil ich euch melden thun.
Sie haben zusamen geschworen,
geschlagen einen Rath,
wie sie möchten gewinnen
Dantzig die werde Stadt.

Deutsches Polenlied, 16. Jahrhundert

An diesem vorwiegend negativ dominierten Polen-Bild der Deutschen hat auch die Tatsache der vorübergehenden Polenbegeisterung während des Völkerfrühlings (1830/1850) und der Blütezeit der «Solidarnosc»-Bewegung (1980/81) wenig geändert; ebensowenig, wie es auf das allgemeine Polen-Bild der Amerikaner Einfluß hat, daß zwei ihrer hervorragendsten Freiheitskämpfer Polen waren – die Generäle Tadeusz Kosciuszko und Kazimierz Pulaski.

Wohlauf, du kleines Polen,
zu davidgleicher Tat,
triff mit der kleinen Schleuder
den großen Goliath!
Wir teilen deine Schlachten
in heiliger Sympathie,
und Gott wird dich beschirmen,
der David Sieg verlieh.

Deutsches Polenlied, 19. Jahrhundert

Dabei hat es in Deutschland zu allen Zeiten Freunde und Verehrer Polens und der Polen gegeben; sei es der polonophile Verfasser der «Deutschen Poeterey», Martin Opitz, der 1636 als Hofhistoriker Lobgesänge auf den polnischen König Wladyslaw IV. verfaßte – seien es August Graf von Platen, Ludwig Uhland, Nikolaus Lenau, Emanuel Geibel, Georg Herwegh, Friedrich Hebbel, Heinrich Heine u.a. mit ihren Polenliedern und -gedichten oder sei es jener Prof. Dr. Albert Gottlieb, der zur Nazizeit, als sich Polens ärgste Bedrängnis bereits abzeichnete, in Wien und Leipzig ein Polen-Buch herausbrachte, dessen Einleitungskapitel mit dem Satz endet: «Sind wir Europäer: dann dürfen wir Polen nicht allein lassen.»

Allerdings ist es unverkennbar, daß trotz der – zweifellos weiter bestehenden und schnell zu mobilisierenden – latenten antipolnischen Grundhaltung weiter Kreise der deutschen Gesellschaft in den letzten Jahren in unserem Verhältnis zu Polen ein gewisser Versachlichungsprozeß eingetreten ist. Die auf einen Ausgleich mit unseren östlichen Nachbarn – und vor allem Polen – abzielende «Neue Ostpolitik» ist von der Mehrheit der deutschen Bevölkerung mitgetragen worden, wenngleich möglicherweise weniger aus emotionaler Neigung als aus Einsicht in die politische Notwendigkeit.

Auch die Sympathie für die «Solidarnosc» dürfte bei vielen eher auf einem antikommunistischen Affekt beruhen als auf Sympathie für die Polen. Zweifellos ist die Bereitschaft, sich ein eigenes Bild von Polen zu machen, gewachsen – wie die sprunghaft gestiegenen Touristenzahlen beweisen. Doch stößt diese Bereitschaft häufig gerade da auf ihre Grenzen, wo der Versuch unternommen wird, die Schwelle vom Kennenlernen zum Verstehen zu überschreiten. Da bietet sich ein Polen so voller Widersprüchlichkeiten, Kontraste und Verwirrungen, daß selbst einem, der es wissen müßte, dem Polen Witold Wirpsza, auf die Frage: «Pole, wer bist Du?» letztlich nur die ratlose Gegenfrage bleibt: «Ist diese Kompliziertheit und Verwirrtheit eine konstante Eigenschaft der polnischen Gesellschaft?»

Da beginnt das polnische Nationalepos, der «Herr Tadeusz» des Goethe-Zeitgenossen Adam Mickiewicz, mit den Worten:

«Litwo! Ojczyzno moja!»
«Litauen! Du mein Vaterland!»

Fortsetzung Seite 17

Blick vom Kopernikusturm auf Fromburg/Frauenburg am Frischen Haff. Rechts der gotische Dom, in dem der Astronom Nikolaus Kopernikus, der hier von 1512 bis 1543 lebte, beigesetzt ist.

Nächste Doppelseite: Fassaden der alten Patrizierhäuser von Torun/Thorn. Die alte Handelsstadt, eine ehemalige Ordensburg, hat eine wechselhafte Geschichte. Bis 1793 war die Stadt polnisch, nach der zweiten Teilung Polens fiel sie an Preußen, und erst nach dem Ersten Weltkrieg wurde sie wieder polnisch.

POWSZECHNY DOM TOWAROWY

Verkaufsstand auf der Kurpromenade des Seebades Sopot/ Zoppot.

Marktszene in der Hafenstadt Gdynia/Gdingen.

Links: An heißen Tagen löscht Sirup vermischt mit Sodawasser den Durst. Rechts: Veteran mit Regimentsfahne während einer Veranstaltung.

Nachbarlicher Plausch am Zaun in einem masurischen Dorf.

Nächste Doppelseite: rechts der sogenannte «Wellenbrecher», ein mehr als tausend Meter langer neuer Wohnblock in Oliva, einem nördlichen Stadtteil von Gdansk/Danzig. Gdansk, Sopot und Gdynia sind administrativ zur «Dreistadt» zusammengeschlossen.

TAXI
GKT 6496

Das Solidarnosc-Denkmal in Gdansk/Danzig. Die drei über vierzig Meter hohen Metallkreuze mit Ankern wurden von den polnischen Künstlern Elsbieta Szczodrowska und Robert Peplinski entworfen und stehen seit dem 16. Dezember 1980 vor der Leninwerft. Sie erinnern an die Arbeiteraufstände von 1956 in Posen, von 1970 in Danzig und von 1976 in Ursus und Radom. In den Sockel des Denkmals ist ein Psalmvers in der Übersetzung des Nobelpreisträgers Czeslaw Milosz graviert: «Der Herr wird seinem Volk Kraft geben, der Herr wird sein Volk segnen in Frieden.» (Psalm 29.11)

Man stelle sich vor, ein deutsches Nationalepos – gäbe es so etwas – begänne mit den Worten: «Elsaß! Du mein Vaterland!»

Da trägt das berühmteste polnische Denkmal den Namen des schwedischen Königs Sigismund Wasa...

Der Mann, der als Inkarnation der polnischen Musik gilt, heißt ganz unpolnisch Chopin...

Die berühmtesten polnischen Sprachforscher tragen Namen wie Linde, Lehr, Brückner und Szober...

Der letzte Verteidiger Warschaus im Zweiten Weltkrieg ist General Rommel, und der letzte polnische Offizier, der vor den Nazis kapituliert, ein General Kleeberg...

Und auch Polens Gegenwart erscheint dem Außenstehenden nicht weniger paradox:

Da hat man eine Verfassung, deren erster Satz lautet: «Die Volksrepublik Polen ist ein sozialistischer Staat!» Doch mehr als 80 Prozent der Bevölkerung dieses Staates bezeichnen sich auch heute noch als «praktizierende Katholiken».

Da hat man eine Staatsdoktrin, in der die Partei die «führende Rolle» spielt. Doch der Chefideologe der Partei selbst bezeichnet dies im Jahr 1989 als einen «Mythos».

Da hat man ein angeblich sozialistisches Wirtschaftssystem, doch mehr als 80 Prozent der landwirtschaftlichen Nutzfläche befindet sich in der Hand privater Einzelbauern.

Da hat man ein Staatsgebiet, das Gegenden umfaßt, die man früher «Kornkammern Europas» nannte. Doch nicht einmal die eigene Bevölkerung kann man ohne Hilfe von außen ernähren.

Da hat man riesige natürliche Reichtümer wie Kohle, Kupfer und Schwefel, eine traditionsreiche, leistungsfähige Arbeiterschaft und eine hochqualifizierte technische und wissenschaftliche Intelligenz – und dennoch ist das Land in Gefahr, zum «Bettler Europas» (Lech Walesa) zu werden.

Und da hat man ein atheistisches Erziehungssystem, in dem nicht nur Platz ist für eine vom Staat unabhängige katholische Universität, sondern in dem jedes Kind in der sozialistischen Grundschule den Vers auswendig lernen muß:

«Heilige Jungfrau Maria, die Du beschützt uns Tschenstochau.»

Polen heute: Ein kommunistisches Land, ein katholisches Land? Eine hochentwickelte Industrienation, ein zurückgebliebener Bauernstaat? Ein Land vor dem Ruin, ein Land vor neuer Blüte? Ein Souverän, ein Vasall? Ein Stück Osten, ein Stück Westen?

Keine dieser Fragen läßt sich direkt und eindeutig beantworten – wie keine Frage nach der Identität eines Landes und seiner Bewohner. Die Frage, wie Polen wirklich ist, welchen Weg es gehen wird, kann und will auch dieses Buch nicht beantworten. Es kann lediglich zu zeigen versuchen, wie dieses Land heute aussieht; versuchen, in Bild und Wort seine Landschaften und seine Menschen zu beschreiben, seine Errungenschaften und seine Probleme; versuchen, ein Stück Mitteleuropa näher in unser Blickfeld zu rücken.

Jeszcze Polska nie zginela
kiedy my zyjemy.
Co nam obca przemoc wziela
szabla odbierzemy.
Marsz, marsz, Dabrowski,
z ziemi wloskiej do Polski!
Za twoim przewodem
zlaczym sie z narodem.

Noch ist Polen nicht verloren,
solang wir leben.
Was uns fremde Übermacht nahm,
holen wir mit dem Säbel zurück.
Marsch, marsch, Dabrowski,
von Italien nach Polen!
Unter deiner Führung
vereinigen wir uns mit der Nation.

Polnische Nationalhymne, entstanden bei den Polnischen Legionen in Italien, 1797

VATERLAND

Für einen Moment sei es so, wie es war
in der großen und kreisenden Mär über mir –
noch schlafen die Menschen unter dem Baum,
doch wenn sie erwachen und wahr wird ihr Traum,
dann wird ihnen plötzlich für immer gewiß,
daß alles so sein wird wie im Paradies.

Und all das in meinem Lande geschieht,
der Heimat des Schnees, der Blätter und Schatten,
dort, wo ein Viergespann nicht eher steht,
bis, im Lauf angehalten, von Schaum es bedeckt ist,
wenn an uns der Herbst vorbeifliegt wie Rost
zum Nachtlager, weiß im lebendigen Frost.

Wir fahren mit offenem Pelz, schräger Mütze,
im Wind mit zerzaustem und wehendem Haar
zum windigen Flecken, dort tanzt man Mazurka,
dort reichen die Liebe uns Mädchen lunar,
dem Herrgott entflohen, um uns auf der Stelle
lachend zu grüßen auf dörflicher Schwelle.

Nur manchmal, da können in tiefer Verbeugung
wir unsere Heimat nicht nennen und stehn
verstummt, in den Händen die Mütze, und hören
auf einmal des Waldbasses fernes Gedröhn.
Auf spieln in der Wirtschaft die näheren Geigen,
wenn die Erntesicheln weggelegt schweigen.

August. Es fahren durchs funkelnde Wetter
knarrende Fuder. In Kürbissen gären
grünende Fröste. Die Nacht duftet schwerer
schon nach zerdrückten Waldheidelbeeren.
Getaucht in Schlaf und in bitteres Heu,
steht in uns auf der Tiere Schrei.

In Stiefeln aus Juchten und Hosen aus Drillich,
das Bündel in Händen, so gehn, bis es tagt,
gebückt durch die Felder die Menschen und atmen
des würzigen Brotes sauren Geschmack.
Wie Schilde des Himmels stehn Pfützen. Und schweigend
gehn heimwärts die Menschen, in Felder sich neigend.

Schon sind sie verschwunden. Nur noch der Glanz
des Sees beleuchtet die Stirn der Plebejer.
Die Zeit der Schwalben geht ihnen voraus,
des Schlafs im Wacholder. Die Pfeife ruft näher
aus seinem ergrauenden Garten das Haus,
wo die Hunde zu Füßen uns liegen, heraus.

Die Mütter sehn an den Pforten entrückt
die radelnden Kinder dort auf dem Pfad.
Es schreien die Hähne. Und knarrend dreht
sich zwischen den Bäumen des Horizonts Rad.
Unter der Glocke des Himmels riecht schwer
der Wald nach Wermut und siedendem Teer.

Dann sieht man die Menschen die Augen, die stummen,
hoch über die Erde erheben. Der Tritt
des Bären ändert sich langsam im härteren Schritt
derer, die in den Schnurrbart sich summen
ein Lied ihrer Schmerzen – doch sie wissen nicht mehr,
daß traurig sie sind. Und plötzlich, weit her,
die Heimat herab vom Gebirg auf sie zurennt –
den Trommeln der Wolken der Wind applaudiert –
so groß, daß ein Blinder, vom Stock nicht geführt,
sich zu ihr bekennt wie zu Luft und zu Wasser,
und doch auch zu ihr, wie die Bachstelze klein,
mit Hochzeitsmyrte und Trauerkränzlein.

TADEUSZ NOWAK *(geb. 1930). Übertragung von Heinz Czechowski*

Polen in der Geschichte

Wenn es um den Stern geht, der über Polens tausendjähriger Historie stand, so war es wohl die meiste Zeit ein Unstern. Kein Volk in Europa, das als Staat und Nation überlebt hat, ist von der Geschichte so herumgestoßen worden, kein Volk hatte es schwerer, seinen Platz in Europa zu finden und zu behaupten. Gelegen auf der Grenze zwischen Ost und West, ist es mit zynischer Regelmäßigkeit von allen seinen Nachbarn zum Untergang verurteilt worden – mal vom einen, mal vom anderen, mal von allen gemeinsam. Doch ebenso regelmäßig mußte die Welt erkennen, daß man dieses Land wohl zerstören, nicht aber vernichten, dieses Volk wohl dezimieren und unterdrücken, nicht aber ausrotten kann.

«Nie damy sie» – «Wir lassen uns nicht unterkriegen»

heißt jene ebenso schlichte wie trotzige Formel, die sich als die stärkste Konstante der polnischen Geschichte erwiesen hat, als Waffe, an der letztlich alle Feinde gescheitert sind.

Die Geschichte dieses Landes ist vor allem eine Geschichte des Kampfes, der Teilungen, der Aufstände, eine Geschichte des Sich-nicht-Abfindens. Wie oft sind fremde Armeen durch dieses Land gezogen: Böhmen, Mongolen, Deutsche, Schweden, Franzosen, Österreicher, Russen, Deutsche, Russen, Deutsche, Russen...

Und in welchen Winkeln der Welt – und gegen wen! – kämpften nicht überall Polen: bei Liegnitz gegen die Mongolen (1241), vor Wien gegen die Türken (1683), vor Moskau gegen die Russen (u.a. 1610, 1812), auf Haiti gegen Neger (1803), vor Somossiera (bei Madrid) gegen die Spanier (1808), in Amerika gegen die Engländer (1776–1781), vor Verdun gegen die Deutschen, vor Verdun gegen die Franzosen... Sie kämpften meist für eine fremde Sache, in der Hoffnung, damit auch ihrer eigenen zu helfen. Was nicht heißt, daß diesem Land in seiner eigenen Geschichte Großmachtgelüste fremd gewesen seien. Schon Polens erster König, Boleslaw der Tapfere (992–1025), beherrschte ein Riesenreich, das von der Elbe bis nach Prag und an den Dnjepr reichte; 1610 besetzten polnische Truppen Moskau, und noch im Jahre 1920 zog es die Polen unter Pilsudski bis nach Kiew. Doch für fast alle diese Eroberungszüge gilt, was der ebenso kritische wie konservative deutsche Historiker Walter Günzel über Polens berühmteste Feldzüge des Mittelalters schrieb: «Die Feldzüge, die gegen das Großherzogtum Kiew geführt wurden, hatten nur bedingt expansiven Charakter. Den polnischen Fürsten lag vor allem an einer Sicherung ihres Besitzes im Osten... Der Nachbar sollte nicht zu mächtig werden und sich nur soweit entfalten, daß er ungefährlich bliebe.»

In der Tat ist Polens Geschichte über weite Strecken nur zu erklären aus jenem Pufferkomplex, dem Gefühl des politischen, wirtschaftlichen und kulturellen Eingeklemmtseins zwischen Ost und West, zwischen den Großmächten Rußland und Deutschland.

Bereits Polens Eintritt in die Geschichte vollzog sich unter diesem Aspekt: Als sich Polens erster historischer Herrscher, der Herzog Mieszko aus dem Geschlecht der Piasten, im Jahre 966 nach christlich-lateinischem Ritus taufen ließ – und dieses Datum gilt allgemein als Eintritt Polens in die neuere Geschichte –, existierten im Westen und Osten Polens bereits zwei gewaltige Reiche: das Deutsche Reich unter Otto I. dem Großen, und das Kiewer Reich unter Wladimir dem Heiligen. Durch den Übertritt zum Christentum – aus welchen Gründen er im einzelnen auch erfolgt sein mag – nahm Mieszko nicht nur den beiden mächtigen, bereits christianisierten Nachbarn die Möglichkeit, unter dem Vorwand der «Missionierung» in sein Land einzufallen, sondern sicherte sich zugleich den Schutz und die Hilfe Roms bei der Durchsetzung seiner eigenen staatlichen und politischen Interessen. Durch die Annahme des Christentums war Polen aus

Die Identität des heutigen Polen läßt sich nur erkennen im Lichte des Sterns und des Unsterns seiner Geschichte.

WITOLD WIRPSZA

Boleslaw I. der Tapfere (966–1025)

Kasimir III. der Große (1310–1370)

einem Objekt der europäischen Geschichte zu einem handelnden Subjekt geworden – vorerst jedenfalls. Und in dem Bewußtsein neugewonnener Stärke betrieben Mieszko und sein Sohn und Nachfolger Boleslaw der Tapfere (Chrobry) eine Politik, die auf den ersten Blick durchaus wie reine Großmachtpolitik aussieht. Man schuf sich, aus dem polnischen Kernland um Posen und Gnesen heraus, einen Zugang zu Oder und Ostsee, verleibte sich Pommern und Schlesien, vorübergehend auch Böhmen und Mähren sowie die Ukraine ein und legte sich sowohl mit dem Deutschen Kaiserreich als auch mit Rußland an. Vom eroberten Kiew aus schrieb man triumphierende Briefe an den römischen und den byzantinischen Kaiser; im Jahre 1025 krönte sich Boleslaw I. zum polnischen König.

Bei dieser Ausdehnung des polnischen Reiches weit über seine ethnischen Grenzen hinaus dürfte jedoch bereits jenes Motiv mitgespielt haben, das in späteren Jahrhunderten wiederholt als eine der bestimmenden Ideen der polnischen Politik auftaucht. Man wollte, wie der polnische Historiker Oskar Halecki in seiner in London erschienenen «Geschichte Polens» feststellt, «alle nordslawischen Staaten zu einer politischen Gemeinschaft zusammenfassen, die ihren unabhängigen Platz im europäischen Staatensystem zwischen beiden Teilen der christlichen Welt gefunden haben würde, von denen der eine der Vorherrschaft Deutschlands, der andere der Vorherrschaft Byzanz' unterstand».

Doch war Europa weder für eine derartige Staatskonzeption reif noch Polen im Inneren stark genug, sie zu realisieren. Adelszwistigkeiten, Bruderkriege, unsinnige Erbteilungen und Aufstände noch heidnischer Volksgruppen im einheimischen Machtbereich sowie permanenter Gegendruck von außen führten bald zum Verfall und Niedergang des ersten polnischen Großreiches. Als im 14. Jahrhundert die Herrscherlinie der Piasten ausstirbt, sind Pommern und Schlesien verlo-

Nun will ich die übrigen Taten des Mieszko, des berühmten Polenherzogs, darlegen, den ich schon in den früheren Büchern geschildert habe. Er hatte aus Böhmen eine edle Gemahlin, die Schwester des älteren Boleslaw, heimgeführt. Diese verhielt sich wirklich so, wie ihr Name lautet. Sie hieß nämlich auf slawisch Dobrawa, was ins Deutsche übersetzt «die Gute» bedeutet. Da diese christustreue Frau ihren Gatten in allerlei heidnischen Irrtümern befangen sah, machte sie sich in ihrem schlichten Gemüt darüber Gedanken, wie sie ihn auch im Glauben zu dem ihren machen könne; sie bemühte sich auf jede Weise, ihn zu mäßigen, nicht wegen der dreifachen Lust unserer schlechten Welt, sondern wegen der löblichen und für alle Gläubigen so wünschenswerten Frucht des künftigen Lohnes.
Zunächst handelte sie eine Weile böse, um danach für lange Zeit Gutes tun zu können. Als sie nämlich in den Fastenzeiten, die auf ihre Heirat folgten, Gott durch Enthaltung von Fleisch und durch Kasteiung ihres Leibes einen ihm angenehmen Zehnten darzubringen suchte, wurde sie von ihrem Gatten mit süßen Versprechungen gebeten, ihr Vorhaben aufzugeben. Sie

ren, ist Polen durch den inzwischen entstandenen Deutschen Ordensstaat im Norden von der Ostsee abgeschnitten, ist mit Litauen im Nordosten eine neue politische Potenz erwachsen und hat sich im Osten nach dem mächtigen Großfürstentum von Kiew ein zweites etabliert – das Moskauer. Polen selbst ist zerfallen in viele Teilfürstentümer.

Erst unter Kasimir dem Großen (1333–1370) und durch eine politische Union mit Litauen (1385) wird Polen wieder ein zu politisch weitgehend selbständigem Handeln fähiger Faktor auf der Landkarte Europas. In einer Zeit relativer außenpolitischer Ruhe gelingt Kasimir nicht nur die innere Festigung der politischen

Wladyslaw II. Jagiello (1348–1434)

Stefan Batory (1533–1586)

Johann III. Sobieski (1624–1696)

Verhältnisse, sondern zugleich ein wirtschaftlicher und kultureller Aufschwung des Landes, wie ihn Polen bis dahin nicht gekannt hatte. Spätere Geschichtsschreiber werden von ihm berichten, er habe «ein hölzernes Polen vorgefunden und ein steinernes hinterlassen». Er baut Burgen und Kirchen, schafft einen Rechtsschutz für die Bauern gegen die Willkür des Adels, gewährt verfolgten Juden aus ganz Europa Schutz und gründet 1364 als zweite europäische Universität nördlich der Alpen – nach Prag – die Universität Krakau. Als einzigen polnischen König belegt ihn das Volk mit dem Beinamen «der Große». Die von ihm geschaffene Staatsstruktur bleibt im Kern 400 Jahre bestehen, und sein Modell eines föderalistischen, sich primär als Bollwerk gegen den Osten empfindenden Polen soll in Pilsudskis Polen des 20. Jahrhunderts einen prominenten Nachahmer finden. Und das nach dem Aussterben der Jagiellonen (1572) eingeführte Prinzip des Wahlkönigtums wird die Geschicke Polens – im Guten wie im Schlimmen – bis zu seinem staatlichen Untergang gegen Ende des 18. Jahrhunderts bestimmen. Das Prinzip des Wahlkönigtums besagt, daß der König vom Sejm, dem polnischen Reichstag (ursprünglich nur die Vertretung des Großadels, später dann auch der Stände), gewählt wird. Die Nationalität des Kandidaten ist hierbei gleichgültig.

Dieses Wahlkönigtum bedeutet auf der einen Seite das Einbringen eines gewissen demokratischen Elements in die starre Struktur der monarchistischen Staatsform – womit Polen allen anderen Ländern Europas um Epochen voraus ist. Zugleich verhilft es Polens Adel, der Schlachta, zu einer ungewöhnlichen Machtposition. Dieser Stand wird nun de facto der Königsmacht ebenbürtig, ja er steht sogar über ihr. Schon 1505 läßt sich Polens Adel seine Loyalität gegenüber dem König mit der sogenannten Verfassung des «Nihil novi» honorieren – das heißt,

stimmte ihm mit dem Gedanken zu, er werde sie dann in anderen Dingen leichter erhören. Manche sagen, sie habe in einer Fastenzeit Fleisch gegessen, andere dagegen in dreien.
Nun hast du, lieber Leser, ihre Übertretung vernommen; erwäge nun auch die schöne Frucht ihres frommen Wollens. Sie arbeitete nämlich an der Bekehrung ihres Gatten und wurde von der Barmherzigkeit ihres Schöpfers erhört. Durch dessen unendliche Güte kam der eifrige Verfolger zu sich, spie, von seiner geliebten Gattin oftmals ermahnt, das Gift des angeborenen Unglaubens aus und reinigte sich in der heiligen Taufe von der Erbsünde. Ihrem geliebten Haupt und Lehnsherren folgten sogleich die bislang schwachen Glieder seines Volkes und wurden nach Anlegen des Hochzeitsgewandes in die Schar der Jünger Jesu eingeweiht.

THIETMAR VON MERSEBURG,
«Mieszko und die Taufe Polens» 966

Johann II. Kasimir (1609–1672) mußte während der vollständigen Besetzung Polens 1655 zeitweilig nach Schlesien fliehen.

Verlottert Königreich, dem Untergange nahe,
Wo weder Rechte gelten, noch Gerechtigkeit auch
Daheim ist, sondern alles nur mit Golde käuflich! (...)
Die Leute fühlen's nicht, noch wollen sie's verstehen,
Welch schädliches Geschwür am Wesen eines Staates
Verderbte Jugend ist: die haben Scham und Tugend
Den Wert bestimmt: schwer ist es, gut zu sein vor denen;
Die bringen Haus und Staat in Elend und Verderben,
Ja, sag' ich, selbst zum Fall (du wirst's erkennen, Troja!).
Und durch ihr Beispiel, welche große Anzahl anderer
Verderben sie mit sich? Sieh nur, wie helle Haufen
Schmarotzervolkes ihnen folgen, die durch stetes
Nichtstun und wüstes Prassen wie die Schweine feisten.
Aus dieser Herde, meint ihr, daß sich einer eigne
Zum Dienst fürs Vaterland? Wie soll den Stoß des Gegners
Mit Festigkeit bestehn, der durch beständ'ges Trinken
Um die Gesundheit sich gebracht? Die so sich fühlen
Oder vielmehr nicht fühlen, rufen auf zum Kriege.
Gott, gib mit solchen Männern nimmer mir zu schaffen!

JAN KOCHANOWSKY, *1577*

der Monarch kann ohne Zustimmung des Reichstags nichts Neues erlassen. Damit geht die Gesetzgebung völlig in die Hände des Sejm über, Polen wird zur sogenannten Adelsrepublik. Wenn auch nicht die Machtposition, so hält sich doch das Ansehen des polnischen Parlaments über Jahrhunderte. Und noch heute genießt in manchen Teilen der polnischen Bevölkerung ein Angehöriger des – politisch inzwischen bedeutungslosen – Sejm mehr Ansehen als ein Mitglied des – politisch entscheidenden – Zentralkomitees der kommunistischen Partei.

Die Kehrseite der praktisch unbeschränkten Machtfülle des polnischen Adels war eine langandauernde Verelendung des Bauernstandes und eine – verglichen mit anderen mitteleuropäischen Staaten – nur zögernd einsetzende Entwicklung des Bürgertums. Ein politisch mächtiger und aufgeklärter, weltanschaulich offener und kulturell – in vielen Teilen – hochentwickelter Adel auf der einen Seite, eine politisch dumpfe, wirtschaftlich verarmte Bauernmasse auf der anderen Seite: dieser Dualismus der polnischen Gesellschaft hat seine Spuren bis in die heutige Zeit hinterlassen.

So bestimmend das Prinzip des Wahlkönigtums für die gesellschaftliche und soziale Struktur Polens war, so entscheidend war es auch für das politische Geschick des Landes. Es lud ausländische Mächte geradezu ein zur Einmischung in die inneren Angelegenheiten – und fast alle Nachbarn Polens versuchten sich darin mit wechselndem Geschick und Erfolg. Zumal 1652 in jene berühmte Verfassung des «Nihil novi» von 1505 auch das sogenannte «Liberum Veto» eingeführt wurde. Es besagt, daß kein Gesetz gegen den Willen auch nur eines einzigen Abgeordneten angenommen werden darf – das heißt, jedermann im Parlament, jeder «Freie», hat das Vetorecht. Und die Gewinnung eines einzelnen Abgeordneten durch politische Interessengruppen im Inland wie im Ausland war – auch damals schon – ein Leichtes. Als mit Sigismund II. 1572 die politisch ebenso stabile wie wirtschaftlich und kulturell fruchtbare Epoche des – nach den Piasten – zweiten polnischen Herrschergeschlechts, der Jagiellonen, zu Ende geht, beginnen für Polen die Jahrhunderte der Fremdbestimmung. Es beginnt jenes Zeitalter, in dem Polen zur Drehscheibe der Machtbereiche wird. Deutscher Einfluß war in Polen schon seit dem 13. Jahrhundert, in dem polnische Fürsten deutsche Siedler ins Land gerufen hatten, ebenso allgegenwärtig wie selbstverständlich und – sieht man einmal vom Ordensstaat ab – auch durchaus wohlgelitten. Doch nun geben sich Franzosen und Habsburger, Ungarn und Schweden, Sachsen und Polen als Herrscher Polens Krone und Zepter in die Hand. Wobei keineswegs alle ausländischen Herrscher für Polen ein nationales Unglück bedeuten und keineswegs alle polnischen Herrscher dem Land zur Ehre gereichen. Der Ungar Stefan Batory (1575–1586) beispielsweise, der Rußlands Iwan den Schrecklichen besiegt, wird einer der – bis auf den heutigen Tag – beliebtesten polnischen Könige, während der ebenso energielose wie unfähige Pole Michael Korybut Wisniowiecki (1669 bis 1673) um ein Haar schon im 17. Jahrhundert die Unabhängigkeit Polens verspielt hätte und entsprechend in die Annalen der polnischen Geschichtsschreibung eingegangen ist. Von den vierzehn Herrschern, die das Königreich Polen in den Jahren zwischen 1572 und 1795 regieren, sind nur vier Könige polnischer Herkunft.

Das 17. Jahrhundert sieht Polen endgültig in einem nationalen Mehrfrontenkampf. Im Südosten erheben sich – unterstützt von Türken und Tataren – die Kosaken gegen die polnische Herrschaft. Von Osten her dringen die Russen nach Polen ein, und von Norden her greift Schweden nach der polnischen Ostseeküste. Zwar können die Kosaken unter großen Opfern geschlagen werden, doch wie eine «Sintflut» (Henryk Sienkiewicz) überziehen die schwedischen Heere das Land. Warschau wird von den Schweden besetzt, ebenso Posen und Krakau. Polens König Johann Kasimir flieht aus dem Land, und Polen, so scheint es, ist als Staat verloren. Doch wie so häufig in Polens Geschichte, erwachsen dem Volk dieses

Landes gerade dann ungeahnte Kräfte, wenn es von allen, inklusive seiner eigenen Führung, aufgegeben scheint. Die erfolglose Belagerung des Klosters von Tschenstochau durch die Schweden bringt die entscheidende Wende. Hier hatte sich der Paulinerabt Augustin Kordecki mit einer Anzahl von Mönchen und Soldaten um das seit Jahrhunderten verehrte Bild der «Schwarzen Madonna» geschart und mit Geschick und Ausdauer die Verteidigung des Klosters organisiert. Als die Schweden nach vierzigtägiger Belagerung unverrichteter Dinge abziehen – und das auch noch ausgerechnet einen Tag vor Weihnachten –, ist für Polens Volk einmal mehr ein Wunder geschehen. Der Abzug der Schweden von Tschenstochau – militärisch keineswegs bedeutsam – ist das Fanal zum allgemeinen Aufstand gegen die Fremdherrscher. Er bringt Polen seine Eigenstaatlichkeit wieder – aber auch unbeschreiblich hohe Verluste. Am Ende des Schwedenkrieges ist Polens Bevölkerung um die Hälfte dezimiert; das Land ist verwüstet und Ostpreußen an den brandenburgischen Kurfürsten Friedrich Wilhelm verloren. Doch Polen hat ein neues Symbol seiner nationalen Identität gewonnen: die Heilige Jungfrau Maria wird offiziell – vom zurückgekehrten König Johann Kasimir – zur «Königin der polnischen Krone» erklärt und als solche bis heute verehrt. Das Kloster Tschenstochau wird Nationalheiligtum und der Marienkult zum dauerhaftesten und mächtigsten Moment der polnischen Volkspsyche, zu Trost, Hilfe und durchaus konkreter Motivation auch – und gerade – in den dunkelsten Stunden der polnischen Geschichte.

Und die sollten nun immer häufiger und immer länger werden. Zwar bekommt das Land 1674 mit Johann III. Sobieski noch einmal einen Polen zum Wahlkönig, der dank kluger Diplomatie und geschickter Kriegführung dem Reich verhältnismäßig gesicherte Grenzen erhalten kann und der durch seinen Sieg gegen die Türken bei Wien 1683 als Retter des Abendlandes in die Geschichte eingehen wird, doch auf die Dauer ist der innere Zerfall der Adelsrepublik Polen und das Übermächtigwerden seiner Nachbarn nicht mehr aufzuhalten. Das von den verschiedensten Gruppen und aus den verschiedensten Motiven bis zum Exzeß praktizierte Liberum Veto im polnischen Reichstag macht das Land praktisch unregierbar, innere Reformen unmöglich. Der Versuch, durch die Wahl eines

ABZUG DER TÜRKEN VON WIEN

Alle Geschütze, das ganze Lager, unschätzbare Reichtümer sind in unsere Hände gefallen. Der Feind flieht in Konfusion und übersät die Approchen, Felder und Lager mit Leichen. Kamele, Maultiere, Vieh, Schafe, die er bei sich hatte, werden erst heute von unseren Truppen eingefangen, außerdem treiben sie die Türken in Herden vor sich her; andere hingegen, besonders die Renegaten, fliehen auf guten Pferden und schön gekleidet zu uns. Es ist so unwahrscheinlich, daß heute schon beim Pöbel in der Stadt und bei uns im Lager große Angst herrschte, weil man es nicht anders verstehen und erklären konnte als damit, daß der Feind wiederkehre. Allein an Pulver und Munition hat er für mehr als eine Million zurückgelassen.

JOHANN III. SOBIESKI, *König Polens von 1674 bis 1696, in einem Brief an seine Frau Maria nach der Schlacht auf dem Kahlenberg, 1683*

Johann III. Sobieski (1624–1696) hatte entscheidenden Anteil am Sieg über die Türken bei Wien (Schlacht auf dem Kahlenberg, 12.9.1683) und ging als «Retter des Abendlandes» in die Geschichtsschreibung ein.

August der Starke (1670–1733); seit 1697 als August II. König von Polen.

Stanislaw Leszczynski (1677–1766) wurde 1733 vom polnischen Adel zum König gewählt, unterlag aber nach der Besetzung Warschaus und der Einnahme Danzigs durch die Russen (1734) seinem Konkurrenten August III., dem Sohn Augusts des Starken, und mußte das Land verlassen.

Rechte Seite: «Der Dreikönigskuchen.» Nach einem satirischen Stich auf die 1. Teilung Polens im Jahre 1772. Von links nach rechts Katharina II., der polnische König Stanislaw August Poniatowski, Kaiser Joseph II., Friedrich der Große.

mächtigen deutschen Reichsfürsten zum polnischen König (August der Starke von Sachsen, 1697–1733) größere Stabilität zu erlangen, endet mit einer Katastrophe. Er stürzt Polen in ein erneutes kriegerisches Abenteuer mit Schweden, von dem sich das Land jahrhundertelang nicht wieder erholen wird. Der Krieg dauert fast so lange wie der Dreißigjährige Krieg in Deutschland und endet mit der erneuten, fast völligen Zerstörung des Landes. Und mit einer Stärkung der Machtpositionen Rußlands, Habsburgs und Preußens.

Nach dem Debakel mit dem Sachsen August dem Starken war Polens Adel entschlossen, wieder einen Landsmann zum König zu wählen – und wählte ihn auch: Stanislaw Leszczynski (1733). Doch selbst, wenn sich – wie in diesem Fall – noch einmal Einigkeit unter Polens Adligen herstellen ließ – das Land war schon nicht mehr Herr seiner Entschlüsse: Rußland und Preußen hatten sich geeinigt, keinen Polen als König zu dulden. Und als Stanislaw Leszczynski, dieser Abmachung zum Trotz, gewählt wurde, ließ Zar Nikolaus I. Truppen in Polen einmarschieren. Mit Billigung Rußlands wurde wiederum ein Sachse zum König bestimmt, August III., Sohn Augusts des Starken; der vom Adel gewählte polnische König Stanislaw Leszczynski mußte das Land verlassen und wird seither in den Geschichtsbüchern nur noch als «Parallelkönig» geführt.

Der letzte polnische König wurde bereits direkt zwischen Preußen und Rußland ausgemacht: Im preußisch-russischen Vertrag vom 11. April 1764 wurde die Wahl des polnischen Grafen Stanislaw August Poniatowski, eines Exgeliebten der russischen Zarin Katharina II., zum polnischen König vereinbart. Dank der Anwesenheit russischer Truppen – und einer starken familiären Lobby im Lande – war die Wahl Poniatowskis nur noch eine Formsache. Und mit Stanislaw August Poniatowski beginnt und endet der letzte Akt der Tragödie der ersten polnischen Republik. Denn dieser «Russenschützling» Poniatowski erweist sich keineswegs als willfähriges Instrument in den Händen der mächtigen Nachbarn; er erkennt, daß nur ein umfassendes Reformwerk die innerlich zerrissene polnische Adelsrepublik retten kann. Doch diese Reformvorhaben stoßen auf den Widerstand derer im Lande, die um ihre Privilegien fürchten müssen – und auf das Mißtrauen der Nachbarn, die ein wiedererstarkendes Polen befürchten. Und als im Jahre 1768 ein antirussischer Aufstand losbricht, der sich zugleich gegen den bei vielen noch immer als «Herrscher von Rußlands Gnaden» verhaßten Poniatowski richtet, versinkt das Land in Anarchie und Bürgerkrieg und liefert seinen Nachbarn den Vorwand erst zur Amputation, dann zur völligen Vernichtung des polnischen Staates.

1772 erfolgt die 1. Teilung Polens.

Betrieben worden war die Zerstückelung Polens vor allem von Preußens König Friedrich II., der später als «Friedrich der Große» von der deutschen Geschichtsschreibung gefeiert werden sollte. Nachdem er 1742 mit der Eroberung Schlesiens Teile im Westen und Norden Polens an sich gebracht hatte, erklärt er in seinem Testament vom Jahre 1752 die Erwerbung Polnisch-Preußens, des sogenannten Westpreußen, das die Landverbindung zwischen Pommern und Ostpreußen darstellt, als eines seiner wichtigsten weiteren politischen Ziele. Selbst über die Art, wie dieses Gebiet zu erwerben sei, stellt er in seinem Testament konkrete Überlegungen an: «Ich halte es nicht für angebracht, diese Provinz (Polnisch-Preußen und Danzig) mit Waffengewalt zu gewinnen... Polen ist ein Wahlreich; beim Tod des jeweiligen Königs wird es jedesmal durch Parteikämpfe zerrissen. Das muß man sich zunutze machen und um den Preis seiner Neutralität bald eine Stadt, bald ein anderes Gebiet erwerben, bis man alles geschluckt hat... Erwerbungen mit der Feder sind solchen mit dem Schwert allemal vorzuziehen. Man setzt sich weniger Zufällen aus und schädigt weder seine Börse noch seine Armee.»

Mit der russischen Zarin Katharina II. einigte sich Friedrich der Große nicht nur auf Stanislaw August Poniatowski als König Polens, sondern auch darauf,

Iura Reg Hung et Boh. in Polon.
Iura Imp Ruff in Polon.
Iura Reg Boruff in Polon.
Cracovia
Leopol
Luck
Brzesc
Varsovia
Novogrodek
Polock
Thorn
Culm
Marienburg
Dantzig
Konigsberg
POMERANIE
MARE BALTICUM
La Situation de La Pologne en MDCCLXXIII.
Die Lage des Königreichs Pohlen im Iahr 1773.

allen Reformbestrebungen in Polen, die einer Konsolidierung des Landes dienen könnten, entgegenzuarbeiten – zum Beispiel die Abschaffung des Liberum Veto oder des Wahlkönigtums zu verhindern. Rußlands Zarin Katharina II. allerdings willigte zunächst nur zögernd in das «preußische Projekt» (Martin Broszat) der Teilung Polens ein. Ihr lag weniger an Landgewinn als an einer totalen und dauerhaften politischen Abhängigkeit Polens von Rußland. Auch Österreichs Kaiserin Maria Theresia, die Dritte im Bunde, stand einer Aufteilung Polens zunächst skeptisch gegenüber. Ihre Expansionsvorstellungen gingen eher in südöstliche Richtung. Doch ein geschicktes diplomatisches Spiel Friedrichs II. und

Gemeinsame Großmachtinteressen verbanden den preußischen König Friedrich II. (links) mit der russischen Zarin Katharina II. (rechts) und führten zur 1. Teilung Polens.

LEGENDE ZU SEITE 27

Canaletto, «Warschau von Praga gesehen» (gemalt 1770). Dieses Bild gilt als die schönste Gesamtansicht Warschaus. Das im Zweiten Weltkrieg zerstörte Warschau wurde unter anderem nach dem Vorbild dieses Gemäldes von Canaletto wiederaufgebaut. Alle Kirchtürme der Altstadt beispielsweise, die auf Canalettos Bild zu erkennen sind, sind auch im Stadtbild des heutigen Warschau zu finden.

die gemeinsamen Großmachtinteressen lassen die «Drei Deutschen» auf Polens Nachbarthronen schnell handelseinig werden. 1772 marschieren – ohne Kriegserklärung – preußische, russische und österreichische Truppen in Polen ein. Deklariert wird das Unternehmen – damals schon – als «Pazifizierung» Polens. Rußland verleibt sich die Gebiete Ostpolens bis zur Düna und zum Dnjepr ein, Österreich Süd- und Südostpolen (Galizien); Preußen fordert und erhält die Gebiete links und rechts der Netze, das Ermland, das Kulmerland, die Wojewodschaften Marienburg und Gnesen sowie Pomerellen. Nur Danzig und Thorn bleiben noch (bis 1793) polnisch. Insgesamt verliert Polen bei dieser sogenannten 1. Teilung fast 30 Prozent seines Gebietes und fast 35 Prozent seiner Bevölkerung. Und als ob es damit noch nicht genug wäre, fügen die Teilungsmächte «zur Vergewaltigung die Demütigung» (Gottlieb): Sie verlangen vom polnischen Parlament, daß es selbst die Teilungsdokumente auch noch ratifiziert. Anderenfalls werden den Polen weitere Teilungen und die Absetzung ihres Königs angedroht. Mag man die 1. Teilung Polens auch noch als Unrechtshandlung ansehen, die sich durchaus «im Rahmen der Kabinettspolitik des 18. Jahrhunderts hielt» (Rhode), so war doch die Einstellung der Hauptbeteiligten zu diesem Willkürakt unterschiedlich:

Maria Theresia macht aus ihrem schlechten Gewissen über die von ihr mitverschuldete Tragödie Polens kein Hehl: sie stimmt der Annexion mit den Worten zu: «Genehmigt, weil so viele große und gelehrte Männer es wollen; wenn ich aber schon längst tot bin, wird man erfahren, was aus dieser Verletzung von

AUFRUF ZUM AUFSTAND, 1794

Die Zeit ist gekommen, das Maß des Unglücks und der Leiden ist voll; die Zeit des endgültigen Schicksals Polens, die Epoche, in der ein einziges Ziel, eine unbezweifelbare und keinem Streit unterliegende Absicht die Herzen und Geister vereinen muß und keinen Polen außerhalb der allgemeinen Verbindung lassen darf, es sei denn die bekannten Verräter, die ängstlichen und ihrer eigenen Denkweise unsicheren Staatsbürger. Der derzeitige Aufstand der Nation will Polen die Freiheit, Unversehrtheit und Unabhängigkeit zurückgeben, er überläßt es einer unbelasteteren Zeit und dem Willen der Nation, zu entscheiden, unter welcher Regierung sie leben will...

TADEUSZ KOSCIUSZKO

allem, was bisher heilig und gerecht war, hervorgehen wird.» Friedrich der Große jedoch macht sich über die Rechtmäßigkeit dieses Vorgangs weniger Gedanken: «Wir wollen für die Gültigkeit unserer Rechte nicht einstehen, auch nicht für die der russischen, noch weniger für die der österreichischen.»

Den Versuchen späterer deutscher Geschichtsschreibung, die Teilung Polens als selbstverschuldet und zwangsläufig darzustellen, ist entgegenzuhalten, daß es bei der 1. Teilung Polens nicht um unausweichliche Zwangsläufigkeiten ging, sondern vor allem um «handfeste territorial-staatliche Erwerbspolitik, die von dem Geschädigten selbst politisch oder militärisch am wenigsten provoziert war» (Broszat).

1. Teilung 1772

So schwer der durch die 1. Teilung erlittene Verlust an Menschen und Land für den verbliebenen polnischen Reststaat auch ist – er hat keineswegs Resignation zur Folge. Im Gegenteil: wie so häufig in der polnischen Geschichte erwachsen auch diesmal in der Stunde der größten Not dem Volk neue Kräfte; es wächst das Gefühl eines verbissenen patriotischen Zusammenhalts, und es wächst die Erkenntnis, daß eine Rettung vor dem endgültigen Untergang und eine Wiedergeburt Polens nur auf dem Weg über innere Reformen möglich ist. Unter Mitwirkung hervorragender Gelehrter und Pädagogen setzt König Stanislaw Poniatowski 1773 eine sogenannte «Kommission für nationale Bildung» ein – das erste Bildungsministerium Europas: Finanziert aus den Mitteln des enteigneten Jesuitenordens, wird Polen mit einem Netz weltlicher Schulen – von Grundschulen bis zu höheren Schulen – überzogen. Polnisch wird als Unterrichtssprache eingeführt, und eine Flut von Publikationen zur polnischen Geschichte läßt ein neues Nationalgefühl entstehen. Zugleich wird unter der Federführung Poniatowskis und der sogenannten «fortschrittlichen Patrioten des Adels» eine neue polnische Verfassung erarbeitet, die als das erste Grundgesetz Europas und – nach den USA – das zweite in der Welt gilt. Es sieht die Abschaffung des Wahlkönigtums und die Einsetzung der gesetzlichen Erbmonarchie vor, die Ablösung des Liberum Veto durch das Mehrheitsprinzip und die Einführung der parlamentarischen Ministerverantwortung. Zugleich soll der Bürgerstand Zugang zum Parlament und zu den öffentlichen Ämtern erhalten. Doch weder Preußen noch Rußland sind gewillt, einem Wiedererstarken Polens tatenlos zuzusehen.

2. Teilung 1793

Bereits während der Diskussion um die Verfassungsreform hatte Preußen durch seinen Vertreter in Warschau offiziell Einspruch erheben lassen, und als König Stanislaw August am 3. Mai 1791 vor dem polnischen Reichstag die neue Verfassung verkündet, ist es soweit: Gestützt auf ein «Hilfeersuchen» einer Gruppe konservativer, um ihre Privilegien fürchtender polnischer Adeliger läßt Katharina II. wieder einmal russische Truppen in Polen einmarschieren. Von Westen her besetzen gleichzeitig preußische Truppen das Land. Ein 2. preußisch-russischer Teilungsvertrag (1793) besiegelt die weitere Amputation Polens: Zu Rußland kommt der gesamte Südosten des Landes, und an Preußen fallen die Provinz Posen sowie die Städte Thorn und Danzig. Danzig wehrt sich bis zuletzt erbittert gegen den Anschluß an Preußen.

3. Teilung 1795

Das nach der 2. Teilung verbleibende Restpolen ist als Staat kein lebensfähiges Gebilde mehr. Und als aus dieser Erkenntnis sowie unter dem Einfluß der amerikanischen Unabhängigkeitskriege und der französischen Revolution im Jahre 1794 in ganz Polen eine Aufstandsbewegung losbricht, ist das Schicksal des Landes für lange Zeit endgültig besiegelt: nach Anfangserfolgen bei Krakau (Raclawice), in Warschau, Wilna und anderen polnischen Städten sind die von General Tadeusz Kosciuszko, der als Adjutant Washingtons im amerikanischen Unabhängigkeitskrieg gekämpft hatte, geführten Aufständischen bald in einer ausweglosen Situation. Militärische Hilfe etwa aus Frankreich, Schweden oder der Türkei bleibt aus, und als die von den Russen zur Niederschlagung des Aufstands zur Hilfe gerufenen preußischen Truppen einmarschieren, haben die Polen auch diese für lange Zeit letzte Schlacht in ihrem eigenen Land verloren. Preußens König Friedrich Wilhelm II. übrigens hatte es sich nicht nehmen lassen, an der Spitze seiner Armeen selbst in Polen einzumarschieren. Die endgültige Aufteilung Polens – als Strafe dafür, daß es noch einmal gewagt hatte, als Staat zu überleben, war nur noch eine Formsache, ein Feilschen der Sieger um die Beute. Preußen riß dabei sogar die Städte Warschau und Bialystok an sich. Nur um Krakau hatte es sich vergeblich bemüht. Am 25. November 1795 dankt König Stanislaw August ab. Polen hat nach achthundertjähriger Geschichte aufgehört zu existieren. Verloren jedoch ist es nicht.

Der Untergang Polens zu Ende des 18. Jahrhunderts ist zweifellos vorsätzlich verschuldet durch die territoriale Gewinnsucht Preußens, Rußlands und Österreichs, die ihre herrschenden machtpolitischen Gegensätze in «gemeinsame Komplizenschaft zu Lasten eines unschuldigen Vierten» (Broszat) verwandelten. Doch er hatte auch seine Ursachen im Inneren – worauf vor allem polnische Historiker verweisen. Sowohl Geschichtsschreiber bürgerlicher als auch marxistischer Couleur sind sich heute darin einig, daß die Hauptschuld an der inneren Schwäche Polens der Egoismus des überwiegenden Teils des polnischen Adels trägt. «Ohne die ihm eigenen konstitutionellen Prinzipien aufzugeben, hätte Polen sich durch eine entsprechende militärische Organisation in seinen so ausgedehnten Grenzen weit beträchtlichere Kräfte sichern können und auf diese Weise viel wirksamer äußeren Gefahren Widerstand leisten können, wenn sein Adel, der so große Vorrechte genoß, mehr Hingabe an die Sache der Allgemeinheit bewiesen hätte und wenn sein Opfergeist sich nicht nur in Ausnahmefällen gezeigt hätte.» (Halecki)

Warschau um 1770, gemalt von Canaletto.

Der Zeitraum von der letzten Teilung Polens im Jahr 1795 bis zum Ende des Ersten Weltkriegs 1918 ist ein Zeitraum unablässigen Kampfes um die Bewahrung der nationalen Identität und die Wiedergewinnung der Eigenstaatlichkeit. Während trotz der Widerwärtigkeiten der Dreiteilung und des damit verbundenen permanenten Drucks dreier unterschiedlicher ethnischer Einflußbereiche die nationale Identität eher gefestigt wurde und Polens Kultur – verstanden durchaus als Nationalkultur – im Willen, sich zu behaupten, einen bis dahin ungekannten Aufschwung nahm, waren die Versuche zur Wiedergewinnung der Eigenstaatlichkeit letztlich nichts anderes als eine nicht endende Kette politischer Enttäuschungen und militärischer Tragödien. In Scharen hatten sich die nach der 3. Teilung 1795 aus Polen geflüchteten Emigranten den Armeen Napoleons angeschlossen – in der Hoffnung, für Frankreich kämpfend zugleich für Polen zu kämpfen. Das Kampflied der polnischen Legionen, die unter General Henryk Dabrowski in Italien für Frankreich gegen Österreich kämpfen, wird zur polnischen Nationalhymne – und ist es bis auf den heutigen Tag. Sie beginnt mit den Worten: «Jeszcze Polska nie zginela kiedy my zyjemy – Noch ist Polen nicht verloren, solang wir leben», und sie hat den Refrain «Marsch, marsch, Dabrowski, von Italien nach Polen». Doch obwohl der heldenhafte Kampf der polnischen Legionen die Frage Polens in ganz Europa bekannt gemacht hatte, findet sich weder im Frieden von Basel zwischen Frankreich und Preußen noch im Vertrag von Leoben zwischen Frankreich und Österreich ein Wort über Polen. Die unter Napoleon kämpfende Legion der Polen durfte nicht einmal «polnisch» genannt werden; sie mußte sich «Nordische Legion» nennen. Selbst nach der mit polnischer Hilfe erfolgten Niederwerfung Preußens 1806/07 erklärte Napoleon den Polen: «Gott allein weiß, ob der polnische Thron und Staat restauriert werden.» Und als sich darauf hin Unmut regte, drohte er auf dem Warschauer Schloß, er werde «die Stadt einäschern und abziehen» und die Polen wieder der «russischen Knute» ausliefern. Das einzige, was er den Polen zugestand, war die Bildung eines Mini-Herzogtums Warschau, dessen Verfassung er gleich selbst diktierte und das letztlich nichts anderes war als ein französisches Protektorat mit ständiger Anwesenheit französischer Truppen. Immerhin: für viele Polen bedeutete dieses «Her-

SIGIS. REX
ET SVETIÆ
ANNO ÆTATIS

zogtum Warschau» einen Hoffnungsschimmer, konnte es doch als mögliche Keimzelle für ein neues, unabhängiges Polen angesehen werden. Auch waren die sozialen und gesellschaftlichen Reformen, die Napoleon im Herzogtum durchführte – Aufhebung der Leibeigenschaft, Gleichberechtigung aller vor dem Gesetz, Einführung des Napoleonischen Rechts –, durchaus angetan, vergessen zu lassen, was die Polen eigentlich für ihn bedeuteten: Kanonenfutter für seine «Grande Armée». So dienen im französischen Heer, mit dem Napoleon 1812 gegen Rußland zieht, nicht weniger als 100000 Polen – ein Sechstel der Gesamtzahl. Doch selbst als Moskau gefallen ist, weigert sich Napoleon, die bis dahin von Rußland besetzten Gebiete wieder feierlich dem polnischen Staat zurückzugeben. Polen ist ein weiteres Mal betrogen – und zur Enttäuschung kommt ebenfalls ein weiteres Mal die Tragödie. Mit der geschlagenen französischen Armee fluten auch die polnischen Verbände zurück, und im Gegenzug besetzen die russischen Truppen das Herzogtum Warschau. Polens Heerführer Fürst Jozef Poniatowski, der den Rückzug Napoleons deckt, ertrinkt in der Schlacht bei Leipzig in der Elster. Am Tag zuvor war er noch zum Marschall von Frankreich ernannt worden – sein Name ziert bis heute den Arc de Triomphe in Paris.

Der Wiener Kongreß 1815 teilte Polen als Folge der Niederlage Napoleons ein weiteres Mal – diesmal gleich in fünf Teile. Zu den bisherigen drei Teilen kamen noch ein zu Preußen gehörendes «Großherzogtum Posen» und ein unmittelbar unter der Herrschaft des russischen Zaren stehendes «Königreich Polen» – Kongreßpolen, das Restgebiet des ehemaligen Herzogtums Warschau. Die Verfassung dieses Königreichs bestimmte, daß es «auf ewig mit Rußland verbunden» sei. Zum polnischen König krönte sich der russische Zar (Alexander I.). Krakau, mit dem auf dem Wiener Kongreß niemand so recht etwas anzufangen wußte, wurde zum Freistaat erklärt. Es wurde erst 1846 von Österreich geschluckt.

Dennoch bringt der Wiener Kongreß für Polen auch Vorteile. Im Gegensatz zu den Teilungen im 18. Jahrhundert bestehen nun Preußen, Rußland und Österreich nicht mehr darauf, den Namen «Polen» völlig von der Landkarte Europas zu tilgen. Und sie verpflichten sich, ihren polnischen Untertanen nicht nur die Erhaltung ihrer nationalen Kultur zu garantieren, sondern auch Institutionen zu deren Weiterentwicklung zu schaffen. Zugleich erkennen sie die wirtschaftliche Einheit der polnischen Gebiete an, indem sie einen ungehinderten Durchgangsverkehr zusagen. Zwar werden diese Versprechen bald wieder gebrochen, doch ermöglicht die Zusage kultureller Autonomie zunächst einen lebhaften Aufschwung des polnischen Bildungswesens. 1818 wird die Warschauer Universität gegründet sowie eine landwirtschaftliche und eine polytechnische Hochschule. Der Gedanke, daß die Bewahrung der nationalen Identität der erste und wichtigste Schritt zur Wiedergewinnung der Eigenstaatlichkeit ist, gewinnt – vor allem im Bürgertum und in der Intelligenz – immer mehr Anhänger. «Nur durch die Vervollkommnung der geistigen Macht des Volkes» – schreibt der polnische Schriftsteller und Politiker Stanislaw Staszic – «erreicht man einen Fortschritt seiner Zivilisation, allein die Wissenschaften, Fertigkeiten und Künste verleihen der Gesellschaft ewigen Glanz, dem Ruhm der Völker Unsterblichkeit.» Und, so der selbe Autor: «Auch ein großes Volk kann fallen, aber nur ein unwürdiges Volk kann untergehen.» Bald jedoch zeigt sich, daß diese Art des geistigen Widerstands nicht ausreicht. Vor allem im Königreich Warschau lösen die autoritäre Regierungsweise des russischen Statthalters und die fortschreitende Einengung nationaler Rechte zunehmend den Ruf nach Befreiung mit Waffengewalt aus. Zahlreiche Verschwörergruppen, vor allem unter den jungen Offizieren, aber auch unter der literarischen Intelligenz und der mittleren Beamtenschaft, beginnen den Aufstand gegen das russische Regime vorzubereiten – zumal dieses systematisch daran geht, durch Verhaftungen und Deportationen die Widerstandsbewegung ihrer ideellen und organisatorischen Kräfte zu berauben. Adam Mickie-

LEGENDEN ZU SEITE 30

Oben links: König Sigismund III. Wasa, der Warschau zur Hauptstadt Polens machte (gemalt von Martin Kober).
Oben rechts: Fryderyk Chopin, dessen Musik Robert Schumann mit unter Blumen verborgenen Kanonen verglich (gemalt von Ary Scheffer).
Unten links: Henryk Sienkiewicz, der seine vornehmste Aufgabe darin sah, dem polnischen Volk während seiner Unfreiheit «die Herzen zu stärken» (gemalt von Kazimierz Pochwalski).
Unten rechts: Tadeusz Kosciuszko, der für Polen wie Amerikaner zum Freiheitshelden wurde (gemalt von Karol Schweikart).

Jozef Poniatowski (1763–1813), polnischer General und Marschall von Frankreich. Seine Treue zu Napoleon wird in zahlreichen Bildern und Denkmälern verherrlicht.

Alexander I. (1777–1825) erzwang auf dem Wiener Kongreß die Anerkennung eines mit Rußland verbundenen Königreiches Polen.

LEGENDE ZU SEITE 33

Polens Plakatkunst genießt Weltruf.
Oben links: Plakat von Henryk Tomaszewski zu dem zeitgenössischen Theaterstück «Solange er nicht da ist».
Oben rechts: Plakat von Franciszek Starowieyski zu John Osbornes «Bildnis des Dorian Gray».
Unten links: Plakat von Jerzy Flisak zu dem Film «Geschichte einer Sünde» von Walerian Borowczyk (nach Motiven von Stefan Zeromski).
Unten rechts: Plakat von Jan Lenica zu Tschaikowskis «Schwanensee».

Adam Czartoryski (1770–1861), einer der führenden Vertreter des polnischen Adels, mußte emigrieren und kämpfte von Paris aus für die Befreiung Polens.

Adam Mickiewicz (1798–1855), Polens Nationaldichter und – seit 1832 – einer der hervorragendsten Vertreter des polnischen Geisteslebens in der Pariser Emigration.

wicz, Polens Nationaldichter, der unter anderem in seinem Epos «Die Totenfeier» das Terrorregime des russischen Statthalters Nikolaj Novosilcev gebrandmarkt und eine führende Rolle in den Geheimbünden der Studenten in Wilna gespielt hatte, wird zusammen mit seinen Freunden nach Rußland verbannt; Major Lukasinski, einer der Führer der «Patriotischen Gesellschaften» in Warschau, wird vor ein Kriegsgericht gestellt und geht nach mehr als dreißig Jahren Haft in der Festung Schlüsselburg elend zugrunde. Unter dem Eindruck einer neuen Verhaftungswelle bricht am 29. November 1830 der Aufstand los – früher als ursprünglich geplant und ohne ausreichende ideologische und organisatorische Konzeption.

Er wurde ausgelöst durch eine kleine Gruppe junger Offiziere, unter Führung des Leutnants der Warschauer Fähnrichsschule Piotr Wysocki.

Der Elan, mit dem diese Gruppe das Palais des russischen Großfürsten Konstantin in Warschau stürmt, ohne diesen allerdings gefangennehmen zu können, reißt sowohl die Warschauer Bevölkerung als auch den überwiegenden Teil der – unter russischem Oberbefehl stehenden – polnischen Armee mit.

Und obwohl den rund 85000 polnischen Soldaten rund 120000 russische gegenüberstehen, können sich die Aufständischen zehn Monate lang halten. Doch da weder Hilfe aus dem Ausland kommt – nicht einmal diplomatische –, es der obersten Militärführung letztlich sowohl an Siegesgewißheit und auch Entschlußkraft fehlt und es den Aufständischen auch nicht gelingt, die sozialen Unterschichten und die Bauern für ihre Sache zu mobilisieren, ist der Aufstand zum Scheitern verurteilt. Im Mai 1831 erleidet das polnische Heer bei Ostroleka seine entscheidende Niederlage. Nach einer letzten Schlacht vor den Toren der Stadt fällt Warschau am 8. September 1831 wieder in russische Hand. Die Reste des geschlagenen polnischen Heeres gehen über die Grenzen nach Preußen und Österreich und werden dort entwaffnet. Für Europa wird der Kampf der Polen, die unter dem Motto des polnischen Historikers und Politikers Joachim Lelewel «Für unsere Freiheit und eure Freiheit» angetreten waren, Signal und Symbol zugleich. Das gesamte liberale und demokratische Europa feiert den Aufstand, und Hunderte von «Polenliedern» drücken die Stimmung aus, mit der die Völker Europas das vergebliche Ringen dieses kleinen Landes um Freiheit und nationale Einheit verfolgt hatten.

Die Rache des russischen Zaren ist schrecklich: Verhaftungen, Einziehung der Güter, Zwangsumsiedlungen ganzer Bevölkerungsgruppen ins Wolgagebiet und nach Sibirien, Auflösung des polnischen Parlaments, der polnischen Verwaltung, des polnischen Heeres, Schließung der polnischen Schulen und Universitäten. Als Folge dieser Unterdrückungspolitik beginnt der große Exodus aus Polen, vor allem nach Frankreich. Von Paris aus beginnen Polens Emigranten – unter ihnen die hervorragendsten Vertreter des politischen und geistigen Lebens (Fürst Adam Czartoryski, Adam Mickiewicz, Fryderyk Chopin) einen neuen Kampf um die Befreiung ihres Vaterlandes.

Zugleich mit der brutalen Russifizierungspolitik des Zaren in Ost- und Mittelpolen wird in den von Preußen besetzten polnischen West- und Nordgebieten die bislang schon praktizierte Germanisierungspolitik forciert. «Jeder, der es ehrlich mit seinem Vaterland meint, muß seine letzte Kraft anspannen, nicht allein um dies Land dem preußischen Vaterland zu erhalten, sondern es auch gut gesinnt – das heißt teutsch zu machen.» (General von Grolmann, kommandierender General in Posen.) Kein Wunder, daß es in der Folge auch im preußisch besetzten Teil Polens zu – allerdings vorzeitig verratenen – Aufstandsversuchen kommt (1846), ebenso in Galizien, wo Österreich einen Aufstand des polnischen Adels in Strömen von Blut erstickt.

Doch weder die Unruhen in Posen noch der Aufstand in Galizien bedeuteten eine wirkliche Gefahr für die Teilungsmächte. Wirksamere internationale Anteil-

Fortsetzung Seite 37

Skoro Go
Tadeusz Peiper
teatr
Ateneum
NieMA

JOHN
OSBORNE:
PORTRET DORIANA GRAYA
TEATR
MAŁY

Dzieje grzechu
Film Waleriana Borowczyka
Zdjęcia: Zygmunt Samosiuk
Produkcja: Zespół Filmowy „Tor"
według powieści Stefana Żeromskiego
W rolach głównych: Grażyna Długołęcka, Jerzy Zelnik, Olgierd Łukaszewicz, Marek Walczewski, Roman Wilhelmi

TEATR WIELKI
CZAJKOWSKI JEZIORO ŁABĘDZIE

TA VIATOR ET CONSIDERA, QVOMODO INFIRMA MVNDI, ELEGIT
EVS, VT CONFVNDAT FORTIA, 12000 SVECORVM CVM MILLERO
VCE HIC OPPVGNAVERE PAVLINAM SOBOLEM, AST PRÆTER
EDECVS REPORTAVERE NIHIL, DOMINO DEO EXERCITVVM
IANVS NOSTRAS DOCENTE AD PRÆLIVM ET DIGITOS NOSTROS
D BELLVM THAVMATVRGA MATRE ET S: PATRE NOSTRO

Linke Seite: Die Verteidigung Czestochowas/Tschenstochaus gegen die Schweden im Jahre 1655 – Bild eines unbekannten Malers aus dem 17. Jahrhundert. Es hängt im Historischen Rittersaal des Klosters Tschenstochau.

Rechts: Die Schwarze Madonna von Tschenstochau, das Nationalheiligtum Polens. Seit 1384 befindet sich das ursprünglich aus dem byzantinischen Rußland stammende Bild in Tschenstochau. Die Wunden im Gesicht der Madonna rühren von einem Überfall der Hussiten im Jahre 1430 auf das Kloster Tschenstochau her.

Unten: Das Innere der Kirche von Tschenstochau. Jahr für Jahr pilgern Hunderttausende von Gläubigen aus allen Teilen Polens zur Heiligen Mutter Gottes von Tschenstochau. Tschenstochau als Symbol des Christentums in Polen hat auch in der Volksrepublik seine Bedeutung behalten.

nahme erweckte erst der zweite große polnische Aufstand im Jahre 1863 – wiederum im russischen Besatzungsgebiet. Hier hatte es zwar nach Regierungsantritt des Zaren Alexander II. (1855) eine begrenzte Lockerung der russischen Unterdrükkungspolitik gegeben, doch auch Alexander II. sieht die polnische Frage letztlich als – russische Frage. Durch seinen Statthalter in Warschau, den Fürsten Michail Gorcakov, läßt er den Polen erklären, sie sollten von ihren «Träumereien» – gemeint ist ihr Streben nach Freiheit und Unabhängigkeit – ablassen. Doch 1861, aus Anlaß des 30. Jahrestages des Novemberaufstandes, kommt es im ganzen Land zu Massendemonstrationen und national-religiösen Feiern. Polens politische Führung ist zwar zerstritten in fortschrittliche «Rote», die im Kampf den einzigen Ausweg sehen, und konservative «Weiße», die einer bewaffneten Auseinandersetzung mit Rußland eher zurückhaltend gegenüberstehen, doch als zaristische Polizei und Kosaken die Demonstrationen mit brutaler Gewalt unterdrükken, kommt es zur Solidarisierung. Militärisch hat dieser Aufstand im Januar 1863 einen ganz anderen Charakter als der Novemberaufstand von 1830. Es gibt auf seiten der Aufständischen keine Armee, und es werden keine großen Schlachten geschlagen. Es ist im Grunde ein Partisanenkrieg vieler kleiner, nur lose miteinander verbundener Gruppen. Und er wird mit der Grausamkeit geführt, mit der auch später Partisanenkriege geführt werden, für kommende polnische Generationen ein Lehrstück in Sachen Konspiration: Fast anderthalb Jahre existiert im von russischem Militär wimmelnden Warschau eine geheime polnische Nationalregierung mit einem ausgebauten eigenen Verwaltungsapparat. Dieser neben dem offiziellen russischen Behördenapparat operierende «größte Untergrundstaat im damaligen Europa» (Lesnodorski) nimmt Steuern ein, hebt Rekruten aus, vollstreckt Urteile und ist die organisatorische Drehscheibe des Aufstands.

Doch auch dieser Aufstand ist zum Scheitern verurteilt. Die Hilfe des Auslands – Frankreich, England, Österreich – erschöpft sich in diplomatischen Noten an den russischen Zaren. Der Vatikan nennt den Freiheitskampf einen «unrechtmäßigen Aufruhr», und Bismarck ermuntert Alexander II. zur Härte gegen die Polen. Rund 30000 meist nur mit Jagdflinten oder Sensen bewaffneten Aufständischen stehen 300000 hochgerüstete russische Soldaten gegenüber. Im April 1864 bricht der Aufstand zusammen. Der letzte Präsident der geheimen polnischen Nationalregierung, Romuald Traugutt, wird zusammen mit vier anderen Mitgliedern der Regierung in der Warschauer Zitadelle hingerichtet, russische Standgerichte halten überall im Land blutige Ernte.

LEGENDE ZU SEITE 36

Naive Volkskunst in Polen. In fast jedem Ort Polens trifft man nichtprofessionelle Maler und Schnitzer.
Oben links: «Jüdische Familie» von Marian Adamski.
Oben rechts: «Christus im Elend», das häufigste Motiv der naiven polnischen Schnitzer, von Tadeusz Cakala.
Unten: «Winterlandschaft» von Maria Korsak.

Alexander II. (1818–1881), Zar von Rußland und König von Polen. Seine Unterdrückungspolitik löste den Januaraufstand von 1863 aus.

Zwei Blätter aus dem Zyklus «Polonia» von Artur Grottger (1837–1867) über den Aufstand von 1863: «Der Kampf» (links) und «Nach der Schlacht» (rechts).

Die Vaterlandsliebe ist bei den Polen das große Gefühl, worin alle anderen Gefühle, wie der Strom in das Weltmeer, zusammenfließen; und dennoch trägt dieses Vaterland kein sonderlich reizendes Aussehen. Ein Franzose, der diese Liebe nicht begreifen konnte, betrachtete eine trübselige polnische Sumpfgegend, stampfte ein Stück aus dem Boden, und sprach pfiffig und kopfschüttelnd: Und das nennen die Kerls ein Vaterland! Aber nicht aus dem Boden selbst, nur aus dem Kampfe um Selbständigkeit, aus historischen Erinnerungen und aus dem Unglück ist bei den Polen diese Vaterlandsliebe entsprossen. Sie flammt jetzt noch immer so glühend wie in den Tagen Kosciuszkos, vielleicht noch glühender.

HEINRICH HEINE, *1822*

AN MICKIEWICZ

An der Weichsel fernem Strande
Tobt ein Kampf mit Donnerschall,
Weithin über deutsche Lande
Rollt er seinen Widerhall.
Schwert und Sense, scharfen Klanges,
Dringen her zu unsern Ohren,
Und der Ruf des Schlachtgesanges:
«Noch ist Polen nicht verloren!»
Und wir horchen und wir lauschen,
Stille waltet um und um,
Nur die trägen Wellen rauschen
Und das weite Feld ist stumm

Nur wie Sterbender Gestöhne:
Lufthauch durch ungebrochne Hallen,
Hört man dumpfe Trauertöne:
«Polen, Polen ist gefallen!»
Mitten in der stillen Feier
Wird ein Saitengriff getan.
Ha, wie schwillet diese Leier
Voller stets und mächt'ger an!
Leben schaffen solche Geister,
Dann wird Totes neu geboren;
Ja, mir bürgt des Liedes Meister:
«Noch ist Polen nicht verloren!»

LUDWIG UHLAND, *1833*

Die Zeit zwischen dem Ende des Januaraufstands 1863/64 bis zum Beginn des Ersten Weltkriegs ist in den preußisch und russisch besetzten Gebieten Polens gekennzeichnet durch eine brutale Entnationalisierungspolitik seitens der Besatzungsmächte. Lediglich in Galizien, wo die österreichische Regierung den Polen weitgehende kulturelle Autonomie gewährt, bleibt die Situation einigermaßen erträglich. Im russischen Teil Polens jedoch beginnt unmittelbar nach dem Aufstand eine Russifizierungspolitik mit bisher nicht gekannter Brutalität und Intensität. Oberstes Ziel ist die Ausrottung der polnischen Sprache. Nicht nur in den höheren Schulen, sondern auch in den Volksschulen wird (außer für den Religionsunterricht) der Gebrauch der polnischen Sprache verboten – und Russisch zur offiziellen Unterrichtssprache gemacht. Polnisch bleibt lediglich Unterrichtsgegenstand! 1865 wird Russisch auch zur offiziellen Verwaltungssprache erklärt und der Gebrauch der polnischen Sprache im öffentlichen Leben verboten. Selbst der Name Polen verschwindet aus der offiziellen Terminologie: Statt der Bezeichnung «Königreich Polen» wird der Name «Weichselland» eingeführt. Zugleich versucht man Polens Bevölkerung der – neben der Sprache – zweiten Wurzel ihrer nationalen Identität zu berauben, ihrer Bindung zur katholischen Kirche. Der Besitz der Kirchen und der Klöster wird eingezogen, Prozessionen und religiöse Vereinigungen werden verboten. Mit Gewalt versucht man Gemeinden zum Übertritt zur orthodoxen Kirche zu bewegen. Mitten in Warschau wird, als Symbol der Russifizierung, eine orthodoxe Kathedrale gebaut.

Der Russifizierungspolitik im Osten Polens stand die Germanisierungspolitik Preußens im Westen des Landes kaum nach. Auch Bismarcks «Kulturkampf» zielte als erstes auf die Ausrottung der polnischen Sprache. Ein Erlaß des Oberpräsidenten von Posen, Günther, bestimmte 1873:

«I. In allen Lehrgegenständen, mit Ausnahme der Religion und des Kirchgesanges, ist die Unterrichtssprache die deutsche.

II. Der Unterricht in der Religion und im Kirchengesange wird den Kindern polnischer Zunge in der Muttersprache erteilt. Wenn dieselben jedoch in der Kenntnis der deutschen Sprache so weit fortgeschritten sind, daß ein richtiges Verständnis erreicht werden kann, so ist die deutsche Sprache auch in diesen Gegenständen auf der Mittel- und Oberstufe als Unterrichtssprache einzuführen...

III. Das Polnische bleibt Unterrichts*gegenstand* für die Kinder polnischer Zunge; doch kann die Regierung in geeigneten Fällen auch das Gegenteil bestimmen.»

Und letzteres tat sie selbst noch im 20. Jahrhundert. Im Frühjahr 1901 versuchen in der Provinz Posen deutsche Lehrer polnische Kinder durch Prügelstrafen dazu zu zwingen, auch das «Vater unser» und das «Ave Maria» nicht auf polnisch, sondern auf deutsch zu beten. Im Frühjahr 1906 treten 50000 polnische Kinder auf Geheiß ihrer Eltern aus Protest gegen die Germanisierungspolitik in den Schulstreik. Wie im russisch besetzten Teil die russische Sprache, wird im preußisch besetzten Teil die deutsche Sprache zur alleinigen Amtssprache. Polnische Vereine werden gezwungen, ihre Satzungen in deutscher Sprache einzureichen und ihre Verhandlungen in deutscher Sprache zu führen. Protesten polnischer Abgeordneter im Landtag begegnet Bismarck mit Zynismus: «Sie werden, wie man mir sagte, mit weiteren Anträgen und Klagen zugunsten der polnischen Sprache kommen; wir werden ihnen mit Gesetzesvorlagen zugunsten der Förderung der deutschen Sprache entgegentreten.»

Ebenso brutal wie der preußische Sprachen- und Kulturkampf war die preußische Ausweisungs- und Ansiedlungspolitik, mit der Posen und Westpreußen, die einstigen polnischen Kerngebiete, entpolonisiert werden sollten. Durch Zwangsausweisungen von Polen und Ansiedlung Deutscher sollte auch demographisch ein Übergewicht Preußens hergestellt werden. So wie der Kulturkampf bleibt auch die preußische Bevölkerungspolitik nicht nur ergebnislos, sondern bewirkt sogar das Gegenteil: Bei Ausbruch des Ersten Weltkriegs ist das polnische Bevölkerungselement in Posen und Westpreußen größer, das polnische Nationalbewußtsein in allen drei Teilungsgebieten stärker als je zuvor. 123 Jahre Teilung und Fremdherrschaft haben es nicht vermocht, dem polnischen Volk seine nationale Identität zu nehmen – und auch nicht den Willen, wieder ein eigener Staat in eigenen Grenzen zu sein. So wird der Erste Weltkrieg, obwohl für dieses Volk ein «Bruderkrieg wider Willen» (Gottlieb), für Polen zur großen historischen Chance.

Nach dem letzten großen Aufstand im Jahre 1863/64 hatte sich unter dem Druck der Fremdherrschaft nicht nur der nationale Selbstbehauptungswille gefestigt, sondern zugleich ein Umdenkungsprozeß in weiten Teilen des Adels, aber auch des Bürgertums eingesetzt. Als Reaktion auf die romantische Phase der heroischen, aber vergeblichen Aufstände gewann nun – wie schon häufiger in der polnischen Geschichte – jene nationale Trotzhaltung die Oberhand, die sich nicht im Willen zu – aussichtsloser – physischer Konfrontation offenbart, sondern im «Sich-Einrichten», aber nicht «Sich-Abfinden». Im nachromantischen Polen bedeutet dies, wie schon hundert Jahre zuvor unter König Stanislaw August Poniatowski, innere Konsolidierung oder, wie das Stichwort diesmal heißt, «organische Aufbauarbeit». Diese Abkehr vom Romantismus zum Positivismus hat ihre Auswirkungen vor allem in einer gesteigerten wirtschaftlichen Aktivität. Sowohl in Russisch-Polen als auch in Teilen der preußisch besetzten Gebiete setzte ein zunächst allmählicher, dann stürmischer Industrialisierungsprozeß ein; lediglich Galizien blieb, mit Ausnahme einer kaum nennenswerten Erdölindustrie, von dieser Entwicklung ausgeschlossen. Entscheidend beschleunigt wurde der Industrialisierungsprozeß durch die Aufhebung der Zollgrenze zwischen Russisch-Polen und dem russischen Reich. Einen geradezu kometenhaften Aufschwung nahm hierbei die Stadt Lodz. Infolge der Mechanisierung der schon früher hier angesiedelten Textilindustrie stieg die Zahl der Einwohner von Lodz zwischen 1860 und 1900 um das Achtfache – von 40000 auf 320000. Auch Warschau, wo sich viele kleinere Industriezweige ansiedelten, verzeichnete im gleichen Zeitraum einen gewaltigen Bevölkerungszuwachs – von 160000 auf 600000. Doch war dieser Industrialisierungsprozeß strukturell unausgewogen und nationalökonomisch problematisch: In Kongreßpolen und im preußischen Teil Polens erfaßte er jeweils nur einige Gebiete – Lodz und Warschau sowie Oberschlesien –, während die übrigen, agrarischen Gebiete auf einem niedrigen Mechanisierungsgrad zurückblieben. Überdies handelte es sich meist um industrielle Monostrukturen, die ihrer Natur nach besonders krisenanfällig waren (Lodz – Textilindustrie!). Auch war der unmittelbare Nutzen, den die polnische Nation aus der Industrialisierung zog, nur gering. Die meisten der neuentstandenen Industriebetriebe befanden sich in deutscher oder zum Teil jüdischer Hand und transferierten ihre Gewinne vor allem ins Ausland. Dennoch war der Industrialisierungsprozeß – so unausgewogen und unvollkommen er war – eine unerläßliche Voraussetzung für das spätere Wiedererstehen eines unabhängigen Polen.

Auch im geistigen Bereich fand die Devise der «organischen Aufbauarbeit» vielfältigen Widerhall – am deutlichsten in der Literatur. Diese sah ihre Aufgabe ganz bewußt darin, der unterdrückten Nation Trost zu spenden oder, wie es ihr zu dieser Zeit bedeutendster Vertreter, Henryk Sienkiewicz, formulierte: die Herzen zu stärken. Und da dies wegen der Zensur nicht durch die Darstellung der aktuellen politischen Situation geschehen konnte, geschah es im Rückgriff auf die großen Momente der polnischen und der europäischen Geschichte. Wie schon zur

So lange wir also Polen unterdrücken helfen, so lange wir einen Teil von Polen an Deutschland schmieden, so lange bleiben wir an Rußland und die russische Politik geschmiedet, so lange können wir den patriarchalisch-feudalen Absolutismus bei uns selbst nicht gründlich brechen. Die Herstellung eines demokratischen Polens ist die erste Bedingung der Herstellung eines demokratischen Deutschlands.
Die Herstellung Polens und seine Grenzregulierung mit Deutschland ist aber nicht nur notwendig, sie ist bei weitem die lösbarste von all den politischen Fragen, die seit der Revolution in Osteuropa aufgetaucht sind. Die Unabhängigkeitskämpfe der Völker aller Stämme, die südlich von den Karpaten bunt durcheinandergewürfelt sind, sind ganz anders verwickelt, werden weit mehr Blut, Verwirrung und Bürgerkrieg kosten als der polnische Unabhängigkeitskampf und die Feststellung der Grenze zwischen Deutschland und Polen.
Es versteht sich, daß es sich nicht um die Herstellung eines Scheinpolens handelt, sondern um die Herstellung eines Staats auf lebensfähiger Grundlage. Polen muß wenigstens die Ausdehnung von 1772 haben, muß nicht nur die Gebiete, sondern auch die Mündungen seiner großen Ströme und muß wenigstens an der Ostsee einen großen Küstenstrich besitzen.

KARL MARX, *1847*

Das Grab des Textilfabrikanten Poznanski (Ende 19. Jh.) auf dem jüdischen Friedhof von Lodz.

PROGRAMMATISCHE DEKLARATION DES WARSCHAUER ARBEITSKOMITEES DER PPS

Im Zarenjoch verausgabte sich das polnische werktätige Volk vollends. Die wilde Gewalt der Polizei und des Söldnertums ersetzt uns das Recht. Die Gefangenschaft erschlägt unseren Geist; die Not und die Unwissenheit verderben die Lebenskräfte. Eine Horde von Barbaren und Lumpen, die sich Regierung nennen, unterdrückt uns auf zweierlei Weise: sowohl durch das Joch der Despotie wie durch das Joch der Bedrückung. Wir aber wollen ein freies und eigenes Leben führen, wir müssen ein freies und über sich selbst bestimmendes Volk werden.

Unter politischen Gesichtspunkten bedarf das polnische Volk:

1. die Freiheit des Wortes, der Presse und des Geistes;
2. gleiche Bürgerrechte für alle ohne Unterschied des Herkommens und der Konfession;
3. absolute Freiheit der Koalition und der öffentlichen Versammlungen;
4. Unversehrtheit von Personen und Wohnungen;
5. Selbstverwaltung des Volkes in Städten und Gemeinden;
6. allgemeinverbindliche Schulpflicht bei Schulgeldfreiheit;
7. uneingeschränkte Freiheit des selbständigen nationalen Lebens: die Verwendung der polnischen Sprache in ausnahmslos allen öffentlichen Institutionen, Entlassung aller Ausländer aus der Landesverwaltung usw.
8. Gewährung einer ungehinderten kulturellen Eigenentwicklung für die jüdische Bevölkerung und alle anderen nationalen Minderheiten.

Unter wirtschaftlichen Gesichtspunkten:

1. Streikfreiheit und Freiheit für alle Formen der Koalitionen von Arbeitern, dazu freie berufsständische Organisationen;
2. achtstündiger Arbeitstag, Lohnminimum;
3. Kranken-, Invaliden- und Altersversicherung;
4. Industrie-Oberaufsicht, die von Arbeitern gewählt wird.

Aber diese Freiheiten werden sie uns nicht freiwillig gewähren. Die Despotie besitzt für uns nur Knuten, Kugeln, Särge und Galgen. Wir müssen uns die Freiheit durch den Sturz des Zarentums erkämpfen; diese Freiheit werden wir im eigenen Sejm beschließen, der allein durch das Volk auf der Grundlage eines allgemeinen, gleichen, geheimen und direkten Wahlrechts gewählt werden wird.

Mit dieser Losung eines polnischen Volks-Sejm in Warschau tritt heute das werktätige Volk zum Generalstreik an. Genossen! Es ist ein großer Augenblick. In der Hauptstadt des Zaren begann die Revolution. Wir müssen uns also sagen:
Bei einem gemeinsamen Sturm wird der morsche Zarenthron nicht widerstehen können.
Daher: auf zum Werk. Auf zur revolutionären Tat.
Unter dem Druck unserer Kraft möge das Zarentum in Trümmer fallen. Wir werden uns zu Opfern überwinden, und es wird uns die Freiheit erblühen.

Fort mit dem Zaren!
Es lebe die Unabhängigkeit!
Es lebe der Sozialismus!

Warschau, den 28. Januar 1905

Warschauer Arbeitskomitee der Polnischen Sozialistischen Partei

Zeit der Romantik wurden auch in der nachromantischen Phase vor der Wiedergewinnung der Unabhängigkeit die Dichter Polens zu den eigentlichen geistigen Führern der Nation – Henryk Sienkiewicz übernahm die Rolle, die eine Generation vor ihm Adam Mickiewicz gespielt hatte. In seinem berühmtesten Roman, «Quo vadis», für den er 1905 den Nobelpreis erhielt, schildert er das – trotz allem Martyrium – siegreiche Überleben des Christentums zur Zeit des Römischen Reiches. In den «Kreuzrittern» geht es um den Sieg der Polen und Litauer gegen den allmächtig scheinenden Deutschen Ritterorden, und der Roman «Die Sintflut» zeigt am Beispiel des Schwedeneinfalls von 1655, daß man Polen wohl zerstören, nicht aber vernichten kann. Eine ähnliche Rolle wie Henryk Sienkiewicz in der Literatur dieser Zeit kommt Jan Matejko auf dem Gebiet der Malerei zu. Manche seiner Historiengemälde sind bis in Polens jüngste Vergangenheit ein Politikum geblieben. Während die christlich-nationalen Impulse, die von Schriftstellern wie Sienkiewicz ausgingen, vor allem in der Intelligenz und im Bürgertum ihren Widerhall fanden, wurde die breite Masse der Arbeiter zunehmend von Ideen erfaßt, die neben der nationalen Frage vor allem auf die konkrete soziale Situation abzielten. Als Folge des Industrialisierungsprozesses und der damit verbundenen Wanderungsbewegung vom Land in die Stadt entstand eine neue gesellschaftliche Schicht, die Arbeiterschaft, das Proletariat. Im Jahre 1882 gründete Ludwik Warynski die erste größere Arbeiterorganisation in Polen, die eben diesen Namen – «Proletariat» – trug. Doch infolge massenweiser Verhaftungen und Prozesse (Warynski selbst wurde zu sechzehn Jahren Verbannung verurteilt und kam 1898 um) verlor diese Organisation bald ihre Bedeutung. Erst die 1892 in Paris gegründete Polnische Sozialistische Partei – ein Pendant zu den deutschen Sozialdemokraten – konnte sich zu einem politischen Machtfaktor entwickeln. Obwohl – wie auch das «Proletariat» – offiziell verboten, nur im Untergrund arbeitend und ständig verfolgt von der zaristischen Polizei, wurde sie bald wenn auch keine Massenpartei, so doch das Sammelbecken der reformerisch sozialistischen Kräfte. Links von ihr agierte die allerdings wesentlich kleinere Gruppe der sogenannten «Sozialdemokratie des Königreichs», deren prominenteste Führer Julian Marchlewski und Rosa Luxemburg waren. Diesen beiden Linksparteien stand eine – ebenfalls illegale – Partei des Bürgertums gegenüber, die sogenannten Nationaldemokraten unter Roman Dmowski. Wenn aus den Auseinandersetzungen unter diesen drei Parteien, die zwar das gemeinsame Ziel der Beseitigung der Fremdherrschaft hatten, sich aber in ihren sozialen Vorstellungen und staatspolitischen Konzeptionen erheblich unterschieden, die Sozialistische Partei im Endeffekt als Sieger hervorging, so vor allem dank dem politischen und organisatorischen Talent eines Mannes – Jozef Pilsudski.

Als Mitglied der 1883 in Warschau und Lodz gegründeten Bewegung «Befreiung der Arbeit» war der in der Nähe von Wilna geborene Pilsudski 1887 wegen «Verschwörung gegen den Zaren» nach Sibirien verbannt worden. Nach seiner Freilassung im Jahre 1892 gehörte er zu den Gründungsmitgliedern der Polnischen Sozialistischen Partei. Als Herausgeber des Parteiorgans «Robotnik» («Der Arbeiter») wurde er bald zum politischen Inspirator und zur organisatorischen Drehscheibe der Partei und ihr allgemein anerkannter Führer. Sein ideologisches Bekenntnis ist ebenso einfach wie anspruchsvoll: man muß Sozialist sein und Patriot, Revolutionär und Soldat. Nach der in Polen wie in Rußland gescheiterten Revolution von 1905, die in Polen zwar eine gewisse Lockerung der zaristischen Fremdherrschaft, aber keine grundlegende innenpolitische Wandlung zur Folge hatte, setzte sich in Pilsudski immer mehr die Überzeugung durch, daß die Voraussetzung für Polens Unabhängigkeit die Heranbildung eines eigenen polnischen Heeres sei. Eine neue große kriegerische Auseinandersetzung mit – oder noch besser zwischen – den Großmächten voraussehend oder zumindest herbeisehnend, begann er die Kampfverbände der Sozialistischen Partei zu regulären

Heereseinheiten umzubilden. Unter den Augen und mit offenkundiger Duldung der österreichischen Behörden stellte er 1908 in Galizien unter der Bezeichnung «Schützenverbände» Armee-Einheiten auf, die sich bis 1914 zu einer zwar kleinen, aber durchaus schlagkräftigen Kerntruppe entwickelten. Zugleich mit der Aufstellung der ersten polnischen Armee-Einheiten vollzog sich in Pilsudski und der Sozialistischen Partei ein ideologischer Wandel – weg vom Marxismus. Der Akzent verlagerte sich vom Sozialisten auf den Patrioten, vom Revolutionär auf den Soldaten. Auch die staatspolitische Konzeption Pilsudskis erhielt bereits in dieser Zeit ihre endgültige Gestalt. Es war das sogenannte «jagiellonische Prinzip», ein antirussisches, das eine Ausweitung Polens in Richtung Osten und die Schaffung eines Vielvölkerstaates aus Polen, Litauern, Weißruthenen und Ukrainern anstrebte.

Zur gleichen Zeit, in der sich Pilsudskis «jagiellonische» Konzeption eines unabhängigen polnischen Staates herausbildete, nahm auch die Staatskonzeption seiner innenpolitischen Gegner, der Nationaldemokraten unter Dmowski, Gestalt an. Es war das sogenannte «piastische» Modell, das, gedeckt durch ein Arrangement mit Rußland, die Ausweitung Polens nach Westen bis an die Oder vorsah, in jenem Raum, in dem einst Polens Piastenfürsten geherrscht hatten.

Als im August 1914 der Erste Weltkrieg ausbrach, jener «allgemeine Krieg», um den schon Mickiewicz gebetet hatte und der Polen endlich die Freiheit bringen sollte, gab es im Lande selbst zwei klar ausgebildete politische Vorstellungen, wie das wiedererstandene Polen aussehen sollte; und beide Konzeptionen waren durchaus Großmachtkonzeptionen.

Pilsudski stellte sich mit seinen Schützenverbänden, die bald in «Legionen» umgetauft werden sollten, an die Seite der österreichisch-ungarischen Armee. Nicht etwa aus Sympathie zu Österreich, sondern weil er davon ausging, daß die Niederlage Rußlands die wichtigste Voraussetzung zur Schaffung eines unabhängigen Polen war – und weil er darauf rechnete, daß Österreich die schwächste der drei kriegführenden Großmächte war: «Sie konnte man am leichtesten bereden…» (Pilsudski).

Am 6. August 1914 überschritt Pilsudski mit seinen Verbänden die österreichisch-russische Grenze, und nachdem die russischen Truppen in Polen geschlagen wurden und 1916 ganz Kongreßpolen von Deutschland und Österreich besetzt war, schien Pilsudskis Rechnung aufzugehen: Der deutsche und der österreichische Kaiser proklamierten am 5.11.1915 die Neugründung des Königreichs Polen, dessen politische Führung ein dreiköpfiger Staatsrat unter Pilsudski übernehmen sollte. Bald jedoch mußten die Polen erkennen, daß sie ein weiteres Mal lediglich Objekt, nicht aber Subjekt der Geschichte sein sollten: sie erhielten weder klare Zusicherungen hinsichtlich ihrer Grenzen noch die Verfügungsgewalt über die in aller Eile von den Mittelmächten rekrutierten offiziellen polnischen Streitkräfte. Weder Österreich noch Deutschland ging es letztlich um die Schaffung eines unabhängigen Polen, sondern um Kanonenfutter für ihren weiteren Krieg gegen Rußland, getreu dem napoleonischen Vorbild. Doch diesmal verweigerten die polnischen Truppen den Eid auf eine Sache, die nicht die Ihre war. Es kam zu Unruhen, Pilsudski wurde 1917 von den Deutschen verhaftet und in die Festung Magdeburg deportiert. Doch inzwischen hatte die polnische Frage eine Eigendynamik bekommen, die auch durch die Verhaftung Pilsudskis nicht mehr gestoppt werden konnte. Gestützt auf die Erklärung der provisorischen russischen Regierung, die sich nach der Februarrevolution von 1917 für die Schaffung eines «unabhängigen polnischen Staates» ausgesprochen hatte, und auf die sich abzeichnende Niederlage Deutschlands wurden polnische Exilpolitiker im Westen aktiv – Roman Dmowski in Frankreich, der Pianist Ignacy Paderewski in den USA. Vor allem auf den Einfuß von Paderewski geht es zurück, daß sich Amerikas Präsident Wilson in seinem berühmten 14-Punkte-Programm vom Ja-

Jozef Pilsudski (1867–1935)

Soldaten! Ozarow, 5. August 1915

Vor einem Jahr habe ich mit einer kleineren Handvoll schlecht bewaffneter und schlecht ausgerüsteter Leute den Krieg begonnen. Die ganze Welt trat damals zum Kampf an. Ich wollte nicht zulassen, daß in einer Zeit, da man auf dem lebendigen Leib unseres Vaterlandes mit dem Schwert die neuen Grenzen der Staaten und Völker festlegen wollte, nur die Polen fehlten.
Ich wollte nicht zulassen, daß auf den Waagschalen, die über unseren Köpfen schwankten, daß auf den Waagschalen, auf welche die Schwerter geworfen wurden, der polnische Säbel fehlte! (…)
Soldaten und Waffengefährten! Ein Jahr schwerer Arbeit ist vergangen. So schwere, von so vielen Hindernissen umstellte Arbeit, daß wir uns im Rückblick wundern, warum wir noch leben, warum die heimischen Wälder über uns nicht schon lange das Trauerlied rauschen, über uns, den polnischen Soldaten aus dem großen Krieg 1914 bis 1915. Auch jetzt, nach einem Jahr Krieg, sind wir wie zu Beginn nur Polens kriegerische Vorhut, aber auch seine moralische Vorhut, fähig, alles zu riskieren, wenn das Risiko notwendig ist.
Soldaten! Heute, nach einem Jahr Krieg und Arbeit, bin ich traurig, euch nicht zu großen Siegen gratulieren zu können, aber auch stolz, weil ich euch heute mit größerer Ruhe als vor einem Jahr zurufen kann: Jungens! Vorwärts! Zum Tod oder zum Leben, zum Sieg oder zur Niederlage – zieht aus, um durch kriegerische Tat Polen zur Wiederauferstehung zu wecken.

JOZEF PILSUDSKI, *Kommandant*

nuar 1918 ebenfalls für die Errichtung eines «unabhängigen polnischen Staates» aussprach, der «alle Gebiete mit unzweifelhaft polnischer Bevölkerung» umfassen und einen «freien und sicheren Zugang zum Meer» haben sollte. Ab Juni 1918 wurde Polen von allen alliierten Mächten als «verbündete kriegführende Nation» anerkannt – nicht zuletzt aufgrund der Tatsache, daß in den letzten Wochen des Krieges eine nicht unbeträchtliche polnische Streitmacht (2 Divisionen) unter General Joseph Haller in Frankreich an der Seite der Alliierten gegen Deutschland gekämpft hatte. Die Pariser Friedensverhandlungen von 1919 aber, an denen Polen auf Siegerseite teilnahm, endeten für den jungen, inzwischen erneut proklamierten (am 7. Oktober 1918) polnischen Staat mit einer Enttäuschung. Zwar hatte sich Polens Staatsführung nach einer Aussöhnung zwischen Dmowski und dem aus deutscher Haft zurückgekehrten Pilsudski auf eine gemeinsame Linie bei den Friedensverhandlungen einigen können, doch war diese Position derart radikal, daß sie selbst bei den verbündeten Westmächten nicht auf ungeteilte Gegenliebe stieß:

Polen forderte im Prinzip, den Staat in seinen Grenzen von 1772 wiederherzustellen. Das hätte im Osten den Anschluß großer litauischer, weißrussischer und ukrainischer Gebiete bedeutet, im Westen sollten Oberschlesien, Westpreußen, Posen und Danzig dem neuen polnischen Staat angegliedert werden. Die Westmächte jedoch bestimmten im Dezember 1919 als Polens Ostgrenze die sogenannte Curzon-Linie entlang des Bug und Narew. Der Versailler Vertrag vom Juni 1919 hatte bereits vorher von Deutschland die Abtretung großer Teile Westpreußens sowie fast der ganzen Provinz Posen gefordert – hier hatte ein nationalpolnischer Aufstand im Dezember 1918 schon weitgehend vollendete Tatsachen geschaffen. Das von Polen jedoch so nachhaltig geforderte Danzig wurde zur «Freien Stadt» erklärt und unter den Schutz des Völkerbundes gestellt. In Ostpreußen und Oberschlesien sollten Volksabstimmungen über die Staatszugehörigkeit bestimmen. Zwar konnte Polen durch militärische Aktionen im Osten – Vorstöße nach Wilna und Kiew – in den folgenden Jahren sein Staatsgebiet noch erheblich ausweiten, doch war der Keim für spätere Konflikte bereits gelegt. Aus polnischer Sicht war weder der piastische noch der jagiellonische Staatsgedanke verwirklicht. Der Zugang zum Meer war nur durch einen schmalen «Korridor»

Volksabstimmung in Oberschlesien.
Oben: Prodeutsches Flugblatt.
Rechts: Am 20. März 1921 erwarten die Menschen auf der Hauptverkehrsstraße von Kattowitz die Abstimmungsergebnisse.

möglich, durch den zudem noch der Transitverkehr zwischen Deutschland und dem abgetrennten Ostpreußen führte. Auch die Abstimmungen in den umstrittenen Gebieten verliefen für Polen enttäuschend. In den Abstimmungsgebieten Südostpreußen und Marienwerder entschieden sich mehr als 90 Prozent der Stimmberechtigten für einen Anschluß an Deutschland, in Oberschlesien ergab die Abstimmung im März 1921 716000 Stimmen für Deutschland und 471 000 für Polen. Polnische Versuche, durch einen Aufstand die Konsequenzen dieser Abstimmung zu ändern, stießen auf heftige deutsche Gegenreaktionen. Nach von beiden Seiten mit nationalistischer Verbissenheit geführten Kämpfen (Kampf um den Annaberg) entschied der Völkerbund die Schlichtung des Streits durch eine Teilung Oberschlesiens (1922).

Die innenpolitische Situation, in der sich der wiedererstandene polnische Staat fand, war überaus schwierig. Weite Teile des Landes waren durch den Krieg verwüstet, deutsche Heere durch Polen gezogen, russische, österreichische... Die industriellen Anlagen hatten die Herrschermächte zu einem nicht unerheblichen Teil für Kriegszwecke requiriert beziehungsweise demontiert. Entschädigungen erhielt Polen nicht. Während der 123jährigen Teilung des Landes hatten sich die einzelnen Teilungsgebiete völlig unterschiedlich entwickelt; von einer organischen Infrastruktur des Landes konnte keine Rede sein. Das Analphabetentum der Ostprovinzen behinderte den wirtschaftlichen und kulturellen Aufschwung. Noch 1935 waren 25 Prozent der Polen Analphabeten. Zudem brachen die innenpolitischen Gegensätze, die in der Geburtsstunde des neuen Staates weitgehend überbrückt werden konnten, bald wieder auf: das antirussische Lager um Pilsudski einerseits, das antideutsche um die Nationaldemokraten andererseits. Außer Pilsudski selbst und der Armee gab es praktisch keine politische Autorität im Lande. So ist Polens Entwicklung von der parlamentarischen Demokratie, als die sich der wiedererstandene Staat konstituiert hatte, zur rechtsgerichteten Militärdiktatur fast zwangsläufig. Die ersten Wahlen zum polnischen Parlament, dem Sejm, enden 1922 mit einer Niederlage der Anhänger Pilsudskis. Pilsudski tritt von seinem Amt als Staatschef ebenso zurück wie von seinem Amt als Chef des Generalstabs.

Auf dem Warschauer Ehrenfriedhof Powazki – symbolisches Grab für im Ersten Weltkrieg in Rußland gefallene polnische Offiziere und Soldaten.

Eine restriktive Minderheitenpolitik verhinderte den Ausgleich nationaler Gegensätze. Mehrere hunderttausend Deutsche wanderten zu Beginn der zwanziger Jahre aus Posen und Westpreußen aus, im Osten widersetzten sich Weißruthenen und Ukrainer entschieden allen Polonisierungsversuchen. Trotz Ansätzen zu einer vor allem vom Ausland finanzierten Industrialisierung blieb Polen ein Agrarland. Noch 1930 arbeiteten über 65 Prozent der Bevölkerung in der Landwirtschaft (zum Vergleich: im Deutschen Reich 30 Prozent). Auch blieben die Versuche, die Struktur der polnischen Landwirtschaft zu verändern – Reduzierung des Großgrundbesitzes, Landzuteilungen an Besitzlose –, in den Ansätzen stecken, was eine Radikalisierung der ländlichen Bevölkerung, vor allem in den ärmsten Gegenden Galiziens, zur Folge hatte.

Immerhin konnte Polen durch den mit viel Energie vorangetriebenen Ausbau des Hafens von Gdynia den Anschluß an die internationale Seewirtschaft herstellen und durch eine direkte Eisenbahnlinie von Oberschlesien nach Gdynia, die sogenannte Kohlemagistrale, dem Land ein neues verkehrstechnisches Rückgrat geben. Doch von Inflation, Finanz- und Wirtschaftskrisen blieb auch Polen in den zwanziger Jahren nicht verschont.

Bis Mai 1926 regiert – in wechselnden Zusammensetzungen – eine Art Mitte-Rechts-Koalition, dann übernimmt Pilsudski durch einen Staatsstreich endgültig die Macht. Er lehnt zwar das Präsidentenamt ab und läßt es durch seinen Anhänger Ignacy Moscicki verwalten, doch übernimmt er das Kriegsministerium sowie das Amt des Generalinspekteurs der Armee und wird damit faktisch der starke Mann im Staat. Er läßt zunächst das parlamentarische System unangetastet,

Die notwendige Bedingung unserer Existenz als Staat ist die Vereinigung aller polnischen Länder; denn Polen kann nur als Großmacht existieren... Dank dem allgemeinen Kriege, den Anstrengungen unserer Väter und unseren eigenen Anstrengungen, die sich auch im Posener Aufstande (Dez. 1918) gezeigt haben, haben wir viel erreicht von dem, was uns zustand. Aber man muß sagen, daß wir noch nicht alles erreicht haben, daß noch nicht alle polnischen Länder, nicht alle für die Vollkommenheit unseres Landes unerläßlichen Zentren mit der Mutter vereinigt sind. Aus diesen Worten soll man nicht den Schluß ziehen, daß ich zum Kriege aufrufe. Ich glaube an die große Macht polnischer Arbeit und polnischer Kultur, die uns erlauben wird, mit der Zeit das zu erreichen, was wir bisher nicht erreicht haben...

STANISLAW WOJCIECHOWSKI, *polnischer Staatspräsident, 1924*

doch 1927 beginnt er, oppositionelle Abgeordnete verhaften zu lassen, ein Jahr später säubert er die Verwaltung von mutmaßlichen oder tatsächlichen «Pilsudski-Gegnern». Sein Führungskonzept ist das einer «gelenkten Demokratie», mit der er die seiner Auffassung nach abgewirtschaftete Republik «sanieren» will (Sanacja). 1930 übernimmt er persönlich die Regierung, löst das Parlament (Sejm) auf und läßt die wichtigsten Oppositionsführer verhaften und in das Gefängnis von Brest-Litowsk bringen. In einer Atmosphäre des Terrors – vor allem gegen die nationalen Minderheiten im Osten – finden Neuwahlen statt, die einen überlegenen Sieg der Pilsudski-Anhänger bringen. 1933 wird ein «Ermächtigungsgesetz» für den Präsidenten erlassen, 1935 – wenige Tage vor dem Tod Pilsudskis – das Parlament endgültig entmachtet. Polen ist eine Diktatur, die ideologisch allerdings außer einem Pilsudskikult und einem Militärkult kaum ein Konzept hat. Unter dem Nachfolger Pilsudskis im Amt des Oberbefehlshabers der Armee, dem General Rydz-Smigly, der schon bald die Rolle eines «Staatsführers» übernimmt, wird der Regierungsstil zunehmend autoritärer, die innenpolitische Szenerie gleichzeitig jedoch zerrissener. Machtkämpfe zwischen dem zivilen Staatspräsidenten Moscicki und dem militärischen Oberbefehlshaber Rydz-Smigly bestimmen ebenso das Bild wie die sich jeder Mitarbeit versagende Opposition. Keines der wichtigen innenpolitischen Probleme wird gelöst, weder das Problem der Agrarreform noch das der latenten Arbeitslosigkeit. Die Folge sind eine zunehmende Radikalisierung der Arbeiterschaft (wobei die KP mit rund 40000 Mitgliedern allerdings nur eine untergeordnete Rolle spielt) sowie eine weitere Verarmung des Bauernstandes. Zugleich machen sich im Zuge des wachsenden Militär- und Führerkults vor allem im Kleinbürgertum – aber nicht nur dort – zunehmend faschistische Tendenzen breit, wohingegen die Intelligenz, angewidert von dieser Entwicklung, eher nach links abwandert. Und wie so oft in

Die Friedenskonferenz von Riga (1921).

der Geschichte findet das Land erst in der Stunde der schlimmsten Bedrohung zu seiner nationalen Solidarität zurück – diesmal in der Stunde des Überfalls durch Hitler am 1. September 1939.

Außenpolitisch hatte das wiedererstandene Polen von Beginn an vor der Frage gestanden, ob – und wenn ja in welchem der beiden mächtigen Nachbarn – es einen Verbündeten finden könnte. Die Sowjetunion schied bei der überwiegenden Mehrheit der Bevölkerung von vornherein aus. Zu frisch war die Erinnerung an die mehr als hundertjährige Zarenherrschaft über weite Teile des Landes, zu tief die Abneigung der katholischen Polen gegen die von Lenin geforderte kommunistische Weltrevolution. Wie schon zur Zeit der Mongoleneinfälle und der Türkenkriege verstand man sich einmal mehr als das östliche Bollwerk des Abendlandes. Und man demonstrierte diesen Teil des nationalen Selbstverständnisses sehr nachdrücklich. Von Anfang an hatte sich Pilsudski geweigert, die von den Alliierten bestimmte Ostgrenze Polens entlang Bug und Narew anzuerkennen. Und in einer innenpolitischen Schwächesituation der vom Bürgerkrieg geschüttelten Sowjetunion hatte er – seinem Naturell entsprechend – versucht, mit Waffengewalt vollendete Tatsachen zu schaffen: Im April 1920 fiel er – unterstützt von nationalistischen ukrainischen Einheiten – in die Ukraine ein und besetzte Kiew. Zwar mußten sich Pilsudskis Verbände unter den Gegenschlägen der Roten Armee bald wieder zurückziehen und wurden nur durch taktische Fehler der sowjetischen Heeresführung vor ihrer Vernichtung bewahrt («Wunder an der Weichsel»), doch als Ergebnis dieses Feldzuges mußte sich die Sowjetunion im Frieden von Riga (1921) mit der Abtretung beträchtlicher weißrussischer und ukrainischer Gebiete (einschließlich Lemberg) an Polen abfinden. An eine wie auch immer geartete Bündnispolitik mit der Sowjetunion aber war nach diesem militärischen Abenteuer weniger zu denken als je zuvor. Doch auch das Deutsche Reich schied als Bündnispartner aus. Hier war die Erinnerung an die Unterdrückung der polnischen Bevölkerung im preußisch besetzten Teil Polens noch zu frisch, war die Furcht vor dem im Ersten Weltkrieg zwar besiegten, aber in seiner wirtschaftlichen und militärischen Potenz in polnischen Augen noch immer mächtigen Nachbarn zu groß. Zudem hatten die Auseinandersetzungen um Oberschlesien und auch um Ostpreußen und Danzig die Atmosphäre derart vergiftet, daß ein Zusammengehen mit Deutschland praktisch ausgeschlossen war. Auch in Deutschland selbst war die Stimmung gegenüber Polen alles andere als freundlich. [«Polens Existenz ist unerträglich, unvereinbar mit den Lebensbedingungen Deutschlands. Es muß verschwinden und wird verschwinden durch eigene, innere Schwäche und durch Rußland – mit unserer Hilfe» (Generaloberst von Seeckt, Chef der Heeresleitung, 11.9.1922).]

So war der Verbündete, der sich anbot, wieder einmal Frankreich, Polens beständige, aber unglückliche Liebe. Doch wie schon unter Napoleon sollte die Allianz mit Frankreich auch diesmal für Polen enttäuschend sein: Zwar schlossen Polen und Frankreich 1921 in Paris einen Bündnisvertrag, doch bekam dieses Bündnis schon vier Jahre später seinen ersten Knacks: durch den Vertrag von Locarno, bei dem die Westmächte zwar die neuen deutsch-französischen und deutsch-belgischen Grenzen garantierten, nicht jedoch die deutsch-polnischen.

So zynisch es klingt: erst die Machtergreifung Adolf Hitlers bringt eine Wende im Verhältnis zwischen Polen und Deutschland. Nachdem im März 1933 polnische Truppen in weit höherer als vereinbarter Zahl die an der Danziger Hafeneinfahrt liegende «Westerplatte» besetzt und Deutschland und Polen damit dicht an den Rand eines Krieges gebracht hatten, verkündete Hitler seine Bereitschaft zu einer grundsätzlichen Regelung der Probleme mit Polen. Im Januar schlossen Polen und Deutschland ein Nichtangriffsabkommen, das einen völligen Gewaltverzicht, unmittelbare Verständigung in allen Fragen der gegenseitigen Beziehungen, Nichteinmischung in innere Angelegenheiten und die «Begründung

POLEN

Ruhlos sind wir seit Jahren,
dürsten undenkliche Zeit,
dürsten danach,
wieder Arme und Beine zu tauchen
in die grünen Schluchten und Wege.
Dürsten danach,
den Kopf auf die Weichselinseln zu
lehnen,
schwimmend den Strom zu durchqueren
und im Juli nachts auf dem Feld
auf den Ausbruch der Sonne zu warten,
den Ruf der erwachenden Vögel
an den Wassern des Frühjahrs.

Eine Pappel wächst in der Sonne,
im gelben Morast steht ihr Schatten
und lacht.
Im Weizen blüht Mohn,
verwandelt sein Rauschen in Wolken
und sendet sie über Land,
daß Stille wachse und Hoffnung.
Polen ist Bläue und Weite der Felder –
die Menschen allein
kennen noch immer das Morgen nicht,
hören Panzer im Traum
und den Tritt fremder Stiefel.

Ruhlos sind wir...

STANISLAW PIETAK *(geb. 1909).*
Übertragung von Christine Wolter

eines gutnachbarlichen Verhältnisses» vorsah. Hitlers Motive für den Abschluß dieses Vertrags, der allen seinen früheren Äußerungen über «Ostraumpolitik» grundsätzlich zu widersprechen schien, waren eindeutig: Zum einen führte das Abkommen Deutschland aus der außenpolitischen Isolierung der zwanziger Jahre und machte Hitler den Rücken unmittelbar im Osten frei, zum anderen war es zweifellos das, was Martin Broszat eine «unverhüllte Offerte zur Bildung einer antisowjetischen Allianz» genannt hat. Zwar ging Hitlers Rechnung mit der Bildung einer aktiven «antirussischen Allianz» nicht auf – was nicht zuletzt auf das Mißtrauen Warschaus gegen das ständig wachsende deutsche Rüstungspotential und die vielen ungelösten deutsch-polnischen Teilprobleme zurückging (Danzig, Korridor, deutsche Minderheit in Polen, polnische Minderheit in Deutschland –, doch hatte er in Polen einen Bündnispartner gefunden, der in vielen wichtigen Fragen der europäischen Politik mit dem Deutschen Reich und seinem italienischen Verbündeten durch dick und dünn ging. Im Kielwasser der Achse Berlin–Rom betrieb Polen vor allem in den letzten Jahren vor Ausbruch des Zweiten Weltkriegs durchaus auch eine Politik der Stärke auf eigene Faust und Rechnung: Im März 1938 zwang es Litauen durch ein Ultimatum diplomatische Beziehungen auf, und als deutsche Truppen im Oktober 1938 in das Sudetenland einmarschierten, besetzten polnische Truppen einen Gebietsstreifen im tschechoslowakischen Schlesien, das Teschener Land. Während sich in Polens Öffentlichkeit zunehmend Unbehagen über Hitlers Expansionspolitik regte und spätestens seit dem Anschluß Österreichs die historische Furcht vor dem mächtigen Nachbarn im Westen wieder wachgeworden war, hatte Polens Führung diese Gefahr offensichtlich unterschätzt. Erst als Hitler in Prag einmarschierte (15.3.1939) und die «polnische Frage» endgültig auf den ersten Platz in der nationalsozialistischen Außenpolitik gerückt war – mit Forderung nach Anschluß Danzigs an das Deutsche Reich und nach exterritorialer Eisenbahnlinie und Autobahn zwischen Pommern und Ostpreußen –, kam es zum politischen Bruch zwischen Polen und Deutschland und zur ebenso zwangsläufigen wie tragischen Eskalation:

Am 26. März 1939 lehnt der polnische Außenminister Beck die vom deutschen Außenminister Ribbentrop in fast ultimativer Form vorgetragenen Forderungen Deutschlands an Polen ab. Am 31. März 1939 gibt England eine förmliche Garantieerklärung für Polen ab: «Im Falle irgendeiner Handlung, welche die Unabhängigkeit Polens bedroht..., würde sich die Regierung Seiner Majestät sofort verpflichtet fühlen, der polnischen Regierung alle in ihren Kräften stehende Hilfe zu leisten.» Am 28. April kündigt Hitler das Nichtangriffsabkommen mit Polen. Der psychologische Countdown zur bewaffneten Auseinandersetzung beginnt –

Der polnische Außenminister Jozef Beck (hinten links) und der Außenminister des Deutschen Reiches, Joachim von Ribbentrop (rechts), im Januar 1939 in Warschau.

Die Westerplatte bei Danzig. Mit der Beschießung der Westerplatte durch den Panzerkreuzer «Schleswig Holstein» begann am 1. September 1939 der Zweite Weltkrieg.

auf beiden Seiten: Hitler unterrichtet die Führer der Wehrmacht von seinem Entschluß, «bei erster passender Gelegenheit Polen anzugreifen». Polens Presse verkündet den «Marsch nach Berlin».

Doch in der letzten Phase vor Ausbruch des Zweiten Weltkriegs erweist sich Polen einmal mehr schmerzlich als der Gefangene seiner eigenen Geschichte: Als die Westalliierten, um Hitler vor einem Angriff gegen Polen abzuschrecken, Verhandlungen mit der Sowjetunion aufnehmen und Polen vorschlagen, im Fall eines deutschen Angriffs den sowjetischen Truppen Durchmarschrechte zu gewähren, lehnt es ab. Zu groß ist die aus jahrhundertelanger Erfahrung erwachsene Angst, daß die russischen Truppen das Land freiwillig nicht wieder verlassen würden.

Diese Situation nutzt Hitler: er schlägt nun seinerseits den Sowjets Verhandlungen vor. Am 23. August 1939 unterzeichnen Deutschland und die Sowjetunion einen Nichtangriffspakt. In einem geheimen Zusatzprotokoll beschließen beide Mächte darüber hinaus die 4. Teilung Polens. Am 1. September 1939 marschiert die Deutsche Wehrmacht in Polen ein.

Nach dem Einmarsch der deutschen Truppen im September 1939 beginnt das dunkelste Kapitel der mehr als tausendjährigen Geschichte Polens. Zu keinem Zeitpunkt hat es ein so totales Konzept der Zerstörung des Staates Polen und der Versklavung, sogar Ausrottung des polnischen Volkes gegeben wie zur Zeit der Hitlerherrschaft in Deutschland. Die militärische Niederlage Polens war nur eine Frage von Wochen: 102 hochgerüstete deutsche Divisionen standen 40 polnischen Divisionen und 11 Kavalleriebrigaden gegenüber. Auf einen polnischen Panzer kamen fünf deutsche, auf ein polnisches Flugzeug vier deutsche. Bereits am 7. September waren die deutschen Truppen nur noch 60 Kilometer von Warschau entfernt, und am 19. September war das Schicksal der tapfer kämpfenden, aber mangelhaft ausgerüsteten und schlecht geführten polnischen Armee praktisch besiegelt. Auch wenn an einzelnen Punkten, wie in Warschau und auf der Halbinsel Hela, der polnische Widerstand noch etwas länger dauerte, konnte die nationalsozialistische Propaganda von einem «Blitzkrieg» sprechen. Am 5. Oktober nahm Hitler die Siegesparade der deutschen Truppen in Warschau ab. Zuvor waren – auf deutsches Drängen – am 17. September sowjetische Truppen in Ostpolen einmarschiert, und am 28. September hatten Rußland und Deutschland – gemäß dem geheimen Zusatzprotokoll vom August 1939 – Polen ein weiteres Mal unter sich aufgeteilt.

Wie schon so häufig in der Geschichte war Polen zwischen die Mühlsteine seiner beiden mächtigen Nachbarn geraten – und wie so häufig in der Geschichte

In der heutigen Nacht hat unser ewiger Feind den Angriff gegen den Staat Polen begonnen, was ich vor Gott und der Geschichte feststelle...

IGNACY MOSCICKI, *polnischer Staatspräsident, am 1. September 1939*

Eine deutsche Gutsbesitzerfrau aus dem Kreis Hohensalza (Bromberg) in einem Brief an Generalfeldmarschall Göring am 6. Dezember 1939.

Ist es, wie behauptet wird, tatsächlich der Wille unseres Führers und der Regierung, die gesamte deutschstämmige (d.h. schon in der deutschen Zeit vor 1918 ansässige) polnische Bevölkerung systematisch auszurotten? Fußend auf die unwahre Behauptung, daß die «Verantwortung der ‹Morde› an Volksdeutschen ausschließlich zu Lasten der intellektuellen Führung des Polentums geht», wie die «Deutsche Rundschau» in Bromberg am 12. September 1939 schreibt, sind Tausende und Abertausende unschuldige Menschen dieser Kreise erschossen worden; sämtliche Lehrer und Lehrerinnen, Ärzte und Ärztinnen, Rechtsanwälte, Notare, Richter und Staatsanwälte, Großkaufleute und Gutsbesitzer – soweit sie noch lebten – sind zu Tausenden aus den Schulen vor den Augen der Kinder, aus den Stellen, in die die

Wehrmacht sie wieder eingesetzt hatte, aus der Praxis, aus den Kliniken, von den Gütern, so wie sie gingen und standen, von der Danziger Gestapo verhaftet und in Zuchthäuser und Gefängnisse gesperrt...
Und heute beginnt die gleiche Tragödie mit den Kleinbauern und den Arbeitern... Welchen Ruhm erwerben sich Volksdeutsche und Treuhänder, wenn sie fast sämtliche Christus- und Marienkreuze an den Wegen absägen und zerschlagen lassen, in die Häuser der Arbeiter eindringen und heilige Bilder von den Wänden herunterreißen und mit den Füßen zertreten und somit die fromme katholische Landbevölkerung aufs tiefste treffen?

DER EID DER SOLDATEN DER POLNISCHEN UNTERGRUND-ARMEE, 1940

«Vor Gott dem Allmächtigen, vor der heiligen Jungfrau Maria, der Königin der Krone Polens, lege ich meine Hand auf dieses heilige Kreuz, Symbol des Märtyrertums und der Erlösung, und ich schwöre, daß ich die Ehre Polens mit aller meiner Kraft verteidigen will, daß ich mit den Waffen in der Hand kämpfen will, um es von der Sklaverei zu befreien, ungeachtet des Opfers meines Lebens, daß ich meinen Vorgesetzten unbedingt gehorsam sein will, daß ich Verschwiegenheit bewahren werde, was es auch kosten möge.»

Darauf erfolgte die Antwort:

«Ich nehme dich auf unter die Soldaten der Freiheit. Sieg wird dein Lohn sein. Verrat wird mit dem Tode bestraft.»

war Polen auch diesmal von seinen Verbündeten im Stich gelassen worden: Zwar erklärten England und Frankreich Deutschland den Krieg, doch zu Offensivhandlungen im Westen oder zur Entsendung eines Hilfskorps auf den polnischen Kriegsschauplatz konnten sie sich nicht entschließen, zum «Sterben für Danzig» war der Westen nicht bereit. Auch wenn große Teile der ostpolnischen Bevölkerung von der Roten Armee in die Sowjetunion deportiert wurden und in den besetzten Gebieten eine brutale Sowjetisierungspolitik eingeleitet wurde, ist dies nur schwerlich zu vergleichen mit der systematischen, nicht nur politisch, sondern auch ethnisch-ideologisch motivierten Vernichtungskampagne, die auf Geheiß Hitlers und Himmlers im Gefolge der Wehrmacht von deutscher Polizei und SS auf polnischem Boden in Gang gesetzt wurde: Weite Teile des polnischen Kernlandes wurden dem Deutschen Reich eingegliedert und das verbleibende polnische Restgebiet zum «Generalgouvernement» erklärt, zu einer Art kolonialem «Nebenland», aus dem es «an agrarischen und an industriellen Produkten sowie an Arbeitskräften möglichst viel herauszuholen galt» (Broszat).

Besonders in den dem Deutschen Reich eingegliederten Gebieten, in denen von rund zehn Millionen Einwohnern fast acht Millionen Polen waren, begann eine Eindeutschungspolitik, die in der Geschichte ohne Beispiel ist. Mit Ausnahme einer relativ kleinen Gruppe, die als «eindeutschungsfähig» galt, erhielt die polnische Bevölkerung entweder den Status von praktisch rechtlosen «Schutzangehörigen» oder wurde ins Generalgouvernement beziehungsweise ins Innere des Reiches deportiert. Für die gesamte nichtdeutsche Bevölkerung des Ostens sollten jene Richtlinien gelten, die Himmler am 25. Mai 1940 in seiner «Denkschrift über die Behandlung der Fremdvölkischen im Osten» niedergelegt hatte: «...Für die nichtdeutsche Bevölkerung des Ostens darf es keine höhere Schule geben als die vierklassige Volksschule. Das Ziel dieser Volksschule hat lediglich zu sein: Einfaches Rechnen bis höchstens 500, Schreiben des Namens, eine Lehre, daß es ein göttliches Gebot ist, den Deutschen gehorsam zu sein und ehrlich, fleißig und brav zu sein. Lesen halte ich nicht für erforderlich. Außer dieser Schule darf es im Osten überhaupt keine Schule geben...»

Hitler selbst hatte verkündet, daß es in Polen einen «harten Volkstumskampf» geben müsse, der «keine gesetzlichen Bedingungen» gestatte. Das Lebensniveau in Polen, so Hitler laut einer Niederschrift von Martin Bormann (am 2.10.1940), müsse... «niedrig sein bzw. gehalten werden. Das Generalgouvernement sei unser Reservoir an Arbeitskräften für niedrige Arbeiten... Unbedingt zu beachten sei, daß es keine polnischen Herren geben dürfe; wo polnische Herren vorhanden seien, sollten sie, so hart das klingen möge, umgebracht werden...».

In der Konsequenz hatte Hitlers Politik im besetzten Polen drei Ziele: Versklavung des polnischen Volkes, Liquidierung seiner «Führerschicht» (um zu erreichen, «daß aus dem polnischen Volk kein Widerstand mehr emporsteigt» – Generalgouverneur Hans Frank) sowie die völlige Vernichtung der jüdischen Bevölkerung. Das Ergebnis dieser Politik: Deportation von mehr als einer Million Polen zur Zwangsarbeit nach Deutschland, Dezimierung der polnischen Intelligenz um mehr als die Hälfte, fast vollständige «Ausrottung» der jüdischen Bevölkerung – von mehr als drei Millionen Juden in Polen überlebten knapp hunderttausend; die größten nationalsozialistischen Vernichtungslager wurden auf polnischem Gebiet errichtet: Auschwitz, Majdanek, Sobibor, Treblinka...

Mit zunehmender Brutalität der Besatzungspolitik wuchs jedoch zugleich die Widerstandsbewegung. Die erste polnische Widerstandsorganisation wurde bereits am Tage der Kapitulation von Warschau (27.9.1939) gegründet. Während sich im sowjetisch besetzten Teil Ostpolens infolge der Allgegenwart des NKWD eine auf breiter Basis und systematisch organisierte Widerstandstätigkeit ebensowenig entfalten konnte wie in den zum Deutschen Reich geschlagenen polnischen Gebieten, die mit einem engen Netz deutscher Verwaltungs-, Polizei- und SS-

Dienststellen überzogen wurden, kam es im Generalgouvernement mit wachsendem Druck der Nazi-Herrschaft zu einer Widerstandsbewegung, die zur größten und effektivsten Europas werden sollte. Wie schon während des Januaraufstandes im Jahre 1863 entwickelte sich neben dem offiziellen Staat der Besatzungsmacht ein regelrechter polnischer Untergrundstaat – mit eigenen illegalen Universitäten, Schulen, kirchlichen Zentren, Zeitungen und einer regulären Untergrundarmee, deren Mitglieder vereidigt wurden und einer eigenen Rechtsprechung unterlagen. Diese Untergrundarmee – seit 1942 «Armia Krajowa» (abgekürzt AK), Heimatarmee, genannt – wurde militärisch befehligt von der polnischen Exil-

Das Denkmal zu Ehren des Warschauer Ghetto-Aufstands von 1943.

Dann kam Karfreitag.
Der Widerstand der Aufständischen dauerte schon fünf Tage. Die Brände fraßen sich immer tiefer in das Ghetto ein. In das Feuer und den Rauch klatschten ununterbrochen die Schüsse. Ständig hörte man das trokkene Klacken der Maschinenpistolen und Maschinengewehre. Jetzt begannen auch Razzien nach den Juden in der Stadt. Vereinzelten Juden war es nämlich gelungen, zu verschiedenen Zeiten und von verschiedenen Stellen aus, den Mauern zu entfliehen. Verstärkte deutsche Gendarmeriepatrouillen zusammen mit der «Blauen» polnischen und der Ukrainischen Miliz spürten den Flüchtigen auf allen Straßen nach. Bei den Ausgängen der unterirdischen Kanäle wurden ebenfalls Wachtposten aufgestellt, weil die Juden in den meisten Fällen auf diesem Weg in die Freiheit zu gelangen versuchten. Sie wurden auf der Stelle umgebracht. Während des ganzen Tages verbreitete sich in den Warschauer Vierteln von Zeit zu Zeit der dröhnende Widerhall kurzer Feuergefechte. Es pflegte dann auf den Straßen ein Tumult auszubrechen. Die Fußgänger verbargen sich in den Hausgängen. Es kam vor, daß über einen verlassenen Platz oder eine plötzlich von Menschen entblößte Straße ein gebückter, einsamer Mann lief. Bald erreichten ihn die Salven der Gewehre. Er fiel aufs Trottoir. Dann kam die Gendarmerie auf Fahrrädern zu dem Liegenden, und die Ukrainische Miliz in grüner Uniform lief herbei. Wer noch lebte, wurde zur Strecke gebracht. Danach belebte der übliche Verkehr die Straße. Vor den Kirchen drängten sich Menschenmassen. Man eilte zu den Karfreitagsgräbern. Es war der schönste Frühling der Welt.

JERZY ANDRZEJEWSKI, *«Warschauer Karwoche»*

Alle Polen in Warschau, ohne Rücksicht auf Alter und Geschlecht, sind zu erschießen, Gefangene dürfen nicht gemacht werden. Warschau ist dem Erdboden gleichzumachen, um Europa zu zeigen, was es bedeutet, einen Aufstand gegen Deutsche zu unternehmen.

HEINRICH HIMMLER *bei Ausbruch des Warschauer Aufstandes 1944, nach Aussage des Generals der Waffen-SS Rode*

Das von Zar Alexander II. gebaute Pawiak-Gefängnis in Warschau. Während der deutschen Okkupation war es Gestapo-Gefängnis. Von 1939 bis 1944 kamen hier 30 000 Menschen ums Leben; 60 000 wurden von hier aus in die Konzentrationslager Auschwitz, Treblinka und Majdanek gebracht. Während des Warschauer Aufstandes im August 1944 wurde das Pawiak-Gefängnis gesprengt. Erhalten sind lediglich ein Teil der Gefängnismauer und ein Baum neben dem ehemaligen Eingangstor mit Gedenktafeln für hier Ermordete.

regierung, die sich nach der Flucht der regulären polnischen Regierung im September 1939 zunächst in Paris, dann in London etabliert hatte und an deren Spitze General Wladyslaw Sikorski als Ministerpräsident und Oberbefehlshaber der polnischen Exiltruppen stand. Politisch war die Heimatarmee bürgerlich-national ausgerichtet. Ihr Kampf galt sowohl der deutschen als auch der sowjetischen Besatzungsmacht. Neben der bürgerlichen Heimatarmee formierte sich nach dem Überfall Hitlers auf die Sowjetunion eine – zahlenmäßig allerdings weit kleinere und militärisch weit weniger ins Gewicht fallende – kommunistische Widerstandsbewegung, die Volksarmee (AL).

Der erste Aufstand im besetzten Polen allerdings wurde weder von der Heimatarmee noch von der Volksarmee initiiert: Er brach vielmehr im April 1943 im Warschauer Ghetto aus, in dem zu Beginn des Krieges mehr als 400 000 Juden unter unmenschlichen Bedingungen zusammengepfercht worden waren. 1942 hatten die Nazis mit dem Abtransport der Juden aus dem Ghetto in die Vernichtungslager begonnen; und als Himmler 1943 die Deportation der letzten 100 000 Juden und die endgültige Zerstörung des Warschauer Ghettos befahl, eröffnete die jüdische Widerstandsbewegung unter Mordechaj Anielewicz den bewaffneten Kampf. Obwohl SS und Wehrmacht den Befehl hatten, mit «größter Härte und unnachsichtiger Hartnäckigkeit vorzugehen» (Himmler), dauerte es 33 Tage, bis das Ziel, die «totale Vernichtung des jüdischen Wohnbezirks unter Abbrennen sämtlicher Wohnblocks», erreicht war. Erst am 16. Mai 1943 konnte der Leiter der Vernichtungsaktion, SS-Brigadeführer Stroop, nach Berlin melden: «Das ehemalige jüdische Wohnviertel Warschaus besteht nicht mehr.» Abgesehen von Einzelaktionen hatten Warschaus Juden weder von der Heimatarmee noch von den kommunistischen Widerstandsgruppen Unterstützung erhalten. Ihren letzten Kampf führten sie allein und auf sich gestellt. Überlebt hat fast niemand.

Allein und auf sich gestellt blieb letztlich auch die Heimatarmee bei ihrer größten offenen militärischen Aktion, dem sogenannten Warschauer Aufstand (im Gegensatz zum Ghetto-Aufstand) im August 1944. Nachdem im April 1943 in den Wäldern von Katyn (unweit Smolensk) die Leichen von mehr als 4000 erschossenen polnischen Offizieren gefunden worden waren, deren Ermordung nicht nur von den Nazis, sondern auch von einer neutralen Untersuchungskommission den Sowjets zugeschrieben wurde, hatte die Führung der Heimatarmee ihr taktisches Konzept für den auf polnischem Boden erwarteten Endkampf zwischen den deutschen und russischen Truppen entwickelt. Der unter dem Decknamen «Burza» (Gewitter) erarbeitete Plan sah vor, beim Vormarsch der Roten Armee abschnittweise Aufstände gegen die deutschen Truppen zu entfachen. Dabei ging es zum einen um die Befreiung von den Deutschen, zum anderen aber darum, in den von den Deutschen befreiten Gebieten den Sowjets gegenüber als Herr im eigenen Haus auftreten zu können.

Als im Sommer 1944 die deutsche Heeresgruppe Mitte zusammenbrach und sowjetische Panzerspitzen auf Warschau vorrückten, hielten der Befehlshaber der polnischen Heimatarmee, General Bor-Komorowski, sowie der Nachfolger des im Juli 1943 bei einem mysteriösen Flugzeugabsturz ums Leben gekommenen Exilministerpräsidenten Sikorski, der Bauernführer Mikolajczyk, die Stunde des Losschlagens für gekommen. Über den Londoner Rundfunk gab die polnische Exilregierung den Befehl zum Aufstand. Beginn: 1. August, 17 Uhr. Doch war auch dieser Aufstand zum Scheitern verurteilt: nicht nur aufgrund der Übermacht der Deutschen Wehrmacht, Polizei und SS, die mit unvorstellbarer Grausamkeit gegen die Aufständischen und die Warschauer Zivilbevölkerung vorgingen – allein am 5.8.1944 wurden im Warschauer Stadtviertel Wola 10 000 polnische Zivilisten exekutiert –, sondern auch aufgrund der politischen Fehleinschätzung der Situation durch die Führer des Aufstandes. Die sowjetischen Truppen nämlich griffen – entgegen den Erwartungen der Führer der Heimatarmee – nicht in den Kampf mit den Deutschen ein, sondern machten am rechten Weichselufer halt und sahen fast tatenlos zu, wie sich der Aufstand auf der anderen Seite der Weichsel verblutete. Erst am 18. September gestattete die sowjetische Führung alliierten Flugzeugen, auf sowjetischem Territorium zwischenzulanden, um die Aufständischen mit Hilfsgütern zu versorgen, doch da war es schon zu spät. Am 2. Oktober unterzeichnete General Bor-Komorowski die Kapitulation. Hitler befahl, die Stadt dem Erdboden gleichzumachen. Mehr als 160000 Polen, davon 150000 Zivilisten, bezahlten den heldenhaften, jedoch wie immer in der polnischen Geschichte tragischen Aufstand mit dem Tod. Die gesamte überlebende Bevölkerung Warschaus wurde deportiert – in Konzentrationslager, zur Zwangsarbeit ins Reich oder zu Schanzarbeiten bei der Befestigung der neuen deutschen Verteidigungslinien. Am 16. Januar 1945 zogen die Sowjettruppen in ein total zerstörtes und fast völlig menschenleeres Warschau ein.

Doch mit der Niederschlagung des Warschauer Aufstandes endete der bewaffnete Kampf der Polen gegen Hitlerdeutschland keineswegs. Im Gegenteil: Nicht nur in Polen selbst, sondern an fast allen Fronten wuchs der Anteil polnischer Soldaten – bei Kriegsende kämpften auf seiten der westlichen Alliierten und der Sowjetunion mehr polnische Soldaten, als Frankreich Truppen unter Waffen hatte. Und als Berlin gefallen war, hißten polnische Verbände neben der sowjetischen Flagge auf dem Brandenburger Tor auch die rot-weiße polnische Fahne. Der Preis jedoch, den Polen für die Befreiung von der Nazi-Herrschaft gezahlt hatte, war höher als der irgendeines anderen europäischen Landes: Mehr als sechs Millionen polnischer Bürger – darunter fast drei Millionen jüdischer Abstammung – waren ums Leben gekommen, fast 40 Prozent des polnischen Nationalvermögens waren vernichtet. Und der Friede und die Grenzen, die Polen beschert wurden, entsprachen – einmal mehr – bei weitem nicht dem, wovon die Mehrheit der polnischen Bevölkerung geträumt hatte.

Symbolisches Grab auf dem Warschauer Ehrenfriedhof. Das Schicksal einer polnischen Familie: Katyn, Pawiak, Buchenwald.

DIE FÜNF

1

man führt sie morgens
auf den steinernen hof
und stellt sie an die mauer

fünf männer
zwei sehr jung
die übrigen reifen alters

nichts mehr
läßt sich von ihnen berichten

2

wenn das peloton
in anschlag geht
hält alles inne
im grellen licht
der offensichtlichkeit

die gelbe wand
das kalte blau
der schwarze draht auf der mauer
anstelle des horizonts

das ist der moment
der rebellion der fünf sinne
die fliehen möchten
wie ratten vom sinkenden schiff

bevor das geschoß sein ziel erreicht
das auge die nahende kugel bemerkt
das ohr das stählerne rauschen wahrnimmt
die nase mit scharfem qualm sich füllt
die flocke blut den gaumen streift
und die finger sich krampfen und lockern

schon sind sie hingestreckt
begraben bis an die wimpern in schatten
nach dem kommando
hört das leben auf litzen
koppel und helme
nicht auf das blut an der mauer

3

ich erfuhr es nicht heute
ich weiß es nicht erst seit gestern
also wozu
habe ich unnütze verse von blumen geschrieben

wovon sprachen die fünf
in der nacht vor der exekution
von den prophetischen träumen
vom abenteuer im bordell
von fahrzeugteilen
der seereise
daß er nur kreuze bekam
daß man nicht hätte anfangen sollen
daß wodka das beste ist
daß nach dem wein der kopf brummt
von mädchen
von früchten
vom leben

also darf man
in der lyrik namen von griechischen hirten verwenden
versucht sein die farbe des himmels am morgen festzuhalten
von liebe schreiben
sogar
noch einmal
mit sterblichem ernst
der verratenen welt eine rose
schenken

ZBIGNIEW HERBERT *(geb. 1924). Übertragung von Karl Dedecius*

Seite 53
Die Visitantinnen-Kirche in Warschau, Februar 1945.

Seite 54
Auschwitz.

Seite 55
Leichen von den Nazis erschossener Zivilisten auf einem Warschauer Hinterhof.

Seite 56/57
Das Warschauer Ghetto, Februar 1945.

Die Volksrepublik Polen

Das von der Nazi-Herrschaft befreite Polen stand 1945 vor drei großen Problemen:

- dem Problem der Grenzen,
- dem Problem der politischen und gesellschaftlichen Struktur des Landes und
- dem Problem des wirtschaftlichen Wiederaufbaus.

Wenn auch im Potsdamer Abkommen vom August 1945 bestimmt wurde, daß die «endgültige Festlegung der Westgrenze Polens bis zur Friedenskonferenz zurückgestellt werden soll», und die Frage der Oder/Neiße-Grenze mit zunehmender Verhärtung des Ost-West-Verhältnisses in den Nachkriegsjahren immer umstrittener werden sollte, so besteht doch an der politischen Intention der «Großen Drei» bei der Grenzziehung im Prinzip kein Zweifel. Schon auf der Konferenz von Teheran (November 1943) hatten sich Churchill, Roosevelt und Stalin – ähnlich wie die Siegermächte nach dem Ersten Weltkrieg – geeinigt, daß es der gemeinsame Wunsch der Großmächte sei, ein «starkes, freies, unabhängiges und demokratisches Polen» zu schaffen, und daß – so der Vorschlag Churchills – «die Heimstätten des polnischen Staates und der polnischen Nation zwischen der sogenannten Curzon-Linie und der Linie der Oder liegen und Ostpreußen (ohne den nördlichen Teil mit Königsberg, den die Sowjetunion erhalten sollte) sowie Oppeln umschließen sollte». Umstritten war lediglich, ob Polens neue Westgrenze entlang der Oder und der Glatzer Neiße (was ein Verbleiben Niederschlesiens

Die Konferenz von Teheran (1943), auf der Churchill, Roosevelt und Stalin (von links nach rechts) das Schicksal Polens beschlossen.

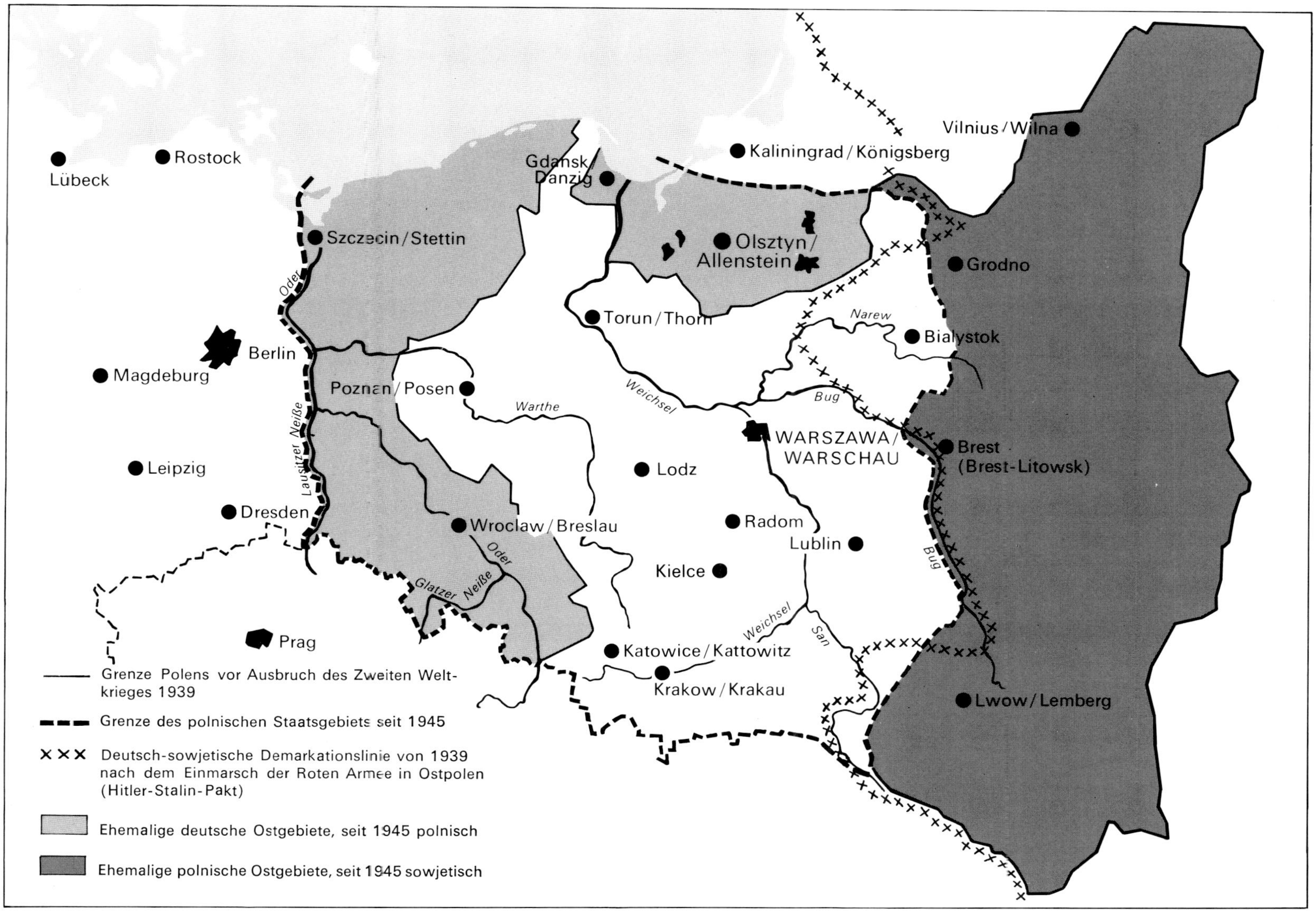

Die Ost-West-Verschiebung Polens nach dem Zweiten Weltkrieg.

und Breslaus bei Deutschland bedeutet hätte) verlaufen sollte oder entlang der Oder und der Lausitzer Neiße.

Der entschiedenste Widerstand gegen die Regelung Curzon-Linie/Oder, die letztlich auf eine Forderung der Sowjetunion und der von ihr protektionierten polnischen Kommunisten zurückging, kam von der Londoner Exilregierung unter Mikolajczyk. Wie schon bei den Pariser Friedensverhandlungen nach dem Ersten Weltkrieg Dmowski und Pilsudski, so protestierte auch Mikolajczyk gegen die Anerkennung der Curzon-Linie entlang Bug und Narew und forderte weite Gebiete östlich dieser Grenze – einschließlich Wilna. Die Furcht vor einem Vordringen der Sowjets nach Westen dürfte hierfür ebenso bestimmend gewesen sein wie der Traum von einer Großmacht Polen. Erst der massive Druck der Alliierten zwang Mikolajczyk, dessen Position übrigens von der überwiegenden Mehrheit der Resistance in Polen unterstützt wurde, zum Nachgeben. Und die Aussiedlungs- und Ansiedlungspolitik der jungen polnischen kommunistischen Staatsmacht schuf – was die Grenzfrage angeht – trotz des Friedensvertragsvorbehaltes bald vollendete Tatsachen. Der Umstand, daß letztlich die Sowjetunion die Oder/Neiße-Regelung garantierte, verhalf Polen zu den sichersten Grenzen, die es je in seiner Geschichte gehabt hatte.

Weit schwieriger als die Grenzregelung war – aus polnischer Sicht – die Frage der politischen und gesellschaftlichen Struktur des wiedererstandenen polnischen Staates. Die Mehrheit der polnischen Bevölkerung unter Führung der Exilregierung in London war zweifellos für die Wiederherstellung einer Demokratie bürgerlichen Charakters – nicht zuletzt aufgrund der vom Katholizismus bestimmten Gesellschaftsstruktur, der Abneigung gegen den Kommunismus und der Erfahrungen, die man über Jahrhunderte mit den Russen und während des Zweiten Weltkriegs mit den Sowjets gemacht hatte. Und so wurden die sowjetischen Truppen zwar als Befreier vom Hitlerfaschismus, nicht aber als Sendboten einer neuen politischen und gesellschaftlichen Ordnung begrüßt. Als Folge dieser Haltung – und auf Befehl der Londoner Exilregierung – gingen bei Kriegsende Tausende der bürgerlichen Widerstandskämpfer der Heimatarmee mit ihren Waffen «in die Wälder» – in den Untergrund –, um sich nach dem Zusammenbruch des Deutschen Reiches für den Kampf gegen die «neue Besatzungsmacht» bereitzuhalten. Mit den Sowjets sympathisierten eigentlich nur kleine Gruppen polnischer Kommunisten, die sich während des Krieges teils im besetzten «Generalgouvernement», teils in der Sowjetunion formiert hatten. Im Vergleich zur bürgerlichen Widerstandsbewegung waren die polnischen Kommunisten während des Krieges erst spät aktiv geworden, da die polnischen kommunistischen Vorkriegsorganisationen 1938 auf Befehl Stalins aufgelöst und ihre in der Sowjetunion lebenden Führer unter dem Vorwand der Spionage für das Pilsudski-System liquidiert worden waren. Erst im Januar 1942 wurde im Generalgouvernement eine neue kommunistische polnische Arbeiterpartei (PPR) gegründet, von deren Führern nur Wladyslaw Gomulka die Nazi-Herrschaft überlebte. Fast zur gleichen Zeit wurden auf sowjetischem Boden von Überlebenden des Stalin-Terrors der Jahre 1937/1938 und Flüchtlingen aus Polen zwei neue kommunistische Organisationen gegründet: der Bund Polnischer Patrioten (unter Wanda Wasilewska) und die Erste Polnische Division (unter dem Namen «Tadeusz Kosciuszko»), die sich vor allem aus polnischen Kriegsgefangenen und Deportierten zusammensetzte. Aus diesen Gruppierungen konstituierte sich am 21. Juli 1944 im von den Nazis befreiten Chelm (bei Lublin) das sogenannte Polnische Komitee der Nationalen Befreiung (PKWN), das von der Sowjetunion als provisorische Regierung anerkannt wurde und das bereits am 22. Juli im «Lubliner Manifest» sein politisches Programm verkündete.

De facto gab es also bei Kriegsende in Polen zwei Regierungen: eine bürgerliche mit Sitz in London, die von der Mehrheit der Bevölkerung als die legale angesehen wurde, und eine kommunistisch bestimmte mit Sitz in Lublin (und später in Warschau), deren Garantiemacht die Sowjetunion war. Die Auseinandersetzung zwischen diesen beiden Regierungen beherrschte die politische Szene Polens in den ersten Nachkriegsjahren. Zwar erklärte sich Stalin auf Druck der Westmächte bereit, als Mitglieder in die Lubliner Provisorische Regierung auch drei Vertreter der Londoner Exilregierung aufzunehmen (unter ihnen Mikolajczyk), doch gelang es diesen nicht, in Polen auf die Dauer politisch Fuß zu fassen. Obwohl hinter Mikolajczyk die Mehrheit der Bauern und des Bürgertums sowie der Klerus und die Kämpfer der ehemaligen Heimatarmee standen, blieb der Einfluß der Kommunisten dominierend. Sie hatten sich nicht nur – da als erste zur Stelle – der Armee, der Polizei und des Sicherheitsapparates bemächtigt, sondern verfügten auch über das geschicktere und geschlossenere taktische Konzept. Statt wie die bürgerlichen Gruppierungen nach – in der gegebenen Situation – eher abstrakten Begriffen wie Freiheit, Wahlen und Unabhängigkeit zu rufen, sprachen die Kommunisten von dem, was das von Krieg und Okkupation verwüstete Land zunächst am nötigsten hatte: von Brot und Arbeit, von Ankurbelung der Industrie und Wiederaufbau. Die Unerbittlichkeit, mit der Mikolajczyk vom Kampf gegen die Sowjetunion und die Kommunisten sprach, isolierte ihn zunehmend – obwohl nach wie vor beides wenig populär war.

In einem blutigen, mehrere Jahre dauernden Bürgerkrieg werden die militanten, aus den Wäldern heraus operierenden Anhänger eines antikommunistischen Kurses von polnischen Sicherheitstruppen und sowjetischen NKWD-Einheiten

AN DIE POLNISCHE NATION

Polen im Lande und in der Emigration! Polen in deutscher Gefangenschaft!
Landsleute! Die Stunde der Befreiung hat geschlagen. Die Polnische Armee hat neben der Roten Armee den Bug überschritten. Der polnische Soldat kämpft auf unserer Heimaterde. Über dem gemarterten Polen flattern wieder die weiß-roten Standarten...
Zum Ruhme des Vaterlandes in einem Polnischen Heer unter gemeinsamer Führung vereint, schreiten alle polnischen Soldaten neben der siegreichen Roten Armee zu weiteren Kämpfen um die Befreiung unseres Landes...
Sie schreiten durch ganz Polen zur Rache an den Deutschen, bis die polnischen Standarten auf den Straßen der Hauptstadt des hochmütigen Preußentums, auf den Straßen Berlins flattern.
Der von der kämpfenden Nation berufene Landes-Nationalrat ist die einzige legale Macht in Polen...
Landsleute!
Greift zu den Waffen! Schlagt die Deutschen, wo ihr sie findet! Greift ihre Transporte an, liefert Informationen, helft den polnischen und sowjetischen Soldaten! Erfüllt in den befreiten Gebieten gehorsam die Mobilisationsgebote und eilt in die Reihen des Polnischen Heeres, das die September-Niederlage rächen und gemeinsam mit den Armeen der Verbündeten Nationen den Deutschen ein neues Tannenberg bereiten wird... Geschichte und Erfahrungen des gegenwärtigen Krieges beweisen, daß gegen den Andrang des germanischen Imperialismus nur die Errichtung eines großen slawischen Damms helfen kann, dessen Grundlage die polnisch-sowjetisch-tschechoslowakische Verständigung sein wird...
Landsleute!
Um den Wiederaufbau des Landes zu beschleunigen und das ewige Streben des polnischen Bauerntums nach Ackerland zu befriedigen, wird das Polnische Komitee der Nationalen Befreiung in den befreiten Gebieten sofort zur Verwirklichung einer umfassenden Bodenreform schreiten.
Zu diesem Zweck wird ein Bodenfonds geschaffen, der dem Ressort für Land-

Fortsetzung Seite 69

Polen – ein katholisches Land. 80 Prozent der Bevölkerung bekennen sich in diesem sozialistischen Staat zum Katholizismus. Die Kirche hat in Polen auch eine eminent politische Bedeutung. Hier der Abschlußgottesdienst der alljährlichen Wallfahrt nach Czestochowa/Tschenstochau, bei der auch politische Transparente zu sehen sind.

Nächste Doppelseite: Wallfahrtszug nach Tschenstochau. Mitgeführt werden nicht nur die Fahnen des Heimatorts und die polnische Nationalfahne, sondern auch eine Fahne der Gewerkschaft Solidarnosc (Solidarität).

MAZ

16

«Droht Gefahr, dann hebt der allmächtige Gott / mit einem gewaltigen Glockenton / als einen Papst / einen Slawen auf seinen Thron» (Juliusz Slowacki). Johannes Paul II. während seiner zweiten Polen-Reise im Juni 1983 in Tschenstochau …

Rastende Pilger …

… Der ehemalige Kardinal von Krakau, Karol Wojtyla, wurde am 16. Oktober 1978 zum Papst gewählt; hier auf seiner ersten Polen-Reise im Juni 1979 in Tschenstochau.

… Während der höchsten kirchlichen Feiertage ist ganz Polen auf den Beinen.

Seite 66 und 67: Eine Wallfahrt dauert häufig mehrere Tage. Oben: Kinder und Erwachsene in einem kleinen Dorf bei Tschenstochau beobachten den langen Pilgerzug (unten) …

… Der lange Weg zum Wallfahrtsziel, die staubige Landstraße und die Hitze im August verlangen ab und an eine Ruhepause.

Pilger vor dem Kloster Jasna Gora (Heller Berg) in Tschenstochau Das Nationalheiligtum ist die Schwarze Madonna von Tschenstochau *(siehe Seite 35).*

aufgerieben und Tausende ehemalige Kämpfer der Heimatarmee in die Sowjetunion deportiert – zur Tragödie des Krieges und der Okkupation eine weitere und – da im Prinzip ein Bruderkrieg – besonders schmerzliche. Bei den ersten Wahlen zum polnischen Parlament seit Beginn des Zweiten Weltkriegs, die am 19. Januar 1947 durchgeführt werden, erleidet die von Mikolajczyk geführte oppositionelle Bauernpartei eine vernichtende Niederlage. Mikolajczyk und die Westmächte sprechen von Manipulation – die sicher auch im Spiel war –, doch der Sieg des von den Kommunisten unter Gomulka geführten sogenannten «Demokratischen Blocks» ist endgültig; auf ihn entfallen 80,1 Prozent aller Stimmen. Bereits Ende 1947 muß Mikolajczyk aus Polen flüchten. «Die Erfahrung bestätigte, was einige schon vom ersten Tag an vorausgesehen hatten, daß nämlich die Vorstellung, in Polen ließe sich eine der Sowjetunion gewogene, demokratische Regierung wie in Finnland finden, utopisch war. Polen hatte die Wahl nur zwischen einer nationalistischen, revanchistischen, antisowjetischen Demokratie und einem von den Russen kontrollierten Regime. Da die Alternative nun einmal so und nicht anders war, gab die geographische und strategische Lage den Ausschlag für die zweite Lösung» (Fejtö).

Wirtschaftlich hatten Krieg und Okkupation Polen härter getroffen als irgendein anderes Land. Bereits vor dem Krieg galt Polen als wirtschaftlich unterentwickelt. Polnische Volkswirtschaftler haben errechnet, daß Polen im Jahre 1938 auf dem Gebiet der wichtigsten Industrieerzeugnisse beispielsweise gegenüber England um 71 Jahre, gegenüber Frankreich um 47 Jahre zurückgeblieben war. Durch Krieg, Okkupation und die Nazi-Rückzugspolitik der verbrannten Erde waren 38 Prozent des polnischen Volksvermögens vernichtet (im Vergleich dazu: in England 0,8 Prozent, in Frankreich 1,5 Prozent). Und da, wo die Erde nicht zu verbrennen war, war sie vermint – wie etwa die Felder in den durch die Potsdamer Konferenz Polen zugeschlagenen Provinzen Schlesien und Pommern. Rund 65 Prozent der polnischen Industriebetriebe waren zerstört, in den «neuen Westgebieten» sogar 73 Prozent. Und noch verhängnisvoller wirkte sich der Blutzoll aus, den Polen hatte entrichten müssen: Mehr als 7500 Tote waren Ärzte, über 6000 Wissenschaftler und Lehrer, mehr als 5500 Rechtsanwälte. Um so erstaunlicher war der wirtschaftliche Aufschwung, den Polen in den ersten Jahren nach dem Krieg nahm – auch wenn hierbei Fehler gemacht wurden, deren Nachwirkungen bis heute spürbar sind. Zu den wichtigsten Punkten des Lubliner Manifestes gehörten die Verstaatlichung der Industrie und die Landreform. Besonders letztere war politisch wie gesellschaftlich bedeutsam. Sollte doch die Aufteilung des Großgrundbesitzes – und unter polnischen Verhältnissen galt bereits jeder Besitz über 20 Hektar als Großgrundbesitz – und die Verteilung des Bodens an besitzlose Landarbeiter und Kleinbauern demonstrieren, daß entgegen der Propaganda des Westens kommunistische Herrschaft keineswegs Kollektivierung und Besitzlosigkeit, sondern vielmehr gerechtere Umverteilung von Besitz bedeutet. Daß hierbei die landwirtschaftliche Nutzfläche in Hofeinheiten von 2 bis 5 Hektar aufgesplittert wurde, sollte sich allerdings noch jahrzehntelang schmerzlich bemerkbar machen, denn auf Höfen dieser Größe ist es schlechterdings unmöglich, volkswirtschaftlich rentabel zu wirtschaften. Dennoch: der Elan, mit dem man an den Wiederaufbau und die Bewirtschaftung des Landes ging, führte dazu, daß Polen bereits 1947 als zweites Land in Europa die Lebensmittelkarten abschaffen konnte – und das, obwohl es außer karitativer Hilfe kaum nennenswerte Unterstützung aus dem Ausland erhalten hatte und in der Folgezeit aus politischen Gründen auch die angebotene Hilfe aus dem Marshallplan ablehnen mußte.

Politisch versuchte der von den Kommunisten beherrschte Staats- und Verwaltungsapparat in den ersten Jahren nach dem Krieg einen durchaus eigenen Weg zum Sozialismus zu steuern. Treibende Kraft hierbei war der Generalsekretär der

wirtschaft und Bodenreform untersteht. In diesen Fonds werden mit totem und lebendem Inventar eingehen die deutschen Ländereien, die Ländereien der nationalen Verräter und die der Groß-Grundbesitzer mit einer Fläche von über fünfzig Hektar. Die deutschen Ländereien und die der nationalen Verräter werden konfisziert. Die Ländereien der Groß-Grundbesitzer werden ohne Entschädigung vom Bodenfonds übernommen... Die vom Bodenfonds gesammelten Ländereien werden, mit Ausnahme der für Muster-Landwirtschaften bestimmten, verteilt unter die Kleinbauern, die mit großen Familien belasteten Mittelbauern, die kleinen Pächter und die Landarbeiter. Das vom Bodenfonds gegen – minimale – Bezahlung verteilte Land wird genauso wie das schon früher besessene Land Privateigentum darstellen...

Landsleute!
Vor uns stehen riesige Aufgaben.
Wir werden sie weiterhin unbeugsam und entschieden erfüllen...
Die Aufgaben der Befreiung Polens, des Wiederaufbaus der Staatlichkeit, der siegreichen Beendigung des Krieges, der Erringung eines würdigen Platzes in der Welt für Polen, der Inangriffnahme des Wiederaufbaus unseres verwüsteten Landes – das sind die Hauptaufgaben...
Landsleute!
Das Polnische Komitee für Nationale Befreiung ruft Euch zu: Alles für die möglichst schnelle Befreiung unseres Landes und die Zerschlagung der Deutschen!
Polen!
Zum Kampf! Zu den Waffen!
Es lebe die vereinte Polnische Armee, die für Polens Freiheit kämpft!
Es lebe die verbündete Rote Armee, die Polen die Befreiung bringt!
Es leben unsere großen Bundesgenossen, die Sowjetunion, Großbritannien, die Vereinigten Staaten!
Es lebe die nationale Einheit! Es lebe der Landes-Nationalrat, die Repräsentation der kämpfenden Nation!
Es lebe das freie, starke, unabhängige, souveräne und demokratische Polen!

Manifest von Lublin, 22. Juli 1944

kommunistischen Polnischen Arbeiterpartei (PPR), Wladyslaw Gomulka, der als einziger aus der Führungsgruppe dieser im besetzten Polen entstandenen Partei das Kriegsende überlebt hatte. Im Gegensatz zu vielen der Kommunisten, die sich während des Krieges in der Sowjetunion zum «Bund Polnischer Patrioten» zusammengefunden hatten, galt er nicht als «russifiziert». Zwar war auch er Kommunist und beseelt von dem Willen, Polen zu einem kommunistischen Staat zu machen, doch zugleich galt er selbst bei seinen Gegnern als Patriot, der um die Eigenheiten seiner Landsleute wußte. «Die Moskau-Emigranten hatten nur befehlen und Gehorsam erzwingen gelernt. Gomulka verfocht im Gegensatz zu

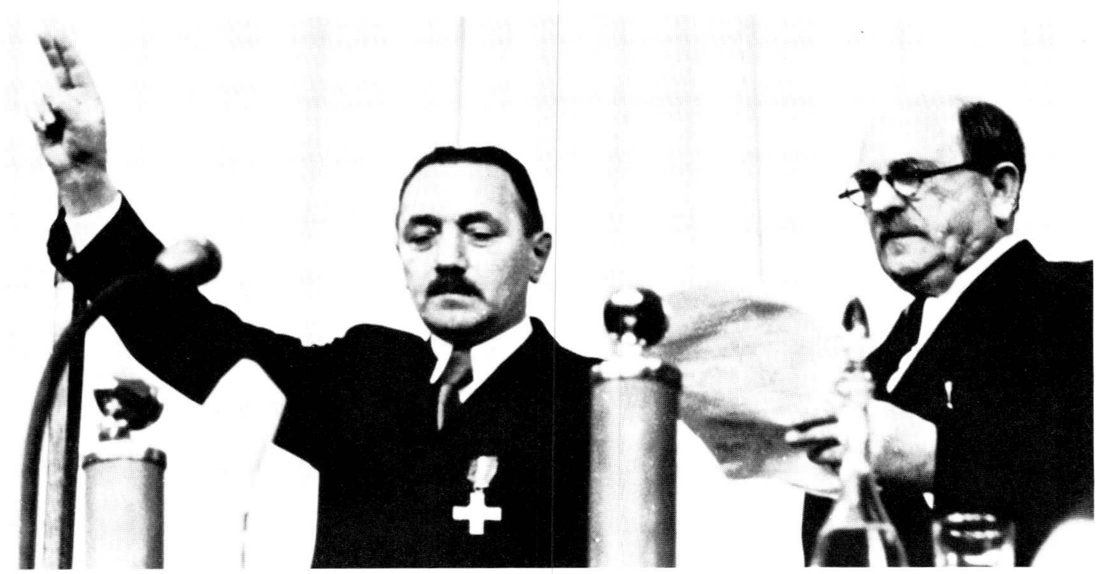

Boleslaw Bierut, der erste Präsident der Volksrepublik Polen, legt den Eid auf die Verfassung ab (1947).

ihnen ein taktisch geschickteres Programm, das nicht abschrecken, sondern die Bevölkerung anziehen sollte» (Günzel). Die wichtigsten Punkte dieses Programms, das unter dem Motto «Über die Demokratie zum Sozialismus» stand, waren die Ablehnung der Kollektivierung der Landwirtschaft («...denn unter polnischen Bedingungen wäre sie wirtschaftlich und politisch schädlich» – Gomulka), die Zulassung privaten Kleingewerbes und privaten Handels sowie ein behutsamer Umgang mit der katholischen Kirche. Alle drei Programmpunkte Gomulkas aus dem Jahre 1946 kennzeichnen bis heute das Bild Polens. Und in den Jahren nach dem Krieg trugen sie nicht unerheblich dazu bei, ein zumindest vorsichtiges Vertrauen zu den Kommunisten «à la Gomulka» entstehen zu lassen und zugleich die organisatorische Basis der kommunistischen Polnischen Arbeiterpartei zu verbreitern: durch Fusion mit der unmittelbar nach dem Krieg neugegründeten Partei der Polnischen Sozialisten (PPS). Durch Druck, aber auch durch beharrliches Diskutieren mit dem Führer der Sozialisten, dem ehemaligen Auschwitz-Häftling Jozef Cyrankiewicz, war es Gomulka gelungen, die PPS erst zur Aktionseinheit (bei den Parlamentswahlen im Januar 1947) und dann zur Vereinigung mit der kommunistischen Polnischen Arbeiterpartei zu bewegen (15.12.1948).

Doch den Zusammenschluß der beiden Parteien zur «Vereinigten Polnischen Arbeiterpartei» (PVAP) erlebte Gomulka schon nicht mehr in Amt und Würden: zunehmender Druck aus Moskau, ausgeübt über die Mitglieder der «russischen Fraktion» der PPR um den Parteivorsitzenden Boleslaw Bierut, hatte Gomulka am 31. August 1948 zum Rücktritt gezwungen. Mangelndes ideologisches Verständnis für das Verhältnis Polens zur Sowjetunion und mangelnder Einsatz für die Kollektivierung der Landwirtschaft waren die Hauptvorwürfe gegen Gomulka. Dem Sturz folgte wenig später die Verhaftung. Der liberale Kurs Polens, der «polnische Weg zum Sozialismus», hatte vorerst ein Ende.

Die Jahre 1949 bis 1955 sind in Polen – wie in allen osteuropäischen Ländern – gekennzeichnet durch einen Prozeß der zunehmenden Stalinisierung. In der Praxis bedeutete dies straffe Anbindung an die von Moskau bestimmte Linie, Unterdrückung jeder nationalen Besonderheit, psychischer und physischer Terror gegen Andersdenkende (oder auch nur angeblich Andersdenkende) in den Reihen der eigenen Partei und auch außerhalb, weitgehende Autonomie des – letztlich sowjetisch kontrollierten – Sicherheitsapparats, Verschärfung der Zensur und damit verbunden völlige Gleichschaltung des kulturellen Lebens sowie – im Falle Polen besonders wichtig – Kampf gegen die katholische Kirche. So werden nicht nur Gomulka und viele seiner Freunde und Mitarbeiter verhaftet, sondern – im Jahre 1953 – auch der Primas von Polen, Stefan Kardinal Wyszynski. Doch in einem unterscheidet sich Polen auch in dieser Phase seiner Entwicklung von allen anderen sozialistischen Ländern: es kommt nicht zu Schauprozessen und es gibt keine Hinrichtungen.

Die 1949 bis 1956 in Nowa Huta bei Krakau erbauten Lenin-Stahlwerke.

Was Stalinisierung im wirtschaftlich-sozialen Bereich bedeutete, formulierte der Nachfolger Gomulkas, der Erste Sekretär der PVAP und gleichzeitige Staatspräsident der Volksrepublik Polen, Boleslaw Bierut, 1949 in einer Grundsatzerklärung: «Die Volksdemokratie ist nicht die Form einer Synthese oder eines ständigen Zusammenlebens zweier verschiedener sozialer Ordnungen, sondern die Form der Verdrängung und schrittweisen Liquidation der kapitalistischen Elemente und gleichzeitig die Form der Entwicklung und Festigung der Grundlagen der zukünftigen sozialistischen Wirtschaft.» Und diese «Grundlagen der sozialistischen Wirtschaft» sollten gemäß dem Vorbild der Sowjetunion eine kollektivierte Landwirtschaft einerseits und eine hochentwickelte Schwerindustrie andererseits sein. So wurden die Bauern, von denen viele 1945 erstmals eigenes Land bekommen hatten, wieder enteignet, und man begann, praktisch aus dem Nichts, mit dem Aufbau einer – für polnische Verhältnisse – gigantischen Schwerindustrie. Symbol dieses industriellen Aufbaus wurde das Stahlwerk «Nowa Huta», die «Neue Hütte», in unmittelbarer Nachbarschaft Krakaus, das unter unsäglichen Strapazen, mit einem Minimum an technischer und einem Maximum an menschlicher Arbeitskraft aus dem Boden gestampft wurde. Doch auf die Dauer zeigte sich, daß das noch immer vom Krieg gezeichnete Land mit diesen hochgesteckten Zielen – und vor allem der Art, in der sie verwirklicht werden sollten – überfordert war. Die Bauern, an eigenem Grund und Boden nicht zuletzt als dem Symbol ihrer Unabhängigkeit hängend, und darin nachhaltig von der zwar verfolgten, aber noch immer mächtigen Kirche unterstützt, traten in eine

Streikende Arbeiter in Poznan/Posen (Juni 1956).

Art unausgesprochenen Generalstreik; die Industriearbeiter, zunächst durchaus mit einem gewissen Enthusiasmus dabei, wurden durch zunehmenden Leerlauf der übermäßig zentralisierten Planung und Verwaltung sowie durch Vernachlässigung ihrer ureigensten Konsumbedürfnisse (ein Großteil der Investitionen floß in die Rüstungsindustrie) demoralisiert. Und trotz aller Erfolge wie etwa dem gewaltigen Ansteigen der Stahl-, Kohle- und Elektrizitätsproduktion: Renitenz (unter den Bauern) und Verdrossenheit (unter den Arbeitern) sind die Elemente, die die Stimmung in Polen zu Anfang der fünfziger Jahre beherrschen.

Die Phase des Stalinismus hatte auch in Polen über den Tod des Diktators am 5. März 1953 hinaus angehalten. Doch eher als in anderen Ostblockländern hatten sich in Polen auch Auflösungserscheinungen des stalinistischen Herrschaftsapparates bemerkbar gemacht. Der Ende 1953 in den Westen übergelaufene polnische Offizier Jozef Swiatlo hatte Einzelheiten über die Willkür des polnischen Sicherheitsdienstes enthüllt, die nicht nur dessen Ansehen, sondern auch dessen faktische Macht bald spürbar verfallen lassen sollten. Noch vor der großen Geheimrede Chruschtschows auf dem XX. Parteitag der KPdSU im Februar 1956, auf der er den Mißbrauch der Macht durch Stalin anprangerte und das Ende des Stalinismus proklamierte, war in Polen nicht nur Wladyslaw

WAS IST SOZIALISMUS?

Wir werden Ihnen sagen, was Sozialismus ist. Zunächst aber müssen wir Ihnen sagen, was Sozialismus nicht ist. Darüber hatten wir früher einmal eine andere Meinung als heute: Also, Sozialismus ist nicht:
Eine Gesellschaft, in der jemand, der keine Verbrechen begangen hat, daheim sitzt und auf die Polizei wartet;
eine Gesellschaft, in der jemand unglücklich wird, wenn er seine Meinung sagt, und glücklich bleibt, wenn er sie nicht sagt;
eine Gesellschaft, in der jemand unglücklich ist, weil er Jude ist, und ein anderer glücklich, weil er keiner ist;
ein Staat, in dem man ohne Prozeß verurteilt werden kann;
eine Gesellschaft, in der zehn Menschen in einem Zimmer leben;

Gomulka wieder auf freien Fuß gesetzt worden (21.4.1955), sondern hatte sich auch der Widerstand gegen diese Art von Sozialismus vor allem aus den Kreisen der Intellektuellen bereits öffentlich artikuliert. Und als im Juni 1956 die Arbeiter von Posen für mehr Lohn und menschlichere Arbeitsnormen auf die Straße gingen und es zu blutigen Auseinandersetzungen mit Polizei und Armee-Einheiten kam (offiziell sprach man von 48 Toten und mehr als 300 Verletzten), war die Uhr des Stalinismus in Polen endgültig abgelaufen. Unter dem Druck der Bevölkerung wurde Gomulka, dessen Name in diesen Jahren für die Polen zum «Symbol einer Hoffnung, einer Alternative zum Terror» (Stehle) geworden war, zunächst offiziell rehabilitiert (4.8.1956) und dann – gegen den Willen Chruschtschows – in einer dramatischen Aktion, die fast zum Einmarsch sowjetischer Truppen in Polen führte, zum Ersten Sekretär der Polnischen Vereinigten Arbeiterpartei gewählt (19.10.1956).

In seiner Programmrede am 24. Oktober vor mehr als 300000 Menschen auf dem Warschauer Paradeplatz knüpft Gomulka wieder da an, wo er in seinem politischen Wirken 1948 aufhören mußte. Die wichtigsten Programmpunkte: unerschütterliche Verbundenheit mit der Sowjetunion, gleichzeitig jedoch volle Unabhängigkeit und Selbständigkeit, souveräne Selbstregierung, völlige Gleichberechtigung, Freiheit für die Bauern, Freiheit für die Religion, Freiheit von Furcht und Terror, Stärkung der sozialistischen Demokratie, Primat der Wirtschaft vor der Politik – «genug der Kundgebungen, es ist Zeit, an die tägliche Arbeit zu gehen». Alle diese Programmpunkte und die Welle der Begeisterung über den Neubeginn, die durch das Land geht, sollen schon bald unter dem Begriff «polnischer Oktober» zum weltweiten Synonym für einen Sozialismus ohne Furcht und Terror, einen demokratischen «Sozialismus mit menschlichem Antlitz» werden, wie es später heißen wird. Und in der Tat läßt sich der polnische Oktober verheißungsvoll an: Die Kollektivierung der Landwirtschaft wird rückgängig gemacht, die politischen Gefangenen werden freigelassen und die Kämpfer der bürgerlichen Heimatarmee rehabilitiert, die Partei wird einem Selbstreinigungsprozeß unterzogen und das Verhältnis von Kirche und Staat auf eine neue vertragliche Basis gestellt, Arbeiterräte werden als Instrumente der demokratischen Selbstverwaltung gebildet, die Zensur wird gelockert und ein Reformprogramm für die Wirtschaft entwickelt.

Zentraler Gedanke der Wirtschaftsreform, deren theoretische Grundlagen von dem Nationalökonomen Oskar Lange erarbeitet wurden, war die Gewährleistung der Planerfüllung nicht durch Kommandomethoden, sondern durch Schaffung wirtschaftlicher Anreize. Zu diesem Zweck erhielten die einzelnen Industriebereiche weitgehende Autonomie in der Gestaltung ihrer Plan- und Lohnpolitik. Zugleich wurde der Schwerpunkt der industriellen Entwicklung auf jene Bereiche gelegt, die beim Wiederaufbau der Nachkriegswirtschaft zu kurz gekommen waren: den Maschinenbau und die chemische Industrie. Die Entdeckung neuer Bodenschätze, wie zum Beispiel Schwefel in Südostpolen, beschleunigte diese Entwicklung. Doch trotz eindrucksvoller Zuwachsraten gelang es nicht, die selbstgesteckten hohen Planziele zu erreichen. Dies war vor allem eine Folge der unglücklichen landwirtschaftlichen Struktur. Zwar begann eine allmähliche Verlagerung des Wirtschaftsprofils Polens vom Agrarstaat in Richtung auf einen Industriestaat (seit 1965 beträgt der Anteil der Industrieproduktion am Nationaleinkommen mehr als 50 Prozent), doch blieb die Landwirtschaft mit ihren Millionen Kleinbauern die Achillesferse der Volkswirtschaft. Jede Mißernte gefährdete die gesamtwirtschaftliche Entwicklung: zum einen veranlaßte sie die Führung zur Rückkehr zu einem «disziplinären» Kurs, zum anderen setzte sie automatisch den Teufelskreis Futterknappheit, Getreideimport, weniger Devisen für Investitionen in Gang. Die Folge: das Realeinkommen Polens wuchs von 1959 bis 1968 nicht wie geplant um 32 Prozent, sondern nur um etwa die Hälfte, knapp 16 Prozent.

ein Staat, der nicht jedermann erlaubt, ins Ausland zu reisen;
ein Staat, in dem es mehr Spione gibt als Krankenschwestern und mehr Leute im Gefängnis als in den Krankenhäusern;
ein Staat, in dem man lügen muß;
ein Staat, in dem man stehlen muß;
ein Staat, der ausgezeichnete Düsenflugzeuge und schlechte Schuhe produziert;
ein Staat, in dem der Verteidiger meistens mit dem Staatsanwalt einer Meinung ist;
ein Staat, in dem die Mehrheit des Volkes Gott zwecks Trost im Elend sucht;
ein Staat, dessen Regierung die Rechte der Bürger bestimmt, dessen Bürger aber nicht die Rechte der Regierung bestimmen;
ein Staat, in dem man für seine Vorfahren verantwortlich gemacht wird;
ein Staat, der nationalistische Schlagworte gebraucht;
ein Staat, dessen Regierung glaubt, daß nichts wichtiger ist als ihre Macht;
ein Staat, der sich wünscht, daß sein Außenministerium die politische Meinung der ganzen Menschheit bestimmt;
ein Staat, dem es schwerfällt, zwischen sozialer Revolution und bewaffnetem Überfall zu unterscheiden; (...)
ein Staat, dem es nichts ausmacht, wenn man ihn haßt, solange man ihn fürchtet;
ein Staat, der bestimmt, wer ihn kritisieren darf und wie man ihn kritisieren darf;
ein Staat, in dem man jeden Tag das Gegenteil von dem sagen muß, was man am Vortag gesagt hat, und glauben muß, dasselbe gesagt zu haben;
ein Staat, der es nicht gern hat, wenn seine Bürger alte Zeitungen lesen;
ein Staat, in dem viele Ignoranten für Gelehrte gelten.
Das war der erste Teil. Nun aber – hören Sie zu – wollen wir Ihnen sagen, was Sozialismus ist. Also: Sozialismus ist eine gute Sache.

LESZEK KOLAKOWSKI, *1956*

Die Außenbeziehungen der Volksrepublik Polen. Wladyslaw Gomulka (jeweils Mitte) und Jozef Cyrankiewicz in Moskau mit Nikita Chruschtschow (1959, linkes Bild) und in Ost-Berlin mit Walter Ulbricht (1962, rechtes Bild).

Erschwert wurde die Realisierung der wirtschaftlichen Reformpläne Oskar Langes zudem durch Rücksichten ideologischer und politischer Natur, beispielsweise hatte Gomulka eine tiefe Abneigung gegen Auslandsverschuldungen. Zum einen widersprachen sie seinem ausgeprägten Nationalstolz, zum anderen sah er in ihnen die Gefahr einer politischen Abhängigkeit. Doch ohne Auslandsverschuldung, das sollte sein Nachfolger Gierek anderthalb Jahrzehnte später demonstrieren, war der große Sprung nach vorn für Polen nicht zu schaffen. So aber ließen die Autarkiebestrebungen Gomulkas die Wirtschaftsreform zwar nicht völlig versanden, aber nur halbherzig vorangehen. Und zu Ende der Gomulka-Ära war die

Entwicklung der Landwirtschaftsproduktion beispielsweise nicht nur stagnierend, sondern sogar rückläufig. Begleitet, beziehungsweise ursächlich mitbedingt, wurde diese Entwicklung durch die zunehmende politische Erstarrung des Gomulka-Regimes. Der Aphorismus von Stanislaw Jerzy Lec, demzufolge jedes Regime «schließlich zum ‹ancien régime›» wird, traf auch auf das Gomulka-Regime zu. Sowohl auf Druck von außen als auch in der Furcht, die Geister, die er gerufen hatte, nicht wieder loszuwerden, trennte sich Gomulka zunehmend von jenen liberalen Kräften, die ihn 1956 auf den Schild gehoben hatten. Mit der Zeit wurde aus dem polnischen Oktober, der eigentlich ein Frühling war, wirklich ein Herbst. Die Kulturszene, die immerhin so bedeutsame Werke wie Andrzej Wajdas Film «Asche und Diamant» (nach dem gleichnamigen Roman von Jerzy Andrzejewski), die Satiren Mrozeks und Rozewicz', die Gedichte Zbigniew Herberts sowie eine Presse, die praktisch nur der Selbstkontrolle der Journalisten unterlag, hervorgebracht hatte, wurde wieder drastisch zurückgeschnitten. Das progressivste Organ, «Po Prostu» («Ganz einfach»), um das sich fast die gesamte liberale Intelligenz geschart hatte, wurde bereits im Oktober 1957 wieder verboten, die Wortführer eines «aufgeklärten Sozialismus» als «Revisionisten» kaltgestellt (so 1959 der Erziehungsminister Wladyslaw Bienkowski), aus der Partei ausgeschlossen (der Philosoph Leszek Kolakowski 1966) oder verhaftet (die Lektoren der Warschauer Universität Jacek Kuron und Karol Modzelewski). Und das Jahr 1968 schließlich wird «Gomulkas düsterstes Jahr» (Bethell), für ihn wie für Polen eine moralische Tragödie. Ausgelöst wird sie durch zwei Ereignisse: den Juni-Krieg zwischen Arabern und Israelis im Jahre 1967 und den Beginn des «Prager Frühlings» im März 1968. In beiden Fällen zeigte sich, wie sehr sich der Herrschaftsstil Gomulkas verabsolutiert hatte, wie weit er sich von dem, was die Bevölkerung wirklich dachte und wollte, entfernt hatte, wie sehr er sich – auch und gerade – in den Reihen der eigenen Partei isoliert hatte. Den arabisch-israelischen Krieg benutzten Gomulkas innerparteiliche Gegner, allen voran der Innenminister und ehemalige Partisanengeneral Mieczyslaw Moczar, um unter dem Vorwand, polnische Juden würden den Krieg Israels unterstützen, eine antizionistische Kampagne in Polen zu inszenieren, die zeitweise sogar antisemitische Züge annahm. Indirekt zielte diese Kampagne auch gegen Gomulka, der – selbst mit einer Jüdin verheiratet – durchaus kein Antisemit war, es sich aber aus machtpolitischer Rücksichtnahme und Parteiräson auch nicht leisten konnte, dieser Kampagne öffentlich entgegenzutreten. Erschwert wurde Gomulkas Situation, als im Gefolge des Prager Frühlings im März 1968 an der Warschauer Universität Unruhen ausbrachen und die Studenten mit Spruchbändern, auf denen zu lesen war: «Polen wartet auf seinen Dubcek», durch die Straßen zogen. Die Forderungen der Studenten entsprachen denen ihrer tschechoslowakischen Kollegen: politische Reformen und mehr kulturelle Freiheiten. Und wie schon bei dem Aufstand der Arbeiter von Posen im Jahre 1956 handelte es sich beim Aufstand der polnischen Studenten im März 1968 keineswegs um einen antisozialistischen Aufstand, sondern um einen Aufstand für einen besseren Sozialismus. Die Sicherheitskräfte jedoch, die die studentischen Unruhen zum Teil selbst provoziert hatten, sahen sich in ihrer These von der Gefahr einer zionistischen Verschwörung in Polen bestätigt, denn eine ganze Reihe der studentischen Führer waren Söhne jüdischer Väter, die in der Nachkriegszeit hohe Ämter im Partei-, Regierungs- und Sicherheitsapparat innegehabt hatten, inzwischen aber wegen ihrer meist stalinistischen Vergangenheit entmachtet worden waren. Mit brutaler Gewalt, unter Einsatz von Schlagstöcken und Tränengas, gingen Polizei und ORMO (freiwillige Bürgermiliz) gegen die demonstrierenden Studenten vor. Die Wortführer der Studenten wurden verhaftet, viele andere von den Universitäten relegiert. Polens Presse steigerte sich in eine beispiellose Hetzkampagne gegen Zionisten und Revisionisten (rühmliche Ausnahme die liberale Wochenzeitung «Polityka» unter ihrem Chefredakteur Mieczyslaw Rakowski), Tausende Polen jüdischer Herkunft verließen das Land, nicht wenige aufgrund direkter physischer Bedrohung. Lediglich Polens Kirche und die katholische Abgeordnetengruppe ZNAK um den Juristen Stanislaw Stomma wagten öffentlich zu protestieren. In einem Brief an den polnischen Ministerpräsidenten Jozef Cyrankiewicz fragte die ZNAK-Gruppe am 11. März 1968: «1. Was beabsichtigt die Regierung zu tun, um der brutalen Aktion von Polizei und ORMO gegen die akademische Jugend Einhalt zu gebieten und die Verantwortlichkeit für die brutale Behandlung dieser Jugend feststellen zu lassen? 2. Was beabsichtigt die Regierung zu tun, um ohne Umschweife die von der Jugend gestellten brennenden Fragen zu beantworten, die auch die breite öffentliche Meinung bewegen und die die demokratischen staatsbürgerlichen Freiheiten und die Kulturpolitik der Regierung betreffen?»

Wenn Gomulka den März 1968 zwar angeschlagen, aber noch ohne Sturz überstand, so einzig deshalb, weil es – anders als 1956 – nicht zu einer Solidarisierung von Studenten und Arbeitern kam. Die Kampagne gegen den sogenannten Zionismus ließ die Arbeiter kalt – die meisten der noch in Polen lebenden rund 30 000 Juden gehörten der Intelligenz an –, die Forderungen der Studenten betrafen nur indirekt die elementaren Probleme der Arbeiter. Polens Arbeiter, dies beweist die gesamte Nachkriegsgeschichte, gehen dann auf die Straße, wenn es um die unmittelbare Bewahrung ihres sozialen Besitzstandes geht. Und die ökonomische Situation Polens im Jahr 1968 war noch nicht so, daß sie die Arbeiter zum Aufstand gezwungen hätte. Dieser Zeitpunkt kam erst im Dezember 1970.

Dabei waren die wirtschaftlichen und sozialen Fortschritte, die Polen in der Gomulka-Ära erzielte – gemessen an den Vorkriegsverhältnissen –, durchaus beachtlich. So hatte sich die Industrieproduktion Polens von 1938 bis 1970 um das Vierzehnfache vergrößert, das bedeutet, am Ende der sechziger Jahre produzierte Polen in einem Monat mehr als vor dem Krieg innerhalb eines ganzen Jahres.

BALLADE

Rings, um zerstörte Marmorpracht,
die Statuen des Schlosses,
verwuchert eine Welt im Park,
die gestrig und verflossen.

Hier endete, vom Rain begrenzt,
die Welt der Bauern, Pächter:
verfallner Schober, Vogelschreck,
ein scharfer Hund als Wächter.

Der Feldrain trennt das Ährengold
vom Staub vergangner Zeiten,
erst mit dem Traktor wird der Mensch
die Grenze überschreiten.

Ich streue hier noch meine Saat,
doch kenne ich die Zeichen
und weiß, du alter Feldrain wirst bald
den Traktoren weichen.

Wie ein Gebirge wird die Pracht
der Ähren aus dir sprießen,
mit Dröhnen wird ein Morgenrot
den alten Park erschließen.

ADAM WAZYK *(geb. 1905)*.
Übertragung von Wilhelm Tkaczyk

Fortsetzung Seite 78

Ensemblemitglieder des Krakauer Theaters 38 am Rynek proben eine Szene aus der dramatisierten Fassung des Romans der «Prozeß» von Franz Kafka.

Eine Inszenierung des polnischen Nationaldramas «Wesele» (Hochzeit) von Stanislaw Wyspianski am Warschauer Nationaltheater. Vorn links der Direktor des Nationaltheaters, der Regisseur und Schauspieler Adam Hanuszkiewicz.

Andrzej Wajda bei Dreharbeiten zu seinem Film «Alles zu verkaufen» (1968).

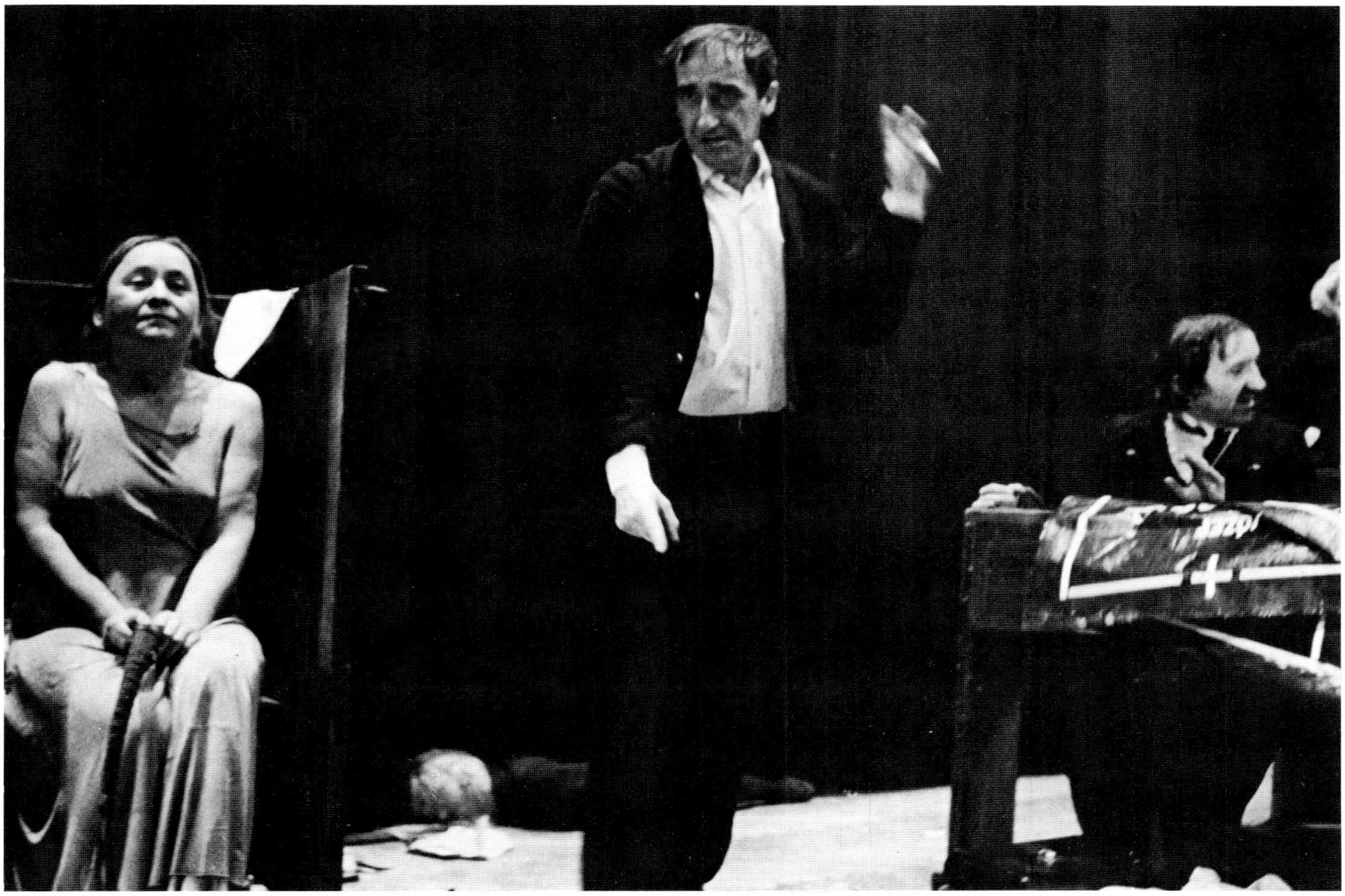

Der Krakauer Maler, Bühnenbildner, Theaterregisseur und Schauspieler Tadeusz Kantor in einer Szene seines Stücks «Die tote Klasse» – einer szenischen Komposition aus Happening, Vision, Pantomime, Groteske und Sprechtheater.

Genossen und Bürger!
Landsleute!

Heute übertrug mir das Zentralkomitee der Polnischen Vereinigten Arbeiterpartei die Pflichten des 1. Sekretärs. Ich wende mich an Sie im Namen der Partei.
In der letzten Woche traten Ereignisse ein, die die gesamte Bevölkerung tief erschütterten und das Vaterland in große Gefahr brachten. Die Küstenstädte – Gdansk, Gdynia, Szczecin, Elblag – wurden zum Gebiet von Arbeiterprotesten, Straßenunruhen und Zusammenstößen. Es kamen Menschen ums Leben. Wir alle durchleben diese Tragödie.
Warum kam es zu diesem Unglück? Wie schichteten sich so scharfe gesellschaftliche Konflikte auf und warum schwollen sie so an? Gibt es solche Probleme – es sind doch unsere inneren, ureigensten –, die wir nicht auf andere Art und Weise lösen können? Es ist unsere Pflicht – die Pflicht der Parteiführung und der Regierung –, der Partei und dem Volk auf diese Fragen umfassend zu antworten. Es wird dies eine schwierige und selbstkritische Antwort sein, jedoch wird sie deutlich und wahr sein. Denn es gibt in der Basis der gegenwärtigen Lage in unserem Land Ursachen, die wirklichen Schwierigkeiten entspringen. Aber es gibt auch solche Ursachen, die nicht durchdachten Konzeptionen in der Wirtschaftspolitik entspringen. Und diese werden wir beseitigen.
Eiserne Regel unserer Wirtschaftspolitik und unserer Politik überhaupt muß immer sein, daß mit der Wirklichkeit gerechnet wird, muß die breite Konsultation mit der Arbeiterklasse und der Intelligenz sein, die Respektierung der Grundsätze von Kollegialität und Demokratie im Leben der Partei und in der Tätigkeit unserer obersten Behörden.
Die letzten Ereignisse haben uns auf schmerzhafte Weise an die grundlegende Wahrheit erinnert, daß die Partei immer die enge Verbindung mit der Arbeiterklasse und dem ganzen Volk aufrechterhalten muß, daß sie die gemeinsame Sprache mit den werktätigen Menschen nicht verlieren darf. Unser Volk, das so viele tragische Erfahrungen sammeln mußte, die Arbeiterklasse und ihre Partei, die das Land aus dem größten Abgrund der Geschichte emporgehoben haben, müssen genügend Kraft, Besonnenheit und Verantwortung aufbringen, um dem Wirrwarr ein Ende zu bereiten und die vor uns stehenden angeschwollenen Probleme ruhig und gemäß den Interessen des Landes zu lösen.

EDWARD GIEREK *in seiner Fernsehansprache am Tag seines Amtsantritts, 20. Dezember 1970*

Der Analphabetismus war besiegt, die Säuglingssterblichkeit von 140 auf 1000 Lebendgeburten im Jahr 1938 auf 33 im Jahr 1970 zurückgegangen, die Zahl der Ärzte von 3,7 auf 10000 Einwohner im Jahr 1938 auf 15 im Jahr 1970 angestiegen. Dennoch vermochte das Gomulka-Regime in seiner Endphase der Bevölkerung nicht den Eindruck eines subjektiven Fortschritts zu vermitteln. Der jährliche Anstieg des Reallohns betrug Ende der sechziger Jahre nicht einmal 2 Prozent, bei manchen Beschäftigungsgruppen war er sogar rückläufig. Auch außenpolitische Erfolge, wie etwa der Vertrag zwischen Polen und der Bundesrepublik Deutschland «Über die Grundlagen der Normalisierung der Beziehun-

gen», der am 7. Dezember 1970 von Willy Brandt und Jozef Cyrankiewicz unterzeichnet wurde und der Polen die langersehnte De-facto-Anerkennung seiner Westgrenze durch die Bundesregierung brachte, konnten Gomulka nicht mehr retten: Als er am 11. Dezember 1970 drastische Preiserhöhungen für Lebensmittel verkünden läßt, kommt es an der gesamten polnischen Ostseeküste zu Arbeiterunruhen. Brutales Vorgehen der Polizei und Sicherheitskräfte lassen aus dem Aufruhr ein Blutbad werden. Ob es 36 Tote gibt, wie offiziell zugegeben wird, oder mehr als 300, wie Arbeiter gegenüber ausländischen Journalisten behaupten – es ist die dunkelste Stunde der polnischen Nachkriegsgeschichte; überall in Europa ist die Stadt Danzig, polnisch Gdansk, seither nicht mehr nur ein Symbol für das aus den Trümmern des Krieges wiedererstandene Polen, sondern zugleich auch für die Endstation einer sozialistischen Parteiführung, die die elementaren Interessen der Menschen aus dem Auge verloren hatte und außerstande war, soziale Konflikte mit politischen Mitteln zu lösen. Wenn der Aufstand der Arbeiter von Danzig und Gdingen/Gdynia, Stettin/Szczecin und Elbing/Elblag trotz Sympathiestreiks in Warschau und Krakau nicht auf das ganze Land übergriff, so nur deshalb, weil es der Partei verhältnismäßig rasch gelang, ihre Führungsspitze umzubauen und anstelle des vom Idol zur Unperson gewordenen Gomulka den bisherigen Parteichef von Kattowitz, Edward Gierek, zum Ersten Sekretär des ZK zu wählen (20.12.1970).

Gierek verkündet nicht nur die Rücknahme der Preiserhöhungen und Straffreiheit für die streikenden Arbeiter, sondern analysiert die Ursachen der Tragödie öffentlich und in einer Offenheit, die Polens Bevölkerung seit langem nicht mehr gekannt hatte: Er nennt die Dezemberkrise «vor allem eine Vertrauenskrise gegenüber der Führung von Partei und Regierung», und er präzisiert: «Das übergeordnete Ziel der sozialistischen Ökonomie sollte das Bestreben nach einer immer besseren Befriedigung der Bedürfnisse der Gesellschaft sein. Ein grundlegender Fehler in der Politik der Partei- und Regierungsführung war in den letzten Jahren die Nichtbeachtung dieses Prinzips in der Praxis. Daraus ergab sich die von Jahr zu Jahr anwachsende, immer tiefer greifende Störung der unerläßlichen gesellschaftlichen Proportionen zwischen dem Anstieg der Erzeugung von Produktionsmitteln und Verbrauchsgütern, das heißt der Lebensmittel und der langlebigen Konsumgüter.» (Gierek auf dem VIII. Plenum des ZK im Februar 1971.)

Es wäre sicher übertrieben, zu behaupten, Gierek wäre – wie 1956 Gomulka – auf einer Welle allgemeiner Sympathie und allgemeinen Vertrauens nach oben gespült worden. Wohl aber brachte man ihm in fast allen Bevölkerungsschichten ein «Vertrauen auf Zeit» entgegen. Sein Credo, demzufolge «im Mittelpunkt des Interesses die konkreten Bedürfnisse des Menschen» zu stehen hätten, traf durchaus den Kern der Erwartung der arbeitenden Massen, denn auch der Arbeiteraufstand im Dezember 1970 war kein antisozialistischer; eine grundsätzliche Veränderung der politischen und gesellschaftlichen Struktur war von den streikenden Arbeitern weder verlangt noch erwartet worden, wohl aber konkrete Maßnahmen zur Verbesserung der wirtschaftlichen Situation, mehr Transparenz der Entscheidungen von oben nach unten und mehr Mitbestimmung von unten nach oben.

Gierek, der in fast fünfzehnjähriger Tätigkeit als Parteichef von Kattowitz diese Wojewodschaft zur Musterprovinz (dem «Katanga Polens») entwickelt hat, scheint für die Erfüllung dieser Forderungen prädestiniert. Und der Katalog der ersten Maßnahmen, die er einleitet, scheint das «Vertrauen auf Zeit» zu rechtfertigen. Er forciert den Konsumgüterimport und kurbelt zugleich mit einem Investitionsprogramm die Wirtschaft des Landes an. Binnen fünf Jahren steigert er die Investitionen um fast 100 Prozent, die Industrieproduktion um 75 Prozent. Äußere Symbole dieses Wirtschaftsaufschwunges sind der Bau des Nordhafens bei Danzig – des größten Rohstoffhafens an der Ostseeküste – sowie der Bau der Hütte Kattowitz, die als größte und modernste Europas gilt. Unter Gierek steigen die Reallöhne von 1971 bis 1976 um rund 40 Prozent, wobei die Preise für Grundnahrungsmittel eingefroren bleiben, und wächst der Außenhandel um mehr als 100 Prozent. Zugleich versucht Gierek, durch eine Verwaltungsreform an der Basis (Neugliederung der bisher 19 Wojewodschaften in 49) sowie personelle Änderungen an der Spitze (Abschieben von Ministerpräsident Cyrankiewicz, Innenminister Moczar, Gewerkschaftsführer Loga-Slowinski u.a.) die unter Gomulka verkrusteten Strukturen des mittleren Partei- und Verwaltungsapparates aufzubrechen. Außenpolitisch betreibt Gierek – unter demonstrativer Betonung des Bündnisses mit der Sowjetunion – eine vorsichtige, aber konsequente Politik der Öffnung nach Westen. Während sich Gomulka in den fast 15 Jahren seiner Amtszeit nur ein einziges Mal über die Grenzen des sozialistischen Lagers hinausgewagt hatte (zur UNO nach New York), reist Gierek nach Frankreich, Belgien, in die USA, nach Skandinavien und im Juni 1976 – als erster polnischer Staatsführer in der mehr als tausendjährigen Geschichte – in die westliche Hälfte Deutschlands, die Bundesrepublik. Kein anderes sozialistisches Land hat eine vergleichsweise so liberale innenpolitische Szene, so selbstverständlich kulturelle und touristische Kontakte mit dem westlichen Ausland.

Willy Brandt, der Kanzler der Bundesrepublik Deutschland, am Ghetto-Denkmal in Warschau (Dezember 1970).

Linke Seite: Arbeiterunruhen in Gdansk/Danzig (Dezember 1970). Panzer und Panzerwagen vor dem Hotel «Monopol».

Aufnahme diplomatischer Beziehungen zwischen der Volksrepublik Polen und der Bundesrepublik Deutschland im Juni 1972. Links der stellvertretende polnische Außenminister Józef Czyrak, rechts der deutsche Staatssekretär Paul Frank, dahinter Außenminister Walter Scheel.

Links: Streikende Arbeiter der Leninwerft in Gdansk/Danzig im August 1980.

Rechts: Das einfache Holzkreuz wurde von den Streikenden errichtet und soll an die an dieser Stelle 1970 erschossenen streikenden Werftarbeiter erinnern. Seit dem Dezember 1980 steht hier das Solidarnosc-Denkmal (siehe Seite 16).

Die wirtschaftlichen Ergebnisse der Westpolitik Giereks allerdings bleiben hinter den Erwartungen zurück. Die Kredite fließen, angesichts der weltweiten Rezession, nicht so wie erwartet, die Exportmöglichkeiten für polnische Waren entwickeln sich weniger günstig als geplant. 1976 hat Polen mit – geschätzten – 10 Milliarden Dollar die obere Grenze seiner Verschuldungsmöglichkeit erreicht. Gierek muß ein Programm einer strikten Disziplinierung der Investitionspolitik verkünden, verbunden mit einem dringenden Appell zur Intensivierung der exportorientierten Industriebereiche. Als schwächster Punkt der polnischen Volkswirtschaft erweist sich aber wieder einmal – wie schon unter Gomulka – die

Landwirtschaft. Zwar hatte Gierek zu Beginn der siebziger Jahre durch die Abschaffung der Zwangsablieferungen, Erhöhung der staatlichen Ankaufspreise und Beseitigung der Steuerprogression bei Hofvergrößerungen eine vorübergehende Belebung der Landwirtschaftsproduktion erzielen können, doch vermochten alle diese Maßnahmen die strukturelle Schwäche der polnischen Landwirtschaft nicht zu überwinden: ihre Zersplitterung in kleine und kleinste Hofeinheiten und ihr zurückgebliebenes Mechanisierungsniveau. Drei Mißernten hintereinander (1974, 1975 und 1976) reichen vollends, um den polnischen *circulus vitiosus* – Futtermittelknappheit, Getreideimporte, Devisenmangel, Versorgungsschwierigkeiten – wieder schmerzlich spürbar in Gang zu setzen. Hinzu kommt, daß man den psychologisch günstigsten Zeitpunkt zur Anhebung der Preise für Grundnahrungsmittel, die seit dem Dezember 1970 eingefroren sind, verpaßte und die volkswirtschaftlich unumgängliche, politisch aber höchst brisante Operation erst im Juni 1976 – ungeschickt vorbereitet und im Ausmaß überzogen – nachzuholen versuchte. Mit dem Ergebnis, daß unzufriedene Arbeiter wieder auf die Straße gingen – diesmal in den Städten Ursus (bei Warschau) und Radom, deren metallverarbeitende Betriebe am unteren Ende der polnischen Lohnskala rangieren.

Wenn es im Juni 1976 nicht zu einer Wiederholung der Tragödien von Posen und Danzig kam, so nur deshalb, weil sich Polizei und Sicherheitsapparat diesmal während der direkten Konfrontation mit den Arbeitern elastischer zeigten, nicht von der Schußwaffe Gebrauch machten und die Staats- und Parteiführung politisch flexibler reagierte und die geplanten Preiserhöhungen noch am selben Tag wieder rückgängig machte. Die Lehren, die Parteichef Gierek aus dem mißglückten Versuch der Preiserhöhungen und den Arbeiterunruhen vom Juni 1976 zog, erinnern grundsätzlich an die vom Dezember 1970. Nach den Jahren der stürmischen wirtschaftlichen Entwicklung in der ersten Hälfte dieses Jahrzehnts sollte nun erst einmal das Erreichte konsolidiert werden. Dies aber, so erklärte Gierek im Februar 1977 in der Parteizeitung «Tribuna Ludu», sei nicht nur eine Frage der Wirtschaftspolitik. Denn eine wirkliche Verbesserung der Lebensbedingungen

Am 3. Mai 1982 verhaftete die polnische Polizei in Warschau 1372 Personen, die für Lech Walesa demonstriert hatten.

der polnischen Bevölkerung erfordert, so Gierek, nicht nur eine Verbesserung der technisch-ökonomischen Situation, sondern eine Verbesserung der «Mechanismen der sozialistischen Demokratie».

Doch genau dies erfolgte nicht. Statt den Dialog mit der Bevölkerung zu suchen, die Entstehung demokratischer Strukturen in den Betrieben und in der Gesellschaft zu fördern, setzte der Staatsapparat eine Repressionswelle in Gang, wie es sie in dieser Brutalität seit Stalins Zeiten nicht mehr gegeben hatte. Zu Hunderten wurden die streikenden Arbeiter von Ursus und Radom verhaftet und in den Gefängnissen systematisch mißhandelt. Zu trauriger Berühmtheit gelangte der sogenannte «Gesundheitspfad» – ein Spalier von Polizisten mit Knüppeln, durch das die Arbeiter getrieben wurden; die polnische Variante des preußischen Spießrutenlaufens. Hausdurchsuchungen, Verhöre und Massenentlassungen, nicht nur in Ursus und Radom, sondern auch in anderen Städten, in denen gestreikt worden war, waren an der Tagesordnung.

Als Reaktion auf diese Politik der staatlichen Repression entstand im September 1976 das Komitee zur Verteidigung der Arbeiter (KOR), das in den folgenden Jahren eine Schlüsselrolle für die Entwicklung der politischen und gesellschaftlichen Situation des Landes spielen sollte. Zum erstenmal in der polnischen Geschichte der Nachkriegszeit kam es zu einer Allianz von Arbeitern und Intellektuellen. Zu den Gründungsmitgliedern des KOR gehörten Schriftsteller wie der

ALLTAG

Wo der Aufbau hundert Hürden nimmt
und die Hochöfen tief Atem holen –
hier weiß jeder selbst und auch bestimmt,
es ist jetzt Revolution in Polen.

Doch daneben – schreit die Alltagswelt,
die verirrte auf finsteren Pfaden,
das Gemäuer, das in Staub zerfällt,
Fraß von gierigen Pilzen und Maden.

Welches Antlitz zeigte unsre Zeit,
wenn die Zukunft sie zu richten hätte?
Das der elenden Vergänglichkeit,
oder jenes der wachsenden Städte?

Das des traurigen Menschen, der fällt?
Das des Siegers, der allzeit bereit?
Welche Form, welchen Inhalt erhält
unsre Zeit, von der Zeitung befreit?

WIKTOR WOROSZYLSKI, *1956*

Geliebte Brüder und Schwestern,
liebe Landsleute!

Ich habe die polnische Erde geküßt, der ich entstamme. Das Land, aus dem mich Gott – nach dem unerforschlichen Ratschluß seiner Vorsehung – auf den Stuhl des heiligen Petrus in Rom berufen hat. Das Land, in das ich heute als Pilger komme. (...)
Ich grüße euch im Namen Christi, so wie ich gelernt habe, die Menschen zu grüßen, hier, in Polen:
– in Polen, meinem Heimatland, dem ich mit den Wurzeln meines Lebens, meines Herzens und meiner Berufung tief verbunden bleibe;
– in Polen, diesem Land, wo man – wie Norwid schreibt – «aus Ehrfurcht vor den Gaben des Himmels jedes Stückchen Brot, das auf die Erde fällt, aufhebt... wo der erste Gruß wie das uralte Bekenntnis zu Christus lautet: Sei gelobt!»;
– in Polen, das durch seine tausendjährige Geschichte zu Europa und zur heutigen Menschheit gehört;
– in Polen, das im gesamten Lauf seiner Geschichte durch ein besonderes Band geistiger Einheit mit der Kirche Christi und mit dem römischen Stuhl verbunden war. (...)
Welche Gefühle wecken in mir Melodie und Worte der polnischen Nationalhymne (die wir soeben mit gebührendem Respekt gehört haben)! Ich danke euch, daß den Polen, der heute aus dem Land Italien in das Land Polen kommt, an der Schwelle seiner Pilgerfahrt durch Polen diese Melodie und der Text begleiten, in denen der unermüdliche Lebenswille der Nation zum Ausdruck kommt: «Solange wir leben». Ich möchte, daß mein Aufenthalt in Polen dazu beiträgt, diesen unermüdlichen Lebenswillen meiner Landsleute zu stärken in dem Land, das unsere gemeinsame Mutter und unser Vaterland ist. Er diene dem Wohl aller Polen, aller polnischen Familien, dem Wohl der Nation und des Staates. Dieser Aufenthalt möge – ich sage es noch einmal – den großen Fragen des Friedens, einer freundschaftlichen Zusammenarbeit zwischen den Nationen und der sozialen Gerechtigkeit dienen.

JOHANNES PAUL II.,
am 2. Juni 1979

Nestor der polnischen Gegenwartsliteratur, Jerzy Andrzejewski, der Naturwissenschaftler Jan Kielanowski, die Schauspielerin Halina Mikolajska, der Politologe Jacek Kuron sowie der junge Historiker Adam Michnik. Prominente Anwälte verteidigten die verhafteten Arbeiter vor Gericht, KOR-Mitglieder übernahmen Patenschaften für die Angehörigen der Inhaftierten, ein eigenes Informationsbulletin sammelte und verbreitete Nachrichten über alle Unterdrückungsmaßnahmen.

Gemeinsam mit Arbeitern gründete man, in Anlehnung an sozialdemokratische Traditionen, die Zeitschrift «Robotnik» (Der Arbeiter), die Berichte über die politische und soziale Lage Polens enthielt, die von den offiziellen Medien verschwiegen wurden. Ein Ableger dieser Zeitschrift entstand 1978 unter dem Titel «Der Arbeiter an der Küste» in Danzig. Zu den Redaktionsmitgliedern dieser Untergrundzeitung gehörten unter anderen der Ingenieur Andrzej Gwiazda sowie die Werftarbeiter Anna Walentynowicz und Lech Walesa. Ein eigener Untergrundverlag mit dem Namen «Unabhängige Verlagsanstalt» (NOWA) gab zahlreiche Bücher und Broschüren heraus, darunter Werke bekannter polnischer Autoren wie der im Exil lebenden Dichter Czeslaw Milosz und Witolt Gombrowicz, aber auch Übersetzungen von George Orwell und Günter Grass sowie zahlreiche Publikationen und Abhandlungen zur polnischen Geschichte: zum Beispiel über die Ermordung Tausender polnischer Offiziere durch die Rote Armee im Wald von Katyn und andere Verbrechen der Stalinzeit.

Eine besondere Bedeutung für die Entwicklung der polnischen Oppositionsbewegung in der zweiten Hälfte der achtziger Jahre hatte die Wahl des Krakauer Kardinals Karol Wojtyla zum ersten polnischen Papst.

An jenem Tag, dem 16. Oktober 1978, als Karol Wojtyla auf den Stuhl Petri gewählt wurde, schien sich für viele Polen die Prophezeiung des Nationaldichters Juliusz Slowacki aus dem Jahre 1848 zu erfüllen:

> «Droht Gefahr, dann hebt der allmächtige Gott
> Mit einem gewaltigen Glockenton
> Als seinen neuen Papst
> Einen Slawen auf seinen Thron...».

Der am 18. Mai 1920 in dem kleinen südpolnischen Ort Wadowice geborene Karol Wojtyla hatte vor dem Zweiten Weltkrieg zunächst Philosophie und Literatur studiert und sich nebenher als Schauspieler in Laienspielzirkeln versucht. Während der deutschen Besatzungszeit arbeitete er als Gehilfe in einer chemischen Fabrik. Heimlich – Polen durften während der Naziherrschaft nicht studieren – begann er 1942 mit dem Studium der Theologie an der Krakauer Untergrund-Universität, einer der vielen «fliegenden Universitäten», die es in Polen während dieser Zeit gab und an deren Tradition nach 1976 in Polen wieder angeknüpft wurde. Nach dem Krieg setzte er seine Studien in Rom fort; in den Ferien arbeitete er als Seelsorger unter polnischen Arbeitern in Frankreich und Belgien. 1953 habilitierte er sich mit einer Arbeit über den deutschen Philosophen Max Scheler. Im Alter von 38 Jahren wurde er Weihbischof von Krakau, sechs Jahre später (1964) Erzbischof dieser traditionsreichen Diözese. Wenn auch nicht ganz so militant wie Kardinal Wyszynski, steuerte er dennoch einen streng antikommunistischen Kurs und setzte gegen den erbitterten Widerstand der Behörden den Bau der ersten Kirche in der «sozialistischen Musterstadt» Nowa Huta in der Nähe von Krakau durch. Während seiner gesamten Amtszeit hielt er enge Kontakte zum deutschen Episkopat, das schließlich auch die entscheidenden Weichen für die Wahl Kardinal Wojtylas zum Papst Johannes Paul II. stellte.

Theologisch war Karol Wojtyla stets auf den tief im polnischen Volkskatholizismus verwurzelten Marienkult fixiert. Schon als Kardinal von Krakau profilierte er sich als Verfechter eines konservativ-doktrinären Katholizismus, zurück-

Fortsetzung Seite 89

Marktszene in Lodz.

Mutter mit ihren Kindern auf einem Karusell im Luna-Park in Swinoujscie/Swinemünde.

Verkäuferin in Kolobrzeg/Kolberg.

Straßenbahnhaltestelle im Warschauer Stadtteil Praga.

Straßenkonzert einer Militärkapelle in der Warschauer Altstadt.

Jugendliche Motorradfans auf dem Alten Markt in Wroclaw/Breslau. Die Ideale der jungen Leute im sozialistischen Polen unterscheiden sich kaum von denen ihrer Altersgenossen im Westen.

Arbeitslosigkeit – auch in Polen zunehmend ein Problem. In einigen Städten gibt es – von den Behörden geduldet – Arbeiterbörsen, bei denen sich Gelegenheitsarbeiter stunden- oder tageweise vermitteln lassen können.

In Orneta/Wormditt in Ostpreußen. Die Sanierung von Altbauten ist in vielen polnischen Ortschaften noch immer ein dringliches Problem.

haltend gegenüber jeder Öffnung der Kirche, auch gegenüber dem Gedanken der Ökomene. Gleichwohl – oder gerade deshalb – genoß er in Polen hohe Popularität. Seit seiner Wahl zum Papst gilt er, wie selbst der polnische Ministerpräsident Mieczyslaw Rakowski 1989 offen zugeben mußte, als die «größte Autorität» des Landes.

Die Wahl Karol Wojtylas zum Papst war für Polen nicht nur ein religiöses, sondern auch ein nationales Ereignis. Es stärkte das Selbstbewußtsein der Polen nach außen wie nach innen, gab ihnen neuen Mut und neuen Selbstbehauptungswillen in der Auseinandersetzung mit ihrer atheistischen Staats- und Parteiführung.

Papst Johannes Paul II. während seiner ersten Polen-Reise, die am 2. Juni 1979 begann, in Gebarzewo bei Gnesen.

Besonders deutlich wurde dies beim ersten Besuch Johannes Pauls II. im Juni 1979 in Polen. Noch nie zuvor in der Geschichte ist ein Papst bei einer Reise außerhalb Roms so triumphal empfangen worden. Auf jeder Station scharte sich die Nation zu Hunderttausenden, ja Millionen um ihn und machte, wie der Soziologe Jan Szczepanski feststellte, deutlich, daß der Marxismus in Polen endgültig aufgehört hatte, eine «Alternative zur Religion» zu sein.

Nicht nur politisch, auch wirtschaftlich war das Gierek-Regime zu diesem Zeitpunkt am Ende. Zwar hatte man nach den Aufständen von 1976 eine wirtschaftliche «Kurskorrektur» angekündigt, doch in der Praxis ging die Politik weiter wie bisher. Statt die Investitionen zu reduzieren, die Löhne einzufrieren und die Agrarproduktion zu steigern, geschah das Gegenteil: Die Investitionsrate wuchs weiter, die Agrarproduktion stagnierte und das nominelle Durchschnittseinkommen stieg um 25 Prozent. Hauptursache für das Scheitern der wirtschaftlichen Kurskorrektur

Die Wahl des polnischen Papstes und die anschließende Reise in sein Geburtsland bildeten einen wichtigen Hintergrund für die Ereignisse (von 1980): nicht daß der Papst jemals persönlich zum Streik aufgerufen hätte oder daß die Polen sich in der Hoffnung gewiegt hätten, er könne die internationale Situation verändern. Seine Reise war eine aufsehenerregende Demonstration der Macht der Kirche und der Schwäche der Partei. Das Volk konnte sich selbst seinen Reim machen, konnte die allgemeine Gläubigkeit wahrnehmen, und es wurde jedem deutlich, für wen die Herzen tatsächlich schlugen. Schließlich sind aus historischen Gründen das religiöse und das nationale Bewußtsein stets eng miteinander verbunden gewesen.

LESZEK KOLAKOWSKI, *1981*

Unten: 13. Dezember 1981 – Tag der Verhängung des Kriegsrechts: Polizei und Armee patrouillieren in Warschau.

Rechts: Lech Walesa beim Verlassen der Danziger Leninwerft am 16. Juni 1983. Er wollte Papst Johannes Paul II. auf seiner zweiten Polen-Reise begrüßen, hatte aber von der Werftleitung keinen Urlaub bekommen.

war die chaotische, von rivalisierenden Machtgruppen nach Partikularinteressen betriebene Investitionsplanung und -realisierung, die fortschreitende Korruption im Staats- und Parteiapparat sowie die Tatsache, daß entgegen allen offiziellen Versicherungen die private Landwirtschaft weiterhin zugunsten der unrentablen Staatsbetriebe vernachlässigt wurde. Allein 1980 mußte Polen, einst ein blühendes Agrarland, mehr als neun Millionen Tonnen Getreide aus dem Westen importieren. Giereks Politik der «Öffnung nach Westen» hatte den Polen zwar mehr Freizügigkeit, mehr Reisemöglichkeiten und mehr Informationsfreiheit gebracht, als sie die Bürger irgendeines anderen Ostblocklandes besaßen, doch die Auslands-

verschuldung hatte mit 24 Milliarden Dollar (1980) ein Ausmaß erreicht, das um das Doppelte über dem lag, was die polnischen Wirtschaftsplaner selbst für vertretbar hielten. Giereks großer Sprung nach vorn, in der ersten Hälfte der siebziger Jahre zweifellos von einigem Erfolg gekrönt, endete in einem Fiasko. Auslandsverschuldung, Inflation, Warenmangel und zunehmende Verarmung ganzer Bevölkerungsschichten führten schließlich zu einer Situation, die eine explosive Entladung der sozialen Spannungen geradezu zwangsläufig erscheinen ließ.

Nach Streiks in Lublin und anderen Orten brach am 14. August 1980 auf der Danziger Leninwerft schließlich jener Streik aus, der die weiteren Geschicke Polens bestimmen sollte wie kein anderer Streik in der Geschichte dieses an Arbeitskämpfen so reichen Landes. Unmittelbarer Anlaß des Streiks waren erneute Preiserhöhungen für Fleisch und Wurst. Doch im Gegensatz zu den anderen Orten, in denen es nur um die Preiserhöhungen ging, hatte der Streik auf der Leninwerft in Danzig von Beginn an politischen Charakter. Denn neben höheren Löhnen forder-

DIE 21 PUNKTE, DIE DAS ÜBERBETRIEBLICHE STREIKKOMITEE DER REGIERUNGSDELEGATION BEI VERHANDLUNGSBEGINN VORLEGTE

1. Zulassung freier, von der Partei und den Betriebsleitungen unabhängiger Gewerkschaften, die sich aus der von der Volksrepublik Polen ratifizierten Konvention Nr. 87 der Internationalen Arbeitsorganisation ergeben, welche die Gewerkschaftsfreiheit betrifft.
2. Garantie des Rechts auf Streik sowie der Sicherheit der Streikenden und der sie unterstützenden Personen.

ten die Arbeiter der Leninwerft die Wiedereinstellung der entlassenen Streikführer des Jahres 1970, die Errichtung eines Denkmals für die Opfer von 1970, die Einführung des Streikrechts, die Abschaffung der Zensur und den Zugang zu den öffentlichen Medien.

An der Spitze des sofort gebildeten Streikkomitees stand der Elektromonteur Lech Walesa, ein Mann, den bis dahin nur die Werftarbeiter von Danzig als einen der Streikführer aus dem Jahre 1970 kannten, dessen Name aber schon einige Tage später um die Welt gehen sollte und der bereits heute zu den großen Symbolfiguren des jahrhundertealten polnischen Freiheitskampfes gehört.

3. Einhaltung der von der Verfassung der Volksrepublik Polen garantierten Freiheit des Wortes, des Druckens und der Veröffentlichung. Auch die unabhängigen Zeitungen und Zeitschriften dürfen nicht unterdrückt werden. Zugang zu den Massenmedien für Vertreter aller Glaubensbekenntnisse.
4. Wiedereinstellung an ihrem früheren Arbeitsplatz:

Selbst bezeichnet sich der am 29. September 1943 in einem Dorf bei Bromberg (Bydgoszcz) geborene Sohn eines Tischlers als einen «unpolitischen Menschen». In einem Gespräch mit der deutschen Journalistin Jule Gatter-Klenk, die als erste Reporterin bei den Streikenden auf der Leninwerft war, hat er seinen Werdegang und seine Zielvorstellungen beschrieben: «Ich bin kein Politiker. Ich bin Gewerkschafter. Ich war Mitglied eines Betriebsrates und habe gemerkt, daß man dort nichts verändern kann. Doch Polen braucht eine Veränderung. Keine Veränderung in der Politik, sondern eine Veränderung im Verhältnis der Menschen zueinander. Daß die alten Betriebsräte das nicht erreichen konnten, ist nicht die Schuld der Menschen, es ist die Schuld der Verhältnisse. Also muß man die Verhältnisse ändern. (...) Politik soll uns dabei nicht interessieren.» Doch genau der politische Charakter war es, der diesen Streik von allen seinen Vorgängern unterschied. Denn zum erstenmal, nicht nur in der Geschichte der Volksrepublik Polen, sondern der sozialistischen Länder überhaupt, wurde die Gründung einer freien,

a) Personen, die wegen der Verteidigung der Rechte der Arbeiter entlassen wurden, vor allem Teilnehmer der Streiks von 1970 und 1976 sowie Studenten, die wegen ihrer Überzeugungen von der Universität verwiesen wurden.
b) Freilassung aller politischen Häftlinge, darunter Edmund Sadrozynski, Jan Kozlowski, Marek Kozlowski.
c) Einstellung aller Verfolgungen.
5. Veröffentlichung von Informationen in den Massenmedien über die Gründung des überbetrieblichen Streikkomitees und Veröffentlichung der Forderungen.

Konfrontation zwischen Staatsmacht und Warschauer Bevölkerung am Morgen des 13. Dezember 1981 nach Verhängung des Kriegsrechts.

vom Staat unabhängigen Gewerkschaft gefordert. Der Name für diese Gewerkschaft war schnell gefunden – «Solidarnosc» (Solidarität), die Kampfparole der Arbeiter. In 21 Punkten legten die Arbeiter der Leninwerft, denen sich schnell fast alle Betriebe der Küstenregion und viele andere im Inneren des Landes anschlossen, ihre Forderungen nieder. Sie reichten – neben den oben erwähnten – von der Zulassung freier Gewerkschaften über die Freilassung aller politischen Gefangenen bis zur Forderung nach automatischem Lohnanstieg.

Eine Welle der Solidarität im In- und Ausland begleitete den Streik der Danziger Werftarbeiter; ein Streik, der nach alter polnischer Tradition ein Okkupationsstreik war, d. h. ein Streik, bei dem die Arbeiter das Betriebsgelände besetzen und dieses nicht eher verlassen, bis ihre Forderungen erfüllt sind. Entscheidend für Charakter und Verlauf des Streiks war die Tatsache, daß bereits vom ersten Tag an prominente Berater aus der polnischen Intelligenz den Arbeitern auf der Werft zur Seite standen. Unter ihnen Mitglieder des Komitees zur Verteidigung der Arbeiter (KOR) wie Jacek Kuron, Adam Michnik, der unabhängige katholische Publizist Tadeusz Mazowiecki, der Wirtschaftswissenschaftler Tadeusz Kowalik und die Soziologin Jadwiga Staniszkis. Vom ersten Tag an waren auch Geistliche auf der Werft, die Gottesdienste abhielten und den Arbeitern die Beichte abnahmen. Ein Vertreter des Primas von Polen erschien allerdings erst am 30. August auf dem Werftgelände.

Während der gesamten Streikzeit galt striktes Alkoholverbot. Täglich erschien eine Streikzeitung, und zur Hymne der Streikenden wurde neben der National-

6. Einleitung konkreter Schritte mit dem Ziel, das Land aus der Krisensituation herauszuführen:
   a) durch vollständige Veröffentlichung von Informationen über die gesellschaftliche und wirtschaftliche Situation und
   b) durch Zulassung aller Gesellschaftskreise und -schichten an der Diskussion über das Reformprogramm.

7. Lohnfortzahlung für alle Arbeiter, die an dem Streik teilnehmen, für die Dauer des Streiks und für den Urlaub aus dem Fonds des Zentralrates der Gewerkschaften.

hymne das alte polnische Kirchenlied «Gott schütze Polen» gesungen, in einer Version aus der Zeit der polnischen Teilungen:

«Gott, der Du Polen
durch so viele Jahre
mit dem Licht von Macht und Ruhm umgeben hast,
mit dem Schild Deiner Obhut behütet hast
vor allem Unglück, das Polen niederdrücken wollte,
vor Deine Altäre tragen wir unser Flehen,
Herr, gib uns unser freies Vaterland zurück!»

In einer Fernsehansprache am Abend des 18. August lehnte Parteichef Gierek noch die politischen Forderungen der Streikenden in Danzig ab, zwölf Tage später jedoch, nach langen und zähen Verhandlungen mit verschiedenen Regierungsdelegationen, waren die Streikenden am Ziel. Mit einem riesigen Kugelschreiber, den ein Papst-Porträt zierte, unterschrieb Lech Walesa im Namen des Streikkomitees die 21 Punkte des historischen «Danziger Abkommens». Für die Regierung unterschrieb Ministerpräsident Mieczyslaw Jagielski.

Einige Zugeständnisse allerdings hatten die Streikenden machen müssen. Sie akzeptierten, daß die neuen Gewerkschaften nicht «frei», sondern «unabhängig» heißen sollten, statt von «Abschaffung» der Zensur war nur noch von «Abschwächung» die Rede und es wurde, dies allerdings schon vor Verhandlungsbeginn, die führende Rolle der Partei und die Zugehörigkeit Polens zum sozialistischen Lager anerkannt.

Dennoch, das Danziger Abkommen von 1980 bedeutete für den gesamten Ostblock einen tieferen Einschnitt als die Volksaufstände von Berlin (1953) und Budapest (1956). Selbst der Prager Frühling (1967) hatte nicht diese politische Tragweite. Es war, wie es der deutsche Historiker Heinrich Jaenecke formulierte, die «erste reale Veränderung in der Struktur des Systems». Möglich geworden war sie durch eine erstmals in dieser Form zustandegekommene Allianz zwischen Arbeitern und Intellektuellen.

In Polen selbst wurde die Gründung der «Solidarität» als Revolution empfunden. Eine Revolution allerdings, die, wie die intellektuellen Berater der «Solidarität» warnten, nicht die Macht ergreifen dürfe, sondern sich vielmehr mit Rücksicht auf die geopolitische Lage «selbst begrenzen» (Mazowiecki) müsse. Doch eben dies tat sie nicht. Wie ein Buschfeuer verbreitete sich die Demokratisierung über das ganze Land, fegte den Parteichef Gierek hinweg, der am 5. September 1980 zurücktreten mußte, und führte überall zur Bildung neuer, selbstverwalteter Organisationen. Neben der «Solidarität» der Arbeiter entstanden eine «Land-Solidarität» der Bauern und ein unabhängiger Studentenverband. Binnen kurzem zählte die «Solidarität» rund zehn Millionen Mitglieder, fast ein Drittel der gesamten Bevölkerung Polens. Prominente Kulturschaffende stellten sich an die Spitze neugegründeter unabhängiger Künstlerverbände – so Andrzej Wajda an die Spitze des Polnischen Filmverbandes und der Erzähler Jan Jozef Szczepanski an die Spitze des Schriftstellerverbandes. Eine Atmosphäre des Aufbruchs und der Gärung ergriff das Land.

Die politische Führung reagierte unsicher und widersprüchlich. Der am 9. Februar 1981 in das Amt des Ministerpräsidenten gelangte General Jaruzelski, der auch sein bisheriges Amt als Verteidigungsminister beibehielt, berief den profiliertesten Reformanhänger in der Partei, den Chefredakteur der liberalen Wochenzeitung «Polityka», Mieczyslaw Rakowski, zu seinem Stellvertreter und zugleich zum Beauftragten für Gewerkschaftsfragen.

Während Rakowski zunächst auf einen Dialog mit der immer stärker werdenden «Solidaritäts»-Bewegung setzte – wenn auch weniger aus Überzeugung als aus Einsicht in die politische Notwendigkeit –, drängten die «Betonköpfe» in der

8. Anhebung des Grundlohnes für jeden Arbeiter um 2000 Zloty (rund 130 DM) im Monat als Ausgleich für die bisherigen Preissteigerungen.
9. Garantie eines automatischen Lohnanstiegs, parallel zum Anstieg der Preise und zur Inflationsrate.
10. Sicherstellung einer besseren Versorgung des Marktes mit Lebensmitteln und Export nur von Überschüssen.
11. Einführung von Lebensmittelkarten für Fleisch und Fleischprodukte, bis sich die Marktsituation normalisiert hat.
12. Aufhebung aller kommerziellen Preise und Beendigung des Verkaufs gegen Devisen im sogenannten inneren Export. (Dieser Punkt bezieht sich auf jene speziellen Läden mit einem breiten Warenangebot, die privilegierten Polen und Touristen vorbehalten sind.)
13. Einführung von Grundsätzen zur Einstellung von Führungskräften nach dem Prinzip der Qualifikation statt nach der Parteizugehörigkeit sowie Abschaffung von Privilegien für die Miliz, den Sicherheitsdienst und den Parteiapparat durch:
    a) gleiche Familienzuschläge für alle;
    b) Abschaffung des speziellen Verkaufs von Waren in besonderen Läden.
14. Senkung des Rentenalters für Frauen auf 50 Jahre und für Männer auf 55 Jahre sowie Senkung der für den Rentenanspruch erforderlichen Arbeitszeit auf 30 Jahre für Frauen und 35 Jahre für Männer, ohne Berücksichtigung des Alters.
15. Anpassung der Altrenten an die gegenwärtig gezahlten Renten.
16. Verbesserung des Gesundheitsdienstes und Sicherung einer vollen medizinischen Versorgung für die arbeitende Bevölkerung.
17. Sicherstellung einer ausreichenden Zahl von Krippen- und Vorschulplätzen für die Kinder der berufstätigen Frauen.
18. Einführung eines bezahlten Mutterschaftsurlaubs in den ersten drei Jahren für die Erziehung der Kinder.
19. Verkürzung der Wartezeit für Wohnungen.
20. Anhebung der Tagegelder von 40 Zloty auf 100 Zloty sowie ein Teuerungszuschlag.
21. Einführung von freien Samstagen für die Arbeiter im Schichtdienst und im Bereitschaftsdienst; Ausgleich durch mehr Urlaub oder andere freie Tage, wenn ein freier Samstag nicht gewährt wird.

Das überbetriebliche Streikkomitee. Leninwerft, Danzig, 26. August 1980

Partei auf eine gewaltsame Zurückgewinnung des Machtmonopols. Denn in der Praxis des Alltags hatte vielerorts die «Solidarität» die Macht übernommen.

Die wirtschaftliche Situation Polens allerdings besserte sich auch unter der «Solidarität» nicht. Immer wieder aufflackernde Streiks, Provokationen seitens der Staatsorgane und zermürbende Verhandlungen über die Realisierung der Beschlüsse von Danzig prägten die Situation. Und über allem hing, wie ein Damoklesschwert, die drohende Gefahr einer militärischen Intervention durch die Sowjetunion. Ob die Gefahr einer derartigen Intervention wirklich bestand, werden verbindlich wohl erst kommende Historikergenerationen beantworten

General Jaruzelski und Mitglieder seines Kabinetts auf der Regierungsbank während einer Parlamentssitzung.

können. Tatsache ist, daß das Zentralkomitee der KPdSU – nach Monaten stillschweigender Duldung – im Juni 1981 eine erste unverhüllte Drohung an die Adresse der polnischen Führung richtete. Ganz unverblümt beschuldigte es die Warschauer Genossen der Begünstigung der «Konterrevolution» und sprach von «antisozialistischen Kräften», vor denen die polnischen Kommunisten kampflos Schritt für Schritt zurückwichen.

In der Terminologie der Breschnew-Doktrin konnte dies durchaus als Interventionsdrohung verstanden werden. Im Dezember 1981 jedenfalls entschließt sich die polnische Führung zu handeln: In der Nacht vom 12. auf den 13. Dezember verhängt sie über das gesamte Land das Kriegsrecht. Tausende, darunter fast die gesamte Führung der «Solidarität» werden verhaftet, die demokratischen Rechte außer Kraft gesetzt, die unabhängigen Gewerkschaften und Verbände suspendiert, später verboten. Eine nächtliche Ausgangssperre wird verhängt, ein Versammlungsverbot erlassen, die totale Zensur eingeführt – bei jedem Telefongespräch ertönt eine Stimme vom Band: «Dieses Gespräch wird kontrolliert.» Das Land, so sagen die Polen, befindet sich «im Krieg». Die Empfindungen, die damals die meisten Menschen beherrschten, hat niemand eindringlicher beschrieben als der stellvertretende Chefredakteur der Wochenzeitschrift «Solidarnosc», Waldemar Kuczynski, der in dieser Nacht ebenfalls verhaftet wurde: «Als mich die Polizisten unter den Armen packten, empfand ich in schmerzhafter Deutlichkeit, daß die Zeit entzweibrach, daß hinter dem, was vor einer Sekunde noch Gegenwart war und Zukunft zu sein schien, nicht nur meine, sondern die des ganzen Landes, ein Gitter herunterging, das den Rückweg versperrte und sich jetzt eine Wirklichkeit

VERHÄNGUNG DES KRIEGSRECHTS

Am 13. Dezember 1981, um sechs Uhr früh, gab General Jaruzelski im Rundfunk und Fernsehen folgende Erklärung ab:
Unser Vaterland steht am Rande des Abgrunds. Das Erbe vieler Generationen und das aus Schutt und Asche wiederaufgebaute polnische Haus sind der Zerstörung preisgegeben. Das Staatsgefüge löst sich auf. Der dahinsiechenden Wirtschaft werden täglich neue Wunden zugefügt. Immer beschwerlicher werden die menschlichen Lebensbedingungen. (...)
Ich gebe hiermit bekannt, daß sich heute der Militärrat der Nationalen Rettung konstituiert hat. Der Staatsrat hat heute um Mitternacht nach den Bestimmungen der Verfassung den Kriegszustand für das ganze Land proklamiert.
Es geht mir darum, daß alle Menschen die Motive und Ziele unseres Handelns begreifen. Wir beabsichtigen keinen Staatsstreich, wir wollen keine Militärdiktatur. Die Nation ist stark und klug genug, um ein leistungsfähiges, demokratisches Regierungssystem zu entwickeln. In einem solchen System werden die Streitkräfte dort bleiben können, wo sie hingehören, nämlich in den Kasernen. Kein polnisches Problem läßt sich auf längere Sicht mit Gewalt lösen. Der Einsatz der Armee kann nur eine außergewöhnliche Übergangserscheinung sein. Das Militär kann die normalen Mechanismen der sozialistischen Demokratie, die man nur in einem starken Rechtsstaat entwickeln kann, nicht ersetzen. Die Anarchie ist die Negation, ist der Feind der Demokratie.
Wir selbst sind nur ein Tropfen im Strom der polnischen Geschichte, die

eröffnete, die durch Mauern, Stacheldraht, Handschellen, Wachposten und Geheimdienstler gekennzeichnet war. (...) Ich empfand damals die Kontinuität von Geschichte und menschlichem Schicksal in Osteuropa, die Kontinuität des Kampfes und die Kontinuität der Unterdrückung, (...) und die anhaltende Erfolglosigkeit des Kampfes darum, daß all das, worin wir leben, menschlicher und freier würde.»

An der Spitze des «Militärrats», der nun die alleinige Macht im Land übernahm, steht General Wojcech Jaruzelski. Neben seinen Ämtern als Verteidigungsminister und Ministerpräsident hatte er am 18. Oktober 1981 auch noch das Amt

Streikende Arbeiter und ihre Familien am Werkstor der Leninwerft in Gdansk/Danzig im August 1980.

des Generalsekretärs der PVAP, also des Parteichefs, übernommen – eine Machtfülle, wie es sie seit Marschall Pilsudski in Polen nicht mehr gegeben hatte. Buchstäblich über Nacht wird der Name «Jaruzelski» zum Synonym für «Militärherrschaft». Manche gar vergleichen ihn mit Hitler und Pinochet. Die Verhängung des Kriegsrechts ist vor allem auch ein psychologischer Schock. Krieg gegen die Deutschen, Krieg gegen die Russen – das kannte man. Doch einen Krieg, den die eigene Führung dem Land erklärt, das hatte es in der tausendjährigen polnischen Geschichte noch nicht gegeben. «Das Schlimmste», so ein polnischer Schriftsteller, «sie haben die Würde des Volkes verletzt. Es fühlt sich gedemütigt.»

Die Biographie des Generals Jaruzelski entbehrt nicht gewisser tragischer Züge. Als Sohn einer Adelsfamilie wurde er am 6. Juli 1923 in einem kleinen Dorf in Ostpolen nahe Lublin geboren. Er besuchte eine Klosterschule der Jesuiten in Chyrow und galt hier als Klassenprimus. Nach dem Einmarsch der Roten Armee und der Wehrmacht in Polen wurde er mit seiner Familie von den Sowjets im Herbst 1939 nach Sibirien deportiert. Seine Eltern hat er nie wieder gesehen.

Im Juli 1943 meldete er sich zu den polnischen Einheiten, die in der Sowjetunion aufgestellt wurden, und kämpfte gemeinsam mit der Roten Armee gegen die Deutschen. Nach dem Krieg machte er sowohl in der Armee als auch in der kommunistischen polnischen Arbeiterpartei (PVAP), der er inzwischen beigetreten war, steile Karriere. Schon unter Gomulka wurde er (1968) Verteidigungsminister. Auch unter Gierek behielt er dieses Amt.

Jaruzelski, dessen Frau Dozentin für deutsche Literatur an der Universität Warschau ist, gilt als integer, bescheiden und – durchaus nicht selbstverständlich

nicht nur ruhmreiche Kapitel, sondern auch düstere Abschnitte enthält: das Liberum Veto, Eigennutz, Verfall und Zusammenbruch. Diesen tragischen Circulus vitiosus muß man einmal durchbrechen. Wir können es uns nicht leisten, die Geschichte ein weiteres Mal zu wiederholen...
Wie es keine Abkehr vom Sozialismus gibt, so gibt es keine Rückkehr zu den fehlerhaften Methoden und Praktiken aus der Zeit vor dem August 1980.
Die heute vollzogenen Schritte sollen die prinzipiellen Prämissen der sozialistischen Erneuerung bewahren. Alle bedeutenden Reformen werden unter gesetzlichen Bedingungen, in sachlicher Diskussion und diszipliniert fortgesetzt. Das betrifft auch die Wirtschaftsreform.
Ich will keine Versprechungen machen. Wir haben schwierige Zeiten vor uns. Damit es morgen besser wird, müssen wir heute die harten Realitäten anerkennen und die notwendigen Verzichte leisten.
Eines möchte ich erreichen: Ruhe und Frieden. Das ist die Grundvoraussetzung, von der eine bessere Zukunft ihren Anfang nehmen soll. Wir sind ein souveränes Land, wir müssen also aus eigener Kraft die Krise überwinden. Die Geschichte würde es unserer Generation nicht verzeihen, wenn wir diese Chance versäumten.
Wir müssen der weiteren internationalen Abwertung unseres Staates ein Ende setzen. Im Herzen Europas mit 36 Millionen Einwohnern kann ein Land nicht auf unabsehbar lange Zeit in der demütigen Rolle eines Bittstellers verharren. Wir dürfen nicht darüber hinwegsehen, daß wiederum höhnische Bemerkungen fallen über die Republik, die sich durch Anarchie aufrechterhält. Man muß alles tun, um derartige Meinungen auf den Kehrichthaufen der Geschichte zu verbannen.

Links: verbotene Demonstration für die Gewerkschaft Solidarität in der Warschauer Altstadt.
Mitte: streikende Arbeiter am Werkstor der Leninwerft in Gdansk/Danzig. Am Tor hängen Bilder der Muttergottes von Czestochowa/Tschenstochau (siehe Seite 35) und vom Papst.
Rechts: Warteschlange vor einem Verkaufsstand auf dem Krakauer Marktplatz während des Kriegsrechts im Dezember 1981.

für einen polnischen Politiker dieser Ära – als unbestechlich. Die Entscheidung, das Kriegsrecht zu verhängen, so beschreiben es Vertraute, sei die schwerste Entscheidung in seinem Leben gewesen. Jaruzelski selbst ist nicht müde geworden zu betonen, daß dies der einzige Ausweg war, um Polen zu retten. Heute gestehen ihm selbst viele seiner politischen Gegner zu, daß er zumindest subjektiv überzeugt gewesen sei, mit der Verhängung des Kriegsrechts das kleinere Übel für Polen zu wählen.

Trotz Verhängung des Kriegsrechts gelang es nicht, die «Solidarität» zu zerschlagen. Zwar war die unabhängige Gewerkschaft offiziell «suspendiert», seit

Oktober 1982 sogar verboten, saßen neben vielen Führern auch mehr als 10 000 ihrer Mitglieder und Anhänger in Internierungslagern und Gefängnissen, verloren Unzählige ihren Arbeits- und Studienplatz – doch die Solidarität lebte weiter – im Untergrund und in den Köpfen der Menschen. Nicht nur passiver Widerstand wurde geleistet, immer wieder flackerten auch Streiks auf, die zum Teil, wie in der Kohlengrube «Wujek» bei Kattowitz, blutig unterdrückt wurden. Sieben Bergleute kamen hier ums Leben, als die berüchtigten Sondereinheiten ZOMO das Feuer auf die Streikenden eröffnete. Auch die Mehrzahl der Intellektuellen verweigerte die Zusammenarbeit mit dem Regime. Statt in den staatlichen Theatern und Konzertsälen spielte sich das kulturelle Leben nun vor allem in den Kirchen ab. Hier finden Theateraufführungen, Konzerte, Ausstellungen statt, werden Versammlungen abgehalten, deren Charakter weniger religiös als politisch sind. Und fast jede Veranstaltung endet mit der Hymne: «Gott gib uns unser freies Polen wieder.» Gesungen mit erhobenem rechtem Arm, zwei Finger zum V-Zeichen gespreizt, V für «Victory, wir werden siegen».

Unter dem Kriegsrecht erscheinen regelmäßig mehr als 400 Untergrund-Zeitungen und -Zeitschriften, werden unzählige Bücher heimlich gedruckt und verbreitet. Zugleich verlassen neben verfolgten Gewerkschaftern auch viele Künstler und Intellektuelle das Land, um im Westen zu arbeiten. Viele bleiben im Ausland, ein Aderlaß, von dem sich Polen bis heute nicht erholt[1]

Wirtschaftlich ging es auch während des Kriegszustands und nach dessen Aufhebung am 31. Dezember 1982 weiter bergab. Immer deutlicher zeigten sich die Folgen des übersteigerten Investitionsbooms der Gierek-Ära. Viele Betriebe, die

LIED AN DIE TOCHTER

Ich habe keine Zeit für Dich
und lang hat Mutter Dich nicht gesehen.
Warte noch ein wenig und werde groß,
dann wirst Du alles erfahren

von diesen Tagen, hoffnungsvoll
und voller Gespräche und heißer
Debatten
und von den Nächten ohne Schlaf
und von unseren klopfenden Herzen.

Von den Menschen, die fühlten,
daß sie jetzt endlich gemeinsam
Schulter an Schulter
um den heutigen Tag
und um unsre und Deine Zukunft
kämpften.

Sei nicht traurig, warte geduldig,
bis wir Dich wieder in die Arme
schließen
in unserem Haus, das es vorher nicht
gab,
denn es war ein Haus ohne Glück.

Aus der Streikzeitung «Solidarität», 1980

unter Gierek mit westlichem Kapital und zum Teil westlicher Technologie aus dem Boden gestampft wurden, konnten nun ihre Produktion nicht aufrechterhalten, da die Mittel für Rohstoffe und Ersatzteile fehlten. Auch die Wirtschaftssanktionen, die einige westliche Länder als Reaktion auf das Kriegsrecht verhängt hatten, spielten hierbei eine Rolle, wenn auch längst keine so große, wie es die offizielle Propaganda darzustellen versuchte.

Auch die erneute «Wirtschaftsreform», die das Militärregime verkündete, scheiterte schnell.

Kernstück dieser Reform sollte eine Veränderung der Stellung und Struktur der Betriebe sein. Selbständigkeit, Selbstverwaltung und Selbstfinanzierung waren die Schlagworte, die, Zauberformeln gleich, Polens Wirtschaft wieder flott machen sollten. Doch die chaotische Umsetzung machte das Vorhaben schnell zunichte. Ständig wechselnde Ausführungsbestimmungen, Sonderregelungen für diesen und jenen Wirtschaftsbereich, Vertagungen von Reformelementen, teilweise Rücknahme bereits ausgeführter Neuerungen usw. führten nur noch tiefer in die Krise. Allein 1982 wuchs die Inflationsrate um über hundert Prozent, sank die Kapazitätsauslastung der Betriebe auf weniger als sechzig Prozent.

Dramatisch verschlechterte sich die ohnehin schon schwierige soziale Situation in den Dörfern. Nach einem Bericht der Warschauer Wochenzeitung «Przeglad Tygodniowy» leben zu Beginn der achtziger Jahre mehr als vierzig Prozent der Landbevölkerung unter dem sozialen Existenzminimum; haben neunzig Prozent der Wohnhäuser in den Dörfern kein fließendes Wasser, droht die Hälfte dieser Häuser einzustürzen, da sie baufällig sind, entfallen auf einen Dorfarzt mehrere

REZEPT
NACH POLNISCHER ART

Man nehme das, was es nicht gibt,
gebe Salz und Kümmel dazu
und verrühre es mit dem,
was auf dem Markt nicht zu haben ist.

Man rühre lange und gründlich
und wenn es langweilig wird,
höre man auf.
Dann streue man das darüber,
was wir uns nicht leisten können.

Man kann es backen oder braten,
man kann es auch grillen,
aber man muß es mit dem begießen,
wovon wir nicht einmal träumen
können.

Alle bei uns essen davon,
und es reicht für jeden,
darauf beruht
das «Polnische Wirtschaftswunder».

Aus der Streikzeitung «Solidarität», 1980

Links: Regelrechte Straßenschlachten lieferten sich demonstrierende Anhänger der Gewerkschaft Solidarität mit der polnischen Miliz im Mai 1982 in Krakau und anderen Städten.

Rechts: Im Oktober 1984 wurde der Pfarrer Jerzy Popieluszko von polnischen Sicherheitskräften entführt und ermordet. Seine Anhänger schmückten daraufhin seine Warschauer Kirche mit Spruchbändern, Blumen und Bildern.

tausend Patienten. Die Produktivität der polnischen Landwirtschaft ist zehnmal niedriger als in den USA, der Düngemittelverbrauch sogar in Griechenland und Jugoslawien viermal höher als in Polen.

Passivität und Resignation beherrschen das Land. Der Begriff «niema perspektywy» (es gibt keine Perspektive) wird zum geflügelten Wort. Das Regime, das von der Mehrheit der Bevölkerung verachtet wird, bleibt isoliert. Alle Aufrufe zur «nationalen Rettung», zum «Dialog» gehen ins Leere. Die Ermordung des Priesters Popieluszko durch Angehörige der Sicherheitskräfte im Oktober 1984 wirkt auf das ganze Land wie ein Schock. Sie bringt auch die Kirchenführung, die sich

immer wieder um Vermittlung bemüht, auf entschiedene Distanz zu General Jaruzelski und seinem «Militärrat». Die einzige politische Kraft, die Ansprechpartner wäre, die «Solidarität», bleibt verboten. Die polnische Führung ist innen- wie außenpolitisch isoliert.

Erst mit dem Machtantritt Michail Gorbatschows in Moskau (1985) kommt wieder Bewegung in die politische Szene Polens. Die Reformer in der Partei um den – inzwischen abgesetzten – ehemaligen stellvertretenden Ministerpräsidenten Rakowski gewinnen wieder stärkeren Einfluß. Zwar bleibt die «Solidarität» verboten, doch im September 1986 kommen durch eine Amnestie fast alle politischen Häftlinge frei. Indiz dafür, daß sich Polen auch aus seiner außenpolitischen Isolierung zu lösen beginnt, ist der Besuch des amerikanischen Vizepräsidenten George Bush im September 1987 in Warschau.

Die innenpolitische Diskussion in Polen wird zunehmend offener. Auch Tabuthemen wie Katyn werden nun, wenn auch in vorsichtiger Form, öffentlich angesprochen. Der Nachfolger des am 28. Mai 1981 verstorbenen Primas Wyszynski, Kardinal Glemp, reist im Herbst 1988 erstmals in die heute zur Sowjetunion gehörenden ehemaligen polnischen Ostgebiete. Und das polnische Fernsehen zeigt an Allerheiligen (1. November 1988) erstmals eine Reportage über die alten polnischen Friedhöfe in Wilna und Lemberg. Auch die antisemitische Kampagne des Jahres 1968 wird nun öffentlich diskutiert und als «Schandfleck» in der polnischen Geschichte bezeichnet.

Ich lese Gedichte über Polen,
geschrieben
von fremden Dichtern. Deutsche und
Russen
haben nicht nur Gewehre, auch
Tinte, Federn, auch etwas Herz und viel
Phantasie. Das Polen in ihren Gedichten
erinnert an ein verwegenes Einhorn,
das von der Wolle der Gobelins sich
nährt, das
schön ist, schwach und unvernünftig.
Ich weiß nicht,
worin der Mechanismus der
Täuschung besteht,
aber auch mich, den nüchternen Leser,
betört dieses märchenhafte, wehrlose
Land,
von dem sich die schwarzen Adler,
die hungrigen
Kaiser, das Dritte Reich und das
Dritte Rom ernähren.

ADAM ZAGAJEWSKI,
Aus dem Polnischen übertragen von Karl Dedecius

Personell findet die veränderte Politik ihren Ausdruck in der Berufung von Mieczyslaw Rakowski zum Ministerpräsidenten im Dezember 1988. Der am 1. Dezember 1926 in der Nähe von Bromberg (Bydgoszcz) geborene Bauernsohn Rakowski, dessen Vater im Zweiten Weltkrieg von den Deutschen erschlagen wurde und der 1957 mit einer Arbeit über «Die SPD in der Nachkriegsgeschichte» promovierte, ist seit mehr als zwei Jahrzehnten einer der führenden politischen Köpfe des Landes. Er gilt als einer der wichtigsten Vordenker und politischen Wegbereiter der Normalisierung des Verhältnisses zu den Deutschen. Als Chefredakteur der liberalen und weit über Polen hinaus angesehenen Wochenzeitschrift

Staats- und Parteichef General Wojcech Jaruzelski trägt sich in das Besucherbuch der Kathedrale von Gniezno/Gnesen ein. Rechts der Primas der katholischen Kirche in Polen, Kardinal Jozef Glemp.

LECH WALESA ÜBER DIE ZUKUNFT POLENS

Zwei Entwicklungen sind denkbar. Erste Hypothese: Falls der Stillstand nicht überwunden wird, falls die ergriffenen Maßnahmen allzu schleppend umgesetzt werden und nicht tief genug greifen, wird ähnlich wie im August 1980 ein legitimer Protest aufbrechen. Diesmal jedoch werden wir über eine reiche Erfahrung verfügen, denn wir haben aus unseren früheren Aktionen die richtigen Lehren gezogen. Wir werden es besser machen.
Zweite Hypothese: Falls die Staatsmacht weiterhin die Linie verfolgt, die sie mit der Freilassung der polnischen Gefangenen eingeschlagen hat, falls sie sich entschließt, einen Demokratisierungsprozeß einzuleiten, die legitimen Rechte der Arbeiter anzuerkennen und die Mitwirkung der Kirche zu unterstützen, so wird das alles auf lange Sicht vielleicht unseren Bestrebungen entsprechen und die Danziger Vereinbarungen mit Leben erfüllen.
In beiden Fällen sind es nicht Sonder- oder Gruppeninteressen, auf die es ankommt, sondern die Verwirklichung unserer Ideale. Für diese Verwirklichung wird entweder eine ebenso legitime wie nicht aufzuhaltende Protestbewegung sorgen, oder die Regierung müßte imstande sein, die erforderlichen Veränderungen zu beschließen und durchzusetzen. Im letzteren Fall werden einige aus dem Spiel ausgeschlossen, angefangen mit mir. Doch um mich und auch um die, die mich umgeben, ging es nie – es ging immer nur um unsere Sache, um die Verwirklichung unserer Ideale. Wenn der Erfolg der Sache es erfordert, daß Walesa und einige andere geopfert werden, dann muß es eben sein. Bis man uns Denkmäler errichtet, werden ohnehin ein- bis zweihundert Jahre vergehen!
Eines weiß ich ganz sicher: Was einmal errungen wurde, geht nicht verloren, und es führt kein Weg zu der Situation zurück, die vorher bestanden hat. Was notwendig ist, das wird auch kommen, man kann seine Verwirklichung verzögern, aber aufhalten kann man sie nicht. (...)

Links der polnische Ministerpräsident Mieczyslaw Rakowski (seit 1988) und Arbeiterführer Lech Walesa (rechts); Gegenspieler und Partner in vielen Verhandlungen über die Gewerkschaft «Solidarität» und die Zukunft Polens.

Man kann das Rad nicht zurückdrehen, man kann nicht verhindern, daß die notwendigen Fortschritte und Reformen früher oder später Wirklichkeit werden. Natürlich wäre es Sache der verantwortlichen Politiker, Einfallsreichtum an den Tag zu legen und die Zukunftslösungen zu konzipieren. (...) Ich glaube an einen menschlichen Fortschritt. Seit jeher beziehen sich die Menschen auf eine Natur, deren integraler Bestandteil sie sind. Wir haben nichts erfunden: Das Flugzeug hat seine Flügel vom Vogel, das Radar imitiert die Fledermaus. Die Welt entwickelt sich wie ein System von kommunizierenden Röhren: nach dem Ungleichgewicht und den daraus resultierenden Kriegen gleichen sich jetzt die Niveaus einander an, bald werden die Menschen reisen können, wohin sie wollen, bald werden alle einen Paß haben, oder vielmehr: sie werden keinen mehr brauchen, sie werden sowohl die Nationalität als auch den bevorzugten Wohnsitz selbst bestimmen können. Im Westen ist diese Entwicklung schon im Gange. In der Dritten Welt wird es ebenso kommen, und dabei werden sich die Unterschiede zu ihr verwischen. Diese Entwicklung erhoffen wir uns auch bei uns. (1987)

«Polityka» war er bereits Berater Gomulkas, eine Rolle, die er auch in den ersten Jahren Edward Giereks spielte – bis er aus Erbitterung über dessen abenteuerlichen Wirtschaftskurs auf Distanz ging. Im ersten Kabinett Jaruzelskis (1981) galt er als Vorzeigeintellektueller, der hohes Ansehen genoß und von der «Solidarität» zunächst durchaus als ehrlicher Makler zwischen Regierung und Gewerkschaft akzeptiert wurde. Daß er auch in unerschütterlicher Loyalität zu Jaruzelski stand, als dieser das Kriegsrecht verhängte, hat ihn allerdings viel Ansehen gekostet. Auch nach seiner Berufung zum Ministerpräsidenten verteidigt er die Verhängung des Kriegsrechts als «historische Notwendigkeit», gibt aber gleichzeitig offen zu, daß es ein «Mißerfolg der Partei und der Regierung war, in dem Sinne, daß wir nicht imstande waren, den Konflikt mit politischen Mitteln zu lösen».

Rakowski ist gleichsam das letzte Aufgebot der Partei. Sollte es ihm nicht gelingen, den Dialog zwischen Staat und Gesellschaft zustande zu bringen, die Wirtschaft Polens wenigstens ein Stück aus der Krise zu führen, ist niemand zu sehen, der diese Aufgabe auf absehbare Zeit übernehmen könnte. Denn wirtschaftlich steht das Land am Ende der achtziger Jahre vor dem Ruin. Die Auslandsverschuldung hat die schwindelnde Höhe von 40 Milliarden Dollar erreicht, das Pro-Kopf-Einkommen der Bevölkerung ist das niedrigste in Europa. Die Inflationsrate ist seit 1980 um mehr als siebenhundert Prozent gestiegen, mehr als 500 000 Menschen, meist junge, haben das Land verlassen. Polen, das einst einen stolzen zehnten Platz unter den Industrienationen der Welt einnahm, hat heute, nach Feststellungen der Weltbank, nur noch den Rang eines «mittelmäßig entwickelten Landes». Polen ist, wie es Lech Walesa formulierte, auf dem Weg, zum «Bettler Europas» zu werden.

Nach einer Feststellung der «Polityka» aus dem Jahre 1988 lehnen achtzig Prozent der polnischen Bevölkerung die Regierungspolitik ab. Nur zwanzig Prozent der Jugendlichen glauben, daß sie in Polen eine Chance zur Verwirklichung ihrer Lebensziele haben. Mit der Absicht, das Land zu verlassen und für immer oder für längere Zeit im Westen zu leben, tragen sich fast siebzig Prozent der Schulabgänger.

Die Frage, ob ein Kompromiß zwischen Staat und Gesellschaft, zwischen Regierung und Opposition möglich ist, wird die Zukunft Polens bestimmen. Es ist vor allem die Frage: Wird die Partei auf ihren Alleinherrschaftsanspruch verzichten, wird sie bereit sein, die Führungsrolle mit anderen zu teilen? Vielleicht sogar an andere abzugeben? Die Frage nach dem Sozialismus stellt sich ohnehin kaum jemandem mehr: «Wir wollen keinen Sozialismus mit menschlichem Antlitz, sondern ein Polen mit menschlichem Antlitz» (Adam Michnik).

In einem Brief an Parteichef Jaruzelski und den Vorsitzenden der «Solidarität», Lech Walesa, hat der polnische Historiker Jerzy Holzer den einzigen Weg beschworen, der Polen bleibt, will es auch in Zukunft in Europa und der Welt den Rang einnehmen, der ihm aus seiner Geschichte zukommt: «Es ist an der Zeit, einen letzten Versuch zu machen, um zu erreichen, daß die Vertreter derjenigen, welche die Macht im Lande ausüben, und diejenigen, welche für einige oder viele Millionen Polen die Sorgen um die Interessen der arbeitenden Menschen verkörpern, sich ohne Vorbedingungen, aber mit gutem Willen treffen. (...) Wir stehen heute vor Gefahren eines solchen Ausmaßes, wenn auch gänzlich anderer Natur, wie sie sich im 18. Jahrhundert vor Polen aufgetürmt haben. Damals ist das Schicksal Polens für eine ganze Geschichtsepoche entschieden worden. Es war eine tragische Entscheidung. Die Geschichte wird denen nicht vergeben, die eine Möglichkeit hatten, Polen zu retten, und die das unterlassen haben. Wenn es dagegen mit vereinten Kräften gelingen sollte, die Katastrophe abzuwenden, wird die Geschichte die Initiatoren der Rettung für alle Zeiten im Gedächtnis bewahren.»

Blick vom Schloßturm auf Szczecin/Stettin. Im Vordergrund der Schloßhof, links der Hafen, rechts im Hintergrund die Jakobikirche. Das Schloß wurde unter Herzog Barnim III. Mitte des 14. Jahrhunderts auf einer alten Burganlage errichtet und in den Jahren von 1503 bis 1577 im Stil der italienischen Renaissance umgebaut. Heute ist es das Kulturhaus der Stadt. Stettin war bei Kriegsende 1945 zu 80 Prozent zerstört.

Nächste Doppelseite: Häuserfront in Koszalin/Köslin, der einstigen Bezirkshauptstadt Pommerns. Der historische Kern der Stadt wurde während des Zweiten Weltkriegs weitgehend zerstört.

Seite 104 und 105: Bilder aus Szczecin/ Stettin. Oben: das Stadtmuseum. Unten: links das herzogliche Schloß und rechts ein Teil der großen Stahlbrücke über die Oder. Mit dem Bau der Brücke und der Zufahrtsstraßen wurde bereits Anfang der siebziger Jahre begonnen, er war aber Ende der achtziger Jahre noch nicht abgeschlossen. Viele Stettiner halten dieses Projekt für eine gigantische Fehlplanung.

Oben: eine Eisbude in der Nähe der gotischen Peter- und Paulkirche. Die vielen Lücken, die der Zweite Weltkrieg in das Stadtbild riß, sind noch heute sichtbar. Unten: Die Jakobikirche stammt aus dem 14./15. Jahrhundert und wurde nach dem Krieg liebevoll restauriert.

Nächste Doppelseite: Vor dem Standesamt in Koszalin/Köslin. Bis zu 20 Jahre müssen junge Paare in Polen auf eine Wohnung warten.

AD
WILNEGO
ALINIE
LUBÓW
MUZYCZNE
w KOSZALINIE
KOF 8187

D 5111

Der Hafen von Gdynia/Gdingen ist Flottenstützpunkt der polnischen Marine und Transithafen für Ungarn und die Tschechoslowakei. Links das Heck der «Dar Pomorza», einer der schönsten noch seetüchtigen Windjammer Polens.

Vor der Markthalle in Gdansk/Danzig. Nach offiziellen Angaben (1988) leben rund 20 Prozent der Bevölkerung Polens unter der Armutsgrenze.

Sonntagnachmittag auf der Mole von Sopot/Zoppot. Der traditionsreiche Kurort galt einst als das mondänste Seebad Polens.

Eiscafé in Gdansk/Danzig.

Nächste Doppelseite: Gdansk/Danzig. Blick über die Motlawa/Mottlau auf die Altstadt. Von links nach rechts: Rathausturm, Sternwarte, Marienkirche, Krantor und Johanniskirche. – Wie keine andere Stadt ist Danzig zum Symbol des Streits zwischen Deutschen und Polen geworden. Dabei war Danzig durch Jahrhunderte hindurch auch Beispiel für das friedliche Zusammenleben zwischen beiden Völkern.

Seite 112 und 113: in der wiederaufgebauten Altstadt von Gdansk/Danzig. Seine Blütezeit erlebte Danzig als deutsche Hansestadt unter dem Schutz der Krone Polens. Es gehört zur Tragödie dieser Stadt, daß gerade sie für Hitler zum Vorwand wurde, Polen zu überfallen.

Oben: wiederaufgebaute mittelalterliche Patrizierhäuser und der Neptun-Brunnen auf dem Langen Markt in Gdansk/Danzig. Der Meeresgott mit dem Dreizack gilt als Symbol für die Bedeutung Danzigs. Unten: Bei Kriegsende war die Altstadt von Danzig zu 90 Prozent zerstört. Der Wiederaufbau erfolgte historisch getreu nach alten Vorlagen, Stichen, Zeichnungen und Photos – eine Glanzleistung der Denkmalpflege, die als bedeutender Beitrag Polens zur Erhaltung europäischen Kulturgutes gilt. Aber auch hier hat die Moderne Einzug gehalten – links ein Video-Laden.

Nächste Doppelseite: Schwäne vor der nächtlichen Mole von Sopot/Zoppot, die 512 Meter weit in die (an dieser Stelle sehr flache) Ostsee hinausragt. Das Baden ist in der Danziger Bucht schon seit Jahren wegen der Wasserverschmutzung verboten.

Seite 116 und 117: Landwirtschaft in Masuren.
Der Mechanisierungsgrad der polnischen Landwirtschaft ist der niedrigste in Mitteleuropa. Die kleinen Höfe (im Durchschnitt etwa fünf Hektar) und die Zerstückelung der privaten Felder lassen ein rentables Wirtschaften mit größeren Maschinen kaum zu …

... Eines der Grundprobleme der polnischen Landwirtschaft ist die Überalterung. Jeder dritte Hof wird von Menschen bewirtschaftet, die älter als 60 Jahre sind, häufig von alleinstehenden Frauen. Ein wirkungsvolles Mittel gegen die Landflucht der Jugend konnte bislang nicht gefunden werden.

Nächste Doppelseite: Elblag/Elbing am Frischen Haff. Während des Zweiten Weltkriegs wurde die Stadt fast völlig zerstört. Noch viele Jahre nach dem Krieg wurde sie im Volksmund das «polnische Pompeji» genannt. Die Narben des Krieges sind als Baulücken noch heute sichtbar. Links im Hintergrund der 95 Meter hohe Turm der Nikolaikirche.

Masurische Landschaft: «Wo ein Hügel – dort ein Hof auch, / Wo ein Dörfchen – dort auch Wasser». (Polnisches Masurenlied)

Die Ostseeküste, Pommern, Danzig und Masuren

Es war der jahrhundertelange Traum Polens, einen eigenen Zugang zum Meer zu haben. Daß dies aber einmal ein so breiter Zugang sein würde, wie er es seit 1945 ist, dürfte selbst in den kühnsten Visionen von der räumlichen Gestalt Polens kaum vorgekommen sein. Über 600 Kilometer lang ist heute Polens Ostseeküste – von Swinoujscie/Swinemünde an der Odermündung bis zur Frischen Nehrung östlich von Gdansk/Danzig. Dabei ist es müssig, über die historische Berechtigung dieses breiten Zugangs zur Ostsee zu streiten: er ist das Ergebnis eines Krieges – den Polen nicht gewollt und nicht begonnen hat –, das ohne neuerliche Gewalt und neues Unrecht nicht zu revidieren ist. Sicher ist, daß die Frage des nationalen Anspruchs auf diesen Raum verworren ist; Goten haben hier gesiedelt und Wenden, Polen, Schweden, Dänen und Preußen. Aber ebenso sicher ist, daß das kulturelle Gesicht dieses Gebietes in den für die jüngere Geschichte entscheidenden Jahrhunderten geprägt wurde von deutscher Kultur. Und es ist nicht nur für die unmittelbar Betroffenen schmerzlich, daß die Realisierung der politischen Konsequenzen des Zweiten Weltkriegs nach den Vorstellungen der Siegermächte, und dazu gehörte auch Polen, nur unter gleichzeitiger radikaler Lösung des nationalen Problems erfolgen konnte: durch nahezu vollständigen Bevölkerungsaustausch. Flucht, Vertreibung und Umsiedlung waren das Schicksal von Millionen Deutschen. Aber auch viele Polen, die in dem entvölkerten Raum angesiedelt wurden, hatten ein ähnliches Schicksal – diejenigen, die aus den an die Sowjetunion abgetretenen Gebieten Ostpolens kamen. Und nicht wenige von ihnen hätten gern auf Stettin oder Breslau verzichtet, wäre ihnen Wilna oder Lemberg als Heimat erhalten geblieben.

Heute gilt der Prozeß der polnischen Besiedlung der ehemaligen deutschen Ostgebiete als abgeschlossen – und von der nationalen Vergangenheit zeugen nur noch die in Stein gehauenen Zeichen und die vielen tausend Deutschen, die im Zuge der Normalisierung ihre alte Heimat wiederbesuchen, als Touristen.

Pommern

Pommerland ist abgebrannt – im Dreißigjährigen Krieg ebenso wie im Zweiten Weltkrieg. 1945 waren die meisten der großen und viele der kleinen pommerschen Städte zerstört. Manche zu 90 Prozent, wie Kolberg/Kolobrzeg, manche zu 60 Prozent, wie Stettin/Szczecin. Große Teile der Felder waren vermint, viele Wiesen versauert. Die polnischen Neusiedler schrieben zwar ihr trutziges «Wir waren hier, wir sind hier, wir werden hier bleiben» an die Häuserwände, doch der Wiederaufbau setzte zunächst nur zögernd ein. Zum einen gab es für Polens Volkswirtschaft und für Polens nationales Selbstverständnis wichtigere Projekte, etwa den Wiederaufbau des zerstörten Warschau, zum anderen herrschte – trotz aller markigen Worte – Unsicherheit, ob denn dieses Land tatsächlich bei Polen verbleiben würde. Zu beunruhigend waren die Töne, die aus dem besiegten, aber wieder erstarkenden Deutschland herüberklangen. Zu den ersten Gebäuden, die in Pommern, wie in allen Gebieten des einstigen deutschen Ostens, wieder instand

Polens Werftarbeiter, nach ihrem Aufstand vom Dezember 1970 die höchstbezahlten Arbeiter der Volksrepublik, produzieren billiger und schneller als die meisten ihrer internationalen Konkurrenten. Nach Kohle und landwirtschaftlichen Produkten ist der Schiffsbau inzwischen zum drittgrößten Exportzweig der polnischen Volkswirtschaft geworden. Doch der Preis für diese Entwicklung ist die Vernachlässigung der eigenen Flotte. Während Polens Anteil am Welthandel heute bereits mehr als zwei Prozent beträgt, beträgt der Anteil der polnischen Flotte an der Weltflotte nicht einmal 0,7 Prozent. Und obwohl in keinem anderen Land außer Japan so viele Fischereifahrzeuge gebaut werden wie in Polen, ist Polens eigene Fischereiflotte nicht einmal in der Lage, sechzig Prozent des nationalen Bedarfs zu decken.
Erst Polens neue Führung unter Parteichef Gierek hat aus dieser Entwicklung Konsequenzen gezogen. Bis 1975, so sieht es der laufende Fünfjahresplan vor, soll die Tonnage der polnischen Flotte verdoppelt werden. Da eine Reduzierung der Exporte in die Sowjetunion aus vielen Gründen nicht möglich ist, kann dies nur durch verstärkten Ankauf von Schiffen im Ausland und drastische Erweiterung der eigenen Produktion geschehen. In der Tat konnte Polens Werftindustrie in den letzten drei Jahren durch Umrüstung auf neue Technologien, Reformen der Organisationsstruktur und eine spürbare Verbesserung des Arbeitsklimas ihre Produktion um fast 40 Prozent steigern. Ein Ergebnis, das die polnische Führung vor wenigen Tagen bereits zur Verkündung des nächsten Planziels animierte: Von 1976 bis 1980, so heißt es, soll die Tonnage der polnischen Flotte noch ein weiteres Mal verdoppelt werden.

KLAUS BEDNARZ, *«Polen auf dem Weg zur Seemacht»*, 1974

Strandleben an der pommerschen Ostseeküste. – Anders als etwa in der DDR können Polens Touristen zu jeder Zeit und an jedem Ort der Ostseeküste Urlaub machen. Zwar ist das organisierte Urlaubswesen, vor allem durch Gewerkschaften, Jugendorganisationen und Großbetriebe, in den letzten Jahren erheblich angewachsen, doch noch immer sind die Mehrzahl der polnischen Urlauber Individualtouristen. Für die an der pommerschen Ostseeküste noch unterentwikkelte Gastronomie und Hotelerie entschädigen herrliche, noch nicht überlaufene Strände.

gesetzt wurden, gehörten die Kirchen, nicht alle natürlich, wohl aber doch so viele, um der neuen, nun katholischen Gemeinde ein Dach über dem Kopf zu geben. Wohnraum wurde zunächst kaum renoviert. Nicht nur, daß es an Baumaterial fehlte – es gab auch kaum Bedarf. Das Angebot überstieg zunächst bei weitem die Nachfrage – die neuen Siedler konnten sich aussuchen, was heil geblieben war und ihnen gefiel. Zudem kamen viele von ihnen aus den ärmsten Gegenden Polens – von jenseits des Bug –, wo sie zum Teil noch in Lehm- oder Holzhütten gewohnt hatten. Jedes gemauerte Heim, gleich in welchem Zustand, mußte ihnen als Paradies erscheinen.

Sonnenuntergang am Frischen Haff.

Heute wird das Bild der meisten pommerschen Städte bestimmt von einem Konglomerat aus erhaltenen oder wiederhergestellten historischen Bauten – oder Bauelementen – und Wohnblocks, nicht häßlicher, aber auch nicht schöner als überall in Polens Provinz. Die Zahl der Einwohner in den großen Städten hat wieder die Vorkriegshöhe erreicht, zum Teil liegt sie sogar erheblich höher. Auf dem flachen Land hat sich – außer den Eigentumsverhältnissen – eigentlich wenig verändert. Die großen Güter, die früher den v. Bismark, v. Puttkamer, v. Flemming und anderen gehörten, sind nicht parzelliert, sondern zumeist in Staatsgüter umgewandelt worden. Die Hektarerträge haben inzwischen wieder die Vorkriegshöhe erreicht, zum Teil sogar weit überschritten. Und die soziale Situation der Landarbeiter im heutigen polnischen Pommern ist in nichts mehr mit der ihrer Kollegen aus der Vorkriegszeit zu vergleichen: Acht-Stunden-Tag, geregelter Urlaub, kostenlose Krankenfürsorge, Altersversicherung sind selbstverständlich.

Das industrielle Profil Pommerns entspricht weitgehend dem der Vorkriegszeit: Werft- und Hafenindustrie in Stettin, Fischfang und fischverarbeitende Industrie in Stettin, Kolberg, Köslin/Koszalin und Stolpmünde/Ustka. Auch die Perspektivpläne für die pommersche Ostseeküste sehen keine größeren neuen Industrieansiedlungen vor. Sie soll als Touristengebiet erhalten und ausgebaut werden. Dieser Ausbau allerdings ist auch dringend nötig, denn wie in ganz Polen steckt auch an Polens Ostseeküste der Tourismus noch in den Kinderschuhen. Nicht was die Zahl der Touristen angeht, wohl aber was das Hotel- und Gastronomieangebot betrifft. Vorläufig jedenfalls bereist man Polens Ostseeküste am besten noch mit Zelt oder Campingwagen.

Beeindruckend übrigens die Bildungsanstrengungen, die von der Volksrepublik Polen unternommen wurden, um das sprichwörtliche Provinzniveau Pommerns wenigstens einigermaßen dem Landesdurchschnitt anzugleichen. So ist Stettin heute nicht nur ein Wirtschafts-, sondern auch ein Kultur- und Bildungszentrum. Die Stadt, in der es vor dem Krieg keine einzige Hochschule gab, ist heute Sitz einer Technischen Hochschule, einer Medizinischen Akademie, einer Landwirtschaftlichen Hochschule und einer Seefahrtsschule. Außerdem gibt es drei ständig spielende Theater, eine Philharmonie und ein Operettentheater, das durchaus nicht nur Provinzcharakter hat.

Danzig

Wenn es eine Stadt gibt, die Symbol ist für Streit zwischen Polen und Deutschen, zugleich aber auch Symbol für friedliches und beiden Seiten Vorteil bringendes Zusammenleben, so ist es Danzig, polnisch Gdansk. Der Streit beginnt bei der Herkunft des Namens – vom polnischen «Gyddanycz» sagen die einen, vom gotischen «Gothiscandza» sagen die anderen – und endet mit den Schüssen des deutschen Panzerkreuzers «Schleswig-Holstein» auf das polnische Munitionsdepot «Westerplatte», mit denen der Zweite Weltkrieg eingeleitet wurde. Doch auch das friedliche und fruchtbare Zusammenleben dauerte jahrhundertelang – mindestens von 1457 bis 1793. 1457 sagte sich die nach deutschem Recht gegrün-

Gdansk/Danzig. Wiederaufgebaute historische Speicher, Handels- und Patrizierhäuser an der Mottlau. Im Hintergrund das Krantor.

dete, überwiegend von deutschen Handwerkern und Kaufleuten bewohnte und von deutscher Kultur geprägte Stadt vom Deutschen Ritterorden los und unterstellte sich als Freistaat der Schutzhoheit des Königs von Polen. Erst 1793, im Zuge der 2. Teilung Polens, wurde sie durch politischen und wirtschaftlichen Druck (Abschnürung vom Hinterland durch Preußen) gezwungen, dem preußischen König zu huldigen. Und hätte nicht Hitler im April 1939 ultimativ verlangt, das durch den Versailler Vertrag wieder zur Freistadt erklärte Danzig dem Deutschen Reich einzugliedern, wer weiß, welchen Verlauf die Geschichte dieser Stadt genommen hätte...

Das historische Danzig versank 1945 in Trümmern, doch es entstand in seiner ursprünglichen Form wieder, aufgebaut von polnischen Handwerkern, Architekten und Restaurateuren, getreu nach alten Zeichnungen, Stichen und Fotos. Daß hierbei der – sicher nicht unerhebliche – polnische Beitrag zur Geschichte der Stadt besonders betont wurde, ist verständlich. Doch trifft es keineswegs zu, daß alle Spuren der deutschen Vergangenheit systematisch beseitigt wurden. Auch heute noch prangen die Wappen Danzigs, Polens und der Preußen friedlich nebeneinander am Hohen Tor. Der historisch getreue Wiederaufbau der Altstadt von Danzig gilt als weltweit anerkannte Meisterleistung der Bau- und Restaurationskunst. Polnische Spezialisten für Städtebau und -sanierung sind seither in aller Welt begehrt. Doch nicht nur durch den Wiederaufbau der Altstadt verschaffte sich das polnische Gdansk allgemeine Anerkennung: Die Werftindustrie dieser Stadt ist inzwischen nicht weniger berühmt. Zusammen mit der Produktion der Werften von Stettin nimmt Polens Schiffbau heute einen Spitzenplatz im Ostblock ein. Die Entwicklung des polnischen Schiffbaus ist um so bemerkenswerter, als es ihn vor dem Krieg in Polen praktisch nicht gab. Der Zugang Polens zum Meer war auf 28 Kilometer zwischen Danzig und Gdynia/Gdingen beschränkt und reichte gerade zum Ausbau eines eigenen Hafens. Heute ist Danzig aufgrund seiner Werftindustrie, aber auch dank seines neuentstandenen Rohstoffhafens, einer neuen Erdölraffinerie sowie Kunstdünger-, Textil- und Elektrofabriken das – nach Kattowitz und Warschau – drittgrößte Industriegebiet Polens überhaupt. In den letzten Jahren allerdings ist auch Polens Schiffbau nicht von der gesamteuropäischen Werftenkrise verschont geblieben. Die Konkurrenz aus Ostasien und die Tatsache, daß ein Großteil des Schiffexports noch immer zu ungünstigen Zahlungsbedingungen in die Sowjetunion geht, machen Polens Wirtschaftsplanern zu schaffen. Die Schließung der traditionsreichen Leninwerft allerdings dürfte nicht nur Rentabilitätsgründe haben. Denn die Leninwerft gilt als die Wiege der «Solidarnosc». Hier riefen Lech Walesa und seine Mitstreiter 1980 die erste unabhängige, selbstverwaltete Gewerkschaftsbewegung des Ostblocks aus. Hier erzwang die Arbeiterklasse in unmittelbaren Verhandlungen mit der Regierung Rechte und Freiheiten, wie sie bis dahin in sozialistischen Staaten unbekannt waren. Darunter auch das Recht, vor den Toren der Werft jenen Arbeitern ein Denkmal zu setzen, die bei dem großen Streik im Jahre 1970 ihr Leben ließen. Ein Symbol, das schon heute in dem an Symbolen nicht gerade armen Land eine Sonderstellung einnimmt – ein Symbol der sozialen und nationalen Befreiungsbewegung gleichermaßen. Und was das Problem Deutsche und Polen angeht, so hat sich auch in Danzig inzwischen manches entkrampft. Partnerschaftlich nämlich ist Gdansk heute verbunden mit Leningrad und Bremen.

Ostpreußen – Masuren

Wenn eine Landschaft in den – wie es polnisch offiziell heißt – «wiedergewonnenen West- und Nordgebieten» nicht beschrieben werden kann, ohne ausführlich auf das Jahr 1945 zurückzukommen, so ist es Ostpreußen. Keine andere einst

Fortsetzung Seite 134

Bis zur Völkerwanderung gehörte das Land zum Wohngebiet der Germanen; dann drangen Wenden ein. Im Schutz einer Burg der Herzöge von Pommerellen siedelten sich im 12. Jh. deutsche Kaufleute an. 1224 wurde Danzig deutsche Stadt, 1308 nahm es der Deutsche Orden. Als Hansestadt erlebte es seine Hauptblüte im 16. Jh. 1454 wurde der König von Polen als Schutzherr anerkannt, doch wahrte Danzig auch weiterhin erfolgreich seine Eigenrechte. 1793 kam es an Preußen.

«Baedekers Autoführer Deutsches Reich», Leipzig 1938

Gdansk war schon im 10. Jh. als wehrhafter Sitz der Herzöge von Gdansk und Pomorze und als Mittler im Seehandel bekannt. 1308 brachte der Kreuzritterorden Gdansk hinterlistig in seinen Besitz, ermordete die Bevölkerung und zerstörte die Stadt. Die Rückkehr zu Polen im Jahre 1454 war für Gdansk der Beginn seiner Blütezeit. Im 16. und 17. Jh. entwickelt sich die Stadt dank ihres blühenden Seehandels zu einem der größten Häfen in Europa. Gdansk bereicherte sich damals um viele Prachtbauten und war wegen seiner Goldschmiedekunst und seiner Möbel- und Uhrenfertigung weithin bekannt. Nach der zweiten Teilung Polens (1793) gelangte Gdansk unter die Herrschaft Preußens.

«Polen Reiseführer», Interpress, Warszawa 1971

Nächste Doppelseite: Frauengasse in der Altstadt von Gdansk/Danzig.

Ein Pferdefuhrwerk auf der Hauptstraße von Orneta/Wormditt in Ostpreußen.

Oben:
Ein masurischer Bauer kehrt mit seiner Familie vom sonntäglichen Kirchgang zurück.
Unten:
Zuckerwatte-Verkauf vom Motorrad in Olsztyn/Allenstein.

Nächste Doppelseite: Die Marienburg – die mächtigste Festung des deutschen Ritterordens im Osten (in Malbork/Marienburg). Sie war bis zum 15. Jahrhundert Sitz des Großmeisters des Ordens, später auch zeitweise Residenz der polnischen Könige. Die Burg wurde nach der Teilung Polens 1772 zum Teil abgetragen und von der preußischen Armee als Kaserne genutzt. Im vergangenen Jahrhundert wurde sie rekonstruiert, aber bei Kriegsende 1945 schwer beschädigt. Heute ist sie in ihrer ursprünglichen Form wieder aufgebaut.

Seite 132/133: Drescharbeiten in Masuren.

deutsche Provinz ist vom Krieg – oder genauer gesagt, vom Kriegsende – so heimgesucht worden wie diese. Viel zu spät hatten die NS-Behörden die Räumung Ostpreußens befohlen, und so wurde die Flucht der noch verbliebenen Deutschen in der eisigen Kälte des Januar und Februar 1945 zum Inferno. Ostpreußen war das erste deutsche Gebiet, auf das die sowjetischen Truppen stießen – nach einem Marsch durch Tausende Kilometer von deutschen Truppen verwüstetes russisches Land ... Zehntausende deutscher Zivilisten kamen bei der Flucht aus Ostpreußen ums Leben – starben an Hunger und Erschöpfung, fielen Tiefflugangriffen zum Opfer oder Ausschreitungen sowjetischer Soldaten, erfroren,

Sonne, Sand und Meer – ein heißer Sommertag an Pommerns Ostseeküste *(siehe Seite 122).*

ertranken beim Marsch über das zugefrorene Frische Haff oder gingen mit Flüchtlingsschiffen unter. Tausende andere verschwanden – häufig für immer – in den Weiten Sibiriens oder an der Küste des Nördlichen Eismeeres. Ostpreußens Städte und Dörfer versanken in Schutt und Asche.

Dabei war das Schicksal Ostpreußens um so tragischer, als gerade in dieser Grenzprovinz Polen und Deutsche über Jahrhunderte hinweg besser miteinander ausgekommen waren als in irgendeiner anderen. Der Volkstumskampf hatte nie die Formen angenommen wie etwa in Oberschlesien oder im Gebiet um Posen – auch wenn der Assimilierungsprozeß der ursprünglich aus der zentralpolnischen Provinz Masowsze stammenden masurischen Bevölkerung nicht immer ganz zwangsfrei verlaufen war. Die Muttersprache blieb zwar häufig Polnisch beziehungsweise Masurisch (ein mit vielen deutschen Ausdrücken durchsetzter polnischer Dialekt), doch spätestens seit Mitte des 19. Jahrhunderts überwog das staatliche Zugehörigkeitsgefühl zu Preußen, man verstand sich als Preußen. Nicht nur

Seit 1950 haben wir in unserer Wojewodschaft 140000 Wohnungen gebaut, doch trotz dieser scheinbar so großen Zahl ist das Wohnungsproblem in unserer Wojewodschaft noch immer nicht gelöst. Noch immer wohnen sehr viele Einwohner unter sehr schweren Bedingungen. Ein weiteres großes Problem ist die Gesundheitsfürsorge. Zwar genießen alle Werktätigen in den volkseigenen Betrieben und die Bauern kostenlose medizinische Fürsorge, doch muß man hierfür erstens das Netz von Gesundheitszentren ausbauen und zweitens das entsprechende ärztliche und medizinische Personal ausbilden. Und dies geht nicht von heute auf morgen, sondern erfordert mehrere Jahre.
Ein weiteres sehr schwieriges Problem ist der Bau von zentralen Gemeindeschulen. Und zu den schweren Problemen würde ich auch das Problem der touristischen Bewirtschaftung unserer gesamten Region zählen. Dazu gehören der Bau von Hotels und die Entwicklung einer gastronomischen Basis, die die Touristen zufriedenstellen kann.

SERGIUSZ RUBCZEWSKI, *Wojewode von Olsztyn/Allenstein, 1974*

diverse Abstimmungen, so anfechtbar sie manchmal auch gewesen sein mögen, geben hierüber Aufschluß: niemand anders als der polnische Konsul in Allenstein mußte 1921 in einem vertraulichen Bericht feststellen: «Leider muß man sich mit dem Gedanken abfinden, daß die Masuren sich jetzt als Deutsche fühlen, obwohl doch in der Alltagssprache auf dem Lande die polnische Sprache die beherrschende Stellung einnimmt.»

Auch in Ostpreußen fand bei und nach Kriegsende ein Bevölkerungsaustausch statt, doch war er nicht so umfassend wie etwa in Pommern oder in Niederschlesien. Denn viele, die sich als Deutsche fühlten, denen die Flucht aber nicht

Strand bei Swinoujscie/Swinemünde. Über 600 Kilometer lang ist heute Polens Ostseeküste – von der Odermündung bis zum Frischen Haff östlich von Gdansk/Danzig.

gelungen war oder die aus anderen Gründen Ostpreußen nicht verlassen wollten, wurden von den polnischen Behörden als «Autochthone» betrachtet, das heißt als «Alteingesessene», die über die Jahrhunderte hindurch «germanisiert» worden waren und die nun wieder «repolonisiert» werden sollten. Doch verlief dieser «Repolonisierungsprozeß» nicht überall so reibungslos und erfolgreich wie von seinen Initiatoren erwartet. Der Strom derer, die – aus welchen Motiven auch immer – Ostpreußen verließen und nach Deutschland umsiedelten, ist erst zu Beginn der achtziger Jahre versiegt. Heute leben nur noch vereinzelt Deutsche in Ostpreußen – meist mit polnischen Partnern verheiratet und freiwillig bleibend. Im Prinzip ist der Polonisierungs- und Besiedlungsprozeß auch in Ostpreußen heute abgeschlossen, und die verschiedenen Gruppen der polnischen Neusiedler haben sich in der zweiten Generation assimiliert.

Das Landschaftsbild Ostpreußens, das sich aus dem Gebiet Ermland im Norden und Masuren im Süden zusammensetzt, hat sich gegenüber dem Vorkriegsbild wenig verändert. Noch immer ist es, wie im berühmten «Ostpreußenlied» besungen, das «Land der dunklen Wälder und kristallnen Seen», und der Holzbestand in Ostpreußen ist heute sogar größer als vor dem Krieg. Es ist eine klassische landwirtschaftliche Region, wobei allerdings der Anteil des Tourismus am Wirtschaftsaufkommen in den letzten Jahren stark gewachsen ist. Ehrgeizige Projekte einer forcierten Industrialisierung des Gebietes sind inzwischen zum Glück meist wieder in den Schubladen verschwunden – das Beispiel einer Reifenfabrik in Olsztyn/Allenstein etwa wirkt durch seine Umweltverschmutzung abschreckend genug.

Für den Außenstehenden vergleichsweise eindrucksvoller als die bisherige Entwicklung der Wirtschaft (vor allem der Landwirtschaft) Ostpreußens hingegen sind die Erfolge auf bildungspolitischem und kulturellem Gebiet. Wie in allen anderen Teilen Polens gibt es auch in Ostpreußen keine Analphabeten mehr. Radio und Fernsehen erreichen fast jede Bauernstube, und die regionalen Zeitungen haben erstaunlich hohe Auflagen. In Allenstein selbst befinden sich eine landwirtschaftliche Hochschule, ein Polytechnikum, ein neuerbautes Planetarium, mehrere Filialen der Warschauer Universität, ein Sinfonieorchester, ein Rundfunkorchester, ein Puppentheater sowie ein dramatisches Theater. Letzteres hat es zwar auch schon vor dem Krieg gegeben, doch fanden sich damals auf dem Spielplan vor allem Volks- und Unterhaltungsstücke. Heute reicht das Repertoire von Aischylos bis Arthur Miller, von Shakespeare, Schiller und Slowacki bis Molière, Maeterlinck, Mrozek und Max Frisch. Auf einer zweiten Bühne spielt es ständig in Elbing, und mit einem dritten Ensemble reist es durch mehr als dreißig Kreisstädte.

Einen Namen hat sich Olsztyn darüber hinaus in Polen als Stadt der Verlage gemacht. Neben vielen anderen Autoren der Weltliteratur werden hier zur Zeit auch die Werke des Ostpreußen Ernst Wichert ins Polnische übersetzt.

Wenn es um die Zukunftsperspektiven Ostpreußens geht, so ist vor allem an eine Modernisierung und Intensivierung der Landwirtschaft gedacht. Zugleich jedoch soll der Fremdenverkehr kräftig angekurbelt werden. Denn Ostpreußen – und vor allem Masuren – ist nicht nur das beliebteste Urlaubsziel der Polen, sondern wird auch zunehmend von Deutschen aus der DDR und der Bundesrepublik besucht. Ob allerdings Polens Planer die Quadratur des Kreises lösen und einen Weg finden, das Tourismusgeschäft zu beleben, ohne gleichzeitig die in weiten Teilen noch paradiesisch unberührte Landschaft Ostpreußens zu zerstören, bleibt abzuwarten. Das Schicksal, das Polens einst beliebtester Gebirgsort Zakopane durch totale Zersiedlung erlitten hat, stimmt eher pessimistisch. Doch noch ist Masuren ein Paradies, zumindest auf Zeit.

Blick auf Warschau. Im Hintergrund die Hochhäuser einer Satellitensiedlung am Stadtrand. Seit 1596, als die königliche Residenz von Krakau nach Warschau verlegt wurde, ist Warschau die Hauptstadt Polens.

Nächste Doppelseite: Kulturpalast von Warschau – ein Geschenk der Sowjetunion. Die Warschauer finden ihn «nicht schön, aber nützlich». Im Vordergrund der unterirdische Zentralbahnhof, einer der modernsten Bahnhöfe Europas.

Warschau bei Nacht. Seit Anfang der siebziger Jahre sieht man immer mehr Neonreklame in den Straßen der Stadt an der Weichsel. Oben: das Verlagshaus der Parteizeitung Trybuna Ludu. Unten: Sparkassengebäude im Zentrum.

Polnische Gebrauchsgrafik genießt Weltruf. Oben, links: Neonreklame für eine Buchhandlung; rechts: für einen Spielwarenladen. Unten, links: Leuchtreklame für ein Milchgeschäft; rechts: ein leuchtender Pinguin.

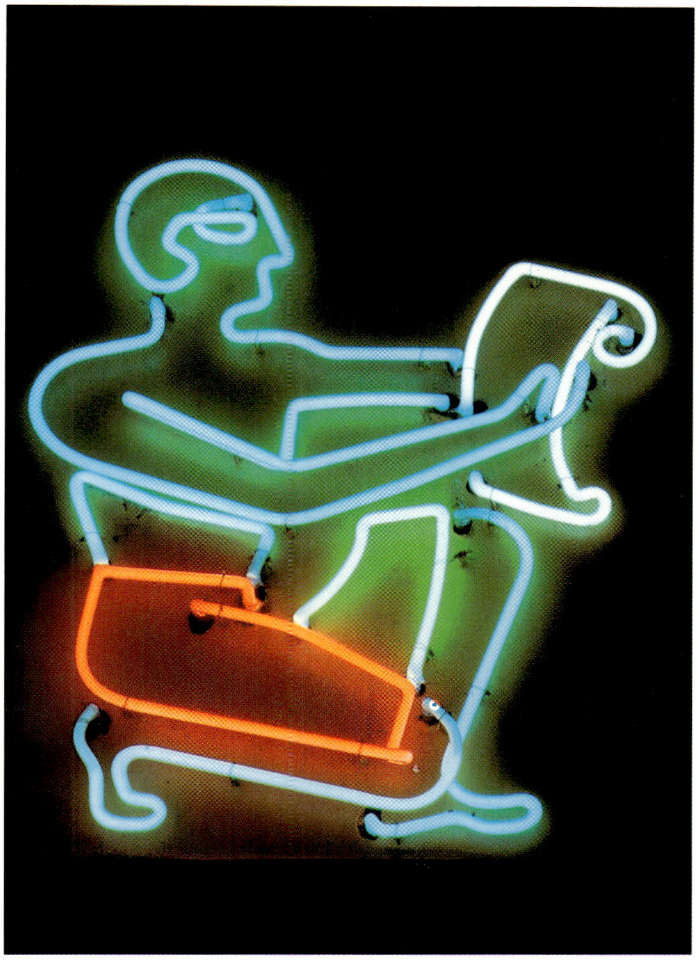

In der Warschauer Altstadt. Im Hintergrund das wiederaufgebaute ehemalige Königsschloß. Bei Kriegsende war die Altstadt bis auf die Grundmauern zerstört. Die Entscheidung, sie in ihrer historischen Form zu restaurieren, fiel bereits unmittelbar nach dem Krieg – als Symbol für den nationalen Überlebenswillen.

In der ehemaligen Arkadengalerie im Sächsischen Garten befindet sich das Grabmal des unbekannten Soldaten. Auf der Ehrentafel wird u.a. auch der im Zweiten Weltkrieg bei Tobruk, Monte Cassino und Arnheim gefallenen polnischen Soldaten gedacht.

Ein junges Paar vor einer Tür, in der sich der Kulturpalast im Abendlicht spiegelt.

Seite 144 und 145: im Warschauer Kulturpalast. Oben: Cafeteria. Unten: Eingangshalle. In dem großen Gebäude gibt es 3288 öffentliche Räume, darunter vier Theater, vier Kinos, zwei Restaurants, ein Hallenbad, eine Sporthalle, einen Veranstaltungssaal für 3500 Besucher …

… sowie 44 Institute der polnischen Akademie der Wissenschaften und der Universität von Warschau. Oben: Besucherschlange vor den Kassen in der Eingangshalle. Unten: die Buchhandlung im Kulturpalast.

Nächste Doppelseite: Zum Kulturpalast gehört auch der große Kongreßsaal, in dem Popkonzerte ebenso stattfinden wie Parteitage der Kommunistischen Polnischen Arbeiterpartei. Links und rechts am Eingang zwei typische Skulpturen des sozialistischen Realismus.

SALA KO

GRESOWA

Vor dem Warschauer Schloß steht die Säule mit dem Standbild König Sigismunds III. Wasa, der Warschau 1596 zur Hauptstadt Polens machte. Die Sigismund-Säule ist eines der frühesten profanen Denkmäler Europas (1644). «Ohne diese Säule kann man sich Warschau nicht vorstellen. Sie ist, neben der Syrena, das zweite Wappen der Stadt. Einige Male haben sie Warschauer Gauner für billiges Geld an reiche Provinzonkel verhökert. Sie ist Thema Tausender Gedichte und Lieder, der sicherste Zufluchtsort für Tauben und beliebter Treffpunkt.» (Olgierd Budrewicz)

Die königliche Sommerresidenz Wilanow bei Warschau wurde 1700 von Jan III. Sobieski, dem Sieger über die Türken bei Wien, erbaut. Der barocke Palast enthält eine der bedeutendsten Kunstsammlungen Polens und dient Staatsbesuchern als Residenz.

Das Palais auf der Insel im Lazienki-Park war die Sommerresidenz des letzten polnischen Königs Stanislaw August Poniatowski (1764–1795).

Nächste Doppelseite: Kohlenanlieferung in Lodz. Die Polen nennen sie die «Ungeliebte Stadt», eine Industriestadt mit großen Strukturproblemen und drückender Armut.

Lodz, zweitgrößte Stadt Polens, ist eine Stadt der Kontraste. Eine alte Fabrikantenvilla aus der Jahrhundertwende vor der kalten Fassade eines modernen Bürogebäudes.

Warschau, das Umland, Lodz

Warschau

Das Wappen Warszawas ziert ein Fischweib – eine «Sirene» – mit einem erhobenen Schwert. Auf den schönen Gesang der Sirene hätte die Stadt in ihrer langen und wechselvollen Geschichte wohl öfter verzichten können, das Schwert aber hatte sie bitter nötig. Seit sie 1596 durch Verlegung der königlichen Residenz von Krakau nach Warschau zur Hauptstadt Polens geworden war, mußte sie unzählige Herausforderungen überstehen. Schweden (1655) und Kosaken (1795) plünderten und brandschatzten sie, preußische, französische und russische Truppen besetzten sie; doch die Stadt endgültig zum Tode zu verurteilen, blieb Deutschen vorbehalten: nach dem Willen Adolf Hitlers sollte Warschau «ausradiert» werden, nur noch «ein geographischer Punkt auf der Landkarte» sein. Daß es nicht so kam, ist zwei Dingen zu verdanken: dem Einmarsch der Roten Armee im Januar 1945 und dem Überlebenswillen der Stadt und seiner Bewohner. Der Einmarsch der Roten Armee verhinderte, daß die Sondereinheiten der SS und Wehrmacht auch noch die letzten Häuserblocks Warschaus in die Luft sprengten, und der Überlebenswille der Bevölkerung sorgte dafür, daß – wie ein polnisches Gedicht besagt – «die Menschen noch vor den Vögeln» in die verwüstete Stadt zurückkehrten. Warschau bei Kriegsende, das bedeutet: 87 Prozent aller Gebäude, darunter 91 Prozent der Industriebetriebe, 80 Prozent aller staatlichen Gebäude und 75 Prozent der Schulen, waren zerstört. Die Zahl der Menschen, die in Warschau während der Okkupation ums Leben kamen, beträgt etwa 800000, darunter fast alle 300000 Juden, die vor dem Krieg beinahe ein Drittel der Gesamtbevölkerung ausmachten. Von den etwa 1000 historischen Denkmälern Warschaus waren rund 800 vernichtet – die meisten nicht etwa durch Kampfhandlungen, sondern vorsätzlich; die Nazis hatten sich nicht einmal entblödet, das berühmte Chopin-Denkmal im Lazienki-Park zu zersägen und ins Deutsche Reich zu transportieren. Nicht nur die Stadt und ihre Menschen sollten «ausgerottet» werden, sondern auch die letzte Spur polnischer Kultur...

Was Krieg und Okkupation von Warschau übriggelassen hatten, war so erschreckend, daß man in Polen nach 1945 ernsthaft überlegte, die Hauptstadt in das 120 Kilometer westlich gelegene, unzerstört gebliebene Lodz zu verlegen oder an einem anderen Ort eine völlig neue Hauptstadt zu bauen. Daß man sich dennoch für den Wiederaufbau Warschaus als Hauptstadt entschied, war letztlich nichts anderes als das bewußte Anknüpfen an die große Tradition des «Wir lassen uns nicht unterkriegen». In der gesamten polnischen Nachkriegsgeschichte gibt es keine Parole, die die Massen so spontan und zugleich nachhaltig motiviert und mobilisiert hat wie der Satz: «Das ganze Volk baut seine Hauptstadt.» Am Wiederaufbau nahm in der Tat das ganze Volk teil – und auch die Mittel kamen aus dem ganzen Land... Nicht nur Ziegel aus dem untergegangenen Breslau fanden ihren Weg als Bausteine von Wohnhäusern oder historischen Gebäuden nach Warschau. Dabei ist die architektonische Konzeption, nach der das zerstörte Warschau wieder aufgebaut wurde, für einen Außenstehenden durchaus nicht einfach zu erkennen, und sie war auch im Lande selbst lange genug umstritten.

Die Warschauer Sirene.

Am Anfang war ein altes Fischerweib und dessen zwei Kinder: der brave Wars und seine schöne Schwester Sawa. Sie liebten sich sehr und waren unzertrennlich; ging Wars auf Jagd, so war Sawa immer an seiner Seite, warf er die Fischernetze aus, so schwamm sie neben dem Boot wie eine Nixe, eine wahre Weichselnixe. Die alte Mutter blieb den ganzen Tag lang allein; sobald es zu dämmern anfing, ging sie zu dem hohen Uferrand und rief besorgt in die Nacht: «Wars, Sawa, kommt heim! Das Essen wartet! Wars, Sawa!» Wars-Sawa, Warszawa...

Legende nach Juliusz Stroynowski

Die Frage zum Beispiel, wie die bis auf die Grundmauern in Schutt und Asche versunkene Altstadt wieder aufgebaut werden sollte, hat die Gemüter in den Jahren nach dem Krieg heftig bewegt. Die Motive dafür, daß sie in ihrer historischen Form wiedererstand, sind viel komplexer, als es auf den ersten Blick scheinen mag. Natürlich sollte durch den Wiederaufbau der Altstadt dokumentiert werden, daß sich die Kontinuität der polnischen Geschichte durch nichts und niemanden auf Dauer zerstören läßt. Doch zugleich war die Entscheidung für den Wiederaufbau in dieser und keiner anderen Form eine hochpolitische, gleichsam tagespolitische Entscheidung: es war wahrscheinlich die einzige Möglichkeit, die Stadt vor einer totalen architektonischen Überfremdung durch den damals in den sozialistischen Staaten grassierenden stalinistischen Zuckerbäckerstil zu bewahren. Dagegen, daß zum beherrschenden architektonischen Akzent des wiedererstandenen Warschau dennoch der bombastische Kulturpalast, die Inkarnation stalinistischen Bauwesens, wurde, konnten die polnischen Stadtplaner nichts ausrichten: Er war, wie es offiziell heißt, ein Geschenk der Sowjetunion.

Das heutige Warschau ist nicht unbedingt eine der schönsten Städte Europas – was bedeutete schon Schönheit, als es ums Überleben ging –, mit Sicherheit aber ist sie eine der faszinierendsten. Faszinierend in ihren architektonischen Gegensätzen zwischen der in ihrer historischen Gestalt liebevoll rekonstruierten Altstadt und dem hochmodernen urbanistischen Arrangement des Stadtzentrums, zwischen der klaren Konzeption von Zweckbauten wie Bahnhöfen und Sportstätten und der Komposition von Neubausiedlungen am Stadtrand, die manchmal wirken, als seien sie durch Massenabwurf aus einem Riesenhubschrauber entstanden. Am meisten aber fasziniert die Vitalität der Stadt. Zwar ist die Zeit, in der Warschau in der Rangliste des natürlichen Bevölkerungszuwachses den Weltrekord hielt, längst vorbei – heute ist der Bevölkerungszuwachs in Warschau der geringste in ganz Polen, was unter anderem daran liegt, daß der Wohnungsbau trotz aller Anstrengungen nicht nachkam –, doch vermittelt das Straßenbild durchaus den Eindruck einer jugendlichen Stadt. Der Grund hierfür dürfte nicht zuletzt darin liegen, daß Warschau mit seinen 1,4 Millionen Einwohnern nicht weniger als 13 Hochschulen mit zusammen mehr als 80000 Studenten zählt. Und der spöttische Satz, nach dem Warschau zwar die Politik, Krakau jedoch die Kultur habe, hat längst seine Gültigkeit verloren. Warschaus Kulturleben strotzt geradezu vor Vitalität: Auf den Spielplänen der 18 Theater finden sich nicht nur die in- und ausländischen Klassiker, sondern praktisch alles, was im modernen Welttheater Rang und Namen hat. Warschaus Kinos bringen nicht nur die höchst beachtenswerten landeseigenen Produktionen eines Andrzej Wajda oder Krzysztof Zanussi, sondern mit größter Selbstverständlichkeit auch die jeweils neuesten Kreationen Hollywoods und anderer westlicher Filmmetropolen. In Warschau findet alljährlich die größte internationale Buchmesse Osteuropas statt, in Warschau trifft sich alljährlich fast die gesamte Avantgarde der zeitgenössischen Musik zum Festival «Warschauer Herbst», und Warschau ist Sitz des einzigen Plakatmuseums der Welt.

Die Warschauer selbst behaupten von sich mit einem Anflug von Ironie, im Grunde aber völlig ernsthaft, daß sie «meist großes Temperament und viel Phantasie» (Budrewicz) besitzen. Und wer je eine private Fete mitgemacht oder eines der zahlreichen Studentenkabaretts besucht hat, kann dies nur voll und ganz unterschreiben.

Dabei wird in Warschau hart gearbeitet. Denn Warschau ist nicht nur Sitz der Regierung, unzähliger zentraler Verwaltungsstellen und des Zentralkomitees der Polnischen Vereinigten Arbeiterpartei, sondern zugleich das – nach Kattowitz – größte Industriezentrum des Landes. Elektrobetriebe, Auto- und Traktorenfabriken sowie ein Stahlwerk sind die wichtigsten Posten im industriellen Bild der Stadt. Wobei bis heute umstritten ist, ob es sinnvoll war, ausgerechnet in War-

«Lieben Sie Warschau? Sind Sie gern hier? Gefällt es Ihnen bei uns?» Immer wieder werden mir diese Fragen von Warschauern gestellt. Taxichauffeure fragen mich und alte Bekannte fragen mich. Ich habe immer ein bißchen Angst vor den Fragen, weil sie so schwer zu beantworten sind und weil ich schon weiß, daß jede Antwort den Fragesteller nur in seiner Ansicht bekräftigt, im Grunde hätte ich keine Ahnung von Warschau. Fällt meine Antwort eher negativ aus, wird er mich für einen stumpfen Westmenschen halten, dem das Organ zum Verständnis Polens und seines Herzens, Warschaus, fehlt. Antworte ich positiv oder gar begeistert, wird er mir zu verstehen geben, ich ließe mich von der Oberfläche täuschen und wisse nicht, wie schlimm Warschau in Wirklichkeit sei. Man kann es dem Fragesteller nicht recht machen. Er hat selbst kein eindeutiges Verhältnis zum Phänomen Warschau. Ihn selbst läßt die Frage nicht los.

LUDWIG ZIMMERER, *«Lieben Sie Warschau?»*

Obst- und Gemüsestand auf der Marszalkowsk, Warschaus Hauptgeschäftsstraße.

Bahnsteig im unterirdischen Zentralbahnhof von Warschau. Die Hauptstadt Polens zählt 1989 etwa 1,4 Millionen Einwohner.

Links: Warschau Rynek Nowego Mista, die Sakramentinerinnenkirche.

Rechts: Warschauer Zitadelle – Brama Stracen, das Tor des Leidens – Gedenkstätte für die im April 1864 erschossenen Anführer des Aufstandes gegen das zaristische Rußland: Hier wurde der letzte Präsident der geheimen polnischen Nationalregierung, Romuald Traugutt, mit vier anderen Regierungsmitgliedern hingerichtet.

schau ein Stahlwerk zu bauen, da es in der Nähe weder Kohle noch Erz gibt, vom – trotz der Weichsel – chronischen Wassermangel der Stadt ganz zu schweigen. Doch sei dem wie es wolle: Warschau ist ein für die Volkswirtschaft Polens entscheidender Faktor, und allein die Zahl der in den staatlichen Industriebetrieben Beschäftigten beträgt mehr als 300000. Dabei handelt es sich meist um Industriearbeiter der ersten, allenfalls der zweiten Generation, zugezogen vor allem aus den ländlichen Gebieten um Warschau. Dieser Zustrom von Arbeitskräften aus der Umgebung war es auch, der zu einer Art «Verbäuerlichung» Warschaus geführt hat. Denn wer einmal in Warschau Fuß gefaßt hat, bemüht sich häufig,

auch die Familie vom Land nachzuziehen – und sei es nur, um eine Großmutter im Haus zu haben, die die Kinder hütet, denn wie in ganz Polen sind auch in Warschau meist beide Elternteile berufstätig. So begegnet man nicht nur tagsüber in den neuen Wohnvierteln auffallend vielen Menschen, die bereits äußerlich erkennbar vom Lande stammen, sondern selbst in einem Nachtlokal des Stadtzentrums kann man, wie ein langjähriger ausländischer Gast dieser Stadt feststellte, manchmal den Eindruck gewinnen, «man sei auf eine surreale Bauernkirmes verschlagen». Und der Zustrom ländlicher Bevölkerung hat auch entscheidend das soziale Klima in dieser Stadt geprägt. Begriffe wie Familie, Nachbarschaft, gegenseitige Hilfe spielen eine weit größere Rolle als in den meisten anderen europäischen Metropolen. Dieses Gefühl der sozialen Solidarität wird noch verstärkt durch die jahrhundertelang erprobte Tradition der Konspiration und die permanente Mangelsituation, in der es immer mal an irgend etwas fehlt.

Jeder hilft dem anderen und kann sicher sein, daß auch ihm bei Bedarf geholfen wird. Undenkbar etwa, daß eine junge Warschauerin in einem Geschäft durch Zufall einen Posten eleganter Röcke entdeckt und nicht auf der Stelle alle ihre Freundinnen und in Frage kommenden Verwandten von diesem Ereignis benachrichtigt. «Der Charme dieser Stadt ist vor allem der Charme ihrer Menschen» (Zimmerer). Und wenn jemand, der einige Zeit in dieser Stadt gelebt hat, auf die häufigste aller Fragen, nämlich «Lieben Sie Warschau?», mit einem glatten Ja antwortet, so ist er meist weder ein Heuchler noch ein Ignorant. Er sagt schlicht die Wahrheit. Auch wenn es ein Deutscher ist und ihm die Vergangenheit in dieser Stadt mehr zu schaffen macht als an irgendeinem anderen Ort Polens. Mit Ausnahme von Auschwitz.

Ob es richtig war, das alte Warschau, wie auch andere Städte in Polen, dem ursprünglichen Zustand nach wieder aufzubauen? Es liegt auf der Hand, daß unmittelbar nach dem Krieg gefühlsbetonte Momente eine entscheidende Rolle spielten. Aber auch heute noch, nach einem gewissen Abstand, hat jene damalige Entscheidung ihre Berechtigung: Eine Stadt, die fast siebenhundert Jahre alt ist, kann schwer auf ihre Vergangenheit verzichten. Zumal die Polen fest an ihrer Tradition hängen. Auch wurde dadurch architektonische Gleichförmigkeit vermieden: Manche Warschauer wollen in modernen Vierteln wohnen; andere lassen sich lieber in den alten Quartieren nieder. Die einzige Sorge war, das wiederaufgebaute Warschau könnte

Links: Das Geburtshaus von Fryderyk Chopin in Zelazowa Wola. Hier finden im Sommer auch Konzerte statt.

Rechts: Das Chopin-Denkmal im Warschauer Lazienki-Park zeigt Chopin mit der Muse in Gestalt einer Weide. Im Zweiten Weltkrieg zersägten die Nazis das Denkmal und verschleppten es nach Deutschland. 1958 wurde es in seiner ursprünglichen Form rekonstruiert.

Das Umland von Warschau, die «Mazowsze» genannte Landschaft, zu beschreiben, ist schwer. So richtig gelungen ist es nur dem polnischen Nationaldichter Wladyslaw Reymont in seinem Romanepos «Die Bauern». Aber dafür hat er dann auch gleich den Nobelpreis bekommen. Mit dem Beschreiben dieser Landschaft ist es so eine Sache: Am einfachsten und eindringlichsten ist, sie zu hören – in der Musik Chopins. In jenem großen Orchesterwerk «Rondo à la Krakowiak» etwa, aber auch in den ungezählten kleinen Etüden, Balladen, Polonaisen, Ma-

zurken oder Walzern. Wenn es eine Musik gibt, in der der Geist einer Landschaft und ihrer Menschen lebendig ist, so ist es die Musik Chopins – so lebendig, daß es die russischen Zaren ebenso wie Adolf Hitler für erforderlich hielten, diese Musik zu verbieten. Während der deutschen Besetzung Polens im Zweiten Weltkrieg wurde das Spiel von Chopin mit dem Tode bestraft. Chopin wurde da geboren, wo Mazowsze am schönsten ist: in dem kleinen Ort Zelazowa Wola, 45 Kilometer westlich von Warschau, unweit jener großen Chaussee, die von Paris über Berlin und Posen nach Warschau und weiter bis nach Moskau führt. Es ist eine flache Landschaft, durch die sich in einem verträumt romantischen, weil nicht regulierten Bett die Weichsel wälzt und in der die Flüsse Bug und Narew schon eine Vorahnung von dem geben, was da gemeinhin «östliche Weite» genannt wird. Bestimmendes Element dieser Landschaft, in der sich Wiesen, Wälder und Felder abwechseln, sind jene schnurgeraden Reihen von Kopfweiden, die den Eindruck erwecken, als hätte sie ein in militärische Formationen verliebter Gärtner als Wegmarken in die Gegend gesetzt. Dabei ist diese Landschaft alles andere als martialisch, auch wenn ihre Bewohner zu den glühendsten Patrioten Polens gehören und mit ihrer ruhigen Renitenz allen fremden Armeen zu schaffen machten – zuletzt und besonders nachhaltig der Deutschen Wehrmacht.

Mazowsze, das ist eine ebenso liebliche wie geheimnisvolle Landschaft, eine Landschaft, aus der Träume gemacht sein könnten, eine Landschaft, in der es Zeit nicht zu geben scheint und in der man deshalb um so mehr Zeit für sich und den anderen hat. In Mazowsze geht alles noch eine Spur langsamer als sonst in Polen, und das Bild, das seine Bewohner bieten, ist häufig noch immer das Bild aus Urväter Zeiten. Da gehen die meisten Bauern noch immer hinter Pflug und

wie eine künstliche, modellartige Kulisse wirken, so daß man die Stimmung des alten Warschau nur auf nächtlichen Mondscheinspaziergängen wiederfinden würde. Aber es erwies sich, daß man keinen romantischen Nachtbummel zu unternehmen braucht, um das heutige Warschau, neu und doch alt, als etwas Wirkliches und Natürliches zu empfinden – nicht nur die Jugend, auch die Älteren, die das Schicksal der Stadt miterlebten, betrachten es als ihr viele hundert Jahre altes Warschau.
Nun steht sie wieder, wie Canaletto sie malte, als Warschau zur Metropole Polens wurde: die neue alte Stadt.

STANISLAW LORENTZ, *«Warschau, wie Canaletto es malte»*

Pferd, da bringen die Großmütter oder die Enkelkinder die Kühe am Strick zum Weiden an den Feldrand oder den Straßengraben, da ist der Handschlag die einzig verbindliche Form des Vertrags beim Viehhandel da gibt es in den Dörfern noch immer weit weniger Parteihäuser als Kirchen.

Wirtschaftlich ist Mazowsze eine der ärmsten Gegenden Polens. Nicht nur, weil der Boden besonders karg ist, sondern weil – seit Generationen schon – viele der besten Arbeitskräfte vom harten Leben auf dem Land in die nahegelegenen Großstädte Warschau und Lodz fliehen. Zweifellos ist seit Gründung der Volksrepublik Polen auch viel für Mazowsze getan worden – die Dörfer wurden elektrifiziert, das Schul- und Gesundheitswesen ausgebaut, die Versorgung mit Konsumgütern und Baumaterial verbessert, das Straßennetz verdichtet. Doch all dies kann die strukturelle Schwäche dieser Region nicht ausgleichen: die Zersplitterung der Landwirtschaft in unzählige Klein- und Kleinstbetriebe. Die Größe der Bauernhöfe in Mazowsze liegt mit weniger als 5 Hektar noch unter dem Landesdurchschnitt. Viele dieser kleinen Betriebe ernähren nicht einmal die eigene Familie, sie werden lediglich als Nebenerwerb betrieben, und der Bauer arbeitet tagsüber irgendwo in der Stadt. Zwar wurden unter Parteichef Gierek eine Reihe von Maßnahmen eingeleitet, die die Besitzer dieser Kleinsthöfe veranlassen sollen, ihre Landwirtschaften aufzugeben und sie an den Staat zu verkaufen oder zu verpachten. Doch die durch Jahrhunderte gewachsene Überzeugung der polnischen Bauern, daß Verlust von Boden zugleich Verlust von Freiheit bedeutet, lassen diese Maßnahmen nur zögernd zum Tragen kommen.

INTERVIEW

FRAGE: «Wie ist es zu erklären, daß die Stadt Lodz auch mehr als 30 Jahre nach dem Krieg – was die Lebensqualität angeht – noch immer so weit hinter anderen polnischen Städten zurück ist?»

ANTWORT: «Ich kenne die Geschichte dieser Stadt und die Bedingungen ihrer Entwicklung, die Skala der Vernachlässigungen und Erfordernisse. Es wundert mich nicht, daß Sie manche Dinge anders sehen, aber wenn ich versuchen würde, mit einigen Größen zu operieren, um Ihnen den Grad der Fortschritte, die trotz allem in unserer Stadt gemacht wurden, zu zeigen, so müßte ich bei den grundlegenden Dingen anfangen: beim Wasser, den sanitären Einrichtungen, dem Bauwesen, dem Verkehr. 1945 gab es in unserer Stadt praktisch keine Wasserleitung und keine Kanalisation. Zu einem Zeitpunkt, als alle anderen Städte bereits zu 50 bis 60 Prozent mit Wasserleitungen und Kanalisation versehen waren. Lodz startete praktisch vom Nullpunkt. Wenn wir uns mit anderen Städten vergleichen, ist die Dynamik der Entwicklung auf diesem Sektor in unserer Stadt größer als in irgendeiner anderen. Was allerdings nicht heißt, daß wir schon das Niveau erreicht haben, das erforderlich ist. Denn im Vergleich mit einer Reihe von Städten haben wir den Abstand noch nicht aufgeholt. Aber uns trennen bereits nur noch Millimeter und nicht mehr Meter.»

Lodz

Man sagt, sie sei häßlich, die häßlichste aller Städte. Und man nennt sie «die Ungeliebte» – Lodz, mit knapp 800000 Einwohnern die zweitgrößte Stadt Polens. Eine Stadt, die mehr als ein Jahrhundert lang ausgebeutet wurde, eine Stadt – so sagt man in Polen – wie eine offene Wunde, eine Stadt, die ein Schuldgefühl hervorruft.

Das beherrschende Element dieser Stadt sind Fabriken, gegründet im vergangenen Jahrhundert, als von Lodz aus im Handel mit Rußland – dank günstiger Steuer- und Zollbedingungen – so schnell und mühelos Geld zu verdienen war wie nirgendwo sonst in Europa. Es waren fast ausschließlich Textilfabriken, in deren Schatten sich auch heute noch das Leben in dieser Stadt abspielt. Die Besitzer der Fabriken waren meist Deutsche, vereinzelt auch Polen und Juden. Die Arbeiter, die seit Mitte des vergangenen Jahrhunderts nach Lodz strömten, waren verarmte schlesische Weber, polnische Bauern aus der Umgebung von Lodz und jüdisches Industrieproletariat. Viele der alten Fabriken stehen als Zeugnisse frühkapitalistischer Industriearchitektur heute unter Denkmalschutz. Doch gearbeitet wird in ihnen noch immer. Bereits um die Jahrhundertwende beschäftigte eine einzige dieser Fabriken mehr als 10000 Arbeiter. Damals wurde in zwei Schichten gearbeitet, heute in drei Schichten, doch zum Teil noch immer an denselben Maschinen und rund um die Uhr. Und in vielen Fällen auch heute noch ohne Pause, denn man arbeitet im Akkord. Der Prozentsatz der berufstätigen Frauen in Lodz ist der höchste in ganz Polen, das Lohnniveau das niedrigste. Im Schnitt verdient man hier 3300 Zloty, umgerechnet 330 DM monatlich. Eine Untersuchung des polnischen Gewerkschaftsbundes hat ergeben, daß eine Textilarbeiterin in Lodz durch die Doppelbelastung Schichtarbeit-Haushalt im Schnitt nur fünfeinhalb Stunden Schlaf bekommt. In Lodz, so sagt man auch heute noch, altern die Frauen früher. Zwar hat sich auch für die Bewohner von Lodz seit 1945 viel geändert – von der Altersversorgung über die Schulgeldfreiheit bis zur kostenlosen Krankenfürsorge. Mehr als 300000 neue Wohnungen wurden gebaut, mehr

Die Kathedrale von Lodz, ein neugotisches Bauwerk aus dem 19. Jahrhundert.

als 350 den Himmel über der Stadt verdunkelnde Industrieschornsteine stillgelegt. Doch noch immer sind – laut soziologischen Untersuchungen – die Unterschiede zu anderen polnischen Städten erheblich. Nicht nur die Säuglingssterblichkeit ist die höchste im ganzen Land, auch das Wohnungsproblem, die Versorgungslage, das Arbeitsleben, die Verkehrssituation sind schwieriger als anderswo. Es ist das Erbe einer frühkapitalistischen Stadtkonzeption, in der der Mensch nur das wert war, was seine Arbeitskraft hergab, und soziale Momente nur dann eine Rolle spielten, wenn sie unmittelbar der Regenerierung verbrauchter Arbeitskraft dienten. Fragt man heute, warum die Lebensbedingungen in dieser Stadt noch immer so vergleichsweise schwierig sind, erhält man meist zur Antwort, daß es nach dem Krieg in Polen andere Prioritäten gab als die Sanierung von Lodz: den Aufbau der zerstörten Städte wie Warschau, Danzig und Breslau. Ausgerechnet Lodz war im Krieg verschont geblieben.

In einer Hinsicht hat das heutige Lodz allerdings gar nichts mehr mit dem Vorkriegs-Lodz zu tun. Lodz heute – das ist nicht nur eine klassische Industriestadt, das «Manchester Polens», sondern zugleich eines der wichtigsten kulturellen Zentren des Landes. Lodz beherbergt heute nicht nur die größte Sammlung zeitgenössischer Kunst in Osteuropa, sondern auch die wohl berühmteste Filmhochschule der Welt. Hier haben Andrzej Wajda und Roman Polanski studiert, Andrzej Munk, Jerzy Skolimowski, Krzysztof Zanussi und Krzysztof Kieslowski. Ein Studienplatz an dieser Hochschule gehört zu den begehrtesten, die Polen überhaupt zu vergeben hat. Neben dem Museum für zeitgenössische Kunst und der Filmhochschule prägen noch sieben Theater, eine Oper, eine Philharmonie, eine Universität, eine Musikhochschule und eine Hochschule für bildende Kunst das kulturelle Gesicht dieser Stadt. Und daß es sich hierbei keineswegs um einen elitären Kulturbetrieb handelt, mag unter anderem die Tatsache beweisen, daß allein die Zahl der verkauften Konzertkarten in Lodz heute pro Jahr zehnmal höher ist als vor dem Krieg.

FRAGE: «Ich weiß, daß zweifellos sehr viel getan worden ist. Aber bis heute sieht man in der Stadt Schornsteine, die stark qualmen und die Umwelt erheblich verschmutzen, und Fabriken, in denen die Arbeitsbedingungen außerhalb jeder Norm liegen. Dies sind natürlich Relikte aus der Zeit des Kapitalismus, aber sie sind anzutreffen noch im 30. Jahr nach der Änderung Ihrer Gesellschaftsordnung. Heißt das, daß auch im sozialistischen Lodz die Produktion Priorität hat?»

ANTWORT: «Das ist eine Erscheinung, die nicht nur für das sozialistische Wirtschaftssystem gilt, sondern in jedem System hat die Produktion Priorität. Denn vom Wert der Produktion hängt die wirtschaftliche und gesellschaftliche Entwicklung jedes Volkes ab. Wir produzieren und werden produzieren, aber nicht um jeden Preis. Gleichzeitig mit der Entwicklung der Produktion müssen Verbesserungen der Arbeitsbedingungen und des Umweltschutzes erfolgen. Wir haben schon viel getan, zum Beispiel 350 Industrie-Schornsteine stillgelegt. Aber es ist sicher auch noch viel zu tun und viel technischer und finanzieller Aufwand erforderlich.»

KLAUS BEDNARZ, *«Lodz, die Ungeliebte», Interview mit dem Stadtpräsidenten von Lodz, Jerzy Lorens, 1975*

Hochzeit vor dem Rathaus von Poznań/Posen. In der Mitte der barocke Proserpina-Brunnen.

Nächste Doppelseite: Häuserfassade am Altmarkt (Stary Rynek), einem der schönsten Plätze der europäischen Renaissance, in Poznań/Posen, dem Zentrum «Großpolens».

Denkmal auf dem Altmarkt (Stary Rynek) in Poznan/Posen.

Oben: Antiquariat am Altmarkt. Poznan/Posen ist auch ein Mekka für Bibliophile. In der Stadt gibt es mehrere hervorragend sortierte Antiquariate. Unten: steinerne Laubengänge am Alten Markt.

Nächste Doppelseite: ehemalige Kornwindmühlen bei Biskupice. Die Landschaft um Poznan/Posen wird «Wielkopolska» (Großpolen) genannt und ist durch größere zusammenhängende Ackerflächen geprägt. Insgesamt ist das landwirtschaftliche Niveau in «Großpolen» höher und das Genossenschaftswesen traditionell weiter entwickelt als in Zentralpolen und anderen Landesteilen.

Die Kathedrale von Gniezno/Gnesen. In dieser 977 von Mieszko I. gegründeten Kathedrale wurden einst Polens Könige gekrönt. Im 14. Jahrhundert baute man sie im gotischen, im 17. und 18. Jahrhundert im Barockstil um. In der Kathedrale werden die Gebeine des heiligen Adalbert von Prag, der 977 bei Danzig von den heidnischen Pruzzen erschlagen wurde, aufbewahrt. Bei den «Gebeinen» handelt es sich um ein etwa zehn Zentimeter langes Stück des Unterarms.

Die Wiege Polens – Gnesen und Posen

Das Gebiet um Gnesen /Gniezno und Posen/Poznan spielt in der heutigen Volksrepublik Polen eine eher untergeordnete Rolle. Dabei handelt es sich um nichts weniger als das historische Kernland, die Wiege Polens. – Die Sage berichtet, daß an der Stelle, an der sich heute die Stadt Gnesen befindet, Lech, der legendäre Führer des Stammes der Polanen, den Horst eines weißen Adlers gefunden und darauf beschlossen habe, seinen Sitz, die erste Hauptstadt Polens, hierher zu verlegen. Nach dem Zweiten Weltkrieg in Gnesen vorgenommene archäologische Forschungen haben übrigens ergeben, daß hier tatsächlich schon im 8. Jahrhundert eine Wehrsiedlung existiert hat. Doch während sich die Geschichtsschreibung im Fall Polens für das erste christliche Jahrtausend weitgehend auf Archäologie und Legenden stützen muß, gibt es für die Zeit ab dem Jahre 1000 schriftlich überlieferte Dokumente. Und die sind eindeutig. Sie besagen, daß der erste polnische Herrscher, der sich eine Königskrone aufsetzen ließ, Boleslaw der Tapfere, dies akkurat im Jahre 1025 in Gnesen tat. Und sie besagen auch, daß Gnesen nicht nur die erste weltliche Hauptstadt Polens war, sondern auch die erste geistliche, und das erst noch früher. Bereits im Jahre 1000 nämlich war in Gnesen durch Kaiser Otto III. das erste polnische Erzbistum errichtet worden. Doch während die Funktion der weltlichen Hauptstadt schon bald von Gnesen auf Krakau und später auf Warschau überging, hat sich die Funktion Gnesens als geistliche Hauptstadt Polens bis heute erhalten. Der jeweilige Erzbischof von Gnesen, der in Personalunion auch Erzbischof von Warschau ist, ist nach der

Hochzeit in Poznan/Posen.

DER ADLERHORST

Es wanderten drei Brüder: Lech (Pole), Czech (Böhme) und Rus (Russe). Sie suchten nach dem Land, in dem sie sich niederlassen könnten. Czech zog nach Süden. Rus nach Osten. Lech blieb allein mit seiner Gefolgschaft.
Er wanderte durch riesengroße Urwälder. Er watete durch große, seewärts strömende Flüsse. Er umging Seen.
Die Gefolgschaft von Lech begann zu klagen: «Diese Wanderung dauert schon zu lange. Wonach sucht denn Lech noch? Gibt es hier rundherum wenig Wild und wenig Fische in den Gewässern? Man kann sich hier niederlassen und leben. Es droht hier keine Hungersnot.»
Sie murrten leise, doch Lech achtete nicht darauf. Er ging weiter vorwärts.
Bis sie eines Tages in eine hügelige Gegend zwischen zwei Seen kamen. Schön war es hier. Es rauschte der Wald, und es dufteten die Waldkräuter. Schließlich gelangten sie an den Rand einer großen Waldlichtung. «Wir ruhen uns hier wohl aus?», fragte jemand aus der Gefolgschaft.
Und in diesem Augenblick schlug ein Vogel laut mit den Flügeln. Ein riesengroßer Adler ließ sich auf einen Baum nieder, der inmitten der Lichtung stand.
Dort war dunkel ein Adlerhorst zu erkennen. In ihm piepten junge Adler.
Vorsichtig, leise, trat Lech auf den offenen Platz, ihm folgten seine Leute. Sie blieben an einer mächtigen Eiche stehen, auf der sich der Horst befand.
Der Adler saß auf einem Ast neben dem Horst. Einige Sekunden lang bewegte er sich nicht. Er blickte scharf auf die Ankömmlinge.
Und dann breitete er die Flügel zum Flug aus. Er flog empor. Der Sonnenschein fiel auf seine Flügel, die den Zuschauern ganz weiß zu sein schienen. Er zog einen Kreis in der Luft, und dann ließ er sich wieder im

Horst nieder.
Jetzt wandte sich Lech an seine Gefolgschaft:
«Hier bleiben wir, nicht nur um uns auszuruhen. Hier, wo die Adler ihren Sitz haben, will ich mich für immer niederlassen. Und zur ewigen Erinnerung an diesen Tag wird mein Geschlecht einen weißen Adler im Wappen führen. Das wird unser Wahrzeichen sein.»
In der Gefolgschaft erhob sich ein Freudenruf. Der Ruf verbreitete sich durch den Wald, über die Seen, über Hügel und Täler.
An der Stelle entstand die Stadt Gniezno (polnisch gniazdo, deutsch Nest). Und die Polen, die – wie die Sage berichtet – sich von Lech herleiten, führen bis auf den heutigen Tag den weißen Adler im Wappen.

Lehrbuch der polnischen Sprache für die 3. Klasse der Grundschule, Warszawa 1971

Die Eigentümlichkeiten des geistig-menschlichen Klimas in Poznan von heute, die so schwer zu beschreiben wie zu übersehen sind und die es beispielsweise möglich machen, bei einiger Übung, einen gebürtigen Posener irgendwo sonst im Land sofort als Posener zu erkennen: diese Eigentümlichkeiten sind preußisch geprägt. Man reibt sich ja nicht generationenlang an einem Widerstand, ohne, und sei es noch so unwillig, etwas von dessen Färbung davonzutragen.
Da will ich nun gleich sagen, daß ich diesen Stil als ungemein angenehm empfinde. Er ist preußisch, wie Preußen nie war. Es fehlt ihm alles knarrende Beiwerk. Er ist biegsam. Es waltet keine Arroganz, sondern Noblesse, was einen gewaltigen Unterschied macht. Witz und Lustigkeit, sonst eine auffällige polnische Tugend, tragen hier freilich eine Schicht märkischen Mehltaus, aber wer sich ein Preußen als geistige Lebensform jenseits von Kasernenhof und dämonischem Schupo vorstellen kann und anziehend findet, sei dringend an Poznan empfohlen.

ROLF SCHNEIDER, *«Polens Hauptstädte», 1974*

polnischen Kirchenordnung zugleich der Primas von Polen, das heißt der höchste geistliche Würdenträger des Landes. Und der derzeitige Primas von Polen, Stefan Kardinal Wyszynski, achtet peinlichst darauf, daß die traditionelle Funktion Gnesens hochgehalten und nach außen hin nachhaltig demonstriert wird: Offizielle ausländische Besucher empfängt er grundsätzlich nicht in Warschau, sondern im erzbischöflichen Palais in Gnesen. Dies ist nicht nur eine Frage des kirchlichen Protokolls, sondern zugleich auch der großen Politik. Denn nach der geschichtlichen Überlieferung ist der Erzbischof von Gnesen in königslosen Zeiten zugleich der Interrex, der Thronverweser, also das weltliche Oberhaupt. Und zur Zeit gibt es in Polen keinen König...

Politisch wurde die Geschichte des Gebietes um Gnesen und Posen, das den historischen Namen «Großpolen» – «Wielkopolska» – trägt, bestimmt von der unmittelbaren Nachbarschaft zu Deutschland – und zwar im guten wie im bösen Sinn. Die meisten Städte Großpolens wurden – wie übrigens viele andere polnischen Städte auch – im 13. Jahrhundert nach Magdeburger Stadtrecht gegründet. Großpolnische Fürsten heirateten häufig deutsche Prinzessinnen. Studenten aus Großpolen bevorzugten neben Prag und Wien die Universitäten von Heidelberg, Köln und Leipzig, und deutsche Bürger und Handwerker trugen nicht unwesentlich dazu bei, daß Großpolen bis zum Ende des 18. Jahrhunderts ein wirtschaftliches Niveau erreichte, das fast dem Schlesiens entsprach und erheblich von anderen Teilen Polens unterschieden war. Erst mit den Teilungen Polens, in deren Folge die eine Hälfte Großpolens zu Rußland, die andere (als Herzogtum Posen) zu Preußen kam, begann die Zuspitzung der nationalen Konflikte und der wirtschaftliche Abstieg. Großpolen wurde allmählich zu einer Agrarprovinz, seine polnischen Bewohner waren zu einem zunehmend härteren Kampf um die Bewahrung ihrer nationalen Identität gezwungen. Und im Ersten Weltkrieg mußten Angehörige großpolnischer Familien nicht selten gegeneinander kämpfen; die einen unter der Fahne Rußlands, die anderen auf der Seite Deutschlands.

Heute liegt die Bedeutung Großpolens vor allem in seiner vergleichsweise günstigen Agrarstruktur. Während im Landesdurchschnitt nur etwa 20 Prozent der

Straßenszene in Poznan/Posen.

Das moderne Stadtzentrum von Poznan/Posen in der Nähe des Hauptbahnhofs und des Messegeländes. – Bei Kriegsende war das Zentrum zu 75 Prozent zerstört. Ihren schnellen Wiederaufbau verdankt die Stadt nicht zuletzt der alljährlich stattfindenden Posener Messe, einer der wichtigsten Drehscheiben des Ost-Westhandels.

Gasse in der Altstadt von Lublin. Jede dritte Altbauwohnung in Polen hat keine eigene Toilette, nur etwas mehr als die Hälfte dieser Wohnungen hat ein Bad. Gemessen an den Vorkriegsverhältnissen ist das schon ein erheblicher Fortschritt. Noch 1938 waren nicht einmal 14 Prozent aller Wohnungen an die Kanalisation angeschlossen, hatten nur 10 Prozent Gas und nicht einmal 7 Prozent Wasser.

Auf dem Schloßberg von Lublin erhebt sich das mächtige Jagiellonen-Schloß, das unter Kasimir III. im 14. Jahrhundert erbaut wurde. Der Neubau im neugotischen Stil entstand zwischen 1824 und 1826.

In Lublin, dem Wirtschaftszentrum Ostpolens, sind wichtige polnische Industrien ansässig: unter anderem metallverarbeitende Fabriken, Fahrzeugbau (LKW), Textilfabriken und Lederindustrie. In unmittelbarer Nähe Lublins befand sich das Konzentrationslager Majdanek.

Seite 174 und 175: Volksfest in Krasnystaw. Schon immer hatte die Folklore eine besondere Anziehungskraft auf die polnischen Intellektuellen. So beschreibt der Krakauer Maler und Dichter Stanislaw Wyspianski in seinem berühmtesten Drama, «Die Hochzeit» (1901) …

… die Eheschließung zwischen einem städtischen Intellektuellen und einem einfachen Dorfmädchen als Versuch eines Weges zur nationalen Erneuerung Polens.

landwirtschaftlichen Nutzfläche von Staatsgütern und landwirtschaftlichen Produktionsgemeinschaften bewirtschaftet werden, sind es in Großpolen mehr als 40 Prozent. Die Erträge der Viehzucht liegen um zwei Drittel über denen des übrigen Landes.

Die meisten Städte dieses Gebietes spielen politisch und wirtschaftlich eine untergeordnete Rolle. Die einstige Hauptstadt Gnesen ist heute eine Provinzstadt mit knapp über 50000 Einwohnern; das äußerlich einzig Bemerkenswerte dieser Stadt ist noch immer der Dom mit den ihn umgebenden kirchlichen Gebäuden, unter anderen dem erzbischöflichen Palais und einem Priesterseminar.

Posen hingegen hat einen auch für den Außenstehenden bemerkenswerten Aufschwung genommen. Bei Kriegsende war Posen zu 55 Prozent zerstört, die Altstadt fast völlig in Trümmer gesunken. Heute ist die Altstadt – ähnlich wie in Warschau und Danzig – wieder in ihrer historischen Form aufgebaut, und die neuen Warenhäuser, Hotels, Wohn- und Bürobauten in der Gegend des Posener Hauptbahnhofs zeigen durchaus westliche Urbanität.

Eine nicht unerhebliche Rolle für die Entwicklung der Stadt, die heute rund 510000 Einwohner zählt, hat die seit 1925 alljährlich stattfindende internationale Posener Messe gespielt, die – nach Leipzig – wichtigste Drehscheibe des Ost-West-Handels. Sie dürfte ein entscheidendes Motiv gewesen sein, Posen nach dem Krieg so schnell wieder aufzubauen und vergleichsweise konsequent zu modernisieren. Denn Posen gilt als das westliche Schaufenster der Volksrepublik – und da macht sich etwas mehr Glanz als üblich immer gut. Doch ist das wirtschaftliche Fundament Posens durchaus solide: Eine große, traditionsreiche Motorenfabrik exportiert ihre Produkte in alle Welt, und Erzeugnisse der Posener Lebensmittel- und Bekleidungsindustrie spielen auf dem zunehmend konsumorientierten polnischen Binnenmarkt eine immer wichtigere Rolle.

Zumindest ebenso stolz wie auf die wirtschaftliche Bedeutung Posens ist man in Polen auf die kulturelle Entwicklung, die diese Stadt in den letzten Jahrzehnten genommen hat. Acht Hochschulen, zehn Museen, drei Theater, ein Opernhaus, eine Philharmonie, ein Operettenhaus und ein Tanztheater verzeichnet die offizielle Statistik. Eine Sonderrolle im wissenschaftlich-kulturellen Leben Posens spielt das sogenannte Westinstitut. Hier beschäftigen sich hervorragende Experten vor allem mit deutschen Fragen sowie Fragen der deutsch-polnischen Beziehungen. Und neben Arbeiten, die durch ungemeine Sachkenntnis und Objektivität bestechen, erscheinen auch solche, bei denen man zu spüren meint, daß die Zeiten des deutsch-polnischen Nationalitätenkampfes im Raum Posen noch nicht allzulange vorbei sind. Doch ist dies ein Erbe, das nach mehr als hundert Jahren preußischer Germanisierungs- und fast fünf Jahren großdeutscher Unterdrükkungspolitik wohl auch noch nicht gänzlich überwunden sein kann.

Stiegenhaus und Hinterhof in Katowice/Kattowitz. – Wirtschaftlich gilt das oberschlesische Industriegebiet um Kattowitz als das Rückgrat der polnischen Wirtschaft, doch hat auch hier der soziale Fortschritt nicht mit der modernen technologischen Entwicklung Schritt gehalten.

Nächste Doppelseite: bunte Farbtupfer im Alltagsgrau des oberschlesischen Industriereviers – ein Spielzeugwarenladen in Bytom/Beuthen.

RTV
11

ANINA
JANINA
ZABAWKI
DZIECIĘCE

Seite 180 und 181: Straßenszenen aus Bytom/Beuthen. Die Beuthener Bergleute gruben bereits im Mittelalter nach Blei und Silber; sie sollen so reich gewesen sein, daß sie ihren Kindern Wiegen aus Silber schmiedeten. Heute …

... ist die Luftverschmutzung in dieser Region um Bytom, Katowice, Gliwice die größte in ganz Europa. Das führt zu 50 Prozent mehr Erkrankungen der Atemwege und zu einer um etwa 30 Prozent höheren Krebssterblichkeit als im polnischen Durchschnitt. «Das Revier ist ausgesaugt», sagt ein geflügeltes Wort in Polen.

Nächste Doppelseite: schlesische Landschaft zwischen Bytom/Beuthen und Opole/Oppeln. Die Idylle trügt! Nach einer offiziellen Studie von 1985 sind große Teile der in Schlesien erzeugten landwirtschaftlichen Produkte wegen der Bodenverseuchung ungenießbar: Die Grenzwerte für Blei, Cadmium und andere Schadstoffe werden bis zum 220fachen überschritten.

merynos

księgarnia
NAUKOWA

Seite 186 und 187: Fassadendetails des historischen Rathauses am Ring, dem Marktplatz von Wroclaw/Breslau. Im 14. und 15. Jahrhundert erbaut und im 16. Jahrhundert mit einem Renaissancehelm versehen, gilt es als eines der künstlerisch bedeutendsten Baudenkmäler des Spätmittelalters in Europa …

Vorherige Doppelseite: Marktplatz von Opole/Oppeln, der einstigen Hauptstadt des preußischen Regierungsbezirks Oberschlesien. Die Altstadt an der Oder mit ihren schönen Barockhäusern wurde nach dem Krieg historisch getreu wieder aufgebaut.

.. Während des Zweiten Weltkriegs wurde das Rathaus stark beschädigt und nach dem Krieg restauriert. Heute beherbergt es das historische Museum und das Medaillenmuseum der Stadt.

Der Turm des Breslauer Rathauses ist 66 Meter hoch (siehe auch Seite 186 f.).

Häuserzeile im ältesten Stadtteil von Wroclaw/Breslau, der sogenannten Dominsel (Ostrow Tumski).

Der zweitürmige Backsteindom von Wroclaw/Breslau ist ein hochgotischer dreischiffiger Kirchenbau mit Chorumgang und Kapellenkranz aus dem 13./14. Jahrhundert.

Die Dombrücke führt auf die Dominsel. Im Hintergrund die Domtürme.

Nächste Doppelseite: Der Dom war 1945 zu fast 70 Prozent zerstört. Der Wiederaufbau erfolgte aus Mitteln der polnischen Kirche und des Staates.

ul. Kanonia

Blick von der Anhöhe der früheren evangelischen Stadtpfarrkirche auf die Altstadt und das im Stil der florentinischen Renaissance erbaute Rathaus von Opole/Oppeln.

Schlesien – von Breslau nach Kattowitz

Schlesien – das ist der landschaftliche Sammelbegriff für die Gebiete Niederschlesien und Oberschlesien. Als Hauptstadt Niederschlesiens gilt Breslau, polnisch Wroclaw, als Hauptstadt Oberschlesiens Kattowitz, polnisch Katowice. Niederschlesien ist die Südwestecke des heutigen Polen. Es liegt im Dreieck zwischen der Oder, der Lausitzer Neiße und den Sudeten. Vor dem Zweiten Weltkrieg zählte Niederschlesien 3,2 Millionen Einwohner. 98 Prozent waren Deutsche. Auch heute leben hier 3,2 Millionen Menschen. 98 Prozent sind Polen.

Breslau

Die Geschichte Niederschlesiens ist wechselvoll wie kaum eine andere in Europa. Mal gehörte es zu Polen, mal zu Böhmen, mal zu Österreich. Zuletzt jedoch und am längsten gehörte es zu Preußen. Diese Tatsache macht der polnischen Geschichtsschreibung bis heute offensichtlich zu schaffen. Denn selbst neuere polnische Reiseführer, beispielsweise der Stadt Breslau/Wroclaw, berichten ausführlich, daß diese Stadt schon im 9. Jahrhundert eine «wichtige wehrhafte Siedlung des slawischen Stammes der Slezanen» war und daß «trotz des wachsenden Germanisierungsdranges... die Vorstädte und die umliegenden Dörfer noch bis tief in das 19. Jahrhundert einen überwiegend polnischen Charakter» (Adam Bajcar, «Polen») hatten, doch verschweigen sie die Tatsache, daß die Stadt Breslau 1261 nach Magdeburger Stadtrecht gegründet wurde, ebenso wie den Umstand, daß um 1300 von 174 bestimmbaren Namen in Breslau 163 deutsch und nur 5 polnisch waren. Unbestreitbar ist, daß Breslau Sitz der polnischen Piastenherzöge war, in Breslau 1475 die erste Druckschrift in polnischer Sprache erschien und an der Universität Breslau auch viele polnische Studenten studierten. Doch ebenso unbestreitbar ist, daß das politische, wirtschaftliche, soziale und kulturelle Gesicht dieser Stadt jahrhundertelang vor allem durch preußische beziehungsweise deutsche Einflüsse geprägt wurde. Und die Tatsache, daß es in Breslau nachweisbar viele Einflüsse polnischer Kultur gibt, bedeutet noch nicht, daß es – historisch gesehen – eine polnische Stadt ist. Ebensowenig, wie die Einflüsse deutscher, französischer und italienischer Kultur in Warschau bedeuten, daß Warschau eine deutsche, französische oder italienische Stadt ist.

Doch ebenso unbestreitbar wie die Tatsache, daß Breslau – historisch gesehen – eine deutsche Stadt war, ist die Tatsache, daß es heute eine polnische ist – und der Name «Wroclaw» mehr ist als nur eine andere Bezeichnung für «Breslau». Vor dem Krieg zählte Breslau 620000 Einwohner. Bei Kriegsende waren es noch knapp 150000. Die übrigen waren geflüchtet, evakuiert oder bei der Belagerung der Stadt, die von Hitler 1945 zur «Festung» erklärt worden war, ums Leben gekommen. Die Deutschen, die überlebt hatten, wurden – mit wenigen Ausnahmen – von den polnischen Behörden unter Berufung auf das Potsdamer Abkommen ausgewiesen.

Heute zählt die Stadt wieder rund 600000 Einwohner – jeder zweite davon ist bereits in Wroclaw geboren, ein geborener – polnischer – Schlesier. Diejenigen,

Oberschlesische Industrielandschaft bei Chorzow/Königshütte, nördlich von Kattowitz. Diese Region hat die größte Bevölkerungsdichte mit 4635 Einwohnern auf den Quadratkilometer. Aber auch das Pro-Kopf-Einkommen ist hier am höchsten.

Besonders belastend sind die Nachrichten über den Verwüstungswahn und die Zerstörungswut unserer eigenen Parteiführung und Wehrmacht. Die Menschen, die in die Arbeitspflicht hineingezwungen und beauftragt werden, die Wohnungen von den Möbeln zu räumen, besonders auf der Tauentzienstraße, auf der Webskystraße und Königgrätzer Straße, fühlen sich innerlich schwer bedrückt von dieser Arbeit in Dienste der Vernichtung so wertvollen Familiengutes. Sämtliche Stockwerke werden geräumt, die Fenster zerschlagen, das Mobiliar, was es auch immer sein mag, auf die Straße geworfen, wertvolle und einfache Zimmereinrichtungen, wertvollste Schmuckgegenstände des Heimes und liebwerte, in der Familie heilig gehaltene Gegenstände.
Dazu werden ganze Schränke und Schübe geleert von Kleidungsstücken, Wäsche und Betten, alles wirft man auf die Straße, um es dann anzuzünden. So schwelte gestern ein riesiger Brand durch die Webskystraße und die Tauentzienstraße. Man begann schon mit dem Niederbrennen der Häuserreihen. Die riesigen Rauchschwaden stiegen zum Himmel empor und lagerten sich infolge der milden Witterung über dem Stadtgebiet wie ein schwefliger Dunst. Mochte auch am Abend der Mond seinen silberhellen Schein noch so schön auf die Stadt werfen, der Himmel rötete sich doch von der Feuerglut eines ganzen brennenden Straßenzuges. Was ist dieser Akt der Selbstvernichtung eines Volkes für ein Elend, wie bebt und bangt jeder Mensch wegen dieser wahnsinnigen Tat und doch findet keiner die Kraft, dagegen aufzutreten. Militär und Zivil sind Handlanger dieses Vernichtungswahns einer nationalsozialistischen Staatsführung. Wie wird doch das deutsche Volk erniedrigt durch solche Menschen. Wahrlich, zu Räuberbandenführern hätten sie getaugt, aber nicht zu Führern eines der ersten Kulturvölker der Erde, das sie durch ihre bestialische Weltanschauung auf eine so tiefe Stufe der Entartung herabgeführt haben.

PAUL PEIKERT, *«Die Festung Breslau in den Berichten eines Pfarrers. 22. Januar bis 6. Mai 1945»*

die nach Kriegsende hierherkamen und die im Zentrum bis zu 90 Prozent zerstörte – und zwar zumeist von den Deutschen selbst zerstörte – Stadt wiederaufbauten, kamen aus allen Teilen Polens, aus den an die Sowjetunion abgetretenen Gebieten jenseits des Bug, aus den zerstörten Städten und Dörfern Zentralpolens und den ärmlichen Gegenden Südpolens. Fast 80 Prozent der nach dem Krieg in Wroclaw angesiedelten Bevölkerung stammt vom Lande. Und da es keinen intakten Stadtorganismus mehr gab, dem sie sich hätten anpassen können, paßten sie die Stadt zunächst ihren Gewohnheiten an. Polens Soziologen sprechen von einem Prozeß der «Enturbanisierung», der noch deutlicher ist als der im Nachkriegs-Warschau. Die Geschichte vom polnischen Bauern, der nach Kriegsende aus seinem Dorf jenseits des Bug nach Wroclaw umgesiedelt wurde und sich dort im 5. Stock seiner neuen Stadtwohnung im Badezimmer eine Kuh hielt, mag erfunden sein. Doch unglaublich erscheint sie niemandem.

Heute allerdings ist von den Problemen, mit denen die Nachkriegsgeschichte Wroclaws begann, nur noch wenig zu spüren. Obwohl die Spuren des Krieges hier noch deutlicher sichtbar sind als in vielen anderen polnischen Städten, macht Wroclaw insgesamt heute den Eindruck intakter Urbanität. Die meisten der historischen Baudenkmäler – einschließlich vieler Kirchen – sind wieder aufgebaut, neue Wohnviertel im Zentrum und an der Peripherie der Stadt aus dem Boden gestampft worden. Eine Waggon- und eine Computerfabrik bilden das industrielle Rückgrat der Stadt. Mit mehr als 30000 Studenten ist Wroclaw heute das bedeutendste wissenschaftliche Zentrum Polens nach Warschau und Krakau. An den insgesamt acht Hochschulen der Stadt lehren mehr Professoren, Dozenten und wissenschaftliche Mitarbeiter, als es vor dem Krieg in Breslau Studenten gab. Und in zwei Disziplinen hat Wroclaws Universität bereits Weltruf: in Mathematik und Germanistik.

Für Theaterfreunde aus aller Welt ist diese Stadt eine Art Mekka: sie pilgern in Scharen nach Wroclaw, um an Ort und Stelle an den schauspielerischen Exerzitien des bereits legendären Jerzy Grotowski teilzunehmen oder die phantastischen

Käuferschlange vor einem Molkereigeschäft in Bytom/Beuthen.

Schöpfungen des Pantomimentheaters von Henryk Tomaszewski zu bewundern. Wenn es ein Symbol gibt für die Wandlung dieser Stadt vom deutschen «Breslau» zum polnischen «Wroclaw», so im Zentrum der Stadt, vor dem liebevoll wiederaufgebauten historischen Rathaus: Wo einst Preußenkönig Friedrich Wilhelm stand, sitzt heute Polens klassischer Komödiendichter Aleksander Fredro, den die Umsiedler aus Lemberg mitbrachten.

Während die Bedeutung Wroclaws heute – trotz Waggon- und Computerfabriken – vor allem im wissenschaftlich-kulturellen Bereich liegt, haben sich andere Orte in Niederschlesien zu bedeutenden Industriezentren entwickelt. Neben dem klassischen niederschlesischen Kohlerevier bei Waldenburg, polnisch Walbrzych, das den Krieg unversehrt überstanden hatte, ist es vor allem das Kupfergebiet zwischen Glogau/Glogow und Polkwitz/Polkowice nordwestlich von Breslau. Die hier lagernden Kupfervorräte gelten als die größten Europas. Entdeckt wurden sie bereits vor dem Krieg von deutschen Wissenschaftlern, doch ihre Erschließung begann erst Mitte der sechziger Jahre. Heute beteiligen sich amerikanische, kanadische und deutsche Firmen am Abbau des schlesischen Kupfers, das – roh und verarbeitet – zu einem der wichtigsten Exportartikel Polens geworden ist und auch an der Londoner Börse gehandelt wird.

Insgesamt jedoch ist die wirtschaftliche Struktur Niederschlesiens nach wie vor geprägt von der Landwirtschaft. Und wie in Pommern und Ostpreußen waren auch hier die Startbedingungen für die polnischen Neusiedler nach dem Krieg überaus schwierig. 1945 waren mehr als 75 Prozent des früheren Viehbestandes vernichtet und fast ein Drittel der gesamten Fläche Niederschlesiens vermint. Viele der großen Güter gingen zunächst in die Hand der Roten Armee über, die sich – in Ermangelung einer eigenen Perspektive – meist mit dem begnügte, was sie vorfand. Als die großen Güter, die nicht parzelliert wurden, dann in polnische Regie übergingen, standen die Behörden vor einem Dilemma: Denn private Bauern für die Besiedlung Schlesiens zu gewinnen, war noch relativ einfach, es lockte die Aussicht auf eigenen Grund und Boden; Kräfte für die Lohnarbeit auf staatli-

Eines allerdings ist auffallend: an keinem der Adelssitze, die wir auf unserer Reise durch Schlesien und Pommern besuchten, befindet sich ein Hinweis auf seine früheren Besitzer. Selbst da nicht, wo es sich um führende Männer des deutschen Widerstandes gegen Hitler handelte. Namentlich gekennzeichnet ist nur ein Adelssitz besonderer Art hier im Riesengebirge. Das verwunschene Schlößchen in Agnetendorf, in dem Gerhart Hauptmann lebte. In ihm ist heute ein Kinderheim, und unter der Büste des Schriftstellers findet sich der Satz: «Hier lebte und arbeitete im Schatten des Riesengebirges Gerhart Hauptmann, der fortschrittliche Dichter des Deutschen Volkes.»
Manchmal haben es unsere fortschrittlichen Dichter eben besser als Adlige.

KLAUS BEDNARZ, *«Adelssitze im ehemaligen Schlesien und Pommern», 1975*

Nächste Doppelseite: Bergarbeitersiedlung und Förderturm in Chorzow/Königshütte.

6

Das Polnische Oberschlesiens ist, wie genaue Kenner ausdrücklich bezeugen, nur ein ziemlich schlechter Dialekt, ein entarteter Zweig des Hochpolnischen und von diesem zum Teil so verschieden, daß der reine Pole manche Wörter gar nicht versteht, weil sie eben nicht aus dem Polnischen stammen. Die jahrhundertelange Zugehörigkeit Oberschlesiens zum deutschen Schlesien, der Verkehr mit den deutschen Stadtbewohnern und Beamten hat das Eindringen einer weit größeren Anzahl von deutschen Wörtern zur Folge gehabt, als man gewöhnlich annimmt. Ein anderer Grund für diese Erscheinung ist wohl der, daß das Wasserpolnische sich nicht weiter entwickelt hat und daß ihm vor allem Neubildungen fehlen: es besitzt deshalb nicht immer eigene Wörter für neue Gegenstände des Handels, für neue gewerbliche Einrichtungen oder für neue Erfindungen und Entdeckungen. Die bezüglichen Ausdrücke sind einfach mit einer polnischen Endung aus dem Deutschen entlehnt. Wir führen folgende Beispiele an: Gruba (Grube), Schmelzok (Schmelzküche), Schmelzyrsch (der Schmelzer), Kohlkastla (Kohlkasten), Bruni (Brauner, braunes Pferd), Streichhölzli, Stecknadla, Dach, Schrank, Chandtuch (Handtuch), Schubladie (die Schublade), einspritzowatsch, futterowatsch, untersuchowatsch, anschnallowatsch usw.

FRANZ SCHROLLER, *«Schlesien»*, *1890*

chen Gütern jedoch konnten nur dann gewonnen werden, wenn man attraktive soziale Bedingungen bot. Und dies war kaum möglich, solange die Hektarerträge aufgrund fehlender Mechanisierung und Chemisierung zum Teil um die Hälfte niedriger waren als vor dem Krieg. Auch heute noch ist das ökonomische Niveau der Staatsgüter in Schlesien (und diese bewirtschaften mehr als 50 Prozent des Bodens) von Gut zu Gut verschieden. Doch liegen die Hektarerträge im Durchschnitt bereits über den Vorkriegsquoten; manche schlesischen Güter erzielen heute Ergebnisse, die denen westlicher Spitzenbetriebe ebenbürtig sind. Und wie in Pommern und Ostpreußen ist auch in Schlesien der krasse Gegensatz zwischen besitzlosen Landarbeitern und den Eigentümern der Höfe, der vor dem Krieg das Bild der Landwirtschaft in diesen Gebieten prägte, verschwunden. In manchen Fällen hat sich die Situation sogar umgekehrt: die, die kein Land besitzen, sondern ausschließlich bearbeiten, stehen sich besser als die, die ein Stück Grund und Boden ihr eigen nennen.

Oberschlesien – Kattowitz

Mit dem Wort «Oberschlesien» verbinden sich für Polen wie Deutsche vor allem zwei Begriffe: Industriegebiet und Grenzland. Die Bodenschätze Oberschlesiens, dessen Herz das Städtedreieck Kattowitz/Katowice, Beuthen/Bytom, Gleiwitz/Gliwice bildet, waren bereits im Mittelalter bekannt. Schon im 13. Jahrhundert grub man in Beuthen nach Blei und Silber, und die Beuthener Bergleute, so berichtet es die Überlieferung, waren so reich, daß sie ihren Kindern Wiegen aus Silber schmiedeten. Doch das war im Mittelalter.

Der eigentliche Aufschwung Oberschlesiens zum Industriegebiet aber, das in seiner Bedeutung in Europa nur noch mit dem Ruhrgebiet in Deutschland und dem Distrikt Nord in Frankreich verglichen werden kann, begann im 18. und 19. Jahrhundert mit der Entwicklung des Eisenhüttenwesens und des Kohlebergbaus. Bis in die Mitte des 19. Jahrhunderts noch war Kattowitz ein mittelgroßes Dorf, das erst 1864 Stadtrecht erhielt. Und Zabrze, das von den Deutschen zeitweise in «Hindenburg» umgetauft wurde und heute mehr als 200 000 Einwohner zählt, erhielt sogar erst im Jahre 1922 das Stadtrecht. Wie kometenhaft der Aufstieg der oberschlesischen Städte – vor allem nach dem Anschluß Oberschlesiens an das deutsche Eisenbahnnetz 1844 – vonstatten ging, mag aber das Beispiel Beuthen demonstrieren: 1844 zählte Beuthen nur 4100 Einwohner. 1858 hatte sich die Zahl bereits auf 8200 verdoppelt. Und nicht einmal 30 Jahre später (1885) lebten in Beuthen bereits 25 000 Menschen; das heißt, «leben» dürfte eine beschönigende Umschreibung für die Verhältnisse sein, unter denen die Arbeiter, die aus der ländlichen Umgebung in die aus dem Boden schießenden oberschlesischen Industriestädte strömten, vegetierten. Denn der Ausbau vieler Orte erfolgte Ende des vergangenen Jahrhunderts nach dem Goldgräberprinzip des Wilden Westens. Das einzige Ziel war, Kohlengruben in und Hüttenwerke aus dem oberschlesischen Boden zu stampfen – in Deutschland lief die Bismarcksche Rüstungspolitik an, und Stahl und Eisen wurden in Ideologie und Praxis die wichtigsten Elemente deutscher Politik. Der Ausbau vieler bis dahin unbedeutender Orte zu Industriestädten – wie zum Beispiel der von Königshütte/Chorzow – erfolgte ohne jeden Bebauungsplan. Die Folge: In Beuthen etwa war 1870 die Sterblichkeit die höchste in Europa – jährlich 40 Tote auf 1000 Einwohner. Und von 1000 Toten waren 633 Kinder unter 5 Jahren.

Sowohl den Ersten als auch den Zweiten Weltkrieg hat das oberschlesische Industrierevier so gut wie unversehrt überstanden. Gewechselt haben allerdings die Besitzverhältnisse – und das im nationalen wie im individuellen Sinn. Seit 1742 hatte der größte Teil Oberschlesiens zu Preußen gehört; die Besitzer der meisten Kohlengruben und Hüttenwerke waren Deutsche. Als Folge des Ersten Weltkriegs, des Vertrages von Versailles, der schlesischen Abstimmungen und der polnischen Aufstände wurde Oberschlesien 1921 zwischen Polen und Deutschland geteilt. Ostoberschlesien, in dem sich etwa vier Fünftel der Industrie und der Hauptteil der Kohlenlager befanden, kam zu Polen. 1939 wurden – nach dem Überfall Hitlers auf Polen – die polnischen Gebiete Oberschlesiens dem Deutschen Reich wieder einverleibt.

Die Frage der nationalen Identität Oberschlesiens und der Oberschlesier ist kaum eindeutig zu beantworten. Tatsächlich ist Oberschlesien – im Gegensatz zu Niederschlesien, das bereits früh germanisiert wurde – im Grunde slawisch geblieben. Selbst Versuche Friedrichs des Großen, in Oberschlesien Deutsche anzusiedeln, hatten keinen rechten Erfolg. Erst im vergangenen Jahrhundert, als mit der Entwicklung des Bergbaus und des Hüttenwesens auch viele deutsche Beamte und Arbeiter nach Oberschlesien kamen, verstärkte sich das deutsche Element in dieser Provinz – unterstützt zuletzt durch eine Germanisierungspolitik, die an Offenheit und Rücksichtslosigkeit kaum zu überbieten war: «Aufgabe der deutschen Schule ist es, jetzt vor allem nicht nur diese (Sprach-)Grenze weiter nach Osten zu verlegen, sondern das ganze polnische Oberschlesien zu germanisieren» (Schroller). Dennoch blieben die Germanisierungsergebnisse dürftig. So bezeichneten sich 1861 in Kattowitz zwar 52 Prozent der Bevölkerung als Deutsche, doch auf den Dörfern waren es nur 9 bis 16 Prozent, ein Anteil, der in der Größenordnung später etwa konstant blieb. Erschwerend für die Feststellung der nationalen Identität der Oberschlesier kommt nicht selten hinzu, daß man jahrhundertelang unbekümmert über die Nationalitätengrenze hinweg geheiratet hatte und das Nebeneinander der deutschen und polnischen Sprache – oder gar die Zweisprachigkeit – als etwas Selbstverständliches betrachtete. Auf die Frage, was man denn nun eigentlich sei, Deutscher oder Pole, hatte man oft nur die Antwort: Schlesier. Die Tatsache, daß nicht wenige Schlesier polnischer Herkunft zu Zeiten der Nazis die sogenannte deutsche Volksliste unterschrieben, besagt noch nicht unbedingt etwas über ihr tatsächliches nationales Selbstverständnis; Einschüchterung und Druck dürften ebenso im Spiel gewesen sein wie Opportunismus. So wie es nach dem Zweiten Weltkrieg auch Schlesier deutscher Herkunft gab, die plötzlich ihre polnische Großmutter entdeckten und für Polen votierten.

Das heutige Oberschlesien ist national weitgehend homogen. Die meisten der Oberschlesier, die sich noch als Deutsche fühlen und Anträge auf Ausreise gestellt haben, haben Polen bereits verlassen oder werden es in den nächsten Jahren tun. Sicher werden auch eine ganze Reihe deutscher Oberschlesier – aus den verschiedensten Gründen – in Polen bleiben. Doch sie werden weder politisch noch gesellschaftlich oder wirtschaftlich eine gesonderte Rolle spielen.

Wirtschaftlich gilt das oberschlesische Industriegebiet um Kattowitz als das Rückgrat der polnischen Volkswirtschaft. In mehr als 60 Kohlengruben – davon allein 7 in Beuthen, 6 in Kattowitz – werden hier jährlich mehr als 150 Millionen Tonnen Steinkohle gefördert. Selbst in der ältesten Grube von Kattowitz, der 1801 entstandenen Grube «Katowice», wird heute noch jährlich mehr als 1 Million Tonnen gefördert. Während eine ganze Reihe der oberschlesischen Kohlengruben erst in den letzten Jahren angelegt wurden – darunter Europas größte Kohlengrube, die Grube «Piast» bei Tychy –, stammen die 14 Eisenhütten Oberschlesiens fast alle aus dem 19. Jahrhundert. Im Jahre 1980 wurde das Stahlwerk «Huta Katowice» in Betrieb genommen – die größte Industrieinvestition in der Geschichte Polens. Doch was als größtes und modernstes Stahlwerk Mitteleuropas geplant war, wurde zum gigantischen Fehlschlag. Verfall des Stahlpreises auf dem Weltmarkt, bedingungslose Abhängigkeit vom sowjetischen Erz und mangelnde Qualität der Produktion haben diesen Betrieb heute zu einer der größten Belastungen der polnischen Volkswirtschaft werden lassen. Inzwischen wird, wie bei

IN DER LANDSCHAFT

kastanien rauschen unten meeres-
   flüstern
kerzen blühender bäume verdämmern
   im düstern
der weg gegenüber vergoldet sich
   doppelt im hain
die einöden trüben im rauschen des
   abends sich ein
auf der pferde glänzenden rücken
mit üppigem gras schlanke mädchen
   sich wiegen

am wegkreuz ein hügel
eine kapelle kühl wie korallen
im halbdämmer dort das kreuz
   und ein engel
von fischern verlaßne gelübde
im zerschlagenen krug die vergessene
   zeit
des mohns schon lange verschimmeltes
   leid

meeresrauschen kastanien
pferde trüben das gold überm wasser
   mit hufen
eine der reitenden hob ihre hand
ein zeichen gebend wie mit einem ruder
ein fohlen blieb bei der kapelle verirrt
sah ins innere berührte mit weicher
   lippe die tür
und wieherte auf kindlich verwirrt

JOZEF CZECHOWICZ *(geb. 1903)*.
Übertragung von Heinz Czechowski

anderen schlesischen Großbetrieben, über eine «Gesundschrumpfung» nachgedacht, ein Vorhaben, das in der traditionsreichen und selbstbewußten oberschlesischen Industrieregion aber auch erhebliche soziale, psychologische und gesellschaftliche Probleme aufwirft. Das Gespenst der Arbeitslosigkeit geht inzwischen auch in Oberschlesien um.

Neben der klassischen oberschlesischen Eisenindustrie hat sich ein neuer Industriezweig entwickelt. In Tychy und Bielsko-Biala, südlich von Kattowitz, sind Autofabriken entstanden, die in italienischer Lizenz Kleinwagen herstellen. Diese Produktion geht auf eine persönliche Initiative des langjährigen Parteichefs von Kattowitz, Edward Gierek, zurück. Sie gilt als Beispiel dafür, wie Gierek den Anschluß an die großen Industrienationen des Westens finden wollte. Denn während für Gomulka das private Auto eine Art kapitalistisches Teufelsding war, geeignet, die sozialistische Moral der Bevölkerung zu untergraben, ist für Gierek die Motorisierung nicht nur ein Instrument zur Ankurbelung der Volkswirtschaft, sondern auch ein Stimulans zur Hebung der politisch-gesellschaftlichen Moral. Und so begann er 1968, noch als Parteichef von Kattowitz und gegen den Willen Gomulkas, heimlich mit dem Bau der Kleinwagenfabriken – getarnt als «Fabriken für mechanische Teile».

So ist das Bild, das Oberschlesien heute bietet, zum Teil sehr gegensätzlich: Kohlengruben und Eisenhütten vom Anfang des vergangenen Jahrhunderts neben Betrieben auf dem neuesten Stand der zeitgenössischen Technologie; von Ruß und Abgasen zerfressene alte Bergmannssiedlungen neben modernen Wohnblocks; Auto-Schnellstraßen neben Straßenbahnen, die direkt aus dem Museum zu kommen scheinen. Von allen polnischen Wojewodschaften (mit Ausnahme der Stadt-Wojewodschaften Warschau und Lodz) hat die Wojewodschaft Kattowitz die höchste Bevölkerungsdichte – in Chorzow/Königshütte beträgt sie 4635 Einwohner auf den Quadratkilometer –, aber auch das Pro Kopf-Einkommen der Bevölkerung ist das höchste. Auch der Grad der privaten Motorisierung ist in Oberschlesien der höchste, wie auch die Versorgung mit Nahrungsmitteln und Konsumgütern besser ist als in den übrigen Teilen des Landes. Doch aus dem Herzstück der polnischen Volkswirtschaft, dem oberschlesischen Industrierevier, ist längst die Problemregion Polens geworden. Nicht nur Strukturprobleme und drohende Arbeitslosigkeit belasten Oberschlesien, sondern vor allem die Tatsache des seit Jahrzehnten auf geradezu kriminelle Weise vernachlässigten Umweltschutzes. Die Zahl der Krebserkrankungen und der Erkrankungen der Atemwege ist die höchste aller Industrieregionen Europas. Und der Sicherheitsstandard vieler Kohlegruben und Hüttenwerke läßt westliche Fachleute immer aufs neue erschauern. Nicht zuletzt dürfte hierin eine der Ursachen dafür liegen, daß der Strom der Aussiedler aus dieser einst so blühenden Industrieregion bis heute nicht abreißt. Die Sanierung Oberschlesiens, darüber ist sich die polnische Führung im klaren, wird bis ins nächste Jahrtausend dauern.

Der gotische Innenhof des Collegium Maius der Jagiellonen-Universität mit Kreuzgang aus dem 15. Jahrhundert in Krakau. Die Stadt gilt als das an Denkmälern der Kultur und aus der Wirtschaft reichste Gebiet Polens.

Nächste Doppelseite: Der Wawel, das Königsschloß von Krakau. Einige Teile sind etwa tausend Jahre alt. Anfang des 16. Jahrhunderts ließ Sigismund I. das Schloß im Renaissancestil umbauen. Es gehört heute in Europa zu den imposantesten Bauwerken seiner Art. Dank einer Überraschungstaktik der Roten Armee entging Krakau in den letzten Kriegswochen der von der deutschen Wehrmacht geplanten Zerstörung.

NON·NOBIS·DOMINE·NON·NOBIS·SE

NOMINI·TVO

Im Treppenaufgang des Collegium Novum zu Krakau.

In einem Krakauer Kaffeehaus. In der Stadt ist noch heute ein Hauch alter K.-u.-K.-Gemütlichkeit spürbar.

Gang in den Krakauer Tuchhallen aus dem 16. Jahrhundert (siehe auch Seite 206 f.).

In den im Renaissancestil erbauten Krakauer Tuchhallen wird noch heute gehandelt, allerdings nicht mehr mit Tuchen, sondern mit Kunstgewerbe und Andenken.

Oben: die Tuchhallen auf dem Krakauer Marktplatz, der als der größte Stadtplatz des mittelalterlichen Europa gilt. Unten: die Marienkirche auf dem Marktplatz. Der ursprünglich gotische Bau erhielt seine heutige Gestalt um 1400. Im Inneren der Kirche befindet sich der berühmte Hochaltar von Veit Stoß (siehe Seite 226). Vom Turm erklingt stündlich ein Trompetensignal, das mitten in der Melodie abrupt abbricht; an dieser Stelle des Weckrufes soll (nach der Überlieferung) der Turmwächter von einem Pfeil der heranstürmenden Mongolen getroffen worden sein.

Nächste Doppelseite: Siebzehn Kilometer östlich von Rzeszow in Südostpolen liegt Łancut, eine der schönsten Magnatenresidenzen Polens aus dem 17. Jahrhundert, die später im französischen Neobarockstil umgebaut wurde.

Ein Schäfer mit seiner Herde in der Hohen Tatra in der Nähe von Zakopane, dem berühmten Luftkurort und Zentrum des Wintersports.

Marktszenen in Krakau. – Auch vom Durchschnittsalter der Einwohner her ist die Stadt an der Weichsel eine der ältesten Städte Polens …

Köche mit einer Gulaschkanone in der Nähe der Krakauer Marienkirche.

... Doch nicht nur dieser vergleichsweise hohe Anteil älterer Menschen bedingt, daß in Krakau vieles ohne die Hektik anderer polnischer Großstädte geschieht.

Seite 212 und 213: landschaftliche Schönheiten in der Hohen Tatra, dem höchsten Teil der Karpaten. Die Hohe Tatra ist im wesentlichen ein Gebirgsstock mit zackigem Kamm und scharfgratigen Gipfeln aus Granit. Noch heute leben hier Braunbären, Luchse, Dachse, Adler, Salamander, Hochgebirgsgemsen und Murmeltiere. Auf dem Hauptkamm der Hohen Tatra verläuft seit 1920 die polnisch-tschechoslowakische Grenze.

Oben und unten: Morski Oko (Meeresauge), einer der schönsten der dreiundvierzig Bergseen in der Hohen Tatra. Bis zu einer Höhe von 1600 Meter wachsen in dieser Region Fichten und Lärchen.

Nächste Doppelseite: Die Hala Ornak-Baude am Ende des Koszieliska-Tals ist nach einer etwa zweistündigen Wanderung von Zakopane aus zu erreichen.

Ogrodzieniec – eine Burgruine aus dem 13. Jahrhundert im nördlichen Krakauer Jura, die von Filmregisseuren häufig als Filmkulisse für Historienfilme benutzt wird.

Krakau und der Südosten

Krakau

Krakow – die schönste der polnischen Städte. Sie gilt als Stadt der Museen – und ist selbst ein Museum. Von Krakau, so sagt man in Polen, kann man berichten, ohne jemals aufzuhören. Es erhebt sich nur die Frage, wo man beginnt. Beginnen könnte man beispielsweise schon mit der Zeit vor 50000 Jahren. Denn, wie ein polnischer Reiseführer stolz vermerkt, Krakau ist die «einzige Stadt Mitteleuropas, deren Geschichte in die Altsteinzeit zurückreicht» (Adamczewski). Aus dieser Zeit sind die Spuren erster menschlicher Besiedlung im Raum Krakau erhalten – Werkzeuge steinzeitlicher Mammut- und Nashornjäger.

Auf jeden Fall begonnen werden muß die Geschichte Krakaus jedoch mit dem 11. Jahrhundert. Damals wurde Krakau – nach Gnesen – der Krönungsort der polnischen Könige, die Hauptstadt der Piasten und Jagiellonen. Bis 1596 blieb Krakau, das 1257 Magdeburger Stadtrecht erhalten hatte, die Hauptstadt Polens. Und manche meinen, sie wäre es bis heute – zumindest heimlich.

Seine Blütezeit erlebte Krakau zwischen dem 12. und 17. Jahrhundert. In dieser Zeit, in der Krakau übrigens auch der Hanse beitrat, entstanden all jene Bauten, die noch heute das Gesicht dieser Stadt prägen: das Königsschloß (der Wawel), die Marienkirche, der Marktplatz, die Tuchhallen, die Universität, die Stadttore. Hatten ursprünglich romanische und gotische Architekturelemente im Bild der Stadt überwogen, so wurden sie seit dem 15. Jahrhundert überlagert von den Einflüssen der italienischen Renaissance. Krakau in seiner historischen Form ist das Werk der Künstler und Baumeister vieler Nationen: Polen und Italiener haben ebenso daran Anteil wie Deutsche und Böhmen. Krakau in der Zeit vom Mittelalter bis zur Renaissance kann als Beispiel dafür gelten, wie fruchtbar das Zusammenwirken verschiedenster europäischer Nationen und Kulturkreise auf engstem Raum sein kann. Und die Person, die diese Symbiose auf eindrucksvollste Weise verkörpert, ist zweifellos Veit Stoß. Der in Nürnberg geborene Bildschnitzer schuf – gerufen von der deutschen Gemeinde – zwischen 1477 und 1489 seine grandiosesten Werke in Krakau, der Hauptstadt Polens. Hier fühlte er sich wohler als in seiner Vaterstadt, die ihn nach der Rückkehr aus Polen elend zugrundegehen ließ. In Krakau heiratete er eine Polin, und in Krakau ließ er einen Sohn zurück, der nicht nur sein künstlerisches Werk weiterführte, sondern sich selbst bereits in erster Generation als Pole fühlte. Und noch ein berühmter Mann, um den sich Deutsche und Polen zu streiten pflegen, ist entscheidend von Krakau geprägt worden: Nikolaus Kopernikus, der von 1491 bis 1495 an der Universität in Krakau studierte.

Der Niedergang Krakaus im 18. Jahrhundert erfolgte teils aus innerer Schwäche, teils aber durch Umstände, auf die die Stadt selbst keinen Einfluß hatte. Da waren einmal die Entdeckungen neuer Kontinente und die Entwicklung des Seeverkehrs, der die klassischen Handelsstraßen, die von West nach Ost (Bayern–Breslau–Kiew) und Süd nach Nord (Balkan–Ostsee) durch Krakau führten, zunehmend an Bedeutung verlieren ließ; es war zum anderen Polens Union mit Litauen (1569), durch die Krakau an die Peripherie des polnischen Staatsge-

ES BRENNT!

Es brennt, Brüder, ach, es brennt!
Ach, unser armes Städtchen, alles
brennt!
Böse Winde voller Rasen
reißen, brechen und zerblasen,
fahren in die wilden Flammen,
alles ringsum brennt!

Und ihr steht und guckt nur um
euch
und regt nicht die Händ.
Und ihr steht und guckt nur um
euch,
wenn unser Städtchen brennt.

Es brennt, Brüder, ach, es brennt!
Ach, unser armes Städtchen, alles
brennt!
Es haben schon die Feuerzungen
das ganze Städtchen heiß umschlun-
gen,
und die bösen Winde blasen,
alles ringsum brennt!

Und ihr steht und guckt nur um
euch...

Es brennt, Brüder, ach, es brennt!
Es kann, behüte, kommen der
Moment:
Unsre Stadt mit uns zusammen
wird zu Asche, steht in Flammen,
bleiben solln wie nach der Schlacht
nur schwarze, leere Wänd!

Und ihr steht und guckt nur um
euch...

Es brennt, Brüder, helft, es brennt!
Die Hilfe liegt in eurer Hand, es
brennt!
Ist euch euer Städtchen teuer,
nehmt die Eimer, löscht das Feuer,
löscht mit eurem eignen Blut,
beweist, daß ihr es könnt!

Steht nicht, Brüder, steht nicht
länger
und regt nicht die Händ!
Steht nicht, Brüder, löscht das
Feuer
unser Städtchen brennt! ...

MORDECHAI GEBIRTIG, *Lied aus dem Krakauer Ghetto (übertragen von Heinz Kahlau). Der Autor kam bei der Vernichtung des Krakauer Ghettos am 4. Juni 1942 ums Leben.*

bietes geriet, und es waren schwedische, russische, sächsische und preußische Truppen, die im 17. Jahrhundert fast ohne Unterlaß Krakau belagerten, eroberten, plünderten oder zerstörten. Zu Ende des 18. Jahrhunderts war die Einwohnerzahl Krakaus von 40000 auf 9000 zurückgegangen, die Straßen und Häuser der Stadt verödet.

Nach der 3. Teilung Polens kam Krakau zu Österreich, und nach dem Wiener Kongreß wurde es, da sich die Großmächte nicht einigen konnten, zum Freistaat. Dreißig Jahre später – 1846 – wurde es, nach wiederholten Aufständen, wieder Österreich einverleibt und hatte von allen polnischen Besatzungszonen das beste Los gezogen, denn in dem Vielvölkerstaat der K.-u.-k.-Monarchie herrschte ein vergleichsweise liberales Klima: Seit 1867 gab es in Galizien, wie Krakau und die östlich davon gelegenen Landstriche offiziell genannt wurden, eine ständige polnische Verwaltung mit einem polnischen Statthalter. Polnisch blieb Amtssprache, und ein Kulturkampf – wie im preußisch und russisch besetzten Teil Polens – fand praktisch kaum statt. So konnte Krakau zu Ende des vergangenen Jahrhunderts als wissenschaftliches und kulturelles Zentrum einen Aufschwung nehmen wie keine andere Stadt Polens. Die aus jener Zeit resultierende kulturelle Orientierung Krakaus an Wien ist bis heute spürbar – und das Gesellschaftsleben der Stadt bis heute durchweht von einem Hauch K.-u.-k.-Monarchie. Aus der nostalgisch verklärten Sympathie für diese Lebensform macht auch kaum jemand in Krakau ein Hehl. Der Sympathie für die Habsburger Monarchie kann auch die Tatsache keinen Abbruch tun, daß die Österreicher das Nationalheiligtum Wawel, das Krakauer Königsschloß, zur Kaserne umfunktionierten.

In krassem Gegensatz zu dem Andenken, das man der österreichischen Zeit Krakaus bewahrt hat, stehen die Erinnerungen der Krakauer an Hitlerdeutschland. Nicht nur, daß die Nazis Krakau zur Hauptstadt des sogenannten Generalgouvernements machten und Generalgouverneur Frank als Dienstsitz und Residenz ausgerechnet den Wawel bezog – das Schreckensregime, das die Nazis in Krakau führten, war dazu angetan, alles, was es an deutsch-polnischen Gemeinsamkeiten in der Geschichte dieser Stadt gegeben hat, vergessen zu machen. Von den fast 70000 Juden, die es vor dem Krieg in Krakau gab, haben nur einige wenige überlebt; daß Auschwitz in unmittelbarer Nachbarschaft Krakaus liegt, ist seither aus dem Bewußtsein der Weltöffentlichkeit nicht mehr zu löschen. Doch die Ausrottungspolitik der Nazis richtete sich auch in Krakau nicht nur gegen die jüdische Bevölkerung. Bereits am 6. November 1939 wurden 183 Professoren, Dozenten und Assistenten der Krakauer Jagiellonen-Universität verhaftet und ins «Reich» deportiert – in die Konzentrationslager Sachsenhausen, Dachau und Mauthausen. Alle Hochschulen, Theater und Museen wurden geschlossen, die Denkmäler der polnischen Nationalhelden und Dichter niedergerissen (u.a. die Denkmäler von Kosciuszko und Mickiewicz). Nicht nur aus den Museen und Bibliotheken wurden die Kunstschätze geraubt und nach Deutschland verschleppt, sondern auch aus den Kirchen Krakaus – selbst der Marienaltar des Veit Stoß...

Die Gebäude Krakaus haben den Zweiten Weltkrieg unversehrt überstanden. Ein überraschendes Umfassungsmanöver der sowjetischen Truppen verhinderte die von den Nazis vorgesehene Sprengung der bereits unterminierten Altstadt und des Wawelschlosses. Die Tatsache, daß der Stadtkern in seiner historischen Form erhalten blieb, macht einerseits den Reiz des heutigen Krakau aus, zum andern jedoch stellt sie die Behörden der Stadt vor immense Probleme. Denn anders als in Danzig und Warschau muß die unerläßliche Restaurierung der Krakauer Altstadt gleichsam am lebenden Organismus vorgenommen werden – ein Prozeß, den man aus Geldmangel, aber auch städteplanerischer Ratlosigkeit zunächst lange hinauszögerte. Erst in den sechziger Jahren, als das historische Krakau bereits auf dem besten Weg war, eine sterbende Stadt wie Venedig zu

Durchblick auf einen Teil der alten Stadtmauer in der Nähe des Florianstores in Krakow/Krakau.

Straßencafé in Krakow/Krakau.

Man spürte schon überall in der Luft die Kirchweihstimmung; Festtag war in den mit frischem Grün geschmückten Häusern, in dem von Licht durchleuchteten Umkreis, in den freudigen Stimmen der Menschen und in all dem Unaussprechbaren, was über den Feldern zu wehen schien und die Herzen der Kirchgänger mit stiller, festlicher Seligkeit erfüllte.
Die Bäume auf den Feldrainen standen wie Wachtposten und starrten in die Sonne; und tiefer, so weit nur das Auge reichen konnte, lagen die grünen Felder und fluteten wie Wasser hin und her, nach den Wegen zu und nach den Rainen und Gräben, die wie geblümte Bänder voll weißer, gelber und lila Farben sich dahinzogen. Es blühte schon der Rittersporn; es blühten die Winden, die aus dem Roggenfeld mit heimlichen, duftenden Kelchen hervorlugten; es blühten die Kornblumen, die an Stellen, wo das Getreide nicht so gut stand, so dicht wuchsen, daß es war, als hätte sich da der Himmel ausgebreitet; es blühten in ganzen Büscheln allerhand wilde Wikken, Hahnenfuß, Gänseblumen und rostrote Disteln, Hederich und Klee, Tausendschönchen und wilde Kamillen und Tausende anderer Feldblumen standen in Blüte, deren Namen nur der Herr Jesus weiß, denn für ihn nur blühen sie und duften. Ein Weihrauchdunst stieg von den Feldern auf, ganz wie in der Kirche, wenn Hochwürden das Weihrauchschiffchen schwenkt.

WLADYSLAW REYMONT, *«Die Bauern»*

werden, faßte Polens Ministerrat den Beschluß zur Sanierung der Altstadt von Krakau. Erschwert werden die Arbeiten vor allem durch die Tatsache, daß die Bewohner der historischen Straßenzüge und Häuser für die Dauer der Restaurierungsarbeiten umgesiedelt werden müssen und daß man in fast jedem historischen Gebäude neue, bis dahin unbekannte Kunstwerke, zum Teil in Form übermalter Fresken oder verdeckter Architekturelemente, entdeckt, die man nach Möglichkeit sichern und in ihrer ursprünglichen Form in das Gesamtkonzept der restaurierten Altstadt einbringen möchte. Unter allen gegenwärtigen Problemen Krakaus ist die Sanierung der Altstadt nach wie vor das schwierigste.

Ein anderes, eher politisch-psychologisches Problem Krakaus ist ebenfalls erst zum Teil bewältigt: Nicht zuletzt in der Absicht, der Stadt ihren in der K.-u.-k.-Zeit geprägten «bourgeoisen Charakter» zu nehmen und sie gleichsam ein wenig zu proletarisieren, begann man 1949 in unmittelbarer Nachbarschaft Krakaus mit dem Bau eines gigantischen Stahlwerkes, der Nowa Huta, sowie eines neuen Stadtteils gleichen Namens. Heute produziert die Nowa Huta («Neue Hütte») mehr Stahl als alle Hüttenwerke Polens vor dem Krieg zusammen; doch die Stadt Nowa Huta, geplant als sozialistische Musterstadt und entworfen mehr auf dem Reißbrett der stalinistischen Ideologen als auf dem der Architekten, unterscheidet sich heute kaum von anderen modernen Stadtgründungen in Polen. In zähem Ringen haben sich die inzwischen 215000 Einwohner Nowa Hutas die Genehmigung zum Bau ursprünglich nicht vorgesehener Kirchen in ihrer Stadt erkämpft und durchgesetzt, daß im Theater von Nowa Huta nicht mehr wie in den fünfziger und sechziger Jahren weltweit beachtetes, experimentelles proletarisches Theater gemacht wird, sondern Komödien und Operetten den Spielplan beherrschen, wie sie von jeher vor allem den Geschmack eines kleinbürgerlichen Publikums bestimmten. Die für die Entwicklung des Theaters weit wichtigere Arbeit wird nach wie vor in Krakau geleistet – vor allem am historischen «Alten Theater», an dem der unlängst tragisch ums Leben gekommene Konrad Swinarski arbeitete und an dem heute so weltberühmte Regisseure wie Andrzej Wajda und Jerzy Jarocki inszenieren. Aber auch auf dem Gebiet des Kabaretts und der bildenden Kunst gilt Krakau heute als die führende Stadt Polens; das kulturelle und politische Interesse der mehr als 50000 Studenten, die an den elf Hochschulen Krakaus studieren, ist dabei ein idealer Nährboden. Und daß Krakau auch an Weltoffenheit der Hauptstadt Warschau kaum nachsteht, beweisen nicht zuletzt die seit 1964 alljährlich in Krakau durchgeführten Internationalen Kurzfilmtage – die angesehensten und wichtigsten im Ostblock.

Südostpolen – die Tatra und das Bieszczady-Gebirge

«Man kann viele Gegenden und Städte Polens nicht gesehen haben, aber die Tatra muß man gesehen haben.» Gegen diesen Satz aus einem bekannten polnischen Reiseführer muß man heute wohl polemisieren – nicht gegen das, was er über die Tatra sagt, wohl aber was Zakopane angeht. Wer heute Polen bereist, kann sich Zakopane getrost schenken. Zwar gilt dieser Ort, 120 Kilometer südlich von Krakau am Fuß der Tatra, noch immer als die «Winterhauptstadt» Polens, doch wer unter den polnischen Touristen etwas auf sich hält, meidet Zakopane und zieht in die Dörfer der Umgebung. Nur wenige Wintersportorte in Europa dürften durch planlose Zersiedlung, phantasielose Architektur und lieblos betriebenes Fremdenverkehrsgewerbe so viel von ihrem ursprünglichen Reiz eingebüßt haben wie Zakopane. Mit mehr als 30000 Einwohnern schon außerhalb der Saison hoffnungslos übervölkert, verwandelt es sich in den klassischen Urlaubsmonaten des Sommers und Winters in eine lärmende, hektische, durch Autoabgase und rußende Schornsteine verschandelte Karawanserei, die die meisten Tou-

Fortsetzung Seite 226

Ein Schäfer mit seinen Hirtenhunden und seiner Herde in der Nähe von Dukla im Bieszczady-Gebirge (westliche Karpaten). Diese Region im Südosten Polens hat die geringste Bevölkerungsdichte. Das Klima ist rauh, der Boden karg, ein Gebiet ohne Industrie, in das sich bis heute nur selten ausländische Touristen verirren. Dem einen gilt dieser Landstrich als das «Sibirien Polens», dem anderen als eines der letzten Paradiese Europas.

Oben und unten: Landarbeiter während der Kartoffelernte.

Noch immer nicht einfach: Versorgung mit Lebensmitteln erfordert Geduld und Findigkeit (Katowice/ Kattowitz)

Noch heute gehören Pferdefuhrwerke in den ländlichen Regionen Polens zum alltäglichen Bild. – Ein Bauer ist mit seinem Fuhrwerk von einer viel befahrenen Chaussee abgebogen und wird von einem Polizisten zur Rede gestellt: «Weshalb hast du nicht angezeigt, daß du nach links abbiegen willst?» Der Bauer erstaunt: «Wieso? Es wissen doch alle, daß ich hier wohne.»

Schach, eine der beliebtesten Freizeitbeschäftigungen in Polen.

Bäuerinnen in der Nähe von Bialowieza. Fast 80 Prozent des Bodens in Polen befinden sich in der Hand privater Einzelbauern. Die meisten beackern ihre Felder noch nach Altväterweise.

Der Ertrag ihrer Böden wird von den kleinen Privatbauern am Markttag in der nächsten Stadt verkauft.

Der Hochaltar von Veit Stoß in der Krakauer Marienkirche (Ausschnitt). An diesem Altar, der zweitausend aus Lindenholz geschnitzte, bemalte und vergoldete Figuren zeigt und dreizehn Meter hoch ist, hat Veit Stoß zwölf Jahre gearbeitet (1477–1489). Während des Zweiten Weltkrieges wurde der Altar von den Nazis nach Nürnberg verschleppt. Nach einer dramatischen Such- und Rettungsaktion des Krakauer Kunsthistorikers Karol Estreicher kehrte er 1957 auf seinen alten Platz in die Marienkirche zurück.

risten mehr Nerven kostet als regeneriert. Die Frage, wie es dazu kommen konnte, wird in der polnischen Presse ausführlich diskutiert, doch die Suche nach den wirklich Schuldigen dreht sich dabei zumeist im Kreis.

Ungebrochen hingegen ist der Reiz der Umgebung Zakopanes. Hier hat man durch das Anlegen des Tatra-Nationalparks und durch überaus strenge Naturschutzbestimmungen die Schönheit des Tatragebirges voll erhalten können. Die Tatra ist der höchste Teil der Karpaten, die die südliche Grenze Polens bilden. Es ist eine durchaus alpine Gebirgslandschaft, ohne allerdings die Gipfelhöhen der Alpen zu erreichen (der höchste Gipfel, der Gerlach mit 2663 Metern, befindet sich bereits auf slowakischer Seite). In den Tälern und an den Felshängen der Tatra finden sich mehr als 1700 Pflanzenarten, darunter noch Überreste aus dem Tertiär. Neben Luchsen, Gemsen und Adlern kann man auch auf Braunbären – und in manchen Wintern auf Wölfe – stoßen.

Während die gesamte Tatra von einem gut angelegten und übersichtlichen Netz von Wanderwegen durchzogen ist, sind die Wintersportmöglichkeiten – vor allem die alpinen – nach wie vor auf die unmittelbare Umgebung Zakopanes beschränkt; und der Andrang an den Liften und Seilbahnen, vor allem zum höchsten Gipfel der Gegend, dem Kasprowy Wierch (1985 m), lassen manch einen resignieren und von den Skiern auf den Schlitten umsteigen, vor allem auf den traditionellen Pferdeschlitten, mit dem die Bauern der Umgebung Zakopanes Winter für Winter mehr verdienen als mit ihrer Landwirtschaft während des ganzen Jahres.

Weit weniger erschlossen als die Tatra ist ein anderer Teil der polnischen Karpaten – das im äußersten Südostzipfel Polens gelegene Bieszczady-Gebirge, eine zum Teil urwaldähnliche Landschaft, die zu den eigenartigsten und unberührtesten Europas gehört. Die Einheimischen nennen sie «Polens Wilden Westen» oder das «Sibirien Polens». In dieser Gegend, die im Dreiländereck zwischen Polen, der CSSR und der Sowjetunion liegt und die vor dem Krieg vor allem von Ukrainern bewohnt wurde, hat sich in den Jahren von 1945 bis 1949 das dunkelste Kapitel der polnischen Nachkriegsgeschichte abgespielt – der Kampf zwischen polnischer Sicherheitspolizei und ukrainischen Nationalisten. Der Kampf, in dem sich beide Seiten an Grausamkeit nicht nachstanden, endete mit der völligen Vernichtung der ukrainischen Verbände, dem Niederbrennen von mehr als hundert Dörfern und der Deportation der gesamten ukrainischen Bevölkerung, vorwiegend an die Ostseeküste zwischen Danzig und Stettin. Die Hintergründe dieses Kampfes sind überaus vielschichtig: Die jahrhundertelangen Auseinandersetzungen zwischen Polen und Ukrainern spielen hierbei ebenso eine Rolle wie der Umstand, daß während des Zweiten Weltkriegs ukrainische Nationalisten mit den Nazis gegen Polen kollaboriert hatten. Tatsache ist, daß – wie ein offizieller polnischer Reiseführer schreibt – das Bieszczady-Gebirge 1948 «fast gänzlich entvölkert» war. Und Tatsache ist auch, daß erst Ende der fünfziger Jahre die polnische Regierung den Beschluß faßte, diese Region wieder systematisch zu besiedeln und zu bewirtschaften. Die ersten, die in die Bieszczady zurückgingen, waren Holzarbeiter, wie sie Marek Hlasko in seinem berühmten Roman «Der nächste ins Paradies» beschrieben hat, und Strafgefangene. Und auch heute noch werden viele Arbeiten in diesem Gebiet von Sträflingen ausgeführt. Freiwillige für die Arbeit hier sind nur schwer zu finden. Die Nachkriegsgeschichte scheint noch immer wie ein Schatten über dieser Gegend zu liegen. Selbst jüngste polnische Landkarten verzeichnen im Bieszczady-Gebirge Dörfer, die es schon seit mehreren Jahrzehnten nicht mehr gibt. Nur mit einiger Mühe lassen sich unter dem wildwuchernden Gras und Gesträuch die Stellen erkennen, an denen einst Häuser gestanden haben.

Wichtigster Wirtschaftszweig des Bieszczady-Gebirges ist bis heute die Holzwirtschaft, auch wenn sich die Behörden intensiv darum bemüht haben, auch Bauern zur Neubesiedlung der Bieszczady zu gewinnen. Doch das Klima in den Bieszczady ist rauh, und die Vegetationszeiten sind kurz. Bei manchen Neusiedlern ist die Saat im Zeitraum von 15 Jahren nur zweimal aufgegangen. Die Erde, so sagen die Leute hier, will nicht gebären. Kein Wunder, daß von den Bauern, die nach 1958 hierherkamen und vom Staat kostenlos 20 Hektar Land erhielten, fast 40 Prozent die Bieszczady bereits im Laufe von drei Jahren wieder verlassen haben. Heute ist man dazu übergegangen, die Bieszczady vor allem mit Hilfe staatlicher Großbetriebe zu bewirtschaften. Zugleich will man mit dem allmählichen Aufbau einer Tourismusindustrie beginnen. Doch vorläufig sind die Bieszczady noch das am dünnsten besiedelte Gebiet Polens, das wildeste und faszinierendste. Und wohl nur der, der auch diese Gegend kennt, kann über ganz Polen sagen, was der deutsche Schriftsteller Alfred Döblin 1926 in dem wohl schönsten Polenbericht deutscher Sprache feststellte: «Es gibt dieses Land. Ich weiß es herzlich.»

EINE ZEIT WIRD SEIN

Eine Zeit wird sein ohne Krieg und Hassen,
wird die Mütter sanft wie die Dämmrung schlafen lassen.
Pole, Deutscher, Russe werden nach der Arbeit Ruhe finden,
und ein Sinn wird sie einem Kinderreigen gleich verbinden.

All die müden Schläfen werden nicht mehr schwere Helme fühlen,
und der Abend wird alle Glut der Erde kühlen.
Menschen, die den Blick in Träume tauchen,
werden der Natur entreißen, was sie brauchen,
daß sie ihre Tage sicher und beglückend nennen,
daß auch ihre Kindeskinder einst noch ihre Werke kennen.
Die Gedanken solln sie teilen miteinander wie das Mahl,
ungetrübt sein wird ihr Traum von des Mordens Qual.

STANISLAW PIETAK (*geb. 1909*).
Übertragung von Christine Wolter

Bibliographische Angaben

Bajear, Adam: Polen Reiseführer, Warszawa 1971
Bartoszewski, Wladyslaw: Der Todesring um Warschau 1939–1944, Warszawa 1969
Berndt, Günther/Strecker, Reinhard: Polen – ein Schauermärchen, Reinbek 1971
Bethell, Nicholas: Die polnische Spielart, Gomulka und die Folgen, Wien/Hamburg 1971
Birnbaum, Imanuel: Entzweite Nachbarn, München 1968
Böll, Heinrich u.a. (Hrsg.): Verantwortlich für Polen? Reinbek 1982
Bozyk, Pawel: Die Volkswirtschaft der Volksrepublik Polen, Warszawa 1975
Bremer, Jörg: Polen-Alltag, Stolz und Hoffnung, Braunschweig 1987
Broszat, Martin: Nationalsozialistische Polenpolitik 1939–1945, Frankfurt/M. 1965
Broszat, Martin: 200 Jahre deutsche Polenpolitik, Frankfurt/M. 1972
Budrewicz, Olgierd: Polen für Entdecker, Warszawa 1976

Ciborowski, Adolf: Warschau, Zerstörung und Wiederaufbau der Stadt, Warszawa 1969

Dedecius, Karl: Überall ist Polen, Frankfurt/M. 1974
Dedecius, Karl: Deutsche und Polen, Stuttgart
Döblin, Alfred: Reise in Polen, Olten und Freiburg 1968 (1926)

Fejtö, François: Geschichte der Volksdemokratien, Graz o. J.

Gaehme, Tita (Hrsg.): Aber eines Tages war das nicht mehr so. Polen 1980, Köln 1981
Gatter, Peter: Der weiß-rote Traum. Polens Weg zwischen Freiheit und Fremdherrschaft. Düsseldorf 1983
Gatter-Klenk, Jule: Vielleicht auf Knien, aber vorwärts! Gespräche mit Lech Walesa. Königstein/Taunus 1983
Gesellschaft und Staat in Polen. Historische Aspekte der polnischen Krise. Hrsg. von Hans H. Hahn u.a., Berlin 1988
Gielzynski, Wojciech: Polen heute, Wien/Düsseldorf 1973
Gieysztor, Aleksander/Herbst, Stanislaw/Lesnodorski, Boguslaw: Tausend Jahre Polen, Warszawa 1976
Gottlieb, Albert: Polen, Wien/Leipzig 1935
Grube, Frank und Richter, Gerhard: Der Freiheitskampf der Polen. Geschichte, Dokumente, Analysen, Hamburg 1981

Halecki, Oskar: Geschichte Polens, Frankfurt 1963
Hammel, Wolfgang: Die Ostpolitik Papst Johannes Pauls II., Bern 1984
Handbuch der Historischen Stätten Ost- und Westpreußens, Stuttgart 1966
Heine, Heinrich: Gesamtausgabe der Werke, Bd. 6, Hamburg 1973
Hoensch, J. K./Nasarski, G.: Polen, 30 Jahre Volksdemokratie, Hannover 1975
Hoffmann, Egbert A.: Pommern heute, München 1968
Holzapfel, Helmut: Das katholische Polen, München 1967
Holzer, Jerzy: «Solidarität». Die Geschichte einer freien Gewerkschaft in Polen, München 1985

Jablonowski, Horst: Rußland, Polen und Deutschland, gesammelte Aufsätze, Köln/Wien 1972
Jacobsen, Hans Adolf/Thomala, Mieczyslaw: Wie Polen und Deutsche einander sehen, Düsseldorf 1973
Jacobsen, Hans Adolf u. a. (Hrsg.): Bundesrepublik Deutschland – Volksrepublik Polen, Bilanz der Beziehungen, Frankfurt/M./Warschau 1979
Jaenecke, Heinrich: Polen – Träumer, Helden, Opfer, Hamburg 1981
Johannes Paul II.: Die Hoffnung des Glaubens. Predigten in drängender Zeit. Aus dem Polnischen, eingeleitet und hrsg. von Theo Mechtenberg, Kevelaer 1982

Kellermann, Volkmar: Brücke nach Polen, Stuttgart 1973
Das KOR und der «polnische Sommer». Analysen, Dokumente. Hrsg. von Werner von Mackenbach, Hamburg 1982
Kossmann, Oskar: Lodz, eine historisch-geographische Analyse, Würzburg 1966
Kuhn, Walter: Die deutschrechtlichen Städte in Schlesien und Polen in der ersten Hälfte des 13. Jahrhunderts, Marburg 1968
Kuwaczka, Waldemar: Entspannung von unten Stuttgart/Bonn 1988

Lec, Stanislaw Jerzy: Unfrisierte Gedanken (Aphorismen), hg. v. K. Dedecius, München 1970
Lehndorff, Hans Graf: Ostpreußisches Tagebuch, München 1961
Lewald, Hans: Danzig, so wie es war, Düsseldorf 1974

Markert, W.: Osteuropa-Handbuch. Polen, Köln/Graz 1959
Maziarski, Jacek/Rakowski, Mieczyslaw u. a.: Aufschwung in Polen 1971–1975, Warszawa 1975
Meyer, Enno: Deutschland und Polen 1772–1914, 1914–1970, Stuttgart 1971

Peikert, Paul: Festung Breslau/Wroclaw, Warszawa 1975
Pietrucha, Jerzy: Bevölkerung in West- und Nordpolen, Warszawa 1973
Polen und Europa (Studien zur polnischen Außenpolitik 1931 bis 1939), 2. Aufl. 1965
Polen, Länderberichte Osteuropa, hg. v. Johann Gottfried-Herder-Institut, München/Wien 1976

Rakowski, Mieczyslaw F.: Ein schwieriger Dialog. Aufzeichnungen zu Ereignissen in Polen 1981–1984, Düsseldorf 1985
Rhode, Gotthold: Kleine Geschichte Polens, Darmstadt 1965
Roggemann, Herwig: Die Staatsordnung der Volksrepublik Polen, Berlin 1974
Roos, Hans: Geschichte der polnischen Nation 1916–1960, Stuttgart 1961
Rote Fahnen über Polen – Schriften zum Klassenkampf 34, Streikprotokolle, München 1972
Rutkiewicz, Ignacy: Wroclaw, gestern und heute, Warszawa 1973

Scheyer, Ernst: Breslau, so wie es war, Düsseldorf 1969
Schneider, Rolf/Fischer, Arno: Polens Hauptstädte: Poznan, Krakow, Warszawa, Berlin 1974
Schroller, Franz: Schlesien, Glogau 1890
Schubert, Günter: Unversöhnt. Polen nach dem Priestermord, Köln 1985
Solidarität mit Solidarnosc. Reiseberichte, Interviews, Dokumente. Hrsg. von Peter Bartelheimer, Frankfurt/M. 1981
Solidarnosc. Die polnische Gewerkschaft «Solidarität» in Dokumenten, Diskussionen und Beiträgen 1980 bis 1982. Hrsg. von Barbara Büscher u. a., Köln 1983
Staemmler, Klaus: Polen aus erster Hand, Würzburg 1975
Stehle, Hansjakob: Deutschlands Osten – Polens Westen? Eine Dokumentation, Frankfurt 1965
Stehle, Hansjakob: Nachbar Polen, Frankfurt 1968
Strobel, G. W.: Quellen zur Geschichte des Kommunismus in Polen, Köln 1968
Surminski, Arno: Jokehnen oder Wie lange fährt man von Ostpreußen nach Deutschland, Stuttgart 1974
Swiecki, Andrzej: Volksbildung und Schulwesen in der Volksrepublik Polen, Warszawa 1975

Tomala, Mieczyslaw: Polen nach 1945, Stuttgart 1973

Uschakow, Alexander (Hrsg.): Polen – Das Ende der Erneuerung? München 1982

Walesa, Lech: Ein Weg der Hoffnung. Autobiographie, Wien 1987
Wassermann, Charles: Unter polnischer Verwaltung, Gütersloh 1957
Wirpsza, Witold: Pole, wer bist du?, Luzern/Frankfurt/M. 1971
Wrochno, Krystyna: Die Frau in der Volksrepublik Polen, Warszawa 1969
Wyszynski, Kardinal: Für Freiheit und Menschenwürde, Limburg 1966

Register

Kursive Ziffern verweisen auf die Bildlegenden.

Bei Ortsnamen gilt der polnische Name als Stichwort, bei den deutschen Ortsbezeichnungen steht ein entsprechender Verweis.

Bildnachweis

Bildarchiv Bucher, München: S. 32 unten
Eupra Press Service GmbH, München: S. 74 links
Graphische Sammlung, Zentralbibliothek, Zürich: S. 22, 23, 24 (2), 25, 26 (2), 31 (2), 32 oben, 37 oben
Michael Horowitz, Wien/Diogenes Fotoarchiv, Zürich: S. 7 Mitte
Illustrations- und Photopress AG, Zürich: S. 44, 78
Interpress, Warschau: S. 7 links und rechts, 30 (4), 34, 76 unten, 77 oben
Keystone-Press, Zürich: S. 74 rechts
Barbara Klemm, Frankfurt: S. 83, 132/133
Chris Niedenthal, Warschau: S. 2/3, 4/5, 6 (2), 20 (2), 21 (3), 27, 29, 33 (4), 35 (2), 36 (3) 37 (2) unten, 39, 42 oben, 47, 50, 51, 54, 77 unten, 226
Krzysztof Pawela, Warschau: S. 64 oben, 65 oben
Bildarchiv Preußischer Kulturbesitz, Berlin: S. 41, 42 unten, 43
Ringier Bilderdienst, Zürich: S. 46, 58, 70, 71, 72, 79 (2), 80 (2), 81, 90, 92, 93, 94, 95, 96 (2), 97, 98 links, 99
Leonard Sempolinski, Warschau: S. 53, 55, 56/57
Süddeutscher Verlag, Bilderdienst, München: S. 89, 91, 98 rechts

Alle anderen Farb- und Schwarzweißabbildungen stammen von Peter Hirth, Hamburg.

Quellennachweis

Jerzy Andrzejewski: Warschauer Karwoche. Langen-Müller Verlag, München o. J. (Dann kam der Karfreitag)
Jule Gatter-Klenk: Vielleicht auf Knien, aber vorwärts! Gespräche mit Lech Walesa. Athenäum-Verlag, Königstein 1981. (Gedichte aus der Streikzeitung «Solidarität»; Danziger Abkommen von 1980)
Mordechaj Gebirtig: Jiddische Lieder. Verlag Rütten & Loening, Berlin (DDR) 1966. (Es brennt!)
Frank Grube u. Gerhard Richter: Der Freiheitskampf der Polen. Hoffmann und Campe Verlag, Hamburg 1981. (Leszek Kolakowski, Papstwahl; Mieczyslaw Rakowski, Polens Zukunft)
Zbigniew Herbert: Inschrift, Gedichte aus zehn Jahren. Suhrkamp Verlag, Frankfurt/M. 1973. (Die Fünf)
Johannes Paul II.: Reden des Papstes Johannes Paul II.. Fournes, München 1980. (Rede vom 2. Juni 1979)
Leszek Kolakowski: Was ist Sozialismus? Übersetzt von Karl Dedecius. Aus: Überall ist Polen. Suhrkamp Verlag, Frankfurt/M. 1974.
Merian-Heft Warschau. Hoffmann und Campe Verlag, Hamburg o. J. (Zitate von Stanislaw Lorentz, Julius Stroynowski, Ludwig Zimmerer)
Enno Meyer: Deutschland und Polen, 1914–1970. Ernst Klett Verlag, Stuttgart 1971. (Eine deutsche Gutsbesitzerfrau ... an Göring)
Polnische Lyrik aus fünf Jahrzehnten. Aufbau-Verlag, Berlin (DDR) 1975 / Agencja Autorska. (Gedichte von Jozef Czechowicz, Stanislaw Pietak, Tadeusz Nowak und Adam Wazyk)
Mieczyslaw Rakowski: Ein schwieriger Dialog. Econ Verlag, Düsseldorf 1985. (Kriegsrechts-Erklärung vom 13. Dezember 1981)
Wladyslaw Reymont: Die Bauern. Eugen Diederichs Verlag, Köln o. J.
Klaus Staemmler: Polen aus erster Hand. Arena-Verlag, Würzburg 1975. (Manifest von Lublin)
Lech Walesa: Wege der Hoffnung. Zsolnay Verlag, Wien 1987. (Polens Zukunft)
Adam Zagajewski: Gedichte. Hrsg. und übersetzt von Karl Dedecius. Oberbaumverlag, Berlin 1983. (Ich lese Gedichte ...)

Wir danken allen Rechteinhabern und Verlagen für die freundliche Erlaubnis zum Nachdruck. Trotz nachdrücklicher Bemühungen war es aber nicht möglich, alle Rechteinhaber zu ermitteln. Wir bitten diese, sich an den Verlag zu wenden.

OSTSEE
Rügen
Pommersche Bucht
Lübeck
Rostock
Swinoujscie/
Swinemünde
Miedzyzdroje/Misdroy
Kamien Pomorski/
Cammin
Haff
Leba
Ustka/
Stolpmünde
Gdynia/
Gdingen
Slupsk/
Stolp
Gdansk
Danzig
Slawno/Schlawe
Koszalin/Köslin
Kolobrzeg/
Kolberg
Szczecinek/Neustettin
Czaplinek/
Tempelburg
Szczecin/Stettin
Bydgoszcz/
Bromberg
BUNDESREPUBLIK
DEUTSCHLAND
Oder
Gorzow Wielkopolski/
Landsberg
Warthe
Berlin
Gniezno/Gnesen
Poznan/Posen
Magdeburg
Oder
Lausitzer Neiße
Glogow/Glogau
Leipzig
Legnica/
Liegnitz
Dresden
Wroclaw/Breslau
Oder
Walbrzych/
Waldenburg
Schneekoppe Δ
1603 m
Opole/
Oppeln
Klodzko/
Glatz
Glatzer Neiße
Gliwice
Gleiwitz
Raciborz
Ratibo
Prag
CSFR